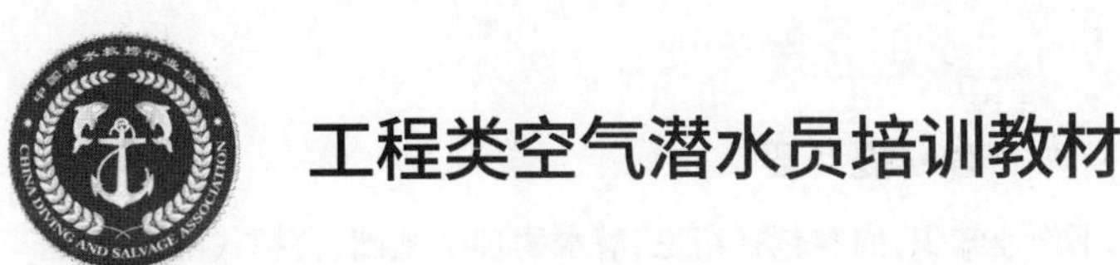

工程类空气潜水员培训教材

空气潜水及水下作业

中国潜水救捞行业协会
广 州 潜 水 学 校
组织编写

陈水开 主编
宋家慧 主审

人民交通出版社
北 京

内 容 提 要

本书全面介绍了工程类空气潜水及水下作业知识,内容包括绪论、潜水物理学基础、自携式潜水、水面需供式潜水、通风式潜水、潜水设备、水下作业、特定环境潜水作业、空气潜水作业组织与安全管理及潜水事故预防与应急处理等。本书与《潜水作业基础知识》《潜水医学基础(适用于空气潜水)》《空气潜水作业相关规定与职业道德》共同组成工程类空气潜水员岗前培训教材。

本书内容覆盖空气潜水员培训标准和大纲的相关内容和要求。本书主要作为工程类空气潜水员岗前培训教材,也可作为大中专院校工程潜水专业教材,还可供潜水作业机构的技术人员及管理人员等参考使用。

图书在版编目(CIP)数据

空气潜水及水下作业/中国潜水救捞行业协会,广州潜水学校组织编写. —北京:人民交通出版社股份有限公司,2024.9. —(工程类空气潜水员培训教材).
ISBN 978-7-114-19770-3

Ⅰ. P754.3

中国国家版本馆 CIP 数据核字第 2024JV4836 号

Kongqi Qianshui ji Shuixia Zuoye

书　　名:空气潜水及水下作业
著 作 者:中国潜水救捞行业协会
　　　　　广州潜水学校
责任编辑:周　凯
责任校对:赵媛媛　魏佳宁
责任印制:刘高彤
出版发行:人民交通出版社
地　　址:(100011)北京市朝阳区安定门外外馆斜街 3 号
网　　址:http://www.chinasybook.com
销售电话:(010)64981400,65290033
总 经 销:北京交实文化发展有限公司
印　　刷:北京印匠彩色印刷有限公司
开　　本:787 × 1092　1/16
印　　张:29.5
字　　数:669 千
版　　次:2024 年 9 月　第 1 版
印　　次:2024 年 9 月　第 1 次印刷
书　　号:ISBN 978-7-114-19770-3
定　　价:150.00 元
(有印刷、装订质量问题的图书,由本社负责调换)

工程类空气潜水员培训教材
编审委员会

本书编写组

主　编　陈水开

副主编　姜　平　田坤文

参　编　李海滨　张　辉　孙海京

　　　　薛利群　纪培浩　蓝智勇

　　　　罗雄斌　杨井宇　杨伟强

序 FOREWORD

新中国第一批潜水员诞生于1950年。新中国成立初期，年轻的潜水、打捞队伍担负起清理国民党军队在长江沿线设立的水下“封锁线”的任务，为恢复生产和社会主义经济建设作出重大贡献。

1963年5月1日，我国第一艘万吨级远洋货轮“跃进”号沉没在苏岩礁海域。为调查货轮沉没原因，同年5月12日，周恩来总理到上海亲自接见了参与调查训练的全体潜水员和潜水员家属，还亲临深水训练场几次与加压舱里的潜水员通话，了解训练情况。这些潜水员征服艰难险阻，在惊涛骇浪中出色地完成了调查任务，证实了“跃进”号为触礁沉没。之后，在周恩来总理的关怀和批示下，交通部分批次培训了近300名国家潜水员。自此，我国的工程潜水员培训工作逐步走上正规化轨道，但当时并没有专业教材支撑培训工作，主要靠老一代潜水专家、潜水员手写讲义教案教学。

2001年，我在交通部工作时成立了潜水员培训专用教材编写组，在参考国外有关资料和国内对潜水员培训经验的基础上，于2003年6月编印了我国第一套潜水员培训专用教材(包括空气潜水、混合气潜水、饱和潜水三册)。这套教材使用至今已有20多年，对我国工程潜水员人才培养发挥了重要作用。

工程潜水员是海洋工程行业和内陆水下工程领域建设的基础性人力资源。进入21世纪，随着我国建设海洋强国、建设交通强国和“一带一路”倡议的实施，我国海洋工程和内陆水下工程行业迅速发展，牵引潜水科技和装备水平跨越式提升，对工程潜水员的技能水平和职业素养要求也越来越高，更新系统配套的工程潜水员培训教材显得十分紧迫。

中国潜水救捞行业协会(CDSA)作为我国唯一一家集各类潜水技术、救助打捞和海洋工程建设于一身的全国性AAAA级社会组织，始终坚持“服务于国家、服务于行业、服务于会员”的立会宗旨，以保障潜水员职业健康安全作为己任，编制了我国首部《潜水及水下作业通用规则》，建立了CDSA《行业自律管理体系建设规则》《潜水自律管理办法》等行业自律管理体系，为编写新版工程潜水员培训教材奠定了基础。

2018年3月，协会在上海召开专家座谈会，正式委托广州潜水学校在第一套潜水员培训专用教材的基础上进行更新修改。广州潜水学校副校长陈水开作为新版教材主编,立足国家战略、聚焦行业需求,汇集行业智慧、破解技术难题,突出实践应用、精心设计内容,利用近5年时间主持编写完成了新版工程类空气潜水员培训教材。本套教材共4册,分别为《空气潜水及水下作业》《潜水作业基础知识》《潜水医学基础(适用于空气潜水)》《空气潜水作业相关规定与职业道德》。

2023年7月,协会在广州召开了新版教材的专家评审会,与会专家经过认真审查,一致通过本套教材的审定。与会专家认为,本套教材从应用实际出发,理论联系实际,系统阐述了潜水作业的基础知识、技术要求、潜水设备、医学知识以及应当遵循的法律法规与标准等内容,教材内容覆盖了空气潜水员培训大纲的全部内容,结构合理、层次清晰、内容全面,符合教学规律,应用场景与实践经验传授突出,创新性和实用性显著,具有较强的科学性、实用性和安全性。

本套教材为工程类空气潜水员学历教育和职业技能培训的主要教学依据,是潜水教员规范执教的重要工具书,也是潜水学员系统掌握潜水知识的载体,有利于提升工程类空气潜水员培训质量,强化潜水学员安全规范作业意识,保障潜水员职业健康安全。

中国潜水救捞行业协会理事长

宋家慧

2024年3月12日

前言 PREFACE

潜水拓展了人类活动的空间，使我们得以从陆地潜入海洋及江河湖泊，去从事各种水下活动。改革开放以来，潜水行业发展迅速，服务范围从传统的水下救助打捞延伸至海洋工程、桥梁隧道、水利水电设施、海上风电、海洋养殖捕捞、市政工程、滨海休闲旅游、内陆水上救援、科学试验等领域，在国民经济各产业系统和社会发展中发挥着不可替代的重要作用。随着我国建设海洋强国、建设交通强国的实施和共建"一带一路"的持续推进，深远海开发活动愈加频繁，对潜水能力的要求更高，这也将促进潜水行业更高水平发展。然而，潜水作业涉水下、高气压、水流、风浪、低温及能见度低等环境条件，是一种特殊且高危险的作业活动，因此，加强潜水人员培训，提高人员职业素质，保障人员职业健康安全，对于推进潜水行业安全发展，显得十分重要。

为加强工程潜水培训自律管理工作，大力推行潜水培训大纲、教材、题库规范统一以及"考培分离"等工作，2018 年 3 月，中国潜水救捞行业协会委托广州潜水学校负责编写空气潜水员培训全套教材。全套教材分为《空气潜水及水下作业》《潜水作业基础知识》《潜水医学基础（适用于空气潜水）》《空气潜水作业相关规定与职业道德》，共 4 册。广州潜水学校编写组在总结近 40 年工程潜水专业教育和潜水培训经验的基础上，根据《潜水员国家职业技能标准》（GZB 6-30-04-04）、交通运输行业标准《潜水员培训与考核要求》（JT/T 957—2014）及中国潜水救捞行业协会《潜水及水下作业通用规则》《空气潜水员培训计划和大纲》等文件对空气潜水员岗位知识和技能的要求，结合潜水行业目前现场作业实际情况和未来发展趋势，组织完成了全套教材的编写任务。

全套教材内容覆盖空气潜水员培训标准和大纲的要求，反映我国空气潜水员职业目前的知识和技能需求及未来发展趋势，结构合理、内容全面、图文并茂，具有较强的实用性、新颖性和安全性。全套教材主要作为工程类空气潜水员培训用书，也适合作为大中专院校工程潜水专业的教材，还可供潜水作业机构的作业人员、工程技术人员及管理人员等参考使用。

其中，本书共分为十章，主要内容及编者：第一章绪论由陈水开编写；第二章潜水物理学基础由田坤文编写;第三章自携式潜水由姜平编写;第四章水面需供式潜水由姜平、陈水开编写;第五章通风式潜水由陈水开、孙海京编写;第六章潜水设备由李海滨、陈水开(第九节)编写;第七章水下作业由陈水开、姜平(第一节)、蓝智勇(第十节)编写;第八章特定环境潜水作业由陈水开编写;第九章空气潜水作业组织与安全管理由陈水开、张辉编写;第十章潜水事故预防与应急处理由陈水开、张辉编写。本书由陈水开设计、统稿及校核。

本书编写过程中,得到了中国潜水救捞行业协会及潜水相关机构领导、专家的大力支持和帮助,在此表示衷心感谢!

由于本书内容涉及面较广,加之编者水平有限,本书中的疏漏和错误在所难免,敬请相关潜水学员和潜水单位、广大读者不吝指正,随时将发现的问题和意见发至编写组(E-mail:chenshuikai123@163.com),以便在本书今后修订时进一步完善。

广州潜水学校

2024 年 8 月

二维码资源索引

序号	资源名称	所在页码	二维码
1	自携式潜水装具组装与着装	92	
2	自携式潜水四种入水方法	95	
3	水面需供式潜水员着装	185	
4	水面需供式潜水面罩松脱或进水应急处理	209	
5	水下平角焊	328	

目录 CONTENTS

第一章

绪　论

人类由水面潜入水下，在某一深度活动一段时间后，按一定程序上升出水的全过程，称为潜水。潜水时，潜水员处在水下、低温、呼吸高压气体、能见度差、水流、浪涌等异常的环境中，与正常的大气环境迥然不同，生存条件发生了根本变化。为了克服水下环境和高气压对机体的影响，潜水员需要使用潜水装具及其他设备、器材等，以满足在水下的呼吸气体持续供给与更新、安全防护、御寒保暖、通信联络、体内外压力平衡及浮力调节等需求。

潜水作为人类进入水下环境的一种手段，在人类原始时代即已开始。近几十年来，人类为了向海洋进军，潜水技术得到了迅速的发展。如今，潜水技术已成为经济社会发展不可缺少的一种特殊技术。本章将简要介绍潜水的作用、发展历史、分类、行业现状及发展展望等内容。

第一节　潜水的作用

潜水拓展了人类活动的空间，使我们得以从陆地进入海洋及江河湖泊，去从事各种水下活动。随着经济社会的发展，潜水技术在各行各业得到广泛应用，在国民经济建设、航海安全保障、水域公共安全与应急救援、水上休闲旅游及海洋科学研究等方面发挥着重要的作用。

一、国民经济建设方面

我国大力发展海洋经济，海洋资源勘探与开采、船舶水下部分检修、海上风电及渔业养殖等活动，需要大量水下作业；随着我国海洋资源勘探、开发(特别是海上油气田等)向深海延伸，还需要深潜水作业。我国大部分海底国际电缆，特别是跨洋海底电缆的铺设和维修，要确保其通信安全，也必须由我国自己的潜水作业队伍进行施工。

我国大型交通基础设施(公路、桥梁、港口、码头等)建设仍处在发展阶段，特别是大型、超大型的跨江跨海通道工程、离岸深水港航工程、特大桥梁与超长隧道、特殊地质条件下的公路工程的施工、监理及验收，需要大量的潜水作业。

同时，内陆地区水库大坝、江河湖泊众多，水利、水电设施的建设与维修，需要大量的潜水作业。

此外，随着城市规模的快速扩张，城市供水及排水设施、市政集污水管道工程及水下管道工程、大型涵箱取排水工程、沉管隧道水下工程等迅猛发展，市政管网的新建、改建、迁移、日常维护、紧急抢险等任务日益增多，也需要大量的市政工程潜水作业。

二、航海安全保障方面

我国是航运大国，国内近一半的货物周转量和国际贸易中90%以上的货运量是依靠航运来完成，因此保障航运安全十分重要。我国是海洋大国，从“十二五”规划开始，国家大力发展海洋经济，海上活动更加频繁，对海上人命救助提出了更高的要求。高素质潜水员是水上专业救援队伍的关键人才，其潜水救援能力在我国海上应急救助和抢险打捞中发挥着关键的作用。如近年来发生的巴拿马籍“桑吉”轮在东海碰撞爆燃事故处置、珠江口5万t散货船“夏长”轮沉船打捞及其他港口航道的清航打捞等，我国救捞潜水员发挥了关键作用。随着国家加快建设海洋强国、推进“一带一路”倡议，我国深远海活动日益频繁，更加需要大深度潜水作业能力的支撑保障。

三、水域公共安全与应急救援方面

我国内陆水库、湖泊、河流等水域分布广，东南和西南地区更是水网密集，且大多数是旅游、经济活动频繁的名胜景区或重要水利设施。同时，我国沿海岸线漫长，岛屿众多。随着经济社会发展，人员活动频繁，经济活动活跃，发生沉船、车辆或人员落水等事故的风险增大，如2004年6月22日河南小浪底库区“明珠岛2号”游船翻沉事故、2016年6月4日四川广元“双龙号”游船翻沉事故及2018年10月28日重庆万州公交车坠江等。水域突发事件的预防与应急救援以及水上安保、水下犯罪调查等任务，需要应急救援潜水员、警察潜水员等应急响应，执行水下救援任务。

四、水上休闲旅游方面

休闲潜水是在水面以下进行的水中旅游、水中狩猎、水中摄影、水下曲棍球、水下射击和具有探险性的岩洞潜水、冰下潜水等形式的一类体育娱乐活动。从事休闲潜水培训的国际组织有世界潜水运动联合会（CMAS）、国际专业潜水教练协会（PADI）、国际潜水教练协会（NAUI）、国际水肺潜水学校（SSI）、英国潜水协会（BASC）等。中国潜水运动协会的统计显示，目前国际主要潜水组织历年在全球累计颁发潜水证书已达1.4亿张。休闲潜水运动作为海洋休闲旅游的重要部分，在我国也具有广阔的发展前景，近年来我国潜水俱乐部发展迅速，喜爱潜水运动的人将会越来越多，每年有超过150万人次的游客参与体验式潜水，已形成了一定规模，其中海南三亚已经发展成为全球最大的体验式潜水基地。

五、海洋科学研究方面

科研潜水为海洋生物研究、海洋遥感观测和测量、海洋资料和样品搜集及海底考古等提供潜水技术手段。绝大多数沿海国家的科学家，正在研究自己国家的沿海海洋资源和浅水生态系统。通过潜水，科学家能够到海表面以下的海洋环境中亲自观测珊瑚礁、底栖动物区系及植物区系等;海洋研究中使用的许多设备的安全布放和回收也需要潜水员的协助。

第二节 潜水技术发展历史

潜水作为人类进入水下环境的一种手段,在人类原始社会即已开始,随着各个不同时期的生产运动、军事战争、社会生活及科学实验的需要而向前发展。潜水技术是指以不同方式潜水所采用的技术。潜水技术发展的历史,就是围绕着降低人在水下高气压环境中受到各种因素的影响和解决发生的医学-生理学问题,从而发明、创造和改进了不同的潜水装备,在不同时期形成不同的潜水方式,使潜水的深度-时程不断延伸的历史。因此,也可以说,潜水技术发展史就是潜水装具发展史。

一、屏气潜水

潜水者先吸足一口气,停住呼吸,然后潜入水下,在耐受极限时间之内再急速上升出水,这种潜水方式成为屏气潜水,也称为裸潜或自由式潜水(图 1.2-1)。在与大自然的斗争中,我们的祖先也创造了不少涉泅水的方法,如流传于民间的“狗刨式”“寒鸭浮水”“扎猛子”等,“扎猛子”实际上就是今天的屏气潜水。由于潜水时人的身体直接承受水下的环境水压,因此屏气潜水是一种最原始的承压潜水方式。屏气潜水不需要任何器具,简便易行、水下可动性好,所以在一定条件下仍不失为一种有用的潜水方式。

图 1.2-1 屏气潜水

人类最早潜水的确切年代已无法考证,但可以推断是远在有历史记载之前。《下海半英里》(*Half Mile Down*)一书中介绍,在一次考古发掘中发现,早在公元前 4500 年,在美索不达米亚(Mesopotamia)就有人佩戴镶嵌珍珠母的珍宝。在中国,关于需经潜水采拾的珍珠,在记载我国上古历史的古书《尚书》(即《诗经》)的“禹贡”篇有文字记载。历史可以追溯到公元前 21 世纪,夏朝大禹曾接收了由部落进贡的牡蛎珍珠贡品,证明当时已有人通过屏气潜水采拾珠贝,这是我国在海中屏气潜水作业的最早例证。至于直接记载潜水的文字,最早见于我国的《诗经》(约公元前 1065—公元前 570 年,其中《周南·汉书》及《国风·邶风·谷风》)篇内都明确记载了“泳”(指潜水);公元前 219 年,刚刚完成统一六国两年的秦始皇驱使千余人在泗水(徐州北郊大运河上的秦梁洪处)打捞据称被沉于水底的周鼎(《史记·秦始皇本纪》:“始皇还,过彭城,斋戒祷祠,欲出周鼎泗水。使千人没水求之,弗得”)。

潜水除可以获取食物及捞取珍珠、红珊瑚、海绵等各类海珍品之外,还可以应用于打捞沉船、财物、发动水下攻击等工程或军事活动。据荷马史诗《伊利亚特》的描述,发生在公元前 1194—公元前 1184 年的特洛伊战争中,跨海而来的希腊人安排了大量的军事潜水员破坏特洛伊城的水下防御工事。在古希腊,有关军事潜水的记载也有很多,如公元前 460 年就有人曾采用潜水方式探摸沉物、破坏敌船锚链等。在西班牙的战舰上,很长时间都设有不使用潜水装具的潜水-游泳专职人员。

日本等地的潜水采珠女,现在仍采用屏气潜水方式入海采拾珠贝,潜水深度可以达到40m。

屏气潜水目前大体分为三类:娱乐、作业、竞技。

二、呼吸管潜水

屏气潜水具有一定的危险性,同时因为屏气时间很短,所以在产业潜水方面价值有限。为了延长水下时间,就必须解决水下呼吸问题。最简易的水下呼吸器是一根潜水呼吸管。采用潜水呼吸管进行水下呼吸的方法,在我国明朝史料中就有记载。采集珍珠的潜水者用锡制的弯管在水下进行呼吸,见图1.2-2。这种潜水技术因潜水者肺内气体是常压,故吸气比较费力,只能下潜很浅的深度。研究表明,即便是身体最为强壮的人,其使用呼吸管潜水的深度也无法超过3m。如今,经过改进的潜水呼吸管,在娱乐潜水场所仍在广泛使用。

图1.2-2　呼吸管潜水

为了减小水下的呼吸阻力,人们想出了由潜水者自携气囊进行潜水的方法。气囊潜水是呼吸气体来自潜水者自携气囊的一种潜水技术。这种气囊是现代自携式水下呼吸器的前驱。潜水者在水下,肺内外压力基本平衡,潜水深度可以不受限制,但是皮质气囊容积有限,可用的气体太少,所以潜水深度和时间的增加都很有限。

三、潜水钟潜水(含沉箱潜水)

有关潜水钟的最早记载,见于公元前300多年的希腊。早期的潜水钟都是采用最原始的方式,潜水钟为一只倒扣的木质桶状容器,钟内气体供潜水者呼吸,随着潜水深度增加,气体容积变小,潜水者动作范围受限,而且钟内气体不能更新,最终潜水者会因缺氧和二氧化碳增高而发生呼吸困难。潜水钟潜水真正应用则是在16世纪30年代以后,1535年意大利医师古列尔莫·德洛雷纳首次使用潜水钟,搜寻沉没在罗马城附近内米湖中的两艘古罗马游艇。在这之前屏气潜水员曾经搜寻数年未果,改用德洛雷纳的潜水钟后,人们在两周之内就找到了这两艘埋没于水下1500多年之久的古罗马沉船;随后不久的1538年,两名希腊人也设计和建造了一座巨大的潜水钟,并在当时的西班牙首都托莱多当着国王和10000多名观众进行了潜水表演,两人在水下停留了1h。意大利人和希腊人的连续成功与推广使得潜水钟很快风靡整个欧洲,在整个16和17世纪,欧洲人发明和建造了无数大小不同形状各异的潜水钟,进行水下打捞、探险和水下观光。法国物理学家丹尼斯·帕潘和以发现哈雷彗星而闻名的英国天文学家埃德蒙·哈雷,均先后参与了潜水钟的设计与改进。

直到18世纪末,鼓风箱与钟的配合使用,使潜水钟潜水有了新的突破,即可迫使钟内气量增加至于钟口齐平,钟内气体又可得到有效更新,解决了对水下不能连续供气的问题(图1.2-3)。用潜水钟潜水与用呼吸管或气囊潜水相比有较多的优点,但钟的本身庞大、笨重,移动操作很不方便,潜水作业效率低下,因此,早期的钟式潜水在19世纪初叶就已不再使用。

图1.2-3 原始的潜水钟潜水

《屈肢病》作者菲利普斯认为,是法国矿业工程师M.特立格尔1841年开始了沉箱的首次使用,最初使用沉箱的目的是解决矿井掘进过程中不时出现的流沙层问题,但不久就将其转向了水下建筑与疏浚。也有人认为,早在1788年英国工程师兼发明家约翰·斯密顿在建造普利茅斯港外礁石上的艾迪斯通灯塔时,就开始尝试使用沉箱加固灯塔的基础,但斯密顿的沉箱需要作业工人先进入沉箱内,再把沉箱沉放到指定位置,然后用压缩空气泵排干沉箱内的积水后才开始水下作业。严格说来,斯密顿的沉箱更像一个巨大的潜水钟。沉箱投入使用不久,特里格尔就注意到,一些工人在完成长时间箱内作业回到地面后,常常会出现咳嗽、皮肤瘙痒、手臂或膝关节严重疼痛等问题,但无论是特里格尔还是当时的医生都对此无法给出合理的解释。有些沉箱作业工人在发病时,由于剧烈疼痛不得不弯曲着四肢和佝偻着身体,因此当时的医学界形象地将其命名为“屈肢病”,也称“沉箱病”,而早已注意到这一症状的潜水界更习惯将其称为“潜水夫病”。

四、通风式潜水

就在潜水钟潜水逐渐发展并达到其顶峰时,一种比潜水钟潜水更为便捷,也更为安全可靠的潜水方式出现了,这就是通风式潜水。

通风式潜水装具是由多人同一时期共同发明的。1823年,两个打捞员,约翰和查尔斯迪恩(John Deane 和 Charles Deane)兄弟共同设计了一种消防头盔,使用这种装具,消防员能在燃烧的房内走动;1828年,他们把此装具改装成具有现代通风式特征的潜水装具,并申请了专利,该潜水装具包括防寒服、有视窗的头盔和连接头盔的水面供气软管,头盔靠其自身重量放置在潜水员肩部并通过腰带捆绑在潜水员身体上,剩余的空气从头盔下缘排出,其缺点是要求潜水员必须保持直立体位,如果潜水员跌倒,头盔内会很快进水。1937年,德国铜匠希伯(Augstus Siebe)改良了该装具,使其金属头盔与潜水服连为一体,新鲜的压缩空气从水面通过供气软管进入头盔,头盔上的排气阀把混有呼出气的多余气体排入水中,类似于给头盔通风,故称为通风式潜水装具,见图1.2-4。后来又经过改进,增加了语音通信等功能,在水下工程和军事领域获得较多的应用;在技术条件和保障措

图1.2-4 通风式潜水

施都具备时,可以潜至60m深进行水下作业。这种装具的特点是呼吸省力、保暖性好、水下抗流能力强,潜水员在水下可完成许多难度较大的作业。

通风式潜水装具的诞生,为产业潜水的发展创造了条件。头盔式潜水装具于20世纪30年代传入我国台湾、上海等地,并迅速得以普及。由于它那沉重的头盔、领盘、压铅、铜头铅鞋,国内潜水界习惯称其为“重装潜水装具”,简称“重装”。

一个多世纪以来,各国对通风式潜水装具作了不少改进,其中主要是两点:头盔上的自动排气阀取代了人工操作的排气阀;增加了一套应急供气装置。这些功能对于防止潜水员“放漂”和窒息事故的发生都具有重要的意义。美国海军自20世纪初开始使用MK潜水头盔,在很长一段时间内MK 5-1型潜水头盔一直是海军标准潜水装具,一直到1980年被MK 12型空气水面供气式潜水系统(SSDS)替代。1953年2月,我国研制成功通风式(空气)潜水装具,后又经过多次改进,至1976年12月通风式TF-12型重装潜水装具(图1.2-4)在中国首次潜水装备产品定型会上被正式定型,列入交通部颁发的标准。

目前,国内仍有少量潜水单位有时使用通风式潜水装具,但在潜水技术发达的国家,传统的通风式潜水装具已被较轻便、灵活的水面供气需供式潜水装具所取代。

五、需供式潜水

需供式潜水装具与通风式潜水装具不同,它的水下呼吸器与潜水服在结构上是分开的。需供式潜水装具的潜水服内没有气垫(如湿式潜水服),或者气垫容量很小(如干式潜水服),在水下接近零浮力,所以,潜水员在水下机动性较好。另外,需供式潜水装具的供气方式也与重装不同,它以按需供气为主,即吸气时供气,呼气时停止供气,所以可节省约60%的气体消耗。

需供式调节器是1866年由德国工程师本诺斯梯·罗桂罗(Benoist Rouquayrol)发明的。需供式调节器能根据潜水员呼吸量和环境压力的不同,调节容器释放空气速度,满足潜水员呼吸的需求。然而,人类当时尚无法制造高压空气瓶,罗桂罗只能将调节器用于水面供气潜水设备,他还对供需调节器进行适合闭合式呼吸装具的改进。60年以后,罗桂罗供需调节器的理念才成功在开放自携式水下呼吸装具上实现。

需供式潜水按呼吸气源不同,可分为自携式潜水和水面需供式潜水(也称管供式潜水)两种。

1.自携式潜水

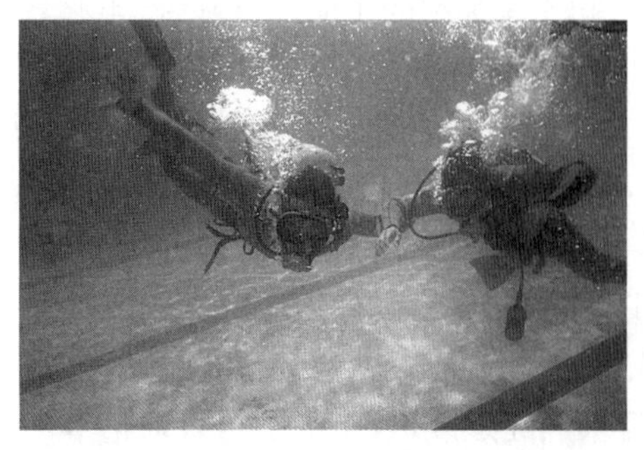

图1.2-5　自携式潜水

潜水者自己携带呼吸气源进入水下开展潜水活动,称为自携式潜水(图1.2-5)。在1878年,英国希比戈尔曼公司的潜水工程师亨利·费劳斯(Henry Fleuss)设计并生产了第一款实用的自携式闭式循环呼吸装置,1902他又与别人合作改进了这套装具。它是现代闭式循环呼吸装置的前驱。1943年,法国人库斯托(Cousteau)和戈南(Gagnan)对需供式调节器进行改造,结合高压空气瓶创造了第一个真正安全可行的自携式开式需供式调节器——可根据潜水者吸气的需要和深度的改变而自动调节供气量和压力，不吸则不供，并被命名为“水肺”。开式自携式潜水装具的气源由潜水员自身携带，通常由气瓶、减压器及中压连接管组成，称为自携式水下呼吸器（self-contained underwater breathing apparatus，SCUBA），也可按英文名称缩写的音译称为“斯库巴”。自携式水下呼吸器使潜水员摆脱了脐带的牵制，在水下获得了更大的自由、灵活。这种装具从20世纪40年代以来，在潜水工程、军事和科研潜水中得到了广泛的应用。我国上海潜水装备厂从1964年开始研制生产自携式潜水装具，1965年通过技术鉴定，1966年起列入生产计划，1976年69-Ⅲ型自携式潜水装具被交通部正式定型，1990年后开发69-4型自携式潜水装具。

近年来推出的无线水下通话器，较好地解决了自携式潜水员的通话联系问题。随着该装具的改进和潜水知识的普及，参加潜水的人数越来越多，使得休闲运动潜水得以迅速开展。但自携式潜水存在着潜水深度受限、气源有限、受水流影响大等不足，在工程潜水领域的应用受到限制。

2. 水面需供式潜水

工程潜水中普遍采用的潜水方式是水面需供式潜水。水面需供式潜水使用的轻装潜水装具（图1.2-6）结合了通风式和自携式潜水装具的优点，所需的呼吸气体由水面通过脐带供给，自身携带应急供气系统。该类装具与自携式装具相比，供气充足，通信联络方便，更加安全可靠。该类装具在空气潜水、混合气潜水及饱和潜水中广泛使用，潜水员所需的呼吸气体除了可直接从水面供给之外，还可从水面通过潜水钟脐带、潜水钟配气盘和潜水员脐带供给，后者主要用于大深度潜水的场合。水面需供式潜水员着装后的全身图，见图1.2-6。

图1.2-6　水面需供式潜水员着装后

柯比摩根（Kirby Morgan）潜水系统公司1965年成立，专注于商业潜水装具设计、生产，目前在国内使用较多的有KMB型面罩与Superlite-17B、Superlite-27及KM型头盔。1983年我国上海潜水装备厂研制出300型水面需供式潜水装具，1985年4月通过了交通部主持的技术鉴定，被命名为MZ-300型面罩和TZ-300型头盔式潜水装具；烟台市泓普泰克电子有限公司2019年开始研制潜水装具，2021年通过上海潜水设备产品质量监督检验测试中心检验，被命名为HT-301型潜水面罩。

六、混合气潜水

混合气潜水是在空气潜水基础上发展起来的一种潜水方式。潜水时潜水员需要呼吸与环境压力相等的高压气体，由于人对氮和氧的耐受能力都有一定的限度，超过氮的耐受限度会出现氮麻醉，超过氧的耐受限度会出现氧中毒，所以人呼吸压缩空气进行有效的潜水作业的深度为50～60m以浅。若要从事更大深度的潜水作业，就要呼吸人工配制的氦氧、氦氮氧、氖氧和氦氢氧混合气。潜水最常用的是一定比例的氦氧混合气体，其中氦气替代了超过人体耐受限度的氮气。氦气作为呼吸气体中的稀释介质,是一种理想的惰性气体,氦的麻醉作用比氮小得多,呼吸阻力也小,大大提高了机体对高压的耐受能力,解决了空气潜水氮麻醉的问题,降低了氦氧混合气中氧浓度的比例(避免产生氧中毒),从而使潜水深度冲破了空气潜水深度的限制。

早在1919年就有人提出,如果能用氦来代替空气中的氮,则可解决氮麻醉问题,使潜水深度增加。1924年,氦氧混合气首次在沉箱作业中应用。氦氧混合气正式应用于潜水作业始于1937年。1939年,美国海军使用氦氧混合气成功地救助了失事的潜艇"Squalus"号的艇员,该潜艇沉没处水深72m,经救生钟四次对接,共救出艇员33人,另29人已在潜水艇内死亡。1941年,美海军氦氧潜水的实潜深度达到134m。1956年,英海军在海上进行氦氧深潜水,深度达186m。

我国在20世纪60年代初即开始进行氦氧潜水的实验室研究工作。1962年,海军进行了我国首次氦氧深潜水实验,潜水员模拟氦氧常规潜水的深度达到160m。1965年,海军在支援南京长江大桥3号桥墩沉井井底破损带检查工程的潜水作业中,应用氦氧混合气常规潜水技术,进行了深度达83m的潜水作业共74人次,取得了成功,这是我国首次将氦氧深潜水技术应用于国民经济建设。1970年,海军进行了深度200m的氦氧常规潜水模拟实验研究,1971年,海军在海拔1700m的云南抚仙湖中进行了深度146m的氦氧潜水训练,完成了水深82~146m的氦氧常规潜水21人次,创造了我国现场氦氧常规潜水146m的纪录。1973年,海军支援上海市所属大屯煤矿打捞断落在竖井泥浆中的重200t的大型钻头,实施氦氧常规潜水作业的深度相当于92m。1975年,上海救捞局和海军等单位共同在云南抚仙湖进行了深度达156m的氦氧常规潜水训练,刷新了我国氦氧深潜水的深度纪录。1981年,海军在南海进行海上氦氧潜水训练,最大深度达到140m,验证了自行研制的"120m氦氧潜水减压表",创造了我国常规氦氧深潜水的海上实潜深度纪录。之后,海军又研制了"120m氦氧轻装常规潜水减压表"和供氦氧潜水作业应急使用的潜水深度130~150m的应急减压表。近年来,我国在水上应急抢险打捞、海洋工程及水库大坝维修等中大量采用混合气潜水作业。

使用氦氧混合气作为呼吸气体,也带来了一些新的问题。首先是寒冷问题,氦气的导热系数是空气的6倍多,潜水员着湿式或干式潜水服,因深度增大,衣服受压变薄,绝热保暖性能急剧下降,难以抵挡水下的寒冷,于是在1937年出现了加热潜水服;加热方法有气、水、电、化学材料等多种,目前国际上通用的是热水潜水服,它可使潜水员在很冷的水中保持舒适状态,进行较长时间的水下作业;当潜水深度超过150m左右时,潜水员的大量体热将会从呼吸道排出,所以为了维持体热平衡,降低呼吸散热损失,还必须用呼吸气体加热装置。其次是氦语音失真问题,氦氧潜水电话的使用较好地解决了这个问题。最后是潜水深度增大,氦气消耗量较大。为了减少昂贵的氦气损失,人们先后研制成功呼吸气体少量排出或者完全不排出呼吸器的半闭式和闭式潜水装具。

七、饱和潜水

随着混合气潜水深度的继续增加,人们发现用于减压的时间远远大于水下作业的时间,潜水效率极低。针对这一矛盾,1957年,美国人庞德提出了"饱和潜水"新概念。如果在某一深度(压强)下持续停留一定时间后,溶解入体内的惰性气体达到完全饱和,继续停留其减压时间也不会延长,这种潜水方式称为饱和潜水。1962 年开始了第一次海上实验,并于 1965 年首次把饱和潜水技术用于商业潜水,解决了常规潜水(即非饱和潜水)无法克服的潜得深、待得久、确保潜水员安全等一系列难题。大量的实践表明,饱和潜水技术是当今进行大深度和(或)长时间承压潜水作业的最佳方法,是解决长时间-大深度水下作业的关键技术手段。但饱和潜水需要庞大而复杂的设备作支持,而且潜水深度越大,对设备的性能要求也越高,见图 1.2-7。迄今为止,海上饱和潜水的深度纪录 534m,是由法国 Comex 公司于 1988 年在地中海的一次科研潜水中建立的。科研实验潜水的最深纪录 701m,是由希腊籍潜水员塞奥佐罗斯(Theodoros Mavrostomos)1992 年在法国马赛 Comex 公司的陆上高压舱内实现的。美国海军最大潜水深度纪录是 1979 年由美国海军实验潜水队的潜水员在海洋模拟舱内进行的 549m 深、停留 37 天的潜水实验;模拟饱和潜水的深度是 686m,由杜克大学 1981 年完成;1988 年使用氢氦氧混合气进行的海上实验潜水深度达到 503m。

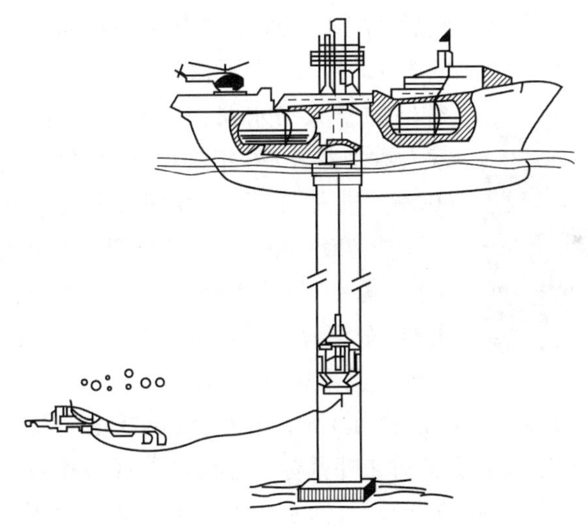

图 1.2-7　饱和潜水系统

我国的饱和潜水事业起步于 20 世纪 70 年代。地处上海的海军医学研究所于 1976 年率先进行了模拟 20～30m 空气饱和潜水;1987 年,饱和潜水技术在海军部队得到应用,逐步实现了在大陆架深度范围内该项技术训练的常态化;作为阶段性标志,海军医学研究所于 2010 年通过大深度潜水研究项目“潜龙”,将国内模拟饱和潜水深度延伸至 493m;随后海军防险救生支队于 2015 年创造了海上 330m 国内实潜深度纪录。我国饱和潜水商业化应用始于 2006 年 10～12 月,交通部上海打捞局在南海番禺油田完成了我国首次海上饱和潜水作业(96m 饱和—103.5m 巡回潜水),12 名潜水员在甲板居住舱中生活了 390h,出潜 28 人次,工作时间长达 126h,完成油田油管更换,实现了我国饱和潜水从模拟试验到商业作业的跨越;2013 年 5 月,该局在南海流花 19-5 气田执行海底脐带缆铺设工程期间,三名潜水员从“深潜号”饱和潜水工作母船上,成功潜至 198m 水深进行作业;2014 年 1 月,3 名潜水员创造了 300m 饱和—313.5m 巡潜的海上实潜作业,标志着我国已具备 300m 以深实潜作业的能力;又经过 7 年的艰辛努力,2021 年 6 月有 9 名潜水员完成了首次 500m 饱和潜水陆基载人实验,最大深度达到502m。

目前,饱和潜水工程作业的适用深度在450m以内,实践中的大部分水下工作集中在水深75~300m范围内。

八、潜水器潜水

潜水器是各种水下运行器的统称。通常分为载人潜水器和无人潜水器两大类。

1. 载人潜水器

载人潜水器是一种在水下有人操纵,并可携带乘员的潜水器。根据舱室压力的不同,可分为常压载人潜水器、闸式潜水器和湿式潜水器三类。

常压载人潜水器是目前应用最多的载人潜水器,它起源于潜艇技术的发展。美国于1964年建造的“阿尔文”号载人潜水器是其中的代表作,可以下潜到4500m的深海,1985年人们乘坐它找到“泰坦尼克号”沉船的残骸,它如今已经进行过近5000次下潜,是当今世界上下潜次数最多的载人潜水器。此后,法国1985年研制了6000m的“鹦鹉螺”号载人潜水器(1985年),苏联研制了6000m的“和平号”潜水器(1987年),日本也研制了6500m的深海6500载人潜水器(1989年)。我国于1985年开始研发载人潜水器,1996年7103援潜救生艇海试成功,最大潜深600m。进入21世纪,我国载人潜水器步入快车道,先后研发成功7000m的“蛟龙”号载人潜水器(图1.2-8)、4500m深海“勇士”号载人潜水器,而2021年万米级全海深载人潜水器“奋斗者”号海试成功,这表明我国常压载人潜水器技术进入世界先进行列。

图1.2-8 “蛟龙”号载人潜水器

闸式潜水器是一种组合式(常压/高压)载人潜水器,可在水面及水下航行;首部的驾驶舱内为常压,驾驶员可利用仪器设备对舷外目标物进行水下观察和录像;中部为一可调压的潜水舱,当舱室内外压力平衡时,打开底门,潜水员可出潜作业。我国曾于1981年首次引进SM358-Z200,带两只机械手、四个推进器,具备常压载人潜水器功能并可进行200m饱和潜水。1985年再次引进SM360-Z300,带两只机械手,具备常压载人潜水器功能并可进行300m饱和潜水。由于它的投资和使用费用较高,目前在行业中很少见诸实际应用。

湿式潜水器,其舱室是非耐压的,驾驶员和乘员需戴水下呼吸器,主要用于潜水观光和军事潜水中的特战蛙人水下运送。

2. 无人遥控潜水器

无人遥控潜水器(ROV)和无人自治潜水器(AUV)是两种典型的无人潜水器。ROV(图1.2-9)是一种依靠水面供电并遥控指挥而运行的有缆潜水器,通过电缆可把水下获得的水深、水温、航向、航速等各种参数传回水面控制台上;操纵人员可监视ROV的活动,并进行遥控指挥,通过声呐、高清摄像和/或机械手完成一定的水下作业任务。而AUV则是通过预编程序进行水下航行,也适用于区域性的水下勘察。

图1.2-9 无人遥控潜水器

ROV 萌芽于 1953 年,美国军方开发的 ROV 主要用来打捞沉没在海底的鱼雷,1961 年开发了一款可灵活操作的水下摄像系统 XN-3,这款系统最终演化成了缆控水下研究潜水器(CURV)。之后,美国军方对 CURV 进行了改进。1966 年,CURVⅢ[在西班牙外海海底 869m 水深处打捞出了一枚丢失的原子弹;1973 年,CURVⅢ被紧急从美国圣地亚哥派往爱尔兰,用于在 480m 的海底救援被困在载人潜水器里的两名潜水员,当时载人潜水器里剩余的空气已经非常稀少,CURVⅢ下潜之后在载人潜水器上系上绳索,最终载人潜水器被成功营救到水面安全区域。到 20 世纪 90 年代末,ROV 的发展已经完全进入了成熟期,在全球大部分海洋里都有 ROV 作业的身影,ROV 可以在深海中完成很多复杂的作业任务。在 ROV 高新技术领域,美国、加拿大、英国、法国、德国和日本等国家处于领先地位;而在商用 ROV 方面,美国和欧洲国家占据了绝大部分市场;美国、日本、俄罗斯、法国等发达国家已经拥有了从先进的水面支持母船到可下潜 3000~11000m 的深海潜水器系列装备,通过装备之间的相互支持、联合作业和安全救助等,能够顺利完成水下调查、搜索、采样、维修、施工和救捞等任务。我国 ROV 研制开发工作始于 20 世纪 70 年代末,上海交通大学和中国科学院沈阳自动化研究所合作研制了第一台 HR-I 型 ROV,属于水下观察型 ROV,其最大工作深度为 300m,水下巡航半径 120m,航速 2.5kn。之后,国内又研制出 YQ2 型等几种作业型的 ROV,具有水下搜索、水下观察和水下作业等功能;2014 年我国第六次北极科考中,由中科院沈阳自动化所研制的“北极 arv”水下机器人大显身手,先后三次自主完成长期冰站指定海冰区的海冰厚度、冰底形态、海洋环境等参数测量工作;2017 年,沈阳自动化研究所又研制出 6000m 无人遥控潜水器并实验成功;2021 年 5 月,沈阳自动化研究所研制的“海斗一号”万米级全海深自主遥控潜水器海试成功,这标志着我国无人潜水器技术跨入了一个可覆盖全海深探测与作业的新阶段。上海交通大学在 ROV 研发领域始终走在我国前列,其研发的产品从微小观察型 ROV 到重载作业级深水 ROV 不等,其中具有代表性的 ROV 是以“海马-4500”为代表的海马系列科考作业级 ROV,2014 年完成海试成功。“海马-4500”是我国迄今为止自主研发的规模和下潜深度最大的作业级 ROV,具有实用化海洋设备应具备的可靠性、稳定性和适应性。

九、常压潜水服潜水

常压潜水服潜水是指人利用可抵抗水压的坚硬装具,在潜水过程中始终处于常压环境下的一种潜水方式,这种装具称为常压潜水服(ADS)。盔甲式常压潜水服,主要由坚固耐压的轻质合金躯壳、机械手和生命支持系统等部分组成,潜水作业深度一般为 300~600m 以内。潜水时,操作者不受静水压的作用,呼吸常压空气,因而没有氦语音及保暖问题,潜水作业后也无需减压。ADS 可让潜水员到达用水面供气或饱和潜水设备不可能实现的深度,同时隔绝了大深度对潜水员生理的有害影响,从而不会影响潜水员的身体健康。ADS 在短期的、大深度的、大活动范围,执行相对简单的任务时,比饱和潜水具有非常明显的技术优势。

ADS 与现代饱和潜水和 ROV 相比,是一种更加古老的潜水方式。早在 300 多年前,饱和潜水和 ROV 还没有出现时就已经有了常压潜水装置。一般认为最早的常压潜水服是由英国人约翰·莱斯布里奇(John Lethbridge)1715 年发明的。那是一个长约 1.8m 的橡木桶,桶上有两个孔安装可将潜水员手臂密封的皮革袖以及一个4in[1]的厚玻璃视窗，能够下潜到60ft[2]深度(图1.2-10)。

20世纪60年代末，“吉姆”和“山姆”型ADS出现，外形拟人，四肢有活动关节，水下活动不够灵活。20世纪80年代中期，随着ROV的发展崛起，ADS的近海商业用途逐渐减少。21世纪初以来，在技术进步的推动下，美国海军改进了一种水螈型潜水服(Newtsuit)，采用了先进的铰接设计，能在深达2000ft的海水中正常工作长达6h，并拥有42h的应急支持能力。

我国从1981年开始研发常压潜水系统，由702所研发的第一代载人潜水QSZ-I单人常压潜水服于1985年正式交付使用，工作深度300m；1987年开始研发QSZ-Ⅱ型的研制工作，与第一代相比增加了中继器和推进器。“十二五”期间，702所承接国家重大专项500米级单人常压潜水服的研制，并于2015年7月圆满完成了载人试验和深潜试验。目前北京海兰信数据科技股份有限公司通过收购加拿大OceanWorks公司，拥有610m和310m两款常压潜水服生产能力(图1.2-11)，它是世界上新一代水下载人潜水器，配有独立的生命支持智能系统，可以保证潜水员48h的极限生存时间，同时具有脐带缆供电通信系统以及潜水服独立应急电源，作业精度远优于普通的遥控无人潜水器。

图1.2-10　莱斯布里奇常压潜水服

图1.2-11　常压潜水服

ADS的水下作业能力介于饱和潜水和ROV之间，对于大深度(600m以浅)、相对简单的水下作业任务，使用ADS有着非常明显的优势。目前的典型应用，主要是海军潜艇救援的前期支援作业，以及商用市场上海上平台的水下检测作业。ADS与比ROV更具备人的感知能力，比ROV更加灵巧，除了能完成ROV也能完成的水下检测检查任务外，在ROV的配合下还能完成一些相对复杂的、ROV所不能完成的水下作业任务，如钻孔、松紧螺母等。但与饱和潜水相比，由于其笨重的耐压铠甲使得潜水员灵巧和感知能力下降很多，虽然可以完成一些简单的水下检测、水下切割、水下液压工具的使用，但无法完成较为复杂的水下沉船打捞等工作。

在潜水技术发展多元化的今天，有统计资料表明，ROV、ADS和饱和潜水系统的初始投资费之比约为1∶1∶10，营运费约为0.5∶1∶10，重量约为1∶1∶12。所以，当今人们普遍

[1] 1in≈2.54cm。

[2] 1ft≈0.3048m。

认为:在潜水作业深度超过150m之后,尽管可采用饱和潜水进行作业,但是由于它的投资和营运费用昂贵及医务保障的复杂性,因此人们普遍倾向于选用ROV或ADS以取代潜水员直接潜水。在水深150m以浅的水下作业,由于潜水员的手比机械手作业效率高,可完成许多复杂的任务,因此,仍基本采用承压潜水技术。

第三节 潜水分类

潜水技术经过几个世纪的发展,取得了巨大的进步,并产生了多种类型的潜水方法。了解潜水的分类方法,不仅是为了正确地描述潜水的类型,更重要的是可根据潜水作业的环境条件、任务要求以及拥有的潜水资源选择适宜的潜水类型,以保证潜水作业的安全,提高潜水作业的效率。

一、潜水分类方法

1. 按照呼吸气体分类

按照潜水员呼吸的潜水气体分类,潜水可分为呼吸空气的潜水和呼吸人工配制的混合气潜水(当然,空气也是一种混合气,但不是人工配制的)。前者称为空气潜水,后者称为混合气潜水。混合气潜水必须表述呼吸气体的名称。从理论上讲,氮、氦、氖甚至氢都可以作为中性气体与氧混合来配制潜水呼吸用的混合气,但实际用于产业潜水的只有氦氧混合气。使用氦氧混合气作为潜水员的呼吸气体的潜水,称为氦氧混合气潜水。

2. 根据呼吸气体的来源分类

目前潜水采用呼吸气体的来源(供气方式)有两种,一种是由水面通过脐带向潜水员供气,另一种是由潜水员自身携带的气瓶供气。前者称为水面供气式潜水(俗称管供式潜水),后者称为自携式潜水。

工程潜水通常采用水面供气方式。

3. 根据气体更新方式分类

按气体更新采用通风或按需提供的方式,将潜水分为通风式潜水和需供式潜水,潜水装具也相应分为通风式潜水装具和需供式潜水装具。因通风式潜水装具的总重量较重(约65kg),又称重装潜水装具,简称"重装",而采用这种装具的通风式潜水也简称"重潜";需供式潜水装具的总重量较轻,又称轻装潜水装具,简称"轻装",而采用这种装具的需供式潜水也简称"轻潜"。

需供式潜水装具按供气方式不同,又分为自携式潜水装具和水面供气需供式潜水装具两种。其中,水面供气需供式潜水装具(简称水面需供式潜水装具)在工程潜水上应用最广泛。

4. 根据体内惰性气体是否饱和分类

按潜水员机体组织内的惰性气体是否达到饱和,将潜水分为常规潜水和饱和潜水两种方式。

常规潜水是指潜水员从水面入水,体内惰性气体未达到"饱和"状态,完成潜水(包括减压)后直接返回水面的潜水方式。空气潜水一般都采用常规潜水方式。

饱和潜水是潜水员在一定深度(饱和居住深度)下体内惰性气体达到"饱和"后,由闭式潜水钟与甲板居住舱对接,进入潜水钟,被吊放入水作业,完成潜水后再通过潜水钟返回到甲板居住舱的潜水方式。

特别要指出的是,氦氧混合气潜水不等于饱和潜水,氦氧混合气潜水分为常规氦氧混合气潜水和氦氧饱和潜水两种方式。深度较浅、作业时间较短的氦氧混合气潜水通常采用常规潜水方式。

5. 按入出水方式分类

按潜水员入出水方式,将潜水分为与水面需供式潜水、开式潜水钟潜水和闭式潜水钟潜水。

水面需供式潜水是指潜水员直接由水面入水,呼吸气体由水面通过潜水员脐带直接供给的需供式潜水方式(包括采用潜水吊笼入水的方式)。

开式潜水钟是底部敞开、上部形成气相空间的钟罩。开式潜水钟潜水时,潜水员从水面进入潜水钟内,开式潜水钟吊放入水,完成潜水作业后经过水下减压或减压舱水面减压后再返回水面。开式潜水钟潜水所需的呼吸气体从水面通过潜水钟脐带输送至潜水钟,再由潜水钟内供气接口连接潜水员脐带供给。

闭式潜水钟潜水时,潜水员可以从水面直接进入潜水钟内;也可以是潜水员先在甲板居住舱内饱和到一定深度(饱和居住深度),由闭式潜水钟与甲板居住舱对接后,进入潜水钟内。然后,闭式潜水钟吊放入水,完成潜水作业后回到甲板居住舱内减压或继续居住。闭式潜水钟潜水简称"钟潜水"。

6. 根据潜水目的分类

根据潜水目的的不同,潜水又可分为工程潜水、军事潜水、公共安全与应急救援潜水、科研潜水、休闲潜水及竞技潜水等。工程潜水,也称产业潜水,是以完成不同工程的水下作业任务为目的的潜水活动,如救助打捞、海洋工程、港航桥隧、水利水电等水下作业;军事潜水,是以完成一定军事任务为目的的潜水活动,如下水攻击、水下侦察、水下清障、水下爆破等;公共安全潜水是指发生水上事故或事件时,由消防救援、执法、救捞等政府部门或民间救援机构执行的水下人命搜索与救援、证物采集及轻型打捞等任务的潜水及水下作业活动;科研潜水是为海洋生物研究、海洋遥感观测和测量、海洋资料和样品搜集及海底考古等提供潜水技术手段;休闲潜水是以运动、娱乐观光为目的的潜水活动,包括水下观光、水下摄影、水下探险等;竞技潜水、屏气潜水是以挑战人类生理极限为目的的潜水活动。

二、潜水类别的表述

为了准确反映所从事的潜水类别,应正确、全面表述潜水活动的特征。所谓正确、全面的表述应该包括采用的呼吸气体、供气方式、气体更新方式和潜水方式,如:水面供气需供式氦氧混合气潜水。不过这样的表述十分复杂和烦琐,而且重装潜水逐步趋向淘汰,因此采用水面供气的需供式潜水可能会渐渐趋向不再表述气体更新方式。由于空气潜水基本上都是常规潜水,因此空气潜水通常不表述潜水方式;通风式潜水一定是采用水面供气,因此通风式潜水通常不表述供气方式。这样,空气潜水按所使用的装具可分为三类,分别表述为自携式潜水、水面需供式潜水和通风式潜水。

饱和潜水都是由水面供给呼吸气体,因此饱和潜水通常不表述供气方式,如氦氧饱和潜水,或氮氧饱和潜水。混合气潜水除饱和潜水外还有常规混合气潜水,常规混合气潜水简称“混合气潜水”,通常也不表述潜水方式。

在日常使用中,虽然习惯采用更为简洁方式来表述潜水类别,但在容易混淆的时候还是要全面正确表述。对某些特殊的潜水类别更要正确指明,如:采用 SDC-DDC(闭式钟)方式的氦氧混合气潜水,以表示与水面需供式氦氧混合气潜水的区别;采用开式钟方式的空气潜水,以表示与水面需供式空气潜水的区别。

第四节　我国潜水行业现状和展望

潜水行业的发展,也是与国家的命运紧密相连。国外用现代装具进行潜水和用现代方法预防、治疗潜水疾病,始于 19 世纪中叶。但是,旧中国战乱不断,经济落后,潜水行业无法发展,至 20 世纪 40 年代末期,我国潜水行业仍然处于原始落后状态。新中国成立后,1950 年 9 月招商局在职工中选拔了 9 名学员进行潜水技术训练,培养了新中国首批潜水员。1951 年 7 月 25 日,经政务院批准,交通部组建了“中国人民打捞公司”,标志着国家专业潜水救助打捞队伍正式诞生,起初主要担负清航打捞的工作。1963 年 5 月 1 日,我国第一艘万吨级远洋货轮“跃进”号在苏岩礁海域沉没。为调查货轮沉没原因,5 月 12 日周恩来总理亲临上海领导和布置对“跃进”号失事原因的调查,接见参与调查训练的全体潜水员和潜水员家属。在完成水下调查任务后,经周恩来总理批准,交通部于 1963—1965 年连续三年在全国招收近 300 名潜水学员,加以培养,我国潜水员队伍的建设开始起步。1977 年,经国务院、中央军委批准,交通部三个打捞局和海军航保部门、防救部队共同参与“阿波丸”打捞工程,历时四年,在此期间,交通部针对大规模深水潜水作业存在的问题,组织几十个科研单位进行技术攻关,促进了潜水技术进步,也锻炼了一大批救捞潜水员。

改革开放以来,我国海上救助打捞、海洋资源开发、交通基础设施建设及水电水利建设等行业快速发展,对潜水作业的需求迅猛增加,潜水队伍得到空前发展与壮大,潜水、救捞技术及其应用已不再局限于传统意义上的水上抢险救助和沉船沉物打捞活动,而是延伸并应用到诸如海上资源开发、桥梁隧道建设、水库水利设施建设、海洋养殖捕捞、市政设施建设、滨海休闲旅游、科学试验、国防建设等领域,发挥着特殊而重要的作用。随着国家加快建设海洋强国、推进“一带一路”倡议,我国深远海活动日益频繁,必将进一步推动潜水行业的发展。

一、我国潜水行业现状

我国海上救助打捞系统是国家海上专业救助打捞队伍,承担着我国海上人命救助、财产救助、环境救助、沉船沉物打捞，以及国家指定的政治、军事、救灾任务，并代表中国政府履行有关国际公约义务。进入 21 世纪以来，我国海上救助打捞系统历经数次体制改革，全力推进《国家水上交通安全监管和救助系统布局规划》及救助打捞系统发展规划落实；同时，国家不断加大对救助打捞系统固定资产投入，一批适应恶劣气象和海况、技术先进、功能完备、能够在深远海执行应急救捞任务的大型船舶和救助直升机陆续投入使用，海空立体救助打捞网络体系初步建成，在我国海上人命、财产和环境救助及海上重特大突发事件的应急处置中发挥了重要作用。潜水技术技能是海上专业救助打捞的特殊手段，海上救捞潜水员是我国水上交通安全保障的特种人才，在应急救助、抢险打捞及水下工程中发挥关键的作用。

中国潜水打捞行业协会❶2008 年 5 月 5 日在北京正式成立，是我国潜水、打捞史上第一个全国性行业组织，是全国从事潜水、打捞、救助、水下施工、海洋工程服务等具有从业资质的企事业单位及相关医学保障、装备装具制造、科研、教学培训等机构自愿组成的非营利性的国家一级社团组织。2016 年 1 月 1 日，中国潜水打捞行业协会颁布《潜水自律管理办法》，在潜水打捞领域相关法律法规建设仍需完善的情况下，以自律方式和自愿原则开展行业安全自律管理，提升自律服务水平，凝聚行业力量，促进潜水打捞行业高质量发展。2023 年底，中国潜水救捞行业协会的会员单位从创建之初 114 家发展至 915 家，设立专业委员会和地区办事处等分支机构 18 个；行业自律管理制度不断创新完善，组织开展的潜水服务、打捞作业、水下工程检测和船舶污染清除能力与信用评估，得到社会和业主方的高度认可，并获人力资源和社会保障部颁发的中国社团组织评估“AAAA”证书。根据不完全统计，我国现有从事潜水作业的企事业单位 1000 余家，从业人员达 10 万余人，其中各类职业潜水员 1 万余人，非职业潜水员约有 3 万 ~5 万人。

从我国潜水行业总体能力来看，空气潜水应用最广泛，大部分情况下使用水面需供式潜水装具，通风式重潜水装具（TF-12 型）趋向淘汰，较少采用潜水吊笼或开式潜水钟潜水。目前国内有七八家具备氦氧混合气潜水作业能力，实际作业深度可达 120m。我国饱和潜水虽然起步较晚，但近年来发展很快，300m 以浅的饱和潜水出潜作业技术已基本成熟，2010 年完成模拟 480m 饱和潜水试验，2021 年完成 500m 饱和潜水陆基载人实验，标志着我国大深度饱和潜水系列技术研发应用跨入国际先进行列。进入 21 世纪，由于技术进步的推动，ROV、ADS 可以在深海及水库大坝中完成很多复杂的大深度作业任务。

潜水人员是潜水行业发展的主体。中国潜水救捞行业协会在巩固工程潜水人员培训的基础上，努力开拓市政工程潜水、应急救援与公共安全潜水、休闲潜水、渔业潜水、ROV 操作人员等培训，培训门类逐步齐全；十几家潜水培训机构通过评估可开展工程潜水人员培训，中国潜水救捞行业协会先后发放各类工程潜水人员证书 1.3 万本（统计至 2022 年底）。与此同时，制定完善和运行实施《专业技术人才评价办法》和《专业技术人才评价实施细则》，较好地满足了占比达 90% 的广大民营企业会员潜水救捞与水下施工作业管理技术队伍的人才培育和评价需求。

但是，我国潜水行业也同时存在许多亟待解决的问题，主要有：一是行政法规缺失，整个

---

❶ 经民政部批准，中国潜水打捞行业协会于 2023 年 7 月 1 日起，正式更名为中国潜水救捞行业协会。

行业的治理体系缺乏基本的行政法规统领；二是管理体制不健全，潜水业务管理的纵向和横向不明确；三是潜水员培训与考证工作还需要进一步规范；四是我国与发达国家和国际上主流潜水行业组织之间尚未建立潜水资质资格互认机制，潜水作业机构及人员还难以直接进入国际潜水服务市场。

二、我国潜水行业发展趋势

21 世纪是海洋世纪，国家加快建设海洋强国，大力发展海洋经济。目前，我国海洋经济对国家的贡献越来越大，根据近几年中国海洋经济统计公报显示，海洋生产逐年增长，2022年总值接近 9.5 万亿元，涉海就业人员超过 3500 万人，海洋经济已经成为拉动国民经济发展的有力引擎。海洋经济已经高度渗透国民经济体系，涉及 20 多个门类，海洋产业群已基本成型，其中海洋交通运输业、滨海旅游业、海洋渔业、海洋资源开发等占有较大比重，需要大量的水下工程服务、保障。庞大的航运、海洋工程作业、海洋资源勘探与开采、渔业生产等活动带动潜水打捞行业、各类海洋工程公司、潜水打捞装备设计及制造研究所（设计院或企业）、潜水救助打捞培训教育机构创立与发展，在我国沿海主要城市已经形成一定规模。同时，随着国家加快建设海洋强国、推进“一带一路”倡议，我国海上活动将由近海、浅海走向深海、远洋，深远海活动日益频繁，对大深度潜水作业能力的要求更高。

我国的内陆水域（包括江、河、湖泊、水库、水塘）面积约为 26.67 万 km^2，约占我国国土面积的 2.8%，有 45203 条 50km^2 以上流域面积的河流、696 个 10km^2 以上水面面积湖泊和 85000 座水库，其中有 756 个 10 亿 m^3 以上库容的水库，最大水深超过 60m 的湖泊将近 20 个、水库 10 多个。水库大坝、水利水电设施等建设，离不开潜水作业支持，有些甚至是深潜水作业。特别值得关注的是，我国现有水库中有相当一部分是 20 世纪 50 年代末至 60 年代初建造的，这些水库大坝存在着不同程度的损坏、老化，水下部分需要完成大量的安全勘查、维修养护、加固改造等作业任务。

全面推进城市地下管线设施建设时期，也是市政工程潜水大力发展的重要时期。中共中央、国务院印发的《关于进一步加强城市规划建设管理工作的若干意见》提出，要加快推进海绵城市和地下管廊建设，全面提升城市功能，实现国家新型城镇化建设的发展目标。城市管线是城市建设的基础设施之一，随着我国城镇化推进和城市规模扩大，城市供水和排水设施、市政集污水管道和水下管道、大型涵箱及取排水、隧道盾构高气压、沉管隧道等工程量迅猛增长，城市人脚步所及的每寸路面下都密布纵横交错的管线，对市政工程潜水作业的需求量也在增长。同时，近年来政府加强市政工程潜水安全监管，相关行业协会加强安全自律管理，通过市政工程潜水从业人员专业培训、建立行业适用的潜水及水下施工作业标准、潜水作业技术装备的升级换代、逐步开展行业内能力等级评估等有力举措，提升了市政潜水从业机构和人员综合素质，促进了市政工程潜水作业安全水平提高，不断适应和满足了国家城市化建设的需要。

休闲潜水运动作为水上休闲旅游的重要部分，是目前国际运动的时尚潮流，具有广阔的发展前景，也符合我国的产业发展需求。我国有 1.8 万 km 长的海岸线，面积在 1km^2 以上的岛屿有 5000 多个，如此广阔的水域和良好的自然地理条件，既是开展潜水健身活动有利条件,又是开发潜水旅游产业的雄厚资源。随着人们生活水平的提高,我国游艇驾驶和观光、潜水等水上休闲活动将迎来大发展。

我国内陆及沿海水域面积大,随着经济社会发展,人员活动增加,经济活动活跃,涉水事故多发频发,因此,加强水上人命救助、潜水救援的能力建设刻不容缓。2018 年,国家进行应急管理体制改革,整合优化应急力量和资源,提高国家应急管理水平和防灾减灾救灾能力,其中,提升国家消防救援队伍在水域事故应急救援方面的专业化、职业化水平,加快水上专业潜水救援队伍建设,发挥水域应急救援作用,也是其职能的重要方面。

我国潜水行业发展、潜水技术进步也需要先进的潜水装备,国家在"十三五"规划编制过程中更是把海洋经济建设和发展海洋工程装备高端制造业作为我国未来经济发展的重要支柱性产业之一,作为海洋工程装备的重要组成部分,潜水装备工程技术行业也越来越受到重视。

思考题

1. 潜水的定义是什么?潜水环境有什么特点?
2. 潜水在国民经济建设方面有哪些作用?
3. 为什么说屏气潜水是一种承压潜水?
4. 呼吸管潜水为什么只能下潜很浅?
5. 重装与轻装潜水有什么不同?
6. 水面需供式潜水有哪些优点?
7. 氦氧混合气潜水为什么能突破空气潜水深度的限制?
8. 饱和潜水的优越性有哪些?
9. 什么叫潜水器潜水?
10. 常压潜水服潜水的特点是什么?
11. 潜水分类方法有哪些?
12. 根据呼吸气体来源的不同,潜水可分为哪几类?
13. 根据潜水目的不同,潜水可分为哪几类?
14. 我国潜水行业目前的总体水平如何?
15. 国家大力发展海洋经济,将在哪些方面促进潜水行业发展?
16. 国家全面推进城市地下管线设施建设,给市政工程潜水带来哪些发展机遇?

第二章

潜水物理学基础

潜水环境具有水下、高气压、低温、低能见度、水流、浪涌等环境特点，对于人体来说是一种完全不同于陆地大气环境的特殊作业环境。潜水时，潜水员不仅要直接承受相应潜水深度的静水压力，还要呼吸同样压力的高压气体。水及气体的各种物理性质、运动及与人体的相互作用都对潜水员有着很大的影响，如压强、相对密度、收缩、膨胀、浮力、阻力、热散失、光和声在水中的特殊传播等，这些因素一定程度上决定了潜水过程能否安全顺利进行。因此，学习和探讨与潜水环境有关的物理规律和原理，对理解潜水原理、潜水生理、潜水程序及相关设备操作等，并将其应用于具体的潜水实践中是十分重要的。

第一节 水的物理性质和压强

一、水的物理性质

1. 纯净水的物理性质

水的分子是由两个氢原子和一个氧原子组成的。其分子式为 H_2O。

纯净的水是一种无色、无味、透明的液体。纯净的水不易导电，在常压下，水的凝固点(冰点)是0℃，沸点是100℃，在4℃时，$1m^3$ 的水的质量为1g，此时密度最大。将水冷却到0℃，可以结成冰而体积增加，它的体积为原来的1.09倍；如果加热到100℃，使水变成水蒸气，体积将增加1600多倍。水对很多物质的溶解能力很强，水中含有溶解的空气，水中生物的生活就是依靠溶解在水中的氧气。

由于水的压缩性很小，故可忽略不计。因此，我们通常称水是不可压缩的。但是一定量的水，当加压至20MPa时，它的体积会减少1%。

水与其他液体一样，具有易流动性，因此它是一种流体。这是因为水在压力作用下，可达到平衡状态；而在拉力或切力的作用下，会产生变形。

2. 海水的物理性质

一般情况下，非纯净水的密度较纯净水的大。海水是含有多种溶解固体和气体的水溶液，其中水约占96.5%，其他物质占3.5%。海水的密度为 $1.025g/cm^3$，它随温度、盐度和气压而变化。

海水的盐度一般都在3.5%左右,海洋中发生的许多现象都与盐度的分布和变化有密切关系,所以盐度是海水的基本特性。

海水的颜色又称为海色。海水的颜色决定于海水对太阳光线的吸收和反射状况,由于海水中包含有一些悬浮物质和溶解的物质,当阳光照射时,表层进行散射而形成了海水的颜色,由蓝到黄绿及褐色。一般大洋的海水是深蓝色,近岸的海水为蓝绿色和黄褐色。

3. 其他水质的物理性质

泥浆水含有大量泥沙固体小颗粒,多出现于钻井、打桩、隧道开挖及其他工程作业中,泥浆密度大于纯净水的密度,一般用相对密度的方式来表示:即相对于水的密度,水的密度为1.0g/cm^3,泥浆密度可用专门的泥浆密度计来测量。如果在泥浆水中潜水作业,必须测量泥浆的相对密度,在实际下水深度的基础上算出理论深度,制定减压方案,才能进行正确减压,防止减压病的发生。

污染水域的形成原因有很多,最主要的是超标排污,造成水体富营养化、破坏生态;原油、液体化工品泄漏也会对水域造成极大的污染和破坏。在污染水域进行潜水作业时,必须做好相应的防护措施,选用适合的潜水装具,保证潜水员身体健康。

二、水的压强

1. 压强的相关概念

1)压强

单位面积上受到的压力叫作压强(P)。如果垂直作用于面积S上的重量为F,那么面积S上所受的压强为:

$$P = \frac{F}{S} \tag{2.1-1}$$

压强既可以由物体的重量产生,例如大气的重量和水的重量可分别产生大气的压强和水的压强;又可以由物体间的作用力产生,例如空气压缩机的活塞对汽缸内空气的作用所产生的压缩力。

压强的基本单位为帕(Pa),1Pa = 1N/m^2。因1Pa很小,故在表示水和气体的压强时,常用千帕(kPa)、兆帕(MPa)。

2)相对压强与绝对压强

水面大气压强随海拔高度和天气的变化而变化,但一般情况下,我们认为地球表面的气压近似等于0.1MPa(一个大气压)。对于气体的压强,一般使用压力表即可测出,当我们把压力表置于水面大气中时,压力表的指针指到刻度盘上“0”的位置。这并非说大气的压强为零,实际上大气的压强是0.1MPa,也就是说压力表所显示的压强值不包含大气压强。为了研究方便,我们经常使用绝对压强和相对压强的概念。

所谓绝对压强,表示物体实际承受的压强,也就是施加的总压强。

所谓相对压强,也叫表压或附加压,表示物体实际承受的压强与大气压之间的压差。压力表所显示的压强是相对压强。

绝对压强 = 相对压强 + 0.1MPa(一个大气压)。

在气体定律的计算,以及研究高压环境对人体的生理效应时,应使用绝对压强。

2. 静水压强

潜水时,水下环境诸因素中,静水压改变是引起潜水员发生生理或病理变化的主要因素,也是人们向深海进军的重要障碍。

由水的重量而产生的压力叫作静水压力。单位面积上承受的静水压力就是静水压强。

潜水员在水中所承受的压强包括由水的重量所产生的静水压强,以及由水面大气的重量所产生的大气压强。

在中学的物理课程中,我们学习过:液体内部同一点各个方向的压强都相等,而且深度增加,压强也增加。在同一深度,各点的压强都相等。若 ρ 为某种液体的密度,则深度为 h 处的静水压强 $P_{静}$ 为:

$$P_{静} = 0.001 g\rho h \tag{2.1-2}$$

式中:$P_{静}$——静水压强,MPa;

g——表示比值,即物体所受的重力跟它的质量的比值,N/kg;

ρ——液体的密度,g/cm^3;

h——水的深度,m。

纯净水的密度 ρ 为 $1g/cm^3$,海水约为 $1.025g/cm^3$,在潜水中我们经常近似认为江河湖海的水密度都是 $1g/cm^3$;物体的重力跟它的质量的比值 g 是 9.8N/kg,取约 10N/kg。这样公式可简化为:

$$P_{静} = 0.01h \tag{2.1-3}$$

当 $h = 10m$ 时,$P_{静} = 0.1MPa$(相当于一个大气压);同理当 $h = 20m$ 时,$P_{静} = 0.2MPa$(两个大气压)……。也就是说当水深每增加 10m 时,静水压强即增加 0.1MPa(一个大气压)。

【例 2.1】某潜水员潜入 36m 水深处,问其承受多大的压强?

解:潜水员在水下受的压强 $P_{绝}$ 由静水压强和水面上的大气压强叠加而成。

$$P_{静} = 0.01h = 0.01 \times 36 = 0.36(MPa)$$

$$P_{绝} = P_{静} + 0.1MPa = 0.36 + 0.1 = 0.46(MPa)$$

3. 帕斯卡定律

潜水员工作环境是具有自由液面的水下,在这种具有自由液面的水中,不同深度压强是不同的。

如果把水或其他液体放入一个没有自由液面的密闭容器内,并向容器内某点施加一个压力,情况会怎样呢?

实验证明:在密闭容器内的液体,能把它在一处受到的压强,大小不变地向液体各部分,各方向传递。这就是说,在密闭容器内,施加于静止液体上的压强将以等值同时传到各点。这就帕斯卡定律,或称静压传递原理。

人们利用这个定律设计并制造了水压机、液压驱动装置等流体机械。

4. 水流动时压强与流速的关系

水的压强除了因自重产生的静水压强外,若水是流动的,因水的流动亦会产生压强的变化，如图 2.1-1 所示。

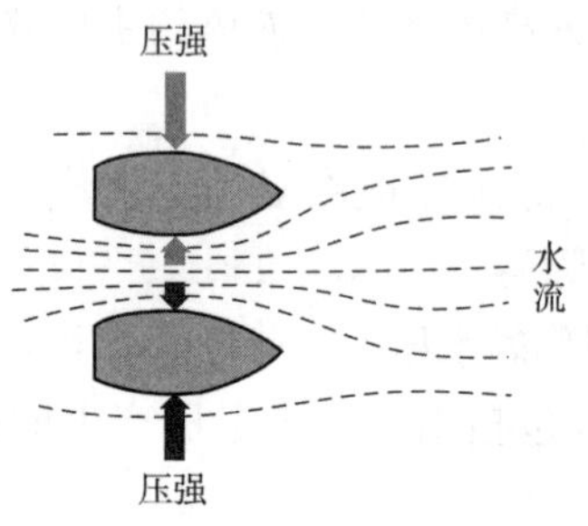

图 2.1-1　压强与水流关系示意图

在稳定流动的水中，截面小的地方，流速大，压强小；截面大的地方，流速小，压强大。当然，流速和压强并非成简单的反比关系。

第二节　水的浮力和阻力

一、水的浮力

1. 浮力的概念

把一块木板放入水中，它会浮在水面，用弹簧秤称一个浸在水里的物体，其重量比在空气中称的重量轻（图 2.2-1）。这些事实说明，浸在液体中的物体会受到一个向上的力。这种水作用于浸入其中物体的垂直向上的力，称为浮力（buoyancy）。

2. 阿基米德定律

如图 2.2-2 所示，若一个正方体状物体浸入水中，单面表面积为 S，上表面水深为 h_2，下表面水深为 h_1，下表面所受到的静水压强 $\rho g h_1$ 大于上表面所受到的静水压强 $\rho g h_2$。由式（2.2-1）得出 $F=PS$，则作用在下表面的静水压力 $F_1=\rho g h_1\cdot S$，作用在上表面的静水压力 $F_2=\rho g h_2\cdot S$，显然 $F_1\geqslant F_2$，此时物体受到一个向上的托举力，即浮力。物体在水中受到的浮力，用公式表达为：

$$
\begin{aligned}
D &= F_1 - F_2 \\
&= \rho g h_1 \cdot S - \rho g h_2 \cdot S \\
&= \rho g S(h_1 - h_2) \\
&= \rho g V
\end{aligned}
\tag{2.2-1}
$$

式中：D——物体受到的浮力，kN；

g——表示比值，即物体所受的重力跟它的质量的比值，N/kg；

ρ——液体的密度，g/cm^3；

V——物体排开液体的体积，m^3。

对于纯水，如果 V 的单位用立方米（m^3），g 取 9.8 N/kg，则式（2.2-1）可简化为：

$$D = 9.8V \tag{2.2-2}$$

图 2.2-1 水的浮力示意图

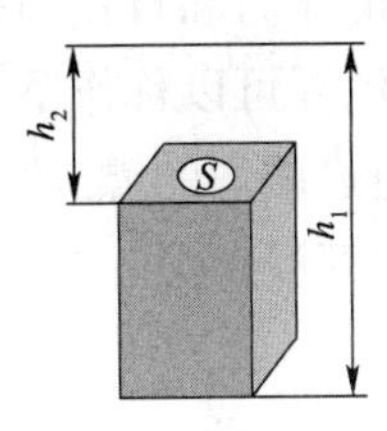

图 2.2-2 浮力大小示意图

由此可见,浮力的大小与浸入物体的体积及液体的密度有关。物体在水中受到的浮力的大小等于浸没物体排开液体的重量,这就是阿基米德定律。在同一种液体里,浸入物体的体积越大,浮力也越大;液体的密度越大,浮力亦越大。

3. 物体的沉浮原理

一块钢板放入水中会沉到水底,但是用钢板制造的船却可漂浮在水面。为什么会有这种现象呢?原来,浸在水中的物体除受到向上的浮力 D 外,还受到向下的重力 W(图 2.2-3)。物体的沉浮是由浮力 D 和重力 W 共同作用的结果。

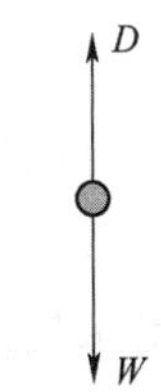

图 2.2-3 物体在水中受力示意图

当 $W = D$ 时,合力 $D - W = 0$,此时物体可以在液体内部任何位置平衡。我们把物体的这种状态叫中性浮力,也叫悬浮状态。

当 $D > W$ 时,合力 $D - W > 0$,方向向上,物体会漂浮在水面,我们把物体的这种状态叫正浮力,也叫漂浮状态。

当 $D < W$ 时,合力 $W - D > 0$,方向向下,物体会沉到水底,我们把物体的这种状态叫负浮力状态,也叫下沉状态。

显然,在水中的物体只能处于这三种状态中的一种。我们调节 D 和 W 的大小,即可以改变物体的沉浮状态(简称"浮态")。

进一步分析物体的浮态,实际上决定物体沉浮的因素是物体和液体各自的平均密度。当物体的平均密度等于液体的密度时,为中性浮力;当物体的平均密度小于液体的密度时,为正浮力;反之,则为负浮力。

【例 2.2】欲把一个边长为 15cm 的方形钢块(密度 $\rho = 7.8\text{g/cm}^3$)从水底打捞出水,至少需多大的力?

解:钢块在水中分别受到向上的浮力 D 和向下的重力 W,打捞所需的力是它们间的合力。

$$D = 9.8V = 9.8 \times 0.15^3 = 0.033(\text{kN}) = 33(\text{N})$$

$$W = g\rho V = 9.8 \times 7.8 \times 0.15^3 = 0.258(\text{kN}) = 258(\text{N})$$

$$W - D = 258 - 33 = 225(\text{N})$$

所以,至少需要 225N 的力才能将铁块打捞出水面。

4. 潜水员的沉浮原理

潜水员在水中的沉浮和一般物体在水中单纯的沉浮有所不同。一般物体在水中的浮态完全取决于物体所受到的浮力和自重的差值，这个差值是固定不变的，故只能处于三种浮态中的一种。一般物体的沉浮可以称作重力沉浮。潜水员和鱼类在水中的沉浮相类似。鱼类在水中的沉浮，一方面通过腹内的鳔，改变自身的排水体积，从而改变浮力和自重的差值，达到沉浮目的，这属于重力沉浮。另一方面，运用尾和鳍的推力达到潜游和浮游的目的，这种沉浮称作动力沉浮。

潜水员在水中的沉浮，一种是重力沉浮，另一种是动力沉浮。通风式潜水属于重力沉浮，运用了压重物（如压铅），结合调节重潜潜水服内的空气垫，使重力和浮力的差值可以在较大范围内任意调整，达到沉浮目的。

轻潜的大部分情况属于动力沉浮，主要依靠脚蹼的推力达到沉浮目的。轻潜时穿戴浮力背心或变容式干式潜水服，也可通过充排气调节浮力，动力沉浮和重力沉浮相结合。

另外，自携式潜水时气瓶内气体消耗，会影响潜水员浮性平衡。当海平面空气温度在15℃的时候，空气的密度大约是1.225kg/m^3。开式自携式潜水装具使用的大多数气瓶充满气时，可以装超过2kg的空气，随着空气的消耗，重量降低，气瓶的浮性会增加。由于气瓶内部压力降低而导致的气瓶外部体积的减小相对而言微乎其微，在实际使用中可以忽略。例如：潜水前一个充气压力在23MPa的12L气瓶，在上升出水前，其内部压力降低到3MPa，这意味着潜水员使用了2400L（2.4m^3）的常压气体。该次潜水过程中所使用的气体重量取决于气体的种类，假设是空气，消耗的气体质量大约为2.9kg。气瓶内气体重量的降低，会让潜水装具和潜水员的浮性增加。在接近潜水作业结束时，由于气瓶内的大多数气体被消耗，如果潜水员无法保持中性浮力，就有可能出现失控漂浮的问题。

二、潜水员的稳度

潜水员在水下行走或作业时，要采取各种不同的体位，如站立位、跪位、侧卧位等，不论采取何种体位，都要求自身保持在稳定的平衡状态，并力求姿势舒适和便于操作。

1. 重心和浮心的概念

所谓潜水员的重心，是指潜水员自身的重力和潜水装具的重力共同作用形成的合力的作用点。对于潜水员来说，重心一般在腰带部位。

潜水员的浮心，是指潜水员（含装具）在水中所受到的浮力的作用点。对于重潜水员来说，浮心一般在乳头的高度上。直立体位时，重心和浮心的垂直距离约为200mm，这个距离也叫稳性高度。

2. 潜水员在水下的稳度

潜水员能够自如地保持身体处于平衡稳定的程度，称为潜水员的稳度。它取决于重心和浮心的在人体轴上的相对位置以及潜水员本身的平衡感。

潜水员的平衡分为稳定平衡、不稳定平衡和中性平衡三种情况。

稳定平衡的基本条件是保持浮心在上、重心在下，并且在同一条铅垂线上。两者的相对位置，与压重物的佩戴和潜水服内的气体量有关，特别是前者，对潜水员稳度的影响较大。但潜水员在水下作业过程中，需经常变换体位，因此，也就不可能永远保持在一种平衡状态。由于不断变换动作，潜水员的重心和浮心随之不断发生位移，因而原有的平衡不断被打破，而产生新的平衡。造成重心和浮心位移的原因很多，主要为身体位置或状态的改变、重量的增减，潜水服内空气垫的位移等。潜水员在水下应保持稳定平衡。

潜水员水下不稳定平衡的条件是：重心在浮心的上方，或浮心与重心不在同一条铅垂线上。潜水员应避免不稳定平衡。对重装潜水而言，造成潜水员不稳定平衡的原因主要有：①重心位置过高。压重位置挂得过高，潜水员进入水后，重心位置在浮心之上，潜水员感到"头重脚轻"，极易倾倒，如当潜水员两只潜水鞋都脱落时会产生这种现象。②重心偏向一侧。当潜水员的压重位置偏移，集中到某一侧时（如压铅绳一侧断开或一只潜水鞋脱落时），会造成浮心与重心不在同一铅垂线上，重力和浮力形成的倾覆力矩，会使潜水员倾斜甚至倒转。③浮心偏向一侧。重装潜水员在水下身体倾斜时，空气垫偏向一侧时，或空气垫发生变化时，也可能造成浮心偏向某一侧，潜水员失去平衡。穿着干式潜水服水下作业，也有可能出现类似现象。

中性平衡是指潜水员在水下浮力和重力相等，且浮心与重心重合的情况，此时，潜水员可悬浮于任何位置，并可绕重心与浮心的重合点做任意转动，这将不利于潜水员水下工作的正常进行。而轻装潜水时，潜水员水平游动时需要将浮心和重心调节到同一点上，才可能轻松地维持水下平衡。

三、潜水员重心和浮心变化规律

潜水员的稳度取决于重心和浮心的相对位置。为了更好掌握水下稳性，我们有必要对重心和浮心的变化规律进行分析和概括。

1. 重心的变化规律

在潜水运动中，一般认为在正确着装基础上，不施力于物体，潜水员的重心位移很小。在直立的静态状态下，重心不变，而徒手运动时，虽因体位的变化造成重心的位移，但这种位移仍然是小范围的。由于重心在小范围内发生偏离，潜水员可轻易控制稳度，保持平衡。

重心的变化只有在潜水装具各部分配重不当，着装时佩挂物的位置偏差，运动时发生压重、重装潜水鞋脱落，搬运重物时用力不当时才会出现较大幅度的位移。如果重心位移后仍在浮心的下方，则仍属稳定平衡范围。如果重心位移后处于浮心上方，则为不稳定平衡。这时如果潜水员有准备，可以迅速将重心和浮心调整在同一铅垂线上，仍可保持一个暂时的平衡。当然这是不易掌握的，一旦重心和浮心偏离同一条铅垂线，倾覆力矩将使潜水员失去平衡，这是很危险的。

2. 浮心的变化规律

浮心的变化是随时随地发生的。这因为潜水员在水下作业时，空气垫浮力的大小和位置随时都在变化。空气垫浮力的大小是通过改变排水体积来实现的，而空气垫体积和位置是随时变化的，这种变化往往是不对称的，这就使得浮心随空气垫的变化而产生位移。浮心总是向排水体积相对增大的方向移动的。由于浮心的随时变化,从而随时改变着重心和浮心的相对位置关系,影响稳性。

对于重潜潜水员,几种常规移动与浮心变化关系可概括为:

(1)空气垫增大时,浮心下移,反之上移;

(2)后仰时空气垫前移,浮心亦前移;

(3)前俯时空气垫后移,浮心亦后移;

(4)左侧身时空气垫向右移,浮心亦右移;

(5)右侧身时空气垫向左移,浮心亦左移。

影响自携式和需供式潜水员浮心变化的因素可概括为:

(1)穿着浮力背心(buoyancy compensator,BC)下水时,浮心随浮力背心充气量的大小而变化,不过只要压重等其他装具配重得当,浮力背心的充排气一般不影响潜水员在水下的稳度;

(2)穿着干式潜水服下水时,浮心随干式服内空气垫的大小而变化,空气垫增大,浮心下移,反之上移;也要注意体位的变化,作业中要注意侧身的幅度,避免倾覆力矩过大而出现翻转;同时也要避免头低脚高,防止气体倒灌进腿部,从而发生体位倒置的情况。

潜水员的稳度固然取决于重心和浮心的位置关系,但也不能忽视潜水员主观努力的作用。当平衡受到破坏时,潜水员将通过自己的努力调节,使身体维持于平衡状态。潜水员在平衡不好的情况下进行作业,要额外消耗较多的体能,会迅速引起疲劳,甚至未完成任务就不得不出水,否则可能会导致事故发生。

四、水的阻力对潜水员的影响

1.水的阻力

在水中运动的物体,所受到的与运动方向相反,阻碍物体运动的力,叫作水的阻力。水的阻力消耗潜水员的体力。凭经验我们知道,游泳时慢慢游不会很费劲,但快速游时会很累。这说明水的阻力与相对运动速度有关,速度快时,阻力大,反之则小,当然速度和阻力间不是简单的线性正比关系。

为什么在水中运动的物体会受到阻力?这因为水的内部存在黏滞性。潜水员入水后,潜水员衣被水浸湿,潜水员运动时,这部分水就和潜水员一起运动。此时,周围的水必然与这部分水相分离。由于水本身所具有的黏滞性,潜水员运动时就要克服这种黏着力,才能使附着在潜水服上的水与周围的水相分离。潜水员要游动就必须付出一个力来克服水的黏着力,即水的黏着阻力。

水的阻力可用式(2.2-3)计算:

$$R = \frac{1}{2}\rho V^2 CA \tag{2.2-3}$$

式中:R——水的阻力;

V——水流速度;

C——水的摩擦因数;

A——运动物体迎水面积;

ρ——水的密度。

从上式可以看出:水中运动的物体,所受到水的阻力,与水的摩擦因数(黏滞度)有关;与迎水面积有关,迎水面积大,阻力也越大;与运动速度有关,速度越大,阻力亦随之增大。除此之外,阻力还与物体的形状有关。

实验证明,当相对运动速度增大到一定值时,水的阻力会急剧增大,这时又增加了一个阻力因素,即涡流阻力。

19 世纪末(1880 年),英国物理学家雷诺证明液体的运动存在层流和湍流(又叫紊流)两种流态。所谓层流指液体质点做有秩序的线性运动,彼此互不掺混的流动状态;而充满旋涡、质点相互混掺的流动状态则称为湍流。流速是决定流态的主要因素之一。潜水员在静止(或流速很小)的水中慢速运动,水的流态属于层流。而潜水员在静止水中快速游动或在急流中运动时,水的流态属于湍流,这时水的阻力随相对运动速度增加而几何级增加。

综上所述,水的阻力包括黏滞阻力和涡流阻力。在相对运动速度较小时,阻力的大小主要是黏滞阻力;在相对运动速度较大时,阻力的大小主要是湍流阻力。为了减小阻力,可以设法减小迎水面积及降低运动速度。

2. 水的阻力与潜水员的关系

水下环境从动态意义上可分为静水环境和流水环境两种。因此潜水员在水中所受阻力也可以分为两种情况来研究,即运动阻力和水流阻力。

1)运动阻力

潜水员在静水环境中,与水做相对运动所受到的水的阻力称作运动阻力。根据式(2.2-5)可知,这个阻力的大小与迎水面积的大小成正比,并随运动速度增大而增大,这时潜水员与水做相对运动时水的流态,可视为层流,阻力较小,主要为黏滞阻力,只要运动速度不过快,一般不会产生湍流阻力。潜水员可适当减慢运动速度,或尽量减小迎水面积,比如侧身运动等都可有效减少运动阻力。

2)水流阻力

潜水员在流水环境,水流与潜水员相对运动所受到的阻力称作水流阻力。如果水流速度很慢,水的流态仍可看作层流,潜水员所受到的阻力与静水时相差不大,主要还是黏滞阻力。但是水流较急时,水的流态为湍流,水的阻力除黏滞阻力外,还会产生涡流阻力,而且涡流阻力比黏滞阻力大得多,对潜水员造成很大的体力消耗,甚至无法进行水下作业。因此在急流的江河和潮流较大的海区作业,潜水员将受到比静水环境大得多的水流阻力。在这种环境作业,应采取各种手段才能保证水下安全作业。例如,根据潮汐运动规律,在平潮期间作业;在急流中使用挡流板等。

由于水的密度大于空气密度约 800 倍,在其他条件相同的情况下,水的阻力要比空气约大 800 倍,单就这一项而言,潜水时增加的体力负荷便很大。

综上所述,水的阻力对潜水员的影响有:①妨碍潜水员水下活动;②为了克服水的阻力,潜水员要额外消耗很多的能量。

第三节 潜水气体

潜水时会使用到各种气体,最常用的是空气。空气是一种天然的潜水混合气体,其中主要有氧和氮,还有少量的氦、氢、氖、二氧化碳及水蒸气等,它们以不同的含量存在于空气中。在某些潜水中,也可以将某些成分的气体与氧气混合,组成特殊的混合气体。本节介绍潜水气体的基本物理性质。

一、大气

1. 大气的概念

地球表面被一层厚达几千公里的空气包围着。包围地球的空气层就叫大气层。它除了含有氮气、氧气及二氧化碳等多种气体外,还含有水汽和尘埃。我们把含水汽很少(即湿度小)的空气称"干空气",而把含水汽较多(即湿度大)的空气称"湿空气"。

2. 大气的压强

1)大气压强的概念

大气的压力,是指大气层中空气对地球表面的压力。

大气压力是由大气的重量所引起的。空气虽然无形无色,看不见摸不着,但它是由具有重量的各种物质组成。单位面积地面所承受的大气压力叫作大气压强。

2)影响大气压强的因素

地球表面大气压强的值并非恒定不变,它与天气、海拔高度等因素有关,但地球表面大气压强的值波动范围很小,并且围绕0.1013MPa波动。当大气压强值等于0.1013MPa时,我们称之为标准大气压。潜水作业有关计算中,不考虑大气压强值的变化,并用0.1MPa作为大气的压强值。

(1)天气。

应当说,由于大气处于地球周围的一个开放空间,而不存在约束其运动范围的具体疆界,这就使它跟处于密闭容器中的气体不同。对一个盛有空气的密闭容器来说,只要容器中气体未达到饱和状态,那么,当我们向容器中输入水汽的时候,气体的压强必然会增加。而大气的情况则不然,当因自然因素或人为因素使某区域中的大气湿度增大时,则该区域中的"湿空气"分子(包括空气分子和水汽分子)必然要向周围地区扩散。其结果将导致该区域大气中的"干空气"含量比周围地区小,而水汽含量又比周围地区大。这犹如在大豆中掺入棉籽时其混合体密度要小于大豆密度一样,所以该区域的湿空气密度也就小于其他地区的干空气密度,这样,对该区域的一个单位底面积的气柱而言,其重量也就小于其他干空气地区同样的气柱。这也就告诉我们,大气压随空气湿度的增大而减小,就阴天与晴天而言,实际上也就是阴天的空气湿度比晴天要大,因而阴天的大气压也就比晴天小。

当我们给盛有空气的密闭容器加热的时候,则其压强当然也会增大。而对大气来说情况就不同了,当某一区域的大气温度因某种因素而升高时,必将引起空气体积的膨胀,空气

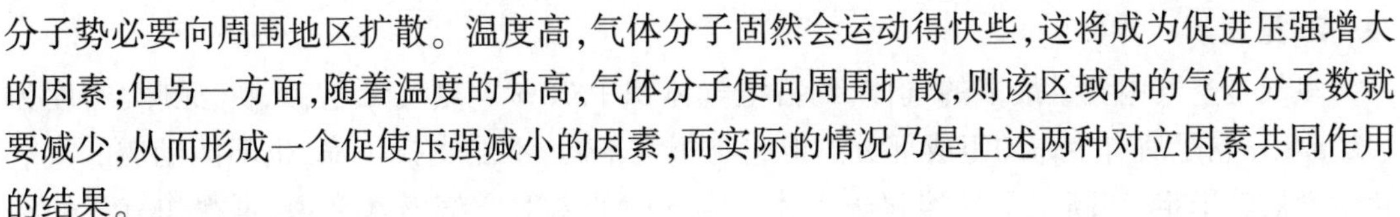

分子势必要向周围地区扩散。温度高，气体分子固然会运动得快些，这将成为促进压强增大的因素；但另一方面，随着温度的升高，气体分子便向周围扩散，则该区域内的气体分子数就要减少，从而形成一个促使压强减小的因素，而实际的情况乃是上述两种对立因素共同作用的结果。

（2）海拔高度。

大气压也随着海拔高度的变化而变化，一个地方的气压值与其上空大气柱中空气质量的多少有关，是大气柱厚度和密度的真实反映，气压值随着海拔高度的增加而递减。海拔高度与大气压换算见表2.3-1。

海拔高度与大气压换算表 表2.3-1

海拔高度（m）	大气压（MPa）	海拔高度（m）	大气压（MPa）
400	0.0966	3000	0.0701
600	0.0942	3500	0.0558
800	0.0921	4000	0.0616
1000	0.0899	4500	0.0577
1500	0.0846	5000	0.0540
2000	0.0795	5500	0.0505
2500	0.0747	6000	0.0472

在潜水作业时，我们不能按照潜水员下水的实际深度设定减压方案，而应对实际潜水深度予以修正，按照修正之后的理论深度选择适宜的减压方案。理论深度计算如下：

$$D_t = D_0 \times \frac{p_0}{p_t} \tag{2.3-1}$$

式中：D_t——理论深度，m；

D_0——高海拔地区实际潜水深度，m；

p_0——海平面大气压，0.10MPa；

p_t——高海拔地区大气压，MPa。

二、与潜水有关气体的物理性质

与潜水有关的气体，主要有氧、氮、氦、氢、二氧化碳、一氧化碳和水蒸气等。

1. 氧气

氧气在空气中含量居第二位，但它是空气中对人类最重要的气体。氧气约占空气体积的21%。氧气无色、无嗅、无味，密度为1.43g/L，化学性质活泼，易与其他元素结合。氧气不能燃烧，但能助燃。

我们在呼吸空气时，人体所必需的其实只有氧气，它是人类及其他生物赖以生存的气体。

2. 氮气

氮气是空气中含量最多的气体，约占空气体积中78%。氮气无色、无嗅、无味，密度为1.25g/L。它是所有生命的组成部分。但它与氧气不同，不能支持生命，也不能助燃。氮气化学性质较稳定，在高压下易溶解于人体。空气中的氮对空气潜水来说，可视作氧气的稀释剂。

当然氮气并非可用作稀释氧气的唯一气体。在高压环境下，呼吸含有高比例氮气的混合气体（比如空气）时因氮的分压过高，氮气会引发氮麻醉，使潜水员定向能力和判断能力降低。

3. 氦气

氦气是无色、无嗅、无味的惰性气体，不能溶于水，密度为0.18g/L。氦气在空气中含量极少，在高压环境下不会引发氮麻醉，而且氦气密度小，呼吸阻力更小。故在潜水中，经常用氦气和氧气按一定比例配制成氦氧混合气，用于深潜水作业。

氦气与氮气比较，虽有不会发生氮麻醉的优点，但其也有导致语言失真和散热性强等缺点。

4. 氢气

氢气也是由两个原子构成的双原子分子气体，无色、无嗅、无味。但化学性质非常活泼，当空气中氢浓度达到4% ~75%，遇明火就有发生爆炸的危险。氢气的优点是储量丰富，因此价格非常低廉，用它取代价格昂贵的氦气，具有非常明显的经济性。

但氢气的使用也存在着一系列问题，除易燃易爆外，易泄漏、高的导热系数、“氢麻醉”“氢语言”等问题均阻碍了其在潜水领域的进一步应用，因此目前用氢取代或部分取代氦仍处于试验研究阶段。

5. 二氧化碳

当空气中二氧化碳含量较小时，它是一种无色、无嗅、无味的气体；但当二氧化碳含量较大时，它具有酸味和臭味。二氧化碳比较重，密度为1.97g/L，不支持燃烧，故常做泡沫灭火器中的灭火剂。二氧化碳极易溶于水，是机体呼吸和燃烧的产物。一般情况下二氧化碳是无毒无害的，但如果通风不良，人体排出的二氧化碳会在潜水员头盔或减压舱内积聚，当其浓度过高时，会发生二氧化碳中毒。

6. 一氧化碳

一氧化碳为无色、无嗅、无刺激性的气体，密度0.976g/L。一氧化碳进入人体之后会和血液中的血红蛋白结合，进而使血红蛋白不能与氧气结合，从而引起机体组织出现缺氧，导致人体窒息死亡，因此一氧化碳具有毒性。一氧化碳中毒是我国发病的死亡人数最多的急性职业中毒。

7. 水蒸气

水蒸气是空气中所含的水，它以气态形式出现。水蒸气在空气中的含量与温度和湿度以及气体压强等因素有关。水蒸气含量过大，会使潜水面窗模糊、供气软管结冰或身体寒冷。水蒸气含量过低，会使呼吸道干燥难受。

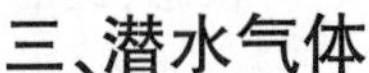

三、潜水气体

1. 空气

空气是最常用的潜水呼吸气源。空气是无色、无味、透明、易压缩的气体，密度为 1.2 ~ 1.3g/L。空气可溶解于液体，人体中含有大量的水分，空气会以一定的比例溶解在人体中。

空气主要由氮气、氧气、二氧化碳、灰尘、水蒸气及惰性气体组成。惰性气体包括：氦、氖、氩、氪、氙和氡，它们化学性质相当稳定，在空气中含量非常稀少。除此之外，空气中还含有少量化学性质活泼的氢和一氧化碳等。空气中几种成分含量见表 2.3-2。

空气中几种成分含量及密度表　　　　表 2.3-2

气体名称	分子式	体积百分比(%)	密度(g/cm^3)
氮	N_2	78	1.25×10^{-3}
氧	O_2	21	1.43×10^{-3}
二氧化碳	CO_2	0.033	1.97×10^{-3}
氦	He	0.0005	1.8×10^{-4}

2. 混合气

所谓混合气，是指两种或两种以上单一气体按一定比例混合所组成的均匀混合的气体。

空气是最常见的天然混合气，因空气中含有大量的氮，在深潜水时，会使潜水员发生氮麻醉。故在深潜水中常用氧气和其他一些惰性气体配成潜水混合气体。现今最常用的是用氧气和氦气按一定比例配制成氦氧混合气，用于氦氧常规潜水和饱和潜水。潜水中呼吸的混合气一般采用人工配制而成，常用的配制方法有：分压配气法、容积配气法、流量配气法及称量配气法等。

混合气的压强是混合气中各个成分共同作用的结果，如果我们把混合气体中某一成分气体单独留在气瓶内，这时所留下的单一气体将单独占据整个气瓶的空间，混合气中各组成气体的作用和对人体的影响，与它单独存在并占据整个容器时相同。

潜水呼吸用压缩空气和配制潜水呼吸用气的氧气、氮气和氦气等应符合标准纯度要求。

四、气体的湿度

空气中含有水蒸气，潜水混合气中也会有一定量的水蒸气。水蒸气是水的气态形式，它也遵循气体定律。

大气中水蒸气的含量叫作湿度。湿度大则表明空气中所含水分多。潜水员呼吸气体中应含适量的水蒸气，这样可以滋润人体组织。但是如果湿度过大，潜水员会感觉不适，会使潜水员面窗起雾、视觉模糊，特别是在寒冷季节，当水蒸气冷凝为水时，有可能引起供气软管和装具中的气路结冰堵塞。

如果将一定量的水装入一个广口瓶，然后将瓶密封，这时由于水分子的运动，一部分水将蒸发到液体上方的气体中，同时气体中一部分水蒸气将回到瓶内水中。水将持续蒸发，最终将会出现离开液体表面的水蒸气分子数与返回水中的分子数相等的平衡状态,此时称之为瓶内上空空气已被水蒸气饱和。

湿度与水蒸气的分压有关,而水蒸气的分压与液态水的温度有关。当水温和水面气温上升时,更多的水分子将蒸发到气体中,直至达到更高的水蒸气分压的平衡状态。如果水和气体温度降低,那么气体中的水蒸气将凝结为液态水,直至出现较低的水蒸气分压的平衡状态。所以一种气体中水蒸气所能达到的最大分压取决于这种气体的温度。水蒸气饱和时的温度叫露点。

气体中水蒸气的含量通常用绝对湿度和相对湿度表示。

绝对湿度是指单位体积的混合气体中水蒸气的质量。

相对湿度是指混合气体中水蒸气的质量与同一温度下该混合气被水蒸气饱和时的水蒸气质量之比,用百分数表示。显然,相对湿度的值在0% ~100%之间。

在研究湿度时,还常用到湿球温度和干球温度的概念。干球温度为气体的实际温度。湿球温度是气体冷却到饱和(露点)的温度。只有在相对湿度为100%时,两种温度才相等,否则,湿球温度总是低于干球温度。

第四节 气体的基本定律

一、道尔顿定律及应用

1. 气体的总压和分压

混合气具有一定的压强,一瓶装有某种混合气的气瓶,用压力表可测出这瓶混合气的压强。这个压强是由混合气中各个成分共同作用的结果,我们把它称作混合气的总压。如果我们把混合气体中某一成分气体单独留在气瓶内,其他成分全部排出气瓶,这时所留下的单一气体将单独占据整个气瓶的空间,用压力表能够测出这种单一成分气体的压强。

混合气体中,某种单一成分的气体的压强叫作混合气体中这种单一成分气体的分压。显然,在混合气体中,每一种成分的单一气体都具有各自的分压。

2. 道尔顿定律

混合气的总压用压力表可轻易测得,但混合气中某种成分气体的分压几乎不可能用压力表测出。因为我们无法在容器中仅保留某种气体,而把其他成分气体排出。

英国科学家道尔顿(图2.4-1)通过实验证明:

混合气体的总压强,等于各组成成分气体的分压之和(图2.4-2),即:

$$P = P_1 + P_2 + P_3 + \cdots + P_n \tag{2.4-1}$$

式中: P——混合气的总压强;

P_1、P_2,…,P_n——各组成成分气体的分压。

我们把式(2.4-1)称作道尔顿定律,也叫分压定律。

道尔顿指出混合气中任何一种气体的分压与这种气体在整个容器中的分子百分数(体

积百分比)成正比。

图 2.4-1　道尔顿(1766—1844)

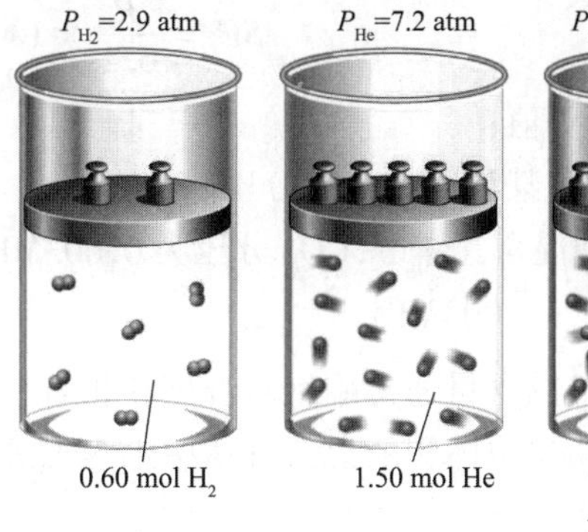

图 2.4-2　道尔顿定律示意图

道尔顿定律可用于计算混合气中某种成分气体的分压,即:

$$P_x = P \cdot C \tag{2.4-2}$$

式中:P_x——某种气体的分压;

P——混合气总压;

C——某种气体在混合气中所占的体积百分比。

【例 2.3】已知空气中 O_2、N_2 和 CO_2 的体积分别占空气总体积的 21%、78% 和 0.03%。求在常压及水下 50m 时,它们各自的分压。

解:常压下,空气的总压强为 0.1MPa,水下 50m 时,空气的压强变为 0.6MPa。在空气的压缩过程中,各种成分的百分比不变。

据式(2.4-2),在常压时:

$$P_{O_2} = 0.1 \times 21\% = 0.021(\text{MPa})$$

$$P_{N_2} = 0.1 \times 78\% = 0.078(\text{MPa})$$

$$P_{CO_2} = 0.1 \times 0.03\% = 0.00003(\text{MPa})$$

在水下 50m 时:

$$P_{O_2} = 0.6 \times 21\% = 0.126(\text{MPa})$$

$$P_{N_2} = 0.6 \times 78\% = 0.468(\text{MPa})$$

$$P_{CO_2} = 0.6 \times 0.03\% = 0.00018(\text{MPa})$$

混合气体中各成分气体对人体生理有不同的影响。气体对人体生理的作用取决于气体的分压。

3. 水面等值

从上面例题中,可以看出,潜水员在 50m 水深时,从空气中吸入的氧分子的数量,比在常压(0.1MPa)下从纯氧中吸入的氧分子数量还多得多。同样吸入的二氧化碳分子数也为在水面正常空气中的 6 倍。为了比较气体在高压环境和常压环境对人体生理作用的影响,我们引入水面等值的概念。

所谓水面等值,指在某一深度的水中,一定分压的某种气体的浓度和生理效应,与在水

面常压(0.1MPa)时呼吸的混合气体中含 x% 的这种气体相同。即:

$$SE = \frac{P}{0.1} \times 100\% \tag{2.4-3}$$

式中:SE——水面等值;

P——气体在某深度水中的分压。

【例 2.4】某种混合气体中,CO_2 分压为 0.003MPa(绝对压)。问其水面等值为多少?

解:已知:$P_{CO_2}=0.003$MPa。

根据式(2.4-3),可得:

$$SE = \frac{P}{0.1} \times 100\% = \frac{0.003}{0.1} \times 100\% = 3\%$$

所以,该混合气体中分压为 0.003MPa(绝对压)的 CO_2,其水面等值为 3%。

上例说明,潜水员在水下所吸入的二氧化碳的数量,相当于在水面常压下呼吸的气体中含有 3% 的二氧化碳,这对潜水员来说是相当危险的,即可能引起二氧化碳中毒症状。为了避免这种现象的出现,通风式潜水时应严格控制呼吸气源中二氧化碳的含量,并经常对潜水头盔进行通风,防止头盔内二氧化碳大量积聚引起分压过高。

4. 气体的弥散

气体的弥散,是指某种气体的分子,通过自身的运动而进入另一种物质分子间隙内部的现象。它是气体分子在分压作用下运动的结果。

把两种气体放在同一容器内,尽管两种气体的密度不同,但到最后,它们将完全均匀混合。

气体的弥散遵循从高分压向低分压区扩散的规律。分压的差值越大,弥散的速度也越快。

二、亨利定律及应用

1. 溶解的概念

一种气体与一种液体相接触,气体分子便借助自身的运动而进入到液体内。这就是气体在液体中的溶解。某些气体比其他气体容易溶解在同一种液中,同一种气体在不同的液体中溶解的数量不相同。

在一定的温度下,0.1MPa 压力下,溶解于 1mL 某液体中的一种气体毫升数,称为该气体在这种液体内的溶解系数。溶解系数大,表明气体在液体中的溶解量多,反之则少。

2. 影响气体在液体中溶解的因素

影响气体在液体中的溶解量的因素很多。最主要的因素有:①气体本身的特性;②液体的特性;③气体和液体的温度;④气体的分压。

由于温度越高,分子的运动速度越大,故通常情况下,温度越高,气体的溶解系数越小。在相同的温度下,不同气体在同一种液体内的溶解系数不同;在温度和压强相同的情况下,一种气体在不同液体中的溶解系数不同,见表 2.4-1。某一种气体在脂类和水中的溶解系数之比,称为该气体的“脂水溶比”。

气体的溶解系数和脂水溶比表　　表 2.4-1

气体名称	在水中溶解系数(37℃)	在油中溶解系数(37℃)	脂水溶比
氢	0.17	0.036	2.1
氦	0.0087	0.015	1.7
氮	0.013	0.067	5.2
氧	0.024	0.12	5.0
二氧化碳	0.56	0.876	1.6
氩	0.0264	0.14	5.3
氪	0.0447	0.43	9.6
氡	0.15	19.0	126.6

3. 亨利定律

实验证明:在一定温度下,气体在液体中的溶解量与这种气体的分压成正比(图 2.4-3)。我们把这个结论叫亨利定律。

按照亨利定律,如果气体的分压为 0.1MPa 时在某种液体中溶解量称为 1 个单位气体,那么在 0.2MPa 时,将溶解 2 个单位的气体。

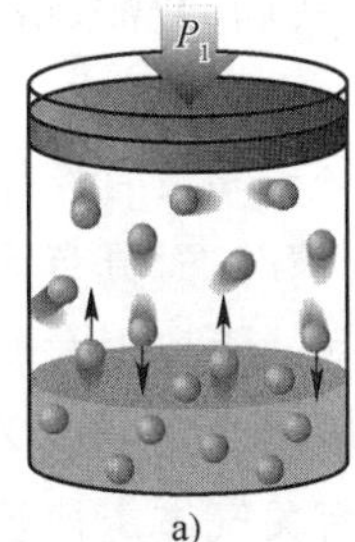

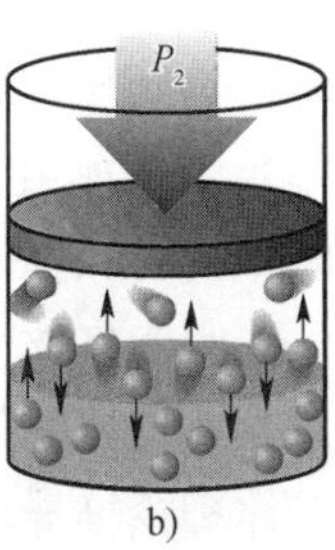

图 2.4-3　亨利定律示意图

4. 气体的溶解对潜水员的影响

当一种不含气体的液体首次暴露于气体中时,这种气体的分子在分压的作用下,会迅速进入液体中。当气体进入液体后,增加了气体的张力(即气体在液体中的分压)。液体内气体张力与液体外这种气体分压之间的差值,叫作压差梯度。压差梯度大,气体溶解在液体中的速度就快。随着时间的推移,溶解在液体内气体分子数量不断增加,气体的张力随之增加,与此同时,液体外的气体因部分溶解在液体内,它的分压降低,溶解在液体中的气体又有一些分子从液体中逸出,增加气体的分压。这样,气体分子不断溶解和逸出,当压差梯度为零时,逸出和溶解的气体分子数量相等,液体中溶解的气体分子数量保持恒定,我们称之为液体被气体饱和了。

气体的溶解度(即液体被气体饱和时,单位体积液体内溶解的气体质量)除与气体的分压有关外,还与温度有关,温度越高,溶解度越小,反之温度越低,溶解度越大。

气体在液体中的溶解规律,对保障潜水员安全作业具有重要的指导意义。潜水员吸入的混合气中各种气体,将按照各自的分压成比例地溶于体内。由于不同气体的溶解度不同,因此某种气体的溶解量与潜水员在高压下呼吸这种气体的时间有关,如果时间较长,这种气体将会在潜水员体内达到饱和,当然这种饱和过程较慢。不同的气体在体内达到饱和需 8 ~ 24h。只要潜水员所处环境的压强不变,已溶解在体内的各种气体的量就会保持原有的溶解状态。当潜水员从水下上升出水时,随着水深变浅,静水压强越来越小,溶解在潜水员体内的混合气的总压也越来越小,各种气体的分压亦随之减少,溶解在潜水员体内的各种气体因分压减少,不断地逸出体外。如果按照减压表控制上升速度,那么已溶解在体内的气体将会被顺利输送到肺部并呼出体外。如果对上升速度和幅度控制不当,压力的降低超出了身体所能调节的速度,则会形成气泡并积聚在小血管内,引发减压病。

三、理想气体的气态方程

1. 理想气体

1)理想气体的概念

根据分子运动论的观点,物体分子间存在着吸引力,这将使物体分子不断聚集,同时当分子间距离靠得很近时,分子间又会产生排斥力,使分子间距离拉开。一般来说,气体分子间的距离较大,且分子的质量很小,按照万有引力定律可知,气体分子间的作用力是很小的。

为了研究方便,我们通常忽略气体分子间的作用力。这种分子间没有相互作用力的气体称为理想气体。

由于理想气体分子间没有作用力,气体分子可以自由运动,造成气体没有一定的形状、体积,在没有外力的情况下,具有无限扩散的性质。

因为气体分子间的距离很大,气体在外力作用下具有易压缩性的特点。

自然界的气体虽然非完全意义上的理想气体,但我们把它看作理想气体来研究,按理想气体理论推导出的有关气体定律进行计算,所得的结论误差很小。故我们在有关气体定律的计算中,都把实际的气体看作理想气体。这样处理可大大简化研究过程。

2)气体的状态参量

对于一定质量的气体,我们常用气体的体积 V、压强 P 和温度 T 来描述其状态,这三个量称为气体的状态参量。

由于气体可以自由移动,所以具有充满整个容器的性质。因此气体的体积由容器的体积来决定。气体体积的法定单位为立方米(m^3)、立方厘米(cm^3)和升(L)等。

温度是用来表示物体冷热程度的物理量。我们常用的温度是摄氏温度。在气体定律的计算时不能再使用摄氏温度,而应使用热力学温度(或叫绝对温度)。其单位是开尔文,简称开(K)。

绝对温度(T)和摄氏温度(t)之间的关系为

$$T = t + 273 \tag{2.4-4}$$

从上式可看出,$t = -273$℃时,绝对温度 $T = 0$K。我们把这时的温度叫绝对零度。

压强在气体定律的计算中用的是绝对压强。相对压强不能直接代入气体定律公式中计算。

2. 理想气体的气态方程

对于一定质量的气体,如果三个状态参量 P、V 和 T 都不改变,我们说气体处于某一状态。如果这三个量或任意两个量同时变化,我们说气体的状态改变了。

实验证明:一定质量的理想气体,它的压强和体积的乘积与绝对温度的比,在状态变化

时始终保持不变(图2.4-4),即:

$$\frac{PV}{T}=\text{恒量}\quad \frac{P_1V_1}{T_1}=\frac{P_2V_2}{T_2} \tag{2.4-5}$$

式中:P_1、V_1、T_1——第一种状态的压强、体积和绝对温度;

P_2、V_2、T_2——第二种状态的压强,体积和绝对温度。

式(2.4-5)称为理想气体的气态方程。

气态方程描述了气体压强、体积和绝对温度之间的变化规律。

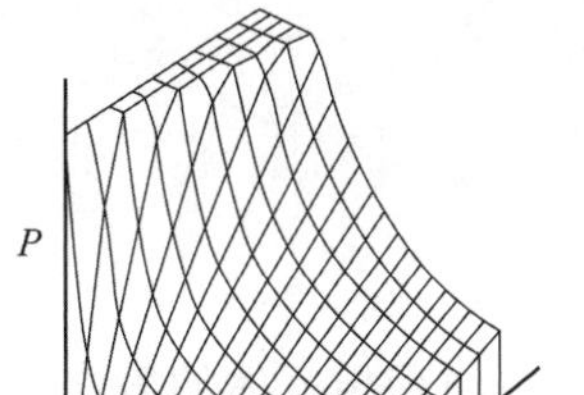

图2.4-4 理想气体的气态方程图

【例2.5】将常压下31m³的空气(温度23℃),压入容积为8m³的减压舱内,这时舱上压力表指到0.3MPa。问舱内空气的温度为多少?

解:常压空气的绝对压强为0.1MPa,舱内空气的压强0.3MPa是相对压强。在空气的压缩过程中,质量保持不变,可运用式(2.4-5)。

已知: $P_1=0.1\text{MPa}\quad V_1=31\text{m}^3\quad T_1=23+273=296\text{K}$

$P_2=0.3+0.1=0.4\text{MPa}\quad V_2=8\text{m}^3$

求:T_2

根据式(2.4-5)有:

$$\frac{V_1P_1}{T_1}=\frac{V_2P_2}{T_2}$$

得出: $$T_2=\frac{P_2\cdot V_2}{P_1\cdot V_1}\cdot T_1=\frac{0.4\times 8}{0.1\times 31}\times 296=305.5\ (\text{K})$$

$$t_2=T_2-273=32.5(℃)$$

此时,舱内空气温度升到32.5℃。

通过上例,我们可以解释为何潜水气瓶刚刚充满高压气体时,气瓶温度会比较高。同理,在减压舱进行模拟加压训练或者潜水减压时,充入压缩空气使舱内压力升高则舱内温度也会随之升高,反之减压时舱内温度会降低,所以潜水员进舱时要适当准备衣物,及时增减,避免中暑或感冒。

对于一定质量的气体,如果压强、体积和绝对温度三个量中一个量保持不变,那么根据式(2.4-5)可以分别得出其余两个量之间的关系,则有下面三种特殊情况:

1)波义耳-马略特定律

(1)定律。

气体状态变化时,温度保持不变的过程叫作等温过程。根据式(2.4-5),当$T_1=T_2$时,

$$P_1V_1=P_2V_2=\text{恒量} \tag{2.4-6}$$

即:一定质量的气体,在温度保持不变时,气体的压强与体积成反比(图2.4-5)。

这个规律是17世纪,由英国科学家波义耳和法国科学家马略特(图2.4-6)分别发现的。我们把式(2-12)称为波义耳-马略特定律。

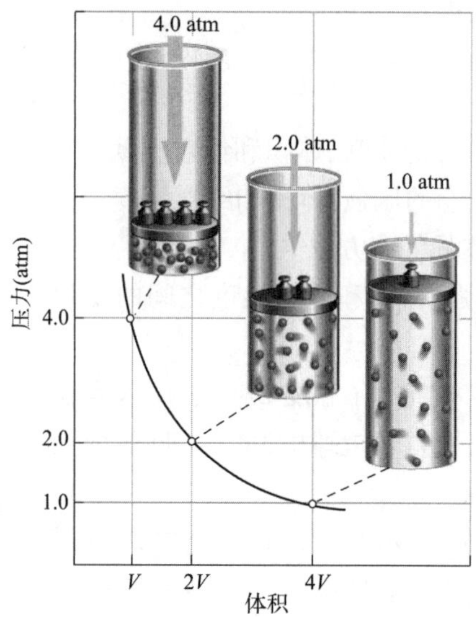

图 2.4-5　气体体积与压力的关系示意图

波义耳

马略特

图 2.4-6　英国科学家波义耳(1627—1691)和法国科学家马略特(1602—1684)

(2)应用。

【例 2.6】自携式潜水员,在水下 20m 水深处,深呼吸吸足压缩空气,然后取下呼吸器,屏气上升出水,问到达水面时,其肺部体积为水下 20m 时的多少倍?有何危险?

解:潜水员在 20m 水深时,其肺部承受到压强与静水压强及水面大气压强之和相等。出水后,与大气压强相等。因是屏气出水,肺部内空气的质量保持不变。如果我们不考虑水温和气温的差异,则可运用式(2.4-6)计算。

已知:　$P_1 = P_{静} + 0.1 = 0.01 \times 20 + 0.1 = 0.3\text{MPa}$

$P_2 = 0.1\text{MPa} \quad T_1 = T_2$

求:$\frac{V_2}{V_1}$

根据式(2.4-6):

$$P_1 \cdot V_1 = P_2 \cdot V_2$$

得出:

$$\frac{V_2}{V_1} = \frac{P_1}{P_2} = \frac{0.3}{0.1} = 3$$

即：$V_2 = 3V_1$。

因此，潜水员屏气出水后肺部的体积是水下20m时的3倍。

从这个例题可以知道，这种屏气出水是相当危险的，肺部过度膨胀会引起肺气压伤，而且相同的上升距离，在深度浅的水中比深度大的水中肺部体积膨胀的程度更大，更容易引发肺气压伤。正确的出水方法是出水过程不断呼出肺部气体，随深度的减小，肺部内存量气体的质量不断减少，这样到达水面时，肺部体积不会出现明显膨胀。

【例2.7】在常压下，人中耳腔含有空气量为$2cm^3$，设在温度不变和咽鼓管阻塞的情况下，加压至150kPa时，中耳腔的空气体积将是多少？

已知：　$P_1 = 0.1(MPa)$　$P_2 = 0.1 + 0.15 = 0.25(MPa)$

$V_1 = 2cm^3$　$T_1 = T_2$

求：V_2。

根据式(2.4-6)有：

$$P_1 \cdot V_1 = P_2 \cdot V_2$$

得出：

$$V_2 = \frac{P_1}{P_2} \cdot V_1 = \frac{0.1}{0.25} \times 2 = 0.8(cm^3)$$

所以中耳腔中空气体积将由原来的$2cm^3$变为$0.8cm^3$。

由上例可以看出，舱内加压或下潜过程中务必采取鼓鼻或吞咽等动作进行耳压平衡，避免耳膜压伤。若因为感冒或休息不好造成下潜过程中无法平衡耳压，严禁继续下潜。

2）盖-吕萨克定律

（1）定律。

气体状态变化时，压强保持不变的过程叫作等压过程。根据式(2.4-5)，当$P_1 = P_2$时，

$$\frac{V_1}{T_1} = \frac{V_2}{T_2} = \text{恒量} \tag{2.4-7}$$

即：一定质量的气体，在压强保持不变时，气体的体积与绝对温度成正比（图2.4-7）。

这个规律由法国科学家盖-吕萨克（图2.4-8）最早发现。我们把式(2.4-7)称为盖-吕萨克定律。

（2）应用。

【例2.8】一定质量的气体在2℃时，体积为10L，如压强保持不变，它在57℃的体积等于多少？

已知：　$T_1 = 2 + 273 = 275K$　$T_2 = 57 + 273 = 330K$　$V_1 = 10L$

求：V_2

根据式(2.4-7)：

$$\frac{V_1}{T_1} = \frac{V_2}{T_2}$$

得到：

$$V_2 = \frac{T_2}{T_1} \cdot V_1 = \frac{330}{275} \times 10 = 12(L)$$

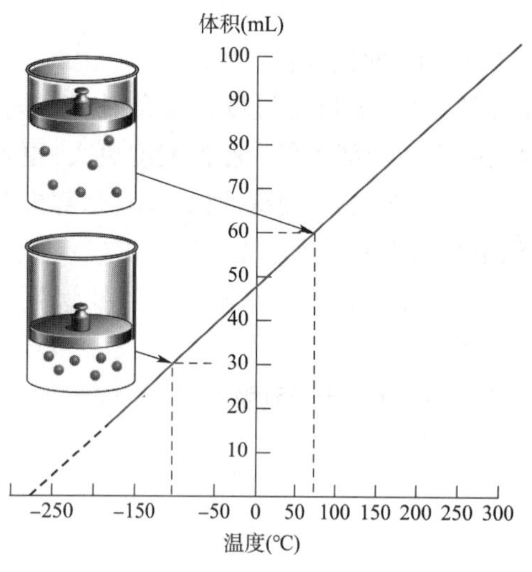

图 2.4-7　气体的体积与温度

图 2.4-8　盖-吕萨克

因此,将温度从 2℃升至 57℃时,气体体积将膨胀为 12L。相反地,如果温度降低,则体积会相应缩小。

上例告诉我们,在温度较高或者太阳暴晒等环境中进行潜水作业时,要注意保护高压气瓶及管路等压力容器,注意遮挡阳光和采取必要的保护措施,避免阳光直射造成压力容器温度升高而引起气瓶爆炸或管路爆裂等安全事故。

3)查理定律

(1)定律。

气体状态变化时,体积保持不变的过程叫等容过程。根据式(2.4-5),当 $V_1 = V_2$时:

$$\frac{P_1}{T_1} = \frac{P_2}{T_2} = \text{恒量} \qquad (2.4\text{-}8)$$

即:一定质量的气体,在体积保持不变时,气体的压强和绝对温度成正比(图 2.4-9)。

这个规律由法国科学家查理(图 2.4-10)首次发现。我们把式(2.4-8)称为查理定律。

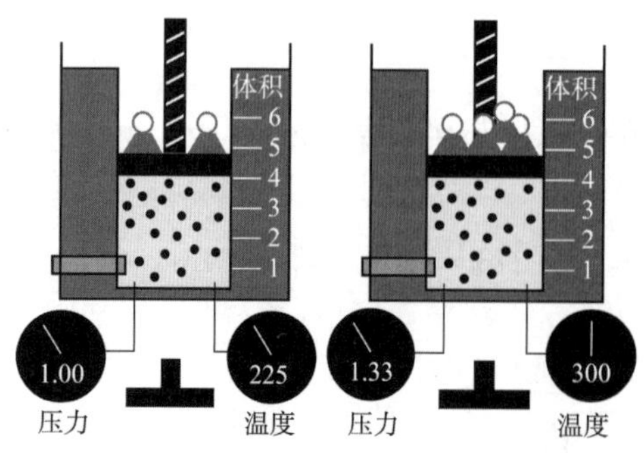

图 2.4-9　气体的压力与温度的关系示意图

图 2.4-10　查理(1746—1823)

(2)应用。

【例 2.9】自携式潜水员,下水前用压力表测得气瓶压强为 12MPa,瓶内空气为 50℃,现潜入 20m 水深处,水温为 10℃。问潜水员到达水底时气瓶内空气的相对压强为多少?

解:潜水员从水面到达水底的过程中,需不断呼吸,消耗瓶内压缩空气,也就是说瓶内空气的质量非恒定,式(2.4-8)已不适用。但如果潜水员快速到达水底,我们可以忽略瓶内空气质量的减少,即近似认为恒定,这样式(2.4-8)仍可近似适用。同时,因潜水员快速到达水底,瓶内空气的温度也不可能同步降至水温,但为了计算方便,我们近似认为潜水员到达水底,其瓶内气温亦降至水温。

已知: $P_1 = 12 + 0.1 = 12.1\text{MPa}$ $T_1 = 50 + 273 = 323\text{K}$

$T_2 = 10 + 273 = 283\text{K}$ $V_1 = V_2$

求:P_2。

根据式(2.4-8):

$$\frac{P_1}{T_1} = \frac{P_2}{T_2}$$

得出:

$$P_2 = \frac{P_1}{T_1} \cdot T_2 = \frac{12.1}{323} \times 283 = 10.6\ (\text{MPa})$$

所以,相对压强 $= P_2 - 0.1 = 10.5(\text{MPa})$

受温度的影响,气瓶的储气量虽然不变,但是有效使用时间会有偏差,所以当水面和水下温差较大时,潜水员下水作业时尤其应留意所携带气瓶内气体的使用时间。

【例2.10】用空气压缩机向一瓶内充气,充至气瓶内压强为20MPa(200kgf/cm^2)时,温度为40℃,存放24h后,气瓶温度下降到17℃,问此时瓶内气体的压强是多少?

已知: $P_1 = 20 + 0.1 = 20.1\text{MPa}$ $T_1 = 40 + 273 = 313\text{K}$

$T_2 = 17 + 273 = 290\text{K}$ $V_1 = V_2$

求:P_2

根据式(2.4-8):

$$\frac{P_1}{T_1} = \frac{P_2}{T_2}$$

可得:

$$P_2 = \frac{P_1}{T_1} \cdot T_2 = \frac{20.1}{313} \times 290 = 18.6\ (\text{MPa})$$

所以瓶内气体的压强降至绝对压18.6MPa(表压为18.5MPa)。

因此,刚充气后的气瓶内气体,放置一段时间之后会出现一定的压力下降,这是属于正常现象,并非气瓶漏气造成。

第五节 水温对潜水员的影响

一、热传递的概念

物质的分子运动所产生的能量,叫热能,简称热。热与温度密切相关,但是具有相同温度的物质所含的热能并不一定相等。所以热和温度是不同的概念。热的单位是焦耳。

质量为1kg的物质，温度升高1℃所需要的热量，叫该物质的比热。比热的单位是J/(kg·℃)。

气体与固体和液体不同，由于它的分子间距离较大，所以吸热时，体积和压强都会明显增大。因此对气体比热影响较大，在研究气体的比热时，必须分别从压强和体积中，取其一个为恒量，另一个为变量来研究。压强不变时叫等压比热，体积不变时叫等容比热。等压比热大于等容比热。例如：空气的等压比热为1005J/(kg·℃)，等容比热为712J/(kg·℃)。各种气体的比热见表2.5-1。

常用气体的比热[单位：J/(kg·℃)]　　表2.5-1

气体名称	等压比热	等容比热
空气	1005	712
氧气	921	670
氮气	1047	754
氢气	14277	10090
氦气	5234	3140
二氧化碳	837	628
一氧化碳	1047	754
水蒸气	1842	1382

热能可以从一个物体传递到另一个物体上，这个过程就叫热传递。

二、热传递的方式

热传递有三种方式：传导、对流和辐射。

通过物体直接接触来传递热量的方式叫传导。潜水员入水后，身体直接与水接触，身体的热量将按温差梯度，从体温高的人体传到温度低的水中，以传导方式散失。

通过被加热流体(气体、液体)的运动来传递热量的方式叫对流。潜水员在水中游动或有水流影响时，与皮肤最接近的水分子层受皮肤加热后很快离去，冷的水分子层又流来替换，如此往复，以对流方式不断带走身体的热量。

物体以电磁波形式传递能量的过程称为辐射，被传递的能量称为辐射能。

物质的热传递性能与其密度成正比，密度越大，单位时间内传递的热量越多。

物质的热传导性能通常用导热系数来表示。导热系数小，则热传导性能差，保温性能好；导热系数大，则热传导性能好，保温性能差。气体的导热系数见表2.5-2。

常用气体的导热系数与密度　　表2.5-2

气体名称	0℃时的导热系数[W/(m·℃)]	与空气导热系数之比	密度(g/L)
空气	0.0223	1	1.3
氧气	0.0233	1.04	1.43

续上表

气体名称	0℃时的导热系数[W/(m·℃)]	与空气导热系数之比	密度(g/L)
氮气	0.0228	1.02	1.26
氢气	0.1579	7.12	0.09
氦气	0.1321	6.23	0.18
氖气	0.0619	0.71	0.90
二氧化碳	0.0137	0.61	1.97

三、水下低温对潜水员的影响

江河湖海中的水,因吸收了太阳辐射而具有一定的温度。由于水的比热比空气约大3倍,太阳的辐射热通过水的热传导也只能达到一定的深度,水温的升高或降低也较空气缓慢。

一般,海水温度随水深的增加而降低。表层水温较高、较稳定,故称等温层;向下是中间层,温度比表层低,往往深度增加很小而温降很大,故称跃变层;中间层以下直至海底为下层,这层温度渐降,比较恒定,故称渐变层。以我国北方海域5月的水温为例,表层温度为10m左右,水温约14℃;中间层厚度也有10m左右,水温为13~6℃;下层厚度最大,终年保持6℃以下,如图2.5-1所示。

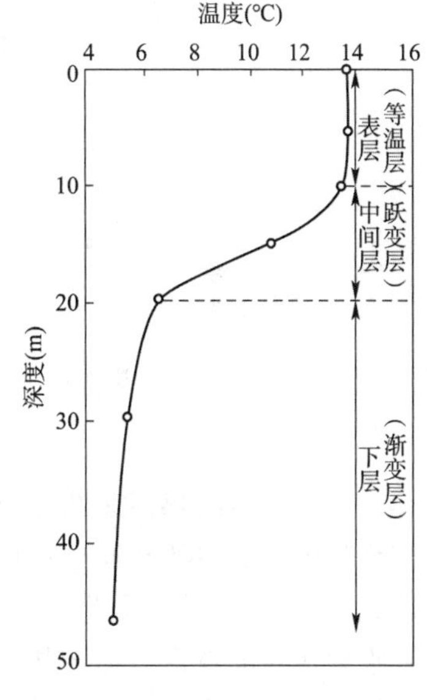

图2.5-1　我国北方海域5月水温

潜水员在寒冷的水中作业时,将通过传导和对流的方式散失大量的热量。由于水的导热系数比空气大得多,故潜水员主要通过传导方式散失热量。潜水员感到舒适的水温下限约为21℃,低于这个温时,潜水员会感到寒冷,此时,仅穿游泳衣的潜水员向水中的散热超过自身体内的热代偿。鉴于海水温度一般都低于人的体温,且潜水多在一定的深度下进行,故潜水时遇到的实际问题之一是水下低温。

机体在水下受寒冷刺激后,可发生一系列增加产热和减少散热的反应,最初出现外周血管收缩,使皮温下降,缩小与外界之间的温差,以形成"隔热层"保持深部体温,不过这种机制最多起到0.1~0.8个隔热单位的作用,当所接触的水温很低时,随即导致寒冷性血管扩张,这可能因为人体外周组织冷却到一定程度时,交感神经失去对血管的调节功能;寒冷也可反射地引起肌紧张增加、颤抖等。水下颤抖往往使外周血管扩张,从而增加人体散热。

但是,当上述生理代偿过程不足以弥补散失的热量时,将出现体温降低和功能障碍。通常认为,直肠温度低于35℃时,开始出现精神错乱、嗜睡、语言不清、感觉和运动功能障碍等体征,直肠温度低于32℃,可失去知觉,疼痛反应消失,心跳缓慢,可能还有心律不齐;直肠温度降至30℃以下,则陷于昏迷,皮肤苍白或呈灰色,脉搏、呼吸微弱;血压降低,瞳孔对光反射消失,并出现代谢性酸中毒,生命垂危。由于人在水下失热发展快,易使潜水员失去自控而招致严重的潜水事故。如穿保暖性差的潜水服潜入5℃以下的低温水中，几分钟后就可发生低温溺水。

潜水服所用材料为导热系数低的热的不导体，穿着潜水衣可保持潜水员的体温。在寒冷的水中长时间作业时常需要使用较厚的潜水服、干式潜水服或热水服，不同水温对潜水的影响和防寒要求见图2.5-2。

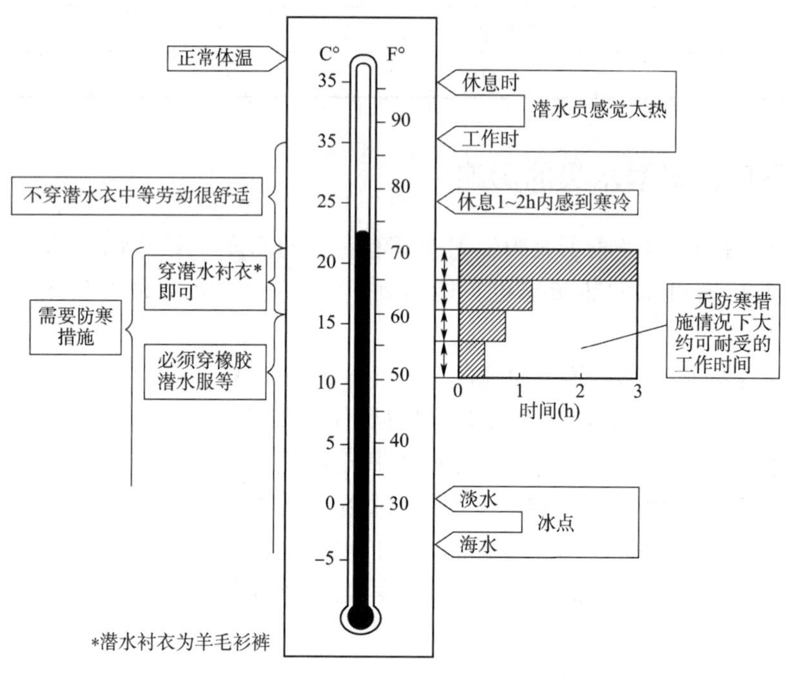

图2.5-2　不同水温对潜水员的影响及防寒要求

因为气体的热传递性能与它的密度成正比，所以随着水深的增加，水压力增大，通过气体绝热屏障的散热和通过呼吸向四周环境的散热会明显增加，如果呼吸的是高导热系数的氦氧混合气（导热系数为空气的6倍），散热将更多。呼吸氦氧混合气时，在0.1MPa时，仅呼吸散热一项就占身体产热量的10%，0.7MPa时，增加至28%，2.1MPa时，达到50%。同时随着水深的增加，水压力将潜水服压缩，潜水服密度变大，其绝热保暖功能大幅下降。例如一件普通的湿式潜水服在50m水深时，其绝热保温能力仅相当于10m水深时的40%。在上述情况下，仅依靠普通潜水服不能保持体温，必须向身体表面和呼吸气体补充一定的热量，比如可以穿着热水服和对呼吸气体加热等。

发生体温降低的潜水员出水后，其体温降低情况仍要持续2~4h，然后经过高于正常体温0.5~1.5℃的波动才能复原。对体温过低的复温处理，通常采用热水浴、喝热饮料和进行适当的活动等。在体温未复原之前，不能进行反复潜水。

四、高温对潜水员的影响

虽然体温过低是潜水员潜水时常见的体温相关问题，但是在某些情况下也会出现体温过高，威胁潜水作业安全和潜水员的健康。当体核温度比正常温度高1℃时，即可诊断为体温过高。

潜水员体温过高多是因为暴露于过热环境，体内大量的热积蓄，超过了机体的散热能力所导致。在炎热的天气下或阳光直射区域作业时，如果穿着防护潜水服，就特别容易发生体温过高。在采用高压逃生舱进行逃生时，如暴露于较高的环境温度或者烈日下，很可能会导致严重的体温过高。在采用热水加热潜水服潜水时，如温度设定过高，一定时间后也会导致潜水员体温过高。在饱和潜水等长时间居住舱内停留时，若因各种原因导致舱温长时间过高，也会导致潜水员体温过高。

体温过高的发生有个体差异。身体健康、体脂肪较少的潜水员发生体温过高的可能性小，充分补充液体的潜水员比有脱水的潜水员发生体温过高的可能性小，潜水员下水作业前应尽可能避免饮用乙醇或咖啡等易脱水性饮料。如必须在炎热环境潜水作业，可提前进行热适应训练。从短时间、轻体力作业的热暴露开始，身体耐热力的增加需要至少连续 5 天的温水潜水适应性训练。

另外，在炎热环境潜水作业时，应避免减压舱受阳光直射；减压舱内及热水加热潜水服内温度应随时微调，确保符合要求。

第六节 声音水下传播特点及其对潜水员的影响

一、声波的概念

声音是怎样产生的？观察各种发声物体可以发现，它们只有振动时才能发出声音，振动停止时，声音也消失了。这说明声音是由物体的振动产生的。

振动着的发声物体就叫作声源。

声源振动发出的声音，怎么能传到人耳呢？原来在声源和人耳中存在着能够传播振动的物质，比如空气等，这种能够传播声音的物质叫作声音的媒质。声源的振动，使周围的媒质产生疏密的变化，形成疏密相间的纵波，这就是声波。不仅空气能够传播声波，其他气体、固体和液体也能传播声波。因为真空中没有传播声音的媒质，故声波不能在真空中传播。人耳能够听到的振动频率，是有一定范围的，即在 20 ~ 20000Hz 之间。频率在 $10^{-4} \sim 20$Hz 的机械波，人耳是听不到的，称为次声波。频率在 $2\times10^{4} \sim 2\times10^{8}$Hz 的机械波，人耳也感觉不到，称为超声波。

当然，是否引起人的听觉，不完全由机械波的频率决定，还与声强有关，对每一频率的声波，声强都有一个上限值、一个下限值，低于下限值或高于上限值都不能引起人耳听觉。

声源完成一次全振动所需的时间，叫声源振动周期，用 T 表示。单位时间内声源完成的全振动的次数，叫作声源振动的频率，用 f 表示。

$$f = \frac{1}{T} \tag{2.6-1}$$

在声波的传播过程中，振动传播的速度叫波速，用 V 表示。它的大小取决于媒质的性质。例如:声波在0℃的空气中速度为332m/s,20℃时是344m/s,30℃时是349m/s。声波在几种媒质中的传播速度见表2.6-1。

0℃时几种媒质中的声速(单位:m/s)　　表2.6-1

媒质	空气	水	铜	铁	玻璃	松木	橡胶
声速	332	1425	3800	4900	5000 ~ 6000	3320	30 ~ 50

在一周期的时间 T 内,振动在媒质中传播的距离,叫波长,用 λ 表示。

波长 λ 与频率 f 和波速 V 有着密切的关系。在均匀媒质中,振动是匀速传播的,也就是说波速是恒量。这时,波长等于波速与周期的乘积,即:

$$\lambda = VT \quad V = \lambda f \tag{2.6-2}$$

声源振动发出的声音,差别很大。有的声音,比如各种乐器发出的声音,悦耳动听,我们把这种声音叫乐音。有的声音,比如混凝土搅拌机、空气压缩机等发出的声音,嘈杂刺耳,我们把这种声音叫噪声。

噪声对人体的健康有严重危害,长期处在较高噪声环境里工作,会使人的神经紧张,心率加快,严重危害人的身心健康。

二、声音在水中传播的特点

声音在水中传播与在空气中传播相比,有所不同。声音的传播速度与媒质的密度有关,密度越大,传播的速度越大。由于真空里没有物质,故声音不能在真空中传播。水中声音传播速度为空气中的4倍多,约1425m/s。在水中传播时声能衰减比在空气中少,而水对声波振动的阻尼作用却比空气大。声音在水中传播的这些主要特点,以及人在水下接受声音的传导途径的改变,使在水下的听力和听觉辨别力发生一系列的变化。

三、声音在水下传播对潜水员的影响

1.听力改变

潜水作业时,潜水员的水下听力可能出现三种情况,即:听力减退、听力不变、听力增强。听力减退是主要改变,只是在相应的特定情况下,才有可能听力不变或增高。

在水下,头部直接浸水或戴防水面罩时,外耳道仅残留少量的空气,传音主要靠骨传导。水下的声阻抗与人体组织近似,当声波振动从水下传到头颅骨、肢体与躯干等部位时,其声能在界面上因反射消耗得少,故对传音有利。这与声波从空气传到骨头大不相同,因为两者声阻抗相差大,反射量多,声能消耗大,传到内耳的声量很小。传音由气传导改为骨传导后,对声音的听觉阈提高很多,对语音范围内的频率尤其如此。例如,1000Hz的声音,在气传导时听觉阈为 $10^{-10}\mu W$,但在骨传导时却为 $10^{-4}\mu W$,阈强度提高了100万倍。尽管声在水中传播有些有利因素,但抵消不了不利因素造成的影响,结果还是发生听力减退。

戴头盔潜水,头部不直接浸水,人耳的传导途径仍为气传导,但传音的过程中,大部分声能在水-金属和金属-空气的界面上被反射,因此听力还是减退,同理,声音从头盔向外传入水中也

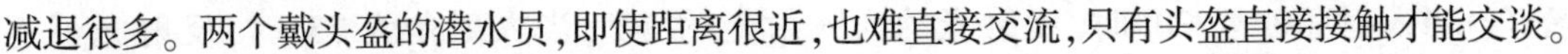

减退很多。两个戴头盔的潜水员,即使距离很近,也难直接交流,只有头盔直接接触才能交谈。

2. 听觉辨别能力的改变

人在水中对音源、声源的距离、方向、音色等辨别能力都降低。但经过训练后都可有不同程度的改善。

音色改变:声音在水中传播,其音色与在空气中不同,如在水中敲击氧气瓶的声音,只是短促、高调的敲击声,而无在空气中敲击时特有的持续的低音调的"余音"。又如水下爆炸声,听起来好像用木棒击碎陶土罐所发出的声音。音色的改变,可能由于水对低频率的声音吸收量大,以及对发音物体振动的阻尼作用所致。

声源距离改变:因为声音在水中传播的速度为空气中的4倍,故水中判断音源的距离只及实际距离的1/4。

声源定向能力改变:人在水中,若传音完全依靠骨传导,对音源的方向的辨别能力极度降低以至于丧失,潜水员在水下寻找音源方向,要走弯路,有时朝相反方向走去。其原因是多方面的。主要是传音途径由气传导改为骨传导。在空气中,人接受声音主要靠气传导,当声源发出声音到达两耳时,是由强度和次序不同来辨别音源方向。但在水中,人接受声音是由头颅骨甚至整个身体,同时水中传播速度快,到达两耳的相距时间很近,不易分先后,辨别音源方向就发生困难。经过训练后,辨音能力会有一定的改善。

潜水员在水下如果不借助电话是无法与水下同伴或水面人员对话的。这是因为人的声带结构只适于在空气环境中工作。

第七节 光在水中传播的特点及其对潜水员的影响

一、光在水中传播的特点

水和空气对光的传播来说,是不同的媒质,光在水中传播比在空气中差很多,可以说水是光的"不良导体",所以人在水下的视觉不同。当光线由空气向水中传播时,在空气与水的交界面上,可发生光的反射及折射。经过折射进入水中的光,在传播过程中,又因水中混有微粒而发生散射或被不同程度地吸收。从而使潜水员的水下视觉受到显著影响。此外,由于水的混浊、透明度差,能见度也会呈不同程度的降低。所有这些都会造成潜水员的水下视觉困难。

二、光在水中传播对潜水员的影响

水下视觉与正常视觉相比,其特点是能见度低,视力差,视野小,空间视觉和色觉改变等。

1. 能见度低

这主要是由于水对光的反射和吸收,消耗大量光能所致。光线从空气射入水面时有一部分光会被反射回空气里,反射的程度与光线的入射角有关,入射角越小,反射光的量越小,反之则越大。对于白天来说,中午时太阳光的入射角为0°,反射光的量极少,此时水下照度最好。当入射角小于 30°时,反射光约为入射光的 2%;当入射角为 75°时,反射光可达 21.8%。当夕阳光线照在水面时,入射角几乎为 90°,反射光几乎达 100%,此时水下照度很差,潜水员在水质良好的浅水中也不能看清水下物体。

光是具有一定速度的光子流,当光线在水中传播时,因与水分子及悬浮颗粒的摩擦作用,使其部分能量转变为提高水温的热能,我们把这种能量的转变称为水对光线的吸收。水对光线的吸收量比空气大千倍以上。水越混浊对光的吸收量越大。在清澈的浅水中,经散射和吸收后的自然光可以使潜水员看到几十米外的物体,但是在混浊严重的水域,潜水员会像盲人一样什么也看不到。此外,水面的自然光进入水中后,随着水深的增加,光的吸收量随之剧增,达到一定水深后,所有光都会被水吸收掉,此时水下漆黑一团,不带照明工具的情况下,潜水员什么也看不见,全靠手摸索作业。

同时,水中含有大量的悬浮颗粒,当光照射到这些外表凹凸不平的颗粒时,光线将向各个方向反射,我们把这种现象叫作光在水中的散射。水的透明度越差,其散射的程度越严重。散射的结果使原为直线传播的光变为杂乱无章的背景光,潜水员观察到的物体变得模糊不清。这也直接导致水下能见度低。

2. 视力差

视力降低有多种不同的情况和原因。若角膜与水直接接触,由于水对光的折射率与角膜的折射率相差不多,光线从水入眼,屈光度比由空气入眼减少约 40D(正常眼在空气中约 59D),就会变成“远视”。此时,来自水下物体的光,经眼折射后在视网膜上形成的将是模糊不清的像,视力显著降低。光线在水中散射也是视力降低的一个原因,因散射使物体轮廓变得模糊,物体与其背景的对比不明显。

戴潜水头盔或者面罩入水,在水与角膜之间存在空气层,光虽由空气入眼,眼的屈光度得以保持,但由于光在水中散射和水中照度低所致的视力降低依然存在。

3. 视野缩小

人角膜接触水时,视野约为空气中的 3/4,这是由于光线从水中射入眼内,屈光度减小,原来视野边缘上的光不能被折射到视网膜的边缘。水下使用潜水装具时,虽然避免了角膜与水的直接接触,但头盔或面罩遮住一部分光,使视野仍限制在较小的范围内。

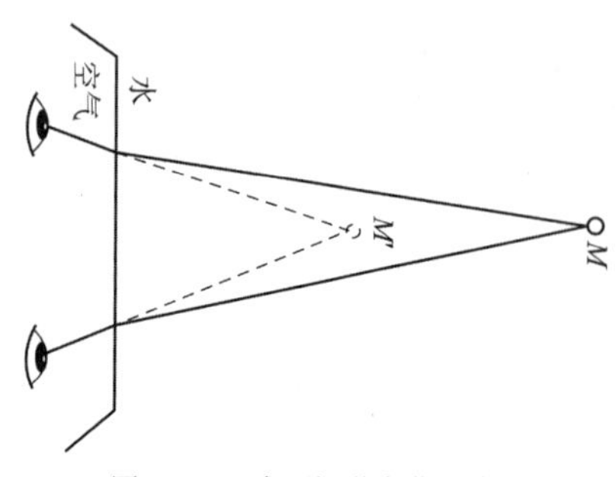

图 2.7-1 水下视觉变化示意图

4. 水下空间视觉的改变

借以感知物体大小、形状、位置、距离等的视觉,称为空间视觉。戴头盔或面罩的潜水员在水下视物时,空间视觉改变的特点是放大、位移和失真。

这是因为光从水中进入空气时,发生折射现象(图 2.7-1)以及人们习惯于感觉直线光所致。水下物体看上去显得大些,其比例为 4(看到的)比 3(实际的),距离显得近些,约为实际距离的 3/4。失真是由于来自水下物体的光线,在水和空气界面上的入射角不同,因而折射角也不同所致。离眼近的光线入射角小,折射角也小,以致同一物体的各个部位的放大比例不同,于是造成失真。

5. 水下色觉的改变

由于阳光射入水后,按光的波长顺序,随着水深的增加逐渐被吸收。所以在水中,物体的颜色随深度而异。长波光先被吸收,短波光后被吸收。例如:红色光在1m水深左右就被吸收掉,橙色光和黄色光则分别在5m和10m水深被吸收掉。而水深达20m时,仅存蓝绿色光,其他颜色的光都被水吸收掉了,这时,潜水员看到的多数物体变成蓝色。例如在水深10m处,从伤口流出来的血,看起来不是红色而是蓝绿色;在水底看起来阴暗的鹅卵石,取到水面上可能是鲜红色的。当水深再增加到一定程度时,所有颜色的光都将被水吸收掉,这时,水下没有任何光线,潜水员也就不能看到物体。

水中的悬浮颗粒易吸收波长短的光。因此在清澈的海水中蓝色和绿色最明显可见;在较浑浊的近岸海水中绿色和黄色最明显可见;而在浑浊的江水和港湾水中,黄色、橙色和红色最明显可见。

改善潜水员的水下视觉,一般采用以下补救措施。①采用人工照明。人工照明有水上照明和水下照明两种。前者多用于浅水作业,后者常用于深水作业。但由于水对光线的吸收,即使光源强度成百倍地增加,水下能见度的增加也很有限。例如照度增加119倍,水下能见度距离仅增加了0.6倍。使用耐压、水密的水下照明设备,效果也不够理想。②增加角膜与水之间的空气层。在角膜与水之间用空气层隔开,让光线由空气入眼,以保持眼的正常屈光度。目前应用于潜水的头盔、面罩、潜水帽等都具备这样的条件。③使用钢化玻璃透明头盔,借助转动眼球或头顶来扩大视野范围。

水下空间视觉的改变对潜水作业的影响不大,通过实践锻炼可以适应,无须专门予以修正。

第八节 法定计量单位

一、常用法定计量单位的作用

法定计量单位是强制性的,各行业、各组织都必须遵照执行,以确保单位的一致。我国的法定计量单位是以国际单位制(SI)为基础并选用少数其他单位制的计量单位来组成的。在潜水界,以往经常使用公制单位和英制单位。我国颁布法定计量单位以后,英制单位和公制中的许多单位已被剔除在法定计量单位以外。

我国潜水行业目前使用的潜水装具、工具及仪器中,有相当部分为进口设备。另外,随着我国海洋强国建设和"一带一路"建设的推进,有更多的潜水机构走出国门参与海外潜水市场竞争。因此,有必要加强对潜水常用计量单位的认识,并了解常用法定计量单位与英制单位之间的换算关系。

二、法定计量单位与英制单位的转换关系

为了便于学习,我们需要了解潜水中常用的法定和非法定计量单位的换算关系(表2.8-1)。

常用法定和非法定计量单位的换算 表 2.8-1

物理量	法定单位	非法定单位	换算关系
长度	米(m) 厘米(cm) 毫米(mm)	英尺(ft) 英寸(in)	1m = 100cm = 1000mm 1ft = 12in = 0.3048m 1in = 25.4000mm
体积	立方米(m^3) 升(L)	立方英尺(ft^3) 立方英寸(in^3)	$1m^3$ = 1000L $1ft^3$ = 0.0283m^3 $1in^3$ = 0.0164L
质量	克(g) 千克(kg) 吨(t)	磅(lb)	1kg = 1000g 1lb = 0.4536kg 1t = 1000kg
力	牛顿(N) 千牛(kN)	磅力(lbf) 公斤力(kgf) 吨力(tf)	1kN = 1000N 1lbf = 4.4453N 1kgf = 9.8N 1tf = 9.8kN
压强	帕(Pa) 兆帕(MPa)	大气压 公斤力/平方厘米(kgf/cm^2) 毫米汞柱(mmHg) 磅力/平方英寸(lbf/in^2) 巴(bar)	1MPa = 10^6Pa 1 个大气压 = 1kgf/cm^2 1 个大气压 = 760mmHg 1 个大气压 = 14.7lbf/in^2 = 0.1MPa 1bar = 100kPa
热量	焦耳(J)	卡(cal) 大卡(kcal)	1cal = 4.1868J

在潜水作业中最常用的计量单位是压强单位，由于进口设备和一些传统说法较多，所以压强类的法定和非法定单位使用频率都较高，常用的压力表、脐带等装具和设备都能随处可见不同压强单位，需要大家学会将不同的单位进行转换。图 2.8-1 所示即是常用不同计量单位的压力表和管路。

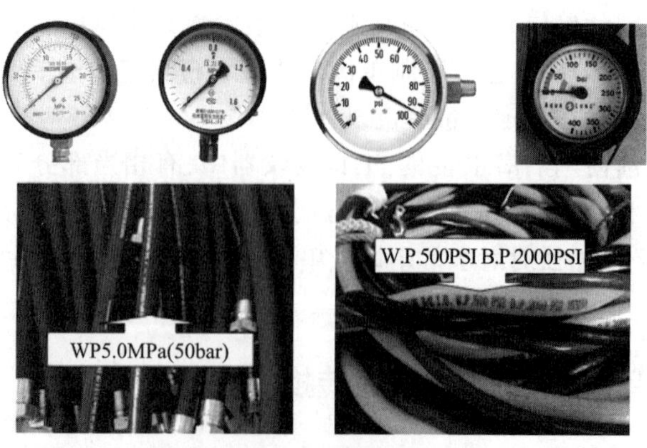

图 2.8-1 常用压力表及供气管路

思考题

1. 水下深度每增加10m,静水压强增加多少兆帕?
2. 如何理解相对压强及绝对压强?
3. 潜水员在水下所承受的(绝对)压强与大气压强、静水压强之间的关系是什么? 水下35m处的静水压强为多少?
4. 物体在水中有哪几种浮态,其决定因素是什么?
5. 潜水员在水下怎样才能保持稳定平衡?
6. 潜水员的浮心有何变化规律?
7. 简述重潜水员的沉浮原理。
8. 潜水员水下阻力与哪些因素有关?
9. 潜水员水下失稳主要由哪些原因引起?
10. 某一潜水员下潜至水深为30m处水底,欲打捞一个重量为50kg、体积为15L的物体,问至少需多大的力?
11. 在潮感河段,什么时候进行潜水作业最理想?
12. 潮汐和海流对潜水作业有何影响?
13. 潜水中使用氮气作为稀释气体有何优缺点?
14. 为何说波义耳定律、盖-吕萨克定律和查理定律都是理想气体气态方程的特殊情况?
15. 潜水员屏气出水有何后果?
16. 什么叫水面等值,它在潜水中有何意义?
17. 气体的弥散有何规律?
18. 一种气体中水蒸气的最大分压取决于何种因素?
19. 什么叫绝对湿度和相对湿度?
20. 什么叫湿球温度和干球温度? 它们有何关系?
21. 什么叫亨利定律? 阐述潜水减压的重要性。
22. 有一个气瓶,容积为0.45m^3,压强为15MPa(表压),假定温度不变,将瓶内气体压力降至常压,问排出的气体有多大体积?
23. 一个充满压缩空气的气瓶,在室内18℃时测得压强为12.1MPa,现将瓶放在室外烈日下暴晒,温度升高至40℃,问瓶内压强变为多少?
24. 一定质量的气体在5℃时体积为15L,在压强不变的前提下,温度升至60℃时,它的体积将变为多少?
25. 将常压、温度10℃的45m^3空气压入容积为10m^3的加压舱内,舱压升至0.4MPa,问舱内温度为多少?
26. 试计算在水下60m时,压缩空气中氧和氮的分压。
27. 具有相同温度的物体,它们的热能一定相同吗?
28. 热传递对潜水员有何影响?
29. 为何潜水员在水下会丧失对声源位置的判断能力?

30. 潜水员在水下,不借助设备,可以相互通话吗?一方在水下,一方在水面呢?
31. 为何说噪声在水下对人体损害更大?
32. 白色光穿射过三棱镜产生色散现象,各种色光按什么顺序排列?
33. 为何有的物体呈白色,有的则呈黑色?
34. 什么叫光在水中的散射?
35. 什么叫光在水中的吸收?
36. 光在水中,随着深度的增加,各种颜色依次被吸收。请问光被吸收的顺序是怎样的?
37. 潜水员在水下视觉有哪些改变?
38. 潜水员在水下看到的物体的尺寸与实际尺寸有何比例关系?

第三章 自携式潜水

第一节 概　述

潜水装具,是潜水员潜水时为适应水下环境所穿戴的器具、服装及压重物等全部器材的总称。自携式潜水时,潜水员佩戴水下呼吸器,呼吸自身携带的气瓶供给的气体,潜入水下进行活动(图3.1-1)。潜水员使用的这种装具称为自携式潜水装具。

自携式潜水,有别于屏气潜水、水面供气式潜水等潜水方式。与水面供气式潜水相比,自携式潜水拥有更大的独立性和行动自由度;而与屏气潜水相比,它在水下停留时间更长。自携式潜水应用范围广泛,既可以应用于休闲潜水,也可以应用于专业潜水,包括科研(如水下生物学、地质学、水文学、海洋学以及水下考古学等勘察活动)、军事、公共安全与应急救援以及简单的工程潜水等。

图3.1-1　自携式潜水

自携式潜水的优点主要有:

(1)轻便、灵活;

(2)作业现场部署快;

(3)水面支持团队小;

(4)水下垂直方向和水平方向上的活动范围大;

(5)水底扰动最低。

但是,相对于水面供气式潜水而言,自携式潜水具有明显的局限性,包括:

(1)潜水深度受限;

(2)水中停留时间较短;

(3)身体防护有限、容易受水下低温影响;

(4)受水流影响大;

(5)通常没有语音通信系统(除非使用全面罩时配置水下无线通信系统)。

上述自携式潜水的不足和缺点,限制了其在工程潜水领域的使用范围,一般只应用在较浅水域下水下搜索、水下检查以及简单的水下作业等。一般情况下,不宜在工程潜水领域采用自携式潜水方式,尤其在有限空间、急流及压力差等复杂条件下不应采用。

自携式潜水的基本准则:

(1)在整个潜水作业期间,由水面使用信号绳进行联络及照料潜水员,或者由水面和潜水员保持双向语音通信,或者同时在水中有另外一名能持续进行目力观察的潜水员进行陪伴。

(2)自携式潜水作业的计划时间不得超过不减压潜水限度,也不能超过除去备用应急气体的气瓶供气时间;在每次潜水前,先测量气瓶气压。

(3)自携式潜水不能在流速超过 1kn 的水域中进行。

(4)不应在封闭的或身体受限的空间进行自携式潜水作业。

(5)在自携式潜水时,当一名潜水员入水时,应有一名待命潜水员待命。

(6)自携式潜水只能在白天进行。

(7)自携式潜水潜水员应该佩戴一个浮力补偿装置以及口哨或其他音频信号装置。

(8)当水面能见度较低或很差时,潜水员应携带一个灯标。

(9)自携式潜水应配备一个应急气瓶作为应急备用气源。

(10)自携式潜水潜水员应该配备一个潜水压力表。

自携式潜水技术是其他潜水技术(如水面需供式潜水等)的基础,必须熟练掌握自携式潜水程序和水下操作技能,还要掌握应对水下环境中出现紧急情况的应急程序,能在紧急情况下进行自救以及对处于困境中的自携式潜水员进行应急救护,以实现安全潜水。

第二节 自携式潜水装具组成与分类

一、组成

自携式潜水装具通常由水下呼吸器、配套器材和辅助器材三大部分组成,见图 3.2-1。其中,自携式水下呼吸器是自携式潜水装具的核心装置,由气瓶和供气调节器(包括一级减压器、中压软管和二级减压器)组成;配套器材是自携式潜水装具必须配备的附属器材,包括面罩、脚蹼、潜水服、压重带、潜水刀、浮力背心、信号绳索、测压表、潜水手表及深度表等;辅助器材是自携式潜水时根据潜水任务和性质的需要选用的附属用品,主要有潜水绳索、潜水电脑、潜水计时表、水下指北针、气压表及呼吸管等器材。

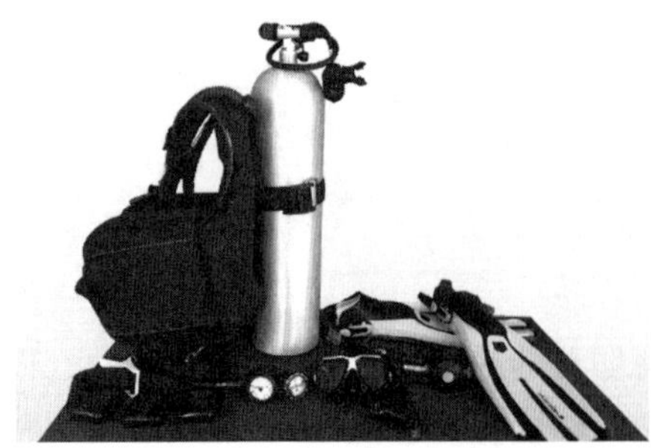

图 3.2-1 自携式潜水装具的组件

二、分类

自携式潜水装具的种类很多,区别主要在于其水下呼吸器(SCUBA),其他附属器材等大同小异。在各类自携式水下呼吸器中,供给的呼吸气体每次吸用后全部排出呼吸器外的,称为开式;可在呼吸器内部对呼出气体中二氧化碳和水分进行吸收,以及补充氧气后再供潜水员吸用的,称为闭式;两者皆有之,称为半闭式。自携式水下呼吸器一般根据其气体流程的不同,分为开式自携式水下呼吸器和闭式或半闭式循环呼吸装置两大类。

1. 开式自携式水下呼吸器

开式自携式水下呼吸器通常采用压缩空气作为气源,气瓶中的高压气体经需供式调节器调节后供潜水员吸用,呼出气体则直接排到环境中。使用开式需供式调节器,一般不会发生二氧化碳中毒、缺氧等情况。

开式自携式水下呼吸器结构简单,由气瓶和供气调节器(包括一级减压器、中压软管和二级减压器)组成。开式自携式水下呼吸器主要分为两类,即双管需供式和单管需供式两种,区别在于其供气调节器。

1)双管需供式供气调节器

如图3.2-2所示,这类调节器的一级和二级减压器都安装在一个组合阀里,直接连接到潜水员颈后的气瓶阀或歧管上。由两条波纹呼吸管连接调节器和咬嘴,一条用于供气,而另一条用于排气。排气管将排出气体导向调节器,这避免了由于排气阀和末级隔膜的深度变化而产生的压力差(依据潜水员在水中的不同体位,这一压力差会导致通风或者呼吸阻力过大)。在现代单管需供式供气调节器中,通过把二级减压器直接与咬嘴组合,避免了这一问题。配置咬嘴的双管调节器是标准配置,但也可以与潜水全面罩同时使用。

2)单管需供式供气调节器

现代开式自携式潜水装具多数配置单管需供式调节器,用一条低压管将一级减压器和配置咬嘴的二级减压器(需供阀)连接在一起,见图3.2-3。一级减压器连接到气瓶或气瓶歧管上,它的作用是将气瓶里的高压气体(压力可能高达30MPa),降为中压气体,通常高出环境压力0.8~1.0MPa;二级减压器将减压后通过中压软管供给的气体调节成为压力和流量均适合于潜水员吸用的气体,呼出气体则通过需供阀气室的一个橡胶单向阀,直接排到潜水员嘴部周围的水里。

图3.2-2 双管需供式自携式装具

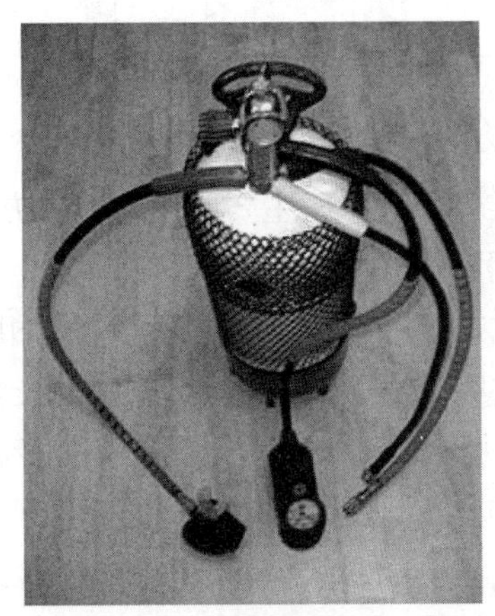
图3.2-3 单管需供式调节器

早期的单管需供式供气调节器配置的是全面罩而不是咬嘴,存在着呼吸阻力大等缺点。现代单管需供式供气调节器通常设有用于潜水电脑压力传感器和浸入式压力表的高压端口,以及用于连接干式潜水服和浮力控制装置充气软管的低压端口。

2. 闭式水下呼吸器

闭式水下呼吸器是一套循环呼吸装置,潜水员呼吸气体在呼吸环路中循环,能将呼出气体中的二氧化碳和水蒸气清除,并补充氧气,让呼出气体供潜水员继续吸用,循环使用。在每一次呼吸周期损失的气量取决于循环呼吸装置的设计和呼吸周期中深度上的变化。呼吸环路中的气体压力与外界环境压力一致,通过供气调节器或者喷气嘴为呼吸环路供气补给气体。

采用闭式水下呼吸器能循环利用,对气体的耗量少,潜水员在水下停留的时间比开式自携式潜水装具要长得多,可高出 10 倍。当使用氮氧混合气(空气)作为稀释气体时,最大潜水深度为 50m;当使用氦氧混合气(88/12)作为稀释气体时,最大潜水深度为 100m。因此,闭式水下呼吸器具有水下工作时间长、潜水深度大及自携式潜水机动灵活等优点,可应用在军事、科研及其他特殊领域。但其构造和技术复杂,故障点更多。

闭式水下呼吸器主要有两种结构:闭式循环呼吸装置和半闭式循环呼吸装置,相应的装具称为闭式或半闭式自携式潜水装具。

1)闭式循环呼吸装置

闭式循环呼吸装置主要由气瓶、呼吸袋、安全排气阀、二氧化碳吸收罐等组成,见图 3.2-4。其气体的流程是:潜水员从呼吸环路吸入呼吸气体,呼出的气体流入呼吸袋,经二氧化碳吸收罐净化后再流入呼吸环路中。在气体循环中,二氧化碳吸收罐能吸收呼出气体中的二氧化碳和水蒸气,惰性气体和未用完的氧气可以通过,被重新利用。混合气(或空气)气瓶中的气体经供气调节器流入呼吸袋,流量调节可由供气调节器自动控制,也可手动增加供气量。氧分压可由电子自控装置根据潜水员耗氧量的变化,自动控制在设定值范围。闭式循环呼吸装置省气、隐蔽性好,主要应用于军事方面。

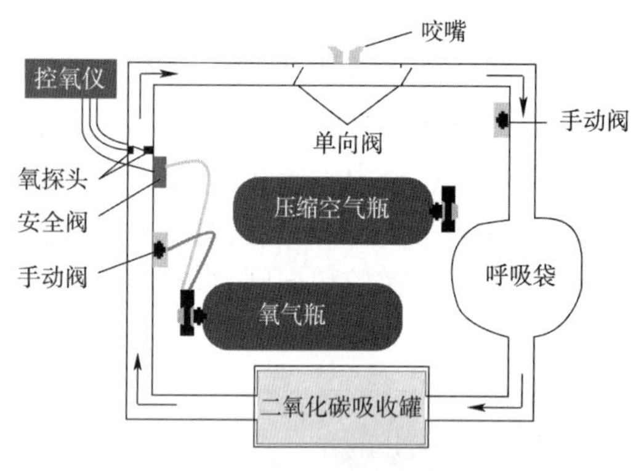

图 3.2-4　闭式循环呼吸装置原理图

2)半闭式循环呼吸装置

半闭式循环呼吸装置的原理与闭式相似,不同点是呼吸环路中潜水员呼出的气体,部分净化后再供吸气用,部分多余的气体经安全阀排入水中。半闭式循环装置的耗气量比闭式装具大,但比开式装具的耗气量要小得多。如图 3.2-5 所示,半闭式循环呼吸装置的气体流程是:潜水员从呼吸环路吸入呼吸气体,呼出的气体流入呼吸袋,多余的气体由安全阀排出,呼吸袋的气体再经二氧化碳吸收罐净化后再流入呼吸环路中。潜水员消耗的气体由气瓶供气给予定量补给,按照一个恒定的流速注入。因自携气量和二氧化碳吸收剂有限,所以潜水深度和时间都会受到限制。它的构造相对于闭式较简单、价格较便宜,潜水深度也比较大,主要应用于军事和休闲潜水中。

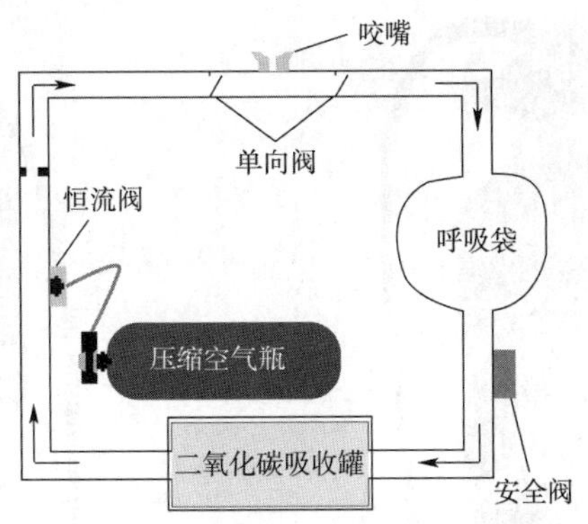

图 3.2-5 半闭式循环呼吸装置原理图

气瓶中所充入的混合气中气体成分对于计划中的潜水深度必须是安全的。

随着潜水员的工作强度的增加,潜水员所需要的氧气量也在增加,气体的注入速率在使用前要仔细地选择和控制,以避免氧气不足而导致潜水员失去知觉。提高气体注入速率虽会降低上述的危险,但也会导致气体消耗量增加。

第三节 自携式水下呼吸器

自携式水下呼吸器是自携式潜水装具的核心装置,由气瓶和供气调节器(包括一级减压器、中压管和二级减压器)组成。工程潜水中通常使用单管、开式、需供式水下呼吸器。本节介绍这类自携式水下呼吸器各主要部件的原理及基本结构。

一、气瓶总成

自携式潜水用的气瓶属于高压容器,用以存储压缩气体,经供气调节器调节后为自携式潜水员提供呼吸气体。常规自携式潜水用气瓶灌装的呼吸气体是空气。

气瓶总成由气瓶本体、气瓶阀(含信号阀)及气瓶附件等组成,见图 3.3-1。

1. 气瓶本体

1)气瓶本体结构

气瓶本体指单独的气瓶,它是用来储存气体的壳体,通常由铝或者合金钢制成。气瓶的颈部有内螺纹,用于固定气瓶阀。气瓶颈螺纹有多个标准,包括:锥形螺纹,平行螺纹等。气瓶的肩部有钢印识别标记,提供型号、制造年月、容量、重量、工作压力、试验压力等必要信息。

气瓶的头部装有气瓶阀(或含有信号阀),腰部装有背负装置,底部装有底座。

2)气瓶容积与压力

自携式气瓶的容积各不相同,从 3L 至 18L 不等,国内工程潜水用的气瓶容积基本上是 12L。

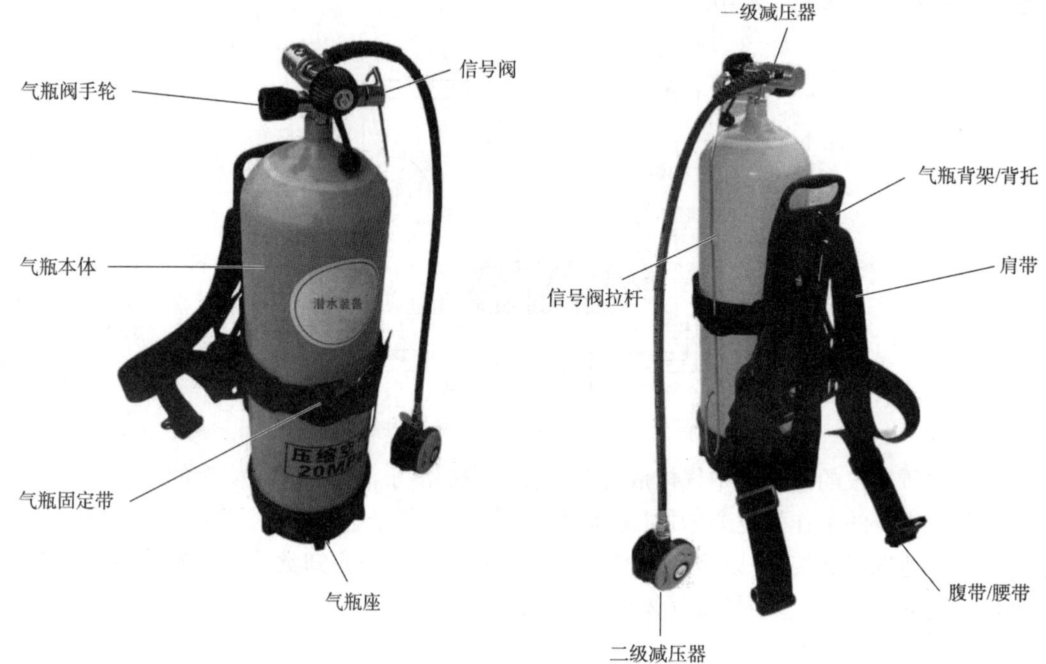

图 3.3-1 带供气调节器的气瓶总成

气瓶的工作压力一般在 20MPa 左右,最大可以达到 30MPa。气瓶壁的厚度与气瓶的工作压力有直接的关系,同时它也影响到了气瓶的浮力特性,低压气瓶比高压气瓶的浮力大。由于铝合金比钢材的抗拉强度低,铝瓶要比同等容积和工作压力的钢瓶更粗、更大。

目前,国内引进的美国制造的铝瓶通常有 3000psi(210bar)的标准工作压力,而致密铝系列具有 3300psi(230bar)的工作压力。依据美国标准生产的某些钢瓶允许超出工作压力 10%,用"+"标识。这个额外的压力容差取决于气瓶是否通过了适当的更高标准的周期性水压试验。

采用公制体系的国家或地区通常会直接用"巴"(bar)来表示气瓶的压力,但通常会用"高压"来表示工作压力为 300bar 的气瓶,这种气瓶不能够与 A 型夹式呼吸调节器配置使用。工作压力为 230bar 的钢瓶和铝瓶在自携式潜水中比较常见。

3)气瓶的颜色编码和标记

潜水气瓶的涂色因区域而异,在某种程度上取决于气瓶内的气体成分。在某些国家或地区没有针对潜水气瓶的涂色进行立法。而在大多数的国家里,用于工程潜水或者所有潜水的气瓶颜色由国家标准规定。

在休闲潜水领域,广泛使用的气体是空气和氮氧混合气。潜水钢瓶通常会涂漆以减少腐蚀,空气气瓶油漆的颜色通常是黄色和白色以增加其可视性,氮氧混合气气瓶是在黄色底色上标有绿色条纹。铝制潜水气瓶可以涂漆或者阳极电镀,阳极电镀时可以着色也可以保留其自然银色。

4)气瓶配置

在某些情况下,自携式潜水可能会使用到两个以上的气瓶。气瓶配置可采用单瓶、双瓶或者一个主气瓶配置一个小型的备用气瓶等形式。采用双气瓶配置时,可用歧管连接在一起,或者是独立配置;采用主气瓶配小气瓶形式时,备用气瓶可固定在潜水员的背上,或侧挂在潜水员的背负装置上。气瓶与呼吸调节器的配置也可有多种选择。

(1)单瓶配置。

由一个气瓶与一个一级减压器和通常两个二级调节器组成。这种配置比较简单、经济,但是只有一个呼吸气源,一旦发生故障,将没有冗余气源。如果气瓶或者一级调节器发生故障,潜水员彻底失去呼吸气体,将会面对危及生命的紧急情况。这种配置虽然在入门级潜水员当中比较常见,而且在运动潜水中比较多地使用,但却不建议在工程潜水中使用,特别是在遮顶环境(如沉船潜水、洞穴潜水或者冰下潜水等)或者需要水下减压的任何潜水中使用。

(2)单瓶、双调节器配置。

这种配置由一个气瓶、两套呼吸调节器组成。这种系统应用于冷水环境的潜水作业,低温有可能导致呼吸调节器冻结,因此会需要一套功能性的冗余。这种配置的优点就是可以在没有共生呼吸或者气体共享的前提下,能够有效地控制水下呼吸器故障的风险。

(3)主气瓶与独立小气瓶(应急气瓶)配置。

这种配置由一个背负式主气瓶和一个应急备用的独立小气瓶组成(图3.3-2)。配上两套呼吸调节器,潜水员拥有两套完全独立的呼吸系统,安全性好。但这种配置的呼吸系统比较重,购买及维护费用较高。中国潜水救捞行业协会《潜水及水下作业通用规则(第2版)》规定,自携式潜水应配有应急备用气瓶。

(4)独立的双配置。

这种配置由两个独立的气瓶、各配有浸入式压力表的两套呼吸调节器组成(图3.3-3)。潜水员在水下必须交替使用两个需供调节器,以确保每一个气瓶内留有足够的储备气体。如果不这样做,一旦一个气瓶发生故障,潜水员有可能没有足够的气体储备。潜水员周期性切换呼吸调节器以确保两个气瓶均匀使用,虽然比较复杂,但是拥有两个完全独立的呼吸气体,会更安全。

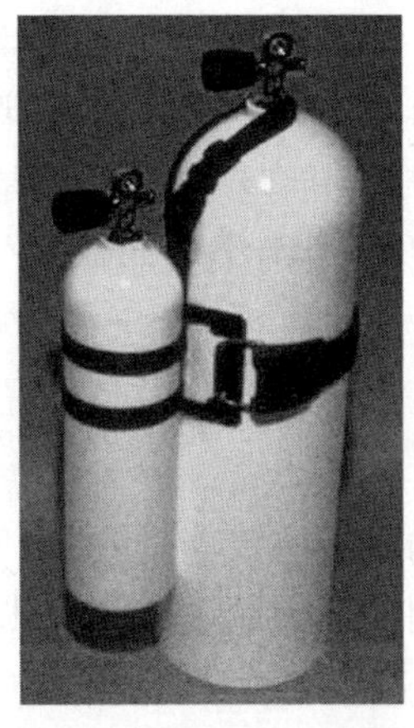

图3.3-2 主气瓶与应急气瓶配置

图3.3-3 双瓶双调节器配置

(5)简单的歧管连接双瓶配置。

歧管的作用是将两个气瓶连接在一起,见图 3.3-4。通过歧管与气瓶阀连接,将两个气瓶内的高压气体输给供气调节器。大部分歧管连接借助 O 形圈密封,早期产品可能使用锥形螺纹,不同类型的歧管不可一起使用。

图 3.3-4a)是不配隔离阀的歧管,用这种简单的歧管连接两个气瓶,这是一种曾经使用比较普遍的配置,它由两个背负式气瓶、一套呼吸调节器构成。这种配置简单,呼吸供气倍增,但没有功能性冗余的储备气体。

a)不配隔离阀的歧管

b)配有隔离阀的歧管

图 3.3-4　歧管

(6)隔离歧管连接双瓶配置。

这种配置有两个背负式气瓶、两套呼吸调节器,由配有隔离阀的歧管[图 3.3-4b)]连接两个气瓶阀。在歧管上配有隔离阀,通过关闭隔离阀,可隔离两个气瓶(图 3.3-5)。如果一个气瓶发生故障,潜水员可以关闭隔离阀,以保存未发生故障气瓶的气体。这种配置的优点包括:供气量较大,可以均衡地使用两个气瓶内的气体,潜水过程中不需要不断地更换呼吸调节器,并且在大多数的故障情况下,潜水员可以关闭发生故障调节器的阀门,或者将两个气瓶隔离,从而保留两个气瓶的剩余气体。其缺点是歧管本身就是一个潜在的故障点,在发生问题时,一旦不能够关闭隔离阀,就有可能损失两个气瓶内的气体。这种配置大多用在技术潜水中。

图 3.3-5　由配有隔离阀的歧管连接的双瓶

气瓶配置还有其他形式,但它们大多用在技术潜水中,比如侧挂、吊置等。

2. 气瓶阀

在气瓶颈部装有气瓶阀,其作用是连接充气管和供气调节器,使高压气体从气瓶流至一级减压器,并可以控制进出气瓶气流的大小。借助阀体上的氯丁橡胶 O 形垫圈,气瓶阀的螺栓接头与气瓶紧密连接。在气瓶阀的底部固定了一条金属或者塑料通气管延伸到气瓶内,其目的是在反转气瓶时,降低气瓶内的液体或者颗粒污染物进入气路、阻塞供气调节器的风险。有些通气管有一个平坦的开口,而有的则是完整的过滤器。

1)气瓶阀分类

气瓶阀的分类主要考虑四个方面:螺纹规格、与供气调节器的连接、额定压力以及区别性特征。在空气自携式潜水装具中,与供气调节器连接的气瓶阀基本上有DIN式和轭式(A型夹式)两种:

(1)螺栓式(DIN)(图3.3-6)。

供气调节器通过螺纹拧入气瓶阀内,将O形圈牢固地夹在气瓶阀密封面和调节器O形圈槽之间,形成密封。DIN阀的设计压力在20~30MPa之间,但这主要取决于它的螺纹数量和具体的结构设计。

(2)轭式(或称A型夹式,图3.3-7)。

气瓶阀的出气口内装有O形圈,在与供气调节器连接时,供气调节器的A型夹环绕在气瓶阀上,并将O形圈压在调节器进气口的密封面上,通过将O形圈夹紧在调节器和气瓶阀的密封面之间形成密封。

图3.3-6 DIN式气瓶阀与供气调节器的连接

图3.3-7 夹式气瓶阀与呼吸调节的连接

可以通过使用螺栓式适配器(图3.3-8)将DIN式气瓶阀转换成A型夹式气瓶阀,只要将适配器旋转到DIN式气瓶阀开口内即可。

图3.3-8 DIN适配器

2)气瓶阀结构

目前,国内使用的气瓶阀主要由气瓶阀阀体、开关阀、安全阀及信号阀等组成。

(1)开关阀。

气瓶开关阀是气瓶内高压气体的开关,开关阀的手轮逆时针转动是开,反之是关。同时应注意,开、关时不能用力过猛。关时,要关足;开时,开足后应旋回少许,使他人知道气瓶阀所处的状态,防止进一步开阀而使之损坏。气瓶用毕,气瓶开关阀要关好。

(2)安全阀。

安全阀是一个泄压装置,安全阀中装有铜制的安全膜片,当气瓶内压力超过规定时,膜片会被击穿使高压气泄出而防止不测。国产钢瓶的安全膜工作压力为24.5~27.4MPa。

在潜水的过程中,如果安全膜破裂,气瓶内的气体会在一个极短的时间内丢失。如果安全膜片的额定压力是正确的并处于完好的状态,发生这种风险的概率是非常低的。

(3)信号阀。

目前,自携式潜水气瓶大都使用没有信号阀的铝质气瓶或复合材料气瓶,也还使用带有信号阀、12L、工作压力为20MPa的钢质气瓶。

在20个世纪,供气调节器上的浸入式压力表还没有得到广泛的使用,潜水气瓶阀上通常会配置一个机械储备结构,在气瓶压力接近一定值的时候向潜水员发出提示,这就是信号阀。这时潜水员感觉吸气阻力大,于是向下拉动信号阀拉杆使之处于解除状态。随着信号阀的阻碍作用解除,气瓶内气体顺畅流出,潜水员可用气瓶内的剩余气体上升出水。所以,潜水前一定要使信号阀置于工作位置,即使在潜水过程中也要随时检查,防止其他原因造成信号阀位置的改变而不能报警。

在能见度为零的水域进行潜水作业时,将无法读取浸入式压力表上的读数,最好使用带有信号阀的潜水气瓶。

信号阀与气瓶阀连为一体。整个信号阀装置主要由气瓶阀中的信号阀阀体及信号阀拉杆等部件构成,其剖视图见3.3-9。

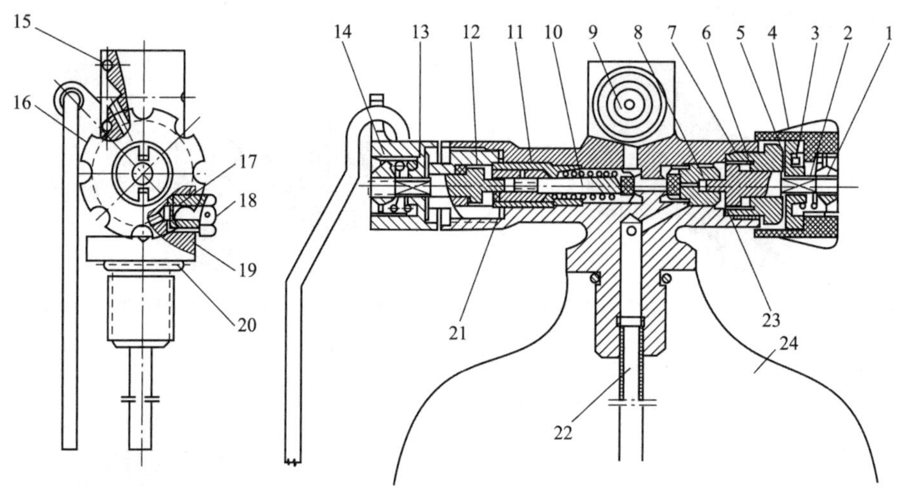

图3.3-9　气瓶阀和信号阀剖视图

1-槽螺母;2-弹簧罩;3-弹簧;4-手轮;5-垫片;6-螺母盖;7-垫圈;8-高压阀头;9-阀体;10-开启装置(凹凸栓、传动阀、阀座、传动弹簧);11-压紧套;12-螺盖;13-拉手;14-旋手螺杆;15-O形圈;16-拉杆;17-安全膜;18-安全螺塞;19-垫圈;20-O形圈;21-垫圈;22-通气管;23-垫圈;24-气瓶

信号阀的工作原理是:当气瓶关闭,信号阀处于工作位置时,凹凸栓吻合,传动阀在传动弹簧力的作用下压着阀座。打开气瓶时,由于气瓶内气压对传动阀产生的推力大于传动阀弹簧力,使传动阀离开阀座,气路畅通,见图3.3-10a)。

当气瓶内气压降至3.45MPa±0.49MPa时,传动弹簧逐渐伸展,迫使传动阀逐渐与阀座密合,供气减少,吸气阻力逐渐增大。此时将信号阀拉至解除位置,凹凸栓在拉杆、拉臂、传动杆连续动作下,使之相错,传动阀弹簧被压缩,传动阀被推离阀座,空气仍能正常供给潜水员吸用一段时间,见图3.3-10b)。凹凸栓的构造原理见图3.3-10c)。

在向瓶内充气时,信号阀要处于解除状态,否则充不进气。

水下呼吸器还可装配一种潜水式声光报警压力表,在潜水气瓶使用过程中,当气瓶内气体压力降到报警压力(3.5MPa)时,潜水式声光报警压力表会自动发出声光报警,以警示潜水员安全返回水面。

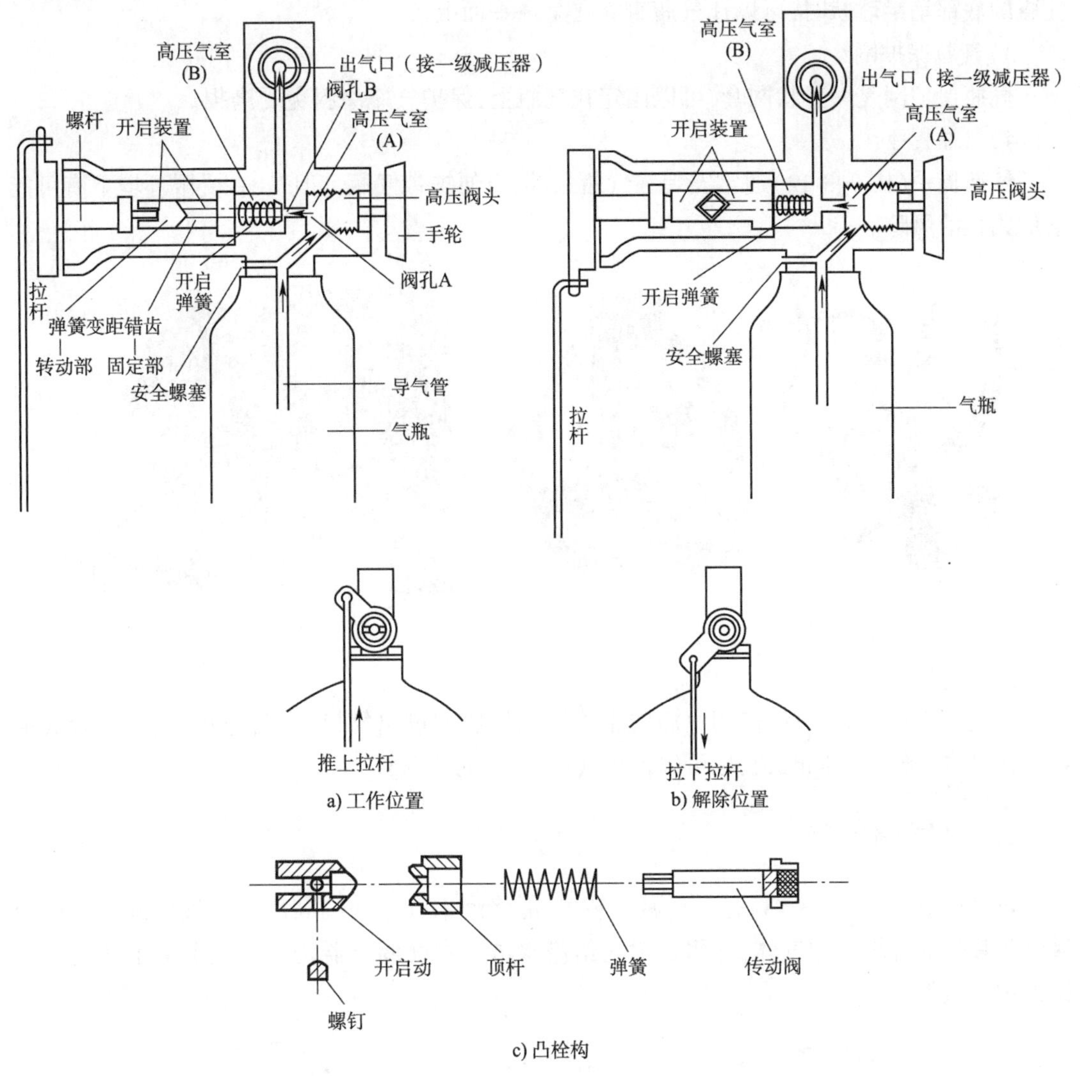

a) 工作位置
b) 解除位置
c) 凸栓构

图 3.3-10　气瓶阀中的信号阀的两种位置及工作原理

3. 气瓶附件

气瓶的附件包括气瓶背负装置、底座、保护网以及提手等。

1) 背负装置

背负装置(图 3.3-11)主要用来把自携式呼吸装置固定在潜水员的背部。根据不同的应用,在潜水的过程中,会使用到不同结构的背负装置。背负装置通常由背架、肩带、腰带、裆带及气瓶箍等组成。肩带、腰带、裆带串在背架上,背架由气瓶箍固定在气瓶的腰部,固定位置的高低及肩带、腰带、裆带的松紧度可按实际需要做适当的调节。

所有的背带和腰带必须具有快速解脱的功能,可以用任何一只手轻松操作,以方便潜水员在紧急情况下丢下气瓶逃生。

2) 气瓶底座

气瓶底座由橡胶或塑胶制成,装在气瓶底部,保护气瓶涂料免受磨损和冲击,特别是在气瓶的底部呈半球状时,可以让气瓶直立在某一平面上。

3)气瓶保护网

气瓶保护网是一管状网套,可以固定在气瓶上,保护气瓶涂料免受磨损。

4)气瓶提手

气瓶提手(图3.3-12)通常安装在气瓶颈部,方便携带气瓶。但是,在受限环境下有可能增加钩挂的风险。

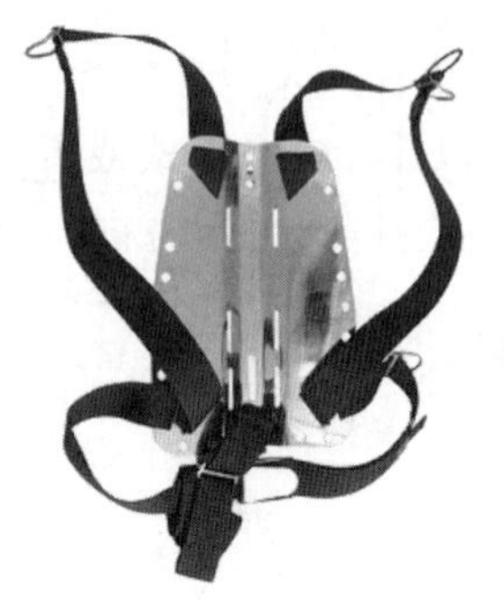

图3.3-11 气瓶背架

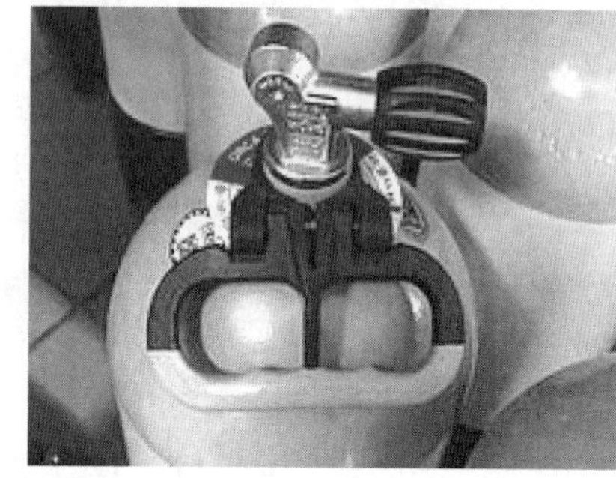

图3.3-12 塑胶气瓶提手

5)防尘罩

当气瓶不使用时,可以使用气瓶防尘罩罩住气瓶的进出气口,以防止灰尘、水或者其他物质污染进出气口。同时,它也可以保护气瓶阀口,防止碰坏。

二、供气调节器

供气调节器(图3.3-13)是一种减压装置,能将潜水气瓶内的高压呼吸气体调节成适合潜水员呼吸的环境压力气体,并将其输送给潜水员。供气调节器是自携式潜水生命支持系统的关键组件。

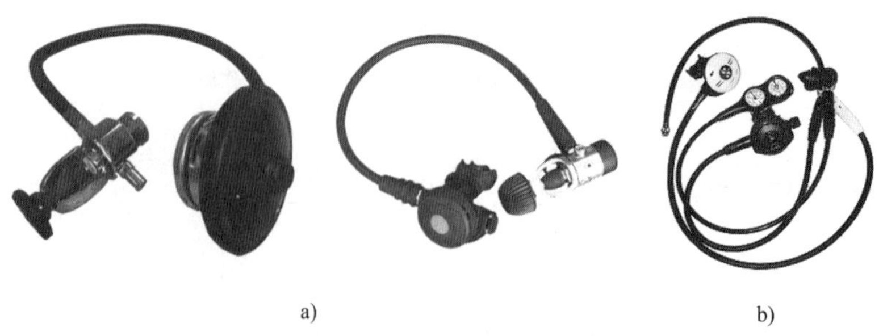

a) b)

图3.3-13 供气调节器

工程潜水中使用的自携式潜水装具通常采用单管、开式、需供式供气调节器。它由一级减压器、中压软管和二级减压器组成,输送气体的中压软管连接一级和二级减压器。下面介绍这类供气调节器主要部件的原理及其结构。

1.一级减压器

供气调节器的一级减压器通过标准连接器(轭式或者DIN式)与气瓶阀总成相连。它发挥的是减压阀的作用,将气瓶内的高压气体降为中压气体,通常高出环境压力0.8~1.0MPa,这一压力也被称为级间压力。然后,呼吸气体通过中压软管进入二级减压器。

一级减压器通常会有几个低压输出端口,可以用来连接二级减压器、浮力背心(BCD)以及其他配件,同时它也会有一个或者一个以上的高压输出端口,用于连接浸入式压力表或者气体集成潜水电脑,以便于气瓶压力的监测。有的一级减压器设计会专门指定一个用于连接主二级减压器的低压输出端口,因为这一端口可以提供较高流量的呼吸气体,在潜水员达到呼吸峰值时,呼吸阻力较小。

1)一级减压器的主要类型、原理及基本结构

一级减压器的内部结构分为膜片式和活塞式。两种结构都可以设计成平衡式或者非平衡式。非平衡式供气调节器由气瓶压力推动一级减压器上游开关阀关闭,关闭方向与级间压力和弹簧相对立。随着气瓶压力降低,开关阀上的闭合力减小,因此,在气瓶压力降低时,调节输出压力却升高(反作用式)。为了保持这一输出压力在可接受的极限范围内,高压气孔的尺寸受到严格的限制,但这会降低调节器的流量。

即使随着气瓶气体消耗,压力降低,平衡式供气调节器的一级减压器能够自动保持级间压力和环境压力之间恒定的压力差。平衡式供气调节器的设计让一级减压器气孔尽可能地大,从而不会因为气瓶压力下降而导致性能下降。平衡式调节器利用气瓶压力间接地作用在一级开关阀开启方向的反面,从而使潜水员在所有深度和压力下保持几乎一样轻松的呼吸。

(1)活塞式一级减压器。

活塞式一级减压器[图3.3-14a)和图3.3-14b)]结构简单、制作方便,可靠程度更高。但由于其内部某些可活动的部件暴露在海水或污染水中,因此对它的维修和保养就要更频繁和仔细。活塞式一级减压器的原理:活塞在弹簧的作用下被推向中压气室,从而让活塞杆离开高压气室的阀座,打开阀门,来自气瓶的高压气体就会进入到中压气室,当中压气室的气体压力达到一定时,活塞会被气体推回到高压室,活塞上的阀头会直接顶住阀座,关掉阀门,高压气体将停止流向中压室。

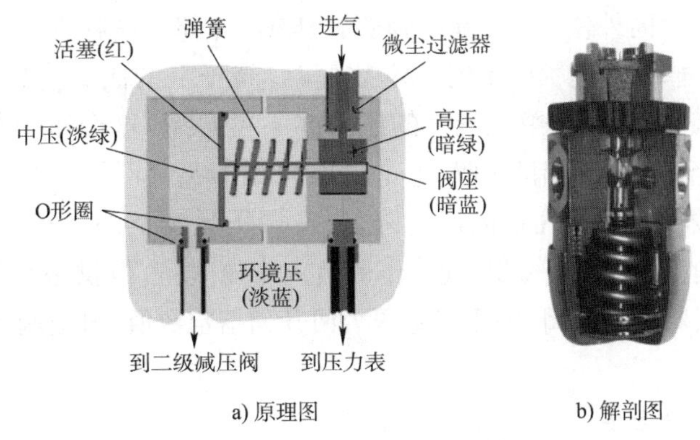

a) 原理图 b) 解剖图

图3.3-14 活塞式一级减压器

在潜水员使用与其相连的二级减压器吸气时,中压气室的压力就会降低,弹簧又会把活塞推向中压气室,让活塞杆离开固定的固定阀座,打开阀门。此时开启的阀门再一次让

高压气体流入中压气室,直到中压气室内的压力达到足够时将活塞推向阀座,再次关闭阀门。

(2)膜片式一级减压器。

膜片式一级减压器的结构(图3.3-15)比活塞式一级减压器更复杂,有的可能会有一个环境密封设计,唯一暴露在水中的部件是阀门开启弹簧和膜片,而其他的部件都与环境隔绝,因此更加适宜于在寒冷的水域中使用,也适宜于在海水或者有较多悬浮粒、泥浆或其他污染物质的水下作业。在某些情况下,弹簧和膜片同样可以与外界隔绝。

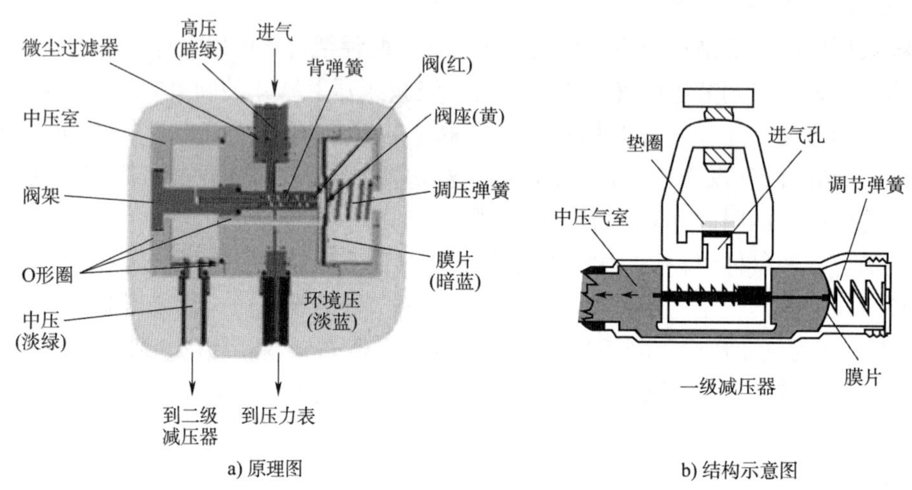

a) 原理图　　b) 结构示意图

图3.3-15　膜片式一级减压器

膜片式一级减压器的原理:膜片式一级减压器的膜片非常柔韧并封住中压气室。当减压器入口没有高压气体进入时,膜片两侧的环境压力是相等的。此时起作用的是调压弹簧和背弹簧,而调压弹簧的强度大于背弹簧,膜片被压向内侧,通过顶杆推动滑阀,使背弹簧压缩,因此阀门是敞开的。当接在一级减压器输出端的二级减压器阀门关闭时,来自气瓶的高压气通过阀门不断进入中压气室,使中压气室的压力不断升高。作用在膜片上的力也在不断增大,迫使膜片向外侧凸起,调压弹簧被压缩。同时,阀杆在背弹簧的作用下慢慢靠向阀座。当中压气室的压力升高到一定数值时,阀杆上的阀头与阀座密接,使阀门关闭,高压气不再进入中压气室,中压气室的压力亦不再升高(这个压力数值就是经过调节所需要的压力)。当潜水员使用与其相连的二级减压器吸气时,二级减压器阀门被打开,气体进入二级减压器,使中压气室内压力降低,在调压弹簧及外界环境压力的作用下,膜片内陷推动顶杆再次打开高压阀门,气体不断流入中压气室,以供潜水员呼吸用气。潜水员呼气时,二级减压器阀门关闭,中压气室压力回升到指定数值,迫使调压弹簧压缩,高压阀门得以重新关闭。

(3)平衡式一级减压器。

如果调节器具有补偿开关阀活动部件上游压力变化的结构,使供气压力的变化不影响到开启阀门所需要的力,此类调节器称为平衡调节器。上游和下游阀,一级和二级减压器,膜片式和活塞式都可以是平衡式或者非平衡式结构。例如:一套供气调节器可能拥有平衡活塞式一级减压器以及一个平衡式的下游二级减压器。平衡式的和非平衡式的活塞式一级减压器非常普遍,但是大多数的膜片式一级减压器都是平衡式的。由于来自气瓶供气压力的变化要比级间压力变化大得多,因此一级减压器的平衡对于供气调节器的性能具有较大的总体影响。然而,二级减压器在压差非常小的情况下就会启动,而且对供气压力的变化也更加敏感。大多数的优质供气调节器起码会有一个平衡式减压器。

2)一级减压器与气瓶阀的连接

开式自携式潜水装具中,供气调节器的一级减压器与气瓶阀的连接有两种方式:轭式(A 型夹式)和 DIN 式,见图 3.3-16a)和图 3.3-16b)。

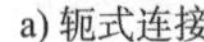

a) 轭式连接

b) DIN式连接

图 3.3-16 轭式连接一级减压器

轭式连接一级减压器的使用最为广泛。把一级减压器的高压进气口连接到气瓶的出气口上并夹紧,通过气瓶阀出气口接触面凹槽内的 O 形圈形成密封。连接时用手指拧紧,使气瓶阀与一级减压器的金属面接触,将气瓶阀出气口凹槽内的 O 形圈压紧在气瓶阀和一级减压器之间。在打开气瓶开关阀时,气瓶压力会将 O 形圈压迫在凹槽的外边缘上,达到密封的效果。潜水员必须注意不能够把一级减压器过度拧紧在气瓶阀上,否则,拆卸时有可能会动用到工具。相反,如果没有充分拧紧,气体压力有可能会将 O 形圈挤出并导致呼吸气体的大量流失。在潜水的过程中如果发生这种情况,有可能会导致严重的问题。轭式连接器的最大额定工作压力是 24MPa。

DIN 式接头利用螺纹直接与气瓶阀进出气口连接。DIN 系统在潜水行业用得比较少,但其优点是可以承受更大的压力,压力最高可达 30MPa,可以与高压钢瓶联合使用。在使用的过程中受到碰撞,导致 O 形圈挤出并破坏密封性的可能非常低。在技术潜水中,技术潜水员认为 DIN 式接头更加可靠和安全。

图 3.3-17 轭式适配器

可以使用轭式适配器(图 3.3-17)将 DIN

式一级减压器连接到轭式气瓶阀的气瓶上,以及使用螺栓式适配器将一个轭式一级减压器连接在 DIN 式气瓶阀的气瓶上。

2. 中压软管

使用一条中压软管将中压气体从一级减压器输送到二级减压器,二级减压器由潜水员含在嘴里或者固定在全面罩上。标准的中压软管长度 76cm,但备用二级减压器的中压软管标准是 100cm 长,而在技术潜水中,特别是在洞穴、沉船渗透潜水中,常见的备用二级减压器中压软管长度可达 210cm,这主要是因为空间限制可能使得潜水员必须在共生呼吸的同时,又不得不前后成一列纵队游动。但也可以选择其他长度的中压软管。大多数低压输出端口是 3/8″统一标准螺纹,但有些一级减压器上为主二级减压器配备 1/2″统一标准螺纹的低压输出端口。高压输出端口几乎都是 7/16″的统一标准螺纹。

3. 二级减压器

二级减压器(图 3.3-18)起到需供阀的作用,将一级减压器通过中压软管供给的气体调节成为流量、压力能够满足潜水员吸用的环境压力气体。

1)二级减压器的工作原理

二级减压器的工作原理是:如图 3.3-19 所示,当潜水员吸气时,壳体内低压气室的气体压力减小,壳体内外压差引起弹性膜片向内弯曲,膜片压向摇杆打开阀门,从中压软管来的气体经阀门进入壳体内,并流向咬嘴。气体进入壳体内后,气室内气体压力增加,膜片及摇杆复原,阀门关闭,供气停止。呼气时,弹性膜片不动,排气阀膜片弯曲达到排气状态。呼气结束,腔体内外平衡,排气阀膜片自动复原。潜水员正常呼吸时,二级减压器就连续不断地重复上述动作。

图 3.3-18　二级减压器

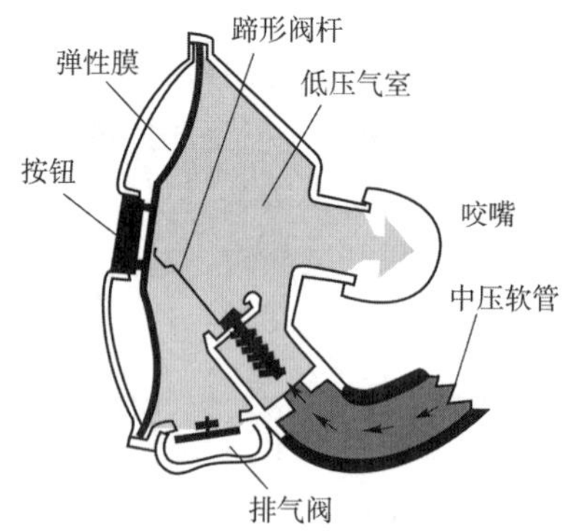

图 3.3-19　二级减压器的工作原理

2)二级减压器的结构

(1)逆流式二级减压器。

在逆流式二级减压器内,活动件的移动方向与压力方向相反,开关阀的开启方向与气流方向相反。这种阀门通常被制成倾斜阀,机械原理极其简单和可靠,但却无法进行微调。

如果一级减压器发生泄漏,级间压力过高,可能导致逆流式二级减压器开关阀阻塞。这将会导致供气中断,以及可能导致中压软管破裂,或者导致另外一个二级减压器开关阀故

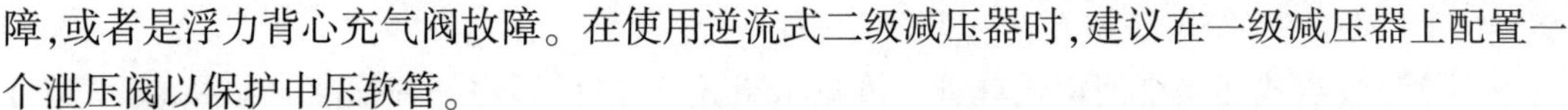

障，或者是浮力背心充气阀故障。在使用逆流式二级减压器时，建议在一级减压器上配置一个泄压阀以保护中压软管。

(2)顺流式二级减压器。

大多数现代二级减压器几乎都采用顺流式结构。在顺流式二级减压器内，开关阀的活动件开启方向与气流方向一致，通过弹簧保持关闭。通常使用的顺流式二级减压器是一个配置有硬合成橡胶阀座的弹簧负载提升阀，提升阀座与进气口一可调金属“冠”状阀头形成密封。通过由膜片操控的杠杆将提升阀座从金属“冠”状阀头上提起。常用的顺流式二级减压器有两种模式。一种是经典的推拉式设置，启动杠杆与阀杆的尾部连接并用螺母固定。杠杆上的任何挠度都会转化成作用在阀杆上的轴向拉力，将阀座从“冠”状阀头上提起，让呼吸气体进入供气室。另外一种是桶式设置，提升阀被封闭在横跨减压器两侧的一条管子中，杠杆通过管侧的狭槽操作提升阀。可以在减压器外壳的侧面，管子的远端安装弹簧张力调节螺杆，以有限地控制开启压力。这种设置也使得二级减压器的压力平衡相对简单。

当级间压力升高到足以克服弹簧的预设负荷时，顺流阀将发挥过压阀的功能。如果一级减压器漏气，级间压力过高，二级减压器的顺流阀会自动打开。如果一级减压器漏气严重，可能导致二级减压器通风，但是缓慢的漏气会导致二级减压器间歇性的漏气，这是一个压力释放和再次累积的过程。

(3)伺服控制阀。

在一些二级减压器的需供阀内会使用一个小型的敏感导流阀来控制主开关阀。对于小压差，特别是对于相对较小的启动压差，它可以产生很高的流量。但这是一种比较复杂的结构。

(4)咬嘴。

咬嘴是二级减压器的组成部件，使用者将咬嘴含在嘴里形成水密。它是一个扁平的椭圆形短管，配有弧形的凸缘，在凸缘的内侧有两个尾部加大的突片，便于潜水员咬在上下牙齿之间。

咬嘴是由低致敏复合橡胶(如硅胶等)制成。咬嘴的大小和设计因制造商不同而不同。但是每一个咬嘴都能够提供相应的水密通道，可以将呼吸气体输送到潜水员的口腔内。

(5)排气阀。

排气阀是预防潜水员吸入水的必要装置，并能够在弹性膜上形成负压差从而控制二级减压器的需供阀。排气阀应该在非常小的压差下工作，并能够在不造成任何麻烦的情况下尽可能减小气流阻力。虽然鸭嘴形阀片在双管式供气调节器内很常见，但合成橡胶蘑菇阀片能够充分发挥这一作用。避免水倒流入呼吸调节器是非常重要的，比如在污染水域里的潜水作业，可使用一套串联的双阀片式系统降低污染的风险。

(6)排气导流套。

排气导流套(须形排气套)的作用是保护排气阀，并将潜水员的呼出气体导向面部的两侧，从而不会在潜水员的面前形成气泡遮蔽潜水员的视线。由于双管式供气调节器的排出气体在潜水员的肩后，所以没有必要配置这一设置。

(7)手动按钮(排水按钮)。

不管是咬嘴式还是全面罩式单管二级减压器,手动按钮都是一种标准的配置,潜水员可以手动操作手动按钮,按压弹性膜,启动开关阀,让气体进入到供气室内。如果潜水员在水下不慎发生二级减压器脱落或者潜水员从口中取出二级减压器,就会导致二级减压器进水。通常当二级减压器或者全面罩进水时,可以使用手动按钮排水。手动按钮可能是一个单独安装在防护壳上的部件,也可能是由弹性材料制成的,可发挥手动按钮作用的防护壳。按下手动按钮,就会直接按压需供阀杠杆上的弹性膜,杠杆的移动就会启动开关阀让气体进入到供气室内。在按压手动按钮时,潜水员可以充分利用自己的舌头堵住咬嘴,以防止二级减压器内的水或者其他物质随着喷气流进入气道内。在不慎发生呕吐后净化二级减压器时,这一点尤为重要。

(8)微调旋钮。

多数的二级减压器的侧面会配置一个手动调节旋钮,调节弹簧在顺流阀上的压力,这一弹簧压力控制着开启压力。潜水员可以通过调整这一微调旋钮调节呼吸阻力。

呼吸阻力越小(低开启压力以及低呼吸功)的自携式二级减压器相对来讲通风的倾向越大,特别是当供气室内的气体流量被设计成通过降低内部压力来帮助保持开关阀开启的二级减压器时。在咬嘴向上时,灵敏二级减压器(需供阀)的开启压力通常要低于供气室压力和弹性膜外部水压的净水压差。在二级减压器从潜水员嘴里取出时,为了避免由于无意识中开启二级减压器导致过量气体的损耗,有的二级减压器会设置一种脱敏机制,通过阻止气流或者将气流直接引导到弹性膜的内侧,在供气室内产生背压。

4. 特殊配件及功能

1)结冰预防

当气体离开气瓶时,进入到一级减压器后压力会降低,由于绝热膨胀会变得非常冷。在外界水压低于5℃的时候,与一级减压器接触的水可能会发生结冰。如果结冰就可能会阻塞一级减压器的膜片或者活塞弹簧,阻止开关阀关闭,出现通风继而导致气瓶内气体在一两分钟内损耗殆尽。一般来说,环境压力室内弹簧(弹簧让开关阀保持开启状态)周围的水,而不是来自气瓶内呼吸气体中的水分有结冰的可能,但是,如果充气时空气没有经过充分的过滤,气瓶内呼吸气体中的水分也有可能结冰。当下在供气调节器内使用塑料部件代替金属部件的趋势促进了结冰的发生,因为它让寒冷的减压器内部和外界较温暖的环境水隔绝开来。在一些由于空气膨胀导致结冰问题的区域,有的呼吸调节器(如二级减压器等)阀座周围配置了热交换片(图3.3-20),来降低结冰的概率。

冷水包的使用可以降低供气调节器内部结冰的风险。在膜片式一级减压器上使用一个环境密封膜片对环境压力弹簧室进行密封(图3.3-21),并在密封的弹簧室内使用硅油、乙醇或者二醇和水的混合物等防冻剂。弹簧室内的硅油同样可以被用在活塞式一级减压器上,并在一级减压器的环境压力弹簧室外壳上留有较大的槽口,这样弹簧就会受到较高水温的影响,从而避免由于空气膨胀导致的弹簧结冰问题。

2)备用二级减压器(Octopus)

在单管供气调节器的一级减压器上配置一条备用二级减压器(图3.3-22),以便于紧急情况下供结伴潜水员的使用,是现代自携式潜水一种几乎普遍的标准做法。这种设计的理念是在紧急情况下,使用备用二级减压器要比共生呼吸更加安全和实用。备用二级减压器的中压软管通常要比主供二级减压器的中压软管长,而且备用二级减压器和中压软管可能都是黄色的,易于在紧急情况下定位。备用二级减压器通常被固定在潜水员和结伴潜水员都容易看到和接触到的位置。较长的中压软管更加方便使用同一个气源,这样潜水员在使用同一个气源时,相互之间无须采用比较尴尬的体位。技术潜水员可能会用到150mm或者210mm的加长中压软管,这让潜水员在沉船或者洞穴等受限空间内使用同一气源时,能排成单行游动。

图3.3-20　二级减压器需供阀座外壳上的热交换片

图3.3-21　一级减压器的环境密封膜片

备用二级减压器还可以是一个二级减压器和浮力背心充气阀的结合体(图3.3-23)。这两种形式的备用二级减压器都会被称为备用气源。在备用二级减压器与浮力背心充气阀组合在一起时,由于浮力背心的充排气管比较短,一旦结伴潜水员供气中断,潜水员需要把自己的主供二级减压器给供气中断的结伴潜水员,而自己改用充排气管上的备用二级减压器。

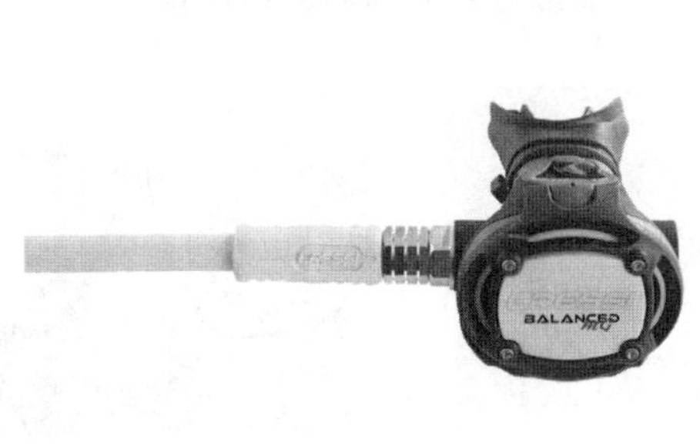

图3.3-22　备用二级减压器

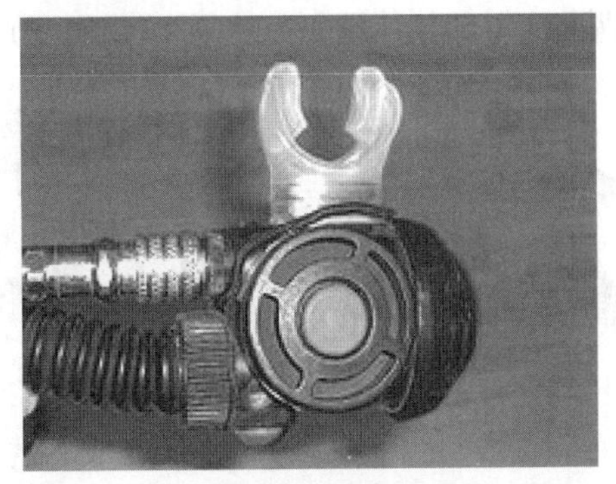

图3.3-23　与浮力背心充气阀组合在一起的备用二级减压器

连接在独立潜水气瓶上的供气调节器也称为备用气源,但同样也是一个冗余气源,因为它完全独立于主供气源。

3)自动关闭装置

自动关闭装置是一个机械装置,在供气调节器的一级减压器从气瓶上卸下时,能够关闭一级减压器的进气口。在把一级减压器组装到气瓶上的时候,进气口内的弹簧柱塞与气瓶阀接触而被机械地压下,这样就会打开气道让气体进入供气调节器内。在没有组装到气瓶上的时候,它处于正常的关闭状态,从而防止水或者其他的污染物质进入到一级减压器内部。这将会延长供气调节器的使用寿命,降低因内部污染而发生故障的风险。然而,在潜水的过程中,安装不当的自动关闭装置有可能切断气瓶的供气。

第四节 自携式潜水装具的配套器材

本节介绍自携式潜水装具必需配备的、不可或缺的配套器材,包括面罩、脚蹼、个人防护服装、压重带、潜水刀具、浮力背心、信号绳索、测压表、潜水手表及深度表等部件。

一、面罩

面罩可以避免潜水员的眼睛和鼻子直接与水接触。而且,它在潜水员的眼睛和水之间提供一层空气,能有效扩大潜水员的水下视野。

有的面罩配有单向排水阀,有助于清除面罩里的水。有的面罩配有鼻夹,下潜时可供潜水员堵塞鼻孔,以平衡中耳内内压力。对需要佩戴眼镜的潜水员,有专门可安装镜片的面罩,但必须使用特殊的防爆玻璃镜片,不能使用普通玻璃和塑料制作的镜片,因为玻璃碎后容易伤害潜水员,而塑料容易雾化和出现划痕。

面罩有多种形状和不同的号码,但基本上可分为半面罩和全面罩两种。

1. 半面罩

半面罩(图3.4-1)也称眼鼻面罩或简易面罩,它只罩住眼部和鼻部,嘴部露在面罩外,以便嘴可用来含住供气调节器或简易呼吸管的咬嘴。潜水过程中,必要时用鼻孔向面罩内呼气,以调节面罩的气体压力与外界平衡,避免产生面罩覆盖部分的面部挤压损伤。

图3.4-1　半面罩

2. 全面罩

将眼部、鼻部、嘴部全罩住的面罩称为全面罩,也称口鼻面罩(图3.4-2)。有一种用作简易潜水的全面罩还装有简易呼吸管。正式潜水用的全面罩装有连接供气调节器的各种部件和有关装置,全面罩构成一个微小的供气环境,潜水员直接呼吸罩内的气体。

有的全面罩根据需要装有内咬嘴或口鼻罩等装置,还可以配置无线通信装备,让潜水员与水面进行无线语音通信。这种全面罩既可用于自携式潜水,也可用于水面需供式潜水。

图 3.4-2　呼吸调节器的全面罩

潜水员应根据个人的情况选择佩戴舒适的面罩。检验面罩时,可用一只手把面罩固定于佩戴位置,然后轻轻用鼻子吸气,合格的面罩能吸附在佩戴位置上,这样的面罩水密性能良好。

二、脚蹼

脚蹼(图 3.4-3)可提高潜水员的水下工作效率,使其节省体能,提高水下游泳速度,扩大作业范围。脚蹼材料多种多样,类型也很多。

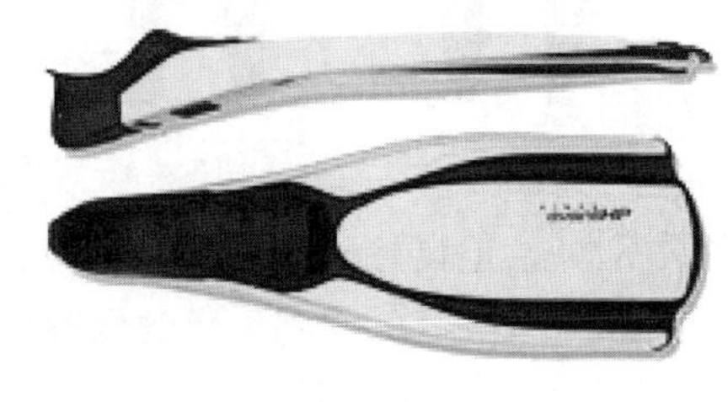

图 3.4-3　分解式脚蹼和鞋式脚蹼

弹性、叶片的尺寸和构造都会影响脚蹼的功效,大的叶片能够将更多的能量从腿部传递到水中,如果腿部的力量允许,应尽量选用大叶片的脚蹼,叶片大有利于脚蹼功效的发挥。

有的脚蹼是为了水面游泳或者自由潜水而设计的,有的脚蹼叶片会又小又软,有的脚蹼叶片是开叉式的,由于这些类型脚蹼的设计不足以传递足够的力量来推动使用自携式潜水装具的潜水员,所以,在进行自携式潜水的同时,尽量不要使用小或软叶片的脚蹼。脚蹼必须穿着舒适,大小适宜,以防止夹脚或磨脚。脚蹼的选择可根据作业环境及个人的体能和经验,必须符合潜水员个人的身体状况和潜水的性质要求。

在长有大型海藻的水底、浮草或池塘杂草处潜水前进,应系好脚蹼固定带。配有可调后跟带的脚蹼,可将带子折回,使带子的头朝里,或者系上脚蹼带后,带子的头朝下。如果不这样做,水中植物会缠住带子,并使潜水员不能前进。

三、个人防护服装

潜水员需要某种形式的服装保护,以免长时间暴露在冷水中造成的体温损失,以及水生物和水下障碍物可能造成的伤害。潜水员个人防护服装通常包括湿式潜水服、干式潜水服、热水潜水服,以及潜水背心、手套、头罩、潜水袜、潜水靴等,可根据潜水环境进行选配。

1. 湿式潜水服

湿式潜水服(图3.4-4)是一种贴身的潜水服,通常用泡沫氯丁橡胶制成,从剖面看有无数不相通的独立气泡,起隔绝与保温作用。湿式潜水服可在较大的水温范围内为潜水员保暖,还可使潜水员免受珊瑚、有刺的腔肠动物的损伤以及海洋中的其他伤害。湿式潜水服有分体和连体二种,同时还配有帽子、潜水背心、手套、潜水靴、潜水鞋等,可根据潜水需要来选用。

图3.4-4　湿式潜水服

湿式潜水服不水密,但良好的弹性使它紧贴人体,因而它吸收的水不再流动,经人体加温后与潜水服形成一个保温层,起到一定的保暖作用。较紧的潜水服虽然保暖效果较高,但束缚身体,不但不舒适,且对血液循环有碍;太宽则会大量进水,易造成水在潜水服与皮肤间的流动,而失去保温作用。一般要求以合身无压迫感为佳。

湿式潜水服通常用厚度为3~6mm厚,薄型潜水服可使潜水员水下活动自由,较厚的潜水服可获得更好的保暖效果。大多数潜水服在氯丁橡胶的内表面贴有一层尼龙里衬,有些内外表面均贴有尼龙布,以减少潜水服被撕破和损坏可能,也便于穿脱。但是,增加的尼龙层进一步限制了潜水员的活动,如在肘和膝部加衬垫时,会使潜水员的活动受限。尽管贴有尼龙里衬的湿式潜水服比较容易穿脱,但是,它们也易于进水。因此,在冷水中潜水时,会引起寒冷。外表面的尼龙层虽可减少潜水服的磨损,但会存留更多的水,结果起了表面蒸发层的作用,在有风的水面会引起寒冷。不宜选用表面反射率高的潜水服(橘红色),因为与其他较暗的颜色相比,这些颜色易招引鲨鱼。

湿式潜水服应适合使用环境,一般适合在水温处于15℃以上、水比较干净、水下工作时间不太长的水下作业。使用湿式潜水服时,潜水员需要额外的压重带以代偿湿式潜水服的浮力。当潜水服因深度增加而被压缩时,其浮力也随之降低。

2. 干式潜水服

干式潜水服为一件式潜水服，可以将人体与水完全隔绝，极其有效地为潜水员保暖。干式潜水服用3mm或6mm厚的泡沫氯丁橡胶、耐磨布、乳胶等材料制作，有面密封和颈密封两种形式。面密封干式潜水服由帽、颈箍、衣、裤、鞋组成连体服；颈密封干式潜水服除颈上部的帽子与衣服分开外，其余和面密封干式服相同。前胸装有手动供气阀，一般在肩部以下的上臂位置装有手动排气阀。在后背或两袖之间装有水密拉链，供潜水员穿脱之用。干式潜水服的潜水靴与一件式潜水服连在一起，面罩、三指手套与潜水服分开。由于膝部是活动最多的部位，因此，在干式潜水服的膝部牢牢地贴上膝垫，以减少漏水的可能。干式潜水服一般分为大、中、小三个号码，分别适应身高180～176cm、175～171cm及170cm以下的人，另设有特大号，以满足身高180cm以上的潜水员使用需求，干式潜水服可将人体与水完全隔开，保暖性能较好，可使潜水员在极冷的水中长时间有效地保持体温。当水温低于15℃时，有必要使用干式潜水服。

变容式干式潜水服(图3.4-5)是通过装在其上的进、排气阀来控制充气量，以改变潜水服的容积。潜水服内气体可由主气瓶、应急气瓶或辅助气瓶来提供，经过一级减压器降压后充入。潜水员下潜时，不断地手按阀杆向干式潜水服中充气(图3.4-6)，以防止挤压；当干式潜水服中气体过多时，气体可从排气阀中排出。当干式潜水服中的气体造成浮力过大时，可以用手按动排气阀按钮，这时阀座下滑，阀片离开阀座开始排气(图3.4-7)；如果干式潜水服充气过多，超出了排气阀的排气能力，潜水员可将一臂举起，使过多的气体从潜水服的袖口排出，防止过度膨胀和放漂。因此，通过操纵这两个阀，负重合理的潜水员可在任何深度控制浮力。一般来说，干式潜水服内正常充气体积约0.2ft^3，由于这种充气给潜水员带来一定的正浮力，潜水员穿干式潜水服需要的压重带要重些。一般在干式潜水服里面可穿保暖内衬衣。

图3.4-5　变容式干式潜水服

依据不同的潜水作业条件，湿式或干式潜水服可以与潜水头罩、潜水靴同时使用。如果潜水员的作业环境非常容易导致潜水服撕裂或穿孔，潜水员应该穿戴额外的保护服装，如连体工作服或厚帆布防擦装置。

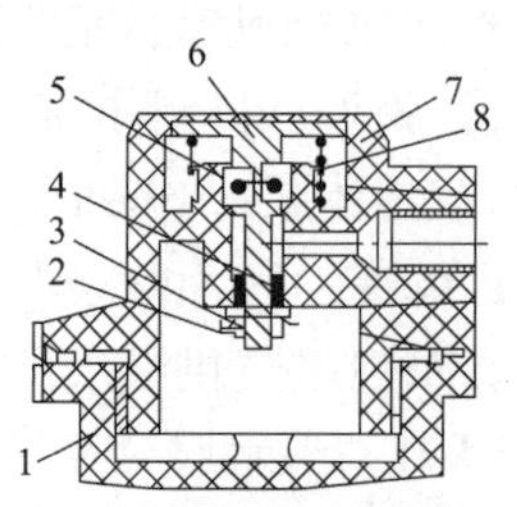

图 3.4-6 干式潜水服供气阀

1-阀盖;2-挡圈;3-压圈;4-密封垫;5-O形圈;6-阀杆;7-阀体;8-弹簧

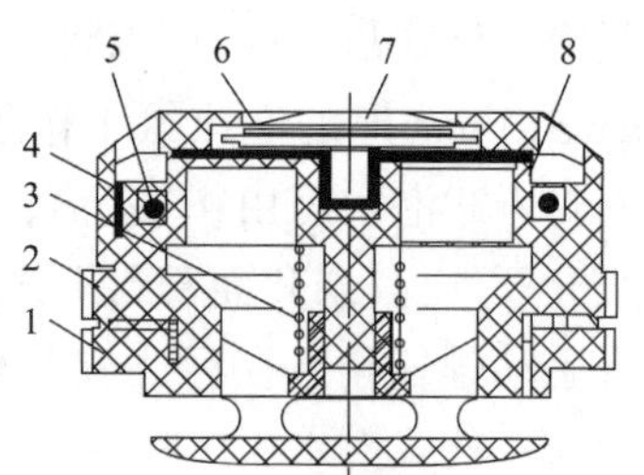

图 3.4-7 干式潜水服排气阀

1-内盖;2-阀体;3-排气阀弹簧;4-阀盖;5-O 形圈;6-阀片;7-排气按钮;8-阀座

干式潜水服可提供良好的热防护,而且还可起防风外衣的作用;因此,与穿着其他潜水服相比,穿着该潜水服的潜水员在水面时要舒服得多。

3. 潜水靴和潜水袜

当水温接近 16℃时,潜水员的手、脚和头部的散热率很大。如果不使用靴子、手套和头罩,潜水员就不宜潜水。即使在热带气候条件下,潜水员也可以选用某种形式的靴子和手套,以防擦伤皮肉。

1)潜水靴和潜水袜

潜水靴(图 3.4-8)和潜水袜(图 3.4-9)不仅为潜水员提供热保护,同时也能够有效地防护潜水员的脚部免受擦伤。潜水靴和潜水袜既可以同时使用,也可以分开使用,并依据环境条件选择适当的脚蹼同时使用。

图 3.4-8 潜水靴

图 3.4-9 潜水袜

2)潜水手套

潜水时,手的保暖特别重要,因为手操作不灵活,会大大减低潜水员的工作效率。大多数潜水员喜欢戴棉织手套,因为这种手套不会严重影响手指的活动和触觉。五指泡沫氯丁橡胶手套(图 3.4-10)的厚度有 2mm 或 3mm 两种。这两种手套虽限制了潜水员的触觉,但手指的活动程度仍较理想。在极冷的水中,采用二指手套,这种手套很长,接近肘部。选用合适的手套是很重要的,因为手套太紧,会限制血液循环,增加散热率。

3)潜水头罩

在冷水中不戴头罩(图 3.4-11),不仅会引起面部麻木,而且在入水后很快会感到前额剧痛,直至头部完全适应为止。潜水头罩的制作材料主要有泡沫氯丁橡胶、乳胶等,依据不同的潜水作业水温可以选择不同规格的潜水头罩，如果水温较低，可以选择带有裙罩的头罩，以防冷水沿脊部进入服内。在极冷的水中，最好采用带有背心的头罩或者装有头罩的一件式潜水服。选择头罩时，尺码要合适，这是非常重要的。太紧会引起颚部疲劳、气哽，造成头痛、眩晕，并降低保暖效果。

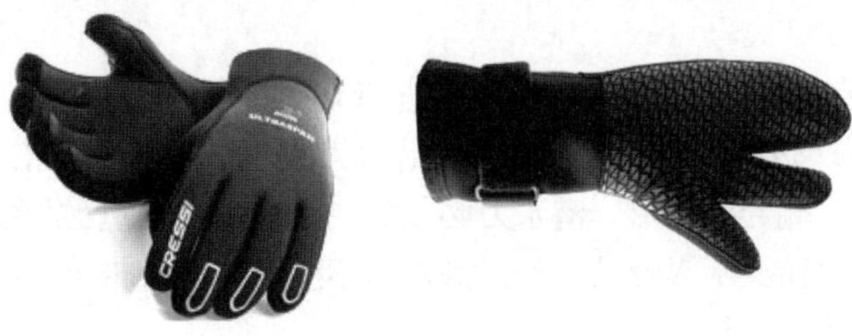

图3.4-10　潜水手套

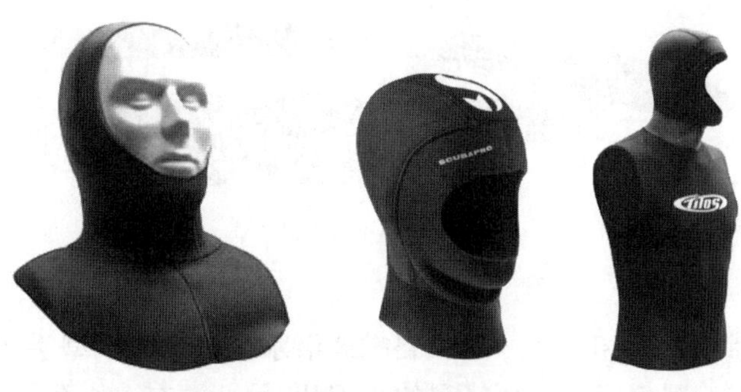

图3.4-11　三种规格潜水头罩

使用湿式潜水服时，潜水员需要额外的压重带以代偿湿式潜水服的浮力。湿式潜水服浮力的准确值各不相同，这主要取决于以下因素：潜水服厚度、大小、使用时间和水下条件。当潜水服因深度增加而被压缩时，其浮力也随之降低。

四、压重带

压重带（图3.4-12）用于抵消潜水装具，如潜水服、潜水铝瓶等所产生的浮力，同时它也可以提高潜水员在水下的稳性。

自携式潜水装具设计水下浮力接近于中性。装满气瓶时，可能倾向于负浮力，随着压缩空气的消耗，压缩空气的重量逐渐降低，可能会有很小的正浮力。大多数的潜水员身体有正浮力，需要额外增加重量，才能达到零浮力或者轻微负浮力。这些额外重量就由压重带提供。佩戴压重带的时候，要将其佩戴在所有装具外面，以易于紧急情况下快速解脱。潜水员可根据自身特点选择合适的压重带类型、尺寸和压铅重量，以适合使用。

图3.4-12　压重带

压重带是由重量不一的压铅块（10～20N）、尼龙带及快速解脱扣组成。带扣必须能快速解脱，易于双手操作，压铅块必须边缘光滑，以免损伤潜水员皮肤或潜水服，腰带必须使用防腐防霉材料,如尼龙等。

五、潜水刀具

潜水刀,可用于在水中进行切、割、锯等。用以水下切割的工具,还有渔网切割器等。

1. 潜水刀

潜水员随身携带潜水刀,可用于在水中进行切、割、锯等,也可用来自卫,其形状见图3.4-13。潜水刀有单刃和双刃两种,但双刃潜水刀较好。最常用的潜水刀的刀刃是一侧为锋利的刀刃,而另一侧为锯齿形。潜水刀必须放在合适的刀鞘里,系在潜水员的大腿或小腿上,便于潜水员取放而又不影响其工作。潜水刀不应系在压重带上,因为在紧急情况下丢掉压重带时,潜水刀也会脱掉。

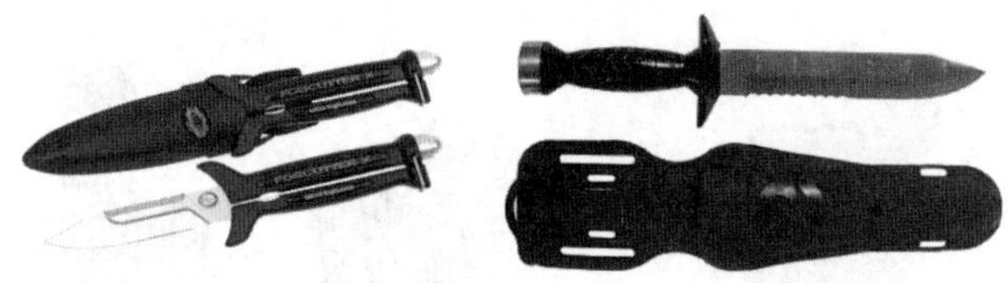

图3.4-13 潜水刀

2. 渔网切割器

渔网或线切割器(图3.4-14)是一款由自携式潜水员携带的小型手持工具,在发生渔网绞缠的时候可以解脱自己。它有一面锋利的小刀片,另一端有一小孔,用于穿绳,便于潜水员携带。

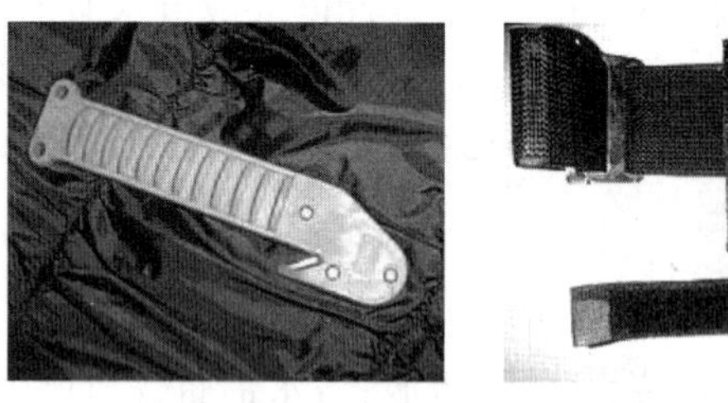

图3.4-14 渔网或鱼线切割器

六、浮力背心

浮力背心是一种配有气囊,由潜水员穿戴,可在水中通过调整气囊内的气体量来调整潜水员浮力的装置。浮力背心也称浮力补偿器,按其英文名称(buoyancy compensator)的缩写,简称BC。

1. 结构

浮力背心从结构设计上可分为两大类:双气囊设计的双层式浮力背心和单气囊设计的单层浮力背心。双层式浮力背心外层是强韧的外气囊,作用是保护内气囊,内层是内气囊,作用是容纳气体;单层浮力背心由单层防水材料制成,兼具内外气囊的作用。浮力背心上有充气和排气装置。

浮力背心上有支撑背负式气瓶的背架和固定带,还有压铅块袋和用于调整潜水员的重心位置的平衡配重袋。图 3. 4-15 为夹克式浮力背心。

图 3. 4-15　夹克式浮力背心

2. 进、排气阀

现代的浮力背心都有高性能的充气和排气装置。排气阀,以一种可控的方式将气体排出浮力背心的气囊。多数的浮力背心至少有两个排气阀:一个在浮力背心的最顶端,一个在浮力背心的最低端,空气会移动到浮力背心的最顶端位置,在潜水员处于头上脚下的垂直状态时,可以使用肩部的排气阀,如果潜水员反转身体就要使用腰部附近的排气阀。口吹式充气阀也可以用来排气。

充气阀通常装在充排气波纹管的末端,通过控制充气阀可为气囊充气。充气气体通过连接在供气调节器上的中压软管直接由潜水气瓶供气,也可以通过一个辅助气瓶直接供气。充气阀通常也是一个口吹式充气阀。

浮力背心还配有口吹充气管,当空气用完或万一低压充气阀卡住而必须拔掉低压充气管的时候,可使用口吹充气管为浮力背心充气。

过压泄压阀在潜水员上升的过程中过度充气或者不慎充气过量时,会自动将气囊内的气体排出,以防止压力过高造成的损坏。

比较高级的浮力背心设有快速排气阀,只要拉 1 根拉绳或充气/排气管,即可开启。快速排气功能非常实用,因为不需要拿起排气管就能排除空气。快速排气管通常与安全阀整合在一起。

3. 工作原理

穿着浮力背心的潜水员要保持在一个比较恒定的深度上,达到既不下沉又不漂升的这样一种状态,就要通过调节浮力背心的体积,也就是调节它的浮力来保持自己浮力的中性,处于零浮力状态。然而,要保持自携式潜水员浮力的中性却是一个连续不断的程序,任何深度上的变化都会对它产生影响,需要不断进行调整。

潜水员在下潜时需将浮力背心中的气体放出。然而,潜水员在下潜的过程中,浮力背心会受外界压力的挤压,体积变小,从而浮力变小,潜水员的下潜速度会越来越大,这时就应该及时地往浮力背心中充一点气,增加一点浮力。

同样,潜水员在上升的时候会往浮力背心内充气以便增加浮力,但随着深度的减小,外界压力也在降低,浮力背心中的气体会膨胀,增加浮力背心的体积,也增加了它的浮力,潜水员的上升速度会越来越快。为了降低上升速度,潜水员要适当地把浮力背心中的气体排放一些,增加一点负浮力。

另外,潜水员可以通过调节浮力背心中的气量,让自己很舒服地仰躺在水面休息。

七、信号绳索

自携式潜水时,信号绳主要用于水面与潜水员之间及水下两位潜水员之间传递信号等。

对于没有电话通信的自携式潜水员而言，信号绳、拉绳及手势信号组成了信号体系。

1. 信号绳

信号绳宜选用直径 8～10mm 的尼龙绳，其长度应达到使用水域处水深的 2 倍以上。

水面与潜水员之间借助信号绳建立了联系，用于传递信号、工具，必要时用于救援。其主要作用有：

(1)潜水员与照料员之间通过拉绳信号进行沟通；

(2)可作为潜水员返回水面的导向缆；

(3)协助潜水员在水流中固定自己的位置；

(4)可用以传递工具或小件物品；

(5)待命潜水员可以沿着信号绳找到潜水员；

(6)在紧急情况下协助把潜水员拉回水面；

(7)在某些紧急情况下，可以将潜水员拉出水面。

2. 联系绳

联系绳是用于水下两位潜水员之间联系的短绳，其作用有：

(1)防止低能见度下两位潜水员分离；

(2)潜水员之间通过拉绳信号进行沟通。

八、测压表

测压表(图 3.4-16)用来测量气瓶内气体压力，以便为潜水员合理安排潜水时间提供依据。使用时，应装到气瓶阀的出气口上。使用方法是：先将其排气阀关闭，再旋开气瓶阀，这时压力表面便会显示出压力数字。要注意，在旋开气瓶阀时，眼睛不可以正对测压表的玻璃表面，可用手遮挡一下，以免玻璃意外爆裂伤到眼睛。使用完毕，应先关闭气阀，继而旋开测压表的排气阀放掉表内气体，再旋开固定螺钉取下测压表。

如果供气调节器的一级减压器上高压输出端口接入浸入式压力表，也可用以监测潜水气瓶内的气体压力。浸入式压力表可以是单独的(图 3.4-17)，也可以与潜水深度表及指北针结合在一起，组成双联表或三联表。

图 3.4-16　测压表

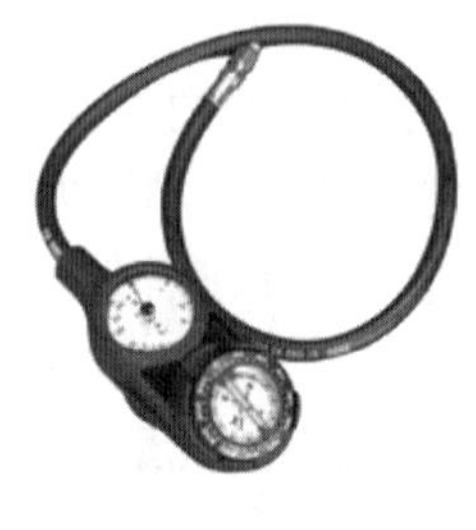

图 3.4-17　浸入式压力表

九、潜水手表

潜水手表(图 3.4-18)必须防水防压,而且表盘外应装有一个可旋转的计时圈,用来记录潜水时间。夜光表盘和大数字非常必要。有些还具备自动、无磁性和秒表的作用。

在使用减压表的时候,潜水手表可与深度表结合使用进行减压。今天,潜水手表几乎已经被潜水电脑取代,因为潜水电脑不仅可以显示经过的时间,同样也可以显示一天中的时间。

十、深度表

深度表能测量作用于潜水员的静水压,经校准可提供海水深度的直接读数,让潜水员监测潜水深度,特别是最大的潜水深度,深度表必须适用于低可见度条件。精确的水深测定对潜水员的安全非常重要,因此对深度表的灵敏度要求很高,需要小心操作,按照计划保养体系的要求检查深度表的准确性,任何时候如果怀疑深度表有故障,必须随时进行检查。

深度表在与潜水手表、减压表同时使用时,可以让潜水员监测减压深度。有的数字深度表(图 3.4-19)可以显示潜水员的上升速度,这一点是避免减压病的重要因素。

图 3.4-18　潜水手表

图 3.4-19　数字深度表

第五节　自携式潜水装具的辅助器材

除必备器材外,自携式潜水时根据潜水作业的需要,还需要佩戴一些辅助器材,主要有潜水绳索、潜水电脑、潜水计时器、水下指北针、浸入式压力表及简易呼吸管等。另外,为了更好地监护潜水员安全,还可配备一些水面辅助器材,如水面标记浮标、求援浮标、潜水旗及哨子等。

一、潜水绳索

自携式潜水时,使用的潜水绳索除信号绳和联系绳外,还有导向缆、行动绳及距离线等。

1. 导向缆

导向缆是将水面浮标与水下重物连接在一起的绳索,其作用有:

(1)确定潜水点;

(2)提供垂直下潜和上升的参照物。

2. 行动绳

行动绳是一条连接潜水员与导向缆的绳索,其作用有:

(1)帮助潜水员确定水下的活动范围;

(2)帮助潜水员返回导向缆。

3. 距离线

距离线也称为“回家线”,它是卷在线轴上的小尼龙缆(图3.5-1),长度依据潜水计划而定,其作用是在低能见度、水流或者定向比较困难的水域,能够帮助潜水员安全地返回到出发点。

二、潜水电脑

潜水电脑(图3.5-2)在优化和管理潜水时间、减压等方面的有效性已经得到证明。潜水电脑通过显示潜水所需要的减压站能够帮助潜水员避免减压病。多数的潜水电脑可以显示深度、潜水时间以及上升速度。有的潜水电脑还可以显示氧中毒暴露极限和水温等其他的功能。

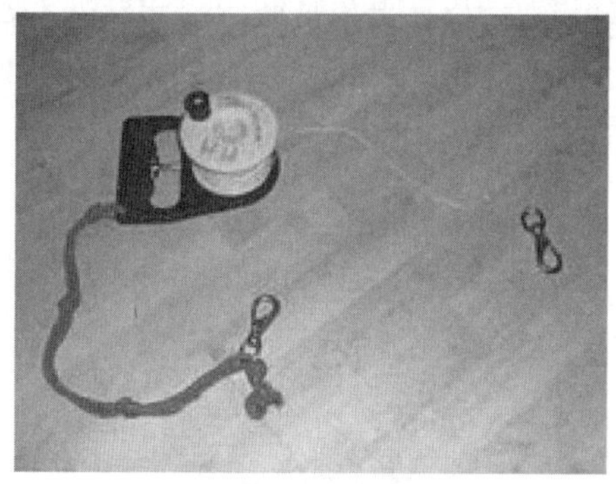

图3.5-1 50m距离线

图3.5-2 腕式潜水电脑

三、潜水计时器

潜水计时器是一件能够在潜水的过程中显示和记录潜水深度和时间消耗的仪器。通常在潜水后可以提取信息。

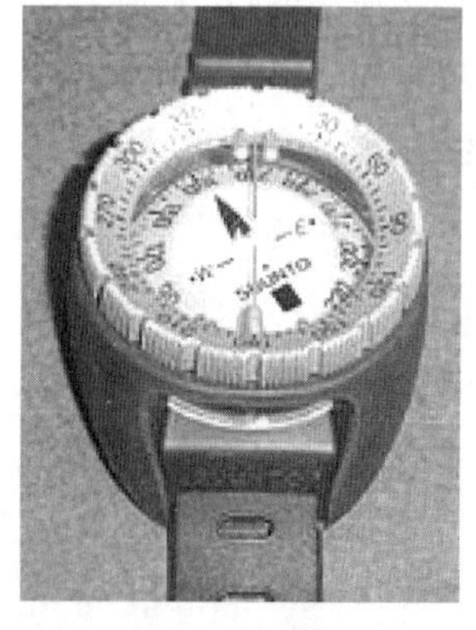

图3.5-3 潜水指南针

四、水下指北针

水下指北针(图3.5-3)通常被用于水下导向。这种指北针不一定很精确,但是在视觉很差的水下很有价值。

五、浸入式压力表

潜水员通过浸入式压力表可随时了解气瓶内剩余气体的压力。大部分浸入式压力表配有60~90cm长的标准配置高压橡胶软管,能直接连接到供气调节器的一级减压器上。当打开气瓶时,不能将压力表的表面对准自己或者其他人,因为它一旦爆裂可能会对自己及他人造成伤害。使用浸入式压力表时,潜水员应把压力表和高压管塞进肩带或使用其他方法对其进行固定,以避免其与水下杂物或其他装具发生绞缠。

六、简易呼吸管

简易呼吸管(图3.5-4)主要用于休闲潜水的浮潜和屏气潜水活动中,可使潜水员脸浸在水中进行一段距离的水面潜泳,在不需要复杂装具的前提下进行水下生物观察。

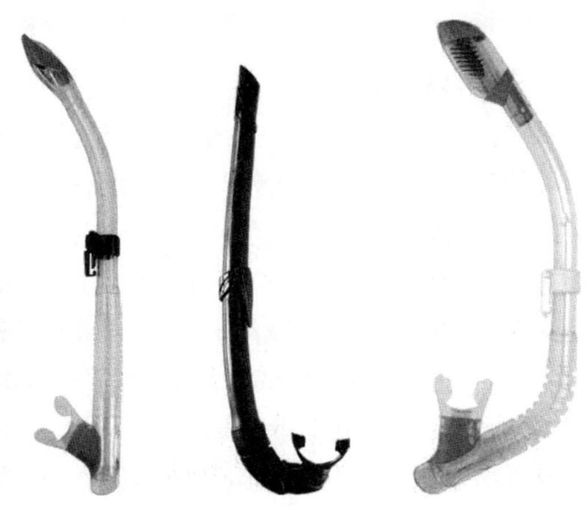

图3.5-4 简易呼吸管

自携式潜水员也会使用简易呼吸管,潜水员不需要自携式水下呼吸器供气,就可在水面上进行较浅深度的水下搜索。通常会使用小绳或橡胶带将呼吸管连接到面罩上,但应该安装在供气调节器的另一侧。

七、水面监视辅助器材

自携式潜水可视现场情况需要增加一些水面辅助器材,如水面标记浮标、求援浮标、潜水旗、哨子及潜水电筒等。

这些水面监视辅助器材工具的作用有:

(1)有助于水面支持船舶和人员监视水下潜水员,以及找到出水后的潜水员;

(2)预防潜水员被船只撞击;

(3)标记减压潜水员的位置;

(4)协助水面救援船只或者直升机确定潜水员的位置。

下面简要介绍这些水面监视辅助器材。

1.水面标记浮标

在漂移潜水、夜潜或者雾天潜水的过程中,漂浮在水面的标记浮标(图3.5-5)能够显示潜水员的位置,以便于水面支持船舶和人员跟踪,并警示其他水面航行的船舶。

图3.5-5 水面标记浮标

还有一些类似于水面标记浮标的浮标,包括减压浮标(图3.5-6)、延迟水面标记浮标(图3.5-7)。

图 3.5-6　减压浮标

图 3.5-7　延迟水面标记浮标

图 3.5-8　求援浮标

2. 求援浮标

求援浮标(图 3.5-8)是一个可以充气的浮标,潜水员到达水面时,当水面能见度降低、海况变差时,求援浮标可以向水面支持船舶显示潜水员的位置,降低具失去联系的风险。求援浮标是一个塑胶管,潜水员可以把求援浮标卷起来放入浮力背心的口袋内,需要时可用二级减压器为其充气,充气后的求援浮标长度通常在 2m 左右。工程潜水作业时,特别是在近海珊瑚礁,或者涌浪、水流较大的水域,或者天气多变的海域,可能需要潜水员携带求援浮标。求援浮标不能够成为水面标记浮标或者潜水旗的替代品。

3. 潜水旗

潜水旗有两种:阿尔法旗(图 3.5-9)和红白旗(图 3.5-10),阿尔法旗是国际通用潜水旗,而红白旗主要用于北美地区的休闲潜水。两者的含义都是"有潜水员在水下,其他船只应该低速远离"。

图 3.5-9　阿尔法旗

图 3.5-10　红白旗

4. 哨子

在水面上搭船潜水,潜水员上升到水面发现船离得很远时,可以吹哨子让船只发现自己。

5. 潜水电筒

潜水电筒(图 3.5-11)由潜水员携带,是用于照亮水下环境的人造光源。

通常在没有光线或者只有微弱自然光的夜晚使用潜水电筒,但在白天也可以使用潜水电筒,因为随着深度的增加,水会先后吸收红色、黄色、绿色光波,在较大的深度,通过使用人造光可以观看全色物体。

在夜间潜水的过程中,潜水电筒还可以帮助水面人员发现到达水面的潜水员。

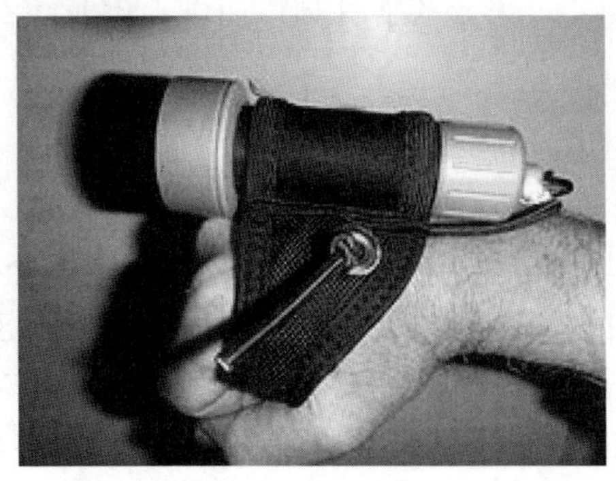
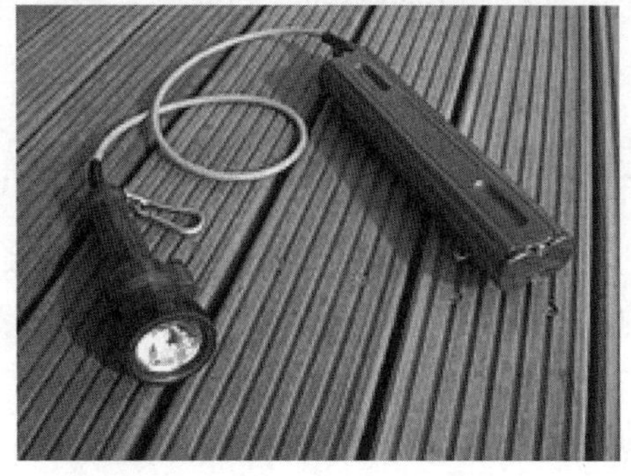

图 3.5-11　潜水电筒

第六节 自携式潜水前准备

自携式工程潜水前,应按空气潜水的程序要求,做好潜水作业前的准备工作,包括:潜水风险评估、潜水作业计划、潜水作业队组成与分工、气瓶供气时间计算、装具准备与检查、现场文件准备、潜水任务布置与沟通等,以确保潜水作业安全。

一、潜水风险评估

潜水风险评估,是指潜水前对每一个可预见的潜水及水下作业的步骤进行风险评估,并作出书面报告的过程。潜水风险评估由潜水作业单位组织,项目经理、潜水监督、项目安全员及业主代表等均应参加,对本次潜水作业从调遣到作业的全过程进行分解,逐项进行风险评估,内容应包括可能造成人员伤害和设备损坏的环境因素、人为因素和设备因素等。对风险程度高的项目提出应对措施,使风险等级下降到可以接受的程度。如果风险不能降低到可接受的水平,则必须重新选择方案。

潜水作业风险评估内容包括采用本单位潜水作业手册中所包含的常规的潜水程序的风险评估以及潜水作业地点和潜水作业任务的特殊风险评估。变更潜水程序、潜水人员、潜水设备和潜水地点,或出现隐患、事故和环境条件变化后,应重新评估与分析,并修订防范措施。

二、潜水作业计划

潜水作业计划的目的是确保潜水行动不会超出潜水员的可承受范围或者技能水平,以及装具的安全能力,还包括自携式潜水的供气计算,以确保所携带的呼吸气体量足以应对任何合理可预见的意外情况。

潜水作业计划的内容包括任务描述、作业地点的环境条件、潜水队组成、设备组成、潜水母船、潜水作业程序和应急程序、潜水作业文件、气体配置、基地支持、医疗急救等内容。

潜水作业计划应由潜水监督编写,交给潜水作业单位批准。每个潜水监督都应有潜水作业计划副本，并应提交业主和潜水支持船的船长。潜水作业计划应向潜水作业队全体人员传达。

三、潜水作业队组成与分工

工程潜水作业时，根据潜水任务组成潜水作业队，明确分工，是保证潜水作业安全、顺利完成的最根本要素。一般是根据潜水工作任务的规模、要求完成任务的时间及作业区的环境条件来确定参加作业人员数量。由于自携式潜水携带轻便、机动灵活，大大降低了对水面支援的要求，因此水面保障人员可适当减少。自携式潜水最低人员配备要求见表3.6-1。

自携式潜水作业最低人员配备表　　表3.6-1

岗位名称	岗位人数(人)	岗位人数(人)
作业潜水员	1	2
潜水监督	1	1
照料员	0	1
待命潜水员(兼照料员)	1	1
合计人数	3	5

注：如果待命潜水员下水，潜水监督可以作为待命潜水员的照料员。

潜水作业队人员的主要职责分工如下：

(1)潜水监督：负责潜水作业现场的全过程管理与安全监督工作。潜水监督应持有有效证书，并经潜水公司书面任命。潜水监督应该保证潜水作业安全有效地进行，当潜水条件不允许潜水时有权决定终止潜水作业。潜水监督负责了解并遵循相关的规则、限制和程序。潜水监督要为每一个潜水日进行作业风险评估并形成文件。如果潜水监督不在作业现场，不得进行潜水作业。

(2)潜水员：负责完成潜水监督指派的水下特定任务。潜水员应经过正规培训并取得证书，掌握潜水装具操作和水下作业技术，熟悉潜水程序。

(3)待命潜水员：待命潜水员必须是合格的、经验丰富的潜水员，在任何潜水作业中，都需要指派能提供紧急救援的待命潜水员及其照料员。待命潜水员在着装完毕并系上信号绳后，潜水监督要对其进行检查。检查后待命潜水员可以除去面罩和脚蹼，但必须做好随时穿着下水的准备。

(4)照料员：负责持续照料潜水员，协助潜水员穿戴、脱卸潜水装具以及入出水。

(5)结伴潜水员：自携式工程潜水时，水面通过信号绳进行潜水员照料，也可同时采用结伴潜水员持续目力观察进行陪伴。结伴潜水员要掌握共生呼吸方法，结伴潜水时要始终保持联系，对分配的任务和彼此的安全共同负责。

表3.6-1是根据一个潜水小队来配备的，其中不包括其他辅助人员。在实际工作中，可根据作业现场实际情况增加所需人员。

潜水前，潜水监督应该评估每名潜水员和照料员的身体状况(如有必要可接受医学人员的协助)。潜水员出现任何症状，如咳嗽、鼻塞、明显的疲劳、精神紧张、皮肤或耳朵感染等，都应该取消潜水轮换。

潜水监督应该确认是否有潜水员或者照料员服用任何可能妨碍潜水作业的药物。一般来说，局部用药、抗生素、节育药物，以及不会引起嗜睡的减充血药物等不会限制潜水。

潜水监督应该核实潜水员完成指定任务的意愿和能力，不得强逼任何潜水员进行潜水。但无故拒绝潜水作业的潜水员将被取消潜水工作安排。

四、气瓶供气时间计算

潜水前自携式潜水员必须知道一个给定气瓶能够维持他在一个特定深度上的大致停留时间，从而确保水下作业的安全性。自携式潜水气瓶供气时间的计算，主要涉及计算用于计划潜水的气体量，这对于潜水的安全至关重要。

计算气瓶的气量可供潜水员水下呼吸的时间，需先用测压表测知气瓶内的储气压力，再根据气瓶的容量、信号阀指示压力、该次潜水深度及潜水员每分钟的耗气量来进行计算。公式如下：

$$T = \frac{(P_1 - P_2)V}{(0.1 + 0.01h)Q} \tag{3.6-1}$$

式中：T——潜水时的使用时间，min；

P_1——气瓶储气压力，MPa；

P_2——信号阀指示压力或备用压力，MPa，通常为5MPa左右；

V——气瓶容量，L；

h——潜水深度，m；

Q——潜水员的耗气量，L/min。

【例3.1】一位耗气率为30L/min的潜水员，在水下15m的深度上作业，他携带的是一个压力为20MPa的12L气瓶。请问当气瓶压力降低到妨碍潜水员呼吸的时候，潜水员在水下已经停留了多长时间？

将已知条件代入式(3.6-1)中可得：

$$T = \frac{(20 - 5) \times 12}{30 \times 0.25}$$

$$= 24(\text{min})$$

在计算供气的持续时间的时候，必须充分考虑到安全裕度，P_2 作为备用气体的压力(MPa)，通常取5MPa。潜水深度越大，在发生事故时确保潜水员有足够的气体返回水面就显得越重要。潜水监督应该考虑为潜水员配备独立的备用气源，这样，一旦潜水员发生装具故障或者不得不放弃主供气源时还能为潜水员提供支持。完全依靠气瓶的储备可能使潜水员没有足够的气体返回水面。

从式(3.6-1)可以看出，任何给定潜水气瓶或者气瓶组的供气持续时间取决于以下方面。

1. 潜水员的耗气率

潜水员耗气率指潜水员在常压下从事给定劳动强度作业时每分钟消耗气体的体积。在正常情况下,一位工作强度适中的潜水员每分钟消耗的气体量在30~40L之间。在极高劳动强度下,呼吸速率将达到95L/min。潜水员的耗气率视其水下作业强度的不同而变化。

水下作业强度会受到下列因素的影响:

(1)水温;

(2)潜水服的厚度;

(3)水流和能见度;

(4)水下作业的性质、环境及潜水员对这种作业的经验;

(5)潜水员的健康状况;

(6)潜水员使用自携式潜水装具的经验。

国家标准《潜水员供气量》(GB 18985—2003)规定,自携式潜水轻劳动强度时耗气率为30L/min,中劳动强度时为40L/min,重劳动强度时为65L/min,通常采用40L/min的耗气率。可见潜水员耗气率的范围很大,这导致气瓶供气时间的极大不确定性,在无配备可即刻获得备用呼吸气源的情况下,为了安全考量,应该采用保守的计算方法。

2. 环境压力(潜水深度)

潜水深度决定了潜水员所处水环境的静压力。海平面上的环境压力是0.1MPa,海水里潜水员每下潜10m,环境压力就增加0.1MPa。随着潜水深度的增加,由于供给潜水员的呼吸气体压力与环境压力相等,气体的消耗量与环境压力成正比地升高。因此,潜水员在水下10m的耗气率是水面的2倍,而在20m的深度上耗气率就达到了水面的3倍。潜水员对呼吸气体的消耗量也受到类似的影响。

3. 气瓶的容量(气瓶的容积和压力)

气瓶的容量与气瓶的容积和压力有关。气瓶的内部容积,一般使用12L的气瓶;气瓶内气体压力通常在20~30MPa之间,但由于充气时没有充满,使用前应该测量气瓶的实际压力值。

有三个因素对气瓶供气量有影响,计算时应加以注意:

(1)在压力为20MPa左右时,理想气体定律仍然有效,压力、气瓶尺寸和气瓶内的气体量之间呈线性关系。但在较高的压力下,气瓶内的气体成比例地减少,一个压力为30MPa的3L气瓶只能够容纳810L的常压气体,而不是能够从理想气体定律中所期望的900L。

(2)水面到水底的温度差。在计算可用气体的供气持续时间时,通常不进行温度校正,除非水面温度与水底温度之间有显著差异。在可能存在明显温差的情况下,应根据理想气体定律针对水面和水底的温度差进行校正。

(3)备用气体。在自携式潜水时,一般要考虑到气体的备用因素,在潜水气瓶内留有一部分可用气体作为安全储备。该储备旨在应对计划外的减压站停留,或应对水下紧急情况。储备气体的多少取决于潜水过程中可能涉及的风险,储备气体压力可以是气瓶压力的1/3或者1/4,或者一个固定的压力值,通常取5MPa。深潜水或者减压潜水要比小深度或者不减压潜水需要更多的储备气体。在技术潜水中,由于头顶障碍物导致不可能直接上升,或者因为水下减压的要求直接上升存在危险,潜水员会计划更大的储备气体安全范围。自携式潜水员在潜水的过程中,应该经常测试剩余的气体压力,清醒地知道气体的余量有多少。

五、装具准备与检查

潜水前的准备工作应标准化，装具准备要列出清单。自携式潜水装具准备清单中必需的装备包括主气瓶与应急气瓶、供气调节器、面罩、脚蹼、潜水服、压重带、潜水刀、浮力背心、测压表、潜水手表及深度表等，辅助器材包括各种潜水绳索、潜水电脑、潜水计时表、梯子、工具等。

自携式潜水现场，应配备至少2套潜水装具，且其性能应适合计划中的潜水作业。

潜水前每个潜水员必须亲自检查自己的装具，即使已委派了其他人员准备和检查装具，也不能认为所用的装具已处于适用状态。必要时对其性能进行测试。

1. 气瓶

检查有无铁锈、裂缝、凹痕或其他缺陷或故障的任何迹象，要特别注意气瓶阀是否松动或弯曲。核对气瓶标记，确认是否适合使用，核对水压试验日期是否过期，检查O形圈是否还在。检查信号阀是否处于工作位置，测试气瓶压力是否满足潜水需要。

按下列程序测试气瓶压力：

(1)将测压表连接到气瓶阀O形密封圈面上，将表面对准侧面；

(2)关闭测压表排气阀，确保表面没有对准自己或他人(或者用布遮住表面)，缓慢打开气瓶开关阀；

(3)读取压力数。如果压力值不足以完成计划中的潜水，则不得使用该气瓶；

(4)关闭气瓶开关阀，打开测压表泄压阀；

(5)当压力表读数为零时，从气瓶上卸除压力表；

(6)如果气瓶压力超出负荷，应该打开气瓶阀放气后再测量。

2. 背带和背架

(1)检查有无腐烂和过度磨损的迹象；

(2)调整背带便于个人使用，并测试快速解脱机械装置；

(3)检查背架有无裂痕或其他不安全情况存在。

3. 供气调节器

(1)检查中压软管有无裂痕和穿孔；

(2)检查软管与调节器连接部位是否松动；

(3)检查调节器的金属件有无锈蚀、损坏等迹象，检查塑胶件有无老化、碎裂等迹象；

(4)确保已经设定好一级减压器的输出压力；

(5)如有必要，可以把调节器连接到气瓶上，通过检查气流声检查一级减压器有无漏气，如果怀疑漏气，将调节器浸入水内，通过观察气泡的位置确定准确的漏气点；

(6)按压中心接钮，检查是否正常供气。通过咬嘴连续呼吸几次，检查二级减压器和排气阀是否功能正常。

4. 浮力背心(BC)

(1)检查气囊有无破裂的痕迹；

(2)把供气调节器连接到气瓶上,将充气中压软管连接到浮力背心的充排气管上;

(3)缓慢打开气瓶阀,按进气钮充气,检查有无泄漏,然后将空气压出;

(4)也可以直接用口吹式充气阀为浮力背心充气,检查浮力背心的气密性;

(5)对有加装二氧化碳紧急充气装置的 BC,应检查二氧化碳气瓶,确保气瓶未使用过(封口完好),而且气瓶的规格应与使用的背心匹配,撞针应活动自如、无磨损,撞针拉绳子和救生背心系带应无损坏的痕迹;

(6)当背心检查结束时,应把它放在践踏不到的地方,也不要和可能将其损坏的器材放在一起。绝不可将救生背心用作其他装置的缓冲材料、托架或垫子。

5. 面罩

(1)检查面罩裙边、头带、头带卡扣是否有老化、损坏的迹象;

(2)检查面罩封口和面窗有无裂纹;

(3)验证面罩的密封性能。

6. 脚蹼

(1)检查脚蹼带卡扣有无损坏;

(2)检查脚蹼带、脚蹼跟、蹼片有无大的裂纹或损坏、老化。

7. 压重带

(1)检查压重带的状态;

(2)确保压铅块数量适当且固定布局恰当;

(3)验证快速解脱扣功能正常。

8. 潜水刀

(1)确保潜水刀刃锋利;

(2)确保潜水刀在刀鞘内的固定牢固;

(3)确认潜水刀不会脱落,又能毫不费力地从刀鞘内取出。

9. 深度表和指北针

(1)检查表带及固定表带的销子;

(2)如果可能,用两个指北针做对比检查;

(3)对深度表进行比较检查,确保深度表的水面读数为零;

(4)如果使用最大深度显示器,将其读数设置为零。

10. 潜水表

(1)检查手表有无损坏,性能是否良好;

(2)确认潜水表上的时间设置正确;

(3)检查表带、固定销是否处于良好的状态。

11. 简易呼吸管

如果潜水监督要求使用简易呼吸管,应该确保:

(1)简易呼吸管内没有异物;

(2)咬嘴处于完好状态。

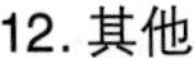

12. 其他

潜水时将要使用的其他装具组件，以及可能要用到的备用装具，包括备用供气调节器、气瓶和仪表等，同样要认真检查。也要检查所有的潜水服、缆绳、工具以及其他选用的器材。最后，把所有的装具摆放好，以备使用。

六、现场文件准备

潜水现场文件至少应包括以下内容。

1. 潜水作业计划

潜水监督应制订潜水作业计划，内容包括任务描述、作业环境条件、潜水队组成与职责分工、设备组成、潜水程序、风险评估、应急及意外程序、医疗急救等。

2. 潜水作业手册

3. 设备清单

包括本次潜水作业设备和备件清单、设备证书副本、设备维修保养记录等。

4. 报告和记录

包括日报表、潜水作业记录、潜水前检查表、气体储存记录等。

5. 人员证书

包括潜水监督、潜水员、潜水安全员等人员证书以及健康证、专项培训证书等。

七、潜水任务布置与沟通

潜水队员完成装具检查和测试后，应向潜水监督汇报。潜水前，潜水队召开首次工前会，潜水监督向潜水员传达潜水作业计划，介绍潜水任务以及安全防范措施。这种工前会关注即将开展的潜水作业活动，对于潜水作业的成功和安全至关重要，所有潜水作业人员都应参加。工前会确保了所有作业人员能够理解潜水作业计划，并解决任何问题和疑问。

之后，每天潜水作业前，潜水监督应组织召开工前会，布置当天即将开展的作业任务，对作业任务所涉及安全风险及防控措施进行分析。潜水员应向潜水监督报告身体或心理的不适情况，询问不清楚的情况。潜水监督应根据作业内容，结合潜水作业人员的身体健康状态、精神面貌状态、心理状态来安排适当的潜水员。

工前会对于任何潜水作业的成功和安全都至关重要。每一次潜水工前会应包括以下内容。

1. 潜水任务

简述潜水的目的，注意事项和目前的状况，包括前一次潜水的结果和存在的问题。在简要介绍的过程中，要对眼前任务的潜水和作业程序进行讨论。例如：潜水目的——打捞公交车运行记录仪，任务——找到坠江公交车，拆卸“黑匣子”，将记录仪带出水面，等等。

2. 潜水程序

确定本次潜水方式和程序。

3. 危害因素

应当向潜水员简要说明本次潜水的具体危害。确保潜水员和潜水队了解存在的危害，以及安全潜水所必需的缓解措施。

4. 限制及约束

最大的潜水深度、水底时间、搜索范围、现场环境、受限空间以及严禁进入密闭空间等。

5. 岗位安排

审查及核实任务分配，确保作业人员了解他们的岗位和职责。组建紧急撤离小组并明确其责任。确保一号潜水员（如果可能二号潜水员）以及待命潜水员都是经验丰富的潜水员。只有在彻底更换潜水岗位后，否则在未经潜水监督许可的情况下，不得随意更换潜水站的位置。

6. 紧急情况及协助

根据潜水作业计划中的任务说明，审查当天第一次潜水发生紧急情况时的应急及援助行动计划。

第七节 自携式潜水程序

自携式潜水的程序，包括装具组装与着装、入水与下潜、水下停留作业、上升、潜水员照料、水下减压、出水和卸装及潜水后操作等。

一、装具组装与着装

在潜水监督确认潜水前的准备工作完毕后，对自携式潜水装具进行组装，然后开始着装，着装后进行潜水前最后检查。

1. 装具组装

通常自携式潜水装具是以单独的主要组件分别进行储存和运输的，使用前才对其进行组装。自携式潜水装具是生命支持装备，正确的组装和正常的功能对于成功的潜水作业至关重要，在某些情况下甚至关系到潜水员的性命。自携式潜水装具组装要牢固可靠，并应正确测试其功能。自携式潜水装具的组装步骤（参见视频 1）如下：

视频 1　自携式潜水装具组装与着装

（1）把气瓶垂直地安放在地面上，将应急气瓶箍紧在主气瓶上（图 3.3-2），但要预防气瓶倾倒；

（2）确保气瓶阀出气口中的 O 形圈处于适当的位置上；

（3）如果使用浮力背心，把浮力背心固定在气瓶上；

（4）把一级减压器上的防尘罩取下；

（5）把供气调节器连接到气瓶上，用手指将固定螺杆顺时针地拧紧，不可过紧，确保 O 形圈完全密封，确保二级减压器超过潜水员的右肩上方；

（6）把充气软管连接到浮力调节器的充气阀上，要确保连接牢固；

(7)逆时针缓慢地打开气瓶阀,会听到来自气瓶的气流声,等待软管和仪表内充气并达到平衡;

(8)完全打开气瓶阀,然后倒旋1/4转;

(9)用手指按动需供阀上的手动按钮,检查供气效果,有必要把咬嘴放到嘴里试呼吸一下,检查呼吸的舒适性;

(10)如果在呼吸调节器上有备用二级减压器,一定要检查备用二级气流的舒适性;

(11)通过操作浮力背心充排气阀检查充排气阀的性能以及气囊的气密性。

对供气调节器和充气阀的功能测试通常被认为是自携式潜水装具组装的一部分,但同样可以被认为是潜水前检查的一部分,如果组装和使用之间有一个较长间隔,通常要进行两次功能性检查。

2. 着装

潜水员应选择适合计划中潜水环境的潜水服,能够在没有其他人帮助的情况下正确穿着。照料员可视情况需要提供帮助。着装的顺序很重要,特别是压重带必须系在所有的系带及装具的外面,以便于在紧急情况下能够快速解脱。一般着装顺序如下(参见视频1):

(1)穿潜水服。确保选择能够提供足够保护的潜水服,潜水服外面可以穿着连体工装,防止潜水服被刮擦损坏。

(2)穿潜水靴。如果必要可以穿戴潜水帽。

(3)绑结信号绳。将信号绳一端用单套结系结在腰部,以潜水员感觉到腹部有承受力即可。

(4)佩戴潜水刀。以一种不可抛弃的方式佩戴。

(5)穿自携式水下呼吸装置。最简单的穿着方法就是在照料员把气瓶保持在适当位置上的同时,潜水员进行调整和固定肩带和腰带。气瓶应该戴在潜水员的背部中心位置,但不能够太高,以免影响头部活动。所有的快速解脱扣必须处于双手都可以到达的位置。所有的系带必须松紧适度,以便于气瓶紧紧贴在潜水员身体上。带子的末端自由下垂,以便于快速解脱装置的功能发挥作用。此时,要确保气瓶开关阀已完全打开,并倒旋1/4~1/2转,信号阀处于工作状态,充气软管牢固地连接在浮力背心的充气阀上。

(6)系结压重带。佩带适当重量的压重带,用快速解脱扣系结并使之紧贴在潜水员的腰背上。

(7)戴附属品。手表、指南针、深度表等戴在手腕上,简单的潜水作业工具用可收口的帆布袋装上,系结在气瓶肩带的下面部位(潜水刀有时亦可在此系结)。

(8)戴上手套。

(9)穿脚蹼。用手提到潜水平台附近,自己或在信号员的帮助下穿好。

(10)戴面罩。面罩拿在手里,面罩带绕在腕部走到潜水平台。为了防止面罩雾化,一般在面罩内镜片上涂些唾液或防雾喷剂,然后用水冲洗。戴上后调节松紧,使面罩的橡胶裙边轻贴面部。

自携式潜水员着装后的全身图,见图3.7-1。

3. 入水前检查

入水前检查的范围为从个人潜水装具的着装,到潜水作业计划落实。

图 3.7-1　自携式潜水员着装后

潜水员个人要负责检查自己装具的性能。在与他人进行结伴潜水时，潜水员至少要熟悉结伴潜水员所用装具的操作方法，确保在紧急情况下能够操作结伴潜水员的装具。

潜水员在着装完毕后，向潜水监督报告，潜水监督进行潜水员入水前最后的检查，检查内容和要求如下：

(1)确定潜水员在身体和精神上都已经做好了下水的准备；

(2)核实潜水员已带齐了至少应携带的各种用品；

(3)核实并记录气瓶压力，确保有足够的气量满足在计划潜水时间内使用的需求；

(4)确保所有快速解脱扣均伸手可及，而且扣接适当，便于快速解脱；

(5)核实压重带已系在其他所有系带和装具的外面，弯腰时气瓶的底缘不会压住它；

(6)核实浮力背心未被压住，可以自由膨胀，里面的空气均已排出；

(7)检查潜水刀的位置，确保任何时候潜水刀都不会被抛弃；

(8)确保气瓶阀已完全打开，并倒旋了 1/4 ~ 1/2 圈；

(9)确保供气软管越过潜水员的右肩上方；

(10)含上咬嘴，或者戴好全面罩，连续呼吸几次，确保二级减压器和排气阀工作正常；

(11)按下并松开二级减压器上的手动按钮，听有无气体泄漏的声音；

(12)检查供气软管和咬嘴，确保在穿戴装具的过程中，所有的连接没有松脱；

(13)确保信号阀处于工作状态；

(14)简单地介绍该次潜水作业计划的任务；

(15)核实专用潜水信号、水面配合人员已就位，可能发生紧急情况的处理措施等已全面落实。

二、入水与下潜

潜水员应以一种安全、有效的方式进入水面，不应发生潜水员损伤、装具脱落或者装具损坏的现象。下潜程序包括了如何在正确的地点、时间以一个正确的下潜速度进行下潜。如果采用的是结伴潜水制度，还要确保潜水员之间始终保持联系。

1. 入水

1)入水的基本规则

采用哪一种方法入水，通常要根据潜水作业平台的特征来选择。入水的平台通常为：池边、小船、大型作业船、海滩或岩石边、码头等。如果可以，应尽可能从潜水梯入水，尤其在不熟悉的水域。

无论采用何种入水方法，都应该遵循下列入水的基本规则：

(1)从平台或潜水梯跳入或迈入水中之前，先观察入水环境。

(2)低下头，使下颏贴到胸部，一只手抓住气瓶，以免气瓶与后脑相撞。

(3)用手指托好面罩,用手掌托好咬嘴。

2)入水的方法及操作要领

(1)“前跳法”或“迈入法”(参见视频2)。

视频2　自携式潜水四种入水方法

这是一种最常用的方法。从稳定的平台或不易受潜水员行动影响的船舶上,最好采用这种方法。入水时,潜水员不应跳入水中,只需从平台跨出一大步,使双腿分开。潜水员入水时,应使上身向前倾一点,这样,入水的作用力不会使气瓶上升而撞到潜水员的后脑,见图3.7-2。但应注意,此方法在平台或船舶离水面距离2m之内,水中无任何障碍物的条件下才可采用。

(2)“前滚法”(参见视频2)。

只有作业平台面距离水面较小的时候,才适宜采用前滚式的入水方法。在作业平台面与水面之间距离超过60cm的时候不适宜采用前滚法入水。

潜水员面向水面,稍向前倾地坐在平台边,以抵消气瓶的重量。两手始终抓住咬嘴、面罩和气瓶,当继续前倾到双腿蜷曲靠近身体时,顺势向前翻滚入水,见图3.7-3。

图3.7-2　迈入法

图3.7-3　前滚法

(3)“后滚法”(参见视频2)。

在如冲锋舟、舢板等小船上可以采用后滚式的入水方法,对于潜水员来讲,这种方法最稳定。一个全副装备的潜水员站在小船的边缘会破坏小船的稳性,并有掉进小船或水中的危险。

潜水员坐在小船的舷边,面向船内,颏部贴胸,一只手护住面罩和咬嘴,在船舷摇到最低点时,向船舷上缘滑动并顺势后滚入水中,要避免完全的后滚翻入水,见图3.7-4。

图3.7-4　后滚法

(4)“侧滚法”。

如同“前滚法”,“侧滚法”也只适用于作业平台面距离水面较小的时候。在开放水域小船会左右摇摆,潜水员极易受到这一不稳定力量的影响,在没有足够照料员协助的时候,不适宜采用这种方法。

在照料员的协助下,潜水员侧坐在潜水作业平台的边缘,一手护住面罩和供气调节器,一手护住气瓶,侧滚入水,见图3.7-5。

(5)“退入法”。

在作业平台距离水面比较近的时候,全副装备的潜水员无法向前行走,可以采用“退入法”入水。潜水员向后退,在到达平台边缘时,用脚把自己推入水中,见图3.7-6。

图3.7-5 侧滚法

图3.7-6 退入法

(6)从海滩入水。

如果从海滩上入水作业,要根据海底的坡度以及海面的浪涌情况选择入水方法。如果海面平静,坡度平缓,潜水员可以步入水中,直到可以游泳的深度再穿上脚蹼。如果海面波浪中等或较大(但不至于妨碍作业),潜水员先穿好脚蹼,背向海退入浪中,直到水深可以游泳时为止。当浪打来时,他应慢慢地进入浪中。潜水员在浪涌下游动时,如果游动方向与浪涌的冲击方向相反,应该充分利用海底的物体或砂石固定自己,待到浪涌退却的时候,再打动脚蹼快速进入水下。

2. 下潜前水面检查

潜水员入水后,在下潜前必须进行最后的装具检查(也称没顶检查)。没顶检查的内容如下:

(1)检查呼吸情况是否正常、阻力小,是否有水进入呼吸器里的迹象;

(2)检查装具有无漏气情况(可与水面人员配合观察),特别注意气瓶阀上的一级减压器、二级减压器与中压软管的接头部位;

(3)检查所有的系带有无松开或绞缠;

(4)检查面罩的密封性,入水时可能会有少量的水进入面罩,可采用正常的面罩排水法排干。确保面罩带的松紧程度适中;

(5)如果使用的是浮力背心,校正浮力,潜水员应尽可能地把浮力调节为中性状态。应尽可能将额外的装具或较重的工具用递物绳输送,避免对潜水员的浮力产生不利的影响;

(6)如果穿着的是干式服,检查干式服是否漏水,通过充排气调节干式服的浮力;

(7)用指北针或者其他的参照点确定下潜的方向,潜水员在做好了下潜的准备后,应该向潜水监督汇报,水面人员准确记录下潜时刻,并可通过信号绳或手势信号通知潜水员开始下潜。

3. 水面浮游

如果潜水平台是船舶,可以让潜水支持船系泊在离潜水点尽可能近的地方。但有时潜水员要从岸边入水，或者船舶无法靠近作业点，此时就需要潜水员在水面浮游一段距离。游泳时，潜水员必须要适应周围的环境，避免偏离航向。如果是结伴潜水，潜水员之间必须要相互保持在视野之内。对于佩戴全副自携式潜水装备的潜水员来讲，在水面上游泳时最重要的是放松、舒缓地打动脚蹼，以保持体力。潜水员可以戴好面罩，通过简易呼吸管呼吸。佩戴单管式供气调节器的潜水员，应该把调节器置放于右肩，由胸前自由下垂，但要避免二级减压器的手动按钮向前；否则由于水流的冲击会使二级减压器出现通风现象，导致大量呼吸气体损失。

浮游时，潜水员只能够使用双腿推进，由髋关节发力，大腿带动小腿，小腿带动脚蹼，轻松自然地踢水或打水，脚蹼尽可能不要露出水面。潜水员在采用仰泳姿势休息的同时，仍然可以通过踢水前进。也可以通过为浮力背心部分充气协助游泳。然而，在潜水开始前必须为浮力背心排气。

4. 下潜

潜水员可以游泳下潜，也可以借助入水绳下潜，或者通过预先确定的现场提供的自然参照物的走向来下潜。下潜速度通常以潜水员能够顺利地平衡耳、窦压力为准，但一般不得超过 23m/min。只要潜水员感到难以平衡耳、窦压力，就应停止下潜，稍稍上升到耳、窦压力可以平衡的位置。如果几经上升与下潜，仍不能平衡，潜水员应停止潜水，发出上升的拉绳信号(成对潜水时，使用手势信号告知同伴)，照料员回收信号绳，潜水员返回水面。如果水下能见度较差，可以把一只手臂伸出头顶，避免撞击水下障碍物。

下潜时发生气压伤，通常是由于增加的环境压力和潜水员机体气腔内压力之间的压力差导致的。平衡这一压力差的技能，对于避免气压伤很重要，但是情况比较复杂，在实践中更加明确的是浮力控制和相应的下潜速度控制。潜水员必须具有通过调整浮力背心或者干式潜水服来控制下潜速度的能力，通过限制下潜速度来平衡耳压，并能够在发生问题或者到达预定深度时快速停下来，避免发生不受控制的下潜发生。在大多数的情况下，水底提供了一个继续下潜的物理限制，但水下的情况不是永远如此，快速地撞击水底被认为是一种不安全的形式。技能好的潜水员会在他想要停留的深度上停止，并通过调节中性浮力保持在这个深度上，进行水下作业。必须通过大量的实践才能够掌握这一技能。

三、水下停留作业

到达潜水作业深度时，潜水员必须熟悉水下环境，确定自己对周围景物的方位，核实工作位置，并对水下条件进行一次检查(能见度差时，可通过摸索来检查)，然后开始潜水作业。如果检查情况与预料的完全不同、可能发生危险或水下观察(摸索)到的条件需要对潜水作业计划做重大修改时，都应中断潜水，返回水面，反映情况，由潜水监督商定修改潜水作业计划。

潜水作业过程中，潜水监督应保持与潜水员通信联系，倾听潜水员呼吸声，或由照料员通过信号绳与潜水员保持联系，持续观察潜水员排气气泡。水面工作人员应持续对其测深，记录最大深度并照顾好潜水员信号绳。潜水员应保持与水面通信联系，报告作业进度及水下环境情况。

四、上升

出现下面任何一种情况时,潜水员应整理装具,清理好信号绳,确保没有任何缠绕,发出上升的信号,在信号被确认后开始上升。

(1)完成了潜水任务;

(2)在使用气瓶的备用气体(信号阀已拉下);

(3)潜水式声光报警压力表自动发出声光报警;

(4)到了潜水手表所指示的潜水前估算的出水时刻;

(5)收到水面信号员发出的上升信号;

(6)成对伙伴发出了结束潜水的信号。

1.正常上升

在不减压潜水的正常上升时,潜水员应平稳而自然地呼吸,以9m/min的速度,即不超过气泡的上升速度上升出水;也可通过水面信号员所回收信号绳的速度来帮助掌握上升速度,又或者通过参考水中的固定的有形物来帮助。上升过程中潜水员不得屏气,以免肺气压伤。

上升时,注意上方的物体,特别是可以浮在水面上的那些物体;为了能够做360°的观察,可以采用缓慢的螺旋式的方法上升;上升过程中,潜水员的一只手臂应伸过他的头部,防止头部撞到看不见的物体上。

2.从船体下方上升

如果选用自携式潜水在漂浮的船体下作业,必须使用信号绳保持潜水员与水面的联系。如果潜水员受伤并无法立即得到其他潜水员帮助,受伤潜水员可沿着信号绳出水。船只通常停泊在闭式码头或重型浮筒旁边,作业时必须小心仔细照管信号绳,确保上升路径没有障碍,可使潜水员沿着信号绳紧急上升出水。

在吃水很深的船下进行自携式潜水作业时,作业范围应限制在1/4船体范围内。这样既可避免潜水员对交错排列的龙骨产生错觉,又可避免船头与船尾混淆导致迷失方向。

发现有潜水员失踪时,应派救护潜水员至最后发现失踪潜水员的区域搜寻。

下潜前布置任务时,一定要强调浮力背心的使用要点,不可在船体下给浮力背心过度充气,因为这样容易出现潜水员撞击船底导致伤害潜水员的后果。因此,潜水员在水下应避免因惊慌失措给浮力背心过度充气。

五、潜水员照料

照料员负责在水面照管水下潜水员,结伴潜水员则在水下相互照管。使用信号绳时,应注意:

(1)始终拉紧信号绳。

(2)拉绳信号必须按表3.8-2中的规定发出。

(3)收到信号绳信号后,应立即用同一信号回答。

(4)每隔 2~3min 应向潜水员发出一次“拉一下”拉绳信号，以确定潜水员是否一切顺利；潜水员的回答信号也是“拉一下”拉绳信号，表示一切顺利。

(5)如果几次发送拉绳信号潜水员都没有回应，救助潜水员应立即潜水查看。

(6)潜水员必须特别小心，防止信号绳被缠绕或牵拉。

如果不使用水面信号绳，照料员应该根据气泡的痕迹、指示浮标或其他定位装置（声波发生器等）确定潜水员的水下大概位置。只有一个潜水员潜水时，照料员必须不停地使用信号绳，观察定位指示浮标了解潜水员的水下位置。

六、水下减压

正常情况下，使用自携式潜水装具是不提倡进行减压潜水的。因特殊原因不得不进行水下减压时，应根据相应的减压方案进行减压。潜水监督安排潜水作业时，应确定潜水所需的水底停留时间，根据该次潜水的水底停留时间和深度，来选择减压方案。但是，因潜水员所携带气瓶的储气量有限，进行减压时，可能不能提供足够的气体供潜水员在减压时呼吸用。这时，需预先在标明了各减压停留站的减压架上或入水绳上，放置一套有足够气量可供潜水员减压用的水下呼吸器（已打开气瓶阀）。当潜水员完成了分配给他的任务，或者停留时间达到了潜水作业计划规定的最长的水底停留时间（没到信号阀指示压力），上升到第一减压停留站后，用信号通知水面，水面准确计时，由水面人员控制各减压站间的移行和减压停留时间，完成整个减压过程。

确定减压停留站的深度时，必须考虑海面情况。如果浪大，减压架或带有标记的入水绳将随着水面船舶的波动而不断升降。因此，每一停留减压站的深度必须按照：潜水员的胸部不高于减压表中各停留站的深度来设定。

如果意外地上升出水或紧急上升出水，潜水监督必须决定是否重新在水中减压或者是否需要用减压舱。在安排各阶段潜水作业时，都应考虑到必须做出这一选择的可能性。

七、出水和卸装

潜水员接近水面时，不得到达船舶或水面上任何其他物体的下面，在确保不会直接发生危险的时候，才可以上升到水面。到达水面时，潜水员应立即向四周观察，确定他的潜水船舶、平台和附近水面其他船只的位置，然后向信号员拉扯信号绳，或者大声呼唤自己的名字，表示已到达水面。必要时，潜水员可引燃发光信号，向信号员发出警报。

潜水员浮在水面时，水面人员必须不断地注视潜水员，特别要警惕有无事故的信号和征兆。只有所有潜水员安全地登上船后，潜水才宣告结束。

潜水员在到达潜水梯或船旁、登船前，为了降低潜水员登船的负荷，卸装程序已经开始了。水面信绳员要收紧信号绳，协助潜水员卸装。潜水员可先解除自己的压重带，然后卸下连有供气调节器的气瓶，把它们递给水面的照料员，这样上船或上潜水平台是比较容易的。在这过程中，潜水员不可把自己的面罩拉到自己的前额上，应把它递给水面或拉下挂在自己的颈部上，避免浪涌把面罩冲走。如果船上（平台上）有一个可以伸入水中的梯子，潜水员应先脱下脚蹼才登上梯子；如果没有梯子，用脚蹼踏水，可产生一个极大的推力，有助于潜水员上船（平台）。如果船很小，可根据船型和水面的气候条件从船舷或船首上船。当潜水员登上小艇或筏子时，艇（筏）上其他人员必须坐下，降低艇（筏）的重心，使其更稳定，有利于潜水员出水。

潜水员在登上船或平台后，应该根据自己所用的辅助装具及穿用的潜水服，由外到里进行卸装。

八、潜水后操作

潜水员到达水面并卸装后，应向潜水监督报告他所完成的水下潜水作业情况，以及对下一班潜水的建议或是否有问题发生而影响原计划等；同时潜水员如感觉任何身体不适或异常生理反应，应立即报告潜水监督或潜水医师。

潜水监督或者指定人员应对卸装后潜水员现场观察至少10min，1h内应在减压舱附近做严密观察，1～6h内应在距离减压舱不超过2h路程的范围内做一般观察。潜水员单次不减压潜水后2h内、减压潜水减压后12h内不应乘直升机飞行或去更高海拔地区。

潜水员在卸装后应检查装具有无损坏，并将装具放到甲板上不影响活动的地方。如果气瓶内气体压力过低不再适宜使用，潜水员应该拉下信号阀，并按下列程序从气瓶上卸除供气调节器：

（1）关闭气瓶阀；

（2）按压二级减压器的手动按钮排气；

（3）从浮力背心上卸除充气软管；

（4）在确保压力已经泄除后，小心地拆下供气调节器；

（5）缓慢打开气瓶阀，让气流吹干防尘罩上的水，防止水进入一级减压器；

（6）关闭气瓶阀，将防尘罩固定在一级减压器上；

（7）把浮力背心固定带松开，把浮力背心从气瓶上卸下；

（8）排出浮力背心内的水；

（9）如果是在海水或者污染水域里作业，必须使用淡水冲洗供气调节器和浮力背心，在冲洗的过程中，不能够按压手动按钮，也不能够拆除防尘罩，否则水会进入供气调节器内部；

（10）把供气调节器和浮力背心挂起来晾干。

第八节 自携式潜水水下操作

自携式潜水时，空气供给有限，水下停留时间短，因此潜水员掌握好自携式潜水的水下操作方法和技能，对安全潜水和完成水下作业任务至关重要。这些水下操作方法和技能，主要包括水下呼吸技术、呼吸器排水和寻回、面镜排水、浮力控制、身体平衡及稳度控制、水下游泳技术、水下环境适应、压力平衡、工具使用、结伴潜水制度、潜水通信、深度和时间监控及水下导航、呼吸气体管理等。

潜水员必须掌握自己的工作进度、保存体力、独立完成各项任务和解决问题，同时潜水员也应灵活反应，当他感到气力难支或判断水下条件危及安全时，应随时准备中断潜水，安全返回水面。遇到较难平衡耳压、窦腔疼痛、轻度眩晕、注意力难以集中、呼吸阻力略有增加、呼吸浅促以及周围环境的微小变化等情况，这些比较微妙的、不很明显的现象极可能是发生水下事故的前兆，任何时候潜水员都必须随时警惕这些可能导致事故发生的预兆。结伴潜水员还应不断关注潜伴的情况。

一、水下呼吸技术

使用供气调节器呼吸是自携式潜水的一项基本的技能，呼吸方法必须正确，才能够充分有效地利用有限的呼吸供气，并避免溺水。自携式潜水，特别是休闲潜水，使用的大多是半面罩，用牙齿咬住二级减压器的咬嘴，利用上下嘴唇形成密封。气体是通过口腔呼吸的，潜水员必须能够将鼻腔和咽喉隔离开来，这样在面罩进水或者面罩脱落的情况下能继续呼吸。

刚开始使用自携式装具的潜水员，特别是技术不太熟练的潜水员会有焦虑的感觉，呼吸可能比水面正常呼吸快而深。而呼吸气体因湿度降低，潜水员的咽喉显得特别的干燥，因此，潜水员必须习惯于这种呼吸，学会以平稳的速度及轻松、缓慢的节奏呼吸的技术。潜水员应该调整工作速度来适应呼吸周期，而不应改变呼吸去适应工作速率。如果潜水员发现其呼吸过于吃力，应停止工作，直至呼吸恢复正常，如果潜水员一段短时间后不能恢复正常呼吸，必须将此视作有可能发生危险的征兆。如果是结伴潜水，必须向结伴潜水员发出信号，中断水下工作，返回水面。

有些潜水员认为维持潜水作业用的供气量有限，试图采用屏气的方法节省气体。一种常见的呼吸技巧是跳跃式呼吸，即在每一次呼吸之间插入一个不自然的、长时间的停顿。屏气和跳跃呼吸均十分危险，常常会引起高碳酸血症，潜水员不应采用这种方法增加水底停留时间。

正常潜水时，在气瓶的可用气量未完全用尽之前，即未到信号阀指示压力之前，呼吸阻力不会改变（除非供气调节器突然失灵）。如果呼吸阻力明显增加，则提醒潜水员应利用备用气体立即上升。潜水员做一次急促的深呼吸，可以检查气瓶的储气情况，如果明显地感到空气不够用，则表明气瓶内的空气已快用完，应用备用气了。值得潜水员注意的是，水下工作期间，信号阀拉杆有时比较容易被碰撞至处于解除（下位）位置，当呼吸阻力明显增加时，已不能用备用气来上升了。因此，为预防出现如此危急情况，作业时应随时警惕，经常检查，保证信号阀拉杆处于工作状态。

在使用浸入式压力表时，潜水员可以通过检查压力表上的读数监控供气压力，在单气瓶压力降低到 3.5MPa，双瓶降低到 17.5MPa 时，潜水员必须终止潜水返回水面。

在某些情况下，自携式潜水员在水下屏气可能导致肺内气体膨胀，造成肺气压伤。实际上，只有在上升的过程中，才可能发生这种风险，因为只有在这一时间内，固定数量的气体才会在肺里膨胀，如果屏气，气道阻塞，就有可能导致肺气压伤。放松无阻塞的气道将会让肺内膨胀的气体自由流出。

二、呼吸器排水和寻回

1. 呼吸器排水

使用单管式供气调节器潜水,有多个原因可以导致在水下二级减压器从潜水员的嘴里脱离,无论是有意还是无意的。在任何情况下,二级减压器内都可能充满水,在潜水员再次安全呼吸之前必须将水排除。有两种方法可以将二级减压器内的水排除:

(1)将二级减压器的咬嘴含在嘴里,排气阀处于下方,通过二级减压器呼气。呼出的气体会把水从排气阀排出。

(2)将二级减压器的咬嘴含在嘴里,排气阀处于下方,用舌头顶住咬嘴,按动手动按钮,来自气瓶内的气体会把水从排气阀排出。

而使用双管式供气调节器时,当潜水员想缓解嘴部疲劳或清洗咬嘴时,同样,用手抓住阀箱将咬嘴从嘴里松脱出来时,咬嘴和呼气波纹管内会进水。此时,潜水员在平卧位游泳的同时,应向左侧身,然后抓住咬嘴,压挤吸气软管(右侧的管),并向咬嘴内吹气,这样可迫使积水经调节器的排水孔排出。然后,潜水员放松吸气软管,并浅呼吸。这时,如果咬嘴内还有积水,应再次将其吹出,再开始正常呼吸。

2. 呼吸器寻回

如果二级减压器在无意间从潜水员的嘴里脱落,它最终有可能会处于潜水员看不见的位置,而潜水员又非常迫切地想寻回它,至少有三种方法可以寻回呼吸器:

(1)软管追踪法:这是一种最可靠的方法,在二级减压器没有被卡到水下的某一个位置时,几乎所有的情况下这种方法都可以奏效。潜水员从右肩上方向后找到连接二级减压器的软管,拇指与其他手指在软管上形成圆环,然后沿着软管滑动并向前拉,直到找到二级减压器,调整好方向后用嘴含住。

(2)扫描搜索法:在大多数的情况下,这种方法既快又有效。由于二级减压器通常都会跌落在潜水员的右侧,潜水员面朝下直立,右手从左到右扫过腰部,并绕到腰后,摸到气瓶,沿着气瓶尽可能地向后上方绕,将手臂向后伸直,然后以弧线向外和前摆动直到手臂指向前方为止。这样做通常会将连接软管拨到手臂的前方,此时用左手从右手扫向颈部即可找到连接软管。但是,如果二级减压器到了气瓶的左侧,这一方法将会无效。

(3)倒立法:在二级减压器到了气瓶的左侧时这种方法的效果最好。潜水员只需向前翻滚成接近垂直的倒立体位,利用重力将二级减压器带到可以找到的位置。

如果潜水员用这三种方法很难找到二级减压器,可以使用备用二级或者应急供气系统。在某些偶然的情况下,二级减压器可能会被卡住而不易找到。在某些情况下,终止潜水返回水面是比较慎重的做法,但有时这是不可行的,这就需要部分或者完全地解除气瓶背带,脱下气瓶,寻回呼吸器,然后再重新整理气瓶背带。

三、面镜排水

面罩内进水是正常现象,面罩内适当的水有助于给玻璃面窗除雾。当面罩内水增加到一定程度时，就容易引起潜水员烦躁，并影响潜水员的视觉，潜水员必须能够快速有效地将水排出。

1. 面罩漏水的原因

(1)面罩不合适；

(2)面罩与面部之间夹有头发；

(3)面部肌肉的运动造成暂时性的进水；

(4)外部物体撞击，导致面罩移位而进水；

(5)极端情况下面罩完全脱落而进水。

2. 面罩排水方法

半面罩与全面罩的排水方法不同。

1)半面罩排水

半面罩没有与气源相连，排水的唯一气源来自潜水员的鼻子。对于安装有清洗阀的面罩来说，潜水员只需将头倾斜，使积水盖住清洗阀，将面罩压向面部，然后用鼻子稳定地吹气。此时面罩内压力增加，水经清洗阀排出。有时，需要反复几次吹气才能完全清除积水。对未安装清洗阀的面罩来说，要清除面罩中的进水，潜水员要侧身或仰头，使水集中在一侧或面罩的下部，然后潜水员用一只手紧紧地直接按压面罩的对侧或顶部，用鼻子缓慢吹气，水会从面罩边缘下面排出，见图3.8-1。

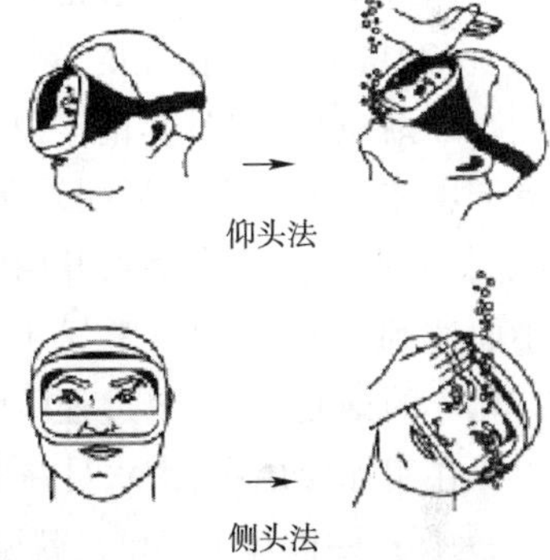

图3.8-1 面罩排水方法

在排水的过程中，要避免面罩内的气体从面罩顶部排出，否则无法把水从面罩内排出。

2)全面罩排水

全面罩有几种类型，全面罩的排水与其结构有关。大多数的情况下，当进水达到一定量的时候，它会从排气阀内自动排出，然而也会有例外，特别是使用内部咬嘴的类型，其排水方法就与半面罩的排水方法类似。如果配置内部口鼻罩的全面罩少量进水，通常在潜水员的面部处于大致直立或朝下时，通过正常的呼吸就可以排水，而如果大量进水，就需要按动二级减压器上的手动按钮，通过大量进气排水。

四、浮力控制、身体平衡及稳度控制

1. 浮力控制

在不同的潜水阶段，潜水员应建立三种不同的浮力状态：

(1)负浮力：在潜水员想要下潜或者在海床上停留时。

(2)中性浮力：在潜水员想要通过最小的努力停留在某一恒定深度时。

(3)正浮力：在潜水员想要漂浮于水面，或者紧急情况下上升时。

要获得负浮力，穿戴浮力背心的潜水员必须佩戴压重带，以抵消潜水员和潜水装具产生的浮力。

在水下,潜水员经常需要保持中性浮力,这样潜水员既不下沉也不上升。在潜水员排开水的重量与潜水员及装备的总重量达到平衡时,就会达到一个中性浮力的状态。为了保持这种中性浮力状态,潜水员使用浮力背心,通过调整浮力背心的体积,从而调整浮力背心的浮力,以应对改变潜水员身体体积或重量的各种影响。采取的措施主要有:

(1)如果潜水员穿着的是由如泡沫氯丁橡胶等可压缩的充气材料制成的潜水服,在潜水员下潜和上升的过程中,随着外界压力的变化,潜水服材料的体积将会发生变化。下潜过程中,静水压力增大,潜水服材料体积缩小;上升过程中,静水压力减小,潜水服材料体积增大。此时,就需要调整浮力背心内的气体体积来适应这一变化。

(2)潜水员身体和潜水装具柔性气腔内的气体(包括浮力背心内的气体)在下潜时受到压缩,在上升时发生膨胀。通常潜水员通过为气腔或者干式服充气就可以抵消,从而避免挤压伤。但是,如果这些修正不足以弥补浮力变化,就需要调整浮力背心内的气体体积。

(3)随着潜水作业的延续,潜水气瓶内的气体将被消耗。这意味着潜水员及装具的总重量在逐渐减小,同时其正浮力在逐渐增大,这就需要将浮力背心内部分气体排出,减小潜水员的整体浮力。潜水员如果无法保持中性浮力,就有可能出现失控漂浮的问题。由于这一原因,潜水员需要在潜水开始时把自己的装备配置得超重一点,这样随着呼吸气体重量的减小而达到中性浮力。常压下空气的密度为1.2~1.3g/L,一个容积15L、瓶内气体压力23MPa的钢瓶,在潜水过程中因呼吸气体的消耗而引起的重量变化约为43N。

在实际应用中,潜水员在潜水过程中不会考虑所有这些理论。在潜水员处于负浮力状态下,为保持中性浮力潜水员就要为浮力背心充气;相反,如果浮力增大,就要为浮力背心排气。自携式潜水员是靠穿着的浮力背心来控制浮力平衡,而仅靠肺部充满空气的潜水员自身不能控制浮力平衡。在中性浮力位置上的任何深度变化,即使是体积的微小变化,包括简单的呼吸行为,都会导致一个指向不中性深度的力产生。因此,在自携式潜水中,中性浮力的维持必须是一个持续主动的过程。经验丰富的潜水员可以轻松弥补如由于呼吸引起的微小波动。

自携式潜水对于初学者而言,通常最需要掌握的一个技能是:潜水员以一个受控方式下潜时,需要为浮力背心充气;而在潜水员以受控的方式上升时,需要从浮力背心排气。在深度发生变化的过程中,充入或排出的气体维持着浮力背心内的气体体积,这个气泡的体积需要保持在接近恒定的体积,以便于潜水员保持一个相对一致的中性浮力。如果在下潜的过程中没有及时为浮力背心充气,浮力背心内的气体体积随着外界压力的增加而减小,导致浮力减小,随着深度的增加,下潜速度加快直到潜水员到达水底;在上升的过程中也会发生同样的失控现象,导致上升失控,直到潜水员在没有任何安全措施(水下减压)的情况下快速到达水面。在体积变化与深度变化成最大比例的水面附近,这种效果最为明显。

为尽量让这种失控问题最小化,潜水员应尽量降低浮力背心内气体体积,这就要求潜水装具在满足平衡浮力的前提下使用尽可能少配重。这样,在潜水的开始阶段,可尽可能减少浮力背心内的气体体积,只在浮力背心内留下够用的气体,以便在潜水过程中弥补预期的缓慢的重量损失,比如气体的消耗导致的重量降低。气瓶重量降低会因潜水的具体情况不同而变化,但受到气瓶的容量限制。

侧挂气瓶在潜水过程中浮力的变化会带来更大的问题,由于任何原因可能与潜水员分离的任何气瓶对于潜水期间任何一个点上的实际浮力都是需要考虑的因素。水下不同阶段卸除的或者移交给其他潜水员的气瓶导致的浮力变化不应该超出浮力背心所能够补偿的浮力范围。充满气时浮力接近中性的气瓶,在卸除时通常需要一个最小的浮力补偿。

经验丰富的潜水员可以做出一些复杂的训练反射行为,包括呼吸控制以及深度变化过程中浮力背心内的气体管理,这使得他们在潜水期间可以在未加过度思考的情况下随时保持中性浮力。熟练的自携式潜水员通常能够在不使用脚蹼的情况下保持在一个恒定的深度上。

2. 身体平衡及稳度控制

水下潜水员在垂直-水平上的定位,或者是水下平衡,受到浮力背心以及其他因素,包括潜水员的身体、服装及装具等的浮力和重力的影响。潜水过程中,自携式潜水员的静态平衡和稳度将影响到潜水员在水面和水下的舒适性和安全性。水下平衡时浮力接近中性,但要达到水面平衡的浮力却是正浮力。休闲潜水员在潜水的同时通常希望处于水平(俯卧)状态,以便于观察和提高游泳效率,而在水面上更倾向于接近垂直或者部分仰卧状态,以便于呼吸环境空气。

浮力状态和平衡会严重影响潜水员的运动阻力及游泳所需的力量。水下静态稳定的潜水员的定位是由其浮心和重心位置决定的。在平衡状态下,潜水员将会在重力的作用下,其浮心和重心垂直成一线。通常可以通过改变浮力背心、肺部以及潜水服内的气体体积来调节潜水员的整体浮力和浮心。当自携式潜水员的浮力背心在水面上充气以获得正浮力时,潜水员的浮心和重心位置通常是不同的。这时重心与浮心的垂直和水平距离将决定潜水员在水面上的静态平衡和稳度。潜水员通常能够克服浮力的平衡力矩,但这需要持续的定向努力,尽管通常不需要很大的努力。这让潜水员能够有意识地调整平衡以适应不同的环境,如选择面部朝下或朝上游泳,或者保持垂直以获得最佳的视野或能见度。潜水员的重心位置是由配重的分布来决定的,浮心位置是由所使用的装具来决定的,特别是浮力背心,它可以通过充气或排气影响浮心位置的变化。稳定的平衡意味着浮心直接位于重心之上。任何水平上的偏移都会产生一个力矩,使潜水员旋转,直到恢复平衡状态。

几乎在所有情况下,使用浮力背心潜水员的浮心要比其重心更靠近其头部,所有的浮力背心的设计都旨在提供这一默认条件,因为漂浮在水面倒立的潜水员有溺水的风险。前后轴向上的偏移相当频繁,通常是决定静态平衡姿态的主要因素。在水面上,潜水员通常不希望一个面部朝下的固定平衡状态,但是能够随意地保持面部朝下的平衡状态却是必要的。垂直平衡可以接受,但是前提是在游泳时能够克服垂直平衡。

就平衡和运动方向的一致性而言,水平平衡是水中潜水员的一种姿态。自由游动的潜水员有时可能需要直立或倒立,但一般来说,水平平衡对于水平游动的阻力降低和水底观察都有益处。头部微低的水平平衡可以使潜水员将来自脚蹼的推力直接向后,从而能够最低限度地搅动底部的沉积物,并且能够降低击打脆弱底栖生物的风险。稳定的水平平衡需要潜水员的重心直接位于浮心之下。微小的偏差可以相当容易地得到补偿,但是较大的偏差可能需要潜水员不断地付出巨大的努力以维持期望的姿态。浮心的位置在很大程度上超出了潜水员的控制范围,虽然可以稍微移动气瓶,并且浮力背心的体积分布在充气时影响会很大。潜水员可用的对平衡的大部分控制是压重带的定位。可以通过在潜水员的身体上佩戴较小的压铅块来对平衡进行微调,从而获得一个理想的重心位置。

五、水下游泳技术

自携式潜水员通常是在水层中移动,但有时也会根据任务或其他情况的需要在水底行走。在水下游泳时,手只起协助作用,通常仅限于在水流中抓住水下的固定物体,而所有推进力都来自腿的动作。脚蹼有一个比较大的叶面,通过使用更强大的腿部肌肉,提供比手臂运动更有效的推力和更大的机动性,但这需要技巧,蹬水或打水动作主要由髋关节发力,蹬水或打水时,膝关节和踝关节要放松,动作幅度要大,节奏要保持在不至于使腿疲劳与肌肉痉挛的程度。下面介绍几种使用脚蹼进行有效推进的方法。

(1)浅打水法。浅打水法是最常用的打水方法。在基本形式上,它类似于水面游泳者的扑水式踢腿,但速度较慢,而且击水幅度较大,以有效地利用脚蹼大面积的表面。

(2)蛙式踢水法。蛙式踢水法与蛙泳的姿势基本相似。双腿同时踢水,产生的推力比浅打水法更持续地向后,由于这种方法不易搅动淤泥,降低能见度,所以适宜在软质淤泥的底部使用。

(3)海豚打水法:这是一种强有力的打水方法,双脚并拢,同时上下打水。这是单脚蹼的唯一打水方法,对于熟练的使用者来讲会非常有效,但机动性较差。

(4)后移踢水法。沿着身体的轴向向后游。这可能是最困难的脚蹼使用技巧,并且不适合某些类型的脚蹼。开始打水时,双腿向后完全伸展,双脚绷直且脚后跟并拢。划水时弯曲脚部向侧面伸展脚蹼,脚部尽可能向外张开,与小腿成直角,通过弯曲膝盖和臀部,让腿部向身体拉动脚蹼,潜水员向后移动。然后脚蹼指向后方以减小阻力,脚跟一起移动,双腿伸展到起始位置。硬度较大、叶面较宽的脚蹼最适合这种打水方法。

(5)直升机转弯法。利用直升机转弯法实现绕垂直轴向的原点转弯。潜水员弯曲膝盖,使得脚蹼与身体轴线大致一致,但要略高于身体轴线,脚踝向侧面划水。旋转脚蹼以使阻水面积最大化,然后小腿和膝盖一起旋转,产生一个侧向的推力。

六、水下环境适应

通过细致周密的计划,潜水员应根据作业点的水下环境有所准备,并根据需要使用相应的潜水服、工具和辅助器材。潜水员应掌握一些技巧并遵循有关注意事项,以应对水下不同环境条件的影响:

(1)在泥底环境水下作业时,应在离底60~90cm的上方处停留,打水动作要小,防止将水搅浑。潜水员应处于下游位置,这样水流能够冲走工作点附近的浑水。

(2)要避开珊瑚和岩石底,注意防止割伤和擦伤。

(3)避免深度突然改变。

(4)不可巡潜远离作业地点,除非潜水作业计划中已经包括这类巡潜。

(5)注意光在水中的特性,应根据3:4的比例来判断实际距离,如水下看到的物体在90cm远,实际距离应该在70cm左右,水中所见的物体比实际要大些。

(6)注意异常强烈的海流,特别是海岸线附近的离岸流。

(7)如果潜水员被卷入离岸流中,不要惊慌失措,应随着海流漂移,待海流减弱后游开。

(8)如果可行的话,潜水员可逆流游至工作地点,顺流返回比较容易,也可节省体力。

(9)远离受力状态的缆绳或钢缆。

七、压力平衡

在下潜和上升的过程中,压力变化将影响到潜水员和潜水装具的气体腔室。压力变化会在气腔和环境之间形成压力差,如果可能的话会导致气体的膨胀或压缩,而限制气体的膨胀或压缩以平衡压力,过度的膨胀会导致周围材料或机体组织受损(图3.8-2)。有的气腔,如面罩,在内部气体膨胀时会自动泄放过多的气体,但是在压缩过程中就必须进行平衡,其他的,如浮力背心的气囊,将会膨胀直到泄压阀开启。耳朵是一个特殊的例子,因为它们通常会通过耳咽管自动排出过多的气体,但是耳咽管可能会发生阻塞的情况。在下潜的过程中,它们通常不会自动达到平衡,必须由潜水员使用一个或多个可能的方法刻意进行平衡。只要潜水员正常地呼吸,多数的生理气道会自动平衡,但是屏气会阻止下气道和肺部的平衡,这将导致气压伤。

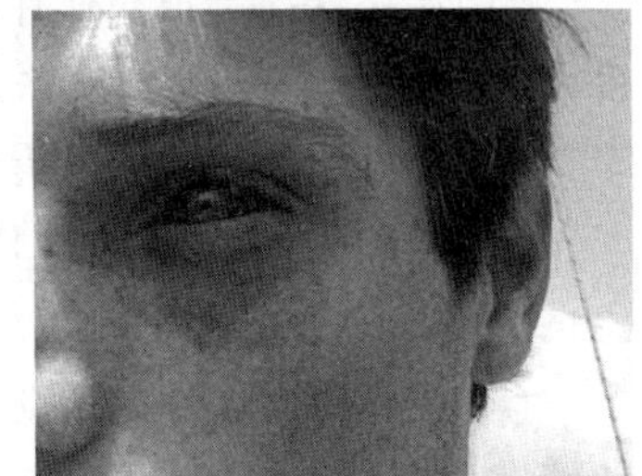

图3.8-2　面罩挤压导致的轻微眼睛气压伤

面罩和耳压平衡是所有潜水方式的关键技能,潜水员在压力环境下呼吸,任何方式的潜水都需要进行气道的压力平衡。这就需要保持正常的呼吸,在深度发生变化时严禁屏气。

八、工具使用

自携式潜水员在水下的浮力接近于“中性”,为使用工具作业带来不少问题。潜水员缺少可依靠的支持点,例如,当试图用力转动一个扳手时,潜水员自己将被反作用力推离扳手。因此,作用到工具上的力极小。使用任何需要支持点或力的工具时(包括气动工具),潜水员应设法用脚、空闲的手或肩撑住自己。如果工作目标两端均可接触,应使用两个扳手,一个夹住螺母,一个夹住螺栓,彼此推拉产生一个反作用力,可将大部分力传递到工作目标上。必须注意的是,自携式潜水员使用外带动力(如电动)工具时,潜水员必须与潜水监督保持语音通信。

将所有使用的工具在潜水前备好,潜水时潜水员尽量少带工具,如果需要的工具较多,应用帆布工具袋将工具从水面传递给水下的潜水员。

九、结伴潜水制度

1. 结伴潜水制度

结伴潜水是一种自携式潜水制度。它是一套安全程序,旨在通过让潜水员以两人或有时三人一组进行潜水,增加在水中或水下避免意外的手段,同时增加意外发生时逃生的机会。在使用结伴潜水制度时,小组成员一起潜水并相互合作,这样在发生紧急情况时,能够相互帮助或者相互救援。如果结伴潜水员都具备所有的结伴潜水相关技能,能够充分认识到所面对的状况并及时做出反应,结伴潜水制度是最有效的潜水制度。

在休闲潜水中,两人一组是最好的结伴潜水组合。如果三人一组,其中一人很容易失去另外两人的注意力(三人以上潜水小组不使用结伴潜水制度)。这种制度可以有效地缓和呼吸供气中断、非潜水医疗紧急状况、水下绞缠等紧急情况。特别是在采用结伴检查时,可以避免潜水装具的遗漏、错误操作和故障。

工程潜水的某些水下作业,往往需要两名潜水员的配合,才能顺利地完成。因此,结伴进行潜水作业的潜水员,除了负责完成规定的任务,还应彼此照料对方的安全。作为一个极为独特的安全因素来考虑,结伴潜水时必须遵守以下基本原则:

(1)始终保持与成对伙伴的联系;在能见度良好时,结伴潜水员应彼此能够看到;在能见度差的情况下,应使用成对联系绳。

(2)熟悉所有手势和拉绳信号的含义。

(3)得到信号时,应立即作出回答,如果成对伙伴对信号没有反应,必须将此视作一种紧急情况。

(4)注意成对伙伴的活动和发生的情况。熟悉潜水疾病的症状,在任何时刻,只要成对伙伴发生问题和行动异常,应立即找出原因,并采取适当措施。

(5)除陷住或被缠住且未经外人帮助不能脱离困境的情况,不得离开成对伙伴。如果必须请求水面的援助,应该用带绳的浮标标出发生事故的潜水员的位置。

(6)每次潜水,均应制定相关事件的预案,如果结伴潜水员失去了联系,应按预案进行。

(7)不论由于何种原因,只要成对潜水员中的一人中断潜水,另一人也必须中断潜水,两人均应返回水面。

(8)熟悉成对呼吸的正确方法。

2. 成对呼吸

使用一个二级调节器的供气共享程序被称为成对呼吸,也称为共生呼吸。如果一名潜水员的空气用完或呼吸器失灵,根据共同呼吸的原则,他可以呼吸潜水伙伴的空气。最有效的成对呼吸方法为:在上升过程中,两位潜水员面对面,使用同一个咬嘴交替呼吸。成对呼吸完全是一种应急措施,必须事先加以训练,尤其是新潜水员,熟练掌握这种方法更为重要。成对呼吸的步骤如下:

(1)保持平静,指着自己的二级减压器,向结伴潜水员发出供气中断事故的信号。

(2)手平放,手指合拢,掌心向下,以切割动作划过喉部动作可以多次重复,表明供气中断。

(3)用左手手指指向呼吸调节器,或者移除呼吸调节器并指向口部,动作可以多次重复,表明情况紧急,需要共生呼吸。

(4)受助潜水员不得抓结伴潜水员的二级减压器,受助潜水员的一只手放到潜水伙伴抓咬嘴的手上,他们的另一只手应彼此抓住对方的带子或相互握住手。

(5)首先,潜水伙伴必须作一次呼吸,取下二级减压器,交给受助潜水员,该潜水员将二级减压器放到自己嘴上。两人始终用手直接传递二级减压器。

(6)在传递二级减压器时,切记不能反向含住供气调节器。当这种情况发生时,排气阀将处于咬嘴的上方,这会无法排出调节器内的水,吸气时会有水吸入,有可能导致溺水。

(7)交换咬嘴过程中,咬嘴可能会进水。这种情况下,可以按动手动按钮排水,也可吸气前先呼气将水排出。使用双管供气调节器,应保持咬嘴高于调节器,这样,自由流出的空气有助于避免咬嘴进水。

(8)受助潜水员必须用咬嘴做两次充分呼吸(如果咬嘴内的水未完全排出,应小心),然后,将咬嘴交给伙伴,结伴潜水伙伴亦做两次呼吸,然后按前述程序交替进行。

(9)结伴潜水员重复上述呼吸周期,并确立一个平稳的呼吸节律。待呼吸周期平稳和交换相应的信号之后,方可出水。特别注意的是在上升过程中,潜水员,特别是未戴咬嘴的潜水员不可屏气,以避免肺过度扩张。

在成对呼吸的过程中,通过二级调节器大力呼气是排水的首选方法。两个潜水员同时使用一个气瓶内的气体,气体的消耗会很快。如果使用手动按钮充气排水将会浪费有限的供气。

如果成对呼吸时不得不潜游一段较远的水平距离,可采用多种不同的方法。但最常用的两种方法是:

(1)两名潜水员肩并肩,面对面游;

(2)两名潜水员分别上下平衡游。

以上两种方法在实际操作当中,也因人而异,不同的训练手段决定着每位潜水员掌握该技术的能力。但是,从技术的角度看,肩并肩、面对面游的成对潜水员视觉比较开阔,互相之间可侧抱或拥抱在一起,减少由于风浪、水流的影响。而上平衡游是没有气源的潜水员在有气源的潜水员上方游,这种方法,在潜水员之间很容易互相传递咬嘴。但是,由于一名潜水员在上方,另一名潜水员则在下方,提供气源的潜水员看不见他的成对潜水员,就可能影响这一方法的顺利实施。

十、潜水通信

潜水员与水面人员之间或结伴潜水员之间需要联系,以协调他们的潜水活动,对危险发出警告。自携式潜水员通信的方法包括:无线通信系统、手势信号、拉绳信号、书写板以及敲击和灯光信号等。水面和自携式潜水员之间最好的通信方式为无线通信系统。

1. 无线通信系统

目前应用于自携式水下呼吸器的潜水电话通信系统有数种。电声系统是一种从甲板到潜水员的单向通信系统。多向音频信号由水下传感器发射,潜水员不需携带信号接收装置就能听到声音信号。调幅和单频潜水电话通信系统能提供潜水员与潜水员、潜水员与甲板、甲板与潜水员之间的多向通信。调幅和单频两种潜水电话通信系统均需要潜水员佩带发射和接收信号装置。

调幅潜水电话信号强,容易理解,但是受直线传递(不能穿越障碍)的限制。单频潜水电话在障碍物内或在障碍物周围性能更好。

2. 手势信号

在水下能见度允许的情况下,水下潜水员之间通常使用手势信号,而且手势信号的使用很广且带有变化。潜水过程中,潜水员通过交换手势信号互相发出指令,传递信息,以及表明他们的状态。为了提高潜水效率,潜水员所使用的信号是自然信号、局部信号以及为了特殊情况而规定的特殊信号。

自然信号就是那些在任何语境情况下都非常明了的信号,如耸肩意味着“我不知道”,点头意味着“是的”,摇头意味着“不是”,或者指向仪表意味着“读数多少?”等。

局部信号指的是那些在具体的区域可以使用的信号,如杯型手势意味着“鲍鱼”,拇指与食指和中指一张一合意味着“海鳝”等。

特殊信号是为了某些情况如发送指令而设置的,如并排的两只食指意味着“与潜伴一起”,手掌朝下平放意味着“保持水平”,在本书里的信号就属于这一类。

表3.8-1中的信号是国际上常见的手势信号。

手势信号 表3.8-1

序号	手势	含义	序号	手势	含义	序号	手势	含义
1	垂直举手,手指并拢,手掌朝向接受者	停止	5	拇指与食指成一圆圈(戴连指手套或厚手套)	“你好吗?”或者“很好”	9	手挥动至头顶,在水平位置时击打水面	有难或者需要帮助
2	一手成拳,拇指向下,向下移动标明移动方向	下潜或“我正在下潜”	6	两臂展至头顶,手指互触成O形	“你好吗?”或者“很好”(水面上远离支持人员或潜伴)	10	一手握成拳,向胸部移动。动作重复多次,表明情况紧急	供气不足
3	一手成拳,拇指向上伸展,向上移动表明移动方向	上升或者“我正在上升”	7	一只手伸到头上,手指触碰头顶,成O形	“你好吗?”或者“很好”(在水面,一只手占住了)	11	手平放,以切割动作划过喉部,动作重复多次,表明情况紧急	供气中断
4	拇指与食指成一圆圈(如其他手指能伸展)	“你好吗?”或者“很好”	8	手平放,五指分开,掌心向下,在前臂轴线上来回摇摆。紧随其后可能有另外一个手势	有问题	12	用左手手指指向呼吸调节器,或移除呼吸调节器并指向口部。动作重复多次,表明情况紧急	共生呼吸

续上表

序号	手势	含义	序号	手势	含义	序号	手势	含义
13	 双手合拢,掌心向上形成杯状	小艇	17	 食指和中指放到面镜上。可能会有其他信号紧随其后,标明要看的方向或要观看的人	看	21	 一手成拳,拇指伸出并指向要移动的方向	那边走
14	 一手紧握成拳,并向危险方向伸出	危险	18	 在胸部的高度指向自己	我	22	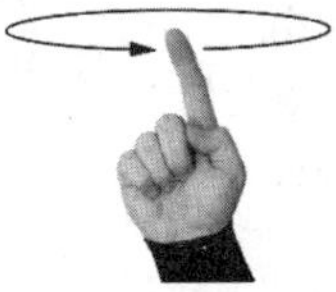 垂直地伸出一只手的食指,以圆周的动作旋转此手	转回去
15	 双手成拳,双臂交叉在身前。接下来可能会有指向危险源的动作	危险	19	 掌心向下,用手部的动作表明想要的移动路径,是在上面、下面或者绕过一个水下结构	下面、上面或者绕过去	23	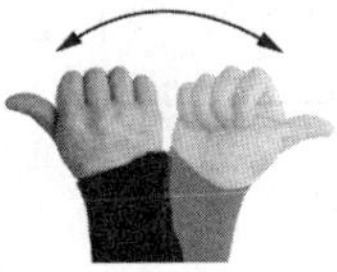 一手成拳,拇指伸出,多次 180° 旋转此手,表明对预定移动方向的混淆	那个方向
16	 以召唤的动作向身体挥手	来这里	20	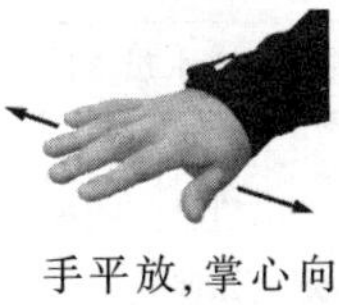 手平放,掌心向下,五指分开、水平缓慢地前后移动	保持深度	24	 用食指指向不通的耳朵	此耳不通

续上表

序号	手势	含义	序号	手势	含义	序号	手势	含义
25	胸前交叉双臂，双手抓住上臂，表明寒冷	很冷	28	双手成拳，伸出食指，双手并拢	结伴行动	31	把双手放在身体的两侧，掌心向上耸肩表示困惑	我不知道
26	手平放，掌心向下，以手腕为轴心，反复缓慢地上下摆动	放松或放慢节奏	29	手放在身前，手指带头的潜水员；另一只手指跟随的潜水员，并将手放在前一只手的后面，用双手指表明移动方	谁带头，谁跟随			
27	双手紧握在一起	手拉手	30	用食指轻轻触摸前额	想或者记住			

3. 拉绳信号

潜水员与照料员之间的联系或结伴潜水员之间用成对联系绳的联系可用拉绳信号来表达。拉绳信号分标准信号和特殊信号；标准信号是经过多年实践建立起来的信号体系，可用于所有的潜水作业；有时在潜水员和水面之间可以建立特殊信号或者临时信号，以满足特定任务的要求。自携式潜水中，规定的拉绳标准信号及其含义见表 3.8-2。

拉绳标准信号的含义 表 3.8-2

信号	信号含义	
	照料员到潜水员	潜水员到照料员
(一)	提醒信号(在发出信息前的提醒)； 询问信号(你感觉如何)； 停止(如果在活动或移动时，停止一切活动)	提醒信号(在发出信息前的提醒)； 到底； 离底； 我很好； 停止(如果在活动或移动时，停止一切活动)

续上表

信号	信号含义	
	照料员到潜水员	潜水员到照料员
(—)(—)	下潜(继续下潜); 放松(用于起重作业)	下潜(继续下潜); 放松(用于起重作业)
(—)(—)(—)	上升(继续上升); 收紧(用于起重作业)	上升(拉我上升,继续上升); 收紧(用于起重作业)
(————)	(拉四次以上)立即上升(紧急信号)	(拉四次以上)立刻拉我出水(紧急信号)
(——)(——)(——)	—	发生纠缠,需要另一名潜水员的帮助
(———)(———)(———)	—	发生纠缠,但我可解除

注:标准信号中,(—)表示分拉信号,(— —)表示连拉信号。

进行拉绳信号联系时,其操作规则如下:

(1)只要系结了信号绳,应任何时候都保持信号绳拉紧适中;

(2)水面信号员不得随意更换,避免更换过程中无法准确接收到信号;

(3)任何时候,潜水员一旦到达水下工作点,需发出一个分拉信号,表示已经到底。并确保信号绳没有绞缠;

(4)必须按上表规定的拉绳标准信号进行,如在潜水前另有约定信号,应避免与上述信号重复;

(5)信号绳应每隔 2 ~ 3min 向潜水员发出一次分拉一下的拉绳信号,以确定潜水员是否一切顺利,潜水员的回答信号是拉一下信号绳,表示一切顺利;

(6)分拉的两个信号之间的间隔时间约为 1s,拉动幅度约 40 ~ 50cm,连拉是拉一下后,约间歇 0.5s 再拉一下,拉动幅度约 20 ~ 30cm;

(7)除紧急上升信号不用回答外,凡明白或同意对方信号时,均重复一次对方信号作为回答;

(8)收到对方信号后,应间歇 2 ~ 3s 再回答信号,若收到信号不明显,或不明白对方信号,又或难于判断其含意,应该回拉一下(-)进行询问;

(9)潜水员必须特别警惕,任何时候都应防止信号绳被绊住或绞缠;

(10)如果失去信号绳,信号员应根据气泡的痕迹来确定潜水员的大概位置,并立即采取应急措施,此时若需要通知潜水员某些信号(如上升),可用金属物如铁块在水中互相敲击或用金属物撞打水中可发出较大声响的固态物体的方法(敲击信号的次数及频率与拉绳信号相同),否则,待命潜水员应下水抢救。

应特别注意以下三种情况:

(1)当水面向水下发出紧急上升信号时,需要潜水员回复紧急上升信号才可以拉上。如果潜水员在水下还没清理好就应回复拉一下,表示等我准备一下;清理完毕并回复紧急上升信号后,水面才可以拉上。因为作业中潜水员不是随时都能紧急上升,没清理好就拉紧可能会导致潜水员被缠在复杂结构里难以解脱。

(2)三种拉绳信号不需马上回答,其中两个是潜水员告诉信号员的信号“拉我上升”和“立刻拉我上升”,回答这两个信号包含执行该指令。另一个是照料员告诉潜水员“上升”,直到潜水员离底时才需回答该信号;如果因为某些原因,潜水员没有做出响应,应通过重复一次拉绳信号回答“明白”来传达原因,如有必要可随后发紧急信号。

(3)搜索信号是照料员指导潜水员水下移动的信号,这些信号是标准信号的翻版,但在发出这些信号前,照料员先用“特定”信号指示潜水员使用搜索信号(方向信号)。如果照料员想重新使用标准信号,再用“特定”信号指示潜水员取消使用搜索信号。只有照料员有权启用搜索信号,潜水员开始的信号均属标准信号。为了能正确理解,使用搜索信号时要求潜水员面向信号绳。

4. 记录板

在进行水下结伴潜水或者水下作业时,如果有大量的信息需要交流或者记录的话,水下记录板将会非常有用。水下记录板有很多种。有的固定在浮力背心上,有的装在浮力背心的口袋内,有的使用橡筋固定在潜水员的手腕或前臂上。基本部件包含一支水下铅笔,用一条短绳固定在一块塑胶板上,然后通过合适的方式固定在潜水装具的方便点上。记录板对于必须在潜水前记录的,用于潜水过程参考的资料,如潜水作业计划要素(潜水深度、水底时间、减压方案等)或者潜水作业点的简图等非常有用。

5. 灯光信号

在进行夜间的结伴潜水时,水下电筒的光束可用于基本的信号,但是,通常情况下,不能够用电筒直接照射另一潜水员的眼睛,而是将光束照向自己的手势(图 3.8-3)。

夜间潜水灯光信号(图 3.8-4):

(1)我很好,你好吗?[图 3.8-4a)]

伸出手臂,用手电筒缓慢地画大圈。

(2)有异常情况,需要帮助。[图 3.8-4b)]

伸出手臂,大幅度快速上下移动手电筒。

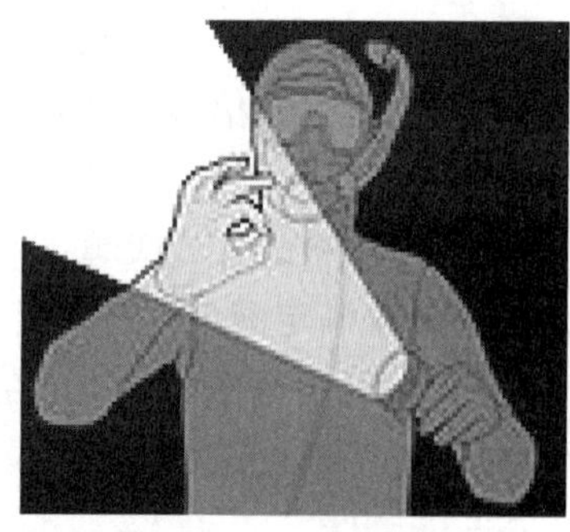

图 3.8-3　水下电筒的使用

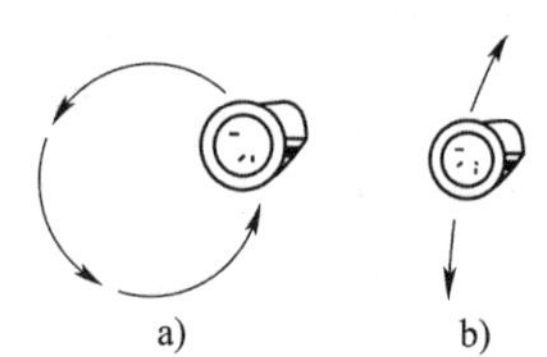

图 3.8-4　灯光信号

十一、深度和时间监控及水下导航

任何时候,只要潜水员暴露在水下压力环境,就会存在着减压的可能,除非已经知道水的最大深度,而且深度相当小,否则,潜水深度和水底时间的监控对于潜水员的安全非常必要,以确保没有减压的必要,或者遵循适当的减压程序安全上升。传统上,只要使用深度表和潜水手表就可以达到目的。通过使用个人潜水电脑可以让这一过程自动化,但前提是潜水员必须能够正确读取潜水电脑的读数,以及遵循电脑显示的减压说明。潜水电脑的显示和操作并没有统一的规范,潜水前潜水员必须掌握即将使用的电脑的正确操作。在依据减压表进行减压潜水时,准确的深度和时间监控尤为重要。

如果潜水作业点和潜水作业计划需要潜水员导航,则可以携带指北针,而在一些如洞穴、沉船等渗透潜水过程中,返回路线至关重要,可以使用导向缆。在一些不太严重的情况下,很多潜水员只需要通过地标和记忆导航,这一过程被称为引航或自然导航。

十二、呼吸气体管理

自携式潜水中的气体管理是一项关键的技能,因为就定义上来讲,自携式潜水员必须携带潜水所需要的所有呼吸气体,呼吸气体的意外耗尽在最好的情况下会令人担忧,而在最坏的情况下可能造成致命的后果。对于最基本的开放水域不减压潜水,在发生紧急情况时潜水员可以直接上升到达水面,气体管理可能仅仅是在气瓶内留有足够的气体,让潜水员在任何时候都能够安全上升,但通常会考虑到气瓶内的应急储备,并且在可能的情况下,为结伴潜水员提供呼吸气体并协助其上升出水。而在混合气潜水、渗透潜水、减压潜水以及单人潜水中,气体管理将会更加复杂。

潜水员会使用浸入式压力表来监控潜水气瓶内的剩余压力。可以通过气瓶内的剩余压力和气瓶容积计算出气瓶内的可用气体量能够支持潜水员在水下的作业时间(见式3.6-1)。气瓶供气时间取决于潜水深度和作业强度以及潜水员的健康情况,呼吸频率的差异也很大,在很大程度上要依赖经验上的估计数值。

第九节 自携式潜水应急处理

尽管经过了充分准备、周详计划和严格管控,潜水时仍存在发生紧急情况的可能性。自携式潜水发生意外后,最可怕的结局是呼吸气体耗尽。在没有呼吸气体的情况下,潜水员生存的可能性很小。呼吸气体的任何中断都应被视为危及性命的紧急情况,潜水员应准备好有效处理任何一般的、可预见的呼吸气体中断的情况。由于二级减压器进水或者脱落而导致的呼吸气体暂时中断,可以通过二级减压器寻回和排水恢复供气。更长时间的供气中断需要其他的对策。在某些情况下,显而易见的反应就是上升出水,这种反应是适当而且可以接受的。当离水面近且很容易到达,或者潜水员没有因直接上升而患减压病的重大风险时,紧急自由上升可能是一个合适的反应。如果深度较大,没有快速到达水面的信心,或者减压病的风险不可接受,那么其他的反应也是可取的。这将涉及备用呼吸气源,可能来自潜水员自己携带的备用气源,或是其他潜水员的气源。

发生紧急情况时,潜水员应该冷静,避免恐慌,立即考虑可能的解决方案,并将问题传递到结伴潜水员或者水面人员。潜水监督必须保持镇定，有序地执行现计划的应急程序，并应确保以常识和良好的应急技能安全地解决紧急情况。

应急程序的有效执行，给潜水员提供了获得可接受结果的最佳机会。潜水作业前的应急演习对可能发生的紧急情况做了假设，让潜水队在实际紧急情况发生时能迅速做出正确的反应。

在发生潜水员失踪、被困、气体耗尽、气体供应失灵以及失去意识等情况时，潜水员和潜水监督可采取以下应急程序。

一、紧急上升

自携式潜水的紧急上升通常指的是发生供气中断紧急情况时，潜水员紧急上升出水的一种应急程序。

紧急上升大致可分为两种：

(1)独立紧急上升：潜水员独自一人，在没有他人的协助下，自己有控制地上升。

(2)依赖紧急上升：由另外的潜水员协助，通常可以提供呼吸气体，但也有可能提供其他的协助。

紧急上升通常意味着遇险潜水员至少能够部分有控制地上升。

在自携式潜水的过程中，在发生供气系统突然失灵，或自携式水下呼吸器被绞缠住而导致呼吸供气中断或者即将中断的情况，而潜水员又没有其他任何的选择，遇险潜水员必须紧急自由上升。紧急自由上升的程序如下：

(1)丢掉手中工具和物件。

(2)解下压重带。

(3)当自携式水下呼吸器被缠无法摆脱，只得丢弃时，丢弃呼吸器的方法是拉开腰带、胸带、肩带和裆带的快速解脱扣，先从一条肩带中脱出一只胳膊，然后将呼吸器从另一只胳膊上脱下。也可采用将自携式水下呼吸器从背部拖至头部，然后从下面脱出的方法。丢弃呼吸器时应防止软管套在颈部。有些单管呼吸器配备颈带，使卸装操作更加复杂，不宜采用。

(4)如果因空气剩余不足需紧急上升，通过丢掉所有器材和压重带，充胀浮力背心可立即上升出水。上升减压的过程中，水下呼吸装置内剩余空气仍可利用，因此不到万不得已，不可轻易丢弃水下呼吸装置。

(5)如果潜水员失去知觉不能自行出水，结伴潜水员直接带他上升很困难，结伴潜水员可通过解下丢弃遇险潜水员的压重带，充胀他的浮力背心以减轻负荷。结伴潜水员无论如何不得离开遇险潜水员，应时刻牢牢抓住遇险潜水员。

(6)上升时应连续排气，使膨胀的肺内气体自由排出。

二、紧急呼吸气体共享

紧急呼吸气体共享可以是同时使用单一的二级减压器，或者来自同一套自携式潜水装具的两个二级减压器(其中一个为备用二级减压器)。两位潜水员供气共享应首选各自使用单独的二级调节器。

使用一个二级调节器的供气共享程序也被称为共生呼吸或者成对呼吸。如果一名潜水员的空气用完或呼吸器失灵,根据共同呼吸的原则,他可以呼吸潜水伙伴的空气。最有效的成对呼吸方法为:在上升过程中,两位潜水员面对面,使用同一个咬嘴交替呼吸。

成对呼吸完全是一种应急措施,应事先训练,所有潜水员应掌握这种呼吸方法。

三、供气中断

详细的计划(包括水底供气时间的计算)、潜水员呼吸的控制、作业强度的控制以及情景意识能够有效地预防供气中断的发生。然而,装具故障、专注于工作或者被困都可能让潜水员陷入供气中断的境地。这就有必要使用备用气源,或者进行成对呼吸,或是采取紧急自由上升的措施。

如果潜水员发生供气中断的情况,他应该:

(1)引起结伴潜水员的注意。

(2)检查气瓶阀是否完全开启。

(3)拉下信号阀,使用应急储备气体。

(4)如果主二级调节器发生故障,使用备用二级调节器。如果配备了独立的备用气源可使用备用气源。

(5)终止潜水,成对呼吸或者如果有必要实施紧急游动上升措施;当不得不采用丢其装具自由上升的时候,在上升至水面的过程中应有控制地不断呼气。

除非绝对必要,不要随意丢弃呼吸装置,因为在潜水员上升的过程中,外界环境压力降低,气瓶内可能会有足够的气体供潜水员呼吸。

四、潜水员救援

潜水员救援是在事故发生后,避免或限制潜水员进一步暴露于潜水危险中并将潜水员带到如船舶或陆地等潜水员不会溺水的地方,并且可以进行急救以及寻求专业医疗帮助的过程。

1. 救援原因

潜水员需要救援的原因有很多。这通常意味着潜水员不再有能力控制局面。需要救援的情况包括:

(1)呼吸气体中断;

(2)由于装具故障无法获得呼吸气体;

(3)意识丧失;

(4)无法监控深度表或者潜水电脑,从而无法安全上升,发生这种情况通常是由于面罩脱落,面罩淹水或损坏;

(5)恐慌;

(6)因损伤或者潜水障碍,或者其他疾病而丧失能力;

(7)水下失联或受困;

(8)无法使用浮力背心,或者在没有信号绳的情况下,无法施加充分的上升推力;

(9)潜水后无法返回岸边或潜水船舶;

(10)低体温症;

(11)氮麻醉;

(12)精疲力竭等。

潜水员可能会因为能力、健康状况或者坏运气而陷入需要救援的境地。

2. 救援技能

潜水员救援技能包括:

(1)受控浮力提升法,用于安全地将一个失去能力的潜水员从水下带到水面,这是一种救援意识丧失潜水员的基本技能,这种技巧同时也适用于丢失或损坏潜水面罩的、在没有帮助的情况下无法安全上升的潜水员;

(2)让遇险潜水员漂浮在水面;

(3)寻求帮助;

(4)水面拖带潜水员;

(5)协助遇险潜水员登岸;

(6)水中人工呼吸;

(7)陆地或船上的CPR;

(8)陆地或船上的用氧急救;

(9)一般急救。

3. 失联潜水员救援

与自携式潜水员失去联系可能是发生严重问题的第一个征兆,应依据潜水员是否得到照料、结伴潜水或是单人潜水等不同情况进行紧急处理。时间是关键,一旦与潜水员失去联系,必须第一时间做出采取措施的决定。

(1)在结伴潜水时,一旦与潜伴失去联系,潜水员应该:

①从现有位置上进行一个360°的目视搜索。

②注意最大深度和水底时间。

③敲击气瓶3下,同时以9m/min的速度上升到达水面。

④在上升的同时,继续采用360°的目视搜索,看是否能够找到潜水员或者气泡。

⑤到达水面后,实施另外一个360°的目视搜索,看是否能够找到潜水员或者气泡。

⑥立即为浮力背心充气,建立正浮力,并向水面支持团队发出手势信号,或者使用口哨或灯光发出警示;一旦与潜水监督取得联系,将失联潜水员、自己的最大深度、水底时间、气瓶余压等情况报告潜水监督。

⑦如果在上升的过程中,发现了失联潜水员的气泡,在情况允许的前提下,可以沿着失联潜水员的气泡找到失联潜水员。

a. 如果潜水员发生绞缠或被困,请按照被困潜水员的程序操作;

b. 如果潜水员失去意识,请按照失去意识潜水员的程序操作。

(2)潜水员失联后,潜水监督应该:

①发出召回的声音并进行瞭望,从较高有利的位置发现气泡或者水面潜水员的机会较大,间隔一定的时间继续发出召回的声音信号;

②在失踪潜水员的最后已知位置设置浮标;

③派出待命潜水员在失联潜水员的最后已知位置范围内进行搜索;如果已经上升到达水面的结伴潜水员表现得足够镇定,而且气瓶内气体及剩余的不减压时间足够,可代替待命潜水员;

④启动紧急救援计划,提醒医务人员,并让紧急运输单位待命;

⑤如有必要可以通知预先计划的其他救援单位协助搜寻;

⑥持续搜索和发出召回声音信号,直到找到失联潜水员,或者所有的资源用尽,或是权力部门取消搜索。

失联潜水员往往是迷失方向和感觉混乱,有可能已经离开了作业区域。氮麻醉或者与呼吸气体相关的其他并发症,可能导致思想混乱、头晕、焦虑和恐慌等,这在失联潜水员中很常见。失联潜水员有可能无意识地伤害到救援潜水员。在确定了失联潜水员的位置后,救援潜水员应该谨慎地接近以免受到伤害,并简要分析失联潜水员的情况。

4. 受困潜水员救援

水下绞缠可能是严重的紧急情况,也可能是暂时的困扰,这取决于潜水员对这一情况的应对。对于没有经验的潜水员,水下绞缠可能是更加危险的状况,但是没有潜水员不会受到水下绞缠影响。在水下使用绳索、软管以及电缆的作业中,特别是在能见度较差的环境下,潜水员必须保持清醒的意识,避免发生绞缠和受困。

(1)在发生绞缠或者受困后,潜水员的应对措施如下:

①受困潜水员的第一项任务,也是最重要的任务就是停下并思考,恐慌和过度费力是受困潜水员的最大风险;

②潜水员应保持镇定,分析状况,小心地尝试脱困;

③如果无法解决,应该通过拉绳信号得到水面或者结伴潜水员的协助;

④结伴潜水员可以将一条联系绳(如果携带了联系绳)固定在受困潜水员身上;

⑤核实受困潜水员的剩余气量以及深度,在上升出水寻求帮助之前确定需要什么样的帮助;

⑥潜水员可能没有其他任何的救援资源,他可以卸掉潜水装具,使用备用气源(小型应急气瓶)呼吸,或者紧急自由上升。

(2)潜水监督的应对措施如下:

①潜水监督应该预测到发生水下绞缠或者受困情况的极大可能性,并做好应对这种状况所需适当资源的准备(剪线器、螺栓破断器、锯子、自携式装具、气瓶等);

②在确认潜水员受困后,首先要确认潜水员的呼吸气体是否足够,以及需要提供什么样的协助;

③派出待命潜水员提供所需的协助,比如待命潜水员可以提供一套水下呼吸装置,并协助受困潜水员解除绞缠;

④如果已经上升到达水面的结伴潜水员表现得足够镇定,气瓶内气体足够,并且处于一

个有利的减压状态，他可代替待命潜水员。

5. 意识丧失潜水员的救援

在自携式潜水中，意识丧失、停留在水底的潜水员意味着非常严重的紧急情况。如果发现一位水底潜水员没有意识，应采取下列措施：

(1)待命潜水员的措施：

①谨慎靠近；

②如果呼吸调节器脱落，将呼吸调节器塞入遇险潜水员嘴里并打开气道，但不要按压二级减压器的手动按钮；

③将遇险潜水员的下颌部保持向上的位置，以维持其通畅的气道；

④使气瓶阀处于开启状态，检查气瓶压力，以及信号阀位置；

⑤对遇险潜水员保持积极的身体控制；

⑥卸除遇险潜水员的压重带；

⑦将遇险潜水员拖带到水面，如果有信号绳，可以通过信号将遇险潜水员拉出水面；

⑧如果待命潜水员在拖带遇险潜水员的过程中比较困难，待命潜水员可以为遇险潜水员的浮力背心缓慢充气，但不能够与遇险潜水员分离；

⑨一旦到达水面，应为遇险潜水员的浮力背心完全充气，并引起潜水监督的注意和汇报情况(遇险潜水员是否有呼吸、发现时遇险潜水员是否含住咬嘴等)。

(2)在遇险潜水员到达水面后，潜水监督应立即采取下列行动：

①如果浮力背心没有充气，指挥待命潜水员为遇险潜水员的浮力背心充气；

②如果救援潜水员的浮力背心还没有充气，救援潜水员应为自己的浮力背心充气；

③应首先去除遇险潜水员的咬嘴和面罩，清除其口腔及呼吸道内异物，维持遇险潜水员的气道畅通；

④如果遇险潜水员没有呼吸，应尽快采用口对口人工呼吸；

⑤按照事故前计划将遇险潜水员带出水面；

⑥采取基本的生命支持措施，并将遇险潜水员运到高压氧中心或者医疗中心。

到达水面的潜水员可能会出现肺部过度膨胀综合征、缺氧、高碳酸血症以及错失减压，或者四种问题的综合，应给予相应的治疗。如果出现潜水员没有脉搏的情形，应该优先针对溺水进行医学治疗。

五、紧急情况后的行动

经历过上述一种或多种状况的潜水员必须得到适当的对待。潜水监督在对待遇到紧急情况潜水员的时候，应该考虑下列事项：

(1)潜水员可能会感到疲倦和情绪疲惫；

(2)潜水员可能患有或接近体温过低症；

(3)潜水员可能受到身体伤害；

(4)如果是自由游动上升，可能发生肺部过度膨胀综合征；

(5)可能已经错过了重要的减压时间。

第十节 自携式潜水装具失灵与故障应急处置

自携式潜水装具结构简单、牢固,不容易发生性能失灵或故障。然而,由于日常维护缺失,不按照操作规范操作,没有按照生产商的要求对易损件进行更换,或者使用非原厂生产的零配件,特别是没有严格执行潜水前的装具检查,在潜水的过程中装具发生失灵和故障的概率就会增大。下面介绍自携式潜水装具发生性能失灵或故障的常见形式、原因及应急处置。

一、供气调节器

大多数的供气调节器失灵涉及供气异常或进水。但有两种故障模式较为危险,其一是极其罕见的供气调节器中断供气;其二是供气不会停止的"通风",这将导致快速耗尽供气气源。

1. 进气口过滤器堵塞

气瓶阀的进气口通常会使用烧结过滤器保护,而一级减压器与气瓶阀连接的进气口也会有过滤器保护,两者都旨在预防气瓶内的锈蚀物或其他污染物进入一级和二级减压器活动件内的精细间隙,并在开启或者关闭状态下卡住它们。如果有足够多的污垢进入这些过滤器,它们本身就会受到堵塞,从而降低性能,但是不太可能导致完全的或者突然的灾难性故障。

2. 通风

一级和二级减压器中的任何一个都有可能被卡在开启的位置上,从而导致供气调节器出现一个连续的气流,这也被称为通风现象。导致这一现象有多个原因,有的会很容易处理,但有的比较困难。可能的原因包括不正确的级间压力设置、不正确的需供阀弹簧张力、损坏或卡阻的开关阀、损坏的阀座、阀片冻结、错误的灵敏度设置等。

1)阀门卡阻

一级和二级减压器内部的活动件在某些位置具有精细的公差,有些设计更容易受到污染物的影响,导致活动件之间的摩擦增加,根据受影响部件的不同,有可能会增加开启压力,降低气流速度,增加呼吸功,或者引起通风。

2)冻结

在寒冷环境下,气体通过阀孔膨胀的冷却效果可能会使一级或者二级减压器充分冷却,从而导致冰的形成。外部结冰可能会锁住弹簧和一级或者二级减压器暴露的活动部件,空气中的水分冻结可能会导致内表面的结冰。两种情况都可能导致受到影响减压器的活动件在关闭或者开启状态下卡住。如果阀门结冰关闭,通常会很快解冻,然后重新开始工作,而且之后可能会很快结冰开启。结冰开启可能更成为问题,因为这样将会出现通风,从而在正反馈循环中进一步冷却,发生这种情况通常唯一的办法是关闭气瓶阀,等到结冰融化。如果不这样做气瓶内的气体会快速消耗殆尽。

3)中压蠕变

中压蠕变是由一级减压器缓慢泄漏引起的。效果是级间压力缓慢上升,直到下一次呼吸的吸气，或者压力作用在二级减压器的开关阀上，当压力超过弹簧所能够承受的力，此时阀门会短暂开启，常常会发出爆破声，以释放压力。爆破压力释放的频率取决于二级减压器的气流速度、反向压力、二级减压器弹簧张立以及泄漏的量。有可能是偶然的砰砰声，也可能是持续的嘶嘶声。在水下，二级减压器受到水的阻尼作用，响亮的爆破声可能会变成间歇性的或者恒定的气泡流。通常这并不是一个灾难性的故障模式，但是必须要对其进行维修，否则会变得更糟糕，而且浪费气体。

二级减压器无法恢复的通风现象(需供阀处于卡住开启状态，即使潜水员不需要气体也会不断供气)，一级减压器发生冻结，造成阀门机械装置处于开启状态，由于过高的级间压力导致二级减压器通风，都会造成呼吸供气快速损失，最终可能导致溺水，偶尔也会导致非吸水性窒息。

为了避免和预防通风故障的发生，应该采取下列措施：

(1)对装具进行适当的维护和保养；

(2)使用前对装具的外部状况进行检查，对装具的功能进行测试；

(3)只能够使用状态良好的装具；

(4)潜水过程中要避免损坏装具；

(5)使用两套完全独立的供气系统；

(6)使用备用气源；

(7)如果能够正确掌握成对呼吸的技能，紧急情况下可让结伴潜水员提供呼吸气体；

(8)可采取紧急自由上升的应急措施，紧急自由上升比溺水的幸存率更高。

3. 漏气

漏气可能是由爆裂或者漏气的软管、有缺陷的O形圈、O形圈移位，特别是使用轭式连接器、连接不紧等其他的故障造成的。低压充气软管可能无法正常连接，或者单向阀漏气。爆裂的低压软管通常会比一条爆裂的高压软管更快地损失气体，因为高压软管与一级减压器的接头处会有一个限流孔，而且浸入式压力表不需要高流速，缓慢的压力增加不会使压力表过载，而同时二级减压器的中压软管必须能够提供一个较高的峰值流量以尽量降低呼吸功。当轭式连接密封因夹紧力不足导致O形圈被挤出，或者与周围环境发生撞击导致O形圈弹性变形时，就会发生相对较常见的O形圈异常。

4. 吸气潮湿

吸气潮湿是由于水进入到供气调节器内，影响到呼吸的舒适性和安全性。水可以通过损坏的软性部件，如撕裂的咬嘴、损坏的排气阀片、穿孔的弹性膜等，也可以通过有裂缝的外壳，或者密封不良、夹有杂质的排气阀进入二级减压器内。

如果在海水中潜水，海水的吸入有可能导致海水吸入综合征，早期的症状包括：

(1)潜水后咳嗽，通常在潜水的过程中，咳嗽会受到抑制；

(2)严重者可能出现血痰、痰多等。

为了避免和预防吸气潮湿，应该：

(1)对装具进行适当的维护和保养；

(2)使用前对装具的外部状况进行检查和对装具的功能进行测试，特别要测试排气阀的

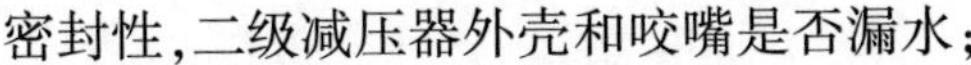
密封性,二级减压器外壳和咬嘴是否漏水;

(3)使用处于良好状态的潜水装具;

(4)如果二级减压器吸气进水,使用备用二级减压器;

(5)如果没有备用二级减压器,要缓慢吸气,利用舌头作为挡水板,可以暂时且有效地缓解这一状况。

5. 呼吸阻力过大

高呼吸功可能由高吸气阻力、高呼气阻力或者高呼吸阻力造成。高吸气阻力可能由高开启压力、低级间压力、二级减压器内活动件之间的摩擦阻力、过大的弹簧载荷或者次佳的阀门设计造成。吸气阻力通常可以通过维修和调节加以改善,但是有的供气调节器在较大深度上,如果没有较高的呼吸功将无法输送较大的气流。高呼气阻力通常是由于排气阀的问题造成的,排气阀片容易与阀体粘连,由于材料变质而变硬,或者没有足够大的排气通道。

6. 颤抖进气、吸气颤音以及低吟音

这种现象是由二级减压器内的一个不规则且不稳定的气流造成的,而造成这一气流的原因可能是由二级减压器内的气流与开启需供阀的隔膜挠度之间的轻微正向反馈,这一隔膜挠度不足以引起通风,但足以引起系统的颤动。有的调节器通过调节可以以最小的呼吸功获得最大的气流,这种现象在此类高性能调节器上更常见,特别是出水以后,但是在供气调节器浸入水中时,周围的水会抑制弹性膜和其他活动件的移动,这种现象会减轻后消除。通过关闭文氏管内的辅助装置,或者增加需供阀弹簧的压力来降低二级减压器的灵敏度,就可以解决这一问题。需供阀内活动件不规则的摩擦可能也会造成颤抖进气。

7. 外壳或组件物理损坏

诸如破裂的外壳、撕裂或脱落的咬嘴、损坏的排气导流套等损坏可能会导致气体流动问题或者漏气,或者导致潜水员无法舒适地使用供气调节器或者呼吸困难。

二、浮力背心

1. 充气失控

浮力背心充气失控的主要原因是充气阀卡住,让充气阀处于一个开启状态。虽然这不是致命的,但会导致失控的上升,从而造成减压的问题。为防止这类问题,潜水员应该:

(1)使用前对充气机械装置进行检查和测试;

(2)使用后要进行适当的维护;

(3)针对如何控制这种情况进行培训和训练;

(4)尽可能使用容积适当的浮力背心。

2. 不可控排气

浮力背心的这种故障将可能让潜水员无法获得中性或者正浮力,以及造成潜在的困难,或者使潜水员无法控制上升或者完全无法上升。这是一种灾难性的泄漏,主要是由于:

(1)歧管接头损失;

(2)波纹管故障;

(3)气囊撕裂。

为了预防这种情况的发生,潜水员在使用前必须进行维护和检查,也可以使用双气囊浮力背心。在发生这种情况时,潜水员应该:

(1)使用干式服作为浮力控制装置;

(2)使用卷线器和延迟水面标记浮标的足够体积作为上升浮力的辅助;

(3)使用信号绳并让照料员协助;

(4)丢弃足够的压重块以便上升。

三、面罩

面罩虽然简单,但发生故障的概率较高,它所带来的主要问题是让潜水员在水下无法聚焦,增加潜水员的心理压力,无法读取仪表读数。导致这一问题的主要原因有:面罩带或卡扣故障;由于撞击导致面窗碎裂,或者面罩脱落。要避免面罩脱落带来的问题,潜水员应该进行无面罩的潜水训练,掌握口鼻分家的呼吸技能。由于全面罩可以更加牢固地固定在潜水员的头上,并且由供气软管连接,全面罩的使用可以降低面罩脱落的风险。潜水前,潜水员应该严格按照潜水前的检查程序对面罩和面罩带进行检查,一旦发生面罩脱落的情况,潜水员应该用手按住面罩,或使用备用面罩。

四、干式潜水服

1.干式潜水服进水

干式潜水服进水的同时,也牵涉到干式潜水服内气体流失的危险。干式潜水服进水后,热隔离保护受到破坏,加速身体热量的损失,有可能导致体温过低症;干式潜水服内的气体流失导致浮力损失,潜在的风险是无法建立中性或者正浮力,以及上升困难或者无法上升。导致干式潜水服进水的原因可能是:

(1)拉链破裂;

(2)乳胶颈部密封圈撕裂。

为了避免和预防干式潜水服进水,潜水员应该:

(1)针对这种情况进行培训和训练,并掌握相关的应急技能;

(2)选择由具有显著固有绝热性能材料制成的干式潜水服;

(3)干式潜水服的日常维护保养要做到制度化和规范化,潜水前要对拉链和密封进行仔细的检查;

(4)使用时可以在干式潜水服的里面穿着内衬衣,万一进水,也可以保持一定的热保护;

(5)使用有足够体积的浮力背心,以弥补干式潜水服浮力的损失;

(6)使用由水面照料的信号绳;

(7)在水下丢弃足够重的压重块,以建立中性浮力;

(8)使用延迟水面标记浮标的足够体积以补偿损失的浮力。

2.干式潜水服过度充气

干式潜水服过度充气有可能导致产生减压问题的上升失控。出现这一状况的主要原因

是充气阀卡住连续充气。要避免和预防这一问题,潜水员应该:

(1)使用低流量充气软管;

(2)进行针对充气阀故障的应急程序训练并掌握相关技能。

五、压重带

压重带脱落可能造成无法建立中性浮力,从而导致上升失控。为了避免和预防发生这一状况,潜水员应该:

(1)潜水前仔细检查压重带的快速解脱扣或者压重带卡扣状态是否完好,功能是否正常;

(2)使用长度恰当的压重带;

(3)如果压重带容易滑过臀部并脱落,应考虑使用集成压重系统;

(4)采用安全、不易意外释放的方法佩戴压重带;

(5)在可释放的系统上佩戴适量的可以重新建立中性浮力的压重块,其他的则牢牢地固定在压重带上。

六、脚蹼

脚蹼固定带或者脚蹼固定带卡扣断裂或故障造成脚蹼脱落,从而造成自携式潜水员的推力、控制能力和机动性丧失,这将导致潜水员无法顶流游动。特别是在顶部障碍环境下潜水,潜水员需要在水下水平游动较大距离才能出水的情况下,有可能出现在呼吸气体耗尽之前,使潜水员无法安全出水。

为了避免和预防这种情况的发生,潜水员要针对脚蹼脱落的情况进行训练,并掌握单脚蹼游动的技能;尽可能使用原厂家生产的脚蹼带和卡扣,使用前必须要仔细检查脚蹼的固定带和卡扣,如有任何疑问,用更可靠的脚蹼带进行替换;如果是团队潜水,潜水时也可以携带备用脚蹼带,便于在紧急情况下的更换。

七、潜水气瓶

1. 气瓶充气过程中的灾难性故障

如果管理不当,潜水气瓶内气体压力突然释放而引起的爆炸,将会非常危险。充气压力过大存在着发生爆炸的巨大风险,同样在过热的情况下也存在发生爆炸的风险。故障的原因有由于锈蚀导致的气瓶壁厚度减小或者锈蚀点较深、不合适的阀门螺纹导致的颈部螺纹损坏或者疲劳裂纹、持续的高应力、铝瓶的过热效应等。气瓶阀上安装的安全阀可以预防潜水气瓶因超压而发生爆炸,因为如果气瓶压力过大,安全阀内的爆破片就会被击穿,以一个快速可控的流速排出气体,从而防止灾难性的气瓶故障。但是,由于锈蚀性弱化或者重复加压循环导致的应力,有可能使潜水气瓶在充气的时候发生爆破片的意外破裂。

发生在充气过程中的其他危险故障模式包括瓶阀螺纹故障,这有可能导致气瓶阀从气瓶颈部爆出。

2. 气体储存时间过长

在潜水员使用气瓶之前,气瓶内的气体储存时间过长,由于气瓶内部锈蚀可能会消耗空气中的部分氧气,从而造成呼吸气体中的氧分压过低,导致低氧症。潜水员无法维持正常的活动,意识水平下降,严重可能导致昏迷或死亡。

为了避免和预防发生这种情况,要定期对气瓶进行例行检查和试验;在气瓶储存很长一段时间后,如果气瓶内是混合气体,使用前应该分析气体的氧含量,如果是空气,可以将气体排掉后重新充气。

3. 安全阀爆破片意外破裂

安全阀内的爆破片起到过压保护的作用,然而,在爆破片核准失效的时候,或者由于锈蚀性弱化或者重复加压循环导致的应力,爆破片意外破裂,从而造成呼吸供气损失,可能导致溺水,偶尔也会导致非吸水性的窒息。

避免和预防措施包括:

(1)对气瓶进行适当的维护和保养;

(2)采用隔离歧管连接独立双瓶配置,一旦一个气瓶的安全阀发生故障,可使用另外一个气瓶供气;

(3)配备小型应急气源,主供气瓶发生故障时,使用应急气源;

(4)如果是结伴潜水,可使用结伴潜水员的备用气源;

(5)可采取紧急自由上升的应急措施,紧急自由上升比溺水的幸存率更高。

第十一节 自携式潜水装具的检查与维护

所有参加保养、维护及修理潜水系统和装具的人员必须接受过适当的培训,并具有相应的维修保养经验。潜水员有责任确保潜水装具处于完好、随时可用的状态。对潜水装具进行检查与维护的要求如下:

(1)正确填写潜水装具维护日志。

(2)维护记录的内容包括工作性质、维修时间、修理和测试内容、维修和测试人员的姓名及其他相关细节等。

(3)操作员单独对任何潜水设备和装具进行维护、修理、校对、测试或调整时,应该在维护记录簿上记录他们的姓名,并由他们签字。

(4)用于潜水作业的潜水面罩、潜水气瓶、呼吸调节器必须按照制造厂商所推荐的程序进行检查和维护。要求的检查和/或测试必须在设备所有者的记录簿中记录并确认。

一、潜水后的保养

1. 潜水装具潜水后保养

每个潜水员应对潜水装具进行潜水后的保养和适当处理,具体操作要求如下:

(1)关闭气瓶阀,拉下信号阀,即使气瓶内的空气只用了一部分,也应如此。这表明气瓶已被用过,必须检查并重新充气。最好将气瓶放到指定的地方,以免混淆。

(2)通过咬嘴吸气,或者按压中心供气按钮,把供气调节器内的空气放掉,然后取下供气调节器,将调节器浸入淡水中清洗,但不要让水进入供气调节器的一级减压器中。

(3)检查锥形防护罩上无污水或污物,检查O形圈,然后将锥形防护罩固定到供气调节器的入口上,这样可以防止异物进入供气调节器。

(4)如果供气调节器或其他任何装具已被损坏,应贴上"已损坏"的标签,并将它们与其余的装具分开。损坏的装具应尽快地维修、检查和测试。

(5)用干净淡水冲洗整套装具,除去所有的盐渍。盐渍不仅会加速材料的腐蚀,也会堵塞供气调节器和深度表的气孔。装具中所有可以随时取出的部件,如膜片和单向阀、快速解脱扣、刀鞘中的潜水刀以及救生背心中的二氧化碳气瓶,均须仔细检查是否有腐蚀、盐渍或污点。对于咬嘴,应该用淡水和口腔消毒剂冲洗几次。

(6)所有装具经洗刷冲洗后,放到干燥、通风的地点存放,不得暴晒。供气调节器应单独贮存,不得留在储气罐上。湿式潜水服吹干后,应喷上滑石粉并仔细叠好或挂起。不得用吊钩或钢丝钩吊挂潜水服,因为这种挂法会使潜水服拉长变形或撕裂。面罩、深度表、救生背心和其他装具,如果随意堆放,将会损坏或磨损,因此,必须单独存放,不得堆在一个箱子或抽匣里。所有缆绳应晒干、理顺并妥善贮存。

2. 浮力背心潜水后保养

浮力背心的清理和存放将决定着它的使用寿命。浮力背心潜水后保养步骤如下:

(1)必须用淡水清洗用后的浮力背心。盐和氯会损坏浮力背心。

(2)按照浮力背心的最大充气压力要求,充满浮力背心。

(3)抱住浮力背心,让充排气管向下。

(4)按下排气阀排气,这会把在潜水过程中有可能进入到浮力背心中的水排出。

(5)把干净的淡水灌入到浮力背心内并加以摇动,以便于把浮力背心内的化学物质、颗粒物松动,然后把水排干净。

(6)把浮力背心挂在干燥、凉爽处,排气管朝下。绝不可以暴晒。

二、日常维护保养

1. 潜水气瓶

1)定期检查和测试

国家相关法规要求对高压气瓶定期检验,这通常包括内部的目视检查和水压试验。在腐蚀性更强的潜水环境,自携式潜水气瓶的检查和试验要求与其他压力容器的要求不同。

(1)定期检验。

按《气瓶安全技术监察规程》(TSG R0006)的要求,潜水气瓶应每两年进行一次检验,进行1.5倍最大工作压力的水压试验。

在气瓶通过检验后,会把检验日期打印在气瓶的肩部。定期检查和检验的记录由检验站制作,需要存档以便于后期的检查。

气瓶在通过了检验后,如果对其状态仍然存有怀疑,可以采用进一步的检验来确定气瓶的适用程度。气瓶如果无法通过检验和检查,并且无法维修,应彻底报废。

(2)内外检查。

根据《空气潜水安全要求》(GB 26123)的规定,每半年对其内部和外部的损坏和腐蚀程度进行一次检查。

①气瓶的外部检查。

在对气瓶进行外部检查之前,必须清除气瓶表面的疏松涂层、锈蚀物以及其他的可能掩盖气瓶表面的材质。气瓶的外部检查包括了凹痕、裂缝、凿槽、切口、凸起、叠层和过度磨损、热损伤、电弧伤、锈蚀损伤、永久性标记损坏、色标损坏以及未经批准的附加或修改等。

②气瓶的内部检查。

除非用超声波的方法对气瓶壁进行检查,否则必须在有足够照明的前提下对气瓶内部进行目视检查,以识别任何的损坏和缺陷,特别是锈蚀情况。

在对气瓶内部进行检查之前,首先要将气瓶阀打开,排出气瓶内的气体,在确定气瓶内部与外界大气压力平衡后,把气瓶阀卸下。

将一串小灯泡(圣诞彩灯)放进气瓶内,检查气瓶内的底部及四周,看是否有任何的损伤。如果气瓶内壁表面有大量附着物而看不清楚,首先应采用准许的、不会损伤气瓶内壁的方法进行清理,清除黏贴在气瓶壁上的锈蚀物、污点以及底部的水。在目视检查过程中,如果对发现的缺陷是否符合标准不确定,可以实施额外的测试,比如点蚀壁厚的超声波测量,或者称重检查,以确定因锈蚀而损失的总重量。

(3)螺纹检查。

检查气瓶颈部的内螺纹和气瓶阀螺纹,确定螺纹的类型和状态。气瓶和阀门的螺纹必须符合螺纹规格,清洁,完整,没有损坏,无裂纹、毛刺和其他缺陷。必须对要重复使用的气瓶阀进行检查和保养,以确保它们能够正常工作。在安装气瓶阀之前,必须检查螺纹类型,确保安装了具有匹配螺纹规格的气瓶阀。

2)潜水气瓶日常保养

(1)气瓶内部清理。

有可能需要对潜水气瓶的内部进行清洁,以便于清除污染物,或者进行有效的目视检查。清洁方法应该在保障不伤害到气瓶内壁金属结构的前提下清除污染物和锈蚀物。根据气瓶的结构材料和气瓶内的污染物情况,可使用溶剂、洗涤剂和酸洗剂等进行化学清洗。对于严重的污染,特别是严重的锈蚀,可能需要研磨介质进行研磨除锈等。

(2)气瓶的外部清理。

潜水气瓶的外部清理主要包括污染物、锈蚀物、陈旧油漆或其他涂层等的清除。但要强调的是,清除方法必须尽可能少地清除结构材料。通常会使用溶剂、洗涤剂和喷丸等。加热清除外表涂层有可能会影响到金属的晶体微结构,从而导致气瓶报废。对于铝合金气瓶来讲,加热处理外表涂层是绝对不被允许的,铝瓶不得暴露于超出制造商规定的温度范围。

2. 供气调节器

供气调节器的维护实际上取决于它的使用方式。如果经常在盐水中使用,则应每年至少进行一次维修。而在淡水中使用且使用频率较低的调节器可能需要在两年后进行维修。如果维护周期过长,则调节器的某些部件可能由于锈蚀而永久封住。维护包括完全拆卸和清洁调节器、润滑O形圈、更换磨损部件以及在组装后要进行功能测试。

长时间没有经过维护的供气调节器,由于移动部件对其他部件的磨损,在使用的过程中,可能会导致自身的失灵与故障。

在发现供气调节器有损坏的迹象,如呼吸困难或漏气、进水,必须立即按照供气调节器生产商的维修说明书进行专业检修。

三、主要部件性能的测试

1.信号阀指示压力测试

信号阀是潜水时指示气瓶最低储气量(即由水底从容上升所需气体的最低储备量)的警报系统,起着保证潜水员安全的作用,应经常处于性能良好状态。

检查方法如下:

(1)将气瓶充气或使用到4.9MPa左右。

(2)推上信号阀置于工作位置,打开气瓶阀排气,掌握排气速度不宜过大或过小。

(3)等瓶口停止排气或排气受阻,声音明显改变时,关闭气瓶阀。

(4)拉下信号阀拉杆置于解除位置,测瓶压,即为信号阀指示压力;指示压力在3.5MPa±0.5MPa范围内为合格;超过4MPa时还可使用,但潜水后应修理调整;低于3MPa时,不准使用。

2.一级减压器输出压力测试

长时间放置在库房未用或怀疑输出压力有问题时,须进行测试,方法如下:

(1)将供气调节器的一级减压器上安全阀取下,在该螺孔装上0~1.57MPa刻度的压力表。

(2)与气瓶连接后,一只手开启瓶阀,观察压力表指示压力,同时另一手准备按二级减压器保护罩上的手动供气按钮或将保护罩取下,直接按阀杆(注意:此手不得离开)。如果压力表指示不停地上升并超过2/3表盘刻度时,应立即按下按钮(或阀杆),排出气体以免发生意外。如升到一定压力不再上升时说明减压器阀头不漏气,可继续测试。

(3)用开瓶阀那只手,使用专用六角内扳手旋转一级减压器调节弹簧螺母,使压力表指针下降或上升。

(4)按阀杆到底时压力表指针下降值不应少于0.2MPa,阀杆抬起恢复正常位置时,压力表应回到原来指示数值。允许稍有压力缓慢上升现象。

3.供气调节器最大流量测试

供气调节器最大流量是指在单位时间内最大限度通过的空气流量,单位是升/分(L/min,常压值下)。测定方法如下:

(1)将供气调节器接在气瓶压力为14.7MPa的气瓶上,调节一级减压器使其输出压力为0.49MPa。

(2)将气瓶阀开到最大,取下二级减压器的保护罩。

(3)按二级减压器阀杆到底,排气30s。

(4)关闭气瓶阀。取下供气调节器,测气瓶压力。

(5)最大流量(Q_{max})计算方法如下:

$$Q_{max}=\frac{(P_1-P_2)V}{t\times0.098} \tag{3.11-1}$$

式中:Q_{max}——最大空气流量,L/min;

P_1——第一次所测气瓶压力数,MPa;

P_2——第二次所测气瓶压力数,MPa;

V——空瓶容积,L;

t——排气时间,min。

(6)气瓶压力11.8~14.7MPa时,流量大于300L为合格。

操作说明:

(1)供气调节器流量主要是反映一级减压器的性能,此外,除本身的二级减压器外,还受瓶阀影响。因此,测定供气调节器流量并进行成批比较时,应固定选用一个气瓶。

(2)排气时间一般取30s为宜,测两次。排气时间太短误差大,太长瓶阀易结冰,影响流量。

(3)排气时,气瓶温度下降,空气体积缩小,第二次测压应等3~5min瓶内温度基本回升后再测(完全回升需数小时后)。此种方法虽然受温度影响造成一定误差,但方法简单,不需要仪器,适用于潜水人员自己测试。

四、常见的故障和排除方法

潜水装具的一般故障和排除方法见表3.11-1。

潜水装具的一般故障和排除方法 表3.11-1

故障	原因	排除方法
气瓶阀开启后漏气	(1)手轮轴密封圈结合不严或损坏; (2)没开足	(1)拆下重新装配或调换密封圈; (2)开足
气瓶阀关闭后漏气	阀头损坏	阀头换新
二级减压器不断供气	(1)弹性膜变质,下陷压迫阀杆,不能复位; (2)阀杆弹簧失灵	(1)弹性膜老化应换新,如因低温和干燥变硬,可放在水中浸泡; (2)弹簧换新; (3)阀头换新
气瓶阀与气瓶连接处漏气	(1)没旋紧; (2)密封圈损坏	(1)检查后旋紧; (2)密封圈换新
供气调节器安全阀过早排气	(1)调节螺钉松动; (2)弹簧失灵或弹力减退; (3)阀头损坏	(1)重新调紧并用固紧螺母固定; (2)弹簧换新或将调节螺钉适当调紧; (3)阀头换新

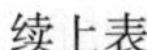

续上表

故障	原因	排除方法
一级减压器输出压力改变	调节螺母松动	重新调整到规定压力
一级减压器输出压力不断缓慢上升	高压阀损坏	高压阀换新
开放式呼吸器供气不足	(1)气瓶阀没开足； (2)一级减压器输出压力低于规定； (3)一级减压器的部件损坏； (4)气瓶内气体不足	(1)气瓶阀开足； (2)调整到规定压力； (3)损坏部件换新； (4)重新充装
开放式呼吸器呼气阻力大	(1)二级减压器橡胶阀变质； (2)膜阀老化、变质、变形； (3)弹性膜老化、变质	(1)阀座换新； (2)膜阀换新； (3)弹性膜换新
开放式呼吸器吸气阻力大	(1)一级减压器输出压力过高； (2)一级减压器的过滤网阻塞； (3)二级减压器弹性膜失灵	(1)调整到规定压力； (2)拆洗过滤网； (3)弹性膜换新
呼吸阻力大或呼不出气	呼吸阀与弹性膜粘连	分开或换新
自动供气	(1)供气弹簧失灵； (2)一级输出压过高； (3)一级调压部分有关部件损坏	(1)换新； (2)一级输出压调至规定标准； (3)换新后将输出压调至规定标准
吸气时有水	(1)弹性膜破损； (2)呼气阀老化或破损	换新

五、潜水装具的存放

1. 气瓶的长期储存

储存于钢瓶或者铝瓶的呼吸气体通常不会变质。假设气瓶内部水含量不足以促进内部腐蚀，气瓶储存在允许的工作温度范围内（通常为低于65℃），那么气瓶内储存的气体将保持多年不变。如果有任何怀疑，检查气体的氧气含量便可确认气体是否发生了变化（因为其他气体成分是惰性气体）。任何不正常的味道都将表明在充填气瓶的时候气瓶或者其内气体受到了污染。气瓶存放时也可以把大部分的气体放掉，以微小的正压储存气瓶。

铝质气瓶具有较差的耐热性，在储存铝瓶时，一定要远离高温环境。

2. 呼吸调节器的存放

(1)在存放呼吸调节器之前，将防尘盖装上，防止水分、污物等进入供气调节器内；双管式供气调节器的呼吸软管应定期松开，并将软管从调节器和咬嘴上取下清洗干净；清洗调节器时，要防止水进入供气调节器的一级减压器中；

(2)使用特定的润滑脂对呼吸调节器进行润滑保养，长期不用时，应将弹性膜片涂抹滑石粉进行保养；

(3)呼吸调节器要存放于干燥、通风、阴凉处，尽可能平放，绝不可存放于潮湿、高温的地方；

(4)呼吸调节器绝不可固定在气瓶上与气瓶一起存放；

(5)长期不使用的呼吸调节器要定期检查，以避免橡胶部分老化变质。

3. 面罩

(1)面罩要存放于干燥、阴凉、通风的地方，要避免阳光直接照射；

(2)长期不用的面罩在清洗干净晾干后，涂抹适量的滑石粉；

(3)长期不使用的面罩，要把头带从面罩上取下，以免头带的老化；

(4)玻璃向下平放储存，避免橡胶部分受挤压，以防止接触颜面部边缘变形，影响水密性能；

(5)不可与其他物体混杂存放，避免重物挤压。

4. 浮力背心

(1)把晾干的浮力背心挂在干燥、凉爽处，远离高温，更不可以暴晒；

(2)如果是长期储存，可适当为浮力背心充气，避免浮力背心内壁粘连；

(3)不可以与其他物体混杂存放，不能受到挤压；

(4)绝不可以用作其他物体的缓冲垫。

5. 潜水衣、潜水袜、潜水鞋

(1)可使用适量的爽身粉对长期不使用的潜水衣、袜、鞋等进行涂抹，以免粘连；

(2)用硅脂对金属拉链、干式衣或半干湿潜水衣的气密拉链进行涂抹润滑，以免拉链氧化锈蚀或老化；

(3)要用宽大的衣架把潜水衣吊挂储存，不可折叠存放；

(4)潜水衣要存放于干燥、凉爽的地方。绝对不能够暴晒；

(5)不可以与油脂及其他杂物混杂存放，更不可以用作其他重物的缓冲垫。

6. 潜水脚蹼

(1)潜水脚蹼应存放于阴凉、干燥的地方，不可置放于高温处；

(2)长期不用的可调型脚蹼存放时，要把鞋带松开存放；

(3)要远离油脂；

(4)平放储存，不可以用作其他重物的缓冲垫。

7. 压重带

(1)压重带要轻放，避免压重带铅块变形；

(2)压重带要储存于干燥、阴凉的地方；

(3)压重带要平铺摆放，避免大量的压重带一起堆放，造成解脱扣变形。

思考题

1. 自携式潜水的特点有哪些？

2. 简述自携式潜水的基本准则。
3. 简述自携式潜水装具的构成。
4. 自携式潜水装具如何分类？
5. 开式自携式潜水装具的优点及局限性有哪些？
6. 半闭式潜水装具的优点及局限性有哪些？
7. 闭式潜水装具的优点及局限性有哪些？
8. 开式自携式潜水装具水下呼吸装置由哪几部分组成？
9. 自携式潜水气瓶肩部的钢印能够反映哪些基本信息？
10. 为什么自携式潜水气瓶必须配有安全阀？
11. 自携式潜水气瓶的涂色主要基于什么元素？
12. 在气瓶阀底部安装一条通气管的目的是什么？
13. “DIN”式气瓶阀有什么优点和缺点？
14. 潜水气瓶阀上信号阀的作用是什么？
15. 国产钢质气瓶信号阀的工作压力范围是多少？
16. 自携式潜水气瓶的配置有哪几种主要类型？
17. 单管式供气调节器的基本构成有哪些？
18. 单管式供气调节器的一级减压器的作用是什么？
19. 单管式供气调节器的一级减压器如何分类？简述其工作原理。
20. 单管式供气调节器的二级减压器的作用是什么？
21. 单管式供气调节器的二级减压器如何分类？简述其工作原理。
22. 单管式供气调节器的二级减压器上排气导流套的作用是什么？微调旋钮的作用是什么？
23. 为什么备用二级减压器是黄色的？
24. 单管式供气调节器级间中压软管的规格都是一样的吗？为什么？
25. 建议在哪一种呼吸调节器的一级减压器上安装安全泄压阀？
26. 自携式潜水面罩起什么作用？主要有哪几类？
27. 脚蹼的作用有哪些？
28. 个人防护服装包括哪些？
29. 湿式潜水服的主要作用有哪些？如何选择适合自己的湿式潜水服？
30. 压重带的作用是什么？对压重带有哪些要求？
31. 潜水刀有何作用？常用潜水刀有哪些特点？
32. 浮力背心的主要作用是什么？浮力背心上有哪些阀件？
33. 信号绳的作用有哪些？
34. 潜水电脑的作用有哪些？
35. 阿尔法旗的作用是什么？
36. 水面标记浮标的作用是什么？
37. 使用潜水电筒应注意什么？

38. 制订潜水作业计划应考虑哪些因素?
39. 潜水作业风险评估的目的是什么?
40. 自携式潜水作业人员的最低配置如何?各岗位的主要职责是什么?
41. 给定潜水气瓶的供气持续时间主要取决于哪些因素?
42. 潜水作业前对供气调节器检查的主要内容有哪些?
43. 潜水作业前对浮力背心检查的主要内容有哪些?
44. 潜水作业工前会的内容主要有哪些?
45. 简述自携式潜水装具的组装程序。
46. 简述自携式潜水装具的着装程序。
47. 选择入水方法的宗旨是什么?入水时要遵循的基本规则是什么?
48. 入水时自携式潜水气瓶的信号阀应处于什么位置?
49. 在作业平台与水面距离超过多少时,不宜采用前滚法入水?
50. 岸潜时,如果拍岸浪较大,潜水员应该怎样入水?
51. 潜水员入水后,下潜前应该进行没项实验,主要检查内容有哪些?
52. 潜水员的下潜速度主要取决于哪些因素?一般不宜超过每分钟多少米?
53. 到达作业深度后,潜水员应该注意哪些事项?
54. 在哪些情况下,潜水员必须终止潜水作业立即上升出水?
55. 潜水员在上升过程中要注意哪些事项?上升速度不宜超过每分钟多少米?
56. 在停泊于码头或重型浮筒边的船舶下方潜水作业时,应注意哪些事项?
57. 使用自携式潜水装具潜水时,如果必须进行水下减压,应如何操作?
58. 自携式潜水员在接近水面时应注意哪些事项?
59. 自携式潜水员漂浮在水面时,水面人员应该注意哪些事项?
60. 潜水员如何正确掌握自携式潜水水下呼吸方法?发现自己呼吸吃力时应该如何操作?屏气或者跳跃式呼吸可能导致什么问题?
61. 自携式潜水员在水下如何排出呼吸调节器内的给水?
62. 二级减压器从潜水员嘴里脱落后,有哪几种寻回方法?
63. 面罩进水的原因有哪些?简述半面罩的排水方法。
64. 潜水员在水下有哪三种不同的浮力状态?
65. 为什么说随着深度的增加,应适当地为浮力背心充气?
66. 为什么说随着潜水员水下时间的延长,应适当地为浮力背心排气?
67. 潜水员在水下的身体平衡受到哪些因素的影响?
68. 简述浅打水法。
69. 潜水员为应对水下不同环境条件的影响,应掌握哪些技巧及有关注意事项?
70. 简述结伴潜水的基本准则。
71. 举例说明国际上常见的自携式潜水手势信号。
72. 简述“有问题”的手势信号。
73. 试述标准的拉绳信号及其含义。

74. 简述使用拉绳信号的操作规则。

75. 在发生紧急情况时，潜水员应保持什么状态？

76. 紧急上升可分为哪两种？简述紧急自由上升的程序。

77. 简述成对呼吸的步骤。

78. 如果潜水员发生供气中断的紧急情况，他应该如何应急处理？

79. 在哪些情况下，潜水员需要应急救援？救援技能一般包括哪些方面？

80. 结伴潜水时，潜水员应该怎样操作？

81. 潜水员失联后，潜水监督应采取什么措施？

82. 简述潜水员受困后的应对措施。

83. 简述潜水员受困后潜水监督的应对措施。

84. 待命潜水员应该如何对意识丧失的潜水员施救？

85. 在将意识丧失潜水员救至水面时，潜水监督应督导哪些行动？

86. 潜水监督在对待遇到紧急情况的潜水员时，应该考虑哪些事项？

87. 简述供气调节器出现"通风"现象的可能原因。

88. 供气调节器中压蠕变的原因是什么？

89. 简述吸气潮湿的原因及危害。

90. 由于吸入海水而导致的海水吸入综合征的主要症状有哪些？

91. 供气调节器出现高呼吸阻力的原因有哪些？

92. 使用呼吸调节器时发生吸气颤音的原因是什么？

93. 为了避免浮力背心充气失控，潜水员应该采取哪些措施？

94. 浮力背心不可控排气的原因有哪些？浮力背心一旦发生不可控排气，潜水员的应对措施有哪些？

95. 干式服进水的原因有哪些？如何应对干式服进水的发生？

96. 压重带脱落可能造成什么后果？如何避免和预防压重带脱落？

97. 气瓶内气体储存时间过长可能导致什么情况的发生？

98. 如何避免和预防气瓶安全阀爆破片的意外破裂？

99. 对参与潜水装具维修、保养的人员有什么要求？

100. 潜水气瓶目测检查的内容有哪些？目测检查的周期为多长？

101. 简述气瓶内部目视检查的程序。

102. 怎样对气瓶内部进行清洁保养？

103. 简述气瓶信号阀指示压力的检测程序。

104. 简述氯丁橡胶潜水服的储存要求。

第四章 水面需供式潜水

第一节 概　述

水面需供式潜水时,潜水员佩戴的需供式潜水头盔或面罩有两路供气:一路是水面供气,由水面气源通过脐带输至潜水头盔或面罩,供给潜水员正常呼吸气体;另一路是水下应急供气,由潜水员自身携带的应急供气系统,供给潜水员应急呼吸气体。

水面需供式潜水装具的供气原理:如图 4.1-1 所示,从水面供气系统输出的呼吸气体,经脐带输至潜水头盔或面罩上的组合阀,通过单向阀后经弯管流入需供式调节器(即二级减压器),气体压力降至与潜水深度环境压力相等,供潜水员吸用,然后呼出气体,经过二级减压器的呼气单向阀直接排出水中。必要时,也可打开旁通阀让呼吸气体沿导管直接进入潜水头盔或面罩的口鼻罩内,向潜水员连续供气,起到旁通应急供气、消除面窗雾气、清除潜水头盔或面罩意外进水等作用。当水面供气系统发生故障时,打开应急阀(平时关闭),从自身携带的应急气瓶输出的高压气体经一级减压器减压调节后,通过中压管输至潜水头盔或面罩上的组合阀,经弯管进入需供式调节器,也可打开旁通阀让气体连续流入潜水头盔或面罩内,进行应急供气。

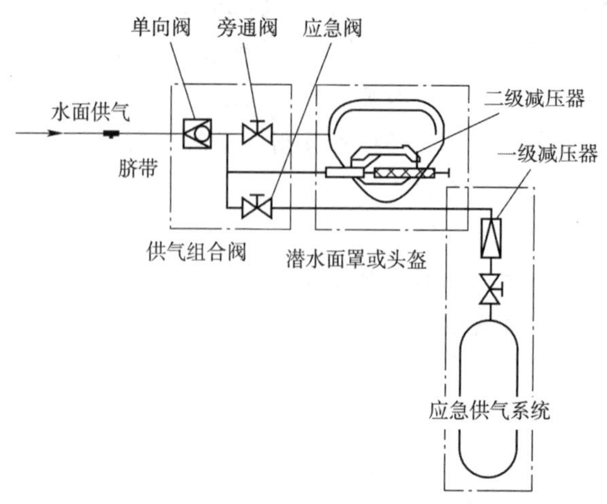

图 4.1-1　水面需供式潜水装具供气原理图

在工程潜水中,水面需供式潜水的水面气源要求有两路,并且相互独立,一路作为主气源，另一路作为备用气源，可来自专门的潜水压缩机或者高压气瓶组；此外，还有自携的应急呼吸气源。因此，与自携式潜水相比，水面需供式潜水极少会发生供气中断的紧急状况。

水面需供式潜水装具综合了自携式潜水装具和通风式潜水装具的优点。需供式呼吸方式降低了潜水员充分通风所需的气体量，因为只有在潜水员吸气时才供气。需供式呼吸方式会比通风式呼吸方式更加安静，特别是在呼吸过程中的非吸气阶段，这让语音通信更加有效，水面人员可以通过通信系统听到潜水员的呼吸声，这有助于水面监控潜水员的状态。使用需供式潜水头盔或面罩要比使用咬嘴或通风式呼吸装具更加安全，如果发生潜水员意识丧失，或者发生痉挛性氧中毒，潜水员可以在面罩内继续呼吸。而同样的情况，如果使用自携式潜水装具，潜水员将因无法含住咬嘴而导致溺水；如果使用通风式装具，潜水员可能因无法控制进气和排气导致放漂。

水面需供式潜水的优点很多，主要有：

(1)佩戴轻便；

(2)连接简单，现场部署快；

(3)既可以用于空气潜水，又可以用于饱和潜水；

(4)具有无限的气体供应，水下作业时间长；

(5)潜水深度大；

(6)供气调节灵敏、呼吸阻力小；

(7)呼吸按需供给，耗气量小；

(8)双向语音通信，兼有拉绳通信；

(9)良好的横向移动；

(10)两路水面供气气源，极少会发生供气中断；

(11)自携应急供气系统；

(12)溺水风险低；

(13)潜水头盔能够提供良好的头部保护；

(14)减压更安全等。

但是，相对于自携式潜水而言，水面需供式潜水也有一些缺点，主要有：

(1)水下活动性受限；

(2)需要水面供气和应急供气，系统相对较复杂；

(3)照料员增加，潜水成本增加。

水面需供式潜水装具的优点突出，安全性和工作效率高，是目前比较理想的潜水装具，被广泛应用于各种工程潜水作业，包括：

(1)水下搜索；

(2)水下打捞；

(3)水下检查；

(4)船舶的水下检修和维护；

(5)水下密闭空间作业；

(6)水下安装及建造作业等。

第二节 水面需供式潜水装具组成与分类

一、组成

水面需供式潜水装具由潜水头盔或面罩、脐带、背负式应急供气系统、通信系统及配套器材和辅助器材等组成，见图4.2-1。

a) 头盔式组件

b) 面罩式组件

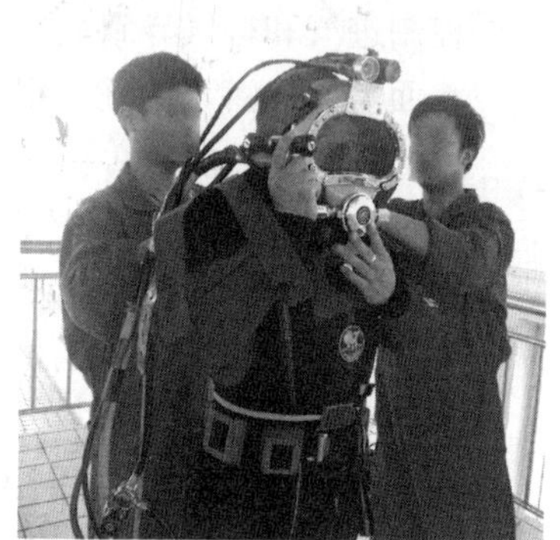

c) 着装后

图4.2-1　水面需供式潜水装具

潜水头盔或面罩的组合阀连接来自水面经过脐带输送来的中压气体，经弯管流入需供式调节器，调节成压力和流量适合于潜水员吸用的气体，使潜水员在水下能直接吸气与换气，这与自携式二级减压器的作用基本相同；同时，潜水头盔或面罩有保护潜水员头部的作用，其内部形成一个局部空气腔室，提高了潜水员的视野，也为实现潜水语音通信提供了可能。

潜水员脐带连接水面上潜水控制面板与潜水头盔或面罩，由供气软管、测深管及电缆等组成，主要作用是向潜水员输送呼吸气体、通信等。

潜水员自身携带的背负式应急供气系统，在水面供气发生故障时，能提供另一路应急供气，使潜水员在主供气中断的情况下能安全返回。

水面需供式潜水装具通常采用有线双向语音式通信系统，水面与潜水员之间通信方便、可靠、清晰。

配套器材是水面需供式潜水装具必需配备的附属器材，包括潜水员安全背带、压重装置及潜水服等。

辅助器材是水面需供式潜水时根据潜水任务和性质选用的附属器材，主要有潜水绳索、脚蹼、潜水电脑、潜水手表、水下指北针及气压表等器材。

二、分类

潜水头盔和面罩是水面需供式潜水装具的重要部件。水面需供式潜水装具类型的不同主要区别在于其潜水头盔和面罩，有多种配置，但其基本类型可分为两种：潜水头盔和潜水面罩。

1. 潜水头盔

潜水头盔是一种刚性结构，或者与颈部密封组件连接，或者直接与干式服连接，它能够完全封闭潜水员的头部，并采用需供式的供气方式。制作潜水头盔的材料可能是金属，也可能是强化塑料复合材料。

潜水头盔具有刚性外壳和头部保持干燥的优点，可保护潜水员的头部免受撞伤，可减少在污染水域中头部皮肤和耳朵受免感染的危险，保暖效果好，潜水头盔内的通信装置也得到较好的保护，因此在水下建筑物内、污染水域、水温较低或较大水深等场合潜水作业时应选用头盔式潜水装具。但潜水头盔也有重量较大、着装时需要照料员的协助及着装速度较慢等不足之处，因此不适宜作为待命潜水员的装具。

潜水头盔分开式和回收式两种。主要区别如下。

1）开式潜水头盔

开式潜水头盔（图4.2-2）在环境压力下将潜水员的呼出气体直接排入水中（或者略高于环境压力以便打开排气阀）。呼出气体直接排放，在使用压缩空气作为呼吸气体的水面需供式潜水中，由于空气取之不尽，这不会造成任何问题。即使是使用氮氧混合气，由于氧气是一种容易获得和相对便宜的气体，而且氮氧混合气体的混合及分析技术简单，一般来说，使用开式潜水头盔也较为经济。

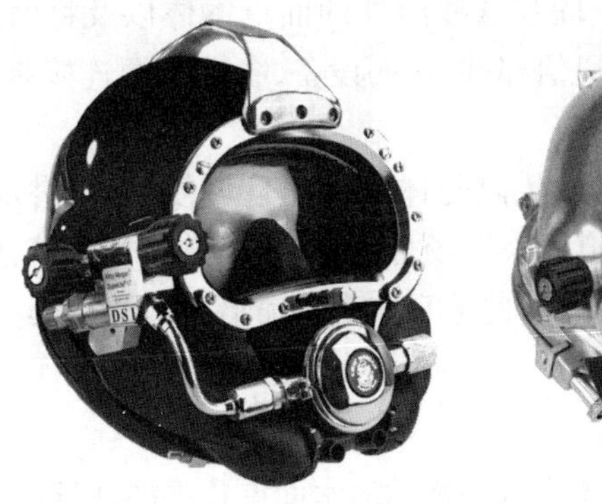
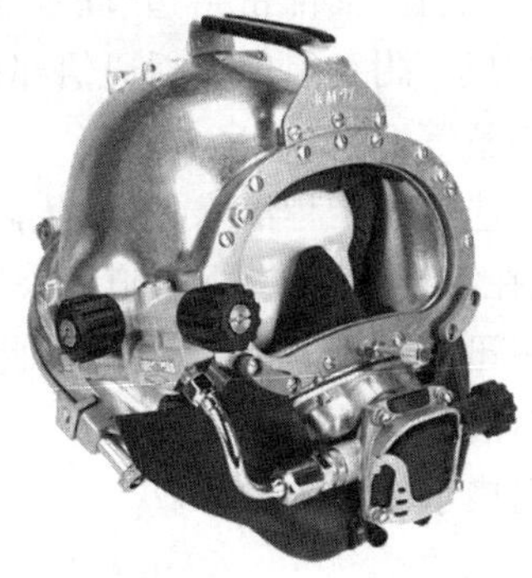

图4.2-2　开式需供式潜水头盔

2）回收式潜水头盔

氦氧混合气潜水时，由于氦氧混合气体昂贵，对呼出气体进行回收再利用有足够的价值。因此，需要使用回收式潜水头盔（图4.2-3），通过使用回收管路，对呼出气体进行回收，并将其再压缩、处理后再次使用。

另外，还有一种正压式超轻需供式潜水头盔，见图4.2-4，头盔上有可拆卸配重，用于缺氧、有毒或其他无法直接呼吸的环境以及水下污染严重的环境。正压式头盔配有两套互相独立的单向呼吸气路，和一个用于保持观察窗清晰的独立的手动调节旁通除雾系统。紧凑型组合阀需固定在潜水头盔上。弹簧负荷式排气/超压阀可使头盔内部压力持续保持超出环境压力5mbar，防止任何有害气体或者有毒颗粒返回到头盔内。

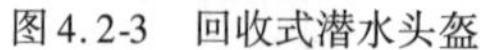
图 4.2-3　回收式潜水头盔

图 4.2-4　正压式潜水头盔

2. 潜水面罩

需供式潜水面罩是一种将潜水员的整个面部与水隔离的潜水全面罩，面罩内配置按需供气的呼吸调节器(二级减压器)。潜水面罩的功能有：能提供潜水员呼吸用的气体；能在潜水员的眼前提供一个空气垫便于水下观察；能给潜水员的脸部提供一定的保护，使其免受寒冷、污水以及水母或珊瑚叮刺等伤害；提高呼吸的安全性；提供安装通信设备的空间，使潜水员与水面之间能进行语音交流。

潜水面罩通常由透明的观察窗、与水面气源连接的阀件、清除可能进入面罩内部水的装置、平衡耳压的鼓鼻装置、面部密封边、固定这些组件的面罩本体以及将面罩固定在潜水员头上的固定带等构成。附加组件包括通信部件、照明设备、备用气源连接装置以及清除面窗内表面上雾水的装置等。

潜水面罩主要应用于工程潜水，它的优点是体积小而且轻便，便于潜水员游动，头部活动余地较大，因此在需要大量游泳、管道检查等场合作业时，可选用面罩式潜水装具。另外，由于潜水面罩佩戴迅速且无须别人帮助，因此适宜作为待命潜水员的装具。

但潜水面罩对潜水员的头部保护较差，排气噪声大而影响通信。由于水可以渗入头罩，因此不适宜用在污染水域里潜水作业。

图 4.2-5　轻型全面罩

用于空气潜水的潜水面罩几乎都是开式的，即潜水员呼出气体被直接排入周围的环境中。但在氦氧混合气潜水中，也会使用到气体再回收装置(其结构与回收式潜水头盔一样)。

常用的需供式潜水面罩有两种基本结构：轻型全面罩和卡箍式潜水面罩。

1)轻型全面罩

轻型全面罩通常是由一个坚固的塑料框架、观察窗、需供式调节器(二级减压器)、脐带连接装置、软胶裙边以及固定在面罩裙边快速调节扣上的固定头带等组成，见图 4.2-5。轻型全面罩柔软的弹性裙边与潜水员脸部周围贴紧并密封，前面形成气室，可提高潜水员的水下视野。有的全面罩可以接入背负式应急气瓶。有的轻型全面罩上配置的是可移除的二级减压器，一旦发生供气中断，潜水员可移除面罩上二级减压器，并使用标准的备用自携式二级减压器进行呼吸。

轻型全面罩使水下呼吸装置更加牢固地固定在潜水员的面部，使潜水更加安全。但万一发生全面罩的观察窗碎裂或者从面罩裙边上脱落，将会发生灾难性的故障，因为此时潜水员将无法呼吸。因此，潜水员可以携带一个备用二级减压器，最好带多一个半面罩来降低这种故障带来的风险。

轻型全面罩与卡箍式潜水面罩以及潜水头盔比起来更轻，结构更紧凑，在水下游动时也更加舒服，通常它也能提供更好的视野，但是它不能像重型且更坚固的装具那样安全，也无法为潜水员提供同样程度的保护。大多数的轻型全面罩适用于自携式休闲潜水。

采用水面供气的轻型全面罩，通常会配备连接应急气源的组合阀（也称气源转换阀），见图4.2-6，可以接入背负式应急气瓶。潜水时将组合阀固定在安全背带上，利用软管连接潜水面罩的二级减压器，潜水员可以通过控制组合阀上的阀门选择使用主供气和应急供气，见图4.2-7。固定轻型全面罩的头带通常相当安全，但与卡箍式潜水面罩或潜水头盔相比安全性较低，水下脱落的可能始终存在。然而，对于训练有素的潜水员来说，在没有协助的情况下重新戴好面罩并排水是完全可行的。

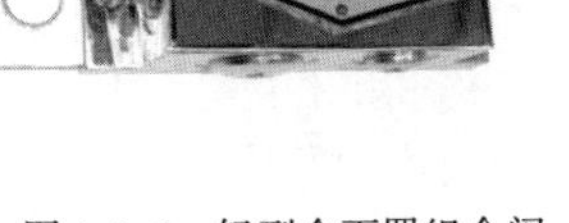

图4.2-6　轻型全面罩组合阀

图4.2-7　戴轻型全面罩

2）卡箍式潜水面罩

卡箍式潜水面罩是一种重型的全面罩（图4.2-8），面罩本体是一个刚性框架，在它上面安装组件，使用金属卡箍将面罩本体和氯丁橡胶头罩连接在一起，故称为卡箍式潜水面罩。它具有很多轻型潜水头盔的特点，在结构上从面窗的上部到下部的需供式调节器（二级减压器）和排气阀，以及侧面的组合阀和通信连接，与轻型需供式潜水头盔的前部极其相似。头罩在面罩周围边缘设有面部密封垫，通过橡胶“五爪带”将其紧紧地固定在潜水员脸部的周围，形成密封。五爪带在潜水员的脑后有一个护垫，潜水员戴上面罩后，五条带子钩挂在卡箍的挂

图4.2-8　卡箍式全面罩

柱上,利用五条带子上的多个孔洞,调整带子的张力以得到良好的密封效果。卡箍式潜水面罩要比其他的轻型全面罩重,但比潜水头盔轻,安全简便。因穿戴时比潜水头盔更快,因此也适宜作为待命潜水员的装具。

第三节 潜水面罩

工程潜水中使用的全面罩通常为卡箍式潜水面罩(以下简称“潜水面罩”),主要由面罩本体、组合阀、二级减压器、头罩和面部密封垫、口鼻罩和鼓鼻器、耳机与麦克风、头部保护壳等组成,见图4.3-1。本节简要介绍其基本结构与功能。

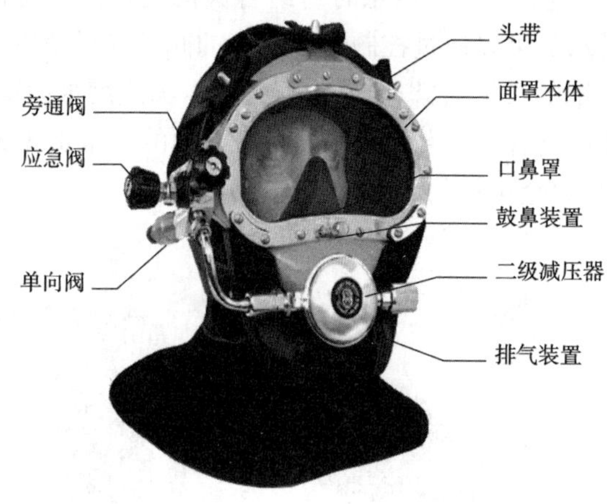

图4.3-1 卡箍式潜水面罩

一、面罩本体

面罩本体是由防锈、不易弯曲的、不携带电荷的玻璃纤维制成。有的面罩本体是由不带电荷的热塑性塑料制成的。

面罩本体是面罩用于安装其他构件以形成完整面罩的中央结构。这种设计允许在必要时能够比较容易地更换组件。

面罩会配备面部衬托,它由玻璃纤维制成。面部衬托置于头罩的面部密封垫下面,作为面部密封垫的托架。面部衬托与面罩本体用二只螺钉固定。

面窗供潜水员观察用。面窗由非常牢固、透明的聚碳酸酯塑料制成,见图4.3-2。面窗容易更换,与面罩本体之间有一个密封圈,起水密作用。用固定螺钉均匀旋紧压紧圈,使面窗玻璃固定在面罩本体上。必须严格按照生产商规定的扭力来上紧面窗的固定螺钉,千万不要过度扭紧,否则,有可能造成面窗故障以及面罩漏水,从而导致潜水员淹溺。

排水阀的作用是排除面罩内气体和积水。排水阀位于面罩本体的底部,见图4.3-3,通过排水阀的呼吸气体会自动将面罩内部的水排除。由于在正常的工作和游动状态下,这一排水阀处于面罩的最低端,所以这个排水的过程是自然进行的。只要将两个固定螺钉取出,就可以取下排水阀盖。这样就会很容易地看到橡胶蘑菇阀。有的玻璃纤维面罩上的主排水阀体是由三颗螺钉固定的。而在部分塑胶面罩上,这一排水阀阀体与面罩本体是直接模塑成型的。橡胶蘑菇阀的设计增加了排出气体的流动阻力。这样一来,在潜水的过程中,当二级减压器的弹性膜片低于主排水阀时,这种设计有助于预防二级减压器出现通风的现象。而潜水员却不会遇到呼气阻力,这是由于他的呼出气体是通过调节器的排气阀直接排入水中的。

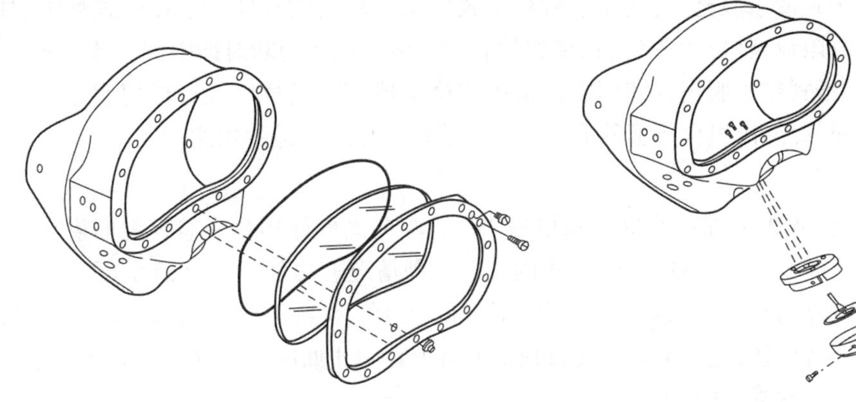

图 4.3-2 面窗组件　　图 4.3-3 排水阀的位置及结构

二、组合阀

来自水面的主供气通过潜水脐带流经单向阀进入到组合阀内部。组合阀是为了确保潜水员安全潜水而设计制造的。在潜水前,每一个潜水员必须对该阀的功能了如指掌,并运用自如。大部分的组合阀位于面罩本体的右侧,它由单向阀、应急阀、旁通阀以及组合阀体组成,见图 4.3-4。

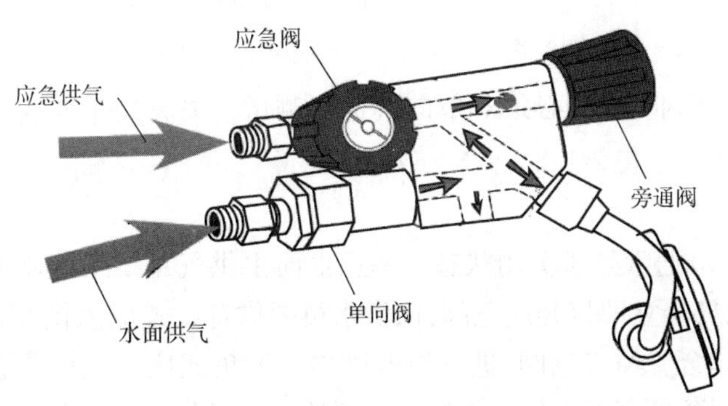

图 4.3-4 供气组合阀

每一个组合阀都有它的设计工作压力范围,而大部分的组合阀设计工作压力范围为高出环境压力 0.88 ~ 1.6MPa,使用时应严格按照生产商的技术规格要求进行操作。

组合阀上个主要部件的结构及功能如下。

1. 组合阀阀体

组合阀阀体内装有单向阀、应急阀和旁通阀。它有两路进气通道：一路是水面主供气经单向阀进入组合阀阀体；另一路是背负式应急供气系统的气体经应急阀进入组合阀阀体。两路进气通道在该阀体内交汇。其输出通道也有两路：一路气体通过弯管组件进入到二级减压器组件；另一路气体通过旁通阀进入面罩内。

在某些面罩的组合阀体上，有一个预先设置好的，且已被螺栓封住的螺钉孔，这是一个国际标准的3/8-24的螺纹孔，这个接口用来连接低压充气管，这样潜水员就可以很方便地为其变容式干式潜水服充气，从而节省背负式应急气瓶内的气体。连接干式潜水服的充气软管上应配置限流器（图4.3-5），以便在软管出现破裂或者切断时能限制气体流量。只要使用限流软管，干式潜水服正常使用时对需供式调节器的呼吸特性没有任何明显的干扰。除了为干式服充气之外，组合阀上的充气接口不能作为任何其他的用途。

2. 单向阀

单向阀（图4.3-6）是一个非常重要的构件。单向阀的作用是在脐带内的供气压力出乎意料地降低的时候，阻止面罩内的气体倒流。这种情况有可能发生在近水面处的供气软管路或接头的意外断裂。如果单向阀失灵，不仅是应急气体会失去作用，而且潜水员可能会遭遇严重的面部挤压伤，这有可能会导致损伤或者死亡。止回阀的一端与组合阀体连接，另一端与水面主供气软管连接。

图4.3-5　限流器

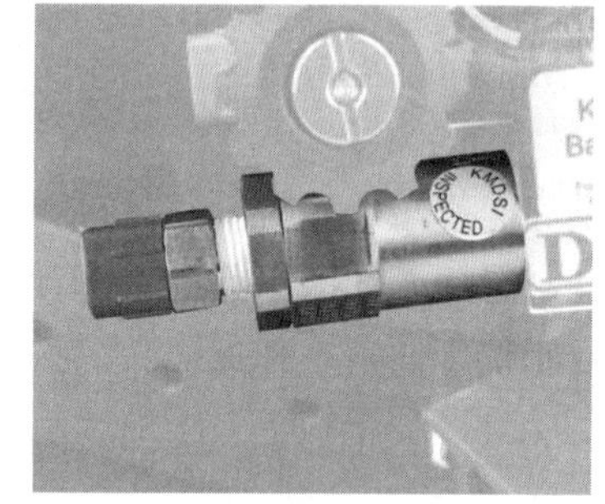

图4.3-6　单向阀

在每一个潜水日作业之前，必须对单向阀进行测试。失灵的单向阀可能会导致严重的后果。

3. 应急阀

应急阀（图4.3-7）通常处于关闭状态。一旦水面主供气系统发生功能性障碍或任何原因的供气中断，潜水员会立即打开应急阀，向潜水员提供背负式应急供气系统的气体。来自气瓶的应急呼吸气体会流经应急阀，进入组合阀中。背负式应急气体与主供气在组合阀内流经同样的路径分别通过弯管组件进入二级减压器，以及通过旁通阀进入潜水面罩内。

一旦使用背负式应急气体，潜水员应停止工作上升出水。

永远不要把来自潜水站的主供气管（脐带）连接在应急阀上。在应急阀上没有配备单向阀。如果犯了这种错误，供气软管上的任何断裂都有可能造成潜水员挤压伤，这有可能导致严重的伤害或者是死亡。

4. 旁通阀

旁通阀(图4.3-8)又被称为除雾阀、恒流阀。潜水员可以通过旁通阀旋钮来控制气体的流量。它的主要作用:

(1)除雾。当面窗起雾影响观察时,潜水员可打开旁通阀,气体进入到面罩内,通过排孔导流管把气体均匀地排放到面窗上,这样,由于潜水员呼出的热气而在面窗上形成的雾水就会被清除。

(2)排水。正常情况下,经过合理维护的潜水面罩不会进水,但由于某种原因而发生面罩内进水时,潜水员可处于直立状态,打开旁通阀,让排水阀处于最低端,即可迅速排除面罩内的水。

(3)通风。在进行高强度的水下作业时,潜水员有可能出现过度劳累、体力不支等现象,从而导致呼吸急促、换气不充分等,此时潜水员可以打开旁通阀进行通风休息。

(4)应急供气。一旦二级减压器发生故障,潜水员可以打开旁通阀,部分气体会透过排水阀(主排水阀)排入水中,而部分气体会透过口鼻罩上进气阀的单向膜片进入口鼻罩内,为潜水员提供通风式的呼吸气体。

(5)避免压伤。潜水员在下潜过程中,应将旁通阀打开,输出的气体使潜水头盔内压力与外界平衡,以免脸部受压。

(6)解除余压。潜水作业结束后,在水面卸装时,用于解除管路中的气体余压。

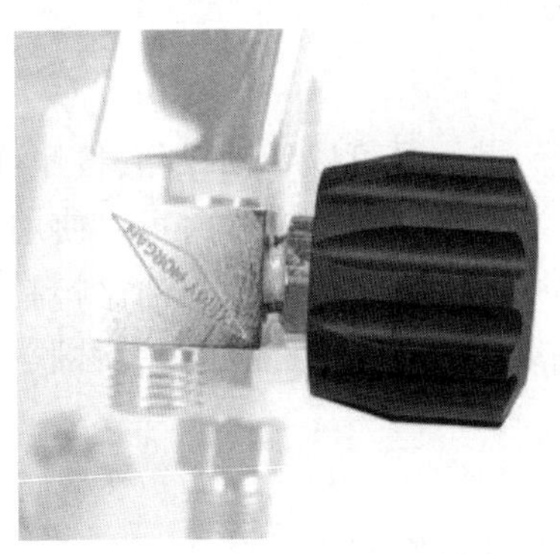

图4.3-7　应急阀

图4.3-8　旁通阀

5. 弯管组件(软管组件)

在组合阀和二级减压器之间或用弯管组件,或用软管组件连接,弯管组件是由紫铜镀铬制成,软管组件是由橡胶制成,这是一个非常重要的组件,它将呼吸气体从组合阀输送到二级减压器。任何的断裂都有可能导致潜水员受到致命的伤害。

三、二级减压器

二级减压器又称需供式呼吸调节器,外观如图4.3-9a)所示。二级减压器的工作原理如下:如图4.3-9b)所示为潜水员不吸气的状态,此时由于二级减压器的调节弹簧力大于供气软管中气体的压力,从而使阀杆压紧阀座,从组合阀来的中压气体到导气管后还不能马上进入供气室。在正常呼吸的过程中,当潜水员吸气时,需供式调节器内形成负压,环境压力会向里压动弹性膜片,压下滚轮杠杆,打开进气阀,启动气流。随着潜水员的吸气,气体会持续不断地流入,直到达到峰值,然后逐渐减弱,直到潜水员呼气时它才停止。当潜水员呼气时,供气室内压逐渐增高,达到内外压平衡,弹性膜恢复原状,杠杆对阀杆失去作用,阀杆在调节弹簧的作用下压紧阀座孔,从而截断气路,使供气室内压力暂处于稳定状态。潜水员正常呼吸时,二级减压器就重复上述动作,其工作原理与自携式水下呼吸器的二级减压器基本相同。

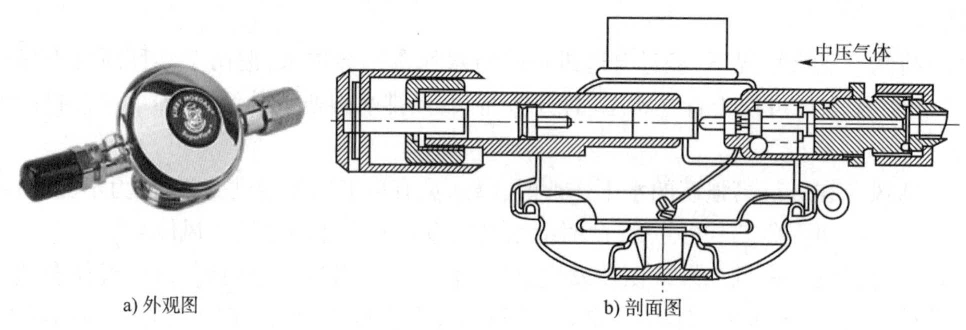

a) 外观图　　b) 剖面图

图 4.3-9　二级减压器

每一个二级减压器组件都有它的设计工作压力范围,而大部分的二级减压器组件设计工作压力范围为高出环境压力 0.85 ~ 1.6MPa,使用时应严格按照生产商的技术规格要求进行操作。

二级减压器上其他主要部件的结构及功能如下。

1. 手动按钮(清洗按钮)

手动按钮对于单管二级减压器是一种标准配置,潜水员可以手动操作,按压弹性膜,启动开关阀,让气体进入供气室内。通常当二级减压器或者口鼻罩进水时可以使用手动按钮排水。手动按钮可能是一个单独安装在防护壳上的部件,也可能是由弹性材料制成的可发挥手动按钮作用的防护壳。按下手动按钮,就会直接按压需供阀杠杆上的弹性膜,杠杆的移动就会启动开关阀让气体进入到供气室内。

2. 微调旋钮

在二级减压器左侧配置了一个多圈的微调旋钮,这一微调旋钮允许潜水员校正以弥补各种供气压力对二级减压器的影响。

微调旋钮通过简单地增加或降低作用在二级减压器进气阀上的弹簧偏置张力来工作。微调旋钮从里到外大概有 13 圈(圈数的多少取决于生产商)。这种偏置调节装置的目的是让潜水员根据脐带内的供气压力变化进行调整。

微调旋钮是对吸气阻力进行较精细调节的装置。最小值和最大值只适用于供气压力。在任何时候,潜水员都可以通过调节这一微调旋钮以获得最合适的呼吸设置。调节的准确圈数取决于供气压力。

3. 排气阀

在二级减压器下侧配置了排气阀,排气阀可分为单阀排气装置和三阀排气装置。

早期的卡箍式面罩基本上都是单阀片排气系统,须形排气套直接安装在二级减压器排气阀上,潜水员的呼出气体主要通过此阀排入水中。

时至今日,三阀排气系统已经成为卡箍式面罩的标准配置,见图 4.3-10。这种卓越的排气系统具有极低的呼气阻力,在污染水域中进行潜水作业时,这种系统并有助于保持面罩内部不受污染物的污染。

三阀排气系统的设计旨在连接调节器排气阀和面罩排水阀,并将其导入一个安装在调节器体和排水阀阀体之间的单一气腔。这样,排出气体就必须经过须形排气套(图 4.3-11)一部分的两个排气阀,或者两者之一。通过在气泡导流装置的两端各设置一个排气阀,呼吸阻力降到了最低,同时仍然有助于保持隔离排水阀和调节器排气阀。

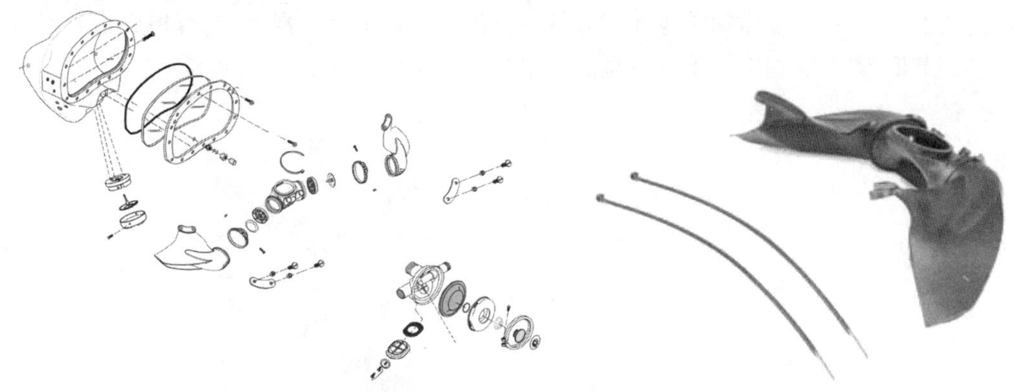

图 4.3-10　三阀排气系统　　图 4.3-11　三阀须形排气套

须形排气套的作用是保护排气阀,并将潜水员的呼出气体导向面部的两侧,从而不会在潜水员的面前形成气泡遮蔽潜水员的视线。

四、头罩和面部密封垫

头罩和面部密封垫(图 4.3-12)是由泡沫氯丁橡胶和开孔泡沫制成的,开孔泡沫形成了一个非常舒适的软垫,将泡沫氯丁橡胶制成的密封垫表层紧贴在潜水员的面部。这样就会阻止水进入面罩内部。头罩采用了内置开口式口袋设计。这些袋子用来安放耳机。在维修保养时,会很容易地移动耳机。由于头部的尺寸有差异,出厂的标准头罩有可能与某些头型不配,可以从供货商处获得合适尺寸的头罩。用以固定头罩的卡箍是由不锈钢材料制成的。上下卡箍安装在头罩和面部密封垫组件周围,利用两颗螺栓将这一组件牢牢地固定在面罩本体上,见图 4.3-13。

图 4.3-12　头罩和面部密封垫

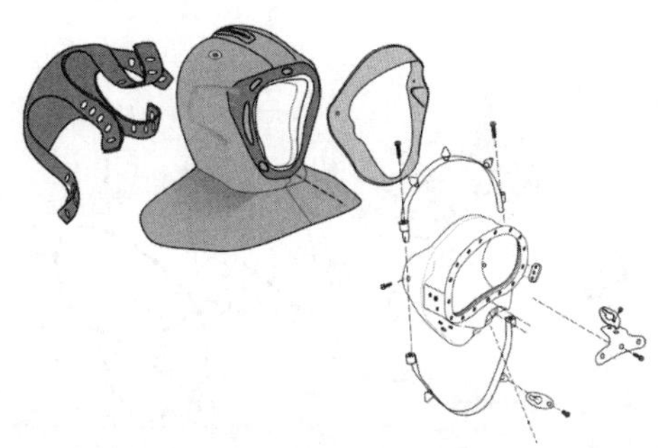

图 4.3-13　卡箍固定装置

卡箍定位器(图 4.3-14)可预防头罩与面罩之间的脱离,同时也避免了卡箍与面罩的剥离。早期面罩没有卡箍定位器,存在着面罩与头罩分离的风险。

由不锈钢制成的用于固定五爪带的挂柱被焊接在上下卡箍上。上卡箍有 3 个不锈钢柱,下卡箍有两个不锈钢柱。

必须正确固定面罩本体和头罩,以适当的力上紧卡箍螺栓,否则,面罩本体和头罩有可能脱落。如果发生这种情况,有可能导致潜水员淹溺或者死亡。

头带又称五爪带(图 4.3-15),也被称为蜘蛛带(Spider)。它的作用是使面罩固定在潜水员的头上,这是一个非常简单也非常方便的方法。五爪带有五根支带,每根支带开有五个小孔供调节松紧使用,这对于不同头型的潜水员来讲保留了调节的余地。

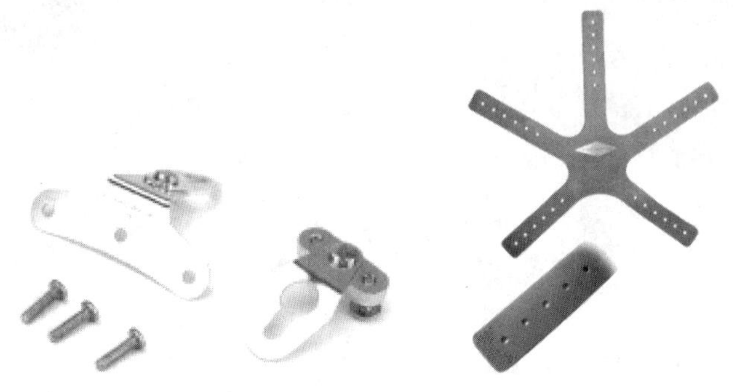

图 4.3-14　卡箍定位器　　　　图 4.3-15　五爪带

如果五爪带的后下部或者说颈部位置能够尽可能低地固定在潜水员的颈部,潜水员会感觉比较舒服。如果五爪带的下部太高,它会造成面部密封圈对下巴有一个上推的力,导致不适。

五、口鼻罩和鼓鼻器

1. 口鼻罩

减小潜水员呼吸气腔的体积是非常重要的。如果呼吸气腔太大,又没有进行适当的通风,二氧化碳有可能逐渐地积累。为了减小潜水员的呼吸气腔,在面罩的内部设置了一个与口鼻位置相适应的橡胶口鼻罩,口鼻罩左右两侧分别装有麦克风和进气阀,见图 4.3-16 和图 4.3-17。

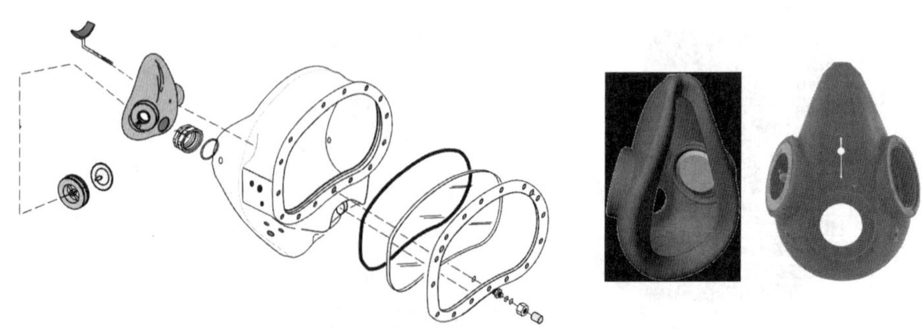

图 4.3-16　口鼻罩和鼓鼻器的位置及结构　　　　图 4.3-17　口鼻罩正反面

口鼻罩的主要作用如下。

1)降低二氧化碳积聚

口鼻罩安装在二级减压器的固定螺母上,刚好罩住潜水员的鼻子和嘴巴,这样就将呼吸气流与面罩内部较大的气腔隔离开来,从而减少了二氧化碳的积聚。

2)减小吸气阻力

由于口鼻罩较小的体积,潜水员吸气的瞬间,供气室内形成负压,环境压力会向里压动弹性膜片,压下滚轮杠杆,打开进气阀,启动气流,这在一定程度上减小了吸气阻力。

3)减小面窗气雾的机会

潜水员的呼出气体直接由二级减压器的排气阀内排入水中,呼出气体几乎与面窗没有接触,从而降低了面窗起雾的机会。

4)紧急供气

在二级减压器发生故障,或者其他各种原因导致的二级减压器无法供气时,潜水员可以打开旁通阀,由旁通阀提供的气体经口鼻罩进气阀进入口鼻罩内,可为潜水员提供呼吸气体。

5)应对面窗碎裂

虽然说制作面窗的材料非常结实,但由于维护不当或者其他的原因,面窗在受到撞击时,有可能意外发生碎裂。另外,在头罩与面罩本体连接不当时,头罩有可能脱落。如果发生这种情况,潜水员可以将口鼻罩按压在口鼻上,排水呼吸逃生。

永远确保口鼻罩的进气阀安装正确。如果进气阀安装错误或者缺失。就会造成面罩内较高的二氧化碳含量,从而导致潜水员出现眩晕、恶心、头痛、气短或者黑视。

不要混淆了口鼻罩进气阀片和排水阀阀片。这两种阀片的厚度不同。排水阀的阀片厚度要大得多。在口鼻罩进气阀上使用了排水阀的阀片,会限制流向潜水员的气流。在排水阀上安装了口鼻罩进气阀片会造成水进入到面罩内,这有可能导致淹溺。

2. 鼓鼻器

鼓鼻器由滑竿、把手、鼓鼻垫、填料压盖及O形圈等组成。口鼻罩内的鼓鼻垫固定在滑竿顶端,滑竿穿过填料压盖到达面罩的外部。在滑竿的外侧顶端安装了一个把手,从而可以通过向里推动滑竿让鼓鼻垫在潜水员的鼻子下部滑动。

潜水员可以操作鼓鼻器进行鼓鼻达到平衡中耳的目的。潜水员在下潜过程中,由于内耳腔同外界之间的压力不平衡会造成耳痛感觉,用鼓鼻器堵塞鼻孔鼓气即可平衡压力、消除痛感。

在不需要的时候,可以拉动把手把鼓鼻垫拉离潜水员的鼻子,这样鼓鼻垫就不会妨碍潜水员的鼻子。另外,也可以转动滑竿将鼓鼻垫的上端转到下方,为潜水员提供更好的鼓鼻作用。

六、耳机和麦克风

面罩内与水面通信用的左、右耳机和麦克风[图4.3-18a)],以并联的方式连接在接线柱上,脐带中的通信电缆也连接在接线柱上,这样就可与水面保持通信联络。另外,也可用四芯电话线水密插头[4.3-18b)]和通信电缆中的水密插座相连接。耳机装在头罩喇叭袋内,同时麦克风固定在口鼻罩的凹槽内,通过水密接头与脐带上通信电缆连接,见图4.3-19。

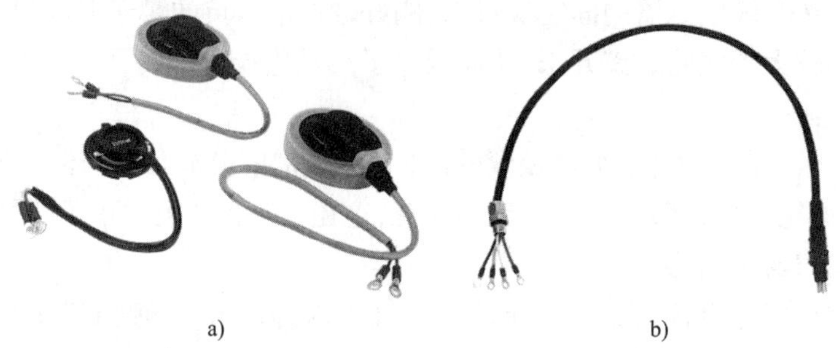

a) b)

图4.3-18 左、右耳机与麦克风

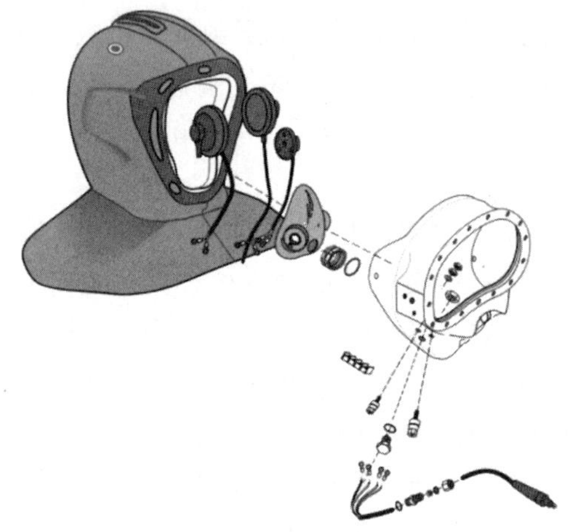

图4.3-19 耳机与麦克风的位置

图4.3-20 头部保护壳

七、头部保护壳

有的卡箍式全面罩会配备一个头部保护壳(图4.3-20),通过五爪带将头部保护壳固定在头罩的外部,它的主要作用是保护潜水员的头部,以免一些较轻的物体由上方跌落到潜水员的头上造成伤害,或者当潜水员在狭小的空间工作时撞击到脑袋。

当重型的物体跌落到头上时,保护壳不能够起到适当的保护作用。同时,保护壳也不会保护潜水员的颈部。

第四节 潜水头盔

依据不同的颈部水密设计,潜水头盔主要有两种基本结构:一种由头盔本体、头盔环和颈圈、轭式颈托等组件构成;另一种由头盔本体、头盔环(头盔底部)和颈圈、颈环等组件构成。前者在早期的如 SUPERLITE17a、SUPERLITE17b、TZ-300 等头盔上比较常见,而现在的潜水头盔基本上采用后一种设计。

一、潜水头盔本体

潜水头盔本体(图 4.4-1)或者采用不带电荷、抗腐蚀、刚性玻璃钢材料制成,或者采用不锈钢材料制成,玻璃钢头盔具有重量轻、坚固、防裂、耐冲击及不导电等特点。不锈钢头盔的特点是:生产周期短;坚固耐用,易于保养;如果表面出现刮痕或者凿槽,不需要修补涂料;在把面窗压紧圈安装到潜水头盔本体上的时候,不再需要螺纹嵌块。

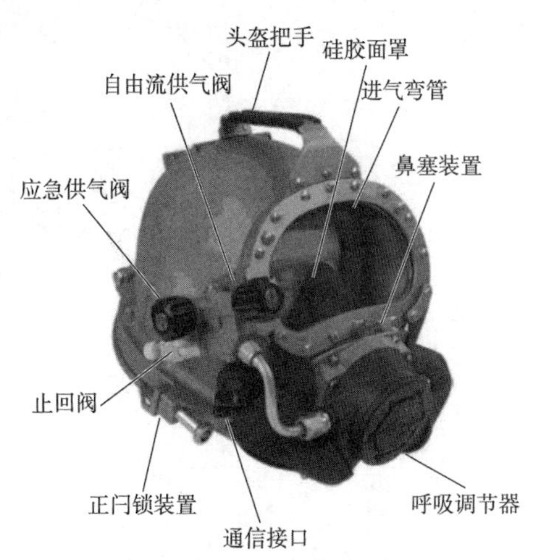

图 4.4-1　不锈钢潜水头盔

潜水头盔本体既是一个安装头盔组件的中央结构,又是一个头部保护罩,使潜水员头部免遭意外损伤。

在玻璃钢制成的潜水头盔本体上配置了压重(不锈钢材质的头盔本体上没有配置压重),压重由后压重、左压重和右压重组成,用螺栓把三块压重分别固定于潜水头盔本体的后面和左、右两侧,它们均用黄铜制成,使其本体的重量可以抵消潜水头盔的浮力。使潜水员在水中,头部有良好的平衡作用。

提手采用黄铜或者不锈钢制造。在玻璃钢制成的潜水头盔上[图 4.4-2a)和 4.4-2b)],它的一端固定在头盔本体上,另一端固定在面窗压紧圈上。而在不锈钢潜水头盔上(见图 4.4-1),提手的两端都固定在头盔本体上,这样在拆卸面窗压紧圈时,无须拆除提手。

提手除了让潜水员操作方便外,还可以安装照明灯或水下摄像头等其他装置。

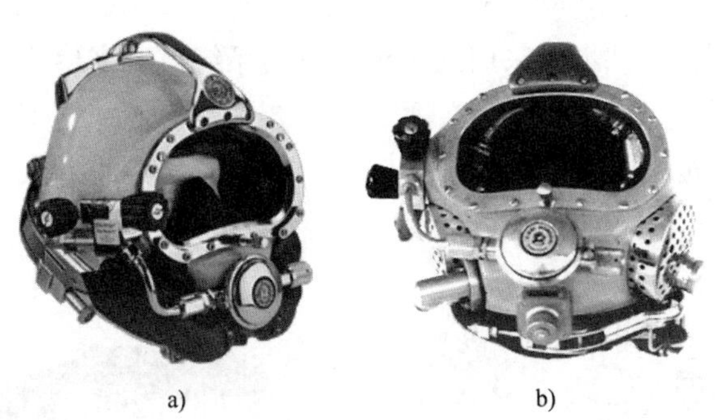

图 4.4-2　潜水头盔

二、面窗组件

潜水面窗组件(图 4.4-3)由面窗、面窗压紧圈、O 形圈及固定螺钉构成。面窗的材料是极其结实的透明聚碳酸酯塑料。潜水面窗和头盔本体之间靠 O 形圈来密封。面窗压紧圈视面窗本体的材料可能是铜质,也可能是不锈钢。在玻璃钢头盔本体内置有螺纹嵌块,而不锈钢头盔本体带有螺纹孔,使用固定螺钉把压紧圈和面窗固定在头盔本体上。

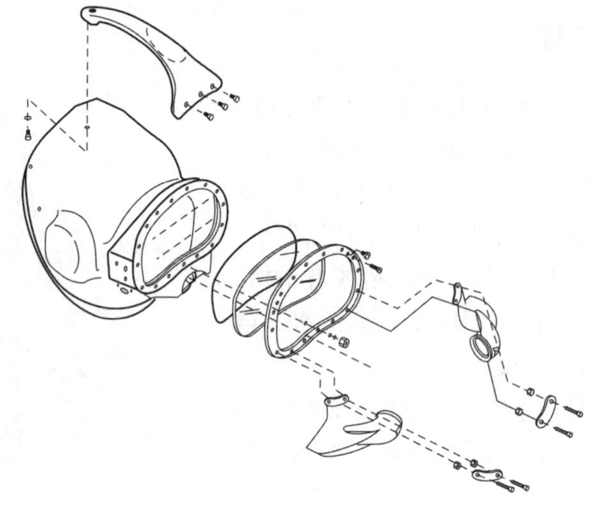

图 4.4-3 潜水头盔面窗组件

必须严格按照生产商的使用说明,按照合理的扭力规格拧紧面窗压紧圈的固定螺钉。切忌过度拧紧。过度拧紧可能造成潜水面窗故障及头盔漏水,有可能导致潜水员淹溺。

三、二级减压器

不同的生产商,或者不同系列的潜水头盔和面罩会配置不同的二级减压器,有些潜水头盔的排气系统也会有一定的区别,但其结构和功能基本一样,详见本章 3.3。

四、排气系统

在早期的潜水头盔上,基本上采用的是单阀排气系统。后来使用双阀排气系统,这种双阀排气系统是用来降低水和污染物倒流进潜水头盔的可能性。随着潜水装具和技术的发展,双阀排气系统逐渐被三阀排气系统代替,时至今日,对于某些潜水头盔来讲,四阀排气系统[图 4.4-4a)和图 4.4-4b)]已经成了标配。

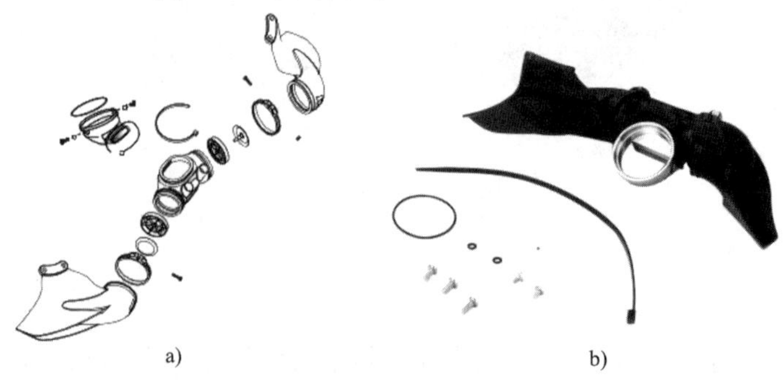

a) b)

图 4.4-4 四阀排气系统

这种独一无二的四阀设计在维持了极好的水密完整性的同时，也确保了低呼吸阻力。在污染水域里能够帮助潜水头盔免受污染物的影响。四阀排气系统是第一个具有低呼吸阻力，能够通过四阀片把呼吸系统与周围环境隔绝起来的排气系统。

四阀式的设计是连接调节器排气阀和头盔排水阀，安装在调节器体与排水阀体之间，并将它们形成一个独立的气室。排出的气体必须经过须形排气套的两个排气阀之一或者同时经过两个排气阀。通过在须形排气套的两端都设置一个排气阀，在仍然确保潜水头盔与调节器排气阀隔绝的同时，把呼气阻力降至最低。

五、口鼻罩和鼓鼻器

口鼻罩和鼓鼻器的结构和功能与卡箍式潜水面罩上的完全一样。

但是，卡箍式全面罩是通过调整五爪带让潜水员的嘴巴和鼻子处于口鼻罩内的，而潜水头盔则是通过调节头盔垫来做到这一点。

六、头盔垫

头盔垫包括头垫、头垫泡沫衬垫以及下巴垫。

1. 头垫

头垫（图4.4-5）由头形外罩和软垫构成。外罩采用高强度的尼龙布；软垫采用不会随气压升高而压缩的聚酯泡沫塑料。使用子母扣把头垫固定在潜水头盔里。头垫的适合度对于潜水员的舒适性和安全性都极其重要。它的主要作用有：

（1）有助于把潜水头盔固定在潜水员头上，让潜水头盔与潜水员的头部形成一个整体，便于潜水头盔与潜水员的头部同时移动；

（2）协助潜水员的嘴巴和鼻子处于口鼻罩内；

（3）当戴潜水头盔时，它能舒适地套在潜水员头上，对头部起着保护和保暖作用。

可以通过增加或者减少泡沫层来调整头垫的适宜度。必须正确地调整头垫以便其与潜水头盔相适宜。另外，不同的头盔密封及锁紧装置可能配置不同的头垫。

2. 头垫泡沫衬垫

头垫泡沫衬垫（图4.4-6）就是嵌套在头垫内的一片简单的泡沫。通过在颈部下方使用一片较大的泡沫，将潜水员的头部向前顶推，让潜水员的嘴巴和鼻子处于口鼻罩内，从而有助于固定潜水员头部的顶部和后部在头盔内的位置（不是所有的头盔都配有头垫泡沫衬垫）。

图4.4-5　头垫

图4.4-6　头垫泡沫衬垫及填充泡沫

使用时，把头垫泡沫衬垫上的松紧魔术贴带绕过头垫前上方边缘，并固定在挂环前部的魔术贴片上(图4.4-7)。

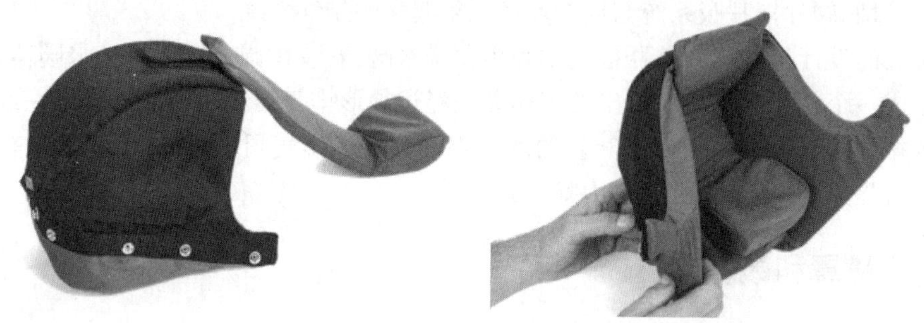

图4.4-7 安装在头垫上的头垫泡沫衬垫

3. 下巴垫

下巴垫[图4.4-8a)]用两颗子母扣固定在潜水头盔里，处于潜水员的下巴下方。在把下巴带收紧后，使下巴垫紧贴在潜水员的下巴上[图4.4-8b)]，有的头盔没有配置下巴垫。

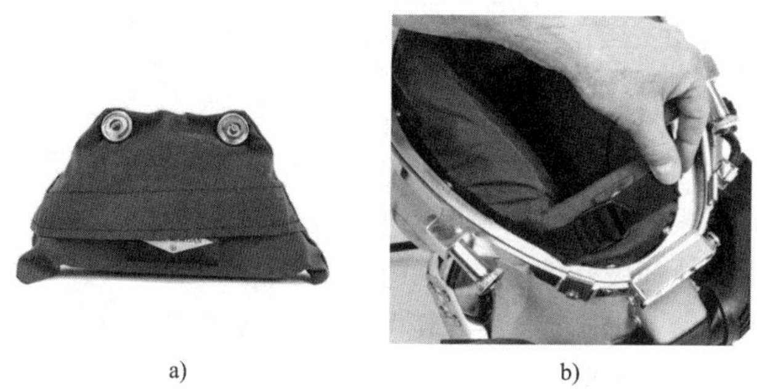

a)　　　b)

图4.4-8 下巴垫

七、密封及锁紧装置

密封及锁紧装置的主要作用是将潜水头盔固定在潜水员的头上，并有助于提高头盔的水密性。潜水头盔的密封及锁紧装置对于潜水员的安全性及舒适性都至关重要，其结构取决于头盔的设计。比较常见的结构有两种：头盔环、颈圈与轭式颈托组件配置和头盔环、颈圈与颈环组件配置。

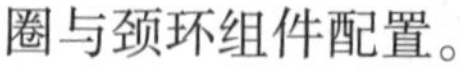

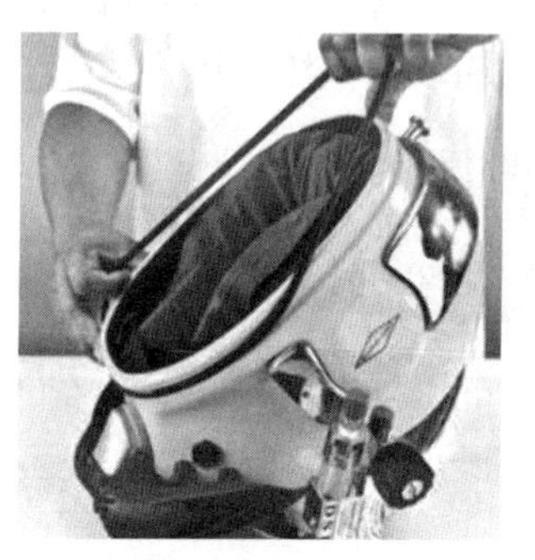

图4.4-9 头盔环

1. 头盔环和颈圈、轭式颈托组件

常用的Superlite17A/B、TZ300等型号的潜水头盔，使用头盔环、颈圈与轭式颈托组件，将潜水头盔固定在潜水员的头上。

1)头盔环

头盔环就是头盔底部开口处的结构，这种结构的头盔环比较简单，见图4.4-9，就是在头盔底部的玻璃钢边缘上安装了一个O形密封圈。通过一个戴在潜水员颈部上的颈部密封组件，来把潜水头盔固定在潜水员的头上，颈部密封组件与头盔底部

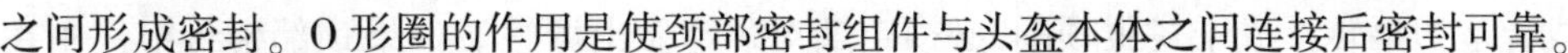

之间形成密封。O 形圈的作用是使颈部密封组件与头盔本体之间连接后密封可靠。

2）颈圈与轭式颈托组件

颈圈（图 4.4-10）、不锈钢颈箍（图 4.4-11）、玻璃钢轭式颈托（图 4.4-12）及颈托上的弹簧锁紧装置（图 4.4-13）等零件构成了颈部密封组件（图 4.4-14）。

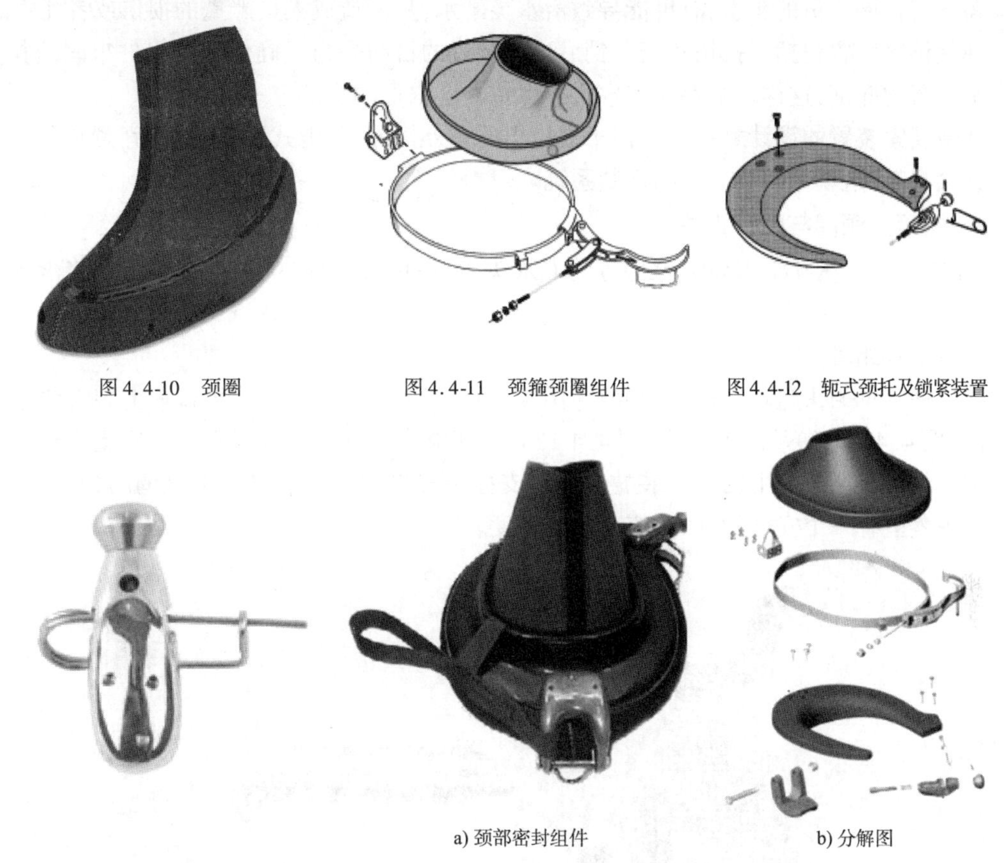

图 4.4-10　颈圈

图 4.4-11　颈箍颈圈组件

图 4.4-12　轭式颈托及锁紧装置

图 4.4-13　弹簧锁紧装置

a) 颈部密封组件

b) 分解图

图 4.4-14　颈部密封组件分解图

颈圈是由泡沫橡胶制成，圆锥形设计，生产商往往会提供多个尺寸选择。颈圈的小端套在潜水员的颈部，大端固定在不锈钢颈箍上。颈圈必须紧贴住潜水员的颈部。这在水面上可能会让潜水员感觉到稍微不舒服，甚至感觉到颈部受到轻微的压迫，一旦进入水中，颈圈就会略微宽松一些。

在穿戴颈部密封组件的时候，如果把头套进颈圈内比较困难，可以把颈圈拉伸开来，并将其部分放到头上，这样就会减少佩戴密封圈所需的力。必须经过合适的培训才能够比较好地把颈部密封组件戴到潜水员的颈部上。但是，如果没有正确地操作这一程序，受伤的可能性仍然存在（虽然受伤的可能性非常微小）。如果一个潜水员不知道怎样佩戴颈圈，在使用前必须寻求指导。

通过颈箍和轭式颈托上的弹簧锁紧装置，颈部密封组件与头盔本体能快速连接或快速解脱。旋转螺母可以调节颈箍口的大小。

颈部密封组件的调节对于潜水头盔的安全使用具有决定性的意义。随着颈圈使用期限的延长,或者是如果转换成干式服颈圈,必须定期对颈箍做出调整。如果颈部密封组件用在不同的潜水头盔上,每一次调整后都必须进行仔细的检查。永远不要勉强或野蛮地锁紧颈部密封组件。

在正确地卡好弹簧锁紧装置之前,不准潜水。这些装置的错误使用将无法正确地把潜水头盔固定在潜水员的头上,有可能导致潜水员溺水,从而造成人员严重的损伤或者死亡。

弹簧锁紧装置包括了拉销和安全销。这一装置的目的是为了确保颈箍组件牢固地扣紧在潜水头盔的底部,这样才能够让潜水头盔保持在潜水员的头部上。

弹簧锁紧装置的设计是在出现销子被拉出的意外情况下,轭式颈托松脱后,颈箍仍然会保持锁紧状态,这就像两套分开的锁紧系统。

2. 头盔环、颈圈与颈环组件

KM27、KM37、KM77、KM97 等型号的潜水头盔,使用头盔环、颈圈与颈环组件将潜水头盔固定在潜水员的头上。

1)头盔环组件

第二种常见的头盔环结构比较复杂(图 4.4-15),处于头盔底部的头盔环上装有锁紧密封拉销(图 4.4-16)和颈部锁紧环(图 4.4-17),并能够为头盔底部提供保护。它上面还装配了一个外部可以调节的下巴支撑装置。这一支撑装置连同颈部锁紧环上可调的颈垫,让潜水员在头盔里有一个安全的、如同定制的舒适度。

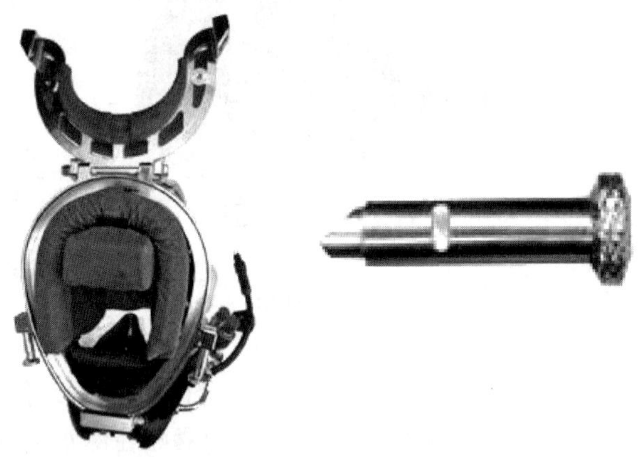

图 4.4-15　头盔环　　　　图 4.4-16　锁紧密封拉销

金属头盔环与颈圈、颈环组件结合在一起,在头盔环上,有一个机器加工的 O 形圈密封面。通过颈圈、颈环组件(图 4.4-18)上的 O 形圈与其形成密封。

在头盔环左右两侧各配置了一个拉销锁紧装置,锁紧密封拉销的弹簧和滑竿位于 O 形圈密封的主体内,主体内充满硅油,这能够防止微小沙粒或尘土进入到拉销结构内部,影响拉销的正常操作。

安装在头盔环正后方的颈部锁紧环和颈垫组件有一个比潜水员头部尺寸更小的开口,这样潜水头盔发生意外脱落的情况几乎是不可能出现的。颈垫挤压颈圈和头垫的下部,让头盔牢牢地固定在潜水员的头上。同时,颈垫也能够防止颈圈膨胀。每一位潜水员必须根据自己的实际情况,通过调节颈垫和头垫来调整头盔的舒适度。

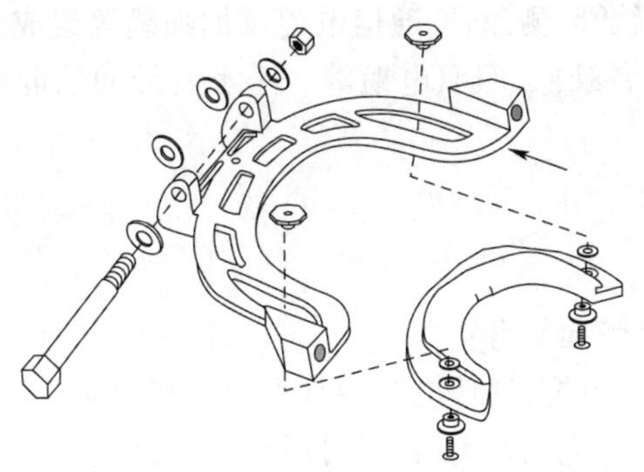
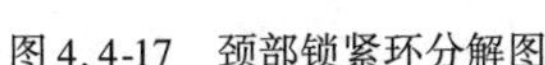
图 4.4-17　颈部锁紧环分解图

图 4.4-18　颈圈、颈环组件

颈垫的调节，部分决定了潜水头盔的适合度。如果对颈垫的调节不合理，会让潜水员的颈部感觉非常不舒服。在每一次潜水之前，都应对颈垫进行合理地调节，并确保作出的调节没有发生变化。

在头盔颈部锁紧环和颈垫组件两侧各有一个锁紧块，以便于承接锁紧密封拉销。在锁紧环处于开放状态的同时，如果密封拉销处于锁紧位置，只要把锁紧环向上推入头盔环内，锁紧环就会“咯嗒”一声紧固到锁定位置。要卸除潜水头盔，必须把两侧的密封拉销向前拉出来释放颈部锁紧环和颈圈、颈环组件。

2）颈圈与颈环组件

颈圈的制作材料可能是泡沫氯丁橡胶，也可能是乳胶，颈圈在潜水员的颈部形成密封。颈圈、颈环组件将头盔固定在潜水员的头上，并能够防止意外脱落。颈圈为圆锥形设计，并有不同尺寸选择。

颈圈、颈环组件（图 4.4-19）是由三部分组成的，分别是上部的开口环和下部的直切环，以及被固定在开口环和直切环之间的颈圈（图 4.4-20）。

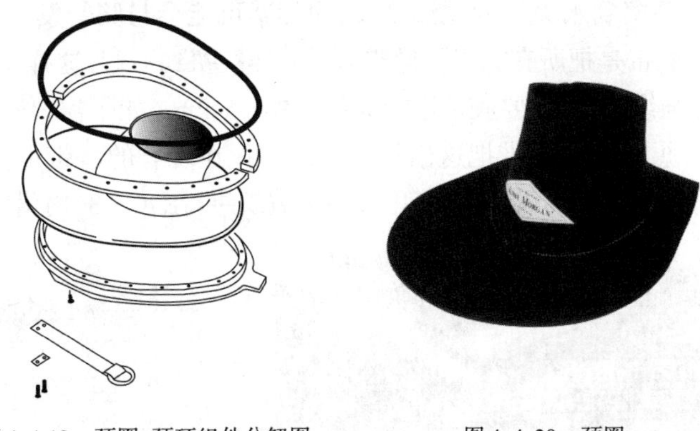
图 4.4-19　颈圈、颈环组件分解图　　图 4.4-20　颈圈

第五节　脐　带

潜水员脐带是生命支持系统的一部分，连接水面潜水控制面板与潜水头盔或面罩，向潜

水员提供呼吸气体、通信等，通常由供气软管、测深管、通信电缆及加强缆等组成。在必要的时候，还可能包含热水管、氦气回收管或者录像、照明电缆等。潜水脐带的强度要求能把潜水员从水下安全地提出水面。

一、脐带的分类

在水面需供式潜水装具中，潜水员脐带通常有：

三合一脐带：供气软管、测深管及通信电缆，通信电缆通常也会起到加强缆的作用。

四合一脐带：供气软管、测深管、通信电缆以及为潜水员提供热水的热水管。

图 4.5-1 绑扎脐带

五合一脐带：供气软管、测深管、通信电缆、热水管以及监控电缆。

早期的潜水员脐带（图 4.5-1）通常包含一条加强缆，是把各个组件每隔 0.2 ~ 0.3m 左右用防水布基胶布绑扎而成的。这种绑扎容易扭曲并产生扭结，需要经常性维护。

另外，早期的脐带由较重的橡胶软管组成，由于这种脐带是负浮力，潜水时会沉到水底，潜水员必须时时注意水下障碍物，以免脐带与之发生钩挂或绞缠，所以这种脐带对于初学水面需供式潜水的学员来讲是比较难以操控的。

现在的脐带有多种包括聚氨酯供气软管供选择，这些供气软管非常轻，会漂浮在水面上。漂浮的脐带对于潜水初学者来讲比较容易操作，因为这种脐带在足够长的时候，会呈弧形直接漂浮在潜水员的上方。如果潜水员已经到达脐带的末端，与潜水控制面板有一定的距离，脐带将会在水中呈直角线展开。

如果有意外或者无法控制的船只通过潜水区域时，漂浮脐带可能会给潜水员造成危险，因为船上人员无法观察到水面下的漂浮脐带，螺旋桨可能会与脐带发生绞缠。

现在的潜水员脐带是把所有的组件像搓绳子一样绞扭到一起，这样发生扭结的概率较低，不再需要单独的加强缆，也不需要胶带进行捆扎（图 4.5-2）。如果需要额外的组件，如监控电缆或者水下照明电缆，可以用胶带把这额外的组件绑扎在现有的脐带上。如果存在着潜水员脐带被岩石或者海生物划伤的风险，可使用聚丙烯编织袋（图 4.5-3）将潜水员脐带套起来。

图 4.5-2 绞扭脐带

图 4.5-3 脐带保护套

二、脐带的选择

选择脐带最关键的因素是潜水员供气软管的种类。另外一个重要的考虑是脐带加压后长度的变化,有的脐带加压后会变长,要求长度变化尽可能小。

潜水员脐带的供气软管通常有内径、额定工作压力及作业温度范围等规定。脐带的内径必须满足最大深度时潜水员用气峰值的输气量要求。要为最大深度时重体力劳动的潜水员提供足够的气体,必须使用0.94cm内径的供气软管。供气软管的额定工作压力通常至少要比最大潜水深度时供气调节器所需的最大压力高出50%。

潜水员的脐带长度不限,视潜水作业的需要确定,主要取决于最大的潜水深度,以及潜水控制面板到作业点的距离。确定脐带长度还要考虑其他一些因素,如:在污染水域的潜水作业,有可能需要把潜水控制面板设置在远离水面的地方;可能需要数米的脐带摆在岸边上,潜水员无法使用,等等。潜水脐带越长价钱越高,占用空间越大,重量越大。一般说来,短的脐带会比较便宜,也更易管理,只要它的长度能够满足使用要求,越短越安全。

待命潜水员脐带的长度要比作业潜水员的脐带长度长2m,以便于在发生紧急情况时待命潜水员能够较容易地接近作业潜水员。

潜水员选择脐带时还要考虑到脐带的接头。软管接头要用防腐蚀、不易意外脱落的材料制成,软管接头压力应大于或等于所接软管的压力。无论选择什么样接头的脐带,必须与潜水控制面板上的接头相匹配。

供气软管的耐油性是另外一个重要的考量,因为潜水员脐带通常都是在机械装备附近使用的。在潜水脐带发生弯曲到最小弯曲半径时,供气软管不应扭结关闭。特别是任何用于呼吸的供气软管都不能含有或者排放有毒物质。

编结脐带对于生物污染水域的潜水作业是一个比较好的选择,因为这种脐带大多用的是聚氨酯供气软管,有良好的耐化学反应功能。

三、脐带组件的作用

1. 供气软管

供气软管的水面端连接潜水控制面板,水下端连接潜水头盔或面罩的主供气接头上,持续不断地将呼吸气体输送给潜水员。

供气软管主要作用是为潜水员输送呼吸气体,但在其他组件发生损坏或断裂的情况下,供气软管的强度足可以把潜水员和他的所有装具提出水面。

2. 加强缆

加强缆通常采用直径12mm聚丙烯缆索,这是一种不会因长期浸水受到影响的材料,通过快速解脱挂钩(图4.5-4)或者类似的不会意外解脱的挂钩将加强缆固定在潜水员安全背带的D形环上。

加强缆的作用是作为支承供气软管、测深管、热水管及通信电缆的依附物,加强缆能够承接作用在潜水员脐带上所有的力。

3. 测深管

测深管的开口端位于在潜水员的胸部深度，另外一端连接在水面潜水控制面板的测深表上，潜水监督可以在任何时候测量潜水员在水下的深度。测深管的主要作用如下。

1）测深

潜水员测深管供气是由调节型的阀门（针阀）控制，测深表精度基本采用0.25%的实尺精度，有的测深表会有双刻度显示，分别是英尺海水和米海水。

测深时，打开测深供气阀，见图4.5-5，此时气压应大于水压。让气体把测深管内的水压出管外去，待到测深管的开口端排出一串气泡后，关闭测深供气阀，当压力表上的指针逐渐回落直至停止不动后，此时压力表上的读数就是实际的深度。

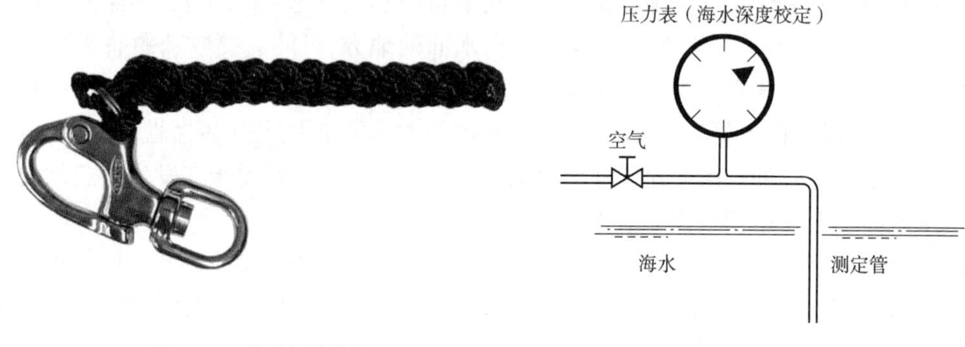

图4.5-4　快速解脱挂钩

图4.5-5　空气测深系统

2）应急供气

当潜水员的供气软管中断供气（如爆裂等）而又不能立即上升出水时，潜水员可用测深管插到潜水头盔或面罩内，由测深管供气，供气的余压在0.2～0.3MPa范围内较舒畅。

4. 通信电缆

通信电缆必须经久耐用，不会因脐带受力而断开；其外部的套管应防水、防油和抗磨。在浅水潜水中，宜使用装有氯丁橡胶外套管的多芯屏蔽线，常用电缆是4芯线。在一般情况下，仅使用其中的2根导线。如果在使用时其中一根导线断开，可用其余导线进行快速的现场维修。水下端和水面端应多出0.2～0.3m，以便安装接头、进行维修及连接通信器材。

电缆装有与潜水头盔或面罩电缆相匹配的接头（图4.5-6），通常使用4芯线防水插座式快插接头。当彼此连接时，4个电插脚牢牢固定，并能形成水密，使电缆与周围海水隔绝。这些接头应模压在通信电缆上，以便牢牢固定和防水。在现场安装时，在橡胶绝缘带上再包上一层塑料绝缘带是很有效的，但不如特殊模压的效果好。电缆的水面端应装有与通信装置匹配的接头，通常为标准式线头接栓型插头。有些潜水员也在水下端采用简单的线头接栓或接线柱与潜水面罩或头盔接通。电缆两端备有焊料，待两端插入接线柱后即可固定。这种方法与上述专用接头相比，使用效果虽较差，但比较经济，因而也被普遍使用。

图4.5-6　脐带端水密接头

5. 热水管

脐带热水管的水面端连接潜水热水机，水下端连接热水服接口处的接头上，用于向潜水员提供热水保护。热水软管的绝热层可减少向周围水中散热，软管装有能快速解脱的凹形接头，以便与安装在潜水服上的供水歧管相匹配。

四、绑扎式脐带的组装

绑扎式脐带的各个组件应用压力敏感带裹牢。裹带通常用 40 ~ 60mm 宽的聚乙烯布基胶带或粘布带。装配之前，应将各个部件展开，彼此靠近，检查有无破损或异常。所有配件和接头应预先安装好。装配脐带组件应遵循下述规定：

加强缆的终端能钩住潜水员的安全背带上通常位于潜水员左手一侧的半圆环。这样，从水面将脐带拉紧时，拉力会作用于安全背带，而不会作用于潜水头盔或面罩或接头上；

如果在潜水头盔和脐带主供气软管之间采用一条轻的、比较柔软的鞭状管（很短的一段软管），也应相应地调整通信电缆和供气软管长度；

潜水员安全背带连接点和潜水头盔或面罩之间的软管和电缆应保持足够的长度，使头部和身体活动既不受限制，又不会对软管接头造成过大的拉力；但是，留出的软管长度不宜过长，不得在安全背带接头和面罩之间形成大环；

加强缆和其余组件水下一端还应装有 D 型圈或弹簧扣，以便系到安全背带上。其位于水面的一端也应固定到一个大的 D 型圈上，这样才可以将脐带的水面端固定在潜水站。

脐带各组件新组合后首次使用或重新组装时应以 1.5 倍的最高工作压力的水压试验。

五、脐带的维护、盘绕和贮存

将脐带软管装配完毕后，要进行外观检查和压力测试，其测试爆破压力相当于 4 倍的最大允许工作压力，脐带总成包括末端接头的破断强度不小于 4.5kN。最后采用彩色胶带对脐带按长度间隔标记。

应将供气软管和通信接头保护起来，再进行贮放和运输。供气软管两端应盖上塑料保护罩或者用带子裹住，以防止异物进入和保护螺纹接头。脐带软管可以以 8 字形缠绕到卷筒上，也可以一圈压一圈地盘绕在甲板上。如果盘绕不正确，均朝着一个方向，会引起扭绞，进而给使用带来困难。每次潜水结束后，应检查脐带，以确保不致发生扭绞。盘绕好的脐带应用绳索系牢，以防搬运时散开。为防止脐带在运输过程中损坏，可将脐带放入一个大的帆布袋中或者用防水油布包起来。

脐带使用前必须仔细地检查，平时应在规定的时间间隔内进行维护和保养。脐带每六个月进行一次外观检查、1.15 倍的最高工作压力气密试验以及通信电缆性能测试。

第六节　背负式应急供气系统

在潜水作业过程中，水面供气万一发生故障，潜水员可转换使用自携的应急供气系统返回潜水站,或者某一个能够重新建立供气的潜水点。因此,要求所有的水面需供式潜水装具应配备应急供气系统,以便在水面供气中断等极端情况下能安全返回。

在没有携带背负式应急系统的情况下不要潜水。如果发生主供气中断,潜水员将没有呼吸气体,有可能导致溺水。

一、应急供气系统的构成

背负式应急供气系统主要由潜水员自携的应急气瓶、一级减压器及一根中压软管等组成。

1. 应急气瓶

应急气瓶由自携式气瓶、气瓶背架等构成(图 4.6-1)。

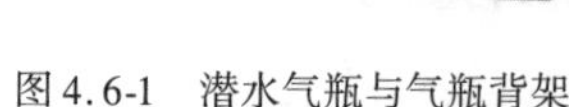

图 4.6-1　潜水气瓶与气瓶背架

在决定使用应急气瓶的尺寸及工作压力时,必须要考虑几个因素:潜水深度、潜水员主供中断后可能停留的时间、耗气量等。水面需供式潜水应急气瓶的内部容积通常要在 7L 以上。不论使用什么样的气瓶,气瓶的容积必须要足够大,有足够的气体能够让潜水员以 10m/s 速率回到水面。

应急气瓶必须配备过压安全阀,至少每年进行其内部与外部损坏及腐蚀程度检查,每 2 年由认可的检验机构按照规范进行水压试验,并打上测试日期的钢印。应急气瓶内的呼吸气体必须与潜水方式相匹配,避免使用错误的气体。

水面需供式潜水应急气瓶阀一般没有信号阀,如果有信号阀,建议将信号阀设置为解除状态,并拆除信号阀拉杆,避免钩挂。

2. 中压软管

中压软管的工作压力为 1.5MPa 左右,其作用是连接一级减压器和潜水面罩或头盔应急阀,把应急气瓶的气体通过调节后引入组合阀阀体。

中压软管有快速解脱的中压软管[图 4.6-2a]和普通单管[图 4.6-2b)]之分,快速解脱的中压软管让潜水头盔和应急系统之间的连接更加容易。中压软管的长度在 75 ~ 100cm 不等,主要依据应急系统的设置进行选择。

3. 一级减压器

应急气瓶必须配置良好的一级减压器(图4.6-3),把气瓶内的压力降到低于1.5MPa,这一压力值是高出潜水员的环境压力值。调节器能够把气瓶压力调节到高于环境压力约0.85~1.1MPa。当然也可以使用其他高性能的自携式调节器。

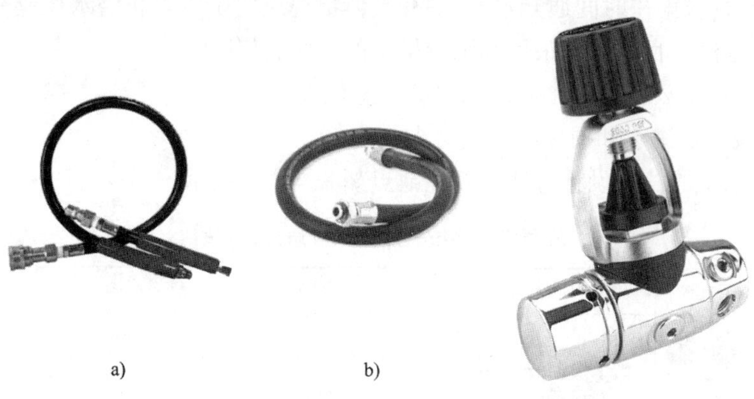

a) b)

图4.6-2 中压软管

图4.6-3 一级减压器

一级减压器必须最少配置两个低压输出口。其中之一是用来连接应急供气软管,而另一个则是用来安装过压安全阀(图4.6-4)。应急供气系统一级减压器上必须安装过压安全阀,否则不应进行潜水作业。

如果没有过压安全阀的保护,万一发生应急供气系统的一级减压器内部漏气或者失控的情况,应急气瓶内的气体会高压泄放出去,作用在低压软管和应急阀上,造成低压软管爆裂,导致应急供气系统的气体损失殆尽。

在潜水的过程中,要确定应急阀旋扭处于关闭状态,否则在潜水员毫无意识的情况下,应急供气将被耗尽。所以,在一级减压器的高压输出口上安装一只标准的自携式浸入式压力表(图4.6-5)是明智之举,这样潜水员就能随时监测应急供气系统的状态。

图4.6-4 过压安全阀

图4.6-5 浸入式压力表

二、应急供气模式的设置

依据不同的规范,应急供气模式可能有多个设置方法,但目前使用最普遍的设置方法是气瓶阀开启-应急阀关闭模式。

这种设置方法意味着在潜水过程中,整个系统处于工作的临界状态。气瓶阀完全开启,一级减压器和中压软管内气体始终保持高于环境压力 0.85 ~ 1.1MPa 的余压。应急阀始终处于关闭状态。一旦因各种原因水面供气中断,潜水员能够瞬间打开应急阀,此时气体即被引入组合阀内,起到与水面供气系统同样的作用。在任何情况下,潜水员一旦启用应急供气系统进行呼吸时,应第一时间通知水面,并视具体情况决定是否终止潜水作业。

这种设置方法是目前普遍采用和强烈推荐的方法,其优点为:

(1)潜水员只需要打开一个阀门来启动应急供气。

(2)一级减压器进水和损坏的风险更小。

应急供气系统的各种设置方法及其优缺点如表 4.6-1 所示。

应急供气系统气瓶阀和应急阀设置表　　表 4.6-1

设置方法	气瓶阀	应急阀	优点	缺点
方法 1 (一级减压器受压)	开	关	(1)只需开启一个阀门。 (2)一级减压器内部一般不会进水	如果软管或一级减压器泄漏,部分或全部应急气体会漏掉
方法 2 (一级减压器不加压)	关	开	(1)只需开启一个阀门。 (2)如果软管或一级减压器泄漏,气体不会从气瓶漏掉	一级减压器可能会进水,每次潜水后,都需要维护
方法 3 (一级减压器加压后关闭气瓶阀)	开启后瞬间关闭	关	如果软管或一级减压器泄漏,气体不会从气瓶漏掉	(1)紧急情况下要开启两个阀门。 (2)在长时间的潜水过程中,缓慢漏气;若潜水深度超过一级减压器压力,一级减压器会进水
方法 4 (要求能很容易接触到气瓶阀)	关	关	在未发生紧急状况时,应急气不会损失	(1)一级减压器可能会进水,每次潜水后,都需要维护。 (2)紧急情况下要开启两个阀门

上表中应急供气系统的每一种设置方法都存在风险。例如潜水员携带的应急气瓶处于开启状态,潜水头盔上的应急阀处于关闭状态,这时如果连接软管或者一级减压器本身出现泄漏,应急供气可能会漏掉。然而,实践证明这种方法可能给潜水员带来的风险是最低的。

任何其他设置可能出现的最为严重的问题是:潜水员在水下时没有开启气瓶阀,一级减压器内部没有气体,一级减压器内部肯定会进水。如果一级减压器进水又没有得到及时维护,一旦发生紧急情况时,它有可能无法正常工作,从而可能导致事故发生。在潜水的过程中,潜水员必须正确评估风险,并决定自己愿意接受什么样的风险。关于选用哪种设置方法,每一位潜水员都应做出明智的选择,公司无法为他们做出选择。

每一套应急供气系统都应配置一个浸入式的压力表。这不仅能够让潜水员在潜水前比较容易地检查应急气体的压力,而且在多数情况下,可以让潜水员在潜水过程中能定时应急气瓶内气体压力。这样，万一发生应急供气系统漏气，潜水员有可能及时发现并采取措施。

第七节 配套器材和辅助器材

配套器材是水面需供式潜水装具必需配套、不可或缺的附属器材，包括安全背带、压重带、潜水服、通信系统、潜水刀具等；辅助器材是水面需供式潜水时根据潜水作业的需要选用的附属器材，主要有潜水绳索、入出水装置、压载物、脚蹼、深度表、潜水电脑、潜水计时表、潜水手表、水下指北针、气压表及水下照明装置等器材。

一、配套器材

1. 安全背带

潜水用安全背带（图 4.7-1）用高强度织带编织，背带上配置了多个 D 型圈（图 4.7-2），这些 D 型圈能满足把潜水员及其装具从水中安全地起吊的要求。潜水穿戴上安全背带，可使脐带的快速解脱挂钩直接钩挂在其侧面的一个 D 型圈上，以防止脐带上的拉力直接作用在潜水头盔上。在 D 型圈上可悬挂其他的小型工具或者装具。安全背带的另一个重要作用是用来从水内提拉意识丧失的潜水员，因此要求安全背带有两条裆带，见图 4.7-1b），在承受潜水员及装具的全部重量时，不会妨碍潜水员呼吸；同时，在提拉意识丧失的潜水员时，还能防止失去知觉的潜水员从背带中滑脱。安全背带可以直接作为应急气瓶的背负装置，也可以使用配有独立背负装置的应急气瓶。

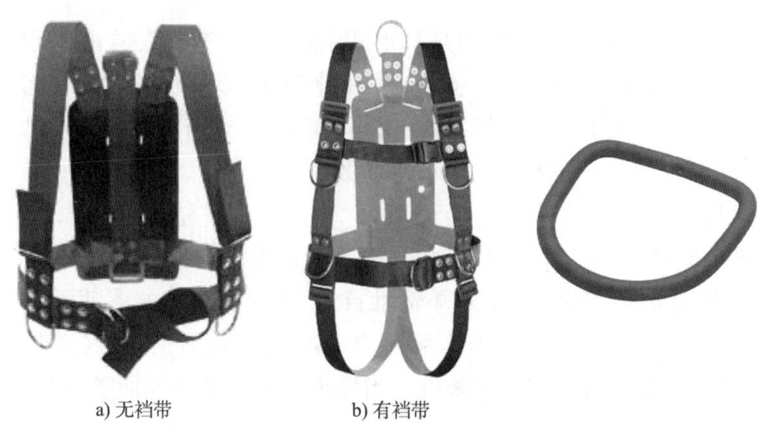

a) 无裆带　　b) 有裆带

图 4.7-1　安全背带

图 4.7-2　D 型圈

2. 压重带

水面需供式潜水员要在水中间或者水底工作，就需要压重带来平衡浮力，毫不费力地停留在作业点。在水中间工作时，潜水员可能需要中性浮力或者负浮力；但在水底工作时，潜水员通常需要几十牛的负浮力。潜水员唯一希望自己处于正浮力状态的时间是在水面上，或者某些紧急状况下，潜水员不受控制地上升可能比停留在水下更加安全。有些行业规范要求水面需供式潜水员的压重带必须装有快速解脱扣,但必须防止压重带意外脱落,因为不必要的正浮力对于可能需要长时间水下减压的潜水员是危险的。因为水面需供式潜水员通常有稳定的呼吸气体供应,只有极个别的情况下需要抛弃压重带,因此也有些行业规范没有要求压重带必须配置快速解脱扣。但任何时候都不应把脐带钩挂在压重带上。

潜水服一般是正浮力,所以通常需要增加配重,以便调节浮力使潜水员停留在工作深度。可以通过以下几种配重方法达到这一目的。

1)压重带

水面需供式潜水用的压重带(图 3.4-12)佩戴在潜水背带下方或者外侧,通常配有快速解脱扣。在潜水过程中,应防止压重带意外脱落。

2)压重背带

在需要大量配重的时候,通常会采用压重背带将配重吊挂在肩膀上,而不是佩戴在腰上,因为潜水员经常要在水下直立工作,如果佩戴在腰上,它可能会下滑到一个让潜水员不舒服的位置。

3)压重调节

潜水员在工作的同时,有可能为了舒适和效率上的考量,对压重带进行调节。他可以通过为压重带配置不同类型、不同数量的压铅块,以及调节压铅块的位置来达到这一目的。

4)加重潜水鞋

如果潜水员要从事繁重的水下作业,可以使用加重潜水鞋。这种加重潜水鞋类似于通风式潜水鞋,采用铅内底。有的潜水员会在踝关节处佩戴压铅,但其舒适度较差。当潜水员在水底直立工作时,加重潜水鞋会增加潜水员的稳定性,从而显著提高工作效率。

3.潜水服

潜水员在水环境下需要有针对性的某种形式的服装保护,如湿式潜水服、干式潜水服、热水潜水服,以及潜水背心、手套、头罩、潜水袜、潜水靴等,以避免长时间暴露在冷水中造成的体温损失,以及水生物和水下障碍物、污染物等可能造成的伤害。上一章已对潜水保护服装作了基本介绍,本节结合水面需供式潜水特点做进一步介绍。

1)湿式潜水服

湿式潜水服的厚度为 3 ~ 6mm 厚,但如果需要,也可厚至 8mm、10mm 或 12mm(见第 3 章图 3.4-4)。薄型潜水服可使潜水员水下活动自由,而厚型潜水服可使潜水员获得良好的保暖,但厚度对浮力影响较大。湿式潜水服浮力的准确值各不相同,这主要取决于如下因素:潜水服厚度、大小、使用时间和水下条件。当潜水服因深度增加而被压缩时,其浮力也随之降低。

2)干式潜水服

干式潜水服(图 3.4-5)可有效地使潜水员与外界环境隔离,热保护效果比湿式潜水服更好。在污染水域进行潜水作业的时候,与靴子形成整体的一件式干式潜水服、密封干式手套,以及直接与干式潜水服形成密封的潜水头盔将为潜水员提供最好的环境隔离,但是,制作干式潜水服的材料必须能够适应使用这种环境,以保护潜水员免受环境的影响。

依据不同的潜水作业条件，湿式或干式潜水服可以与潜水头罩、潜水靴同时使用。

变容式干式潜水服可通过设置在其上的进气阀（见第3章图3.4-6）控制潜水服内的充气量，它的排气阀（见第3章图3.4-7）能够有效地制止干式潜水服过度膨胀，防止放漂。水面需供式潜水时，干式潜水服内气体可由背负式应急系统提供。如果潜水面罩或头盔的组合阀上设置了低压输出端口，也可以使用配有内置式限流器的充气软管连接干式潜水服，直接由主供气管路供气。

在寒冷的天气中潜水时，应特别注意防止干式潜水服的进气阀和排气阀结冰。向干式潜水服充气时，如果气体持续地充入而不分几次、以很短的时间快速充入，会导致进气阀在开启位置结冰。如果进气阀在开启位结冰，潜水员就会面临潜水服过度充胀和失去浮力控制的危险。如果潜水服过度充胀，超过了排气阀的排气能力，潜水员可将一臂举起，使过多的气体经潜水服腕部封口泄入手套。应将手握成空心拳，另一只手抓住手套的掌部，这样就能使潜水服内的空气经手套腕封口泄出，而不必脱下手套。

3）热水潜水服

热水潜水服通常由泡沫橡胶制成，在结构和外观上类似于湿式服，在手腕和脚踝处都是开放的，以便于热水从热水服内流出。但是按设计它可以接受外接热源提供的热水，通常热水潜水服（图4.7-3）能够耐受工作水温为44℃的热水。在寒冷水域里，热水服能够提供非常有效的热保护，特别适合于使用氦氧呼吸气体。通过脐带上的热水管将水面加热的热水输送给潜水员，热水潜水服在接近腰部的位置上装有旁通装置，在热水进入热水潜水服之前，潜水员能够通过旁通装置对热水分流进行调节，以适应环境条件的变化和不同的劳动强度。热水在进入热水潜水服后，热水潜水服内的排孔导流管将热水均匀地分布到躯干前后和四肢。在使用热水潜水服的时候，潜水员应佩戴特别的潜水靴、手套以及头罩，通常会在热水潜水服内穿上3mm厚的潜水背心，有助于保持体温和防止被烫伤、擦伤。

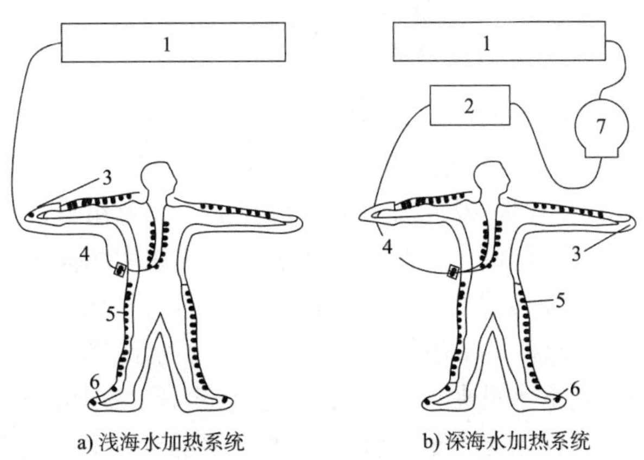

图4.7-3　热水潜水服结构

1-热水加热器；2-气体加热器；3-手套；4-热水软管；5-水加热服；6-靴子；7-潜水钟

热水潜水服在设计上不会非常紧身，因此须注意供给潜水员的热水不得中断。如果热水供应中断，保暖的热水层会迅速散失，会使潜水员立即受冷。当水温小于8℃时，潜水员有必要穿着热水潜水服潜水；当水温≤3℃，且水下作业时间超过30min或需要水下减压时，应穿着热水服潜水。在使用热水潜水服的时候,水面热水器及热水管应能提供足够的热水流量,通常能不间断地以5.6~7.5L/min的流量向潜水员输送热水。当环境温度为10℃时,需用34~36℃的热水,当环境温度为2℃时,需用38~36℃的热水,以便维持潜水员所需温度的热平衡。

4)潜水服保护服

如果潜水员的作业环境非常容易导致潜水服撕裂或穿孔,潜水员应该穿戴额外的保护服装,如连体工作服或厚帆布防擦装置。图4.7-4是一件连体工装,主要是为了预防潜水服磨损。

5)潜水工作鞋

潜水工作鞋(图4.7-5)类似于劳保鞋,但潜水鞋是由塑胶制成的。这是一种对足部有安全防护作用的鞋。能够对足趾提供有效的保护,并能够防刺穿、耐酸碱等。

图4.7-4　连体工装　　图4.7-5　潜水工作鞋

潜水鞋主要用于水下安装、拆解、建筑、清淤等定点作业,易于潜水员发力,但不利于潜水员的大范围活动。

4.通信系统

水面需供式潜水通信系统通常采用有线双向语音式通信装置,在供气软管上增加一条通信电缆。通信系统通常由潜水潜水头盔或面罩内的耳机和麦克风、潜水电缆、水面通信装置主机(图4.7-6,俗称潜水电话)及照料员的耳机和麦克风等组成。通信系统可分为一人至四人潜水电话。电缆有两线和四线之分,两线通信系统使用相同的电线进行水面和潜水员之间相互的信息交流,然而四线通信系统允许潜水员的信息和水面电话操作员的信息各通过两条不同的电线进行交流。在两线通信系统中,除了水面在向潜水员发出信息的时段外,水面团队都能随时听到潜水员在整个过程中的任何声音。在四线通信系统中,即使水面操作人员在讲话时,潜水员端始终处于开启状态,水面也能听到潜水员在整个过程中的任何声音,这是一个非常重要的安全设计,因为水面在任何时候都可以监控潜水员的呼吸声音。

5.潜水刀具

潜水员在水中会使用到潜水刀、渔网或线切割器等水下切割刀具,第3章已作了介绍。

另外,还有创伤剪(图4.7-7),在切割鱼线时非常有效,且具有较低的意外伤害或损坏风险。潜水员通常将其装在夹克式背带的口袋里或者专用的创伤剪鞘中。

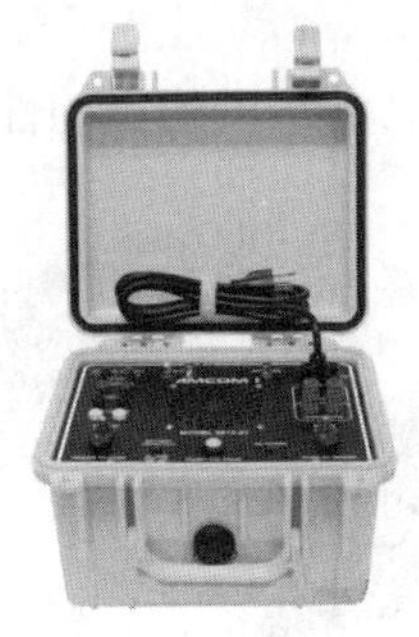

图 4.7-6　潜水电话

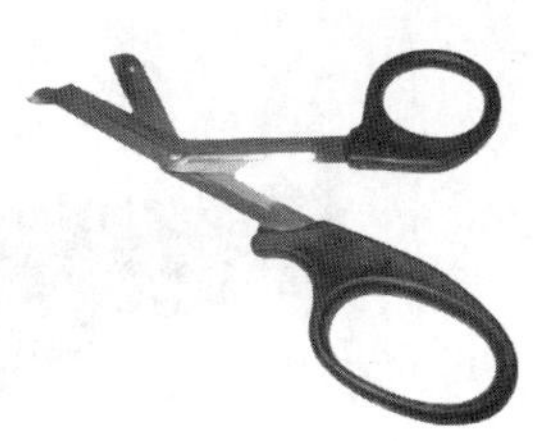

图 4.7-7　创伤剪

二、辅助器材

在水面需供式潜水作业中，除必备器材外，根据潜水任务和性质的需要，还需要配备一些辅助器材，主要有潜水绳索、压载物、脚蹼、深度表、潜水电脑、潜水计时表、潜水手表、水下指北针、气压表及水下照明装置等。

1. 潜水绳索

水面需供式潜水经常会用到下列绳索：

(1)测深绳：测深绳是一条加重绳，用于物理测量深度，也可以使用其他的测量深度的方法，如手持深度测量仪或者船舶测深仪。如果使用船舶深度测量仪，必须要弄清楚它测量的是龙骨以下的深度。

(2)入水缆：入水缆能够为潜水员下潜到水底进行导向，并能够传递工具或装具。建议使用 3in 的双股编结缆，可防止扭曲，并便于潜水员在水底的辨认。入水缆可以固定在水底的某个物体上，或用一个足够抵抗水流冲击的重物体锚定在水底。一旦发生绞缠的状况，潜水员应能够切断入水缆。如果作业环境要求使用钢丝缆作为入水缆，必须得到潜水监督的认可方可使用。

(3)搜索绳：搜索绳与入水绳末端相连。主要是潜水员用来搜索水下目标和重新放置入水绳。

(4)救援索：救援索(图 4.7-8)是一条在水面需供式潜水时由待命潜水员携带的短绳，用于在救援过程中将没有反应的潜水员系在待命潜水员身上。它的一端与待命潜水员安全背带上的 D 型圈相连，另外一端有一挂钩，可以钩挂在遇险潜水员安全背带的 D 型圈上，这样待命潜水员在返回水面的过程中，可以使用双手。

图 4.7-8　救援绳

2. 压载物

压载物由铸铁，或者铅制成，用来锚固入水绳，或者压载潜水吊笼。

3. 脚蹼

脚蹼(图 4.7-9)能够增加潜水员的推进力,提高潜水员的机动性和控制性。

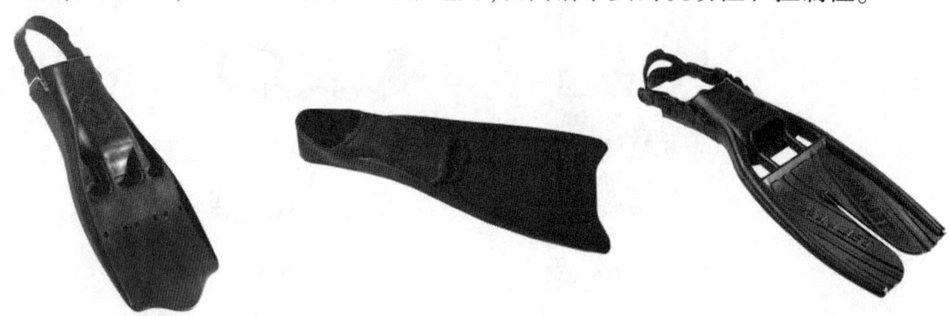

图 4.7-9 脚蹼

在一些大范围水下活动的水面需供式潜水作业中,如水下搜索、水下探摸等,潜水员会选择适当的脚蹼,从而节省体能,提高水下潜游速度,扩大作业范围,提高潜水员的水下工作效率。

4. 其他辅助器材

水面需供式潜水的还有其他辅助器材,如气瓶测压表、潜水手表、深度表、指北针、减压架、潜水钟、工具袋、水下电筒及水下灯等,潜水作业时可以根据需要选择。

第八节 水面需供式潜水的供气要求

在潜水过程中,向潜水员提供符合要求的呼吸气体,是保障潜水员水下作业安全和健康的最重要环节。本节介绍水面需供式潜水对供气气源、气体质量、压力、流量、气体量及应急供气等要求。

一、水面供气气源配备要求

依照国家标准《空气潜水安全要求》(GB 26123—2010),水面需供式潜水的水面供气气源应符合以下要求:

(1)潜水员主气源和应急气源应为两个独立的气源,一套作为主气源,另一套作为备用气源,可以是一台空气压缩机和一组高压气瓶,或两台不同动力源的空气压缩机。

(2)待命潜水员主气源和应急气源应为两个独立的气源,可以是一台空气压缩机和一组高压气瓶,或两台不同动力源的空气压缩机。其中应急气源可由潜水员主气源代替。

(3)潜水员主气源供气量应满足国家标准《潜水员供气量》(GB 18985)的要求,应急气源供气量应满足完成一次作业深度的潜水和水下减压的需要。

(4)待命潜水员主气源供气量应满足国家标准《潜水员供气量》(GB 18985)的要求。应急气源供气量应满足完成一次应急潜水深度的潜水需要。

(5)水面吸氧和预备减压病治疗用氧所需的氧气储量应符合国家标准《潜水员供气量》(GB 18985)的要求。

水面需供式潜水通常采用低压或中压空气压缩机为潜水员提供压缩空气,只要压缩机能够持续有效地运转，就会持续不断地供气。同时，潜水作业现场还要配置备用气源，可以是第二台压缩机，也可以是大型储气罐或者高压气瓶组。水面上的备用应急气源必须能够满足潜水员从潜水的任何一个点上返回水面的需求，并要考虑到合理的可预见的延迟，以及待命潜水员的一次水下救援所需要气体的要求。在水面需供式潜水作业时，发生供气中断的概率相对较低，气体配置的重点是要考虑主压缩机、备用压缩机的尺寸是否适合，以确保提供必要的压力和流量。这要根据潜水深度、规模和劳动负荷及潜水减压方式等来决定。

潜水控制面板是汇集和合理调节供气的装置(图4.8-1)，接入来自低压压缩机或者高压气瓶经过面板上压力调节器调节后的主供气和备用应急气体，向脐带提供符合要求、持续稳定的呼吸气体给潜水员。潜水控制面板可以依据潜水作业深度和潜水员的劳动强度调节潜水员的呼吸气体压力，可以监测供气压力；有的潜水控制面板上装有安全阀，用以预防过高的供气压力；通过潜水控制面板上的测深系统随时测量潜水员的作业深度并进行监控。

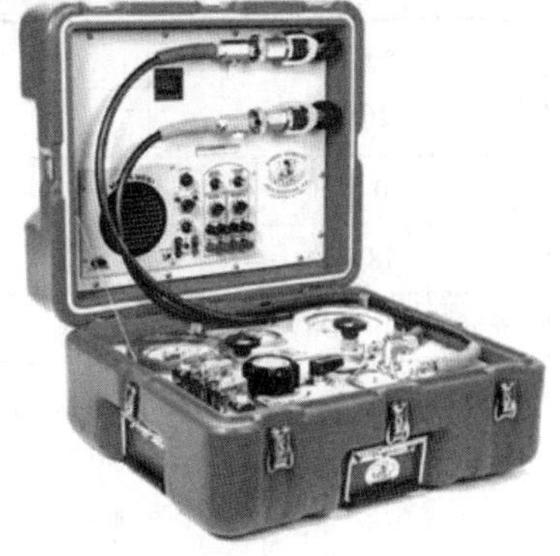
图4.8-1　便携式双人潜水控制面板

二、供气质量要求

所提供的压缩空气和氧气质量应符合国家标准《潜水呼吸气体及检测方法》(GB 18435)规定的纯度要求，其中，压缩空气的纯度应符合表4.8-1的要求。

潜水呼吸用压缩空气的纯度要求表　　表4.8-1

项目	指标
氧	20% ~22%(体积分数)
二氧化碳	≤500×10^{-6}(体积分数)
一氧化碳	≤10×10^{-6}(体积分数)
水分(露点)	≤ -21℃
油雾与颗粒物	≤5 mg/m^3
气味	无异味

水面需供式空气潜水通常采用低压压缩机为潜水员提供压缩空气，只要压缩机吸入空气无污染、过滤良好，就能够持续不断地提供符合质量要求的气体。空气加压前如果被发动机废气和化学烟雾污染，所提供的压缩空气就有可能不符合纯度标准；纯净的空气经过压缩机内腔、通道后也可能被污染。因此，为了使压缩空气符合纯度标准，空气压缩机应定期检修，过滤器应符合要求，进气口应处于上风端，以提供符合质量要求的空气。

三、供气压力要求

供气压力必须能克服潜水深度的静水压力，及空气流经潜水软管、接头、阀门及调节器时所引起的压力损失，并有一定的供气余压。供气余压的大小视所用的潜水装具类型而定。通常，需供式调节器有供气余压范围和一个最适合的供气余压，以确保最低的呼吸阻力，降低呼吸功。确定最适合的供气余压，要参考所使用潜水装具生产商的技术说明书以及潜水深度。以 SUPERFLOW350 呼吸调节器为例，其供气余压要求见表 4.8-2。

SUPERFLOW350 呼吸调节器供气余压要求 表 4.8-2

潜水深度（m）	供气余压（MPa）		
	最低	最适合	最高
0 ~ 18	0.6	0.9	1.1
18 ~ 40	0.9	0.9	1.1
40 ~ 60	1.1	1.1	1.1

注：1. 目前国内潜水行业使用的潜水面罩或头盔多数配置了 SUPERFLOW350 呼吸调节器，如 KMB18 以及 KMB28、KM17B、KM37 等卡箍面罩和潜水头盔，MZ-300 面罩和 TZ-300 头盔上的呼吸调节器与 SUPERFLOW 调节器类似。455 平衡式呼吸调节器的供气余压范围为 0.9 ~ 1.0MPa。

2. 使用双阀排气系统的潜水面罩或头盔，不允许使用 0.6MPa 的供气余压，应当使用 0.9MPa。

3. 由于装具设计限制，如果潜水控制面板无法承受 1.1MPa，潜水深度 40 ~ 60m 时采用 0.9MPa 也可以接受。

潜水深度不同，最适合的供气余压不同，所需的供气压力也不同。供气压力应为：

$$P = P_0 + P_1 \tag{4.8-1}$$

式中：P——供气压力，表压；

P_0——静水压，水深每增加 10m，静水压增大 0.1MPa；

P_1——供气余压，查表 4.8-2 可得。

【例 4.1】当潜水员使用 KM37 头盔（SUPERFLOW 呼吸调节器），下潜深度为 53m 时，最适合的潜水供气压力是多少？

解：计算 53m 深度的静水压

$$\begin{aligned} P_0 &= 53 \times 0.01\text{MPa} \\ &= 0.53\text{MPa} \end{aligned}$$

选择采用 SUPERFLOW350 呼吸调节器的装具，潜水深度为 53m 时，最适合供气余压，根据供气压力要求，在表 4.8-2 中可查出，当潜水深度是 53m 时，最适合供气余压 P_1 为 1.1MPa。

计算最适合的供气压力

$$\begin{aligned} P &= P_0 + P_1 \\ &= 0.53\text{MPa} + 1.1\text{MPa} \\ &= 1.63\text{MPa} \end{aligned}$$

答：潜水控制面板上的最适合的供气压力应为 1.63MPa。

四、供气流量要求

在所有体力负荷条件下，供气流量应能满足潜水员水下呼吸所需的最低气体流量的要求。供气流量的大小取决于所用潜水装具的类型。

水面需供式潜水装具的供气流量为：

$$Q \geqslant q \times (d/d_0 + 1) \tag{4.8-2}$$

式中：Q——使用该装具的潜水员在水下从事给定劳动强度作业时所需的供气流量，L/min；

q——常压下潜水员使用该装具从事给定劳动强度作业时所需的气体流量，L/min，轻劳动强度时 q = 30L/min，中劳动强度时 q = 40L/min，重劳动强度时 q = 65L/min；

d——潜水作业水深，m（海水密度取 1.03g/cm^3，海水柱 10m 压强相当于 0.1MPa）；

d_0——静水压强每增加 0.10MPa 时的水深，10m。

使用水面需供式潜水装具时，供气流量还应满足潜水员瞬时最大流量要求。

自携式潜水装具的也是采用需供式供气方式，其供气流量与水面需供式潜水装具相同。

五、供气量要求

空气潜水通常在潜水作业现场使用空气压缩机采集空气，只要空气压缩机排量和压力足够，且能正常工作，供气就能满足潜水需要。但压缩空气和氧气还应符合最低储备量的规定。

如果使用高压储气罐或者气瓶组作为气源，必须要有足够的储气量，为计划中潜水作业的潜水员和待命潜水员提供呼吸气体，并有适当余量。在计划潜水作业任务时，通常供气量的计算是基于下潜和水底停留作业阶段 q 取 40L/min，上升和减压阶段 q 取 30L/min。

六、背负式应急供气系统的要求

水面需供式潜水必须配备背负式应急供气系统。背负式应急供气系统的气瓶必须充填适当的、适宜潜水计划的呼吸气体，足以让潜水员从计划潜水中的任何一点安全返回水面。所谓适当的是指气瓶的气体压力能够提供足够的呼吸气体让潜水员以 10m/min 的速率到达水面，或者到达其他有替代气源的应急场所。这样水面支持人员就会有足够的时间执行必要的紧急程序，或者恢复潜水员的主供气。

第九节　水面需供式潜水前准备

水面需供式潜水前的准备工作，包括制订潜水作业计划、风险评估、潜水作业队组成、潜水现场布置、设备准备与检查、核实现场环境条件、现场文件、紧急援助与急救及潜水工前会等。与自携式潜水相比，水面需供式潜水设备系统较复杂、潜水深度较大，潜水前准备工作的内容和要求有较大不同。

一、潜水作业队组成与分工

水面需供式潜水作业队人员配备数量，不同的潜水规范有不同的描述。按照国家标准

《空气潜水安全要求》(GB 26123)规定的要求,采用水面需供式潜水装具潜水,潜水人员配备一般不少于4人;海洋工程潜水或潜水深度大于24m,潜水人员配备应不少于5人,其中潜水监督不少于1名,潜水员不少于2名。这是空气潜水作业最低的人员配备要求。潜水作业队实际需要人数取决于潜水作业的深度、环境及持续时间等因素,可视情况需要增加人员,以满足特定的作业任务和潜水作业安全要求。有些作业还需要其他人员的支持,如船员、绞车操作员、特殊系统及设备操作员等。

潜水作业队人员包括潜水监督、潜水员、照料员、待命潜水员等,其岗位设置与工作分工如表4.9-1所示。

水面需供式潜水作业最低人员配备表 表4.9-1

岗位名称	岗位人数(一般情况)(人)	岗位人数(海洋潜水或潜水深度大于24m时)(人)	工作分工
作业潜水员	1	1	潜水及水下作业
潜水监督	1	1	潜水作业组织实施与安全管理,操作潜水控制面板,监控潜水气源、潜水深度,指导潜水员出水或减压,保持与相关方通信联络,兼记录员
照料员1	1	1	照料水下潜水员。每位照料员同时只能照料一位潜水员。潜水监督可选择使用一名非潜水员照料员,但应确保任何非潜水员照料员能够胜任岗位职责要求
待命潜水员	1	1	着装后处于待命状态,一旦得到指令立即下水。待命潜水员不应使用自携式潜水装具
照料员2		1	协助待命潜水员着装,照料待命潜水员下水救援。可协助潜水监督照看空气压缩机和其他设备的运转情况等
合计人数	4	5	海洋工程潜水或潜水深度大于24m时,配备5人是水面需供式潜水的最低人员要求

潜水作业队所有人员必须符合从事潜水作业的相应体格条件,通过正规培训获得潜水知识和技能,熟悉与指派任务有关的各种程序,能熟练使用各种潜水相关的装具、设备、系统和工具。潜水员应持有潜水员证书、健康证书和潜水作业个人记录簿,潜水监督应持有潜水监督证书;从事海上作业的人员应持有海上作业安全救生证书,从事无损检测的潜水员应持有无损检测证书,从事水下焊接作业的人员应持有水下焊接证书,其他专门水下作业(如高压水枪作业等)的人员应持有相应的培训证书。

二、潜水现场布置

水面需供式潜水时,潜水现场应至少配有一套主供气系统、一套备用供气系统、一套应急供气系统、两套潜水装具、一台潜水控制面板及两台潜水电话等。

潜水现场的布置应有条不紊,所有潜水装具、设备和系统应按摆放在指定位置。潜水队的所有人员应知道各类装具、器材的存放位置。潜水作业点不得随意堆放装具、器材等，尤其是那些易遭损坏、易被踢落水中或者可能伤人的物件。

潜水现场布置具体包括下列内容。

1. 供气系统准备与检查

潜水作业前通常需要组装水面供气设备和系统，有很多的组件必须按照正确的顺序连接，并在各个阶段进行检查，以确保没有泄漏和正常的性能。有些检查对于潜水员的安全至关重要，比如：对主供、备用供气系统进行检查，确定是否有足够的气体供应；启动潜水用空气压缩机并检查其性能是否正常，确保进入进气口的空气没有受到污染；检查过滤器性能是否完好。如果使用的是高压气瓶组或储气罐，要对其进行检查以核实储气压力。如果使用压缩机作为备用气源，要将其启动并在整个潜水过程中一直处于可立即投入运行状态，将主、备用供气连接到潜水控制面板上并检查是否泄漏。

2. 减压舱准备与检查

当潜水深度大于 24m，或减压时间超过 20min，或在水下不能安全减压，或水下环境复杂及其他特殊情况时，潜水现场应配备甲板减压舱，并应有用于减压和治疗的氧气。甲板减压舱的布放位置尽可能接近潜水站，与甲板面的固定要牢固；布放场所整洁，无易燃易爆物品。

检查减压舱，是否符合国家标准《甲板减压舱》(GB/T 16560)的技术要求。甲板减压舱的主气源和应急气源储量、压力和纯度符合规定的要求；减压和治疗用氧气储量、压力和纯度应符合规定要求。所有必备附属器材以及相关加压治疗表必须放置在显眼的位置。核实减压舱排气阀处于关闭状态，并且备有足够的为减压舱快速加压的压缩空气。供氧系统能满足减压舱的供氧要求。

3. 入出水系统

潜水员入水与出水，还应有一个潜水梯、潜水吊笼或潜水钟，及其配套的吊放系统。潜水站地面或甲板面的位置与水面间的距离大于 3m 时，应采用潜水吊笼或潜水钟入出水。根据具体的潜水深度和入出水要求，潜水员入水与出水的方法应满足待命潜水员营救的需求。

潜水梯应能承受 2 名潜水员的体重和装具的重量，梯档上下距离约 25 ~ 30cm，宽度约 45cm 左右，有供潜水员扶持的扶手，无锈蚀、弯曲、变形。

潜水吊笼或潜水钟及其吊放系统应符合相关标准的技术要求。起吊门架、绞车、吊索及索具附件检验期限有效；布放场所合理，与甲板面的固定牢固，并经检验认可。

4. 潜水装具准备

水面需供式空气潜水时，潜水现场应至少配有 2 套潜水装具，包括 2 顶潜水头盔或面罩、2 条潜水脐带、1 台潜水控制面板、2 台潜水电话、2 套潜水服、2 条安全背带、2 条压重带、2 副脚蹼、2 把潜水刀、2 只潜水员应急气瓶、2 个计时器及必要的工具和配件等。所有的潜水装具、辅助装具、维修工具等按用途归类，分类摆放，不得混乱摆放，更不可堆压在一起；潜水面罩、头盔等应置放于专用包或箱内；潜水脐带或软管可以呈圆形或∞字形置于作业平台上，也可置于潜水脐带框内或者盘绕在支架上；依据不同类型的供气控制面板，或平摆于作业平台上，或置于稳固的支架上；应急气瓶尽可能平放于作业平台上，使用后必须与充满气的气瓶分开置放，将使用后的应急气瓶的信号阀置于解除状态，不可把充满气体的气瓶暴露在强阳光照射下;潜水服可挂放或叠好摆放,应置于干爽通风的位置。

5. 索缆、器材及工具准备

包括深度测量,设置下潜导向缆,标记减压停留站。

检查潜水作业所需的附属器材和作业工具是否齐备完好。

三、潜水前装具检查

在潜水作业前,必须对潜水装具进行详细的检查,以确定是否处于正常的工作状态。在之后每天潜水前,同样必须对潜水头盔、面罩等装具部件进行日常检查。在全天候连续使用潜水头盔和面罩时,每24h就要对装具进行轮换,并进行日常的潜水前检查。只有这样,才可以提前发现并解决装具问题,而不至于影响潜水安全作业。没有进行装具检查可能导致伤害或严重的后果。

1. 装具检查内容和要求

1)潜水面罩的目视检查

(1)需供式调节器盖组件不能有任何的凹痕,手动按钮必须工作正常。手动按钮的操作必须要顺畅,它的空行距离不能超过0.3cm;

(2)头罩和面部密封垫不能够撕裂和穿孔。头罩必须处于好的状态,不能够有撕裂和穿孔;如果密封垫上有撕裂,可能导致调节器自供;

(3)五爪带必须处于完好状态,橡胶不能有撕裂和裂缝;如果五爪带出现问题,有可能造成潜水面罩进水或脱落,导致潜水员淹溺;

(4)检查弯管组件,在这一构件上不能有凹痕和扭结;

(5)检查面窗,它必须处于完好状态;

(6)检查卡箍面罩的内部,确保所有的通信电线都被接好并且没有松动的螺母;检查电线的线头,确保线头没有相互接触(线头接触可造成短路);

(7)检查口鼻罩,确保口鼻罩在需供式调节器的固定螺母上,且进气阀片安装正确;

(8)检查面窗压紧圈的固定螺钉,确认以合适的力矩拧紧固定螺钉,过紧有可能把面罩本体中的螺纹嵌块抽出;

(9)检查潜水面罩本体以确保没有裂缝和损坏。

2)潜水头盔的目视检查

潜水头盔的目视检查程序与潜水头盔的类型有关。

如果使用的是颈圈、颈环密封组件头盔,检查程序如下:

(1)需供式调节器盖组件不能够出现凹陷,手动按钮工作正常,手动按钮的操作必须要顺畅,它的空行距离不能超过0.3cm;

(2)颈圈不能够出现撕裂及穿洞现象,并经过裁剪调整适合度,如果在颈圈上出现穿孔,潜水头盔有可能漏水或严重漏水,另外需供式调节器也无法正常工作,最终有可能导致潜水员淹溺;

(3)检查颈圈、颈环组件上的O形圈,O形圈必须处于合适的位置、无损坏,并经过适当的润滑;

(4)检查弯管组件,不应出现凹陷和扭曲;

(5)检查观察窗,观察窗必须处于完好状态;

(6)检查通信电缆连接完好,并测试通信的状态;

(7)检查口鼻罩,确保口鼻罩适当地固定在调节器的固定螺母上,进气阀片安装正确;

(8)检查潜水头盔两侧的密封拉栓,啮合及解除必须顺畅恰当;

(9)确保头垫和下巴垫在潜水头盔里的固定恰当;

(10)检查面窗压紧圈上的螺钉,必须依据生产商的力矩规格正确地进行扭力调整,过度用力拧紧会从潜水头盔壳内拉出螺纹嵌块(不锈钢潜水头盔没有螺纹嵌块)。

如果使用的是颈圈、轭式颈托密封组件头盔,检查程序如下:

(1)需供式调节器的保护罩组件不能够出现过度的凹陷,凹陷深度不能超过0.625cm,手动按钮的操作必须要顺畅,它的空行距离不能超过0.3cm;

(2)颈圈不能够出现撕裂或者穿孔,要小心地进行修剪确保它的合适度,如果在颈箍上有洞眼,潜水头盔就会出现漏水现象;

(3)检查潜水头盔底部的O形圈,必须确保O形圈在其适当的位置上,不能有任何损坏;

(4)检查弯管组件,不应有凹陷或扭曲,或者可见的损坏现象;

(5)检查面窗,确保它处于完好的状态;

(6)确保通信电缆已经连接,并进行了通信测试;

(7)检查口鼻罩,确保口鼻罩固定在需供式调节器的固定螺母上,进气单向阀片安装正确;

(8)确保头垫固定在潜水头盔内的子母扣上;

(9)检查面窗压紧圈上的螺钉,必须依据生产商的力矩规格拧紧螺钉,如果在上螺钉时过度用力,有可能拉出头盔本体内的螺纹嵌块;

(10)确保下巴带完好无损。

3)清洁面窗

使用柔软的清洁布和温和的洗洁精溶液对面窗进行彻底的清洁。绝对不能够使用任何的气溶喷剂来清洗聚碳酸酯材料的面窗。

4)检查活动件

检查所有的活动件,如:二级减压器微调旋钮、旁通阀旋扭、应急阀旋扭、鼓鼻器拉杆以及锁紧项圈零件,确保它们操作顺畅。

为了更好地检查二级减压器的调节状况,一级调节器的输出压力应在0.93~1.03MPa之间,一级调节器安全阀的工作压力要设置在1.24~1.38MPa之间。

5)通信系统检查

检查通信系统确保其恰当的工作状态。把潜水面罩或头盔戴到头上,通过电话与照料员通话。如果一个人检查通信系统,把潜水头盔放在电话旁边,用手轻敲两个耳机和麦克风,在电话上可以听到敲击声。对着电话讲话,可以用指尖在两个耳机和麦克风上感觉到震动。检查通信模块固定螺母的松紧程度。

6）单向阀检查

在每一个潜水作业日潜水作业开始之前，必须对单向阀进行日常的检查。

如果单向阀无法正常工作，绝对不能够下水。如果靠近水面的供气软管或者接头发生断裂或损坏，就有可能对潜水员的肺部、和/或者眼部造成严重的伤害。在极端情况下，这有可能是致命的。在每一个潜水日潜水作业之前，必须测试单向阀。

（1）在连接脐带之前，关闭应急阀，使用软管连接应急阀，关掉旁通阀，将二级减压器上的调节旋钮向内旋转到头。

图 4.9-1　测试单向阀

（2）为连接应急阀的软管供气，打开应急阀。如果有任何气体从单向阀的接头中漏出，说明单向阀失灵，应重新组装或者更换单向阀。

另一个比较好的方法就是，打开旁通阀，用嘴含住单向阀接头的同时吸气，同样可以检查单向阀的完好性（图 4.9-1）。

7）面罩密封完整性检查

如果使用的是卡箍式全面罩，并对面罩的密封性存在怀疑的话，那么在潜水作业前须按照下列步骤对面罩的密封性进行检查：

通过潜水控制系统将主供气关掉，并把潜水脐带中的气体放尽。把鼓鼻器完全拉出，潜水员把面罩戴到脸上，但不要固定头罩及五爪带。在把面罩紧紧地固定在脸上的同时吸气，如果潜水员感觉到脸部上的吸力。说明了潜水面罩能够形成一个完好的密封空间。

如果通过测试发现密封性能不好，就应对潜水面罩和头罩进行检查，直到发现问题的所在并加以纠正后方可下水。

8）潜水服的检查

（1）湿式潜水服。

湿式潜水服不应有损坏或橡胶变质老化等现象。拉链来回拉动要灵活。

（2）干式潜水服。

干式潜水服不应有损裂或橡胶变质老化等现象；水密拉链来回滑动要灵活。穿上干式潜水服，向服内充气，观察 5 ~ 10min，检查其气密性，以及手动供气阀和手动排气阀是否灵活。

（3）热水潜水服。

热水潜水服不应有损裂或橡胶变质老化等现象，热水管接头应没有生锈蚀、撞损、漏水等现象。

9）脐带

脐带的检查：把脐带的水下供气接头与潜水头盔或面罩上的止回阀接头连接，关闭旁通阀；脐带的水面端接头与水面潜水控制面板的气体输出接头连接，然后向脐带充气，待压力平衡时关闭进气阀门，观察 30 ~ 60min 或更长时间，并用肥皂水检查脐带和潜水控制面板上

的接头、阀门是否漏气，也可观察控制板上压力表的读数，是否有明显下降的现象。检查加强绳是否有老化、损坏等现象。热水管和测深管接头应良好，无老化、堵塞、破损漏气等现象。

10）背负式应急供气系统的检查

（1）应急气瓶的检查。

应急气瓶压力足够，气瓶阀开、关灵活。

（2）一级减压器的检查。

如果长时间放置库房未用，须进行如下检查：

①目视检查，一级减压器外部是否生锈，各部件是否齐全；

②将一级减压器上的安全阀取下，并在螺孔上装上一个0～2.5MPa范围的压力表，检查其输出压力是否符合要求。操作方法与自携式潜水装具的一级减压器相同。

11）潜水安全背带

潜水安全背带的尼龙带不应有损伤现象，半圆环不应有严重锈蚀现象，负荷测试日期在有效期内。如果使用的是可充气潜水背带，要检查充、排气阀的性能。

2. 执行装具检查表

按上述潜水前装具各部件检查内容和要求，制订“潜水前装具各部件的组装及功能日常检查表”（表4.9-2），执行检查表。不同类型的潜水装具，检查表的内容有所不同。还可视所进行的潜水作业环境和作业任务，对潜水装具的日常检查表进行修订，增加额外的检查，适应使用者的需求。

潜水面罩/头盔和应急供气系统的组装及功能性日常检查表 表4.9-2

<table>
<tr><td colspan="3">日期：</td></tr>
<tr><td colspan="3">潜水面罩/头盔序号：</td></tr>
<tr><td colspan="3">相关设备序号：</td></tr>
<tr><td colspan="3">检查者签名（正体书写）：</td></tr>
<tr><th>步骤</th><th>程序</th><th>结果</th></tr>
<tr><td rowspan="5">1. 头罩和卡箍组件检查。
注意：在用螺钉以适当的扭力固定好卡箍后，将无法把头罩和面部密封垫从卡箍下面取出来</td><td>潜水员/照料员：按下列步骤（a～d）检查</td><td></td></tr>
<tr><td>a. 目视检查头罩和面部密封垫有无损坏。检查头罩有无撕裂、穿孔或切口。确保面部密封垫与头罩之间没有脱胶</td><td></td></tr>
<tr><td>b. 检查固定卡箍的螺钉位置。要用2.93N·m的力矩上紧螺钉。如果使用的是老式的、没有卡箍止脱装置的头罩，要确保头罩边缘起码突出6～12mm（初始）</td><td></td></tr>
<tr><td>c. 检查卡箍。确保卡箍的焊接点没有开裂或者断裂的迹象。检查所有的卡箍止脱板组件。
危险：如果卡箍松了，头罩和面部密封垫会与面罩脱离，从而造成面罩进水，导致淹溺</td><td></td></tr>
<tr><td>d. 检查五爪带，确保材料没有撕裂或者断裂。确保五爪齐全。如果出现老化、破裂等状况，就必须更换</td><td></td></tr>
</table>

续上表

步骤	程序	结果
2. 目视检查潜水面罩/头盔。 注意:每2年就要更换潜水面罩/头盔上的弯管组件,不管其状态如何	潜水员/照料员:按下列步骤(a~g)检查	
	a. 目视检查潜水面罩/头盔的内、外部有无明显的损坏。检查并确保口鼻罩内的进气阀片安装正确,口鼻罩被安装在调节器的固定螺母上。确保鼓鼻器操作顺滑。如有必要可对其进行润滑	
	b. 确保耳机和麦克风的安装正确。检查线耳并确保相互之间没有接触	
	c. 检查需供式调节器保护盖有无过度凹陷,凹陷深度不能超过1/4in	
	d. 检查潜水面罩/头盔二级减压器上的弯管组件。弯管与接头必须处于完好状态。弯管组件不能有任何的凹陷,或者压扁范围不能超过1/8in	
	e. 检查所有的活动部件,确保其活动顺畅以及运行正常: (1)旁通阀旋钮; (2)应急阀旋钮; (3)鼓鼻器; (4)需供式调节器调节旋钮	
	f. 确保单向阀工作正常。 警告:在每日潜水作业开始之前,必须检查单向阀。如果单向阀不能够正常工作,不能够使用该面罩进行潜水。如果脐带在接近水面处断裂,有可能会对潜水员的肺或者是眼睛造成严重的伤害。在极端的情况下,这有可能是致命的	
	g. 用一级调节器把应急气瓶和面罩/头盔组合阀上应急阀连接起来。关闭应急气瓶开关阀,开、关组合阀上的应急阀,检查其运行是否顺畅。然后,开、关旁通阀检查其运行的顺畅性	
3. 应急供气系统的检查	潜水员/照料员:按下列步骤(a~e)检查	
	a. 目视检查应急供气系统的供气软管有无损坏	
	b. 检查应急气瓶的标识和静水压测试日期,并确保其在有效期内(初始)	
	c. 确保在过去的一个月内对一级调节器的输出压力设置和过压安全阀的工作压力设置进行了检查(初始)	
	d. 检查气瓶背带和气瓶背托有无磨损和损坏。如有必要进行维修或更换	
	e. 在维护日志中记录检查/维护情况(初始)	
4. 组合阀/二级减压器检查	潜水员/照料员:按下列步骤(a~d)检查	
	a. 顺时针充分地旋转需供式调节器的调节旋钮,然后逆时针地向外旋转,反复3~4次,检查需供式调节器的运行是否顺畅	
	b. 打开应急气瓶上的开关阀,记录压力。然后打开组合阀上的应急阀	
	c. 把潜水面罩的旁通阀瞬间打开3/4~1转。检查旁通阀导流管内是否有强气流。然后关闭	
	d. 检查单向阀是否有气体泄漏	

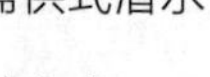

续上表

步骤	程序	结果
5. 脐带连接	照料员： 用气体冲洗脐带后将其连接到单向阀的脐带适配器上	
6. 检查需供式调节器的调节状况 注意：如果手动按钮的行程超过了1/8in才会出现通风，或者在把手动按钮完全按下去后只有微弱的气流，必须对需供式调节器做出调节	潜水员/照料员：按下列步骤（a～d）检查	
	a. 逆时针向外旋转需供式调节器的调节旋钮，直到产生微弱的自供气流。然后顺时针向内旋转调节旋钮直到自供气流停止	
	b. 缓慢地按动手动按钮检查按钮的行程。在听到气流声时，按钮的行程应在0.15～0.3cm之间	
	c. 在把手动按钮完全按下去的时候，应产生强烈的气流	
	d. 确保组合阀上的应急阀处于关闭状态，打开应急气瓶的开关阀，记录气瓶压力	
7. 检查通信系统	潜水员： 进行通信检查	
8. 检查热水供应	照料员： 检查热水供应的连接。确保水面已经为潜水员打开热水供应并核实热水流向热水套和热水服	
9. 检查干式服充气管	照料员： 检查干式服充气软管的连接状况。 确保干式服的充气阀和排气阀的功能正常	
10. 检查整套装备	照料员： 使用皂液对潜水面罩的各供气接头，以及应急供气系统的连接点进行气密检查	
11. 检查潜水员整套装备 注意：必须确保所有的装具调节合理，功能正常	潜水监督/照料员：检查设备的调节/整套设备的配备，包括下列步骤（a～d）	
	a. 潜水员安全背带	
	b. 脐带的快速解脱装置	
	c. 应急供气系统充气软管的快速解脱	
	d. 靴子、手套、潜水刀以及其他的辅助设备	
12. 检查呼吸 注意：使用潜水面罩/头盔呼吸时要正常、轻松、舒适	潜水员： 检查并确保潜水面罩/头盔的呼吸顺畅舒适	

没有进行装具检查可能导致伤害或严重的后果。

在污染水域或者极端环境下使用潜水面罩，需要更加频繁地检查。

在拆卸检查的过程中，O形圈以及其他消耗部件，倘若比较干净，且目视检查未发现损坏和老化，可以继续使用。

在执行组合阀/二级减压器的检查程序时，不要连接气体供应。

表4.9-2是潜水面罩/头盔和应急供气系统的组装及功能性日常检查表，本表的检查内容是建议的最低检查内容，可视所进行的潜水作业环境和作业任务，进行额外的检查。

注意：在步骤3a~3e上应使用应急供气系统来检查潜水面罩的组装和面罩各系统。

为了更好地检查二级减压器的调节状况，一级调节器的输出压力应在0.93~1.03MPa之间，一级调节器安全阀的工作压力要设置在1.24~1.38MPa之间。在步骤7之前不要连接脐带。

四、潜水装具连接

1. 冲洗脐带

如果使用的是新脐带，或者脐带的两端没有适当的保护，在将脐带连接到潜水面罩上之前，必须冲洗脐带以便清除脐带中的污垢、水汽或者其他的残留物。把脐带的水面端连接到潜水控制面板上后，用手牢牢地握住脐带头并指向安全的方向，然后慢慢地打开气源至0.17~0.27MPa压力范围，用气体起码冲洗15s。

2. 将脐带连接到潜水面罩或头盔上

在把脐带连接到潜水面罩上的时候，要确保使用一把扳手固定住单向阀的适配器，或者说是进气接头，使用第二把扳手来转动脐带上的旋转螺母，见图4.9-2。如果不这样做，会把适配器扭进到单向阀内。而如果重复发生这种情况，就有可能损伤单向阀螺纹，而不得不更换单向阀。

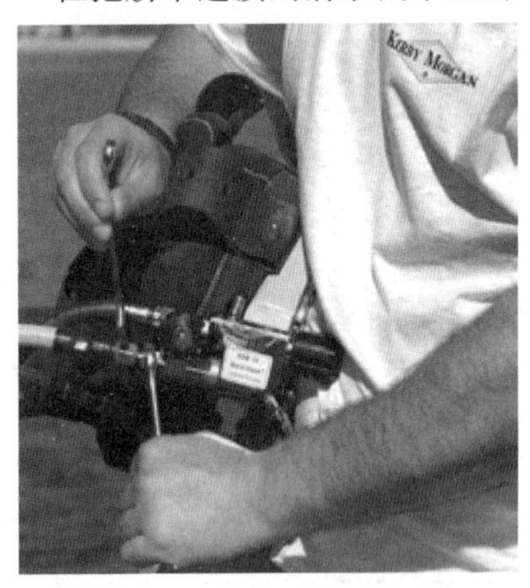

图4.9-2 用两把扳手连接脐带和潜水面罩

警告：如果单向阀或者适配器松动，呼吸气体会从呼吸系统中泄漏。这有可能造成潜水面罩内压力消失，导致潜水员无法呼吸。

在连接脐带和潜水面罩时，必须使用合适的力。过度用力有可能使适配器变形或者损坏。在把脐带与潜水面罩分开时同样要使用第二把扳手，否则，适配器或者单向阀配件会松动导致漏气。

如果通信系统使用的是水密接头，在处理这些配件时要特别地小心。在连接雄性和雌性接头时，要把雄性接头上的销子对准雌性接头上的彩色指示标记，按压两个接头直到听到清晰的“啪”声。不要扭动接头，使用电工胶布把两个接头缠2~3层以确保其不会被拉开（图4.9-3）。

要将两个接头分开，首先清除胶布，抓住两个接头最粗的部位，让两个大拇指互相对立，向两边直线拉动接头直到接头分开。不要扭动接头。不要抓住电线细的部位拉开。

如果使用通信系统中的接线柱，要确保线柱螺母能够足够灵活地旋转，以便于把脐带通信电线紧紧地压住。同时还要确保接线柱和通信电线上无腐蚀。

a)

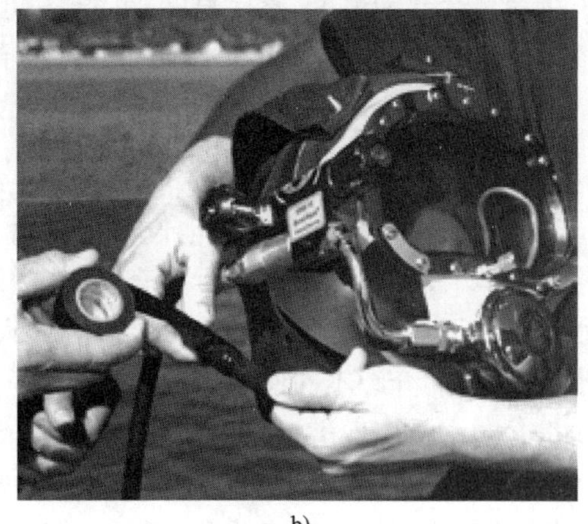

b)

图4.9-3　水密接头连接

3. 向潜水面罩或头盔提供呼吸气体

在把脐带、潜水面罩或头盔、潜水控制面板连接好后，在向潜水面罩供气之前，检查旁通阀应处于关闭状态，二级减压器微调旋钮应被调整到最里端。

将供气压力调整到0.93～1.02MPa之间，然后慢慢地、逆时针地回调需供阀调节旋钮，直到出现轻微的自供现象。一旦出现自供现象，将需供调节旋钮顺时针向里调整直到自供现象消失。

要充分地检查呼吸系统，必须让潜水面罩的密封垫与面部形成密封状态，最好的办法就是完全地戴好潜水面罩。

4. 雾化预防

在潜水作业之前，可以在潜水面罩或头盔聚碳酸酯面窗上使用防雾溶液，使其在上面形成一层薄膜，以防止在潜水过程中形成雾水。也可以使用柔软的布或者纸巾，将温和的洗碗液，或者是商业用防雾溶液清洗面窗的内部。

潜水员应采用在过去使用过的，且被证明是比较满意的方法。然而，绝对不要在聚碳酸酯面窗上使用气溶胶喷雾剂，这种喷雾剂中的挥发剂有可能造成聚碳酸酯面窗无形的损伤，从而在受到重击时导致粉碎性破裂。如果在水下面窗粉碎性碎裂，水会灌入到潜水面罩或头盔内并导致潜水员淹溺。

5. 测试呼吸系统

首先，通过开/关旁通阀来测试旁通阀系统。调节需供式调节器，通过逆时针扭动调节旋钮直到出现一个轻微的恒定自供气流，然后顺时针扭动调节旋钮直到自供气流消失。

其次，检查需供式调节器的性能：吸气和呼气，检查呼吸阻力，如果功能正常，其呼吸阻力应是不明显的。按动需供式调节器盖上的手动按钮，会产生一个较猛烈的呼吸气流。

五、核实环境条件

核实潜水现场实际环境条件。查看潜水作业日的天气预报、海况以及预料中的条件变化。通过测量水面温度、水底温度,可能会了解到未知的温跃层。也可以通过施放潜水吊笼或者一条导向缆,观察它们在水中的状态,了解水流的状况。

六、潜水任务布置与沟通

在潜水员完成检查和测试他们的装具后,应向潜水监督汇报。潜水监督应对潜水现场上潜水装具、设备及系统等进行检查,确认潜水现场能够满足潜水作业的要求,确认所有的潜水装备处于良好的运行状态。接着,潜水队召开首次工前会,潜水监督向潜水队简要说明潜水作业计划,介绍本次潜水任务、安全程序、危害因素、限制与约束、岗位安排及紧急情况与协助。潜水员应向潜水监督报告身体或心理的不适情况,询问不清楚的情况。工前会确保了所有作业人员能够理解潜水作业计划,并解决任何问题和疑问。之后,每天潜水作业前,潜水监督应组织召开工前会,把任务布置后发生变化的任何资料、状况或者条件向潜水队进行传达。

工前会对于任何潜水作业的成功和安全都至关重要。每一次潜水简要说明都应涉及以下内容。

1. 潜水任务

简述潜水的目的,注意事项和目前的状况,包括前一次潜水的结果和存在的问题。在简要介绍的过程中,要对眼前任务的潜水和作业程序进行讨论。例如:潜水目的——打捞公交车运行记录仪。任务——找到坠江公交车,拆卸“黑匣子”,将记录仪带出水面。

2. 危害因素

应当向潜水员简要说明本次潜水的具体危害因素。确保潜水员和潜水队了解存在的危害,以及安全潜水所必需的防范措施。

3. 限制及约束

最大的潜水深度、水底时间、搜索范围、受限空间以及密闭空间等。

4. 岗位安排

审查及核实任务分配,确保作业人员了解他们的岗位和职责。组建紧急撤离小组并明确其责任。确保一号潜水员(如果可能二号潜水员)以及待命潜水员都是经验丰富的潜水员。未经潜水监督许可,作业人员不得随意更换潜水站的位置。

潜水前,潜水监督应评估每名潜水员和照料员的身体状况(如有必要可接受医学人员的协助)。潜水员出现咳嗽、鼻塞、明显的疲劳、精神紧张、皮肤或耳朵感染等任一症状,应取消潜水班次轮换。

潜水监督应确认是否有潜水员或者照料员服用任何可能妨碍潜水的药物。没有硬性规定来判断什么时候药物会妨碍到潜水员的潜水作业。一般来说,局部用药、抗生素、节育药物以及不会引起嗜睡的减充血药物等不会限制潜水。

潜水监督应核实潜水员完成指定任务的意愿和能力。不得强逼任何潜水员进行潜水。经常拒绝潜水作业的潜水员将会被取消潜水岗位。

5. 紧急情况及协助

根据潜水计划中的任务说明,审查当天第一次潜水发生紧急情况时的援助与行动。

第十节 水面需供式潜水着装与卸装

在潜水监督确认所有潜水前的准备工作都已经满足要求时,潜水员即可以准备着装。

与自携式潜水相比,水面需供式潜水着装与卸装是一个相对费力的过程,主要原因是水面需供式潜水装具比较复杂,通过供气软管把几个组件连接在一起,尤其是使用潜水头盔还比较笨重。通常,水面需供式潜水着装与卸装需要潜水照料员的协助。

视频3　水面需供式潜水员着装

一、着装

1.作业潜水员着装程序(参见视频3)

1)穿潜水服

受过训练或者有经验的潜水员会根据呼吸气体、水温、计划的水下停留时间以及水下的作业强度等因素选择合适的潜水服。

2)穿戴安全背带

在穿好潜水服,并对潜水服的密封性和拉链检查后,潜水员将穿戴安全背带。如果安全背带上固定了气瓶,而气瓶又连接在其潜水头盔或面罩上,整个过程通常需要潜水照料员的协助。

3)佩戴压重带

在着装的过程中,会在某个时间点穿戴压重带,但这要取决于所使用的压重的种类。通常,压重带佩戴在潜水背带下方或者外侧。水面需供式潜水用的压重带通常配有快速解脱扣,但注意快速解脱扣不应意外脱落。

任何时候,都不应将安全背带用作压重带,或者把笨重的工具固定在安全背带上。

4)背上应急气瓶并系牢

有的背负式应急供气系统的气瓶会固定在安全背带上,并通过软管连接在潜水面罩或头盔的应急阀上。如果背负式应急供气系统没有配置浸入式压力表,在背带气瓶之前必须确认气瓶压力(图4.10-1)。

5)脐带挂扣在安全背带上

必须通过脐带上的挂钩把脐带挂扣在安全背带上。有的潜水公司和潜水员个人更喜欢使用快速解脱挂钩;而有的潜水员个人却喜欢使用螺栓式的挂钩,但这样会导致潜水员解脱挂钩比较困难。通过把脐带固定在安全背带(图4.10-2)的方法,确保来自脐带上的拉力作用在安全背带上,而不是在潜水面罩或头盔上。

图4.10-1　穿戴背负式应急供气系统

在没有把脐带钩挂在安全背带上时,不得入水,绝对不能够让脐带上的拉力直接作用在潜水面罩上,否则有可能造成潜水员面罩脱落、单向阀适配器折断以及潜水员颈部损伤。

在把脐带钩挂到安全背带上的同时,把测深管绕成正 U 字形插入压重带与潜水员腹部之间,开口端向上,与潜水员胸部齐平。

6)戴上潜水面罩或头盔

此时,作业潜水员开始戴上潜水面罩或头盔。

无论潜水面罩还是潜水头盔,都必须由潜水员自己来进行穿戴、调整和卸除,直到潜水员彻底掌握其穿戴程序。其目的是训练潜水员的熟练程度。此时,照料员必须在场协助潜水员,并帮助检查潜水员穿戴潜水头盔的正确性。一旦潜水头盔戴到了潜水员的头上,潜水员将无法确定是否穿戴正确。

在潜水员着装完毕至入水之前或潜水完毕出水之后的任何时候,只要潜水面罩或头盔已戴在潜水员的头上,潜水照料员必须在现场对其进行协助。着好装的潜水员在水面上行走会比较困难,有可能会被绊倒,甚至导致严重的人员损伤。

(1)潜水面罩的穿戴步骤(图 4.10-3)。

①随着潜水员拿起潜水面罩,照料员应连接背负式应急供气系统的快速解脱接头,如果没有快速解脱接头,照料员应将一级减压器安装在气瓶阀上,确认应急阀处于关闭状态后,顺手打开气瓶阀,并告知潜水员。

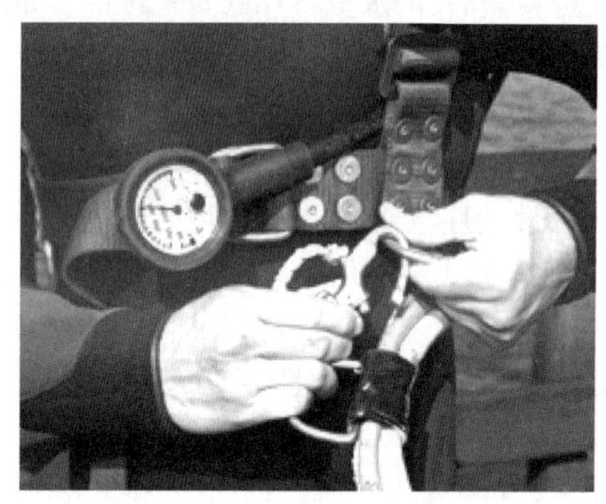

图 4.10-2 将脐带钩挂在安全被带上

图 4.10-3 潜水员自己穿戴潜水面罩

②在潜水员戴上潜水面罩之前,照料员应将需供式调节器的调节旋钮打开,并打开旁通阀,让需供阀和旁通阀分别产生一个恒定的气流。

③做好自己穿戴潜水面罩的准备,首先将头罩拉链拉好,但需要把拉链的下端留出 15cm 的开口,五爪带上除了左下方的一条腿之外,将其余四条腿分别固定在卡箍挂柱上。

④用双手将潜水面罩提起,将五爪带折叠在潜水面罩的前方。把头罩拉到头上并将拉链拉好,应小心不要让拉链夹住自己的头发。在这一过程中要用右手托住潜水面罩,使用左手拉合拉链。在继续用右手托住潜水面罩的同时,用左手把五爪带左下方的腿固定住。

对于大多数的潜水员而言,把五爪带头顶上的三条腿调节到比底部的两条腿稍微紧一些,会感觉比较舒服。如果头型比较均匀,大多数的潜水员会感觉比较舒服的调节方法是:

顶部的五爪带挂在第三个孔上,底部的挂在第二个孔上。每一位潜水员可以根据自己的头型来找出最舒服的调节方式。

不管采用什么样的方式,五爪带的底部必须紧贴在潜水员后颈根部,不能够太高或者戴到后脑勺上,防止潜水面罩意外脱落。若五爪带固定不合适,会让长时间水下停留的潜水员感觉非常不舒服。

在经过适当的调整后,面部密封垫会稍微有些压逼,未进入水中时潜水面罩会很舒适地紧贴着脸部。进入水中之前,潜水面罩的重量会作用在头部,一旦进入水中,潜水面罩的重量几乎感觉不到。可以根据个人的喜好,由照料员协助穿戴潜水面罩(图 4.10-4)。如果有照料员协助穿戴潜水面罩,除了由照料员拉上头罩拉链和固定五爪带之外,其他的程序与潜水员自己穿戴潜水面罩一样。在照料员协助穿戴潜水面罩的同时,仍然需要潜水员自己承担潜水面罩的重量。

图 4.10-4　穿戴潜水面罩时,照料员为潜水员提供帮助

(2)颈圈、轭式颈托密封组件潜水头盔的穿戴步骤。

颈圈、轭式颈托密封组件潜水头盔,通常有 SUPERLITE17A/B、TZ300 等型号。

穿戴步骤如下:

①穿戴颈部密封组件。

首先用手把颈部密封组件抓住放到胸前,然后举起整个颈部密封组件并向头部后上方移动,在组件的轭式颈托开口抵达颈部后方时,把轭式颈托向前滑动,直到把整个轭式颈托装到颈部[图 4.10-5a)]。

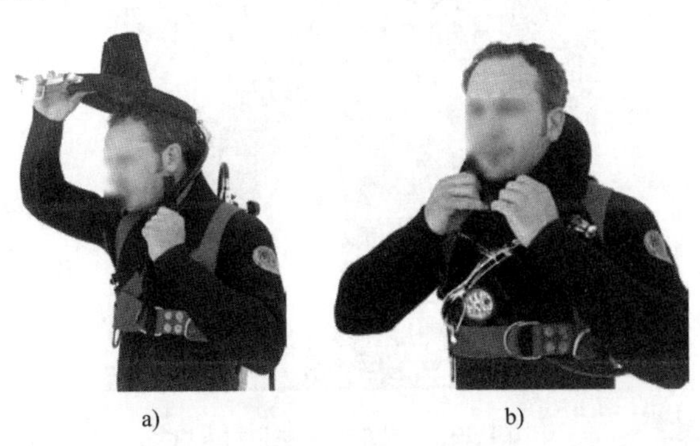

a)　　b)

图 4.10-5　穿戴颈部密封组件

把手举到头顶，把每一只手的四根手指插到颈圈的开口处。让拇指保持在颈圈的外面，把颈圈向自己的手掌拉开，并从头顶套到脖子上［图4.10-5b)］。

图4.10-6 调整颈箍，把颈箍向外翻转折叠

照料员必须确保要把颈圈的上边缘贴住潜水员的上颈部，然后向外翻转折叠(图4.10-6)。

必须把颈箍向上调整，紧紧地贴住潜水员的颈部，这一点非常重要。如果把颈箍向下翻转，在潜水头盔戴好后，会从颈箍处漏气，导致需供式调节器自供，这会让潜水员感觉非常不舒服。

在潜水员抱住潜水头盔的同时，照料员要把应急供气系统的快速解脱软管连接好。在潜水员戴上潜水头盔之前，打开需供式调节器的调节旋钮和旁通阀，让其形成恒定气流。

②戴上潜水头盔。

潜水员应把潜水头盔面窗向下，确定下巴带尾端的袢扣位置，完全打开下巴带袢扣(图4.10-7)。在保持头垫开口处敞开的同时，用两手抓住潜水头盔的底部(图4.10-8)。把潜水头盔举过头顶并小心地安放到头上(图4.10-9)。

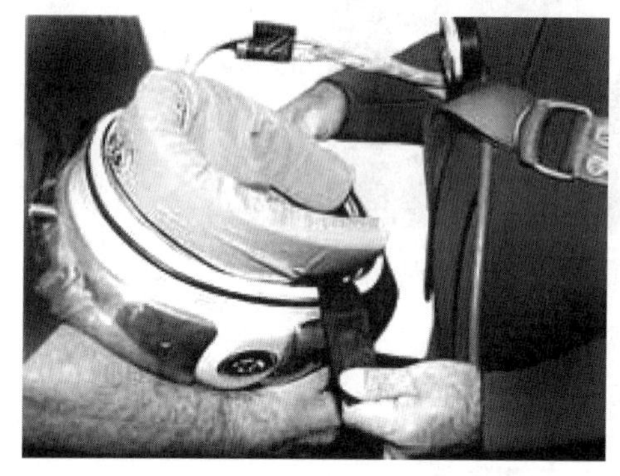
图4.10-7 潜水头盔面窗朝下，确定下巴带的位置

图4.10-8 展开头垫有助于头盔的穿戴

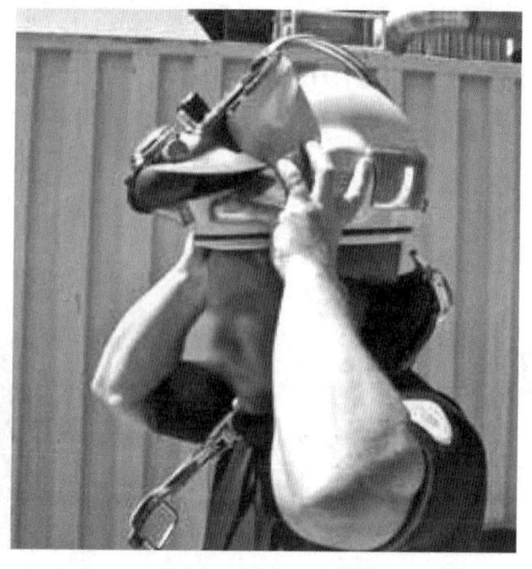
图4.10-9 把潜水头盔举到头顶

尽量把头贴紧潜水头盔的前面,调紧下巴带,让其松紧适度。下巴带是在下巴垫的外侧收紧,而不是在潜水员的下巴上收紧。

把头顶到潜水头盔的后部,然后把潜水头盔向下拉,并左右调整,直到感觉头上的头盔很舒服。把下巴带固定在嘴巴下面。

把下巴带拉下,调整到松紧适度。然后把下巴带通过潜水员下巴的下方,与头垫右侧的尼龙搭扣扣紧。

要小心地把下巴带尾端塞到潜水头盔内,防止下巴带尾端卡在头盔壳体与颈箍之间,照料员尤其要注意这一点。要确保把下巴带直接栓连在潜水头盔上,如果没有,就要在最初的条件下将其更换好。

必须确保系牢下巴带。如果没有适当地把下巴带系牢,潜水员头上的头盔在水下可能会向上漂浮,导致不舒服。

③连接头盔本体与颈部密封组件。

首先要把颈部密封组件后侧的铰链环扣到潜水头盔后方的校准套上(图4.10-10),把头向后倾斜,把整个颈部密封组件向后顶,以便于把铰链环扣牢在校准套上。颈夹的前边缘应超过潜水头盔底部的前边缘。继续向后倾斜脑袋,用一只手把潜水头盔前部举高。

图4.10-10 头盔后部的铰链环须扣到校准套上

照料员必须把轭式颈托上的铰链环向潜水头盔的后上方举高,把铰链环扣到头盔后部的校准套上(图4.10-11)。

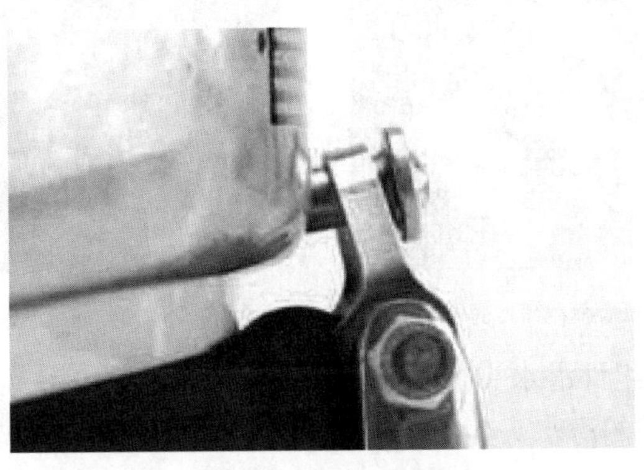

图4.10-11 铰链环与校准套扣牢

如果没有把铰链环正确地固定在校准套上,颈部密封组件有可能会与潜水头盔脱离,从而导致潜水头盔进水。如果发生这种情况,有可能导致潜水员淹溺或死亡的严重后果。

照料员抓住颈夹组件的把手,向潜水员的右侧旋转,这样就可以完全地打开颈夹。

在潜水员保持潜水头盔向下的同时,把颈夹组件向上推,见图4.10-12,直到潜水头盔底部与颈夹完全啮合。不要把颈夹组件的把手当成杠杆使用,这样会损坏颈夹机械装置。

在把潜水头盔和颈部密封组件压紧在一起的同时,向潜水员的左侧旋转颈夹柄,直到夹柄超过中心点并合拢,见图4.10-13。把拉销拉出后,就可以打开弹簧锁紧装置。

图4.10-12　把颈夹组件向上推

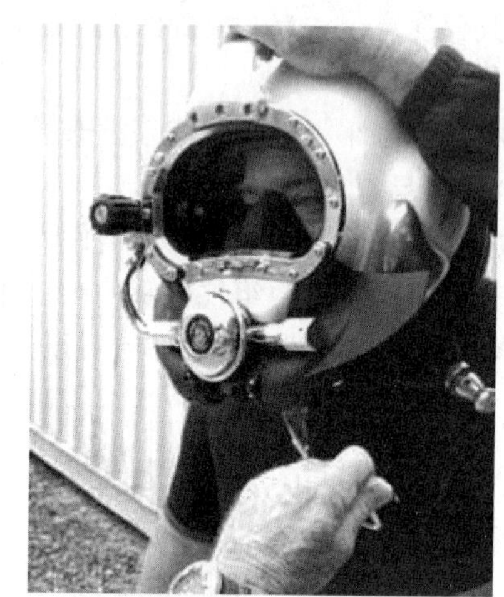

图4.10-13　颈夹向潜水员左侧旋转

把颈托抬高,直到弹簧锁紧装置与夹柄上的锁扣紧密结合,放开拉销。弹簧拉销应到达弹簧锁紧装置的底部,卡住夹柄的锁扣(图4.10-14),插上安全销(图4.10-15)。但并不是所有的潜水头盔都配备有安全销。

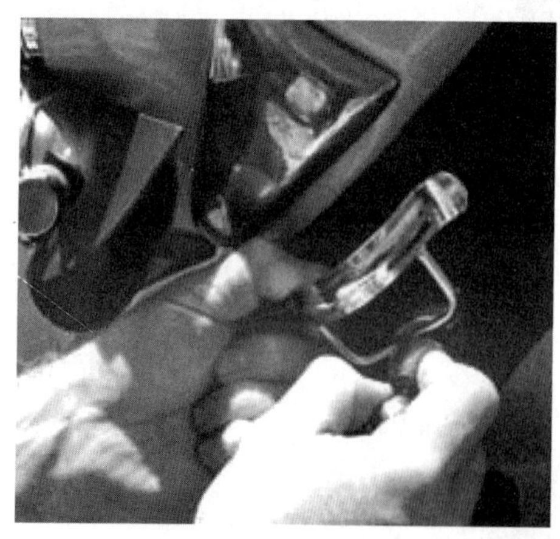

图4.10-14　拉销须啮合在颈夹的锁扣

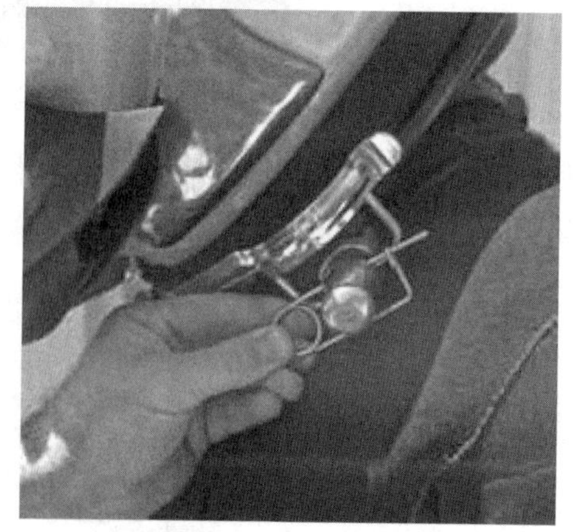

图4.10-15　潜水前插上安全销

(3)颈圈、颈环密封组件潜水头盔的穿戴步骤。

颈圈、颈环密封组件的潜水头盔,通常有KM27、KM37、KM77、KM97等型号。

穿戴程序如下:

①穿戴颈圈、颈环组件。

要穿戴颈圈，垂直地抓住颈圈、颈环组件，置于胸前，这样组件较大的一端，即拉带的固定端处于上方。拉带应朝向胸部。把颈环组件举高超过头部，分别抓住颈圈、颈环组件的前后部。把颈圈从头顶拉下。颈圈在颈部上的位置应尽可能低(图4.10-16)。

图4.10-16　穿戴颈圈

颈圈要始终贴到潜水员的脖子上，这一点很重要。如果颈圈调整得太低，气体会从颈圈处泄出，从而导致需供式调节器通风的现象。这会让潜水员对潜水头盔的感觉很不舒服，同时也会浪费呼吸气体。

必须调整颈圈、颈环组件的方向，颈圈、颈环组件前端的黄铜“舌”状物要处于潜水员下巴前下方，并指向潜水员的前方。在潜水员穿戴颈圈、颈环组件的时候，能看到黄铜“舌”状物从颈圈、颈环组件下伸出来，同时这也意味其定向正确。

在穿戴潜水头盔之前，要确定放松潜水头盔内的下巴带。用右手抓住颈圈、颈环组件，把大拇指置于塑料搭扣圆头端下方，并将其提离颈圈，就可以放松下巴带。

在潜水员抓住潜水头盔的同时，照料员应连接应急供气的快速解脱接头。在潜水员穿戴潜水头盔之前，打开需供式调节器的微调旋钮以及旁通阀，让两者都产生一个微弱的恒定气流。

②戴潜水头盔。

在潜水头盔面窗朝向下方的同时，拉开密封拉销，完全打开锁紧颈环/颈垫组件。确保头垫在潜水头盔内的位置适当，固定合理。把鼓鼻器完全拉出来(图4.10-17)。

图4.10-17　完全打开锁紧颈环/颈垫组件

在锁紧项环/颈垫组件完全打开后，举高潜水头盔并放到头顶上。首先把潜水头盔戴到后脑勺上，然后向前旋转潜水头盔，直到潜水员的口、鼻处于口鼻罩内。锁紧项颈环、颈垫组件必须是开启状态并垂吊在肩部后方。

把手伸入潜水头盔前方内部，收紧下巴带，使其处于松紧适度的状态。下巴带是在下巴垫外部收紧，而不是直接固定在潜水员的下巴上。

③连接潜水头盔本体与颈部密封组件。

至此，颈圈、颈环组件处于潜水员的肩部上方、头盔的正下方。潜水员把颈圈、颈环组件上的插舌插入头盔底部前方的摆动锁扣内(图4.10-18)，照料员要检查其咬合的正确性。用手指抓住头盔的底部，把颈圈、颈环组件推入头盔底部的头盔环内(图4.10-19)。颈圈、颈环组件将会非常密实地贴合在头盔环中。然后，潜水员把他的头部和头盔向前倾斜，把锁紧颈环、颈垫组件向上摆动至他的肩膀上方。

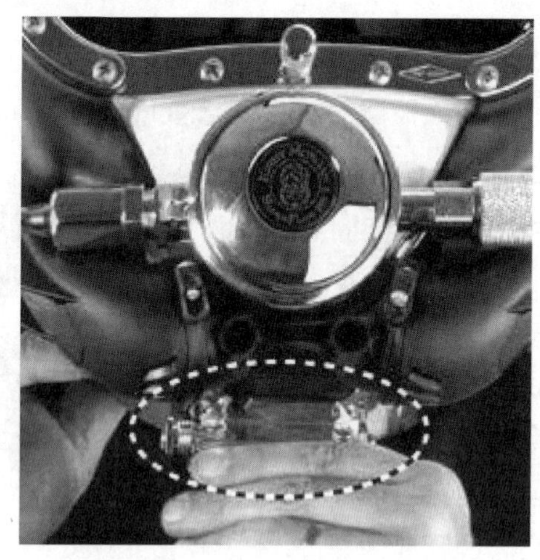
图 4.10-18　把颈圈、颈环组件上的插舌插入摆动锁扣内

图 4.10-19　把颈圈/环组件推入

锁紧密封拉销必须处于锁定位置。如果它们处于开启位置,旋转拉销直到它们卡入锁定位置。用手指抓住头盔底部的头盔环的外部,用拇指把锁紧颈环/颈垫组件向上推到合适的位置,直到锁紧密封拉销将其锁定(图 4.10-20)。

图 4.10-20　左右锁紧密封拉销插入锁紧颈环内

两颗锁紧密封拉销必须在头盔底部正确定位。如果拉销没有正确啮合,颈圈、颈环组件可能无法密封,潜水头盔有可能进水,并可能导致潜水员溺水。

2. 待命潜水员着装和待命

待命潜水员比作业潜水员提前着装,但只有在需要应急处理时才会下水。待命潜水员与作业潜水员的着装程序基本一样,通常待命潜水员应戴好压重带、脚蹼、手套,把脐带钩挂在安全背带上,在进入水中之前,潜水面罩是要穿戴的最后一件装具。一旦水下潜水员需要协助时,待命潜水员只要戴好潜水面罩即可下潜。

如果待命潜水员必须使用头盔式潜水装具,他可以先戴好颈圈、颈环组件。然而,待命潜水员在入水前,最后一件要穿戴的装具永远是潜水头盔。在潜水员戴潜水头盔之前,所有其他的事情必须准备妥当,这样潜水员在入水前就不必用头长时间支撑潜水头盔的重量。

待命潜水员的脐带比作业潜水员的脐带至少长 2m。

待命潜水员会在潜水现场一个比较舒服又不会影响到安全作业的位置待命,应为待命潜水员提供相应的保护,以免受到天气的影响,特别是预防晒伤和脱水。在紧急情况下,待命潜水员应在尽可能短的时间内做出反应,并采取相应的行动。如果作业潜水员使用的是潜水头盔,待命潜水员可以使用卡箍式全面罩,因为这会让待命潜水员在紧急情况下更快地进入水下。

待命潜水员的工作就是等待，万一发生水下潜水员出现紧急情况，能立即入水应急处理。因此，待命潜水员在潜水技能和体能方面都应是潜水团队内最好的潜水员之一，但不必精通特定工作的作业技能。一旦待命潜水员入水，只要作业潜水员的脐带没有切断，待命潜水员将沿着作业潜水员的脐带找到作业潜水员。在整个潜水的过程中，待命潜水员必须与潜水监督保持沟通，并对进展情况进行实时报告，以便潜水监督和水面团队尽可能地了解水下正在发生的情况，并据此制订相应的计划和采取必要的措施应对紧急事件，这可能包括提供应急气体、定位和救援受伤或者意识丧失的潜水员等。

作为一个待命潜水员，在紧急状况下能够自己穿戴潜水面罩或头盔是很重要的。

二、卸装

在潜水员离开水面到达潜水站地面或甲板面之前，潜水员不应卸掉潜水面罩或头盔。如果使用潜水吊笼作业，潜水员在从吊笼中出来之前，不能卸掉潜水面罩或头盔，只有吊笼停放到甲板上后，潜水员才可以卸掉潜水面罩或头盔。

1. 潜水面罩卸装程序

(1)如果潜水员穿着了脚蹼，首先应脱下脚蹼，穿着脚蹼攀爬潜水梯可能导致潜水员坠落。

(2)潜水员要用手支撑潜水面罩的重量，以便于照料员协助拉开头套拉链和松脱五爪带，取下潜水面罩，由一名照料员或潜水员自己托住；在拆卸五爪带时，可以把五爪带左侧松脱，没有必要把五爪带完全解除掉，这样可以避免丢失五爪带。

(3)如果潜水员要自己卸掉潜水面罩，首先把鼓鼻器拉出，把五爪带底部的两条带松脱掉，用两手抓住潜水面罩的底部，向外和向上拉潜水面罩即可卸掉面罩，见图4.10-21；在一些紧急情况下，即使头套的拉链未被拉开，五爪带的带子未被松脱掉，潜水员同样可以采用此方法卸掉面罩。

图4.10-21　潜水员自己脱卸潜水面罩

(4)关闭气瓶阀，卸下一级减压器。

(5)打开安全背带上的脐带扣，从压重带下抽出测深管。

(6)卸脱压铅、气瓶、所有附属品。

(7)解下安全背带、脱潜水服。

(8)如果在一段时间内不使用卡箍式潜水面罩，逆时针旋松微调旋钮。

2. 颈圈、轭式颈托密封组件头盔的卸装程序

(1)脱下脚蹼、上平台(特殊情况除外)；

(2)照料员应协助潜水员，抓住弹簧锁紧组件上的拉销把手，把拉销拉出，轭式颈托下坠；

(3)用手抓住颈夹的手柄并水平向外拉，直到手柄处于潜水员的正前方，这一动作将会

打破颈圈在潜水头盔底部四周的密封,颈圈和颈夹将会与潜水头盔的前底部分离;

(4)潜水员将头向后倾斜,将颈部密封组件上的铰链环从校准套上取下;

(5)潜水员把手伸到头盔前部的下方,解开固定头盔的下巴带,将鼓鼻器抽出,然后两手抓住头盔底部的左右两侧,举高头盔并取下头盔,由一名照料员或潜水员自己用手提住;

(6)关闭气瓶阀,卸下一级减压器;

(7)打开安全背带上的脐带扣,从压重带下抽出测深管;

图 4.10-22 脱卸颈部密封组件

(8)照料员从潜水员手上拿过潜水头盔,并小心地把潜水头盔放到较柔软的物体面上,比如盘好的脐带上;

(9)潜水员把手插入颈圈和脖子之间(图 4.10-22),用手掌把颈圈向两边拉开,把颈圈上举到头顶,向后移除轭式颈托;

(10)卸下压铅;

(11)卸脱应急气瓶;

(12)解脱所有附属品,脱下安全背带、潜水服;

(13)如果在一段时间内不使用潜水头盔,逆时针旋松微调旋钮。

3. 颈圈、颈环密封组件头盔的卸装程序

(1)脱下脚蹼、上平台(特殊情况除外);

(2)待潜水员站定后,拉出密封拉栓(向前)并将其旋转并固定至开启位置;

(3)向前倾斜头部和潜水头盔,向后摆动颈部锁紧环至肩膀的后方;

(4)潜水员或照料员向下拉颈圈、颈环组件上的拉带(图 4.10-23),这将会打破颈圈/颈环和头盔底部头盔环之间的密封;

(5)让颈环与插舌锁紧器脱离,并让颈圈、颈环组件与潜水头盔分离;

(6)潜水员把手伸到潜水头盔前部的下方,解开固定潜水头盔的下巴带,将鼓鼻器抽出,然后两手抓住潜水头盔底部的左右两侧,举高潜水头盔并取下潜水头盔,由一名照料员或潜水员自己用手提住;

(7)关闭气瓶阀,卸下一级减压器;

(8)打开安全背带上的脐带扣,从压重带下抽出测深管;

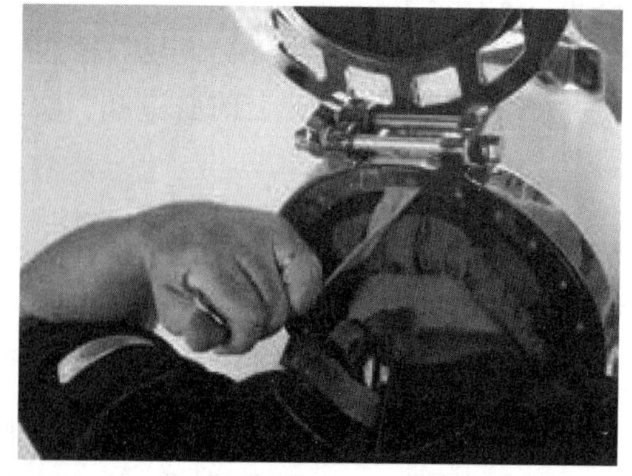

图 4.10-23 向下拉颈圈、颈环组件上的拉带

(9)把潜水头盔并置于安全的位置(在把潜水头盔放置于粗糙的甲板面之前,把锁紧项圈/颈垫组件合拢于潜水头盔之内,这样做会保护头盔环,以免头盔环损坏);

(10)用手抓住颈圈、颈环组件前端,用手指把颈圈拉离颈部。将颈圈、颈环组件向前拉,

让下巴离开颈圈,向上举起颈圈、颈环组件;

(11)卸下压铅;

(12)卸脱应急气瓶;

(13)解脱所有附属品,脱下安全背带、潜水服;

(14)如果在一段时间内不使用潜水头盔,逆时针旋松微调旋钮。

第十一节　水面需供式潜水程序

水面需供式潜水程序,包括着装、入水前检查、入水与下潜、水下操作、上升、减压、潜水员照料与监护、出水、卸装及潜水后操作等。着装、卸装在上一节已单独介绍,本节详细介绍水面需供式潜水的其他程序。

一、入水前检查

潜水员戴好潜水面罩或头盔,在完成着装之后、入水之前,必须进行入水前检查,参见视频3。水面需供式潜水入水前检查的主要内容有:

1. 通信检查

潜水员和潜水电话操作员检查语音通信系统,确认相互之间都能够清晰地听到对方。如果是两位或者多位潜水员同时进行水下作业,这也可以帮助电话操作员确定连接特定潜水员的通信通道。

2. 呼吸检查

在照料员的协助下,潜水员着装完毕,必须自己测试呼吸系统。潜水员在入水之前,必须检查旁通阀、手动按钮以及微调旋钮,确保这些阀件能工作正常。检查二级减压器的呼吸阻力,确保二级减压器没有通风的现象。同时,还要检查脐带与潜水控制面板的连接,确定连接特定潜水员的供气控制阀。

3. 潜水头盔密封完整性检查

如果潜水员使用的是潜水头盔,并对潜水头盔的密封性有任何的怀疑,在潜水前执行下列测试。在进行潜水头盔密封完整性测试的时候,必须有照料员的协助。照料员应在潜水控制面板前待命,可以随时为潜水员提供帮助。潜水员必须在潜水控制面板的旁边,在潜水员需要呼吸气体时能够瞬间打开供气,或者潜水员要做好准备,必要时能够把一只手插入脖子和密封颈圈之间,拉开颈圈方便呼吸。

关闭潜水控制面板上潜水员的供气阀,排尽脐带内的气体。

当潜水员吸气时,会在颈圈上感觉到一个吸力,这表明潜水头盔与颈部密封组件形成了良好的密封。

马上打开供气控制阀,为潜水员提供呼吸气体。如果不打开供气,潜水员就无法呼吸,除非把颈圈从颈部拉开。

在没有为潜水控制面板提供主供气，以及在潜水员和照料员没有在潜水控制面板旁边就好位之前，不要进行这种测试。如果潜水员不能够通过脐带或者应急供气系统为潜水头盔供气，他有可能无法快速地解除潜水头盔。

在这种状况之下，要解除密封的方法就是把手插入到颈圈和颈部之间，从颈部拉开颈圈。照料员必须要做好准备，一旦需要，就可以协助潜水员解除潜水头盔。否则，有可能导致窒息。

4. 背负式应急供气系统检查

在入水之前潜水员必须检查背负式应急供气系统，确保能够操作应急阀。如果采用的是“气瓶阀开启，应急阀关闭”的应急系统设置，检查步骤如下：

(1)通知潜水控制面板操作员，关闭主供气。

(2)得到确认后，打开旁通阀，将脐带内的气体排尽直到无法呼吸，打开应急阀，如果气瓶阀已经开启，试呼吸两次以上；如果气瓶阀没有开启，通知立即开启气瓶阀并做试呼吸。

(3)通知潜水控制操作员打开主供气，得到确认后，顺手关闭应急阀；必须确认关闭了应急阀，如果没有关闭应急阀，会在短时间内耗尽应急气体，一旦出现主供气中断的紧急情况，潜水员将没有应急气体可用，有可能导致潜水员溺水或死亡。

(4)向潜水监督报告背负式应急供气系统正常(并将气瓶压力告知潜水监督)，潜水员准备完毕。

5. 潜水监督的检查

潜水监督确认潜水员正确地完成入水前检查之后，在允许潜水员入水之前，还必须根据潜水前装具检查表进行全面检查。制定这种潜水前检查表时，应针对具体的潜水装具和设备，参考适当的操作和维护手册，使内容尽量详尽，见表4.11-1。

入水前潜水监督对装具最后检查表 表4.11-1

日期：		
潜水面罩/头盔序号：		
相关设备序号：		
潜水监督签名(正体书写)：		
步骤	程序	结果
1. 检查呼吸系统	潜水员：检查下列步骤(a～e)	
	a. 打开，关闭旁通阀检查并确保操作正常	
	b. 检查呼吸阻力，调节需供式调节器的调节旋钮，调整最低的吸气阻力	
	c. 按动手动按钮，检查供气功能	
	d. 确保鼓鼻器滑动顺畅	
	e. 确保应急阀开、关正常，然后核实应急阀处于关闭状态，应急气瓶阀处于开启状态	

续上表

步骤	程序	结果
2. 检查通信	潜水员： 执行通信的检查	
3. 检查热水供应	照料员： 检查热水供应的连接。确保水面已经为潜水员打开热水供应，并核实热水套和热水服的水流状况	
4. 检查干式服的充气软管	照料员： 检查干式服充气软管的连接。确保干式服充气阀、排气阀功能正常	
5. 检查整套装备	照料员： 使用皂液对面罩的各供气接头，以及应急供气系统的连接点进行气密检查	
6. 检查潜水员整套装备 注意：必须确保所有的装具调节合理，功能正常	潜水监督/照料员：检查设备的调节/整套设备的配备，包括下列步骤（a～e）	
	a. 潜水员安全背带	
	b. 脐带的快速解脱装置	
	c. 应急供气系统充气软管的快速解脱	
	d. 靴子、手套、潜水刀以及其他辅助设备	
	e. 头盔最低供气压力：0.8MPa	
7. 检查呼吸 注意：使用潜水面罩呼吸时要正常、轻松、舒适	潜水员： 检查并确保潜水面罩的呼吸顺畅舒适	

潜水监督确认潜水前装具检查正常后，潜水员已经准备就绪，允许潜水员入水。

二、入水及下潜

1. 入水

潜水前准备工作全部完成后，潜水员即可准备入水。根据潜水作业现场条件，选择合适的入出水方式，供潜水员安全入水和出水。入水方式有多种，潜水员可以使用潜水梯、潜水吊笼或潜水钟，也可以直接迈入水中，选择哪种方式主要取决于潜水作业平台的情况。当潜水站地面的位置与水面间的距离大于3m时，应采用潜水吊笼或开式潜水钟方式。无论选择哪一种入水和出水方式，都应满足待命潜水员营救的需要。潜水员在入水前，要仔细观察周围情况。

图4.11-1 迈入法

迈入法（图4.11-1）是一种比较常用的入水方法。从稳定的平台或不易受潜水员行动影响的船舶上，距离水面2m之内,深度较大,水中没有任何障碍物的条件下可采用此方法。

如果潜水员采用迈入式入水方法,应注意下列问题:

(1)了解水下状况,水下没有障碍物,并且水的深度适宜迈入式的入水方法;

(2)照料员必须确保在潜水员和照料员之间有足够长的、没有任何纠结的脐带;

(3)在潜水员跳水时,脐带不能有任何的纠缠钩挂的可能;

(4)潜水员可以适当地打开旁通阀,让潜水头盔或面罩内部压力稍高过外界压力,以避免潜水员入水的瞬间与水撞击,导致潜水头盔排气阀片翻转;

(5)潜水员仔细观察水面环境;

(6)一手抓脐带,一手护住潜水面罩或头盔,向前跨出一大步入水,潜水员入水时,应使上身向前倾一点,避免入水时水的冲击力让气瓶上升而撞到潜水员的后脑勺。

2. 下潜前检查

潜水员在入水后,必须立即向水面报告。潜水员在下潜前,潜水监督还必须检查、确认装具在水中是否正常,因为在水面以上无法或者不能够有效地对某些方面进行检查。检查、确认的内容如下:

(1)潜水员首先检查潜水面罩/头盔的呼吸是否正常,调节需供式调节器使呼吸舒适顺畅,然后向水面报告呼吸正常;

(2)潜水员进行干式服气密性和供气连接检查;

(3)如果两名潜水员同时下潜,全面检查各自装具后,再相互检查对方装具,照料员和另一潜水员注意观察可疑的泄漏气泡;

(4)检查通信系统,确保通信系统工作正常(当连接点接触水后,通信系统有可能会发生故障或者通信效果变差);

(5)检查潜水头盔的水密性。不应有水从颈部密封组件进入潜水头盔;

(6)潜水员的浮力检查;

(7)检查微调旋钮,确保最小的呼吸阻力。

(8)照料员注意协助检查潜水员应急背负供气系统是否有漏气现象。

在水面浪涌比较大的情况下,较佳的做法是,潜水员下潜到水下3~6m不受涌浪影响的深度,暂停一下,进行上述检查,直到确定所有的装具都能正常工作为止。

在所有的检查结果均能够满足潜水员的下潜要求后,潜水员向潜水监督报告,让照料员协助引到入水缆的位置。就位后,潜水员可以调节浮力并示意潜水监督可以下潜。

3. 下潜

潜水员接到“下潜”的口令后,可以借助入水缆或者潜水吊笼下潜。水面支持人员必须要确保潜水员的供气量和足够的压力,以抵消不断增加的水压。

在下潜过程中,潜水员可调节微调旋钮,让呼吸更加容易和舒适;同时,潜水员要注意控制下潜速度,要持续平衡耳内压力,并小心留意耳内或窦腔内的任何疼痛,以及其他的危险信号。如果发现任何的不适和危险信号,应立即停止下潜。可以通过短距离上升使压力恢复平衡再继续下潜,如果经过两次尝试仍无效,潜水员可以返回水面,并视情况终止潜水。

下潜的具体准则如下:

(1)在沿着入水缆下潜的时候,用腿勾住入水缆,一只手抓住入水缆。

(2)有水流或潮汐时,潜水员应背对水流,避免被水流冲走(如果流速较大,潜水员可适当增加压重带的重量,并尽量保持垂直下潜)。

(3)如果使用潜水吊笼下潜,潜水员站在潜水吊笼中心,手握紧潜水吊笼旁边的把手。

(4)下潜速度应根据潜水员自身情况调节,一般保持在15m/min左右;但无论采用什么样的方式下潜,最大下潜速度不超过23m/min;另外,有些因素,如潜水员平衡压力的能力、流速、能见度以及水底状况不明等,可能导致需要降低下潜速度。

(5)潜水员着底后,应马上向水面报告;如果使用的是潜水吊笼,应把潜水吊笼的情况,如吊笼的摆放、吊缆的松紧、是否会对潜水员造成伤害等情况报告给潜水监督;然后快速检查水底情况,并将与预期相差较大的水底情况及时向潜水监督报告;如果情况对潜水员安全不利或不能保证潜水作业安全,应马上终止潜水。

(6)潜水员到达工作深度,可能需要再次通过调节旋钮调整需供式调节器,以弥补供气余压的变化。

(7)按潜水监督的指令,离开潜水吊笼。

三、水下操作

水面需供式潜水装具相对较为复杂,潜水员在水下应能熟练操作,正确调节供气状态,适应水下环境,适当进行水底移动。除了这些技能,潜水员还必须掌握应急程序和救援程序、必要的作业技能以及水下作业工具的安全操作程序等,以便安全、顺利地完成水下作业任务。

1. 水下环境适应

经过仔细周密计划,潜水员对潜水作业地点的水下环境已经有比较清楚的了解,并针对作业点的水下条件做好充分的准备。潜水员将采用以下技术来适应水下环境:

在到达水底后,离开入水缆或者潜水吊笼之前,潜水员要检查潜水装具,确保具有充足的供气流量。

潜水员通过脐带、水下特征和水流方向辨别水下作业地点的方位。应注意的是,水下的水流方向可能与水面不一致,在整个潜水作业过程中,水流的方向也会发生很大改变。如果潜水员辨别方向有任何困难,照料员可以通过拉绳信号的搜索信号引导潜水员。

潜水员适应水下环境后,就可以向作业地点移动,执行水下作业任务。

2. 潜水装具操作

1)潜水通信

(1)语音通信。

正确有效的语音通信对于安全高效的水下工作来说非常必要。语音通信技能需要在潜水培训和潜水作业中掌握。通话内容要用标准的潜水用语,简单明了。语音通信的基本要素是在提供所需信息时能够清晰、明确、缓慢、简洁,并通过相互的重复,检查信息是否已被接受和正确理解。这基本上与用于其他目的的无线电通信一样,但所使用的词汇可以根据潜水操作环境而变化。

有些潜水站有专门的电话员操作通信系统,并将关键的通话内容准确记录下来。任何时候电话操作员不准离开电话。

(2)拉绳信号。

在水面需供式潜水作业中,潜水员与水面的备用通信系统是脐带拉绳信号,一旦发生语音通信中断的特殊情况,照料员和潜水员之间可通过潜水员脐带用拉绳信号来联系。水面需供式潜水用的拉绳信号与自携式潜水基本一致,由一个或一系列在脐带上的清晰的、足以让潜水员感觉得到的急剧拉动组成的。拉绳信号分标准信号和特殊信号,标准信号是经过多年实践建立起来的信号体系,见表3.8-2,可用于所有的潜水作业。有时在潜水员和水面之间可以建立特殊信号或者临时信号,以满足特定任务的要求。

进行通信前,首先要将潜水脐带拉紧。使用拉绳信号通信时,拉动脐带的强度要足以能被潜水员感觉到。多数情况下要求潜水员立刻用同样的信号答复。如果答复信号有误,水面需要重发信号。如果回答信号一直不正确,可能有三种情况:脐带扭转、松弛或潜水员有麻烦。失去联系属于紧急情况,必须立刻向潜水监督报告,同时检查故障原因。

2)面窗除雾

虽然大多数的需供式潜水面罩或头盔内都有口鼻罩,能够降低面窗起雾的机会。但由于潜水员面部的差异以及装具在维护和使用上的不当,在潜水的过程中,特别是在较寒冷的水域的潜水作业,潜水员的呼出气体可能会在面窗上冷凝成雾,阻碍潜水员的视线,此时就需要潜水员打开旁通阀,将气体直接吹向面窗。这种气流能够直接把面窗上的大水滴吹掉,并能够蒸发小水滴和轻微的冷凝,改善潜水员的视野。虽然这样做有噪声且浪费气体,但简单实用,不需要过多的练习,也不会影响到安全。

3)调节呼吸阻力

水面需供式潜水的供气压力是在潜水控制面板上设置的,不会因为深度上的变化而自动调整。潜水员必须对潜水头盔或者面罩上的二级减压器微调旋钮进行调节,来应对由于深度和姿势上的变化带来的压力变化。微调旋钮通常可以控制二级减压器开启压力,从通风到呼吸困难。通常微调旋钮向内旋转(顺时针)呼吸阻力增加,向外旋转(逆时针)呼吸阻力降低。可能每一次潜水都会用到这种技能。任何时候只要潜水员感到有必要,即可通过调节微调旋钮进行呼吸阻力的调节。

如果需供式调节器出现自供(通风)现象,顺时针向里旋转调节微调旋钮直到自供停止。如果自供不能停止,潜水员应放弃潜水作业。即使潜水员没有出现严重的问题,也必须停止潜水作业返回潜水站,并对出现问题的需供式调节器进行检查和维修。

4)脐带管理

潜水员脐带管理有两个方面,即潜水员管理和照料员管理。潜水员和照料员要互相合作,确保潜水员脐带不会发生扭结、绞缠或过紧而限制潜水员活动,或者过松。在水流较大的环境下作业,由于水流的冲击让潜水员始终处于一种被脐带拉拽的状态,会增加体力消耗和作业难度。如果潜水员在一个固定点作业,可以用一根细绳穿过布基胶带将自己的脐带固定在水下物体上,这样可以避免水流冲击脐带把潜水员拉走。但是,在固定脐带前在靠近潜水员端必须留有一定长度的脐带,以利于活动。潜水员在固定自己的脐带时,要使用较易解脱的绳结。另外,固定脐带的细绳强度不能太大,确保一旦发生紧急情况水面用力可以将其拉断。

3. 水底移动

潜水员水底移动应遵守下列规定：

(1)在离开潜水吊笼和入水缆前，确定脐带没有绞缠。

(2)潜水监督必须确定采用哪一种离开潜水吊笼的方式更加有利；如果潜水员穿过吊笼栏杆或栏索离开吊笼，在潜水结束时，潜水员会很容易找到吊笼；但是如果发生语音通信中断的意外情况，就会阻碍拉绳信号，同时也可能影响到潜水员在工作点或周围自由移动的能力。

(3)将脐带在手臂上绕一圈，这样可缓冲涌浪突然冲击造成对绳索的拉拽。

(4)动作宜缓慢谨慎(图4.11-2)，既可保存体力，又能提高安全性。

图4.11-2　水下移动

(5)如遇到障碍，应从障碍上方通过(不是下面和旁边)；假如从障碍旁通过，必须原路返回，以避免绞缠。

(6)如果使用的是变容式干式潜水服，可调节干式服的浮力协助移动，但应避免跳跃式移动，所有的移动都应受到控制。

(7)如果流速太大，为降低水流冲力，应弯腰甚至匍匐移动。

(8)在岩石或珊瑚礁上移动时，要注意避免被突出的礁石绞缠脐带和磕碰，甚至脚陷入礁石裂缝；小心尖锐礁石会割裂供气软管、潜水服和潜水员的手。照料员应非常小心地收紧脐带，避免脐带绞缠。

(9)在砂砾层上，特别是在斜坡上移动，小心松陷和跌倒。

(10)避免不必要的移动，以免搅动水底淤泥影响能见度。

(11)如果潜水员进行剧烈的活动，应根据需要或者水面的指示进行间隔性的通风；如果水深超过30m，由于氮麻醉的作用潜水员有可能无法注意到高碳酸血症的警示症状，潜水监督应监控潜水员的呼吸情况；使用变容式干式服的潜水员，应避免过度充气，在从淤泥中抽出腿的时候，要注意放漂的可能；如果被淤泥吸住，最好要求待命潜水员提供协助。

(12)水底的淤泥可能无法支撑潜水员的重量，长时间在淤泥中工作本身可能没有风险，但是如果二级减压器被泥封住，它可能无法正常工作；泥底的主要危险来自隐藏在淤泥里的障碍物和危险的残骸。

(13)如果在水下进行除泥或者挖沟作业，万一出现塌方导致潜水员被压住，此时潜水员应让潜水头盔或面罩的旁通阀保持轻微的通风，同时立即通知水面，并用高压水枪自行冲除；如不能自行排除，可由水面派待命潜水员下水援救。

4. 水下作业

潜水员到达作业深度后，调节供气流量至呼吸最顺畅状态，适应水下环境，并对水下条件进行一次检查(能见度差时，可通过摸索来检查)，确定自己对周围景物的方位，核实工作位置后，就可开始潜水作业。

在潜水作业过程中，水面人员应保持与潜水员通信，倾听潜水员呼吸声，持续观察潜水员排气气泡。水面人员应持续对其测深，记录最大深度并照顾好潜水员脐带和信号绳。潜水员应保持与水面通信联系，报告作业进度以及水下环境情况。潜水员应在保证安全的条件下进行水下作业，凡遇有异常、危及潜水员安全的情况，应随时中断该次潜水，报告水面，并立即返回水面。

在角落附近执行潜水作业任务，容易发生脐带绞缠或拉绳信号传递错误。可派一名水下照料潜水员协助清理脐带和传递拉绳信号。当电话通信无效时使用拉绳通信，第二名潜水员用第一名潜水员脐带协助后者传递拉绳信号（中转作用）。

水下作业需要各种适当的作业工具和材料，多数是标准的、经过防锈处理的工具和材料，也有专门为水下作业而设计的工具。每一种特定水下工具的使用和维护方法都应参照生产商的使用维护手册。一个合格的潜水员应能熟练操作和使用常用水下工具和材料。

四、潜水员照料与监护

1. 潜水员照料

潜水照料员依据下列程序照料潜水员：

（1）潜水前，照料员要准备妥当潜水头盔或面罩，仔细检查潜水服、安全背带，特别是单向阀、供气阀、头盔锁、潜水电话的焊接部位等。着装前，照料员要确保所有需要穿戴的物件准备就绪。

（2）准备完毕，照料员给潜水员着装并协助潜水员进入潜水吊笼、潜水梯或水边，同时要抓住潜水脐带。

（3）如果潜水员采用迈入式入水方法，在潜水员接近水边时，照料员要放松足够多的脐带，让潜水员入水的瞬间不会受到拉拽，但又不能够太松让潜水员下坠得太深。照料员要以一个稳定的速度释放脐带，让潜水员平缓下潜，并要时刻注意潜水员喊出的“抓住”指令。照料员要依据潜水监督（电话操作员）的指令释放或回收脐带。

（4）如果使用潜水吊笼，释放脐带速度应配合潜水吊笼下降的速度。

（5）在整个潜水的过程中，照料员应保持脐带适当的松紧度，以不限制潜水员活动为宜。一般允许多0.5～1m的松弛，可保证潜水员自由活动，也能防止潜水员被涌浪提离海底。照料员应随时检查脐带的松紧度，避免因潜水员水下活动导致脐带过度松弛。脐带过度松弛将导致无法收到潜水员的拉绳信号，无法及时阻止潜水员坠落，而且容易出现脐带绞缠。

（6）照料员绝对不能让脐带脱手，更不能把脐带绕到缆桩或其他固定物上。

（7）照料员凭感觉监控脐带，通过观察入水缆看是否有来自潜水员的拉绳信号，如果没有使用潜水电话或潜水员处于沉默状态，照料员周期性地通过拉绳通信掌握潜水员情况。如果潜水员没反应，应重复询问，如果潜水员仍然没反应，应立刻向潜水监督报告。任何时候通信中断，都应被认定为紧急情况。

2. 潜水员监护

潜水监督和照料员应随时监控水下潜水员的水下进展，并跟踪其相对位置。

(1)参照水流情况,观察并分析水面气泡;潜水员在水底搜索时,水面气泡将有规律地移动;如果潜水员在固定地点作业,水面气泡位置很固定;如果潜水员发生坠落,气泡可呈直线快速移动。

(2)通过测深表监控潜水员的作业深度;如果潜水员停留在某一固定深度或上升,将不需要为测深管加气,测深表提供的是直接的读数,但如果潜水员下潜时,必须用压缩空气将测定管内水排除后重新读取数字。

(3)照料员要随时注意拉绳信号。

(4)协助人员应观测所有设备的仪表,例如电焊机的电流表能显示水下焊接工作时的功率消耗;气割的气压表能显示燃气的流量;液压动力源的压力和流量变化意味着水下工具正在使用等。

五、上升

潜水员上升出水,应按照下列程序进行:

(1)准备上升时,潜水员应清理作业现场的工具和物料。潜水员可使用水面人员沿入水缆送下的递物绳,让水面人员将这些工具和物料拉回水面;如果潜水员无法找到入水缆,在潜水深度较小的情况下,照料员可将另外一条递物绳绑在潜水员的脐带上,让潜水员下拉并解下递物绳(潜水员拉脐带一定要小心避免绞缠),随后照料员收紧脐带。

(2)使用潜水吊笼时,尽可能放在水底;如有一定难度(如为了避免脐带与入水缆绞缠,不能将潜水吊笼放到水底),也应尽量将吊笼放在第一停留站以下。

(3)潜水员返回潜水吊笼或入水缆处,在上升之前要进行上升前的检查。检查内容包括:

①清理所有脐带和绳索,确认脐带没有发生绞缠;

②潜水员评估并报告自己的状态(疲劳程度、体力、身体病痛等)以及精神状况。

(4)如果潜水员需要借助入水缆上升到第一停留站或者上升到潜水吊笼(若潜水笼放在第一减压站以下),潜水监督在确认所有工具和绳索清理完毕后,指示潜水员“准备上升”,潜水员应重复指令;当潜水员发出“准备完毕”的信号后,潜水监督会发出“开始上升,离底时请报告”的指令,潜水员开始顺着入水缆离底上升,并做响应报告。若潜水吊笼已放在水底,在潜水监督发出“开始上升,离底时请报告”的指令后,水面人员应缓慢地将潜水员拉离水底,潜水员做响应报告。

(5)在借助入水缆上升的过程中,如果因为浮力太大,上升速度太快,潜水员应用双腿夹住入水缆控制上升速度。

(6)上升过程中,潜水员应平稳、自然地呼吸;不得屏气,以免肺气压伤。

(7)上升速度对于潜水员的减压至关重要,照料员应把上升速度控制7~8m/min,可使用测深系统监控潜水员的上升速度。当潜水员到达并攀上潜水吊笼时,应通知水面将潜水吊笼上升到第一停留站。

(8)在上升和减压站停留的过程中,潜水员不应有身体不适;如果潜水员感到疼痛、头昏或麻木等不适,应立刻向水面报告;在整个减压过程中,潜水员一定要不断检查脐带情况,确保脐带没有与吊笼吊索或入水缆绞缠。

(9)到达水面前,水面人员应根据涌浪情况,选择出水时机,并注意保护潜水吊笼和脐带。

(10)如果借助潜水梯上升,照料员应协助潜水员上岸,因为潜水员可能很疲劳,若发生落水会导致严重损伤。

(11)如果发生紧急情况需要把潜水员拖出水面,在计划阶段就应确定任何可能需要的辅助手段,在潜水作业前对其进行测试并做好应急准备。任何情况下,在潜水员到达甲板或者陆地上之前,严禁卸除潜水员的任何装具。

(12)在潜水员的整个上升过程中,照料员应准确记录潜水员的离底时间、到达水面时间等。

六、水下阶段减压和水面减压

1.水下阶段减压

潜水员在结束潜水作业后,在上升过程中必须在某一个或者某些相对较浅的规定停留深度上停留一段时间,以逐步排除身体组织中吸收的惰性气体,避免发生减压病,这就是所谓的水下阶段减压(而不是持续性减压)。

潜水员在上升的过程中,会以7~8m/min的速度上升到第一停留站,潜水监督会根据减压表告诉潜水员减压站的深度和停留时间,潜水员会按水面指令在规定的停留深度上停留规定的时间,然后以规定的速度到达第二停留站,并继续重复这一程序,直到潜水员完成所有的水下阶段减压返回水面。一旦到达水面,潜水员会继续排除体内的惰性气体,直到体内惰性气体浓度达到正常的常压饱和状态。这一过程可能持续数个小时,某些减压理论会认为12h后才能够有效地完成,而有的减压理论会认为这需要更多的时间,甚至超过24h。

2.水面减压

水下阶段减压存在减压耗时长、潜水员不舒服、影响水面支持船的航行效率等问题,而且容易受到气象条件、特殊情况和操作时间的干扰;水下阶段减压还会延误必要的治疗措施,增加体温降低和事故的可能性。因此,水面减压是潜水支持船经常采用的方法。有效的水面减压要求潜水员从最后一个水下停留站到进入减压舱,并加压到对应的压力,整个过程控制在5min之内完成,否则将会增加减压病的风险。将潜水员从水中转移到减压舱的过程中,照料员给潜水员卸装的时间不能超过3.5min。水面间隔时间因素很关键,应争分夺秒,所以卸装需反复操练,达到非常熟练的程度。

从潜水站到减压舱必须保持畅通,不应有任何可能导致伤害或影响通行的障碍物。减压舱操作小组必须留意潜水监督的指示,在潜水员到达前做好一切准备。舱内照料员或潜水医务人员应根据潜水的性质和潜水员的状态,按照潜水员的一般和特殊要求,给潜水员在减压舱内准备所有必要的物品,在潜水员到达前在减压舱内待命。

没有指定任务的人员必须准备好协助潜水员安全进入减压舱,并在规定的时间内离开减压舱。

七、潜水后操作

在潜水员到达水面并卸装后，应对潜水员仔细检查和观察或医学治疗，填写潜水记录与报告，以及对潜水装具进行及时保养。

1. 潜水员观察

(1)潜水员卸装后，潜水监督应向潜水员询问身体状况，并观察有无割伤、刮伤或动物咬伤等，如有应进行必要的医学治疗；同时，应对潜水员的一般情况进行观察，并对潜水员的行为或精神状态保持警惕，直到不太可能发生问题为止。

(2)潜水员卸装后，如感觉任何身体不适或异常生理反应，应立即报告潜水监督或潜水医师。潜水监督或者指定人员应在卸装后对潜水员现场观察至少 10min，1h 内应在减压舱附近做严密观察，1 ~6h 内应在距离减压舱不超过 2h 路程的范围内做一般观察。潜水员单次不减压潜水后 2h 内、减压潜水减压后 12h 内不应乘直升机飞行或去更高海拔地区；潜水员单次不减压潜水后 8h 内、减压潜水减压后 24h 内不应乘客机飞行或去更高海拔地区；其他具体情况详见《潜水员潜水后飞行要求》(JT/T 909—2014)的具体要求。

2. 记录和报告填写

要按规定填写潜水记录和报告。有些日志类记录已在潜水作业的同时完成，另外一些应等工作结束后进行。潜水监督填写潜水日志，潜水员填写个人潜水记录，其他人员填写装具维护日志记录。

3. 装具检查及保养

每天潜水结束后，应对使用后的装具及时进行清洁、检查和保养，并妥当存放，详见第十四节。

第十二节　水面需供式潜水应急处理

潜水作业队不仅要求技术娴熟、训练有素，而且要有详尽的潜水作业计划和应对紧急情况的应急处理程序。应急处理程序是处理潜水过程中一般的、可预见的突发事件的标准化程序，这些突发事件有可能涉及潜水装具故障或者由于环境的原因导致装具的功能失常。

了解特定工作中的危害对于安全完成特定工作任务是必不可少的。所有潜水装具的操作和维护手册中应包含应急处理程序。潜水系统的操作人员应能够果断、正确地实施正在使用的潜水系统的应急程序。

水面需供式潜水装具安全可靠、轻便灵活、便于操作，受过适当培训的潜水员通常足以应对这些紧急状况，防止受到伤害，并将其降低为仅需要终止潜水的不便之处。然而，在正常潜水作业时潜水员有可能会遇到的许多意外情况，如处理不当，也可能导致更严重的后果。

潜水员在水下遇到紧急情况时，首先要镇静、切忌惊慌，并向水面报告，同时立即考虑和采取可能的处理措施。潜水监督应确定一个安全有序的应急程序，并确保有足够的常识和技能以便安全处理每一种紧急情况。

一、脐带绞缠

水面需供式潜水作业时，潜水员脐带发生钩挂或绞缠是非常平常的事情，但处理不好可能发展成紧急情况。因此，应立即采取以下措施：

（1）一旦发现脐带绞缠，潜水员必须立刻停止活动并进行检查；应保持镇静，不要猛烈地拉扯脐带，否则可能会使情况更加复杂，甚至使软脐带受压，影响供气，严重可能导致脐带断裂。

（2）如有可能，应把绞缠的范围和性质向潜水监督报告（脐带绞缠有可能导致语音通信中断，并无法进行拉绳信号沟通）。

（3）尝试自行解脱，顺着脐带原路返回，一边走一边将脐带挽在手臂上，直到找到绞缠点，并解除绞缠。

（4）如果脐带绞缠在锋利的障碍物上，检查脐带是否有损坏并向潜水监督报告。

（5）如果问题一时无法解决，需要待命潜水员下潜协助；待命潜水员可借助遇险潜水员的脐带下潜，快速找到绞缠点并解除绞缠。

（6）如果在待命潜水员的协助下仍无法解除绞缠，应视情况通知水面更换遇险潜水员的脐带；或者割断脐带，遇险潜水员利用背负式应急供气系统，并在待命潜水员的协助下紧急上升。

（7）任何时候照料员都不能够强拉遇险潜水员的脐带，必须由待命潜水员协助。

（8）潜水员终止潜水后，根据潜水员水下停留时间等具体情况，决定是否需要减压或治疗。

二、面窗碎裂

目前使用的大多数潜水面罩或头盔的面窗具有高度抗冲击性，即使有损坏，也不会到达极其危险的程度。如果面窗出现裂纹，可以通过打开旁通阀增加潜水面罩或头盔内部压力，减少渗水量，并将潜水面罩或头盔内的水排除。

如果面窗维护不当，如在聚碳酸酯面窗上大量使用喷雾清洁剂，有可能对面窗造成无形的损坏，一旦受到重击可能会出现粉碎性的碎裂。一旦发生这种情况，潜水员应把口鼻罩紧紧地按压在口鼻上，按压手动按钮排水，然后用嘴呼吸。呼吸时要慎、慢，并充分利用舌头挡住进入口中的水花，并利用口鼻罩内的麦克风通知水面协助。

三、面罩进水

在潜水面罩部分或者完全进水的情况下，潜水员可以迅速将面罩向下倾斜，打开旁通阀把面罩内的水排出。如果需供式调节器有水，按动其盖上的手动按钮把水排除。

在需供式调节器的下方有一个排水阀，通过把排水阀保持在潜水面罩的最低端，排水会更加容易。在进水排除后，应谨慎地检查看是否再进水。如果继续有水进入潜水面罩内，应立即返回潜水站，游动时要保持面罩上的排水阀处于最低位置，即潜水员要保持面部向前的同时，轻微地向下倾斜。继续保持旁通阀处于开启状态，这样就会轻微地增加面罩内的气体压力并避免水继续进入面罩内。任何进入面罩内的水都会被自动地清除出去。

四、与入水缆发生绞缠

当潜水员与入水缆发生绞缠而不容易解除时，有必要将潜水员和入水缆一起拉出水面，或者砍掉入水缆压载，尝试从水面上把入水缆抽出。如果入水缆固定在水下物体上或入水缆压载很重，在把潜水员拉上水面之前，必须砍掉远端入水缆。由于这一原因，潜水员不应沿着无法割断的入水缆下潜。

五、语音通信中断

语音通信中断不是一个可以直接威胁到生命的紧急情况。由于水面无法有效地监控潜水员的状况，而潜水员又无法将问题向水面支持人员详尽报告，因此无法应对紧急情况的风险大大增加。所以在发生语音通信中断情况时，潜水员应立即启用拉绳信号并终止潜水。水面人员发现语音通信中断时，应采取以下措施：

(1)立即使用拉绳信号，深度、水流、水底或者作业点的环境有可能影响到拉绳信号的使用。

(2)潜水监督警示待命潜水员，戴上潜水头盔或面罩，做好立即入水的准备。

(3)一旦建立拉绳信号通信联络，潜水员应立即回到潜水吊笼或开式潜水钟内；若没有使用潜水吊笼或潜水钟，应立即回到水下减压的第一停留站。

(4)如不能与潜水员建立任何通信联系，水面人员可根据以下不同情形来判断潜水员的状况：

①检查上升的气泡，气泡的终止或明显减少可能是麻烦的迹象。

②水面人员应仔细聆听来自潜水头盔的声音，如果没有声音，电路可能发生故障；如果观察气泡正常，说明潜水员可能没有遇到麻烦。

③如果能够听到来自潜水头盔的声音，但潜水员又对任何信号没有反应，说明潜水员处于麻烦当中。

(5)如不能与潜水员建立任何通信联系，无论何种状况，都应立即通知水下其他潜水员进行检查、援救，或者派遣待命潜水员下水救援。

(6)待命潜水员应先将遇险潜水员带到水下减压的第一停留站，再视减压情况进行必要的减压。

(7)如果使用潜水吊笼或潜水钟潜水，则由水下照料/待命潜水员立即救援潜水员回吊笼或开式潜水钟。

(8)若潜水员意识丧失，则应尽快救出水面或开式潜水钟；潜水深度较浅时，可考虑立即回到水面。

(9)终止潜水,并按适当的减压程序进行减压。

(10)如果潜水员立即出水,水下停留时间又超出减压表减压方案范围,则按放漂处理。

六、在潜水面罩或头盔内呕吐

由于水下作业环境及潜水员身体等多种原因,水下作业潜水员可能发生在潜水面罩或头盔内呕吐的突发事件。一旦发生这种情况,呕吐物会通过口鼻罩进入二级减压器内,堵塞气路,让潜水员无法吸气。如果潜水员大力吸气,就有可能吸入气路中的呕吐物,可能会导致致命的后果。如果发生潜水面罩或头盔内呕吐,潜水员切忌紧张,立即打开旁通阀,让气体通过口鼻罩上的进气阀,采用谨慎、缓慢的深呼吸,避免吸入呕吐物,并终止潜水。

七、供气中断

通常情况下,呼吸气体中断是一个严重的安全故障,潜水员在没有外部协助的情况下,必须在非常短的时间内控制这种情况。

如果发生主供气中断,潜水员必须立即打开潜水面罩或头盔的应急阀,正常情况下背负式应急供气系统会为潜水员提供应急供气。一旦打开背负式应急供气,潜水员要立即通知水面自己此刻用的是应急气体。确认脐带没有被绞缠后,立即返回入水缆处或者潜水吊笼、开式潜水钟内。潜水员要时刻与水面保持通信并准备放弃该次潜水作业。潜水监督命令潜水控制面板操作人员要检查供气压力,确认供气压力是否正常;若是主气源中断(压力明显偏低),水面人员应立即转换水面应急气源。

二级减压器中的气流中止通常意味着主供气中断。潜水员首先应打开应急阀,如果在二级减压器中仍然没有气流,可能二级减压器发生故障,此时应打开旁通阀。一旦打开了旁通阀,就必须时刻牢记旁通阀处于开启状态。因为在打开旁通阀后,特别是在较大的深度上,会在一个非常短的时间内耗尽应急气体。如果确认是二级减压器故障,潜水员可以关闭应急阀,立即通知水面,同时检查脐带,确认脐带未发生绞缠后,继续使用主供气返回潜水站。如果允许,应尽可能避免快速上升出水。

如果潜水员关闭应急阀后,仍未能恢复水面供气,表明是脐带中的呼吸气体软管被切断。此时,潜水员可使用测深管作为水面供气的备用管路,把测深管的开口端插入潜水面罩的面部密封垫前方或潜水头盔的颈圈内,由测深管供气(如果潜水头盔的颈圈、颈环组件与潜水服形成一个整体,将无法采用测深管为潜水员提供呼吸气体);水面将供气余压控制在0.2~0.3MPa范围内,潜水员呼吸比较舒畅,使用测深管提供呼吸气体不会受到气源的限制;主供气管发生故障而终止潜水后,在上升的过程中可以使用测深管呼吸,以便为可能发生进一步的故障保留应急供气。若发现测深管也被切断,无法供气,此时潜水员应立即返回入水缆处,沿入水缆上升到水下减压的第一停留站;若潜水深度较浅,可考虑立即返回水面;若使用潜水吊笼或潜水钟,潜水员应立即返回潜水吊笼或者开式潜水钟内,可使用潜水吊笼或潜水钟内的应急气源供气;终止潜水,并按适当的减压程序进行减压。如果可行,由待命潜水员携带另外的应急气瓶或呼吸软管入水给遇险潜水员使用。

在水下潜水员应急处理过程中，潜水监督应警示待命潜水员，戴上潜水头盔或面罩，做好随时入水援助的准备。

潜水员一旦到达水面，或者进入潜水钟，可以卸掉潜水面罩或头盔。除非情况绝对需要，否则千万不要在水中放弃潜水面罩或头盔。

失去呼吸气体的潜水员可能会发生缺氧症、高碳酸血症、错过减压，或者三种情况同时发生，水面人员应根据实际情况进行应急处理。

八、坠落

潜水员在水中间工作时，应用一只手抓住潜水吊笼或其他索具，防止坠落。穿干式潜水服时，避免将手举过头部，这样会使空气从手腕处泄漏，可能改变干式服的浮力，增加发生坠落的可能性。

九、放漂

潜水时，潜水员失去控制能力，从水底快速地漂浮出水面，称为放漂。水面需供式潜水装具进行潜水时，也有可能发生放漂。发生放漂的原因有：干式潜水服过度充胀；信绳员拉绳过猛、过速；水流的推力使潜水员脱离水底或入水绳，并被带至水面；潜水员因意外体位倒置，造成干式潜水服裤腿部充满大量气体，亦可使体位失控而发生放漂；压重带意外脱落；救生背心充气过度或失控等。

潜水员发现潜水服内气体过多，有向上漂浮的感觉时，可用手打开潜水服的安全排气阀排气或举起任意一只手，伸至高于头部，并用另一只手拉开袖口，把潜水服内的气体排出，让身体恢复正常状态。如果来不及处理而造成放漂，潜水员已漂浮在水面，应尽快设法使双脚下沉，然后翻身成正常漂浮状态。同时，按前面的方法处理，调整好浮力和稳性。此时要注意，不能排气过多而造成负浮力，致使潜水员迅速下沉而产生不良后果。与此同时，潜水员应将发生放漂情况告诉水面人员。

潜水放漂后本身无法排除，需水面人员进行协助时，可利用脐带立即将潜水员拉向潜水梯。若遇到潜水员已漂浮在水面而脐带却在水下绞缠住拉不动时，水面人员应根据具体情况，派待命潜水员下潜协助解脱绞缠。

十、潜水头盔或面罩脱落

发生颈部密封组件松脱、五爪带断裂掉且头罩拉链开启、上下卡箍未压实头罩造成头罩与面罩本体分离等情形，可能导致潜水头盔或面罩脱落。

在发生潜水头盔或面罩脱落时，因为背负式应急系统的中压软管与应急阀相连，所以潜水员会比较容易找到潜水头盔或面罩。潜水员应立即将潜水头盔或面罩重新戴回头上，一手按压住(尽量使嘴鼻伸进口鼻罩内)，另一手打开旁通阀将潜水头盔或面罩内的水排除，然后锁好潜水头盔的快速锁紧装置或拉好面罩的头罩拉链并固定好五爪带(参见视频4)。

视频4 水面需供式潜水面罩松脱或进水应急处理

如果是头罩和面罩本体分离，由于有五爪带相连，面罩本体不会坠落，潜水员可以按压住二级减压器，让嘴巴和鼻子处于口鼻罩内，按压手动按钮排水后使自己能呼吸到口鼻罩内气体，然后报告水面，上升出水，照料员回收潜水员脐带。出水后应重新检查，分析原因，清除故障，并重新装配好。

十一、看不见入水绳或行动绳

有时，潜水员会看不见入水绳或摸不到行动绳。如果找不到行动绳，潜水员应在手臂所能及的范围内或在每侧距离几步的范围内仔细搜索。如果潜水深度在12m以浅，应通知信绳员，并请求拉紧脐带。此后，信绳员应设法引导潜水员找到入水绳。潜水员可被拉离水底一小段距离。重新找到入水绳后，潜水员应通知信绳员将其放下。在12m以深，信绳员应有步骤地引导潜水员找到入水绳。

十二、水下救援

水下救援是待命潜水员的职责，他既可以在水面待命，也可以在水下待命。当两位潜水员同时在水下的同一个作业点上工作时，他们可以互为待命潜水员。通常，水面还会安排一位待命潜水员。

1. 被困潜水员的协助

被困潜水员应将水下的情况向水面报告，这样待命潜水员就可以有针对性地准备进行水下救援。除非被困潜水员的呼吸气体中断，否则被困通常不会立即危及性命。如果潜水员携带了水下监控系统，对水下情况的评估会比较容易。

2. 丧失行为能力潜水员的救援

(1)可以使用救援索来运送遇险潜水员，这样待命潜水员就可以使用两只手；

(2)可以使用背负式应急供气或者测深管为遇险潜水员供气。

3. 意识丧失潜水员救援

(1)如果主供气出现故障，使用备用气源；

(2)可使用救援索；

(3)尽快将遇险潜水员救回水面或潜水钟；

(4)为遇险潜水员实施急救措施(如果在潜水钟内，应视情况实施急救措施)。

4. 水下更换脐带

如果潜水员在水下发生不可补救的脐带卡住，或者脐带损坏导致主供气中断的意外情况，而潜水员又必须进行水下减压，此时就需要待命潜水员在水下把被卡住的脐带从潜水面罩或头盔上卸掉，并更换一条新的脐带。更换脐带的方法如下：

(1)准备好新的脐带以及所必需的合适工具；

(2)把新脐带及扳手等合适工具固定在待命潜水员的安全背带上；

(3)沿着遇险潜水员的脐带找到遇险潜水员；

(4)如果遇险潜水员的供气没有中断，让遇险潜水员使用背负式应急供气；

(5)通知水面关闭遇险潜水员原脐带的主供气,用扳手卸除脐带;
(6)通知打开新脐带的主供气,适量供气将脐带内的水排除;
(7)把新脐带连接到潜水面罩或头盔的单向阀上;
(8)视情况更换通信电缆;
(9)把遇险潜水员的原脐带从安全背带上卸除,并把新脐带固定在安全背带上。

第十三节　水面需供式潜水装具故障诊断与排除

在潜水面罩或头盔的使用过程中,可能会遇到各种故障。依据下列处理方法,大多数的常见故障问题能得到解决。

一、通信故障

通信故障症状及排除方法见表4.13-1。

通信故障症状及排除方法一览表　　表4.13-1

症状	可能的原因	排除方法
电话和头盔两端都无声	电话电源未开	打开电源并调整音量
	通信电缆连接错误	更改连接
	通信电缆未连接	连接电缆
	电话工作异常	更换电话
	电缆损坏或者断开	更换电缆或者脐带
	电池无电	充电或者使用替代直流电源
通信音量微弱或断断续续	通信模块接线柱锈蚀	清理接线柱锈蚀,确保接线柱闪光发亮
	电量低	充电或者使用替代直流电源
	接线松脱	清理并维修
只有在摇摆电缆时才有通信	潜水员通信电缆断开	如果损坏轻微,可以拼接电缆;如果损坏严重,更换电缆
只有摇摆水密接头时才有通信	水密接头处断开	如果怀疑水密接头损坏,在更换水密接头之前,要检查通信电缆的完整性
潜水员音量低或者无法听到潜水员的声音	头盔内的麦克风损坏	更换麦克风

二、单向阀故障

单向阀故障症状及排除方法见表4.13-2。

单向阀故障症状及排除方法一览表　　表 4.13-2

症状	可能的原因	排除方法
单向阀逆流	阀内有杂质	解体单向阀,清理并重新组装,如有必要进行更换
单向阀无法通气	阀内有杂质	解体单向阀,清理并重新组装,如有必要进行更换

三、组合阀故障

组合阀故障症状及排除方法见表 4.13-3。

组合阀故障症状及排除方法一览表　　表 4.13-3

症状	可能的原因	排除方法
旁通阀无法关闭,头盔旁通阀自供	阀座组件损坏或者阀座有杂质	清理或者更换阀座组件;检查并清理旁通阀密封区
	组合阀被碎片损毁	更换组合阀
旁通阀无气通过	脐带内没有主供气	为脐带供气
	组合阀或者单向阀内有异物	解体组合阀和单向阀,并加以清理
旁通阀旋扭旋转困难	阀杆弯曲	更换阀杆

四、潜水面罩/头盔进水故障

潜水面罩/头盔进水故障症状及排除方法见表 4.13-4。

潜水面罩/头盔进水故障症状及排除方法一览表　　表 4.13-4

症状	可能的原因	排除方法
潜水面罩/头盔进水	排水阀损坏或者阀片内陷	调整或者更换阀片
	接线柱或者水密接头密封损坏	拆除接线柱,清理,使用密封剂密封
	需供式呼吸调节器弹性膜损坏或者贴合不正常	重新安装或更换弹性膜
	颈圈内的 O 形圈损坏或者丢失	更换 O 形圈
	面窗压紧圈螺钉松动	拧紧螺钉
	颈圈撕裂或损坏	更换颈圈
	头发被挤压在 O 形圈和头盔底部	清除被挤压的头发
	头垫和颏带被挤压在颈圈的 O 形圈下面	理清头垫和颈圈
	需供式呼吸调节器组装不正确	检查并正确安装

五、需供式呼吸调节器(二级减压器)故障

需供式调节器(二级减压器)症状及排除方法见表 4.13-5。

需供式调节器(二级减压器)症状及排除方法一览表　　表 4.13-5

症状	可能的原因	排除方法
二级减压器持续自供	微调旋钮调节不当	向内调节微调旋钮
	弯管损坏导致调节螺纹短节未对准	检查进气螺纹短节和软阀座,如必要进行更换
	供气压力过高	把供气压力调节到低于环境压力与1.53MPa之和
	调节器调整失当	调整调节器
二级减压器仅在水下持续自供	颈圈向内折叠或者相对于潜水员的颈部过大	必须向外折叠颈圈。更换合适尺寸的颈圈
	头发被挤压在O形圈和头盔底部之间	清除头发
	颈圈撕裂	维修或者更换颈圈
	颈圈O形圈内密封不良	更换O形圈
二级减压器呼吸困难	调节旋钮向内调节过量	向外调节微调旋钮
	供气压力过低	提高供气压力
	调节器组装不正确	重新组装调节器
二级减压器不供气	供气压力过低	把供气压力提高到与潜水深度相符
	调节器调整失当	调整调节器
	供气未开	打开供气
	呼吸系统阻塞	解体调节器,清理,调整后组装

六、应急阀故障

应急阀故障症状及排除方法见表4.13-6。

应急阀故障症状及排除方法一览表　　表 4.13-6

症状	可能的原因	排除方法
未开应急阀,气瓶气体耗尽	阀杆未能与阀体啮合	更换应急阀体
	阀体内有垃圾导致漏气	检修应急阀
	一级减压器安全阀漏气	检修安全阀
	一级减压器漏气	检修一级减压器
	一级减压器供气软管漏气	检修一级减压器供气软管
应急阀旋钮旋转困难	阀杆弯曲	更换阀杆
应急阀无法通气	阀内有异物	解体应急阀,清理,重新组装
	控制旋钮脱落	更换旋钮

第十四节 水面需供式潜水装具的检查与维护

潜水装具是潜水生命支持系统的重要组成部分，必须按规定的周期检查测试和维护合格，保持良好的工作状态，尤其是对潜水面罩、头盔进行日常和预防性定期维护更加重要。对潜水面罩或头盔进行预防性维护，应严格按照装具制造商规定的维护程序，这样才能够确保潜水面罩或头盔尽可能不发生故障。潜水头盔所有的零件和组件都有使用期限，在正确维护下可以在使用年限内正常使用；超过使用期限，应进行更换。每一个潜水面罩或头盔都应有一本有关使用、维护和维修的日志。

一、潜水后装具日常检查和保养

在每一天潜水面罩或头盔使用后，要对面罩、头盔进行清理、检查和保养。在潜水面罩或头盔使用后，或者不同的潜水员轮换使用后，为了尽可能减少病菌的扩散，应使用合适的消毒液（根据生产商的要求及建议）对潜水面罩或头盔进行消毒。

1. 潜水面罩

在每一个潜水工作日结束后，必须按照下列程序保养潜水面罩：

1）潜水后装具拆卸

（1）关闭主供气和应急气瓶阀，打开旁通阀和应急阀，确认管路内呼吸气体排尽后，将潜水员脐带和背负式应急供气系统从潜水面罩上拆卸下来。

（2）在单向阀和应急阀上装好防护盖，防止异物进入到阀门中（图 4.14-1）。

图 4.14-1　用防尘盖把潜水面罩上单项阀和应急阀进气接头封住

警告：除非管路中的气体先被完全排掉，否则不要从潜水面罩上拆卸管路。如果在管路中有气的情况下拆卸管路，有可能导致接头损坏。此外，猛烈抽击的软管可能导致人员受伤。

2)卡箍和头罩拆卸

在每一个潜水工作日结束之后,都必须把头罩卸下来进行清洗和晾干。如果没有取下头罩,霉菌就会在潜水面罩中滋生,这有可能对潜水员的健康造成伤害。

(1)如果卡箍面罩上配置了卡箍定位装置,首先把顶部和底部卡箍定位装置上的螺钉卸掉后拆下固定装置(图4.14-2);

(2)把卡箍固定螺钉从卡箍上卸掉;

(3)把耳机从头罩的耳机袋中取出来,然后取下头罩;

(4)把头罩的里外用淡水清洗干净,在重新安装到面罩上之前,要保证头罩完全干燥;

(5)如果仅要清洗头罩而不是更换卡箍,没有必要把卡箍从头罩上拆下来(图4.14-3)。

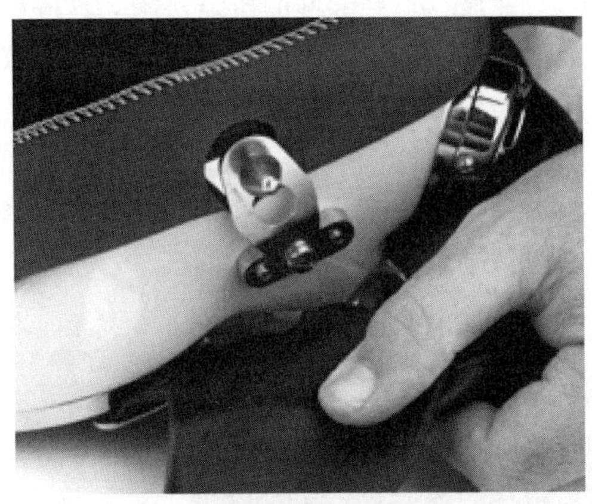

图4.14-2 卸掉上下卡箍的定位螺钉

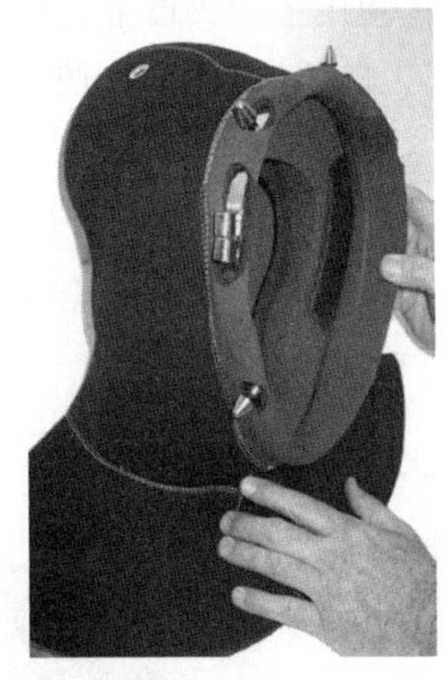

图4.14-3 卡箍保持在头罩上

警告:在潜水后如果没有把头罩从潜水面罩上拆下来,潜水面罩内会长时间处于潮湿的状态,霉菌会在潜水面罩内滋生,特别是口鼻罩和需供式调节器中更易产生霉菌。这有可能会对使用者的健康有害。

3)面罩保养

(1)把耳机的盖子从耳机上拆卸下来,这样耳机就会完全干燥(图4.14-4);

(2)使用淡水彻底地清洗潜水面罩,在清洗的同时要扭动旁通阀手轮、应急阀手轮及微调旋钮手轮,以避免盐分在这些阀门中积聚(图4.14-5);

图4.14-4 揭开耳机的封套以便于耳机的干燥

图4.14-5 使用淡水彻底清洗潜水面罩

(3)拆卸需供式调节器的卡箍后取下二级减压器的保护壳和弹性膜,小心地清洗二级减压器的阀体、膜片和保护壳,但在清洗的同时不要按压手动按钮,否则有些杂质可能会进入进气阀和阀座上;

(4)把二级减压器微调旋钮逆时针完全旋松,这样会延长进气阀座的寿命并保证内部调整的正确性;

(5)使用硅脂润滑鼓鼻器的拉杆;

(6)在头罩和面部密封圈干燥后,重新装回到面罩本体上,如果必须使用面罩继续进行潜水作业,即使头罩没有干燥,也可以继续使用。

4)头罩和卡箍重装组装

一般来讲,使用过的头罩上会留下印记,并显示来自卡箍的压缩迹象。这一印记将会对应于面罩本体上的凹痕,凹痕方便卡箍压缩头罩。随着头罩的年限增加和氯丁橡胶内的气泡破裂,在上紧卡箍时,有可能上下卡箍几乎会相互触碰。头罩和卡箍组装的步骤如下:

(1)把卡箍的固定螺钉旋转到卡箍上2~3转。

(2)把面罩本体面朝下放在一个干净的工作面上,把耳机安装到头罩的耳机袋中。

(3)把卡箍和头罩安装到面罩本体正确的位置上(图4.14-6)。

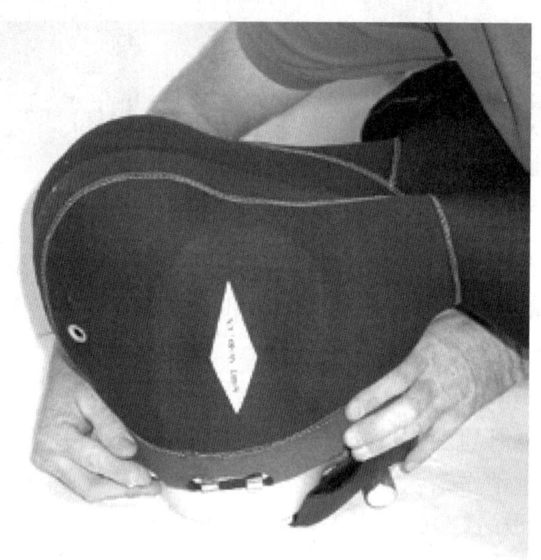

图4.14-6　连接头罩和面罩本体

注意:在连接头罩和面罩本体时,必须首先把卡箍螺纹调整块安装到组合阀和面罩本体之间。

(4)使用大螺钉批轻轻地把卡箍固定螺钉适度拧紧在面罩本体上,然后将两侧的固定螺钉均匀地上紧,在上紧的过程中要随时观察头罩和卡箍的位置是否有变化。

(5)重新把上下卡箍定位器安装到卡箍的五爪带固定柱上。

(6)用螺钉分别把卡箍定位器安装到定位器座上。

5)使用没有卡箍定位装置的卡箍面罩的注意事项

有的潜水装具生产商提供的卡箍面罩没有配置卡箍定位装置,要把头罩和面罩适当地连接在一起，整个头罩的前沿起码必须从卡箍的底部伸出(6～12mm)。

2. 潜水头盔

在每一个潜水作业日结束之后，必须按照下列程序保养潜水头盔。

1)颈圈、轭式颈托密封组件头盔的保养

(1)关闭主供气和应急气瓶阀，打开旁通阀和应急阀，确认管路内的气体排尽后，把脐带和背负式应急供气系统从头盔上拆除。

(2)把保护盖装到单向阀和应急阀的进气口上，防止杂质进入组合阀内(图4.14-7)。

警告：在把管路内的气体排净之前，不要拆卸潜水头盔。如果没有排净管路内的气体就拆卸头盔，有可能损坏接头。此外，猛烈甩动的软管有可能导致人员损伤。

(3)头垫与头盔之间是用子母扣连接的，很容易取出来；如果头垫是湿的，把头垫从潜水头盔中取出，使用淡水冲洗头垫；为了确保后续使用的头垫是干燥的，可以把海绵从头垫内取出，然而，只有在绝对必要的情况下才把海绵从头垫内取出；把海绵保留在头垫套内时，头垫也同样容易干燥(图4.14-8)。

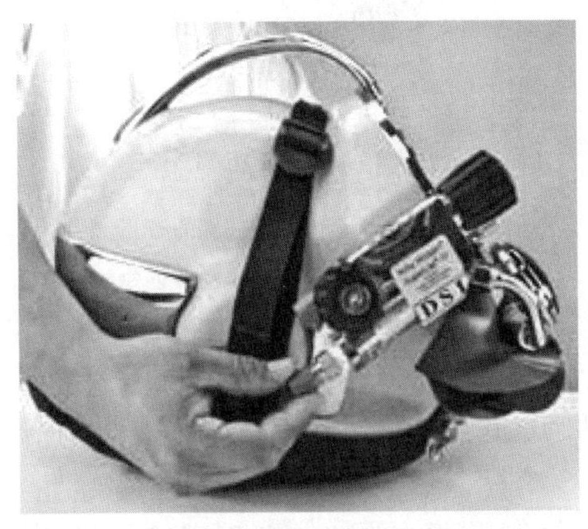
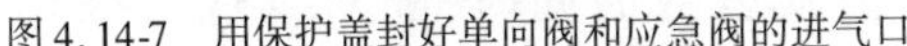

图4.14-7 用保护盖封好单向阀和应急阀的进气口

图4.14-8 把海绵从头垫内取出

(4)如果头垫是湿的，下巴垫同样会是湿的；与头垫一样，下巴垫也是用子母扣固定在潜水头盔里的，把下巴垫从潜水头盔中取出来，用淡水冲洗后晾干。

(5)从潜水头盔里取下通信组件，把耳机从耳机套上取下，这样耳机可以彻底干燥(图4.14-9)；尽可能避免把水溅到麦克风和耳机上。

如有必要，使用中性皂液清洗耳机后，应使用淡水进行冲洗，然后让耳机完全干燥。

图4.14-9 拆除耳机套以便干燥

(6)使用中性皂液对潜水头盔的外部进行清洗后，应使用淡水对潜水头盔的外部进行彻底地冲洗。在用淡水冲洗的同时，旋转旁通阀、应急阀、需供式调节器的调节旋钮，防止盐分在这些阀门里集聚。

(7)拆除需供式调节器的保护壳、卡箍、弹性膜，使用中性皂液清洗需供式调节器的内部；让水流过口鼻罩内的进气管进入到二级减压器内；在清洗需供式调节器的同时，不要按压手动按钮，否则可能会让杂质进入进气阀内和阀座；用干净潮湿的毛巾擦拭潜水头盔内部。

(8)使用中性皂液清洗潜水头盔的内部和口鼻罩，然后用淡水进行冲洗。

(9)把需供式调节器的调节旋钮向外调尽，这样会延长进气阀座的使用寿命，并保持内部调节正确性。关闭应急阀和旁通阀。

(10)使用硅润滑剂润滑鼓鼻器的拉杆(图 4.14-10)。

(11)使用淡水清洗颈圈、颈箍密封组件后晾干，把潜水头盔底部的 O 形圈取出，清理后润滑(图 4.14-11)。

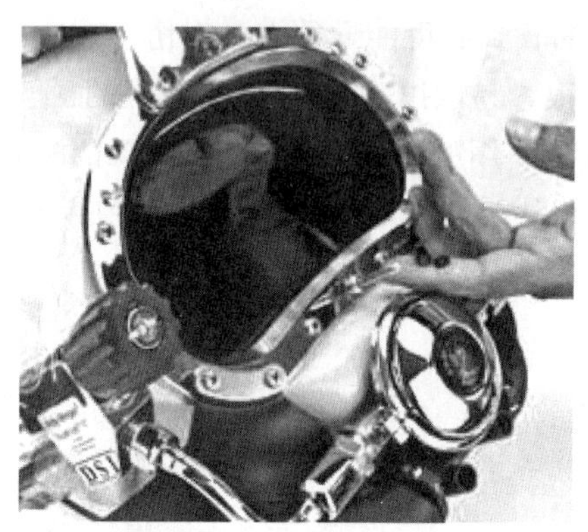

图 4.14-10　必须定期润滑鼓鼻器的 O 形圈

图 4.14-11　潜水头盔底部的 O 形圈必须保持良好的状态

(12)必须更换损坏的颈圈。

警告：要避免对撕裂或者穿孔的颈圈进行修补。如果修补的补丁在水下脱落，潜水头盔可能会发生淹水，或者导致需供式调节器自供。这有可能造成潜水员严重受伤、淹溺或者死亡。因此，一定要更换损坏的颈圈。

(13)在用干净的淡水冲洗颈夹和弹簧锁紧装置的同时，要对其进行操作上检查(图 4.14-12)。

图 4.14-12　必须合理地操作颈夹和弹簧锁紧装置，必须定期检查和维护颈夹和弹簧锁紧装置

(14)用一条干净、干燥的毛巾擦去潜水头盔表面的水滴，晾干头盔。

2)颈圈、颈环密封组件头盔的保养

除了颈圈、颈环密封组件及密封拉销等少数不同部件之外，颈圈、颈环密封组件头盔的保养程序与上述基本相同。

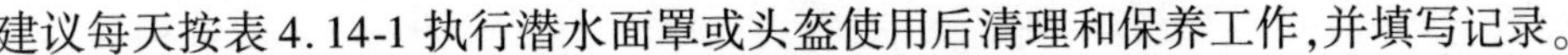

建议每天按表 4.14-1 执行潜水面罩或头盔使用后清理和保养工作,并填写记录。

卡箍式潜水面罩/潜水头盔潜水后的清理、检查和保养记录表 表 4.14-1

日期:	
潜水面罩/头盔序号:	
相关设备序号:	
检查人员签名(正体书写):	
程序	完成情况
1. 关闭供气并放尽管路内的气体	
2. 把脐带和背负式应急供气系统从潜水面罩/头盔上卸下来,并对接头做好保护措施	
3. 使用中性的洗涤液和清水清洗面罩/头盔外部表面,然后漂净;检查有无损坏的迹象	
4. 从头罩耳机袋中取出耳机,把耳机的保护罩取下,清洁并漂洗,并晾干	
5. 清洁头罩组件;使用清水漂洗并检查有无损坏;挂起来晾干	
6. 拆卸二级减压器的卡箍、保护盖、弹性膜组件;使用中性的洗涤液和清水清洗需供式调节器的内部,然后彻底漂洗干净	
注意:在漂洗需供式调节器内部的同时,不能够按压杠杆,这种行为有可能导致外来物质进入进气阀和阀座	
7. 从口鼻罩内取下麦克风,要避免口鼻罩、耳机、麦克风进水	
8. 使用中性洗涤剂和清水的混合溶液擦洗面罩的内部,包括口鼻罩;在使用清水不停地冲洗旁通阀柄、应急阀柄以及需供式调节器调节旋钮的同时,彻底清洗面罩	
9. 沿逆时针方向把二级减压器调节旋钮完全旋出(这样会延长进气阀座的使用寿命);关闭应急供气阀和旁通阀	
10. 使用一条干净的干毛巾擦去面罩上的水滴;晾干面罩	
11. 盖好一级减压器供气软管的端口,使用中性洗涤剂溶液清洗所有应急供气系统组件、一级减压器、应急气瓶、浸入式压力表以及背负装置组件的外部,并用清水漂洗干净;把背负装置组件挂起来晾干	

3. 潜水作业结束后装具的保养

潜水作业结束后,装具的保养要求如下:

(1)用清水冲洗装具的其他部件和附属器材,移至干燥凉爽的地方晾干;

(2)脐带应盘好,两端的所有接头,都应用胶布包好,在保护螺纹的同时避免异物进入;

(3)存放装具的仓库应通风良好、干燥,温度保持在 -10 ~ 30℃,空气湿度保持在40% ~ 60% 左右;

(4)钢瓶应严格按国家压力容器有关规定进行管理和使用,检查检验有效期,检修瓶阀时,须先解除压力;

(5)对于湿式潜水服、干式潜水服或热水服,在冲洗干净晾干后,应喷上滑石粉并用大衣架挂起;

(6)装具在贮存期间应定期保养。

二、月度维护

1. 潜水面罩或头盔

每一个月，或者对潜水面罩或头盔的适用性抱有怀疑时，应进行一次月度检查。在污染水域里使用潜水面罩或头盔，或者使用潜水面罩或头盔进行水下电割、电焊、除泥作业时，应更加频繁地对潜水面罩或头盔进行检查和维护。怀疑潜水面罩或头盔任何零件或者组件的适用性时，应更换。

严格按照装具生产商提供的操作手册进行维护。

潜水面罩或头盔月度维护建议按月度检查表执行。表 4.14-2 是潜水面罩月度检查表，表中的内容为对潜水面罩最低限度的月度检查、维护要求。在每月连续使用面罩 20 个潜水日以上时，至少每月要检查一次。如果每月使用面罩低于 10 个潜水日，至少两个月要检查一次。除此之外，还应注意：

(1)在污染水域，或者极端环境下使用面罩，需要进行更为频繁的检查；

(2)在拆卸检查的过程中，O 形圈以及其他消耗部件，倘若比较干净，且目视检查未发现损坏和老化，可以继续使用；

(3)在执行组合阀/需供式调节器的检查程序的步骤 1 ~4 时，不应连接气体供应。应在进行组合阀/需供式调节器检查程序的步骤 5 时连接供气。

潜水面罩月度检查表　　表 4.14-2

日期：	
面罩序号：	
相关设备序号：	
检查人员签名(正体书写)：	
程序	结果
头罩组件	
1. 将耳机从头罩的耳机袋中取出，把头罩从面罩上卸下，对所有的组件进行目视检查	
2. 目视检查卡箍组件的金属部分以及卡箍止脱板，包括卡箍螺钉，看其是否有损坏，可视需要进行更换	
3. 目视检查头罩是否有损坏或者老化的迹象	
4. 检查五爪带是否有撕裂、老化以及损坏的迹象，确保五爪带的五爪完好	
面罩组件	
1. 目视检查面罩的外部是否有松动或者丢失的紧固件，以及玻璃钢外壳上是否有裂缝、凿洞、凹陷等损坏	
注意：在面罩的玻璃钢上，要对任何超过 1.6mm 的凿洞进行维修；必须由获得相关资格证书的技师对玻璃钢和凝胶涂层进行维修；任何的裂缝和带有碎裂的凹陷都必须由生产商授权的维修机构进行检查	
2. 从耳机上取下护套，从口鼻罩上取下麦克风，对其进行检查和维修；如果需要进行更换；执行通信检查程序	

续上表

程序	结果
注意：在安装新的口鼻罩的时候，必须取下鼓鼻器。如果拉伸口鼻罩让鼓鼻器穿过，可能导致口鼻罩撕裂	
3. 取下鼓鼻器和口鼻罩，把口鼻罩的进气阀组件卸下，清理阀片、阀体组件及口鼻罩，检查口鼻罩和进气阀组件有无损坏或老化；发现任何的损坏，必须更换口鼻罩；如果发现进气阀片干、硬、没有弹性，或者不能放平，也必须更换；清理并检查鼓鼻器软垫、滑竿、O 形圈，如有老化、磨损、损坏等，必须更换；对鼓鼻器滑竿、O 形圈稍微润滑后，重新安装口鼻罩、鼓鼻器以及进气阀组件	
4. 卸下面罩面部衬托，清理并检查面部衬托有无损坏和老化	
5. 在没有为组合阀供气的情况下，检查旁通阀和应急阀的操作情况；如果这些阀门不能够运行顺畅，必须对其进行彻底的检查和维修，或者更换	
6. 卸下排水阀保护盖，检查排水阀片和阀座有无损坏或污染，确保阀片的材料没有硬化、老化和扭曲变形，如有疑问对其进行更换，重新安装保护盖	
组合阀/需供式调节器	
1. 打开应急阀，用嘴含住单向阀脐带适配器并吸气，检查单向阀的功能正常与否；如果正常，将没有气体通过单向阀被吸出	
2. 把需供式调节器的保护盖卡箍、保护盖、弹性膜取下，目视检测需供式调节器内部是否有锈蚀和污染，视情况进行清理	
3. 仔细地检查弹性膜有无切口、撕裂及老化，如果发现任何损坏，更换弹性膜	
4. 通过从调节器内部挤压舌状阀片，仔细地检查需供式调节器排气阀片有无扭曲、变形、硬化以及损坏；检查调节器壳体的阀座辐条，这些辐条要求平滑无变形，如果出现任何变形，需要修复；如果阀片出现任何损坏和老化迹象，更换阀片	
5. 将供气连接在脐带适配器上，把供气压力设置在 0.93 ~ 1.03MPa 之间；向外调节需供式调节器的调节旋钮，直到出现轻微的自供气流，然后向里调节旋钮，直到自供气流消失，检查杠杆，杠杆的空行距离应在 1.6 ~ 3.2mm 之间，视情况进行调整；然后，安装好弹性膜、保护盖以及卡箍	
6. 按压手动按钮，在出现气流之前按钮的空行距离应为 1.6 ~ 3.2mm 之间；如果把按钮完全按下去，应出现强烈的气流；如果调节器手动按钮的空行距离小于 1.6mm 或者大于 3.2mm，需要重新调整杠杆	
7. 检查旁通阀的操作状况 注意：旁通阀从关闭状态到完全打开，需要完整旋转两圈；在面罩的供气压力为 0.93 ~ 1.03MPa 之间时，将旁通阀打开完整一圈，强烈的气流会从旁通阀排孔式气体导流管内流出	
8. 关闭气体供应，排出管路内的气体，把供气软管从脐带适配器上卸下	
9. 把压力调节在 0.93 ~ 1.03MPa 的供气气源（通常是背负式应急供气系统）连接到组合阀的应急阀上。把组合阀上的应急阀完全打开，然后缓慢地打开应急气瓶阀，检查需供式调节器手动按钮的功能；根据前面步骤 6 和步骤 7 来检查需供式调节器调节旋钮和旁通阀；检查有无气体从单向阀内流出，正常状态下没有气体从脐带适配器内流出	

续上表

程序	结果
需供式调节器调节的重要注意事项： (1)在安装好新的进气阀和阀座后，在调节前，要求调节器旋钮向内完全调到尽并停留24h。这样可以使进气阀杆上的橡胶垫紧贴进气接头。如果要立即使用调节器，要注意到橡胶垫有可能变形，从而改变调节器的调节性能。要求第一天使用结束以后重新调节调节器。 (2)如果调节器出现漏气现象，通常情况下是调节器调节螺母太紧，必须将其放松，直到杠杆尾端出现1.6～3.2mm的空行移动距离。 (3)如果调节器在适当调整后仍然漏气，同时确认气体供气压力在0.93～1.03MPa之间，则必须检查进气阀阀座软垫和进气接头有无损坏；一般情况下，如果进气接头的镀铬脱落或者有沟槽或损坏造成的锋利缺口，就会损坏阀座，从而导致密封性能变差。通常做法是更换进气接头和阀座软垫	

2. 背负式应急供气系统

表4.14-3是背负式应急供气系统月度检查表，表中内容为最低限度的月度检查、维护要求。

背负式应急供气系统月度检查表 表4.14-3

背负式应急供气系统	结果
注意：背负式应急供气系统包括应急气瓶、一级减压器、浸入式压力表、安全阀及连接到组合阀应急阀的供气中压软管	
1. 检查应急气瓶的静水压测试日期及最近的目视检测记录，确保检测日期在有效的指定范围以内；气瓶内部的目视检测要求每年进行一次，静水压测试要求2年进行一次	
2. 检查背负式应急供气系统部件的维护记录，确保依据制造商的建议对一级减压器进行维护	
3. 检查所有的软管有无气泡、保护层松动、切口及磨损等迹象；更换有任何泄漏和损坏的软管；如果使用的是快速解脱应急供气软管，应检查快速连接的匹配情况以及接头有无磨损和损坏	
4. 如果使用浸入式压力表，应确保其精度	
5. 测试一级减压器的安全阀，参阅厂家说明书中“安全阀清理、检查与拆修的指引”进行	
6. 记录安全阀的启动压力	
注意： (1)此项操作要求准备一个可调式一级减压器和最低压力为3.45MPa的气瓶； (2)测试时，应把安全阀的启动压力调节在1.24～1.38MPa	
7. 检查一级减压器的供气压力(余压)，确保其输出压力在制造商指定的范围内，并记录中压压力	
8. 在压力条件下，使用皂液对所有的背负式应急供气系统组件进行泄漏检查，视情况进行维修或更换	
9. 检查背负装置组件有无磨损和损坏的迹象，视情况进行维修和更换	
检查人员签名：____________ 日期____________ 附注：	

三、年度维护

1. 潜水面罩或头盔

潜水面罩或头盔至少每年由制造商认可的人员进行一次年度检查，包括外观检查、维护和性能检测。如果在日常和月度检查中发现过度的锈蚀、污染迹象，或不正常的操作或者损坏迹象，或潜水面罩、头盔日志内显示其此前曾经在可疑的环境下使用过，就需要更多的检查。日常和月度检查将决定更高精度年度检修的必要性，而不是仅在年度检修明细表中添加几个时间数字。每一年最起码要对所有的O形圈、排气阀片以及非耐用品进行一次更换。在年度检修之间，可以对非耐用品进行清洁检查，如果通过仔细检查，未发现损坏或老化，可以继续使用。再重复一次，记录中显示之前在可疑环境下的使用，同样是决定因素。应填写各主要部件（如潜水面罩、头盔或应急供气系统等）的维修、保养及检查表，提供一个良好的维护记录，保留在维护档案中。在潜水面罩或头盔维修日志中要对所有的维护进行注释。

检查表4.14-4是潜水面罩的检查、保养及维修表，表中的检查程序能满足潜水面罩的所有检查需要。表中的检修程序可以为对潜水面罩进行日常维护的人员提供帮助。这一检查表要与和正在使用的潜水面罩型号相适应的操作手册一起使用，主要目的就是为了指导维护以及维护后存档。用于这一检查表的每一个部分的特定的详细程序包含在操作和维护手册内。应把完成的检查表保留在维护档案中，并要更新潜水面罩日志中的相关内容。

潜水面罩的年度检查、保养及维修表　　表4.14-4

日期：	
面罩序号：	
相关设备序号：	
检查人员签名（正体书写）：	
程序	结果
头罩组件	
1. 把耳机从头罩的耳机袋中取出，把头罩从面罩上取下，对所有的组件进行目视检查	
2. 目视检查卡箍组件的金属零件（包括卡箍螺钉）有无损坏，视需要进行更换	
3. 目视检查头罩有无损坏和老化的迹象	
4. 检查五爪带有无撕裂、老化和损坏的迹象，确保五爪带的五条爪完好无缺	
面罩组件	
1. 目视检查面罩内外部的紧固件是否有松动或者丢失和较明显的损坏迹象，面罩本体有无裂缝、凿坑和凹陷	
注意：在玻璃钢面罩本体上出现任何深度超过1.6mm的凿坑，都必须进行维修。只有获得装具生产商颁发的头盔壳体维修资格证书的技师才能够对玻璃钢和凝胶涂层进行维修。任何的裂缝或者伴有碎裂的凹陷都需要由生产商授权的机构进行检查	
2. 从耳机上取下保护盖，从口鼻罩上取下麦克风，进行检查并视情况进行更换；进行通信检查	
警告：在安装新的口鼻罩时，必须取下鼓鼻器。如果强行拉伸口鼻罩套到鼓鼻器上，有可能撕裂口鼻罩	
3. 取下鼓鼻器，清洁并检查鼓鼻器的鼓鼻衬垫及滑杆，更换O形圈	

续上表

程序	结果
4. 取下口鼻罩和口鼻罩进气阀组件。更换阀片，清洁阀体。清洁口鼻罩和进气阀组件和检查其是否有损坏	
5. 取下面部衬托(只有玻璃钢面罩上有此构件)，清洁面部衬托并检查其是否有损坏或者老化	
6. 从面罩本体和组合阀上取下需供式调节器	
7. 从需供式调节器主体上取下须形排气套并进行清洁和检查。如果在年度维修过程中发现排气阀片和须形排气套上有任何的老化、磨损或者损坏，都必须对其进行更换	
8. 对观察窗嵌块进行测试(只有授权维修技师可以进行)。视需要进行更换或者维修。更换观察窗O形圈	
注意：每一年要进行一次的观察窗嵌块的测试。如发现或者怀疑观察窗嵌块出现损坏，也要对其进行测试	
9. 取下排水阀保护盖，更换排水阀片。检查阀座有无损坏或者污染	
组合阀	
注意：假如内部没有出现严重的锈蚀，不必每一年都从面罩本体上卸下组合阀。然而，应根据生产商的建议在一定的间隔时间内把组合阀组件完全地从面罩上卸下，并依据生产商提供的维护程序对组合阀进行拆解，然后再次组装	
1. 把旧的脐带适配器取下，废弃，然后换上新适配器	
2. 把单向阀取下，分解，并进行检修	
3. 分别把应急阀、旁通阀取下，分解，并进行检修	
注意：在年度检修的过程中，不需要从组合阀上卸下应急阀。然而，如果要卸下组合阀，或者在应急阀上显示有过多的锈蚀或者铜锈，就有必要卸下应急阀进行清洁，并使用特氟龙胶带进行密封处理	
需供式调节器	
注意：应根据装具生产商的建议在年度大修中对需供式调节器上的相应配件进行更换，不需考虑它们使用的次数	
1. 分解需供式调节器，目视检查调节器主体内部有无锈蚀或污染。视需要进行清理	
2. 在把需供式调节器分解并进行清洁后，重新检查所有的零配件。绝对不能重复使用调节螺母。调节螺母的重复使用会影响到调节器维持合适的调节能力	
3. 重新组装需供式调节器	
4. 确保调节杆旋转顺畅，没有粘结	
5. 把须形排气套安装到调节器的排气凸缘上，并将两侧固定在面窗压紧圈上	
注意：有的潜水装具生产商会建议不管面罩上的软管组件使用状态如何，每两年需要更换一次	
注意：如果本次维护是在年度检修期间，要更换弯管组件组合阀端的特氟龙垫圈，以及需供式调节器进气端的O形圈	
6. 把需供式调节器安装到潜水面罩上	

续上表

<table>
<tr><th>程序</th><th>结果</th></tr>
<tr><td>7. 安装口鼻罩、进气阀组件以及鼓鼻器</td><td></td></tr>
<tr><td>8. 检查调节器的操作状况，如有必要可对其进行微调</td><td></td></tr>
<tr><td colspan="2">需供式调节器调节的重要注意事项：
(1)在安装好新的进气阀和阀座后，在调节前，要求调节器旋钮向内完全调到尽并停留24h。这样可以使进气阀杆上的橡胶垫紧贴进气接头。如果要立即使用调节器，要注意到橡胶垫有可能变形，从而改变调节器的调节性能。要求第一天使用结束以后重新调节调节器。
(2)如果调节器出现漏气现象，通常情况下是调节器调节螺母太紧，必须将其放松，直到杠杆尾端出现1.6～3.2mm的空行移动距离。
(3)如果调节器在适当调整后仍然漏气，同时确认气体供气压力在0.93～1.03MPa之间，则必须检查进气阀阀座软垫和进气接头有无损坏；一般情况下，如果进气接头的镀铬脱落或者有沟槽或损坏造成的锋利缺口，就会损坏阀座，从而导致密封性能变差。通常做法是更换进气接头和阀座软垫</td></tr>
</table>

还应注意一点，在污染水域或者极端环境下使用的潜水面罩或头盔，将需要进行更加频繁的检查。

2. 背负式应急供气系统

背负式应急供气系统的年度检查、维护要求与表4.14-3中的内容相同。

思考题

1. 简述水面供气需供式潜水装具的供气原理。
2. 简述水面供气需供式潜水装具的特点。
3. 简述水面供气需供式潜水装具的适用范围。
4. 正压式轻型需供式潜水头盔有哪些优点及局限性？
5. 需供式全面罩的优点及局限性有哪些？
6. 组合阀由哪几部分组成的？
7. 单向阀的作用是什么？
8. 什么时候需要对单向阀进行检查？
9. 旁通阀的作用是什么？
10. 在使用组合阀的备用出气口为干式服或浮力背心充气时，必须加装一个什么配件？
11. 应急阀的作用是什么？
12. 为什么说应急阀通常都处于关闭状态？
13. 简述二级减压器的工作原理。
14. 二级减压器调节旋钮的作用有哪些？
15. 须型排气套的作用有哪些？
16. 简述头罩的作用。
17. 简述口鼻罩的作用。
18. 简述鼓鼻器的操作方法。

19. 面罩或头盔内的通信系统由哪几部分组成的？采用什么样的连接方式？
20. 简述头盔头垫的作用。
21. 简述颈部密封组件的作用。
22. 简述由沉水管构成的脐带的局限性。
23. 简述漂浮脐带的优点和缺点。
24. 选择潜水脐带长度取决于哪些因素？
25. 为什么说预备潜水员的脐带必须比作业潜水员的脐带长？
26. 潜水脐带加强缆有什么作用？
27. 如果潜水脐带没有特定的加强缆,哪个组件可以作为加强缆？
28. 简述测深管的作用。
29. 简述背负式应急供气系统的组成。
30. 在选择应急气瓶的尺寸和压力时,应考虑哪几个因素？
31. 中压软管的工作压力是多少？它有什么作用？
32. 为什么背负式应急供气系统的一级减压器上必须安装安全阀？
33. 简述“气瓶阀开启-应急阀关闭”应急系统设置模式的优点。
34. 简述安全背带的作用。
35. 为什么说在水面需供式潜水中使用的压重带不一定要快速解脱？
36. 能够把脐带钩挂在压重带上吗？为什么？
37. 简述加重潜水鞋的作用。
38. 简述控制面板的作用。
39. 简述背负式应急系统的供气要求。
40. 简述水面需供式潜水作业潜水前的准备工作内容。
41. 组成潜水作业队的人数取决于哪些因素？
42. 在什么样的情况下,潜水作业现场必须配备甲板减压舱？
43. 为什么头罩密封垫不能够穿孔或撕裂？
44. 简述单向阀的检查方法。
45. 简述面罩密封性的检查方法。
46. 在把脐带接到单向阀之前,为什么要对脐带进行气洗？
47. 简述水密接头连接的操作方法。
48. 简述潜水前对呼吸系统测试的方法。
49. 潜水队工前会主要有哪些内容？
50. 为什么说在把脐带挂扣在安全背带上之前,潜水员绝对不能够入水？
51. 潜水员着装时、入水前或者出水后,为什么必须有照料员在现场照料？
52. 潜水员在戴颈部密封组件时,应该如何调整颈圈？
53. 颈圈调整不当时,在水下可能会发生什么情况？
54. 如果下巴带没有适当收紧,在水下可能会发生什么情况？
55. 穿戴潜水头盔时,如果铰链环没有固定在校准套上,在水下可能会发生什么情况？

56. 简述潜水面罩的卸装程序。
57. 简述入水前对潜水头盔密封性的检查程序。
58. 简述入水前背负应急供气系统的检查程序。
59. 如果潜水员采用迈入式的入水方法,应该注意哪几方面的问题?
60. 潜水员入水后,在进行下潜前的没顶实验时,应该检查哪些内容?
61. 简述潜水员在下潜时应该遵循的基本准则。
62. 潜水员在到达水底后,应该采用什么样的技术来适应水下环境?
63. 潜水时语音通信的基本要素是什么?
64. 水下潜水员回复的拉绳信号一直不正确的三个原因是什么?
65. 潜水面罩起雾的原因有哪些?
66. 潜水员下潜时,呼吸阻力为什么会发生变化?应该如何调整?
67. 潜水员在水下的移动为什么要缓慢且谨慎?
68. 在水流较大的水下,为了节省体能,潜水员应该怎样移动?
69. 在水深超过30m的水下剧烈活动时,潜水员应该如何操作以预防高碳酸血症?
70. 潜水的过程中,照料员应该如何照料潜水员的脐带?
71. 潜水员在上升时应该如何呼吸?
72. 简述脐带发生纠缠后的应对措施?
73. 一旦发生面窗破碎或者面罩与头罩分离的情况,潜水员应该怎样应对?
74. 打开旁通阀把面罩内进水排出后,关闭旁通阀后又会大量进水,潜水员应该怎样应对?
75. 在潜水员与入水缆发生纠缠后应该如何应对?
76. 在潜水员发生呕吐,且呕吐物将气路堵塞时,潜水员应该怎样应对?
77. 潜水员发生供气中断后应该如何应对?
78. 二级减压器发生气流终止的原因是什么?潜水员应该如何应对?
79. 在使用测深管呼吸时,供气余压应该控制在什么范围?
80. 简述头盔、面罩脱落的应对措施。
81. 简述水下更换脐带的步骤。
82. 通信音量微弱或断断续续的原因有哪些?
83. 旁通阀无法关闭的原因有哪些?应如何处理?
84. 简述面罩进水的原因。
85. 二级减压器持续自供的原因有哪些?
86. 二级减压器不供气的原因有哪些?
87. 潜水后,如果不及时地将面罩与头罩分离并长时间储存,会导致什么后果?
88. 潜水后应该如何清洗二级减压器?
89. 在用水清洗二级减压器的时候,为什么不能够按压手动按钮?
90. 潜水面罩或头盔在储存过程中,为什么要把微调旋钮旋松?
91. 简述头罩与面罩的安装程序。
92. 潜水后,如果头盔的头垫是湿的,应该如何处理?

第五章 通风式潜水

第一节 概　　述

通风式潜水装具主要由硬质金属头盔、排水量较大的潜水服、压重物及潜水鞋等组成。因其总重量较大,故又称为重装潜水装具,简称“重装”。潜水员使用该装具着装后,头盔与潜水服连为一体,形成一个密闭的气相空间,此时新鲜的压缩空气从水面通过供气软管进入头盔和潜水服内,供潜水员吸用;头盔和潜水服内混有呼出气的多余气体通过头盔上的排气阀排出,以达到呼吸气体更新的目的。潜水员使用该装具时整个吸气与排气过程相当于给头盔和潜水服内呼吸器通风换气,因此把采用这种装具的潜水称为通风式潜水。

通风式潜水时,头盔、领盘和潜水服连接在一起形成一个与水隔绝的干燥环境,它可以防护潜水员肌体免受水域环境和障碍物损伤,特别是头盔可保护头部免受碰伤;潜水员可以穿毛衣、毛裤等保暖用品,潜水员与潜水服之间又有“气垫”,因此保暖性能良好;潜水服可以充气,浮力可以控制,因此在泥泞的底质作业中,以及在工具反作用力很大的喷射作业、挖掘隧道及其他作业中,它是最理想的工具。因为潜水员的负浮力很容易控制,所以穿着重装潜水装具在水流较急的水域潜水时稳定性较好。此外,它还具有呼吸阻力小、通信效果好、时间不限及结构简单等优点。

但是,使用通风式潜水装具存在有笨重、穿着时间长、气体耗量大、气体更新不彻底、操作不当易引起放漂事故及没有配置应急供气系统(TF-88 型除外)等缺点。因此,通风式潜水装具已被更轻便、灵活、安全的水面需供式潜水装具所逐步取代。国内仅有少数潜水公司在内河作业有时还使用通风式潜水装具。

本章介绍通风式潜水装具的结构、使用方法、常见紧急情况应急处理及维护等内容。

第二节 通风式潜水装具

通风式潜水装具 1840 年开始在实际潜水作业中应用,一个多世纪以来,各国对该类型装具作了不少改进。美国海军 20 世纪初开始使用 MK 潜水头盔,在很长一段时间 MK 5-1

型潜水头盔一直作为海军标准潜水装具,一直到 1980 年被 MK 12 型空气水面供气式潜水系统(SSDS)所替代。

目前,国产的通风式潜水装具主要有 TF-12、TF-3 及 TF-88 等型号。TF-12 型和 TF-3 型装具的基本原理相同,结构大同小异,是两种常用通风式潜水装具,主要潜水深度为 45m 以浅,最大潜水深度为 60m。这两种装具的缺点是供气方式单一,且不配置应急供气系统。TF-88 型通风式潜水装具是在 TF-12 型、TF-3 型的基础上改进的,增配了应急供气装置和自动排气阀,因此它的安全性更好。下面主要介绍 TF-12 型通风式潜水装具的构造,对 TF-3 型和 TF-88 型只从结构特点上作简单介绍。

一、TF-12 型通风式潜水装具

TF-12 型通风式潜水装具主要由头盔、领盘、潜水服、潜水软管、压铅、潜水鞋、腰节阀、信号绳、腰绳及潜水电话等组成(图 5.2-1),总质量约为 68.5kg。

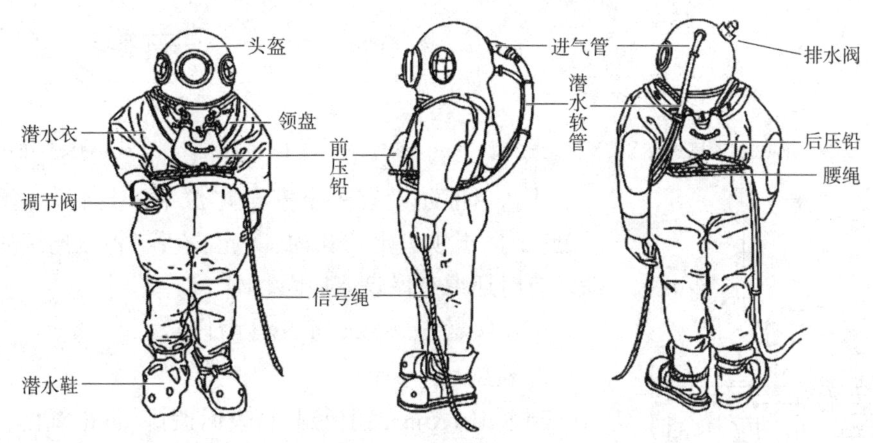

图 5.2-1 穿着 TF-12 型通风式潜水装具的潜水员(前面、侧面、后面)

1. 头盔

头盔由 1.2mm 铜板压制而成,头盔顶部加厚到 1.5mm。头盔内、外壁都镀有一层锡,防止氧化。头盔的前、左、右壁上各有一个由 6mm 厚透明的钢化玻璃制成的观察窗,观察窗外装有安全防护罩,见图 5.2-2 和图 5.2-3。

头盔的后部有进气管和电话线引入管各 1 个。进气管与短潜水软管相连接,压缩空气由此进入头盔内,进气管内有个弹簧式单向阀,其功能是在供气软管万一破损或供气中断时阻止头盔内气体倒流。进气管的内口焊于头盔内壁,在其接口处设置三路分气挡板,分气挡板延伸到三个观察窗上缘,使输入气体不断吹到前面窗和侧面窗的玻璃上,这样既使输入头盔内的压缩空气不直接吹着潜水员头部而引起不适,同时又使水汽不易凝结在观察窗玻璃上妨碍潜水员视线。电话线则通过电话线引入管进入头盔内,与送受话器连接。

头盔的下缘立壁上有四排等距离的间断螺纹,可与领盘上相对应的四排螺纹相连接。头盔的右后部位装有排气阀(图 5.2-4),排气阀里有一个顶压弹簧,潜水员用头部顶压排气弹簧的圆顶片时，就可将潜水服内的多余气体和潜水员呼出的气体排入水中，达到通风、更新呼吸气体、调节潜水员的正负浮力的作用。

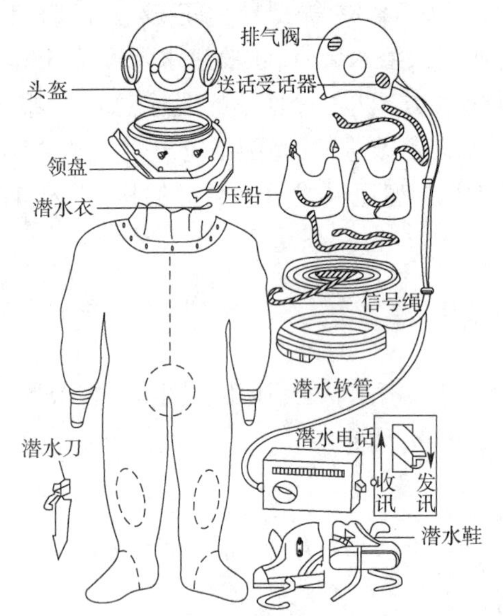

图 5.2-2　TF-12 型通风式潜水装具的组成

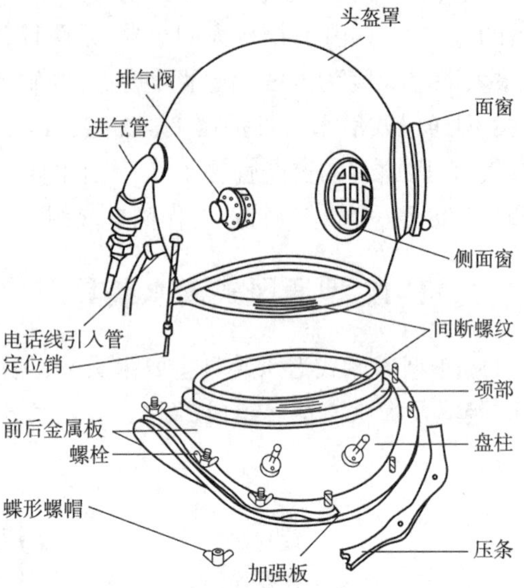

图 5.2-3　TF-12 型通风式潜水装具的头盔和领盘

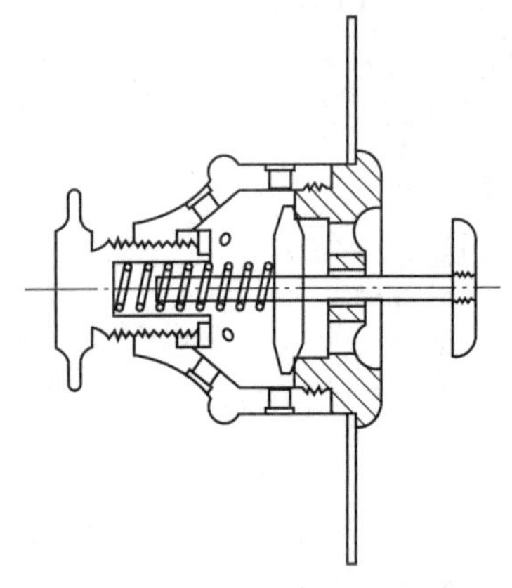

图 5.2-4　头盔排气阀结构示意图

头盔后部还设有一个安全定位销，当头盔与领盘连接后，此销插于领盘定位孔内，防止头盔与领盘连接后螺纹松动。有时还缚有保险绳加固。

头盔质量约 9.5kg（不包括附件）。

2. 领盘

领盘由 1.5mm 铜板制成，表面镀锡，防止氧化。领盘颈部上缘有四排等距离的间断螺纹，可与头盔下缘四排间断螺纹相连接。领盘上槽内有皮革垫圈，用于确保头盔与领盘连接后水密和气密，见图 5.2-2。

领盘的正前部位有挂桩两个，供前、后两块压铅悬挂之用。领盘边缘一周焊有加强板，加强板上焊有 12 个柱式螺栓，用于潜水衣凸缘上 12 个螺孔套在这 12 个柱式螺栓上，然后用 4 块领圈压板套压在潜水衣凸缘上，再用 12 个蝶式螺母旋紧，便将领盘与潜水衣连在一起。

领盘质量约为 9.25kg（不包括附件）。

领盘的作用是上连接头盔，下连接潜水服，承上启下组成了一个密闭空间，将潜水员与水隔绝，并有悬挂前后压铅的功能，增加了潜水员的负浮力，以保持潜水员在水下的稳性。

3. 潜水服

TF-12 型重潜潜水服由三层不透水橡胶布制成。外层是特制涂胶布料，其中层是纯橡胶片，内层为涂胶细帆布。潜水服上端用橡胶凸缘围成一个领圈，领圈上有 12 个与领盘上相适应的螺孔。凸缘上端还有个衣领口，供潜水员穿、脱潜水服之用。潜水服的袖口由橡胶制成,潜水员根据自己手腕的粗细,再套上合适的橡胶手箍于袖口上,以保持手腕处水密和气密。潜水服在肘、膝、裆、脚底等易磨损处,都加有护垫以抗磨损,见图5.2-1。

潜水服一般分大、中、小号,供不同身高的潜水员选择使用。大号长1.9m、质量约7kg;中号长1.83m,质量约为6.5kg;小号长1.7m,质量约为6kg。此外,潜水服还有特大号。

4.潜水软管

潜水软管的常用规格为30m、60m两种。潜水软管内、外两层是橡胶,中间夹有数层尼龙线网橡胶层。潜水软管的外径为34mm,内径为14mm,工作压力为1.5MPa。

一套标准TF-12型通风式潜水装具,潜水软管应为120m。潜水软管外表应用细帆布包缠,以防使用过程中磨损严重。潜水软管与潜水软管连接处用收紧箍加以保险,潜水软管与腰节阀连接处也要加以保险。从腰节阀连接处向上每隔3m间距做一个标记,以示软管入水深度。

潜水软管一端连接水面供气阀,一端连接腰节阀,再通过短潜水软管(俗称小辫子)向头盔内输入压缩空气供潜水员呼吸。

5.压铅

压铅由铅铸成。通风式潜水装具的压铅共两块,分前、后两块挂在潜水员前胸、后背,挂在前胸的称前压铅,挂在后背的称后压铅,压铅悬挂点即是领盘上的挂桩,见图5-2-5。

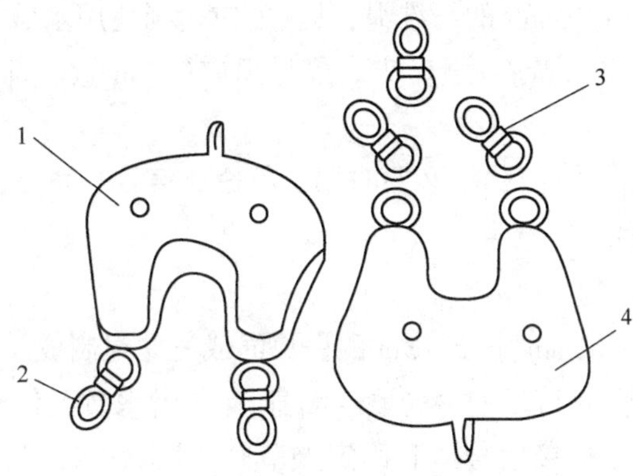

图5.2-5　压铅

1-前压铅;2-前压铅挂攀;3-后压铅挂攀;4-后压铅

压铅又分轻、重两种。轻型总质量约为25kg,前压铅质量约为13kg,后压铅质量约为12kg;重型压铅总质量约为30kg,前压铅质量约为15.5kg,后压铅质量约为14.5kg。通常使用轻型压铅,重型压铅大多是在水深超过45m、冬季穿着较多、水流较快、潜水员浮力较大等情况下采用。

压铅的主要作用是增加潜水员在水下负浮力,以保持潜水员稳性。

6.潜水鞋

潜水鞋头部由铜包头,鞋底是带有网格花纹的铅鞋底,鞋底由木衬板用螺钉固定在铅鞋底上,鞋帮是由两层胶布黏合而成,每只鞋左右各有一根鞋带,供穿着时系扣之用,见图5.2-6。一对潜水鞋的质量约为16kg。

潜水鞋用来增加潜水员下肢在水下的负浮力,以保持潜水员在水下的稳性。

7. 腰节阀

腰节阀又称空气调节阀,用铜制成。腰节阀一头连接水面供气软管,另一头连接通向头盔的那根短潜水软管,见图 5.2-7。腰节阀的工作压力为 1MPa。

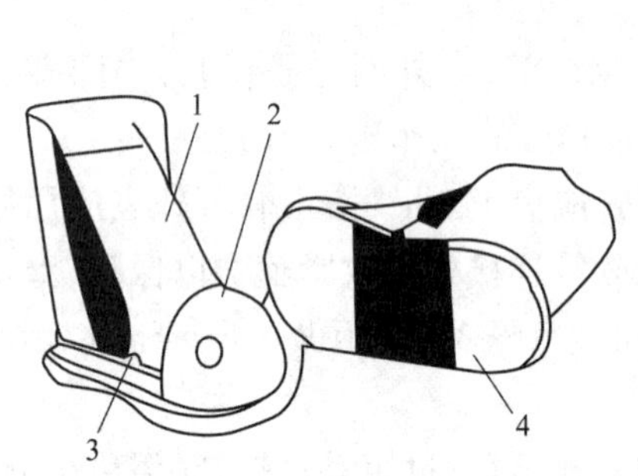

图 5.2-6　潜水鞋

1-鞋帮;2-铜鞋头;3-木鞋底;4-铅鞋底

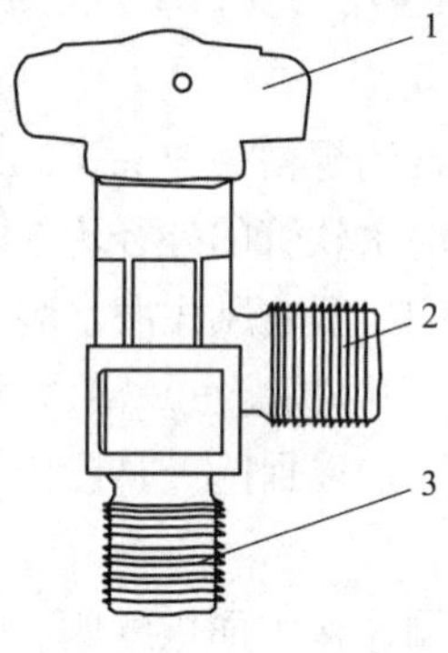

图 5.2-7　腰节阀

1-手柄;2-接潜水软管;3-接短潜水软管

腰节阀在潜水员着装时系在腰部右侧腰绳上,供潜水员调节呼吸供气量大小。

8. 信号绳

信号绳宜选用直径 8 ~ 10mm 的纤维绳,其长度应达到使用水域处水深的 2 倍以上。现使用尼龙绳较多,其优点是重量轻、强度牢。信号绳应每 3m 做一标记,供潜水员水下减压之用。

信号绳用于传递信号、传递工具,必要时用于救援。信号联系方法已在第四章自携式潜水中介绍,这里不作详细介绍。

9. 腰绳

腰绳通常用直径 10 ~ 12mm、长 2 ~ 3m 的白棕绳或尼龙绳制成。

腰绳系于潜水员腰部,它可以使穿着紧凑贴身,保护潜水员上体气垫的形成。绳的两端镶成大小适宜的眼环,用于连接信号绳和固定腰节阀、潜水软管。另外,还可在腰绳上佩挂一些器材(如潜水刀)。

10. 潜水电话

潜水电话由导线、电话机和头盔内送受话器等组成,供潜水员与水面工作人员通信联络之用,见图 5.2-1。

潜水电话导线原则上应穿在潜水软管管腔内,并从电话线引入管进入头盔内,连接送受话器。如将导线绑扎在潜水软管表面,在使用过程中容易损坏,降低通信质量。

二、TF-3 型通风式潜水装具

TF-3 型潜水装具没有腰节阀,水下的供气量由水面控制掌握,其重量又大于 TF-12 型装具的重量,故应用的广泛程度不如 TF-12 型。

TF-3 型通风式潜水装具在结构上有以下几个特点。

1. 头盔

头盔和领盘连接的方式与 TF-12 型不同，头盔下缘没有间断内螺纹，却有三个可供领盘螺栓穿越的螺孔，可与领盘颈部的三个螺孔连接，使头盔、领盘、潜水衣连接在一起，见图 5.2-8。

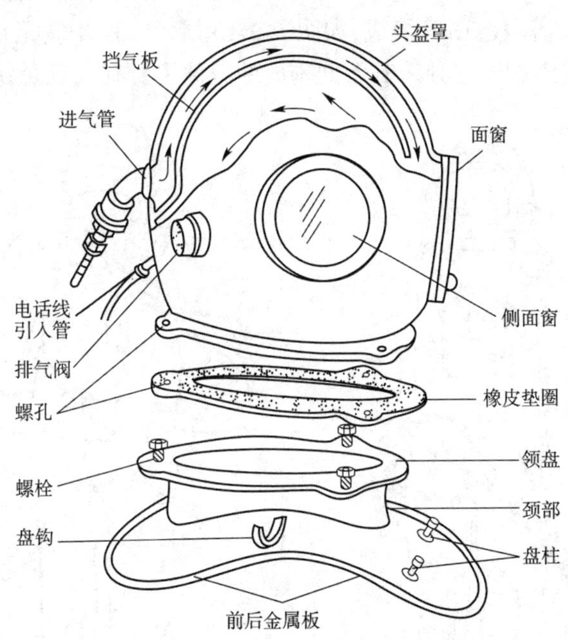

图 5.2-8　TF-3 型通风式潜水装具的头盔和领盘

头盔不包括附件的质量约为 11.5kg。

2. 领盘

领盘上有三个螺栓和一个橡皮垫圈，可将潜水衣领口的凸缘夹在头盔与领盘之间，在螺栓上旋紧螺母使之牢固严密地连在一起，以保持气密和水密。为防止压铅脱落，两侧有两个防滑钩，前面有两个盘柱为系挂压铅用，见图 5.2-8。

领盘不包括附件的质量约为 5kg。

3. 潜水服

TF-3 型重潜潜水服上端为 3mm 弹性橡胶制成的领口，领口凸缘上有 3 个螺孔，用于套在领盘上的三个螺栓上，见图 5.2-9。

这种潜水服分大、中、小号三种。大号长度 1.86m，质量约为 6kg；中号长度 1.79m，质量约为 5.6kg；小号长度 1.71m，质量约为 5.2kg。

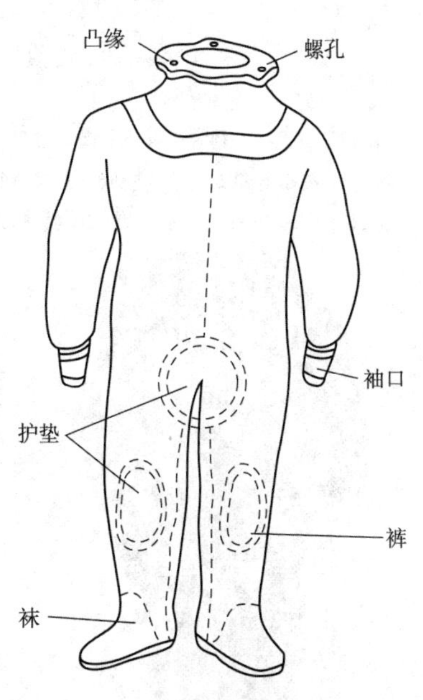

图 5.2-9　TF-3 型通风式潜水装具的潜水服

4. 压铅

这种装具的压铅比 TF-12 型潜水装具的压铅稍重些，

前压铅质量约为 15.5kg，后压铅质量约为 14.7kg。

三、TF-88 型潜水装具

TF-88 型通风式潜水装具主要由头盔、领盘、潜水服、潜水软管、前压铅、潜水鞋、组合腰节阀、应急供气装置及潜水电话等组成，如图 5.2-10 所示。由于它是在 TF-12 型和 TF-3 型的基础上研制的，有很多相同之处。其不同构成的组件主要有以下几种。

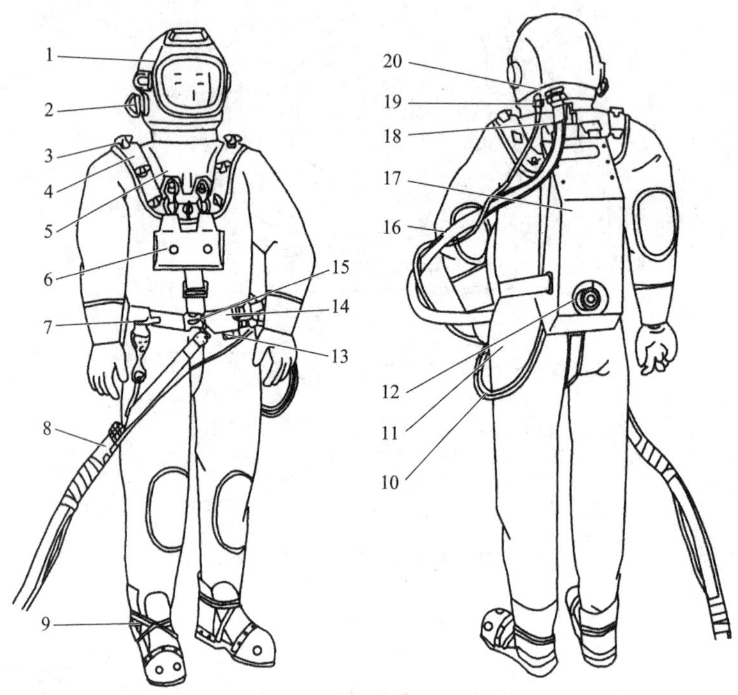

图 5.2-10　TF-88 型通风式潜水装具

1-潜水头盔；2-可调节排气阀；3-蝶形螺母；4-压板；5-领盘；6-前压重；7-腰带、裆带；8-脐带；9-潜水鞋；10-一级减压器及中压软管；11-潜水衣；12-应急气瓶阀；13-应急阀扳手；14-组合腰节阀；15-流量控制阀；16-短供气胶管；17-应急气瓶组（代后压重）；18-定位锁件；19-通信接头；20-供气接头

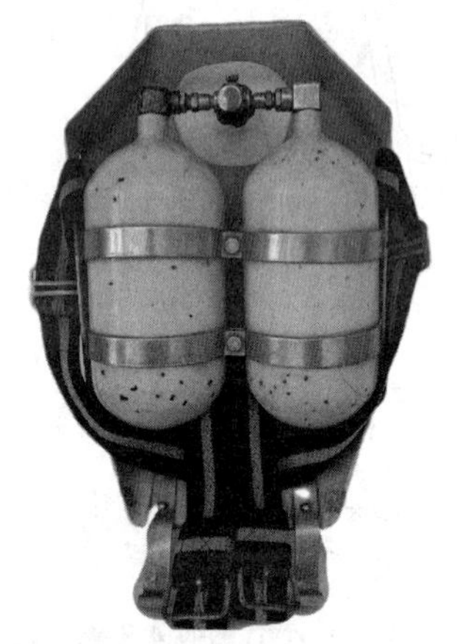

图 5.2-11　TF-88 型应急气瓶组

1. 应急气瓶供气系统

TF-88 型配备了应急气瓶供气系统（图 5.2-11），实现了两路供气，一旦水面供气发生故障，潜水员能迅速切换成应急供气状态，返回水面。有关应急供气系统的原理、结构与水面需供式轻潜装具的相应部件基本相似。

2. 自动排气阀

TF-88 型头盔上设置了自动排气阀，除靠头部和用手有规律地排气外，当头盔内压力上升到一定值时，自动排气阀便自动排气，减少了“放漂”的可能。

3. 止回阀

TF-88 型组合腰节阀中高灵敏度的止回阀可防止气体

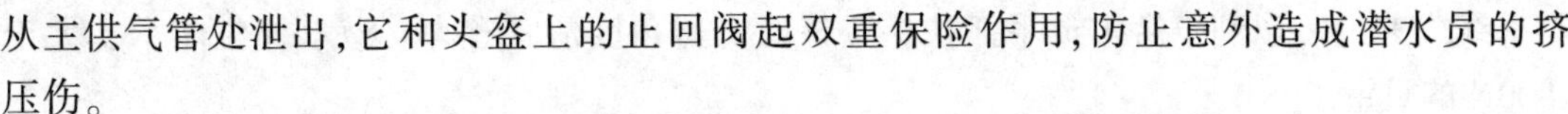

从主供气管处泄出,它和头盔上的止回阀起双重保险作用,防止意外造成潜水员的挤压伤。

四、通风式潜水装具的生理学特点

通风式潜水装具的头盔、领盘和潜水服连接在一起形成一个密闭空间,潜水员就在这个空间里呼吸压缩空气,它可容纳 80 ~ 100L 的气量,称为气垫,其下缘约在胸廓下缘水平上。通过潜水软管,从水面不断地将新鲜的压缩空气送入头盔,并定时地从头盔排气阀排出头盔和潜水衣内过多空气,以此来实现呼吸气体的更新,故称为通风换气。由于头盔和潜水衣内的空间不大,输入的新鲜空气与潜水员的呼出气互相混合,当供气不足时,空间里的二氧化碳含量会很快增高,若达到相当于常压下的 3%(分压为 3kPa),潜水员就会出现呼吸困难。因此,在使用通风式潜水装具潜水时,气垫里的二氧化碳浓度不应超过相当于常压下1.5%。增加头盔内的通风换气量可以有效地降低二氧化碳浓度。在中等强度劳动时,向头盔内的供气量不应少于 100L/min(常压下)。

潜水员必须经常注意调节头盔和潜水服内的空气量。如果水面供气较多,潜水服内积蓄大量气体,正浮力增加,可使潜水员不由自主地快速浮出水面,这个现象称为“放漂”。如潜水员排气过多,潜水服内留下的气体过少,就可使潜水员的躯体四肢受压,这个现象叫“挤压”。两种结果对潜水员都是很危险的。

当潜水员在水下时,仅在潜水服的上半部有空气(气垫),潜水服的下半部没有气体,因此,潜水服受水压作用紧贴在潜水员体表。直立时,气垫以下不同距离所受的静水压力也不相同,足部、小腿受压最大。因此,下肢体表血液循环不如上肢好,容易麻木、发冷。另外,紧箍手腕的橡胶袖口不利于手部的静脉血回流;加上两手直接与水接触,受到寒冷的刺激,感觉迟钝,一旦发生外伤出血,潜水员不易觉察,所以在寒冷季节潜水时,潜水员应戴上手套或穿有手套的潜水衣。

通风式潜水装具比较笨重,作业时潜水员体力消耗较大。当压铅佩挂不当或急流作业时,潜水员为了保持体位,体力消耗就更大。

第三节 通风式潜水装具的附属器材

通风式重装潜水装具的附属器材主要有潜水梯、入水绳与入水铊、减压架、行动绳、水下照明灯、潜水刀、潜水软管三脚架及保暖服等。

一、潜水梯

供通风式潜水员入出水的潜水梯,目前尚无统一标准规格,但通常以木材或金属制成,长度根据所在潜水工作船舷高度而定,梯档上下距离约 25 ~ 30cm,宽度约 45cm,潜水梯上端固定在潜水工作船上,下端应入水 1.5m,以利于潜水员出水登梯时方便省力,潜水梯置放成与垂线成15°角，以利于潜水员手抓扶梯登梯时身体角度适宜省力。潜水梯应能承受大于1800N的重量。

二、入水绳与入水铊

入水绳又称导索、老牵。入水绳应选用截面积小、拉力大的优质白棕绳或尼龙绳。入水绳的长短以潜水作业处水深而定，入水绳用来供潜水员上升、下潜之用，它的一端系在水下物件上，另一端系在水面工作船上。要求能承受3000N以上的拉力。

入水铊用铅或铁铸成，铊上有个固定环，供连接入水绳用，水铊质量为50~100kg。

三、减压架

减压架有坐式、立式两种，供潜水员在减压时用，以减轻潜水员在导索上吊着减压的劳累。减压架通常用金属制成，坐式减压架坐板长约50cm，两端略微上翘，坐板中间焊有直径12mm、高40cm圆铁杆，顶端有个环，供系绳索用（简易式的仅有坐板供潜水员坐着减压），减压架绳承受力应大于1800N，绳索长度视水深而定，每3m做一标记，以指示减压深度。减压架因受水流、潮汐及使用过程中种种因素影响，故使用率不高。

四、行动绳

行动绳又称走脚绳，一端系在水铊上，另一端由潜水员在水下控制，用来水下寻找实物。行动绳的长短视工作需要而定，通常为10m左右。

五、下照明灯

图5.3-1　潜水电筒

水下照明灯可增强水下光线，它由灯罩、电缆及控制开关组成，电源应符合国家有关水下用电安全规范。使用时，应先置于水中，然后再合上开关。

现有水下手电筒，如图5.3-1所示，电源一般是4节1.5V大号电池，用于水下一般照明。

六、潜水刀

潜水刀为钢制刀，长为20cm左右，一边为刀刃，并带有锯齿，配有刀鞘，供潜水员自卫和切割物品用。

七、潜水软管三脚架

潜水软管三脚架由木或金属制成。三脚架用以置放潜水软管，并有一个帆布套，可以把三脚架罩住，以防潜水软管日晒雨淋。

八、保暖服

潜水员着装时，贴身所穿的衣服，如绒衣、毛线衣、毛线袜、棉袜等。

第四节　通风式潜水前准备

通风式潜水和水面需供式潜水都是水面供气式潜水，潜水前准备工作的程序相同，但其内容和要求有所不同。本节根据通风式潜水的特点，介绍其潜水前准备工作。

一、潜水作业队组成与分工

使用通风式潜水装具进行潜水作业时，根据任务的性质合理地组成潜水作业队，并明确分工，是保证潜水作业安全和顺利进行的最基本要素。通风式潜水作业通常是以潜水小队或潜水组为单位组织实施，其组成与分工与水面需供式潜水基本相同，因通风式装具较笨重、供气软管与信号绳分开等特点，需要适当增加照料员，其最低人员配备见表5.4-1。在实际工作中，一般根据潜水工作任务量、要求完成任务的时间及作业区的环境条件来确定参加作业人员的数量。如果潜水工作量大、时间要求紧、作业区允许几个潜水小组同时开展作业，可由多个潜水组组成潜水队进场作业。有些作业还需要其他人员的支持，如船员、绞车操作员、特殊系统及设备操作员等。

通风式潜水作业最低人员配备表　　表5.4-1

岗位名称	岗位人数(人)	岗位人数(人)
作业潜水员	1	2
潜水监督	1	1
照料员1(信绳员)	1	2
预备潜水员	1	1
照料员2(扯管员)	1	2
合计	5	8

根据通风式潜水装具的特点，水面人员各岗位的工作内容也不尽相同，主要区别如下。

1. 潜水监督

由潜水公司任命，对潜水作业队的安全负责。潜水监督要贯彻执行潜水法规、标准，设法完成潜水作业任务计划，保证潜水人员的安全与健康。由于通风式潜水装具存在操作不当易引起放漂事故及没有配置应急供气系统等安全缺陷，因此潜水监督要特别注意监督现场作业人员严格遵守安全操作规程，包括从装具准备、检查、穿戴到下潜的整个工作过程中的每一步骤。当潜水监督必须进行潜水作业时,应由有同样资格的潜水监督替代指挥,方可下水。

2. 信绳员(照料员1)

信绳员是潜水员的主要照料人员,负责照管潜水装具的穿戴和脱卸,妥善且正确地协助潜水员下潜和上升,迅速无误地用信号绳传递潜水员所需工具和传达信号。信绳员应特别注意与下潜潜水员的安全有关的一切情况。信号绳握在手中要松紧适度,过松容易在水中绞缠,太紧影响潜水员在水下的行动,操作受到牵制。信号绳无论松放或收紧,速度均不宜太快。要从信号绳中始终能感觉出潜水员的水下动态。在潜水员浮出水面,没有登上潜水梯脱下头盔以前,信绳员不能擅自松脱手中的信号绳。

3. 扯管员(照料员2)

扯管员要和信绳员动作协调地松放或收拉潜水软管。收拉胶管的速度要均匀,并与放出的信号绳长度约略相等。在任何场合下绝不可将潜水软管一圈圈地抛入水中。潜水软管要握在手中慢慢松出,并根据潜水员的工作情况放出或收拉潜水软管。要从潜水软管的力量上感觉出潜水员在水下动态。要积极配合信绳员做好潜水员的下潜和上升工作。当工作中发现潜水软管有不正常情况时,应立即通知信绳员,以便及时采取必要措施。在潜水员攀上潜水梯但未脱下头盔以前,潜水软管不能随便离手任意搁置一旁。

总之,每次潜水员下水作业时,水面每个岗位上的人员都应坚守岗位,密切监护和照料水下工作潜水员安全作业。

二、潜水装备检查

出发前应根据潜水作业任务性质、现场条件及作业过程中可能损坏等因素,按照装备器材的配备要求进行准备。

在展开潜水作业前,潜水监督应组织作业人员清点潜水装备、器材,检查在运输环节中有无遗失、损坏;应与委托方或有关部门联系,确定潜水装备、器材的摆放位置。然后,组织作业人员对潜水装备、器材进行布置和检查。

1. 潜水头盔、领盘和潜水软管

潜水头盔、领盘和潜水软管由潜水员检查。重点检查头盔、领盘外形是否良好,有无变形现象,排气阀是否灵活气密,潜水电话通信音量、音质是否良好,供气软管有无变形或裂变,腰节阀是否灵活和气密。详细的检查项目如下:

(1)检查所有头盔面窗上的橡胶垫圈,应无磨损。

(2)检查头盔内部,以保证排气阀、扬声器及其他部件干燥,无铜锈,特别要注意潜水员通信系统的接线处是否牢固。

(3)检查头盔后面鹅颈式接头上的螺纹,应无破损、无松动、无铜锈、无磨损。

(4)检查头盔上的安全插销和安全绳,应活动自如。

(5)检查领盘上的所有螺栓,应无变形,螺纹未损坏。

(6)核实领盘与潜水服接合处的压条、铜制垫片及蝶形螺母是否齐全。

(7)检查领盘压条上的序号,以保证压条能按序号装配到领盘的相应位置上。

(8)检查头盔单向阀的性能(吹烟试验)。

(9)检查供气腰节阀的填衬,核实其是否灵活好用。

(10)检查排气旋塞,应活动自如。

2. 潜水服

潜水服由一名潜水员和一名照料员检查。检查潜水服有无破裂、严重磨损或其他质变现象,特别要注意橡皮领圈衬垫、颈围和袖口是否完好。

3. 信号绳、腰绳、压铅、潜水鞋、潜水电话等

信号绳、腰绳、压铅、潜水鞋,潜水电话等由一名潜水员和一名照料员检查。检查信号绳的长度、强度、质量、标记;检查腰绳质量;检查压铅的眼环、肩绳、下裆绳是否齐全牢固;检查鞋帮、绑扎绳有无损坏;检查潜水刀是否锋利;检查潜水电话的通话性能是否良好等。

4. 供气设备

空压机、水面供气控制台由一名辅助人员(最佳人选是机工)负责检查,重点检查空压机及水面供气控制台的所有阀门是否灵活、接头连接处是否气密及仪表准确性状况等。空压机使用前应进行试运转。

5. 甲板减压舱

在使用前,应检查甲板减压舱的密封部件、管路、阀门及接头等密封性能是否良好,检查仪表是否准确,电话装置、照明设备是否正常,舱门开关是否灵活,舱内所需的器材如吸氧装置、医疗器材、被褥、污物桶等是否齐全备好。

6. 水下专用工具

检查水下专用工具是否齐全、完好,并准备妥当。

7. 潜水附属器材

潜水前,潜水长应安排人员准备好潜水梯、入水绳、减压架、行动绳、保暖服等器材,准备好医疗急救用品。潜水工作船抛锚定位后,应固定好潜水梯,安放好入水绳和减压架,入水绳的水底一端通常系一根适当长度的绳子,以供潜水员行动使用。

三、潜水作业文件配备

潜水现场应至少有潜水作业计划、潜水安全手册、设备清单、报告和记录、人员证书等文件。

四、潜水任务布置与沟通

潜水队即将开展潜水作业前,潜水监督召开工前会,将潜水作业计划向潜水员作简要说明,简要介绍潜水任务以及安全防范措施。

第五节 通风式潜水程序

一、着装

1. TF-12 型潜水装具着装方法与步骤

1)穿潜水服

着装开始前,潜水员先穿好毛衣、毛裤、毛袜等,然后坐在潜水方凳上,将潜水服拉套到大腿上[图 5.5-1a)],然后站立,两手下垂于小腹部,由照料员将潜水服衣领向上拉,此时潜水员则进入潜水服内。两手伸出衣袖后,再坐到潜水方凳上,配合照料员戴好手箍(卡)[图 5.5-1b)]。

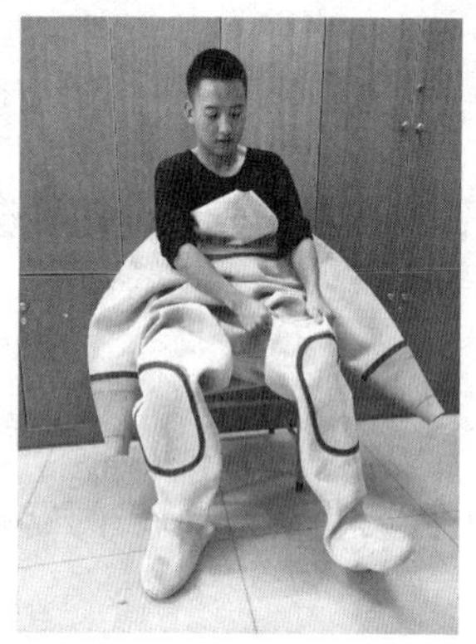

a) 穿潜水服

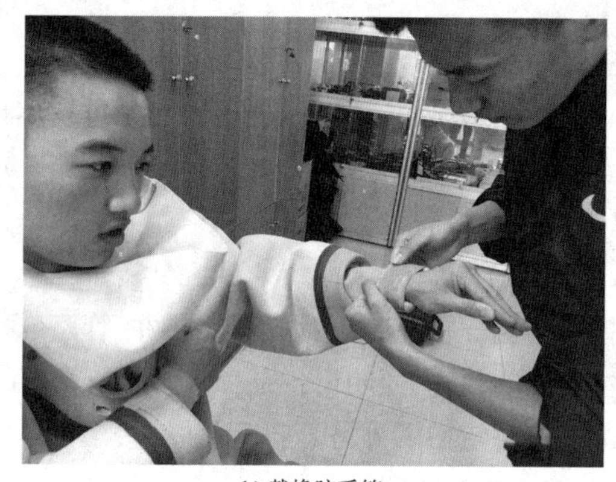

b) 戴橡胶手箍

图 5-5-1　穿潜水服

另一种穿潜水服方法是潜水员先站到潜水方凳上,二名照料员提起潜水服衣领分别站在潜水方凳略前面左右两侧,这时潜水员用左右两手分别支撑在照料员肩上,并顺势离开方凳,使身体通过衣领口进入潜水服内,然后穿上衣袖坐下,戴好手箍。

2)穿潜水鞋

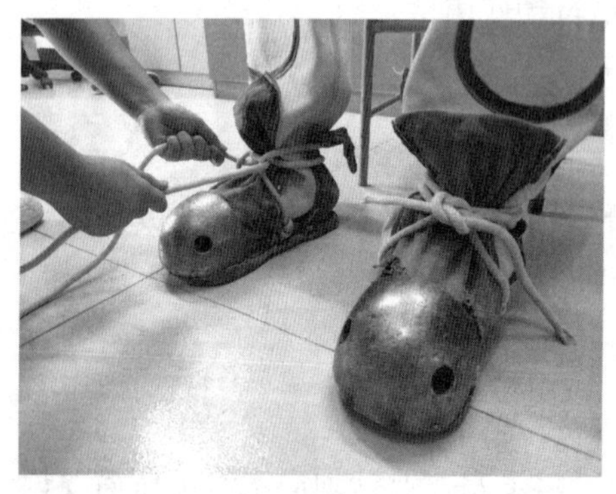

图 5.5-2　穿潜水鞋

潜水员穿好潜水服坐下时,照料员将潜水鞋置放在潜水员脚前,并拉挺鞋帮,用一手轻拍潜水员小腿部,示意穿潜水鞋,潜水员应动手把潜水服裤腿部分向上拉紧弄挺,以防有皱折影响舒适度。再顺势抬脚,将脚伸入潜水鞋内,然后由照料员根据潜水员要求,或根据自己经验准确无误地扎紧潜水鞋鞋绳(图 5.5-2)。

3)戴领盘、加压条、上蝶形螺母

潜水员坐在潜水方凳上,照料员站在左右两旁,将潜水服领口折合成双层，垫上毛巾，然后将垫好毛巾的衣领向后方向，沿着潜水员左、右颈部折压[图5.5-3a)]，并由一人压住已折压的衣领，另一人即拿着领盘沿着潜水员后脑勺套下，此刻潜水员的头部已从潜水服内伸出领盘颈部圆口[图5.5-3b)]。随后，照料员将垫在潜水服衣领上的毛巾整理好，并贴紧前领盘口，照料员各自用一手抓住领盘口与毛巾，并轻微下压(下压目的一则便于操作，二则防止操作时领盘弹到潜水员下巴和鼻)，另一手则将潜水服橡胶凸缘往上提，将凸缘上的螺孔对准领盘上相对应的螺栓套去，让领盘上的螺栓从潜水服橡胶凸缘螺孔中伸出。此时，二名照料员应从领盘正前方各自向左、向右延伸操作，直至领盘后部操作结束。最后，把压条按编号顺序对号入座置放在潜水服凸缘上[图5.5-3c)]，将蝶形螺母在领盘螺栓上用手旋紧[图5.5-3d)]，再用专用扳手按规定的顺序拧紧。用专用扳手拧紧蝶形螺母的顺序是：先拧潜水员的正面和背面四根压条上中间的8个，再拧潜水员正面和背面压条接口上的2个，最后拧潜水员两肩上的2个。如不按上述顺序拧紧蝶形螺母，就可能会使压条变形而影响潜水衣与领盘连接处的水密和气密性能。必须注意各蝶形螺母的松紧程度要一致，上好蝶形螺母后，从整个领盘的情况看，应该是通过以潜水员正背面和正胸前两蝶形螺母引线为对称轴的对称图形。

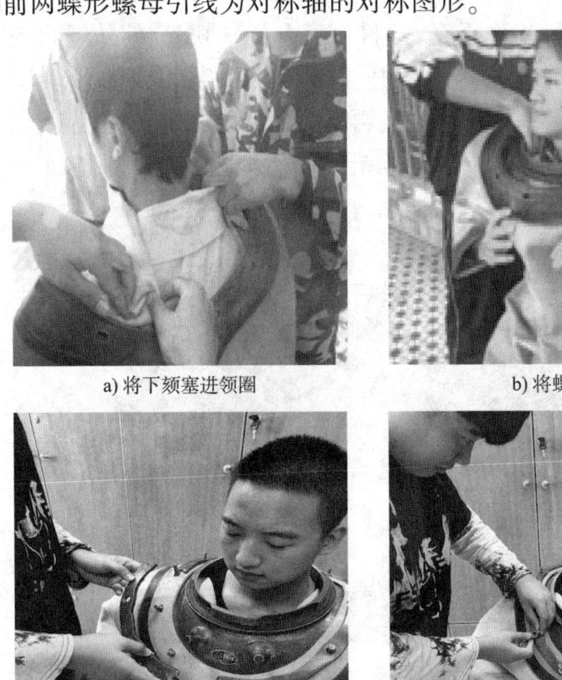

a) 将下颏塞进领圈　　b) 将螺栓穿出领圈

c) 加压条　　d) 上蝶形螺母

图5.5-3　戴领盘

4)扎腰绳、扣腰节阀及系信号绳

领盘戴好后，潜水员起立，由照料员将腰绳扎在潜水员腰部，扎腰绳时潜水员应主动配合将腰绳放在自己认为最适宜的部位，然后由照料员收紧腰绳。扣腰节阀时，潜水员应主动配合，拿好潜水软管与腰节阀连接处一段，有利于照料员的系扣动作。最后再用双索花结扎好信号绳(图 5.5-4)。

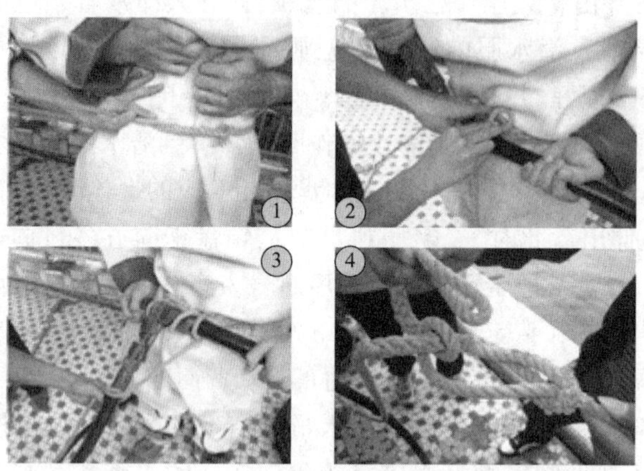

图 5.5-4　扎腰绳、扣腰节阀和系信号绳

5)挂压铅

信号绳连接好后,潜水员戴好工作手套,照料员手拿供气软管、信号绳将潜水员引到潜水梯上站好,潜水员打开腰节阀通气,并用手试压排气阀,照料员用布拭头盔内壁,并试通电话,这一切完成后,先将前压铅挂在领盘柱桩上,再将后压铅挂在领盘柱桩上。挂妥后,用后压铅上的档绳绕过潜水员腋下到前胸,穿过前压铅下端环孔,再从另一侧腋下绕至后压铅上系扣扎紧(图 5.5-5)。

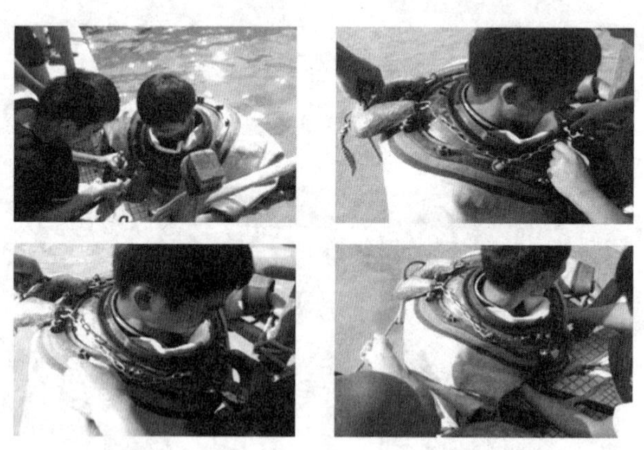

图 5.5-5　挂前、后压铅

6)戴头盔

上述五项程序完成后,照料员应对潜水电话再次检验,确认良好状态后,将头盔拿起,慢慢轻轻地将头盔从潜水员头部戴下,对准领盘上间断螺纹,按顺时针方向转动旋紧(图 5.5-6)。照料员旋紧头盔时应用膝部抵住潜水员后压铅或肩部,潜水员应用手牢牢抓住扶梯,以防潜水头盔旋转过程中,潜水员处于整个身体被迫扭动状态,甚至把腰扭伤。

潜水头盔旋紧后,照料员应插好头盔上安全销,扣好保险绳,请示下潜,经潜水长同意后,用手轻拍头盔,示意潜水员可以下潜。

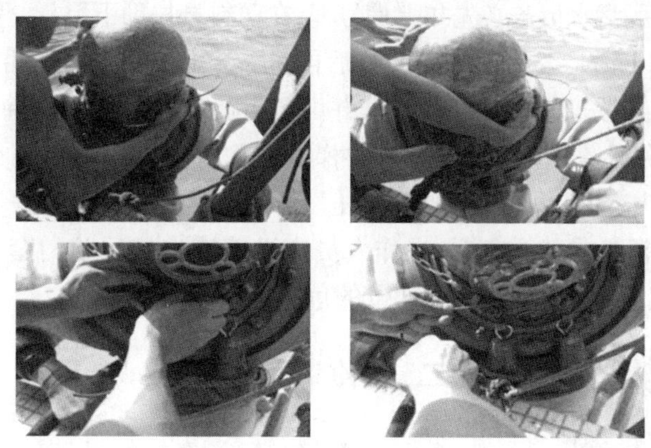

图 5.5-6 戴潜水头盔

2. TF-3 型潜水装具的着装方法与步骤

1）穿潜水服

潜水员坐在潜水方凳上，将潜水服穿至膝盖部，两手下垂于小腹部，由四名照料员在潜水员左、右、前、后四方握住潜水衣领，同时用力向外又向上拉起潜水衣，潜水员则乘势下蹲，使整个身体进入潜水服内，然后由照料员协助穿上衣袖，戴好手箍（卡）和手套。

2）穿潜水鞋、戴领盘、系腰绳

潜水员穿好潜水服后，照料员拉起鞋帮，潜水员将脚伸入潜水鞋内，照料员根据潜水员要求，牢固地扎好鞋带绳。然后潜水员坐在凳上，由照料员拿起领盘，在其他人员协助下，小心翼翼将领盘戴上，再将潜水服上的螺栓孔套在领盘螺栓上，接着潜水员站立，举起手臂，让照料员将腰绳扎在腰部后再坐到凳上。

3）戴压铅、系信号绳

照料员抬起压铅平稳放在潜水员肩上，潜水员用腰绳首端从前压铅上方穿过，照料员将裆带由潜水员下档穿过，与前压铅的眼环连接扎好，然后把信号绳与腰绳系扣扎牢。

4）戴头盔

照料员搬起头盔，发出供气指令，然后将头盔螺孔对准领盘螺栓慢慢戴在领盘上，再将螺母拧紧，即全部着装完毕，由信号员向潜水长报告“着装完毕”。

3. 通风式潜水着装注意事项

（1）穿着的防护用品，必须柔软合身；在低水温水域或冬季，潜水员穿着的保暖衣，必须柔、薄、软以及保暖性能好，避免穿着硬质的、会摩擦肌体或增加正浮力的衣着。

（2）应选择适宜自己的潜水服，袖口处应戴适合自己手腕粗细的手箍（卡）、防止过紧、过松，以免带来疼痛麻木或渗漏。

（3）绑扎潜水鞋的鞋绳要求松紧适当，要求系扣部位准确舒适，新绳不宜过紧，以免入水后收缩引起疼痛。

（4）操作人员在领盘上置放压板（条）和拧螺母时要防止掉落，以免损坏（冬季，压板落地易断裂）或落地后弹入水下。蝶形螺母的旋拧务必既要拧紧防止渗水，又要松紧均匀规则整齐，以免影响压铅的悬挂。

(5) 当腰绳系好后,潜水员务必先扣上信号绳,在照料员扶助下登梯,登梯时用手抓牢梯子,脚要站稳,再次试潜水电话是否良好,确认良好后再挂压铅,以免过早挂压铅耗损潜水员体力。

(6) 装戴头盔前,应先开启腰节阀通气,并由照料员将潜水头盔内壁和观察窗擦拭干净;装戴头盔时,潜水员务必集中注意力,在潜水梯上站稳,抓牢潜水梯,与照料员配合好,防止碰痛发生意外;戴好头盔后,再次校对电话通信,确认正常后才可按程序实施下一步程序。

(7) 给潜水员戴领盘或戴头盔时,操作人员应沿着潜水员后脑勺套下,这样就可避免沿额头套下时较易不慎碰着潜水员鼻、唇部位的危险。

图 5.5-7　入水

二、入水

潜水员着装完毕,调整好气量,在接到下潜指令后,双手抓住潜水梯逐格下梯,见图 5.5-7。潜水员下梯过程中,照料员应将信号绳、潜水软管徐徐松下,同时又要密切注意潜水员下梯动作,以便在潜水员坠落时可随时收紧信号绳、潜水软管。潜水员下梯入水取得浮力后,不应立即大量排气下潜,应调节浮力,在水面作气密检查,确认无异常后,用手拉一下信号绳,或电话通知照料员。照料员在水面作气密检查时,一旦看到潜水员头盔没入水中,必须注意观察潜水装具水密情况,视其有无气泡逸出,以判断潜水装具的气密情况。如也未发现漏气现象,照料员应回拉信号绳一下(或电话通知),示意潜水员可以下潜。

三、下潜

潜水员下潜时,应沿导索下潜,如图 5.5-8 所示。沿导索下潜可用两个办法:一种办法是潜水员下潜前,照料员将导索引至潜水梯处,潜水员下梯时或下梯接触水面后,即可用手抓住导索;另一种办法是如果将导索引至潜水梯不方便的话,潜水员下梯接触水面并作气密检查后,照料员立即收拉信号绳、潜水软管把潜水员引至导索处,并拉信号绳一下,示意潜水员已到导索处。

图 5.5-8　沿导索下潜

沿导索下潜时潜水员手抓导索,将信号绳、潜水软管置放胸前,用脚交叉缠住导索,通过排气阀排气,取得负浮力,开始下潜。

潜水员在水面被照料员拉动时,为减少阻力,应侧身向前,同时应一手握住信号绳、潜水软管,并有意识地使排气阀朝上,以防排气时进水。同时应让信号绳多受力,以减轻潜水软管受力,这样也避免了信号绳、潜水软管最终受力点集中在腰节阀处,起到既保护装具作用,又保护了自己腰部不受损伤。

潜水员下潜过程中应注意事项:

(1)潜水员下潜时,应根据自己身体的适应情况掌握好下潜速度,应根据水深调节好供气量及控制好排气。新潜水员一般下潜速度不超过15m/min。下潜过程中如果有耳膜疼痛时,应停止下潜,做口液吞咽或鼓鼻动作,以适应环境。疼痛消失后即可继续下潜,如无效果则上升2~3m,重复口液吞咽或鼓鼻动作,感觉无疼痛后,再继续下潜。如无效则必须返回水面,出现这种情况,多数是潜水员在感冒时潜水,造成咽鼓管不通。

(2)下潜过程中,照料员应根据潜水员下潜速度将信号绳、供气软管徐徐松放入水,并要注意潜水员下潜速度,防止潜水员失控坠落发生挤压伤。如发现潜水员突然加速下潜的异常情况时,应立即拉住信号绳、潜水软管不松动,并立即与潜水员通过电话或信号绳取得联系,问明情况后,再视情况处理。

(3)潜水员快着底时,应放慢下潜速度,双脚徐徐平稳着底,以免下潜速度过快,造成水下不明障碍物戳痛臀部。下潜到底后,用信号绳拉一下或电话通知"到底了",照料员接到通知后回拉信号绳一下或电话予以答复"知道"。

(4)潜水员着底后,应根据水深调整气垫,观察或探摸周围情况,确认信号绳、潜水软管无纠缠后再开始行动。

四、水底行动

潜水员在水底行动前,应理清信号绳、潜水软管、导索及其他绳索,然后根据水流方向或水下物件来判断自己该如何到达目的地。潜水员水下行动一般应向前顶流或侧流行进,见图5.5-9。如确需顺流而动,应根据水流情况选择最慢流时潜水,并应抓住水下物件或导向绳(行动绳)慢慢行动。

图5.5-9　潜水员在水底顶流行进

水底行动中发现与作业无关的障碍物、深坑(洞)时应绕行,或从障碍物上层通过,行动中要防止信号绳、供气软管纠缠或兜搭,并随时予以清理。对妨碍或危及潜水作业安全的障碍物,应先行拆除、移位或系固稳定。当工作需要潜水员进洞进坑时,潜水员必须倒退行动,先脚后身,并通知照料员抓紧信号绳及供气软管,以防跌入低凹处发生"倒立"。如要从高处到低处,必须先告诉照料员将信号绳、供气软管拉紧配合好,然后潜水员掌握好运气技术从高处降落低处,这对有经验的潜水员来说是可行的。如果潜水员对从高处降落到低处深度和运气技术都感到把握不大,可以让照料员通过信号绳传递一根若干米长的绳索,将此绳索一端系扣在高处某部位,另一端松向低处,潜水员则抓住此绳索逐步下潜到目的地。有经验的潜水员还可以利用信号绳多拉些到水中,然后系扣在高处某点上,抓住信号绳逐步下潜(但身上一端信号绳不准解脱)至目的地,探明情况后即再返回系扣信号绳处,解开系扣点,请照料员将多余信号绳收紧,然后根据探明的情况再做处理。

潜水员在潜水作业过程中,由于种种原因发生信号绳、供气软管纠缠、兜搭或穿裆等情况,不必惊慌失措,一般都可以自行解脱,如确有困难,请求水面派员援助。

潜水员在水下发现空气有异味,或感到身体不适时,应与水面人员取得联系,必要时应立即上升出水。水下不明生物,不要去碰触,以策安全。

潜水员在水下调节腰节阀时,应徐徐启闭,切勿急躁从事,以免弄错启闭,造成紧张或失控。潜水员应熟练掌握和控制供气量,注意预防放漂。

潜水员在水下作业时,任何时候头部必须高于脚部,以免发生头朝下、脚朝上的“倒栽葱”事故。

潜水员在潜水梯上休息或出水上梯、开启头盔前,务必站稳,照料员应将信号绳系固在牢固之处,防止潜水员因疏忽而从梯子上落入水中发生意外。

五、上升

(1)潜水员接到上升指令时,不必问为什么,应按照指令迅速上升出水。

(2)潜水员接到准备出水通知后,应立即停止作业,将水下正在使用的工具放妥,并清理好信号绳和供气软管,然后通知照料员收紧信号绳、潜水软管准备上升,并按原路线返回导索处。与下潜时一样,控制好气垫,调整成适当正浮力逐渐上升。上升过程中要控制速度,以免放漂,上升速度一般以不超过8m/min为宜。上升过程中如需减压,必须听从水面指挥,按规定实施减压,见图5.5-10。上升过程中,潜水员应随时做好停止上升的思想准备,出水时应有一手高举头部,以免出水时头盔碰撞水面漂浮物。

图5.5-10 潜水员出水及减压

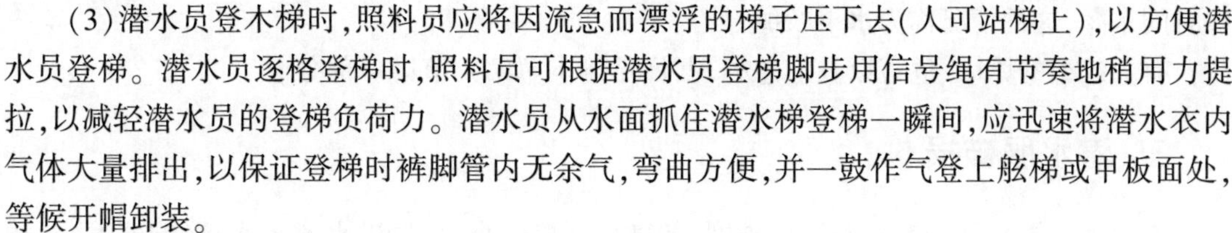

(3)潜水员登木梯时,照料员应将因流急而漂浮的梯子压下去(人可站梯上),以方便潜水员登梯。潜水员逐格登梯时,照料员可根据潜水员登梯脚步用信号绳有节奏地稍用力提拉,以减轻潜水员的登梯负荷力。潜水员从水面抓住潜水梯登梯一瞬间,应迅速将潜水衣内气体大量排出,以保证登梯时裤脚管内无余气,弯曲方便,并一鼓作气登上舷梯或甲板面处,等候开帽卸装。

六、卸装

潜水员出水到达水面后开始卸装,卸装应按与着装相反的顺序进行。

七、潜水后操作

在潜水员在水面卸装后,应对潜水员进行仔细检查和观察或医学治疗,填写潜水记录与报告,以及对潜水装具进行及时保养,参见第四章第十一节第七部分。

第六节　通风式潜水应急处理

尽管潜水作业前,已经作了周密的计划和充分的准备,但潜水及水下作业环境较为复杂,受大自然影响因素很多,且有些人为因素也难以完全控制,水下难免会出现一些紧急情况。特别是使用通风式潜水装具时,由于自身构造的特点,存在着操作不当易引起放漂、一旦发生供气中断无法依赖应急供气(指 TF-12 型和 TF-3 型)来争取更多时间处理危机等重大风险。因此通风式潜水时,要认真准备,规范操作,而一旦发生紧急情况,应快速反应,果断处理。绝大多数的紧急情况,只要识别得早、处理得当,是可以转危为安的。

一、放漂

已经下潜的潜水员失去控制能力,在正浮力的作用下身不由己地迅速漂浮出水面的整个过程,称为放漂。放漂后处理不当会产生一定的危险,因此,要求潜水员能熟练控制气垫,尽量避免放漂。一旦放漂,潜水员不要惊慌,应镇静处理。其操作方法是:潜水员可用双手用力扯住领盘,使头部接触排气阀,排除潜水服内多余的气体,使双脚下沉,然后翻身成正常漂浮状态,调整好浮力与稳性。此时要注意不能排气过多,以免造成重力大于浮力,致使潜水员迅速下沉,产生不良后果。如潜水员放漂后本身无法排除,则水面应进行协助,利用信号绳、软管立即将潜水员拉到潜水梯,以便水面人员根据情况迅速处理。在潜水员放漂时,信号绳、软管要快速拉紧,同时电话员(或配气员)要掌握好供气量,严禁将供气阀(腰截阀)完全关紧。

有关放漂的原因、危害以及应急处理,详见第十章第四节第三部分。

二、绞缠

潜水员的信号绳、软管被水下障碍物缠绕、钩挂、阻挡而不能上升出水,以致被迫在水中长时间暴露，这种情况称为水下绞缠。

有关绞缠的原因、危害以及应急处理，详见第十章第四节第一部分。

三、潜水服破损

潜水服破损常见于潜水服袖口破裂，如破口裂缝较小，少量进水或渗水，影响不大，夏季可继续作业。如破口裂缝较大，进水较多，应停止工作，开大腰节阀增加供气量，同时将袖口损坏的那只胳膊垂直向下，通知水面准备上升出水。

如果潜水服破裂较大，特别是在上半身，水会很快灌满潜水服，这很危险，会造成潜水员窒息。遇此情况，人应保持站立姿势，发出上升信号并急速上升出水。在此之前，应开大腰节阀增加进气量，用手把压铅往下拉，以防头盔升高使进入潜水服内的水淹没头部。出水后迅速脱下保暖衣服，采取防寒保暖措施，如需减压则迅速进舱加压。

四、潜水鞋脱落

潜水鞋的脱落多由于潜水鞋绳未能扎紧扎牢所致。

发现潜水鞋鞋绳有松动时，自己设法扎紧。如已脱落，人应保持直立，把鞋脱落的这只脚的小腿交叉在另一腿的小腿肚处，要保持稳性，适当将供气量减小，以免空气进入无鞋的裤脚产生倒立。设法找到失落的鞋并穿上扎紧。如难以寻到或把握不大则通知水面准备上升，控制好气量，顺着导索并用脚夹紧导索上升出水。

如离导索距离远或其他因素，无法采取上述措施，应请求水面派员救援。救援方法很多，如水面带鞋或索链类重物替他扎上，或寻找到失落的鞋替他穿上，或派两名潜水员左右夹带出水等。

五、潜水压铅脱落或后压铅被钩住

潜水压铅脱落常见于压铅绳索断裂，造成压铅偏向单面下垂，身体重心倾向一边。潜水员应将腰节阀关小些，控制气量，尽量保持身体平衡，把自己信号绳一端拉长些用以系扣下垂的压铅，尽可能拉到原来位置上扎住，然后立即上升出水检查。

预防的办法是定期更换压铅绳，发现问题及时处理，潜水作业前严格检查。

后压铅被物体钩住时，潜水员要保持镇静，自行轻轻转动身体，稍上升或下沉，就有可能脱钩。做此项解脱时，严禁转身动作过大、过猛，否则如不慎使潜水头盔与领盘连接处松动，将造成更大事故。无法自行解脱时，应请求水面派员救助。

六、供气中断

潜水过程中，由于某种原因突然中断对潜水员供气，这种潜水事故称为供气中断。

有关供气中断的原因、危害以及应急处理，详见第十章第四节第二部分。

七、通信中断

通信中断通常由潜水电话送、受话器损坏，电话线在腰节阀处、引入管处发生断线等引起。

发生通信中断后，水面人员与潜水员之间可以利用信号绳进行联系，此时潜水员应立即上升出水进行修复。如潜水作业较为简单，作业现场环境较安全，可暂时利用信号绳作通信工具继续工作。

八、头盔被撞破

头盔被撞破多见于水下行动过快不慎被尖锐物体触破，头盔损坏比潜水衣损坏危险更大。由于空气比水轻，故空气能迅速从破损处溢出，水会从上而下直接灌入潜水服内，这是非常危险的。事故发生后，首先要镇静，急速用手捂住破损处，开大腰节阀提高供气量，然后通知水面人员准备立即上升出水。

预防办法是在水下行进时，不得盲目快速前进，用手在前缓缓向前，从蹲下到起立过程中要缓慢，防止头顶上方有异物碰撞。

九、排气阀被撞坏

排气阀被撞坏是行动中过猛过快撞到障碍物所致，或因检查不严，排气阀顶部阀门的连接盖脱落，失去阻水作用而造成的。这会使水无阻拦地涌入头盔内，是很危险的。遇此情况应镇静勿慌，立即把头盔侧向阀门一方，用手急捂住孔洞漏气处，开大腰节阀供气，并通知水面人员准备立即上升出水。

预防的办法是：水下行动前进不能过猛过快；蹲下站立起来时，动作要缓，禁止猛地站立；加强对潜水装具的维护保养，潜水前必须仔细检查。

十、观察窗被碰破

观察窗被碰破是行动过猛、过速、撞击所致。对此情况，应保持镇静把头俯下，用手遮盖破损处，开大腰节阀供气，并通知水面人员准备立即上升出水。

预防观察窗破损，首先应加强观察窗防护罩的牢度，水下行进时不可低头快速猛进，应用手向前缓缓爬行或逐步探摸向前。

十一、螺栓被撞断

领盘螺栓被撞断会造成潜水头盔与潜水服脱离产生裂缝。事故发生后，应通知水面人员准备紧急上升出水。在此之前应设法把潜水头盔固定在颈上，用手压住，站立身体，增加供气流量，保持气垫，阻止进水。

预防办法同上述三项相同。

十二、体位倒置

体位倒置俗称“倒栽葱”,潜水事故中“倒栽葱”是极少发生的,但是这是最危险的事故之一。“倒栽葱”发生的原因多见于操作不慎,其原因是头部低于脚部,使空气进入裤腿发生倒立,或上升过程中,在外力作用下发生头朝下脚朝上。其预防的根本办法是:任何时候,潜水员务必始终保持头部高于脚部,以防空气进入裤腿。

如果发生此类事故,潜水员应避免排气,以防水进入头盔,发生溺水。如发生倒栽葱上升到水面,水面人员应立即采取措施,将潜水员拉到潜水梯边,使其体位恢复正常。如中途上升中遇到障碍物被吊在半途水中,应立即派预备潜水员援救他。

潜水员在水下行进时,严禁快速前进,以免跌入洞内、坑内或舱内,造成头朝下。如果必须进入这些场所,应采用系扣导索方法,从高处顺导索而下。

十三、潜水员在水下被吸泥管吸住

在水下除泥时,如果潜水员的脚被吸泥管吸住,一般情况下,在通知水面人员停止向吸泥管供气后,即可自行脱离。

潜水员在水下除泥时,如果一只手被吸泥管吸住,切勿强拉,以免袖口损坏。同时为防止袖口被吸破,导致潜水服内大量气体溢跑,除立即通知水面人员关闭吸泥管供气阀外,另一只手则开大腰节阀供气,待吸泥管失去吸力后,将手退出管口。

潜水员如两只手被吸泥管吸住,应立即通知水面关闭吸泥管供气阀,停止向吸泥管供气,并视情况决定是否派员下潜救护。

多数情况是某一只手被吸泥管吸住,这往往发生在用手探摸吸泥管管头是否有垃圾塞住,或用手往吸泥管里面塞(吸泥管口径能承受的)垃圾时;脚被吸住,多数发生在吸泥管吸泥时,由于泥被大量吸去,泥层与管口空间距离拉大,潜水员去探摸吸泥管时,脚正好伸到管口与泥层之间,造成被吸。

潜水员被吸泥管吸住事故往往发生在使用直径250~300mm的气升式吸泥管时。因为这种吸泥管直径较大,所配空压机排气量较大,吸力较足,水越深,吸力也越大。

吸泥管水下端口都应有防护罩,这样既可防止较大垃圾进入管内造成堵塞,又可对潜水员水下操作起到一定的安全保护作用。用吸泥管进行水下除泥时,如有两名潜水员同时操作,特别是在吸泥管的移位过程中不关闭吸泥管供气阀时,应通知另一名潜水员避让,同时应注意吸泥管不要绞得太高,以免操作不当造成自己被吸。

十四、潜水员被泥塌方压住

潜水员被泥塌方压住造成的后果很严重,轻则受伤,重则危及生命。潜水员被塌方压住多见于冲淤泥埋电缆、沉船内外除泥等。发生这种事故后,潜水员应立即通知水面派员救助,同时,自己潜水服内应保持一定气量形成一定的气垫防止挤压伤,并尽可能不松掉自己手中的水枪,用水枪冲去自己身边泥沙。

预防方法主要是：水下除泥时，应一层层地往下除，潜水员应从上方往下方冲泥，坡度不能太陡，以免塌方。人不能离开吸泥管过远冲泥，因为一则冲泥效果差，二则也不利安全。如果有轻微塌方现象应提高警惕，如发现自己身体有漂浮感产生，很可能是塌方预兆，应先行出水回避。在易塌方地区，尽量采用“自动除泥”方法，降低潜水员下潜冲泥的频率。

十五、潜水员被鱼钩钩住

潜水员被鱼钩钩住，多见于潜水员对沉船沉没于渔业捕捞区的初次探摸中。被鱼钩钩住后千万不能以扭动身躯来摆脱鱼钩，否则必将遭致被更多鱼钩钩住。正确的方法是用潜水刀割掉鱼钩线，迅速出水。如果背部等处被钩，自己无法处理，应请求派员帮助。

预防的方法是预先了解水域情况，下潜动作要缓，特别是到底后，第一次行动更要掌握好节奏，千万不要盲目过速行动。

十六、潜水员被涵洞或进水孔吸住

潜水员被涵洞或进水孔吸住是很危险的，特别是涵洞、进水孔的洞口很大时，靠近时，整个人会被吸进，造成重大事故。

因此，潜水员在闸门、水库阀门、电站闸涵等处作业时，务必小心谨慎，应事先用长棍或竹棒在接近闸涵处向闸涵处伸去试探“吸力”大小，当长棍或竹棒被吸，再逐渐试抽回，直到吸力消失，再试探距离。另一种方法可在水下接近“吸力”处，先听声源，然后根据声音方向，判断位置。水声越响，距离越近，表明闸涵或破洞越大，千万不可贸然前进，可缓慢向前，手拿小短棒向前探索，稍有吸力，短棒被吸，即知吸力大小，以便采取措施。严禁倒退法，用脚试探“吸力”。

第七节　通风式潜水装具的检查与维护

通风式潜水装具的性能是否良好，直接关系到潜水员水下作业安全，因此，必须进行认真维护和定期检查。

一、潜水后保养

潜水后，应对通风式潜水装具进行以下保养：

（1）应使用清洁淡水冲洗干净，然后用压缩空气吹干或用干布擦干。注意防止潜水头盔内送、受话器进水受潮。

（2）潜水服应挂在衣架上，在通风阴凉处晾干，然后在橡胶部分涂滑石粉，防止互相粘连。

（3）潜水头盔颈部密封 O 形圈应涂上硅脂。

二、日常维护保养

1. 头盔

头盔必须经常注意擦拭，做好内壁清洁工作，特别是易发感冒、咳嗽、流鼻涕的冬季。

头盔消毒清洗时，应先取出头盔内送、受话器用酒精纱布擦拭，然后用肥皂水清洗头盔内部，再用湿干净棉布擦拭干净，最后用酒精纱布擦拭。

头盔外壳铜质部分，为防止氧化，应用擦铜油擦拭。排气阀和排气阀中拆开的部件，要用擦铜油擦拭后，再涂上甘油或植物油后装妥，以防生锈。擦头盔、排气阀时应避免使用棉纱，以免棉纱头夹在排气阀内。

2. 潜水软管

潜水软管使用后应立即用淡水冲洗干净，在污染区或油污区进行过施工的潜水软管应用清洁剂进行清洗，然后用清水冲洗干净。对潜水软管应经常实施检查，看有否裂缝或质变现象。

潜水软管应定期消毒清洗：先用清洁的温水冲洗管内，并用压缩空气吹干管内，然后用75%的酒精液约1000～1200mL，对整套软管管内进行消毒，最后再次用清洁温水冲洗，并用压缩空气吹干。

潜水软管应堆放在通风好、温度适宜的室内，避免暴晒或雨淋，以防质变老化。盘卷直径不宜太小，防止硬弯折裂，潜水软管上严禁堆压重物，并切勿沾上油渍。

3. 领盘

领盘养护主要应对铜质部分擦拭擦铜油，防止氧化；对牛皮垫圈拭抹高级机油，防止萎缩老化，影响气密；对间断螺纹、螺栓涂抹高级植物油，使其保持润滑。

4. 潜水服

潜水服最好用衣架悬挂，尽量避免折叠存放。存放的室内环境以温度15～35℃、相对湿度50%～80%为宜，橡胶部分撒些滑石粉。

5. 信号绳

信号绳平时不应放在潮湿处，并严禁用作其他用途。

三、安全检查和检验

1. 头盔

对头盔的安全检查首先应看外形是否完好，然后认真检查排气阀、挡风板及送、受话器等是否正常。

对头盔进行内压试验时，充气压力为0.05MPa，时间5min，检查各部分焊、铆处的气密情况；对头盔连接短潜水软管的弯头作1500N的拉力试验，看有无变形或裂痕。

2. 潜水软管

安全检查时，应察看软管表面有无裂纹、划伤、脱胶等缺陷，此外，还应检查软管内电话线有无断线、接触不良等现象。试验时，将供气软管一端封闭，另一端供气1.5MPa，保压

2min，检查软管各处有无泄漏及局部鼓起等现象。

3. 领盘

领盘的安全检查主要检查间断螺纹、螺柱上的螺纹是否良好。悬挂试验时，挂桩悬挂50kg负荷，历时5min观察有无变形。

4. 潜水服

对潜水服进行安全检查时，主要检查有否发硬或发黏，有无裂纹，橡胶部分袖口衣领有无老化现象，以及护垫部分的磨损程度。试验时，采用0.01MPa气体进行内压试验5～10min，用肥皂水试抹接缝处，检察有无漏气和局部有无凸胀现象。

对于三螺栓潜水服领口，4人拉开其领口直径的2倍时，不破裂，并能复原，视为合格。

5. 信号绳

安全检查时，主要看看有否霉烂、断股、松股、硬伤、破损、污染等现象，并应做1800N拉力试验。

对于检验不合格的或勉强够格的，应视具体情况报废或降级使用，决不能勉强使用，以杜绝事故的发生。

思考题

1. TF-12型潜水装具主要由哪些部件组成？
2. 试述TF-12型潜水装具的头盔、领盘及潜水衣的构造和功能。
3. 试述压铅、潜水鞋的作用。
4. TF-3型潜水装具与TF-12型潜水装具有哪些不同之处？
5. 简述通风式潜水装具的特点。
6. 通风式潜水前对潜水装具应重点做哪些检查？
7. 通风式潜水作业后如何保养装具？
8. 通风式潜水员着装时应注意哪些事项？
9. TF-12型潜水装具戴领盘、加压条、上蝶形螺母应如何操作？
10. TF-12型潜水装具扎腰绳、挂压铅、戴头盔应如何操作？
11. 通风式潜水员下潜时应注意哪些事项？
12. 通风式潜水员在水底从高处降落低处时，应如何操作？
13. 通风式潜水员上升出水时应如何操作？
14. 如何对通风式潜水头盔进行安全检验？
15. 如何对供气软管进行检查？
16. 通风式潜水放漂的原因和可能引起的后果是什么？
17. 通风式潜水员信号绳、供气软管绞缠的原因是什么？如何预防？
18. 通风式潜水中，如何预防体位倒置（俗称“倒栽葱”）潜水事故？
19. 通风式潜水员被吸泥管吸住后如何处理？
20. 通风式潜水员水下除泥时应注意的安全事项是什么？
21. 通风式潜水员对水库闸门探摸时应注意的安全事项是什么？

第六章

潜 水 设 备

第一节 概　　述

潜水设备是保证潜水能安全顺利进行的设备、系统及器具等的统称，主要包括供气系统、潜水控制面板、通信系统、潜水入出水系统、减压舱、电气系统及各类仪器仪表等（图6.1-1）。潜水员在掌握潜水技术技能的同时，还必须学习和了解潜水设备的相关知识。

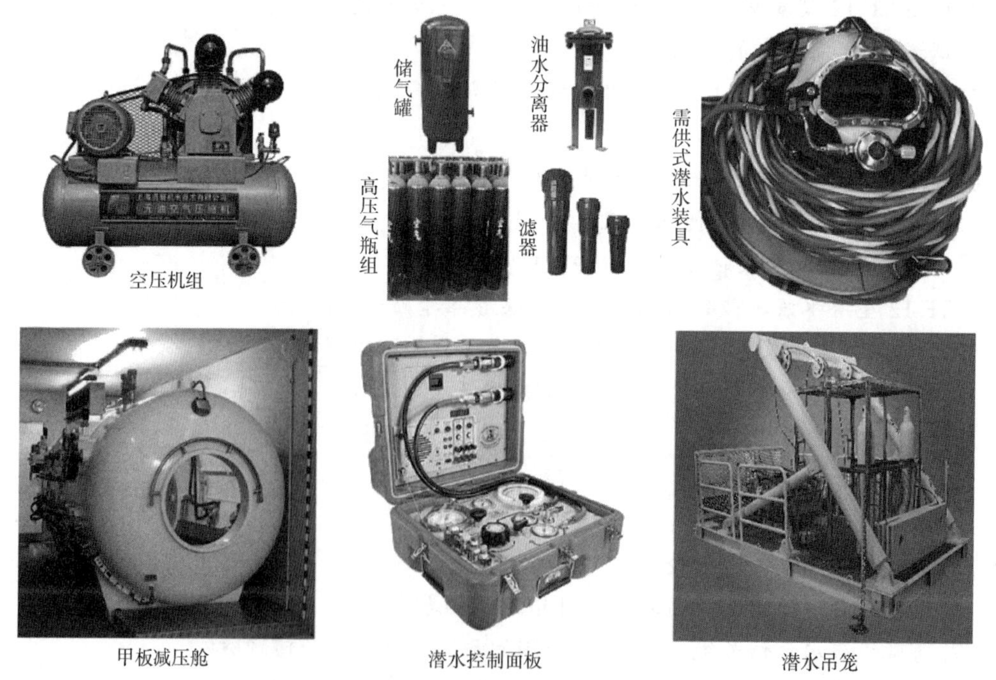

图6.1-1　潜水设备、装具和系统

本章将对空气潜水作业涉及的主要潜水设备的功能与作用、一般要求、基本结构、工作原理及使用管理与维护等知识进行简要介绍。

第二节　潜水供气系统

潜水供气系统持续、可靠地输出在供气压力、流量、质量等方面符合要求的气体，以供潜水员呼吸与平衡体外水环境压力。潜水供气系统是保障潜水员生命安全、身体健康和工作效率的基本配置和前提条件，其设备配置必须符合水面供气式潜水供气系统的要求。

一、潜水供气系统的要求

空气潜水供气系统应持续、可靠地为潜水员提供压缩空气，并保证在供气质量、压力、流量及供气量等方面满足潜水员的呼吸要求。空气潜水供气系统应满足以下基本要求：

(1)所提供的压缩空气质量须符合国家标准《潜水呼吸气体及检测方法》(GB 18435—2007)规定的纯度要求，详见本书中表4.8-1。

(2)在所有体力负荷条件下，供气流量应能满足水下潜水员呼吸通气量的要求。供气流量的大小取决于所用潜水装具的类型。

①通风式潜水装具的供气流量：

$$Q_{v1} \geqslant q_1 \times (d/d_0 + 1) \tag{6.2-1}$$

式中：Q_{v1}——通风式潜水员在水下从事不同劳动强度作业时所需最小供气流量，L/min；

q_1——通风式潜水员在常压下水下从事给定劳动强度作业时的通气量，L/min，轻劳动强度时 $q_1 = 65$L/min，中劳动强度时 $q_1 = 100$L/min，重劳动强度时 $q_1 = 190$L/min；

d——潜水作业深度，m；

d_0——静水压强每增加0.1MPa时的水深，相当于10m。

注意：潜水员下潜或水下阶段减压过程均视为从事轻劳动强度作业。

②水面需供式潜水装具的供气流量要求，详见本书第四章第八节第四部分。

(3)供气压力必须能克服潜水深度的静水压力及空气流经潜水软管、接头、阀门及调节器时所引起的压力损失，并有一定的供气余压。供气余压的大小视所用的潜水装具类型而定：

①通风式潜水装具的供气余压不小于0.3MPa，具体确定如下：当潜水深度小于30m时，供气余压取0.3MPa；当潜水深度大于30m时，供气余压取0.5MPa。

②水面需供式潜水装具确定最适合的供气余压，要根据装具生产厂商的技术规格书，通常供气余压范围在0.9～1.1MPa。

(4)使用高压气瓶组作为潜水气源时，气体储备量应充足，并有适当的余量。

(5)备用供气系统应有提供所有水下潜水员用气量的能力，当主供气设备发生故障时，备用供气设备必须能立即投入工作。

空气潜水供气系统的其他具体要求，详见本书第四章第八节。

二、潜水供气系统的组成和主要设备

空气潜水供气系统通常由空气压缩机(以下简称“空压机”)、气瓶、过滤器、油水分离器、高压气瓶和输送气体的管道和阀件等组成。图6.2-1即为一种常见的潜水供气系统基本原理图,其供气流程为:从空压机出来的压缩空气,流经油水分离器,除去其中的大部分油雾和水汽后,进入气瓶,再经过空气过滤器净化后,才输送到潜水控制面板,作为作业潜水员的主供气源,供潜水员呼吸用;同时,还可作为待命潜水员的备用气源,供紧急情况下使用。该系统中的一组高压气瓶组,经空气减压器分别减压后作为作业潜水员的应急气源,供紧急情况下使用。另一组高压气瓶组,经空气减压器减压后作为待命潜水员的主供气,供待命潜水员呼吸用。

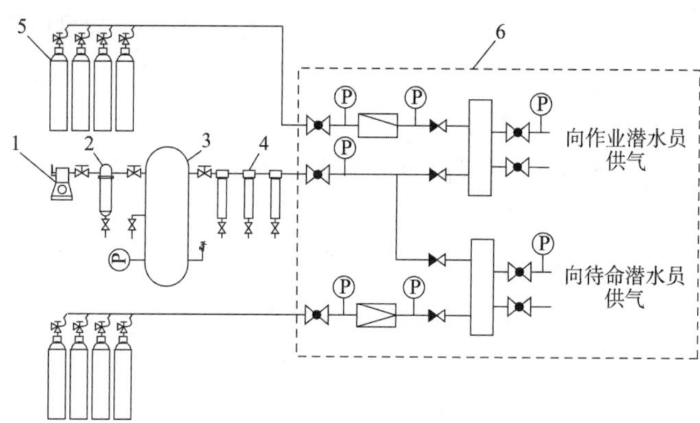

图6.2-1　潜水供气系统原理图

1-空压机;2-油水分离器;3-储气罐;4-过滤器;5-高压气瓶组;6-潜水控制面板

下面简要介绍潜水供气系统的主要设备(包括空压机、气瓶、过滤器及油水分离器等)的原理、基本结构及使用管理等。

1. 空压机

空压机是一种用来压缩空气的设备。在潜水供气系统中,空压机生产压缩空气,提供系统使用的气源。潜水用空压机在供气压力、供气流量、供气质量等方面必须满足潜水供气系统的要求,同时应安全可靠、经济性好,移动式空压机还应具有结构紧凑、便于搬运等特点。

1)空压机的种类

空压机种类繁多,性能各异。其中,活塞式压缩机结构简单,性能可靠,使用寿命长,并且容易实现大容量和高压输出,故潜水作业多采用该种类空压机。活塞式压缩机按照不同划分方式,也有不同的形式。

(1)按结构形式分,有立式、卧式和V形(图6.2-2),单缸和多缸,单作用式和双作用式等。

(2)按冷却方式分,有水冷式和风冷式。

(3)按压缩级数分,有单级压缩和多级压缩。

图6.2-2　移动式中压空压机

(4)按排气量分,有微型($1m^3/min$以下)、小型($1\sim10m^3/min$)、中型($10\sim100m^3/min$)、大型($100m^3/min$以上)四种。

(5)按排气压力分,有低压(0.2~1.0MPa)、中压(1.0~10MPa)、高压(10~100MPa)、超高压(100MPa以上)四种。潜水供气系统中,多采用低压或中压空压机作为气源设备。高压空压机(图6.2-3)一般为高压气瓶充气用,但因为其体积小,轻便易携带,同时供气质量好,潜水行业也会将高压空压机直接作为气源设备使用。高压空压机作气源使用时,需配备有高压储气、压力自动调节以及减压等装置。

图6.2-3 移动式高压空压机

(6)按润滑方式分,有飞溅式和压力式润滑两种。

(7)按空压机排气口排气含油量可划分为有油与无油两种,其中无油机包括有油润滑无油空压机和全无油空压机。

(8)按驱动方式分,有电动机驱动和内燃机驱动等形式。潜水作业时,可优先采用由电动机驱动的空压缩机作为主供气源;在不方便接电时,也可使用内燃机驱动的风冷式低压微型空压机,此时应注意内燃机排烟口应位于下风处且远离空压机进气口,以免造成气体污染。

2)空压机的工作原理

(1)单级单作用活塞式空压机。

图6.2-4是单级单作用活塞式空压机的工作原理图。空压机的工作腔室主要由气缸、气缸盖、活塞、进气阀、排气阀等组成。活塞式空压机利用活塞在气缸内的往复运动,借助气阀的自动开闭,使气缸工作容积发生变化,从而达到压缩气体的目的。压缩机的每个工作循环包括三个过程:

①吸气过程:如图6.2-4a)所示,当活塞从上止点位置向下移动时,气缸容积增大,压力下降,出现一定的真空度,进气管中的气体便顶开吸气阀而进入气缸,一直持续到活塞下行至下止点,吸气才停止。

②压缩过程:当活塞由下止点上行时,气缸容积变小,进气阀关闭,气缸内的气体被压缩,气缸内气体压力逐渐升高,这就是压缩过程。但此时排气管中的气体压力高于气缸内气体的压力,排气阀仍处于关闭状态,气缸内气体还不能排出。

③排气过程:如图6.2-4b)所示,随着活塞继续上行,气缸内气体的压力继续升高,当压力升高到足以克服排气管中气体压力和排气阀上弹簧压力时,排气阀开启,压缩气体排出至储气罐,直至活塞上行到上止点,排气才终止。

接着活塞重新下行,开始一个新的工作循环。这样,活塞周而复始地作往复运动,便不断地完成吸气、压缩、排气的过程。

(2)双作用活塞式空压机。

高压空压机均采用多级压缩与中间冷却。这样,既可减少压缩机的耗功量,又能保证压缩机良好的润滑条件。

如图6.2-5所示为两级活塞式空压机工作原理图。如图6.2-5a)所示为单缸双作用具有两级压缩与中间冷却的空压机，活塞上部为低压缸，下部为高压缸。在大气压力作用下的空气经过滤器2、低压进气阀3进入低压缸，压缩后从低压排出阀1排至中间冷却器8，压力升至P_1。经过冷却后的压缩空气通过高压进气阀7进入高压缸，空气被第二次压缩，当压力P_2升高至顶开高压排气阀5时，开始排气，经后冷却器进入储气罐。

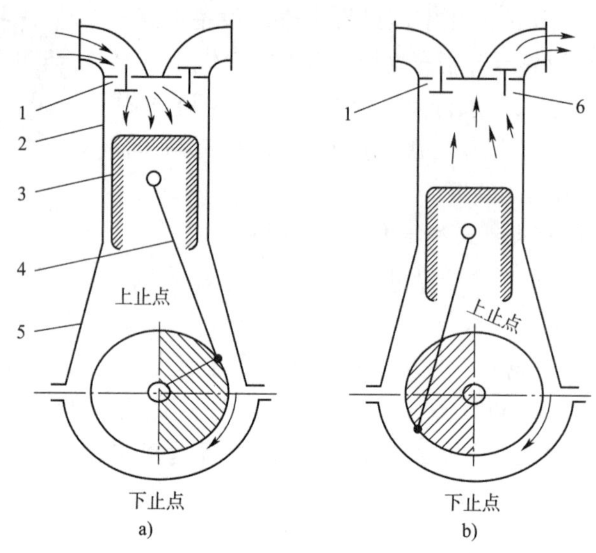

图6.2-4　单级活塞式空压机工作原理图

1-进气阀；2-气缸；3-活塞；4-连杆；5-曲柄箱；6-排气阀

图6.2-5b）为双缸单作用活塞式空压机工作原理图。工作流程与图6.2-5a）相同。

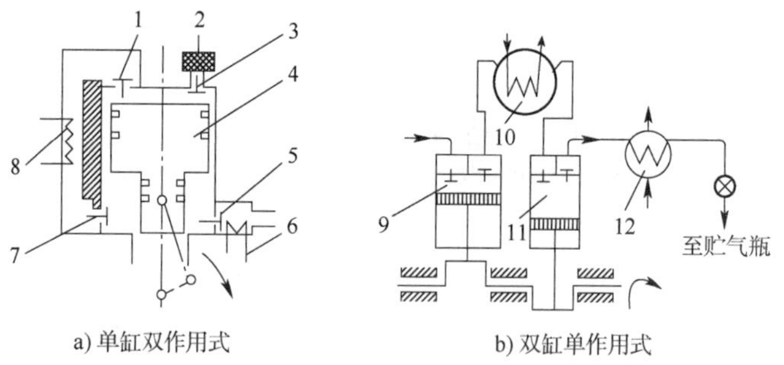

图6.2-5　两级压缩空压机工作原理图

1-低压排气阀；2-吸气滤网；3-低压吸气阀；4-活塞；5-高压排气阀；6-后冷却器；7-高压吸气阀；8-中间冷却器；9-低压缸；10-中间冷却器；11-高压缸；12-后冷却器

3）空压机的组成和基本结构

（1）运动部件。

空压机的运动部件包括活塞、连杆和曲轴等。

（2）固定部件。

空压机的固定部件主要包括气缸盖、气缸体和曲轴箱等。

（3）气阀。

气阀是空压机的重要部件之一，直接关系到空压机运行的可靠性和经济性。空压机一般均采用自动阀,即借助压差而自动启闭的单向阀。常用的有环片阀、球面蝶形阀和条片阀等。图6.2-6为环片阀的剖视图,图6.2-6a)为进气阀,图6.2-6b)为排气阀。

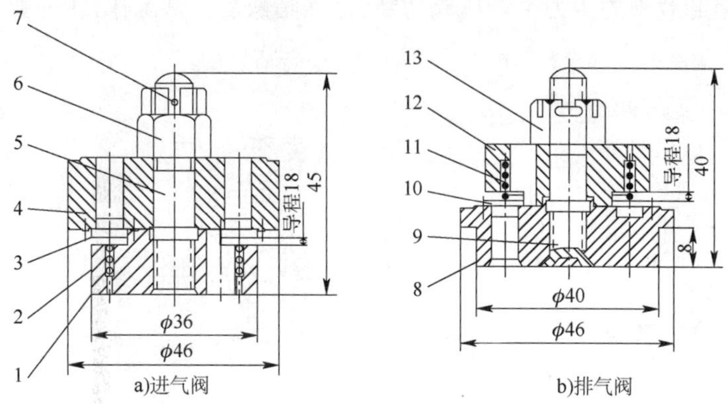

图6.2-6 环片阀剖视图

1-进气阀盖;2-圆柱阀弹簧;3-阀片;4-进气阀座;5-双头螺栓;6-六角槽形螺母;7-开口销;8-排气阀座;9-双头螺栓;10-阀片;11-圆柱阀弹簧;12-排气阀盖;13-带槽六角螺母

为避免空压机排气压力超过允许值而发生危险,在空压机的每一级排出端均设置安全阀。安全阀的开启压力,一般高压级比额定工作压力高10%,低压级比额定工作压力高15%。

(4)润滑和冷却系统。

空压机的润滑方式有飞溅润滑和压力润滑两种。小型空压机多采用飞溅润滑。润滑油质量必须符合呼吸器的要求。

空压机工作温度高,气缸和气缸盖需要冷却;多级压缩时,被压缩气体需要中间冷却;最后排出的气体和滑油也需要冷却。冷却方式通常有风冷和水冷两种。

(5)压力自动调节装置。

潜水空压机的运行特点是间歇性的,依照潜水作业需求,空压机供气压力在一定范围内波动,即:排气压力达到设定压力上限时停止供气,排气压力降至设定压力下限时开始供气。为了满足供气压力的自动控制,空压机组常采用停车调节与空转调节两种控制方式。当原动机采用电动机驱动时,通常采用停车调节的控制方式。图6.2-7是一种单触头压力自动调节装置的原理图,当储气罐压力达到上限时,触头m和n分开,电动机断电,当储气罐输出大量的空气使瓶内的压力下降至下限时,触头m和n又闭合,电动机重新启动。

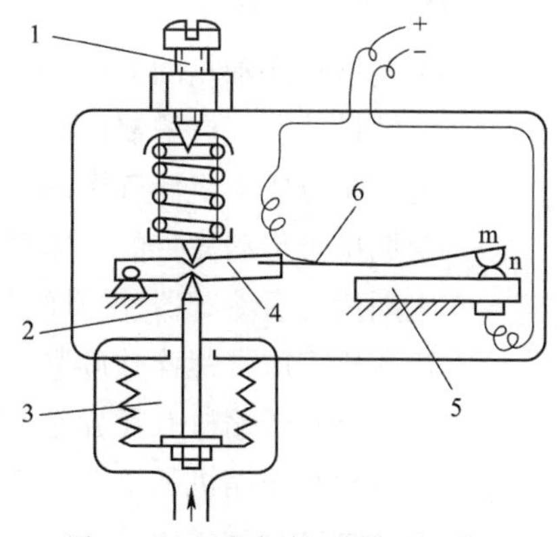

图6.2-7 压力自动调节装置原理图

1-调节螺钉;2-顶杆;3-波纹管;4-杠杆;5-永久磁铁;6-弹簧片

小型活塞式空压机也可采用通过调压阀控制恒速卸载装置,控制压缩机加载或卸载,以实现系统压力调节,使供气系统的压力维持在一定的范围内。在该类调节方式中,当系统压力超过调压阀弹簧设定压力时,调压阀的球形活塞被顶开,使供气系统压力传递给恒速卸载装置,见图6.2-8。当压力进入卸载阀后,卸载阀使进气阀保持打开状态,此时压缩机卸载运行,空气通过打开的气阀进出,但不会被压缩。当系统压力低于调压阀设定的压力时,调压阀关闭,从而至卸载阀的压力由调压阀切断,进气阀恢复正常工作,压缩机重新加载。

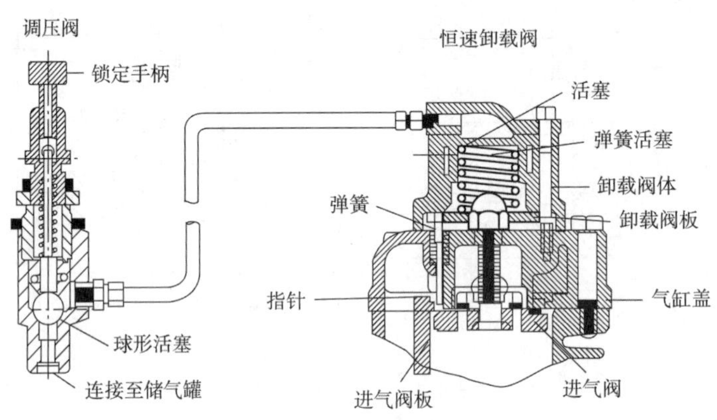

图6.2-8 卸载式调压阀

4)空压机的使用管理与维护

为确保空压机的正常工作,空压机应按照相关操作规程、使用要求与程序进行日常管理与维护保养,主要包括以下几个方面。

(1)在启动前需进行外观检查,检查空压机的设备外观状态,有无明显缺陷故障。如为内燃机驱动的空压机,还应检查机组安防位置,确保空压机进气口位于上风处并远离内燃机排气口,以防将内燃机排出的废气吸入到供气系统内。其次,在空压机启动前要注意检查机油油位,电动机检查电源线路,内燃机检查燃油与机油油位及冷却水位。除此之外,启动空压机前还要对空压机进行盘车,检查传动带、联轴节状态,确认空压机无卡阻。

(2)启动空压机时注意对空压机进行卸载,启动完成后加载需缓和。在空压机运行过程中注意观察油位水位、有无异响,以确保机器发生故障时可及时发现。同时在整个运行过程中注意定时放残水。

(3)日常维护保养。

①定期检查曲轴箱的油位、油质,必要时添加、更换润滑油。

②定期排放空气过滤器内的污水、污物,必要时更换过滤器内过滤、吸附材料。

③定期排放压缩机储气罐的冷凝水。

④定期检查传动皮带的松紧度,必要时请调整。

⑤定期清洁后冷却器、电动机及压缩机。

⑥定期检查所有螺栓并旋紧。

⑦定期检查压缩机有无异常声音和振动,系统是否泄漏。

⑧定期检查压缩机和电动机的性能,必要时做保养或大修。

2.高压气瓶与储气罐

1)高压气瓶与储气罐的作用

在潜水供气系统中,高压气瓶与储气罐,作为储气容器,是用于储存压缩空气,并为潜水员提供压缩空气的储气装置。高压气瓶与储气罐的作用主要有以下几个方面：

(1)储存压缩空气，并依系统需求进行正常供气。

(2)空压机发生故障时，仍能在一定时间限度内为潜水员继续供气。

(3)起缓冲作用，保持供气平稳、连续、无波动，使供气系统的供气压力不因空压机气缸活塞的动作而产生变化。

(4)压缩空气在气瓶中存放期间，可以使空气进一步冷却，其中所含的水蒸气和油蒸气可进一步凝聚分离出来，并经放残阀泄放，保证压缩空气质量。

2)高压气瓶与储气罐的种类与一般要求

高压气瓶与储气罐一般为钢制压力容器。它主要由能承受压力的壳体及其附属件和连接件组成。其中，在储气罐上一般装有安全阀、压力表、充气截止阀、输出截止阀和泄放阀等。图 6.2-9 是一个立式低压储气罐外形图。高压气瓶与储气罐的类型较多，允许其储存气体的最高压力值（即工作压）也不一致。中华人民共和国国家质量监督检验检疫总局颁发的《固定式压力容器安全技术监察规程》(TSG 21—2016)按压力容器的设计压力(P)，将压力容器分为四个等级，即：

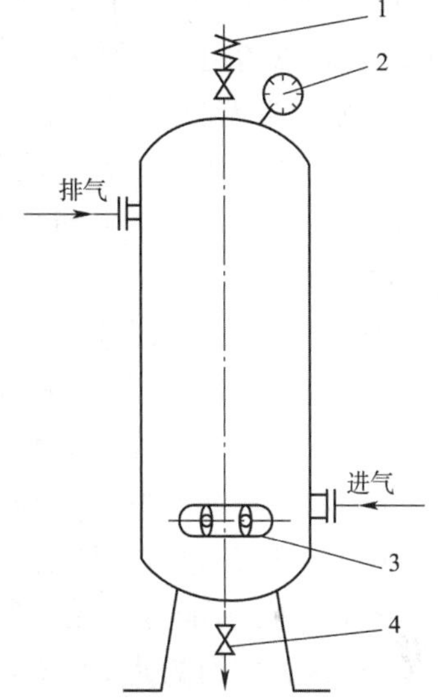

图 6.2-9　立式储气罐外形图

1-安全阀；2-压力表；3-人孔；4-排放阀

低压容器（代号 L）：$0.1\text{MPa} \leqslant P < 1.6\text{MPa}$。

中压容器（代号 M）：$1.6\text{MPa} \leqslant P < 10\text{MPa}$。

高压容器（代号 H）：$10\text{MPa} \leqslant P < 100\text{MPa}$。

超高压容器（代号 U）：$P \geqslant 100\text{MPa}$。

空气潜水主供气用的储气罐多为中低压压力容器，通常作为主气源存放使用。

3)高压气瓶与储气罐的使用管理与维护

高压气瓶与储气罐属于压力容器，具有一定危险性。因此，高压气瓶与储气罐从设计、制造、安装到使用、检修都要严格遵循相关国家标准和安全技术监察规程。

高压气瓶与储气罐在使用和管理时应注意下列事项：

(1)高压气瓶与储气罐本体及其所附的管路、阀门应定期检查保养，发现有损坏、泄漏时，须及时通知专业人员来维修。维修前，应先释放压力，以确保容器内外压力平衡。

(2)在任何情况下，使用压力都不得超过高压气瓶与储气罐最高工作压力。在夏季或易受温度影响的情况下，应降低容器内压力，确保安全使用。

(3)储气罐在正常使用时应注意定时放残水，以防冷凝过程产生的污水污染罐体及内部储存的压缩空气。

(4)移动或搬运气瓶时应防撞防摔，搬运前需释放罐内压力。

(5)高压气瓶与储气罐应严格按规定进行定期检验（包括强度试验、气密试验等）。另外储气罐的压力表属于强制检定，每半年检定一次；安全阀每隔一年法定调试检验一次。

(6)储气罐不使用时，宜放在干燥、清洁、阴凉处。如长期不使用时，应降压存放，应确保罐内压力高于外界气压。

4)高压气瓶的特别管理要求

自携式潜水用的气瓶和水面需供式潜水用的应急气瓶,都是高压气瓶;在水面供气系统中,通常使用高压气瓶储存备用气源,减压后供给潜水员呼吸气体。相对于中低压气瓶,高压气瓶的储气压力要大得多,在同样情况下所储存气体的可用比例也要大很多;同时,高压气瓶还具有轻便易携带等特点。但是,因潜水用高压气瓶容积一般都不大,故在需较大深度、长时间作业的情况下,高压气瓶用作水面供气系统气源时,通常需多支并联成气瓶组,提高储气量,以满足使用要求。

潜水员自携的潜水气瓶划分方式与种类较多,按材质的不同,分为铝合金瓶、钢瓶及缠绕气瓶等,其中缠绕气瓶通常是在金属内胆外缠绕成型复合材料制造而成;按潜水气瓶工作压力不同,一般有 20MPa 和 30MPa 两种;此外,潜水气瓶阀接口形式,亦可分 DIN 与 A 型夹式(YOKE)。

高压气瓶由于储存高压气体,故其危险性更大。对高压气瓶的特别管理要求如下:

(1)检查气瓶是否有清晰可见的外表涂色和警示标签;

(2)检查气瓶的外表是否存在腐蚀、变形、磨损、裂纹等严重缺陷,瓶身是否完好;

(3)检查气瓶的附件,如瓶帽、瓶阀、安全阀、O 形圈等是否齐全、完好;

(4)检查气瓶是否超过定期检验周期,特别要注意与海水接触的潜水气瓶检验周期是每两年检查一次,不同于盛装一般气体的钢瓶每三年检验一次;

(5)确认气瓶的使用状态(满瓶、使用中、空瓶);

(6)固定使用的高压气瓶,还应检查确认气瓶是否固定妥当、牢靠。

在使用过程中,发现气瓶严重腐蚀、损伤或怀疑其安全可靠性时,应提前进行检验。库存和停用超过一个检验周期的气瓶,启用前应进行检验。

3. 空气过滤器

1)空气过滤器的作用

从空压机排出的压缩空气,虽然经过了油水分离,但其中仍混有一些微细的污染物。压缩空气中的污染物可归纳为两类物质:一是有害气体和蒸气,如 CO、CO_2、油蒸气等;二是悬浮于压缩空气中的气溶胶,如油的液态、固态尘质及尘埃等微粒。在容许浓度内,这些物质不会对人体造成危害,但超过允许浓度范围,将会对人体产生不良影响,甚至产生中毒症状,而在高气压环境下尤甚。因此,必须在系统中设置空气过滤器,对压缩空气进行净化、过滤和干燥,清除这些有害污染物,以提供符合纯度要求的呼吸气体。

2)空气过滤器的结构与工作原理

空气过滤器安装于储气罐与水面供气控制台之间,也可装在储气罐与压缩机之间。空气过滤器通常有除湿、吸附和干燥 3 种功能,并为多级过滤。图 6.2-10 是一种多功能空气过滤器的流程示意图,压缩空气从侧向进入筒后,首先是经过螺旋式油水分离器,使气流沿螺旋形导板旋转而产生离心作用,使油水从气流中析出,甩至筒壁,并沿着筒壁流到底部。接着,气流改变流向转而向上从中间滤芯(内装有活性炭)流过。经活性炭吸附后,进入第二筒体,该筒体内部装有吸附剂(硅胶),对进入的气体进行再次干燥处理,然后流向储气罐。

图6.2-11是一种较新型空气过滤器的外形图,筒内设置可更换的侧孔滤芯,它综合采用机械分离、微孔纤维过滤和多孔介质凝聚生长的原理,以分离和滤除压缩空气中的油、水、尘埃等染物,具有除油效果好、结构紧凑、体积小等优点,广泛应用于食品、轻纺、医药、潜水等行业。

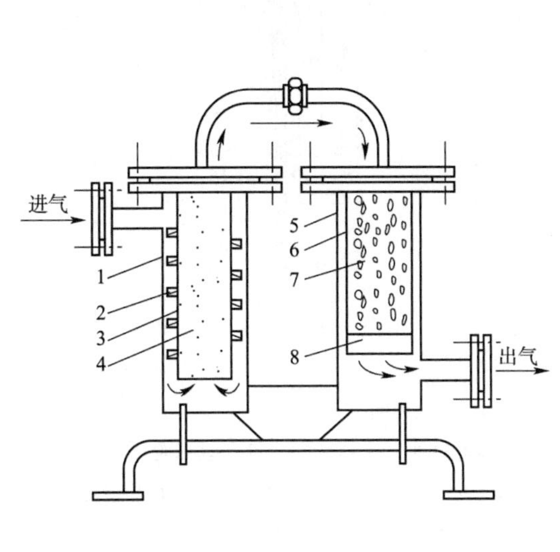

图6.2-10　空气过滤器流程示意图

1-过滤筒外壳;2-螺旋形导板;3-过滤内芯;4-活性炭;5-干燥筒外壳;6-干燥内芯;7-吸附剂(硅胶);8-纤维层图

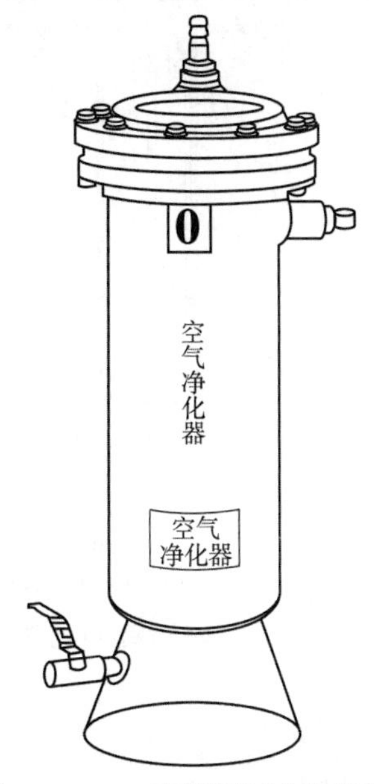

图6.2-11　JK系列除油净化器外形图

图6.2-12是一种常见的分级过滤空气过滤器的结构图,筒内设置可更换的滤芯,图6.2-12a)为大流量双滤芯并联结构,图6.2-12b)为单滤芯结构。压缩空气自进气口进入滤芯内孔,经滤芯多层玻璃纤维布或烧结活性炭过滤后,可有效去除油污、灰分与其他有毒有害气体。该类滤器常采用统一规格滤器壳体,配置不同等级滤芯的方式,将多个滤器串联,以实现多级过滤。常见的有C、T、A、H或Q、P、S、C等分级方式。各级过滤精度逐渐增加,同时前级对后级起到一定的保护作用。

3)空气过滤器的使用管理与维护

空气过滤器为钢制压力容器,应按压力容器的有关规定进行管理。

空气过滤器在使用过程中应注意:

(1)使用过程中要定期排出过滤器内的污物。

(2)定期更换空气过滤内的吸附、过滤材料,分级过滤器更换滤芯时应注意滤芯在管路上的安装顺序,以防安装错误。

4. 油水分离器

1)油水分离器的作用

压缩空气系统的油水分离器也叫气液分离器,它的作用就是将压缩空气中凝聚的油和水等杂质分离开来,从而使压缩空气得到初步的净化。在此过程中分离出来的油和水会从机器的排污口排放出去。

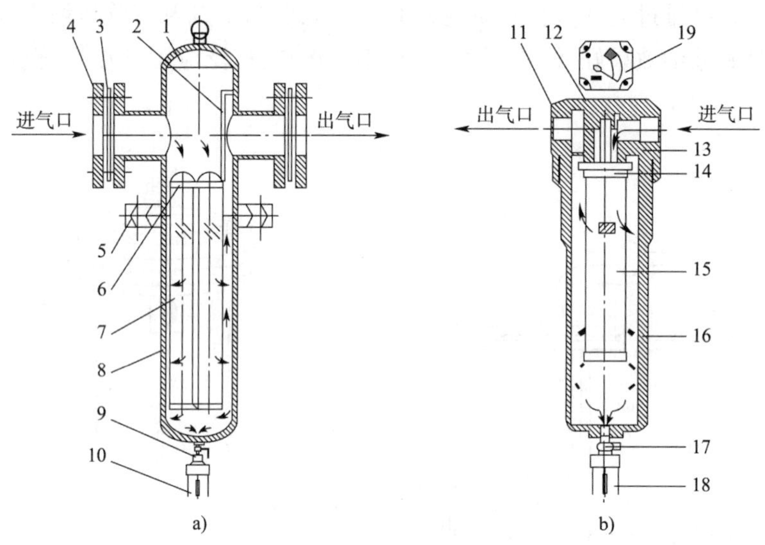

图6.2-12　分级过滤空气过滤器结构图

1-滤壳分离腔体;2-隔板;3-密封法兰;4-配管法兰;5-密封垫片;6-滤芯密封圈;7-滤芯;8-滤壳;9-手动球阀;10-自动排水器;11-压盖;12-滤芯固定螺钉;13-筒体密封圈;14-滤芯密封圈;15-滤芯;16-过滤器筒体;17-手动球阀;18-自动排水器;19-压力表

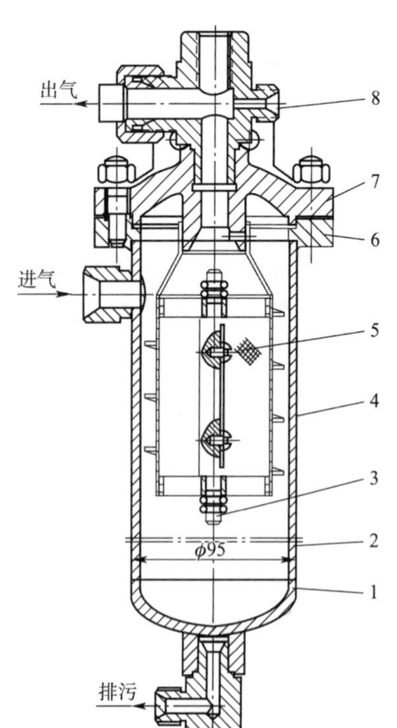

图6.2-13　油水分离器剖面图

1-底壳;2-外壳;3-芯棒;4-内筒;5-金属丝网;6-接盖座;7-盖;8-四通接头

2)油水分离器的结构与工作原理

油水分离器通常通过离心作用和撞击凝聚作用对压缩空气中的液体杂质进行分离。如图6.2-13所示即为一种常见的油水分离器。其由壳体、内筒、金属网、进/出气口及附属件组成。空压机排出的压缩空气经进气口由侧面进入油水分离器,从侧面进入分离器筒体,气流沿着内筒螺旋导板产生螺旋切向运动,由于压缩空气内所含的油水颗粒比重比空气大得多,受到的离心力作用大,被甩向筒壁,沿着筒壁流到底部。然后气流急剧转弯上升,由于气流方向骤然改变和速度下降,空气中的悬浮状油、水颗粒分离下沉,剩余部分的油、水颗粒在气流上升时被附着到金属丝网上,经撞击凝聚成大液滴后下沉,被分离而积聚在筒底的油水经泄放阀排出。经分离后的压缩空气由出气口通往储气罐。

3)油水分离器的使用管理与维护

油水分离器在使用时应注意及时泄放残油水,以免油水积累影响分离效果。同时,因其为压力容器,故应定期检查维护,以确保使用安全。油水分离器上安装有压力表时,应依规定定期检验。拆检油水分离器时注意释放压力,以确保内外压力平衡。

第三节 甲板减压舱

加压舱一般是圆柱形或类圆柱形的钢制压力容器,通过输入压缩气体在舱内形成一定的高气压环境,并能控制舱内外的压力差,用于科学研究、模拟潜水、潜水减压及医疗救治等目的。加压舱种类很多,按其主要用途大致可分为甲板减压舱、饱和潜水居住舱、高压氧舱、训练加压舱、模拟潜水或试验加压舱等。其中,甲板减压舱(图6.3-1)最常用,通常是安装在船舶或海上平台上,内陆潜水也同样适用,利用甲板减压舱可对潜水员开展水面减压、加压治疗、加压锻炼以及模拟潜水等工作。本节简要介绍甲板减压舱的组成、各部分结构和使用管理要点。

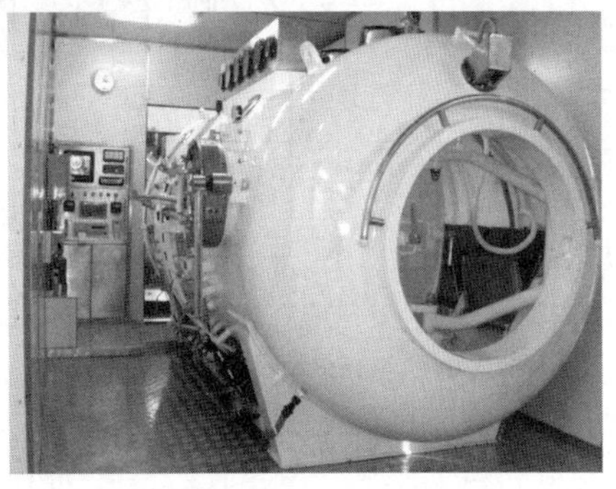

图6.3-1　箱式移动式甲板减压舱

一、甲板减压舱系统的组成及其基本构造

甲板减压舱系统主要由舱体、供气系统、控制面板、舱室压力控制系统、供排氧系统,以及监控、照明、通信、消防及环境监测等相关设备组成。

图6.3-2为一种常见的箱式移动式甲板减压舱,分隔为两个集装箱,一个装有减压舱本体及控制面板(带有监控显示器、温湿度仪、测氧仪、对讲装置等);另一个装有气源系统,由空压机、过滤器、储气罐、高压气瓶组、管道与阀件等组成。按国家标准《甲板减压舱》(GB/T 16560—2011)的规定,用于常规潜水的甲板减压舱属于Ⅰ类舱,要求直径不小于1300mm。

a) 箱式供气系统

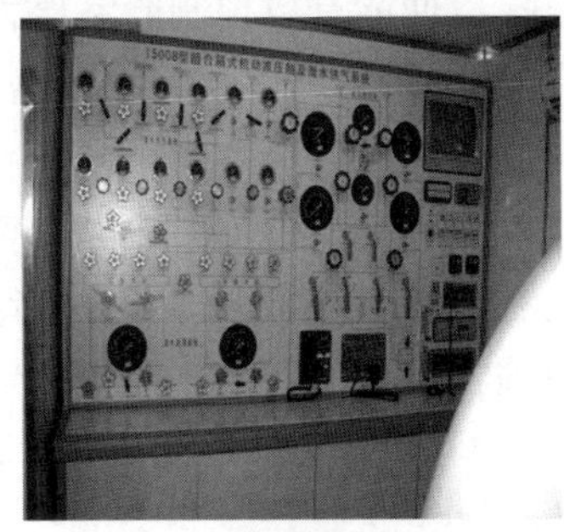

b) 控制面板

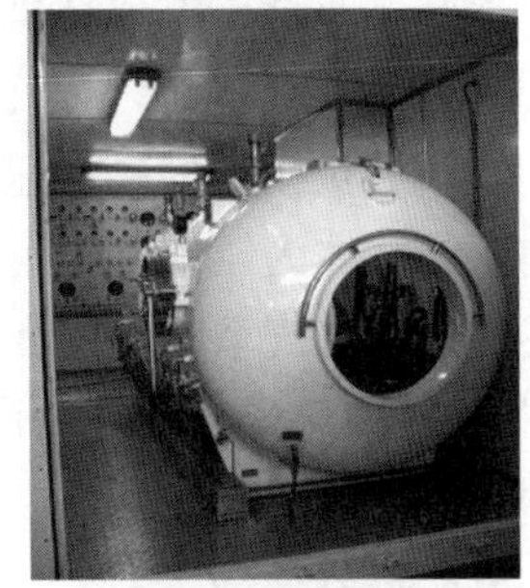

c) 箱式移动减压舱

图6.3-2　箱式减压舱系统布置图

甲板减压舱系统各组成设备和系统的基本构造如下。

1. 甲板减压舱舱体

甲板减压舱的舱室至少有两个,即主舱与过渡舱,其中主舱应至少能容纳两名人员。

图6.3-3为一种常见的甲板减压舱,其舱体内被隔壁分成两个独立的舱室,大小不同,大的就是供使用的舱室,即生活舱,也称主舱;小的供人员在主舱荷压状态下调压后出入生

活舱时用,故称过渡舱。

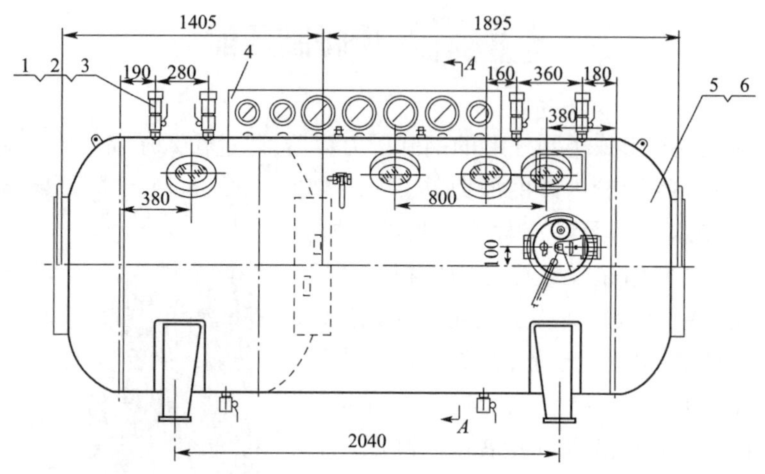

图 6.3-3　甲板减压舱舱体结构图

1、2、3-安全阀;4-仪表盘;5、6-过渡舱、生活舱

生活舱比较大,可以避免舱内人员在减压过程中被迫采取不舒服的姿势,为了潜水员的舒适,Ⅰ类甲板减压舱的生活舱内应能在地板上铺放床垫;Ⅱ类甲板减压舱应按额定人数铺设床铺,且每个床铺的长度不短于 1.8m。由于人员在过渡舱内正常停留时间很短,因此过渡舱设计得较小,且舱内通常只装有最低限度的设备。两舱之间舱壁上有带平衡阀的管道,用于调压时平衡两舱间微小的气压差。甲板减压舱舱壁上还装有递物筒,当舱室正在使用时,如需内外互相传递较小物件,可经过一定的操作程序,通过递物筒传递。在舱体的两侧装有观察窗,可对舱内人员进行直观监视。在观察窗外也常常装有照明装置和摄像头,用于舱室内的照明与了解舱室内人员状况。生活舱和过渡舱上均应装有安全阀,用于超压保护。甲板减压舱各部分应保证气密,以便能有效控制舱室压力。

2. 供气系统

甲板减压舱内高气压环境的形成是通过压缩气体输入舱内来实现的。空气潜水时所用的压缩气体为压缩空气。甲板减压舱配备的空气供气系统的原理、要求及组成与上一节所述的潜水供气系统基本相同,有些潜水母船上,甚至两者共用一套装置。但当两系统同时使用时,必须采取严格的分隔措施,以免互相影响。图 6.3-4 是一个甲板减压舱空气供气系统示意图。

3. 控制面板

甲板减压舱的控制面板设于舱的一旁相邻位置,舱内各种工况的操作机构和显示仪表均集中装在控制面板上。围绕减压舱各配套系统,包括供气系统、供氧系统、照明、通信、监控系统、空调设备、温湿度仪表以及测氧仪等,均汇集于控制面板上。通过控制面板上集成的各类设施设备,操舱人员可很好地了解舱内人员状态与舱内气体环境状况,并根据实际需求及时做出调整。

4. 舱室压力控制系统

甲板减压舱是一个人工可控的高气压环境,其气压的控制,主要通过舱室压力控制系统来完成。用于空气潜水减压的Ⅰ类减压舱舱室压力较低，舱室压力调控的次数也较少，故通常采用手动开关甲板减压舱的进排气阀，来实现舱室压力的调节，同时满足空气潜水减压对压力调控的精度要求。

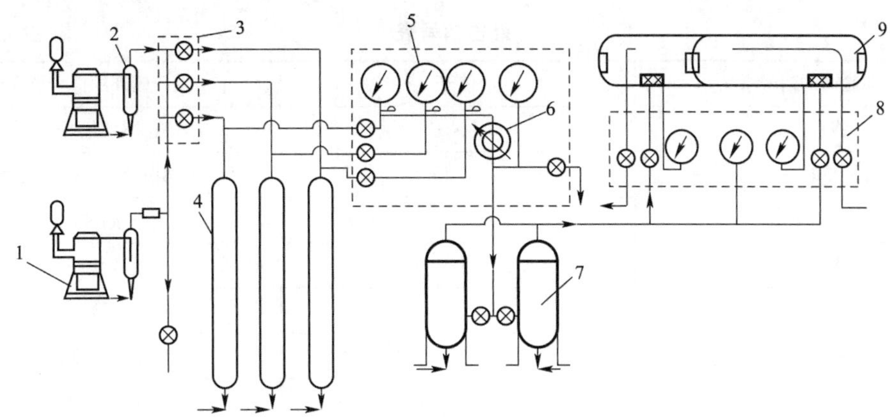

图6.3-4　甲板减压舱供气系统示意图

1-空气压缩机;2-油水分离器;3-充气控制板;4-储气罐;5-供气控制板 6-空气减器;7-空气过滤器;8-加压舱操作台;9-加压舱

甲板减压舱的舱室压力控制系统除了可调控舱室压力以外，还可用于调控舱内环境的温湿度以及舱内气体组分，以保证在减压过程中舱内潜水员的舒适与安全。

生活舱和过渡舱各种工况的控制和操作是分开的独立系统。可在一个操纵台上集中控制。各种应急装置也都是单独配备的，以保证各自操作的独立性。

5. 供排氧系统

当舱压降至可安全用氧的范围时，舱内人员即可吸纯氧，以缩短减压时间。因此，减压舱一般都设有供排氧系统。供排氧系统是由氧气瓶、氧气减压器、供气调节器(呼吸自动调节器)、波纹管、呼吸面罩以及连接它们的输气管路(紫铜管、阀门)等部件所组成。它的供气原理如图6.3-5所示，氧气通过操纵台上的减压器减压后送入舱内，再经呼吸自动调节器，通至呼吸面罩供潜水员吸用。为了使用时的安全，呼出氧气应通过排氧装置直接排出舱外。

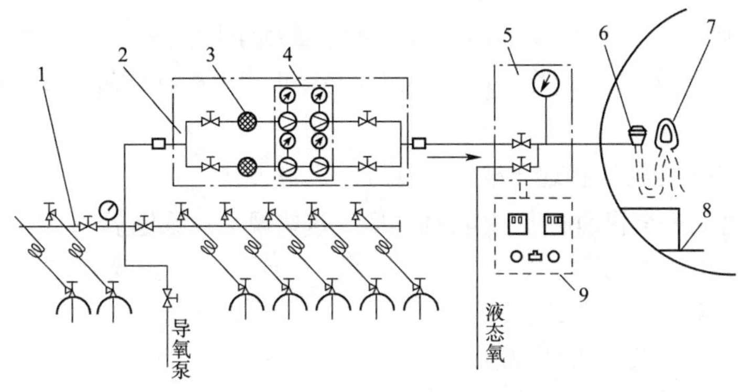

图6.3-5　甲板减压舱供排氧系统原理图

1-氧气汇流排;2-氧源控制板;3-过滤网;4-氧气减压器;5-减压舱操纵台(供氧部分);6-供气调节器;7-呼吸面罩;8-减压舱;9-吸氧控制装置

6. 通信装置

舱内应设有对讲电话、电声信号、紧急按钮,以及必要时使用的敲击信号锤和敲击信号表(表6.3-1)。

敲击信号表 表6.3-1

发向舱内的信号意义	信号	发向舱外的信号意义
感觉怎样	(·)	感觉很好
不明白,重复一次,继续	(·)(·)	不明白,重复一次,继续
开始减压	(·)(·)(·)	开始减压
开始加压	(·)(·)(·)(·)	开始加压
通风	(··)	通风
改用氧气减压	(··)(··)	改用氧气减压
关好内盖	(··)(··)(··)	关好外盖
外盖已关好	(··)(··)(··)(··)	内盖已关好
警报信号	(·······)	警报信号

注:一点表示敲击一下;括号表示要间隔。

7. 照明、观察装置

舱顶有照明孔,装有抗压有机玻璃,使外照明光线射入舱内,避免了舱内照明带来的不安全因素,两侧舱壁上有观察窗若干个,供观察舱内人员情况。

8. 空调设备

配设在减压舱内的空调设备与普通室内空调设备要求不同,必须有较高的控制精度,使舱温调节在给定的适宜范围,以利于舱室微小气候的改善和舱内人员的健康,而且要求其性能可靠,具有长时间连续运行的特点,还必须具有耐压、不产生火花、噪声低等特点。

二、甲板减压舱的使用与维护

甲板减压舱属于压力容器,舱内的压缩气体有很大的能量;另一方面,空气被压缩后,其中氧气含量增高,发生火灾的危险性增加。因此必须重视甲板减压舱的安全使用管理,加强防爆和防火措施。

1. 甲板减压舱安全使用管理与维护要点

(1)制定完善的安全管理制度,并贯彻落实。这些规定一舱包括:

①各相关管理岗位的职责;

②安全操作规程和应急处理程序;

③相关系统及设备安全管理规定。

(2)操舱人员必须持证上岗,正确操作。

(3)进舱人员必须遵守安全规则。

(4)甲板减压舱的维修应由有资格的单位实施,维修人员须持有《特种作业人员操作证》。

(5)按规定进行定期检验。

2. 主要防爆措施

(1)对加压系统各仪器、仪表及阀门等要定期检查、维修和保养,使其经常处于完好备用状态。

(2)高压容器如发现有变形、裂纹、严重锈蚀、检查期已过或有其他可疑现象时,应立即停止使用。

(3)熟悉各耐压设备的工作压力,使用时不得超过这一压力界限,并定期检查、校准安全阀。

(4)经常检查减压舱观察窗和照明窗上有机玻璃有无损伤、裂纹,如发现有明显损伤和裂纹应停止使用,并予以更换。舱内温度不宜过高,以免降低有机玻璃的抗压性能,造成事故。

(5)安装加压系统的房屋之内及其附近,严禁存放易燃、易爆物品。

(6)熟悉操作技术,防止操作差错。

3. 主要防火措施

(1)严禁把火种带进储气罐室和减压舱内。

(2)减压舱内禁止使用易产生火花的设备和物品,如电源开关、晴纶等化纤衣物、塑料梳子等。

(3)舱内氧浓度应严格控制在23%以内,当舱内氧浓度超过规定时,应随时通风换气。

(4)明火作业(电焊等)应远离加压系统所在地。

(5)附近发生火警时,应排空所有气瓶内的气体。

(6)配置必要的灭火器材。

4. 使用氧气的安全措施

(1)氧气瓶应该专用,并有明显的颜色和文字标记。

(2)氧气瓶搬运时要做到轻移稳放,不得碰撞。存放时不得靠近热源及易燃易爆物品,一切用氧场合都禁止吸烟和出现任何明火。

(3)氧气瓶阀及其他高压附件都不得沾染油脂,不得用沾有油脂的手、工具及其他物品(包括衣服)接触氧气瓶阀、接头及附件(减压器、压力表等),以免引起燃烧、爆炸事故。如已沾有油脂,应进行脱脂。

(4)使用时,氧气瓶只能用手或专用工具开关,不得敲击或用力过猛,如瓶阀或减压器冻结,只能用热水温化,不得使用明火或电热器烤。使用时还应注意使瓶内留有剩余压力(不少于100kPa),不得完全排空,并在瓶上作出“空瓶”标记,分开存放。

第四节 潜水控制面板

一、潜水控制面板的结构与作用

潜水控制面板是连接潜水供气系统与潜水装具的一种重要潜水设备。在潜水作业过程中,供气系统所提供的压缩气体接入控制面板,在经过控制面板调节后,按实际作业需求,将持续稳定、清洁无油的压缩气体输送给潜水员使用。潜水控制面板的基本要求如下:潜水员主气源和应急气源应为两个独立的气源,一套作为主气源,另一套作为备用气源;待命潜水员主气源和应急气源应为两个独立的气源,其中应急气源可由潜水员主气源代替。其管路原理图如图 6.4-1 所示。

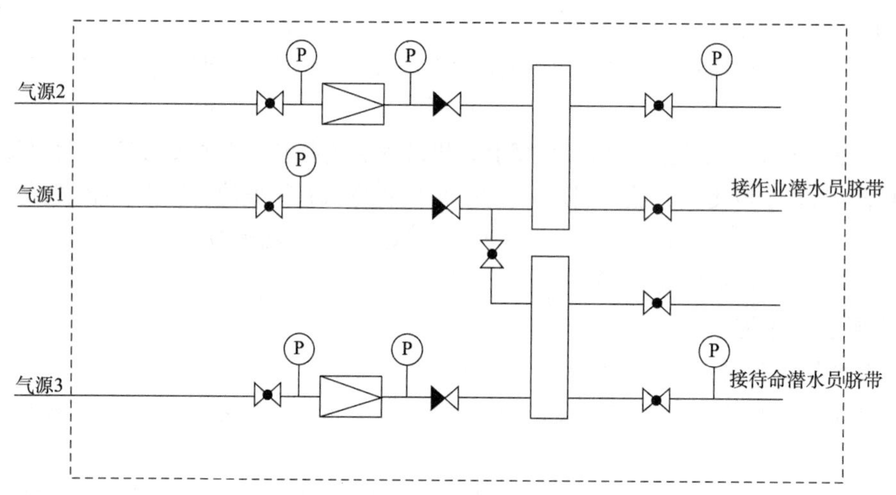

图 6.4-1 潜水控制面板原理图

潜水控制面板一般由箱体、阀件、仪表、气路接头、气体管路等部件组成,部分潜水控制面板还集成有通信系统。如图 6.4-2a)所示为工程潜水作业中常见的一款潜水控制面板,其可接入 3 路气源,为 2 名潜水员供气。该控制面板上包括主供气接头 1 个,带 A 型夹式与 DIN 接头的应急高压气源管 2 条,调压阀 1 个,气源转换阀 1 个,气源压力表 3 个,深度表 2 个,潜水员供气阀 2 个,测深阀 2 个,脐带供气管接头 2 个,测深管接头 2 个,2 人水下有线对讲电话 1 台。

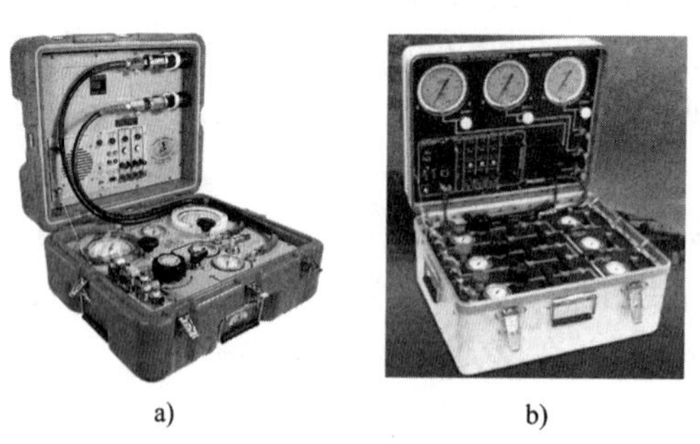

a) b)

图 6.4-2 潜水控制面板

图 6.4-2b)为一款 3 人面板,其有 6 路气源接口、调压阀 3 个,气源转换阀 6 个,气源压力表 6 个,深度表 3 个,潜水员供气阀 3 个,测深阀 3 个,脐带供气管接头 3 个,测深管接头 3 个,3 人水下有线对讲电话 1 台。可同时为 3 名潜水员供气,且该面板在供气过程中,各潜水员所用气源可保持独立,避免了潜水员用气流量大的情况下供气压力扰动的问题,可更好地保障供气安全。同时,该面板上各潜水员供气也可通过气源转换阀进行切换,可实现任一气

源均可供应同一潜水员，极大提升了供气的可靠性与潜水作业的安全性。

在潜水作业过程中，来自供气系统和高压应急气源的压缩气体通过管路与接头接入控制面板，在控制面板上进行压力调节、压力显示、供气通断控制与气源切换、潜水深度测量与显示，并经由控制面板上的接口被输送至潜水员脐带。

二、潜水控制面板的使用管理与维护

潜水控制面板是潜水作业过程中的一个重要设备，故在日常管理中应注意：

(1)搬运前锁好箱体，轻拿轻放，以免损坏面板上的各仪表、阀件。

(2)潜水作业使用前注意检查，以便及时发现是否有缺陷或损伤。

(3)布置作业现场时应将潜水控制面板稳固、牢靠放置，必要时可用绳索固定。

(4)连接好供气管路与脐带后，注意检查接口位置是否紧固，切换供气气源并检查主供气与减压后的应急供气压力，检查脐带供气管与测深管供气是否正常，检查试用通信、测深表。

(5)潜水作业过程中确保潜水控制面板操作人员必须坚守岗位，以确保潜水员供气安全。

(6)潜水作业完成后，需在泄放完面板与相关管路内气体后，方可拆除各供气管路与脐带，然后将控制面板上各接口封头盖回。

(7)使用与日常管理过程中应保持潜水控制面板干净整洁，沾染杂物时可用湿抹布清洁，并注意晾干。脏污严重或接触海水时，可用清水冲洗，但需注意避免面板箱体内积水；如有通信系统，切勿打湿电气结构。

第五节　通信系统

潜水用通信系统是可用于水面与水下潜水员之间互相传递信息的装置、部件、控制元件及连接电缆等的统称。在潜水作业过程中，可用于传递信息的通信方式多种多样，如拉绳/管/脐带、手语/手势、敲击信号、灯光信号，以及各种形式的语音对讲系统、可视对讲系统等。根据国家标准《空气潜水安全要求》(GB 26123—2010)的规定，潜水作业用通信系统应采用双向语音式通信装置。按照信号传输媒介的不同，潜水用双向语音式通信装置可分为有线通信装置和无线通信装置。

一、有线通信装置

潜水作业过程中所用双向语音式有线通信装置，俗称潜水电话、潜水对讲机，见图6.5-1。该类装置因其通信可靠性好、语音清晰度高等特点，在潜水作业过程中使用更为广泛。依照《空气潜水安全要求》(GB 26123—2010)的规定，潜水监督与潜水员、待命潜水员之间的通信(SCUBA 潜水时除外)应采用有线通信装置。该类装置通过使用通信

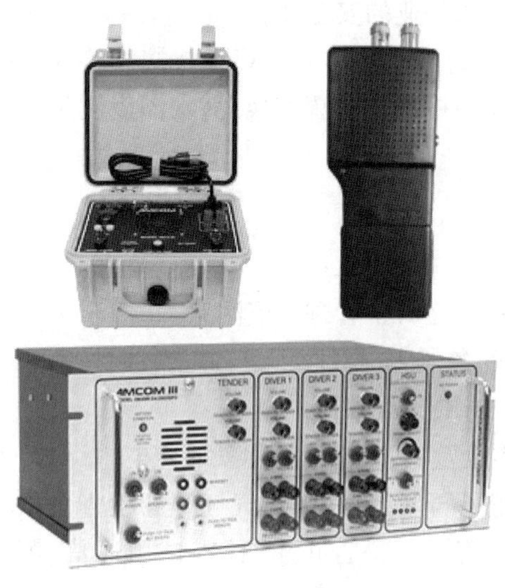

图 6.5-1　通信装置

电缆来传递数字或模拟电路信号,以实现潜水员与照料员的有效通信,具有通信可靠性好、语音质量高等优点。

有线通信装置通常由通信装置主机、通信电缆与潜水头盔或面罩装具上的耳机、麦克风等组成,其中通信装置主机还可附带配置麦克风、耳机、外接电源等设施,并可将作业过程的语音通信信息经由音频输出接口输出到其他设施设备中。

有线通信装置主机是整个通信系统中的核心单元,通常由电源、集成电路板、扬声器、控制开关与旋钮以及各类输入输出接口或接线柱构成。在使用时,可将潜水员脐带或供气管上集成的通信电缆的一端接到通信装置主机的接线柱上,通信电缆另一端与潜水头盔或面罩装具上的耳机、麦克风相连接。现阶段,通信电缆的接线方式一般有“两线制”与“四线制”两种,分别对应与“半双工”与“全双工”两种不同的信号传输方式。在采用“半双工”的信号传输方式即“两线制”接线方法时,音频信号在通信装置主机与副机间的传递方向交替变换,同一时间内,主机或副机仅为接收或发送信号两种工作状态的一种,即:主机发送音频信号时,副机只接收,并通过扬声器播放音频信号;主机接收时,副机作为发送器可将水下潜水员处的声音实时传递给主机。采用此类工作方式的潜水通信装置主机集成电路较简单,通信电缆可采用两芯线,潜水装具上所附带的水下通信装置副机的扬声器同时用作系统的拾音器。潜水通信系统的“两线制”接法现阶段在潜水作业过程中使用较多,但其通信方式决定了水面工作人员与潜水员发信时无法同时接收对方的声音信号,这就造成在通话时容易出现信息丢失,尤其是水面工作人员无法持续监听水下潜水员呼吸音这一重要的状态信息。采用“全双工”的信号传输方式即“四线制”接线方法的潜水通信装置则可弥补缺陷,因为“全双工”的信号传输方式允许通信装置的主机与副机同时工作于“接收”和“发送”两种状态。此时,音频信号可在自主机向副机传输的同时,从副机传输给主机。简单地讲,即水面工作人员和水下作业潜水员均可以在“听”的同时,进行“说”。“全双工”的信号传输方式要求通信装置主机与潜水装具上的通信装置副机在结构上支持该工作方式;同时通信电缆的信道不少于两条,即电缆内部一般为 4 芯。“两线制”与“四线制”通信装置的接法如图 6.5-2和图 6.5-3 所示。

按照有无氦语音纠正功能,潜水作业用有线通信系统还可划分为空气潜水通信装置和氦氧潜水通信装置。其中氦氧潜水通信装置带有氦语音矫正功能,用于矫正使用含氦混合气进行潜水作业时所存在的氦语音现象,提高该环境下语音的可辨识度,改善通信状况。图 6.5-4中,最下方的潜水通信装置即为三人氦氧潜水通信装置(氦氧潜水电话)。根据通信装置主机可同时连接的水下潜水员的数量,潜水通信装置还可分为单人通信装置和多人通信装置(两人及以上)。

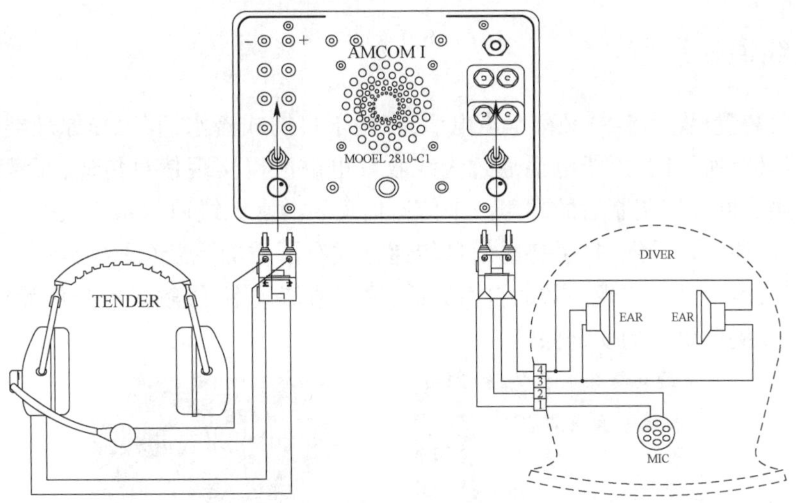

图 6.5-2　两线制接法

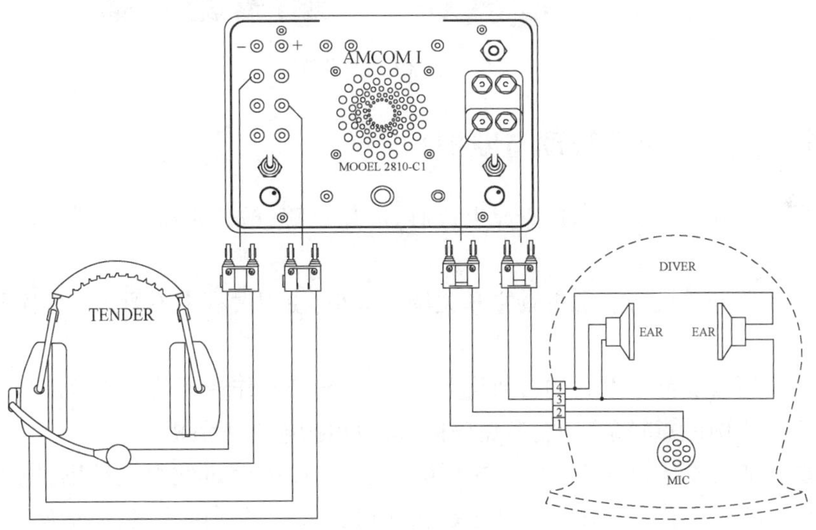

图 6.5-3　四线制接法

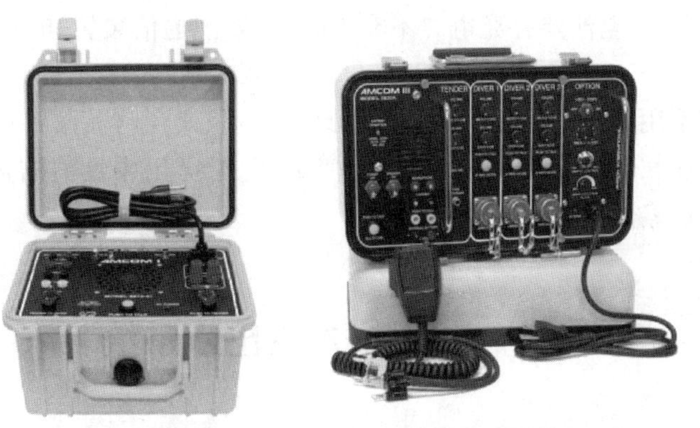

a) 单人通信装置　　b) 多人通信装置

图 6.5-4　常见有线通信装置

二、无线通信装置

无线通信装置(图6.5-5)又称水声电话,多用于自携式潜水,其工作原理类似于常用的无线电话,但又有所不同:无线电话通过天线收发电磁波以实现信息传递,而潜水无线通信装置则通过换能器收发调制后的超声波来传递信息。潜水无线通信系统改变自携式潜水的通信问题,较以往拉信号绳、打手势的信息传递方式有了质的飞跃(图6.5-5)。通过该类通信系统,自携式潜水员可实现高效的自由通话,提高通信效率,缓解忧虑与焦躁感,增加安全感,为潜水作业提供更好的安全保障。

图6.5-5　无线通信装置

三、通信装置的使用管理与维护

(1)通信系统在使用前注意检查充电,确认电量足够;检测系统各装置、部件,确认可正常使用。

(2)通信装置开关机时注意将音量开关调至最小,使用过程中不要进行多次开机关机的动作。

(3)不要自行改变潜水电话的参数设置,以免影响潜水作业通信的正常进行。

(4)使用过程中注意轻拿轻放,避免碰撞;避免短接电池正负极。

(5)系统电源充电应该在5~40℃的环境中进行,如果超过此温度范围,电池寿命受到影响,同时有可能充不满额定容量。电池装在通信装置上时可以充电,但最好将其关机,以保证电池充满。充满电后要及时取下使用。如果长期不用会损坏电池,影响电池的使用寿命。同样,长期使用时,电池要补充电。不充电时,不要把通信装置和电池留在充电器上,以免缩短电池寿命。

(6)通信装置不用时应存储于阴凉干燥的地方,尽量避免将其放置在通风不良潮湿处。

(7)通信装置在长期使用后,机体很容易变脏,此时可用中性清洁剂(不要使用强腐蚀性化学药剂)和湿布擦拭机身。

第六节　潜水入出水系统

潜水作业现场应有供潜水员安全入水和出水的装置,如潜水梯或吊放系统。如果潜水站地面或甲板面的位置与水面间的距离大于3m,应采用吊放系统供潜水员入出水。采用何种方式入水与出水，还应考虑满足现场援救遇险潜水员的需要。下面介绍空气潜水常用的入出水系统。

一、潜水梯

潜水员入出水的潜水梯，其形式与种类较多，常见的潜水梯通常为经过防腐处理的木质或金属材质的直梯或扶手梯，见图 6.6-1。梯身长度根据所在潜水工作面离水面高度而定，梯身强度较一般梯子大，能承受 2 名潜水员的体重和装具的重量，梯档上下距离约 25 ~ 30cm，宽度约 45cm，有供潜水员扶持的扶手。潜水梯上端固定在潜水工作平台面上，并高出甲板面不小于 1m；下端应能放置水线以下不小于 1m，便于潜水员出水登梯时方便省力。潜水梯一般置放成与垂线成 15°，以利于潜水员手抓扶梯登梯时身体角度适宜省力。

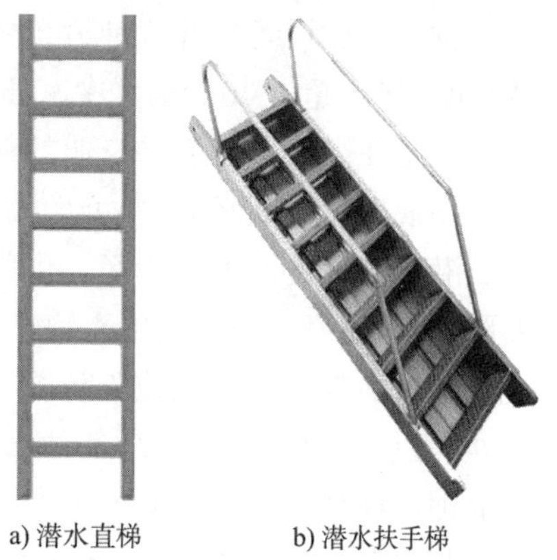

a) 潜水直梯　　b) 潜水扶手梯

图 6.6-1　潜水梯

二、潜水吊笼

潜水吊笼又称减压架，是一种装载潜水员往返于水面与水下作业地点之间的框架式运载工具(图 6.6-2，图 6.6-3)。潜水吊笼由耐海水腐蚀的不锈钢材料制成，其内部有足够的内部空间，能容纳两名潜水员及其装具，有两只以上应急空气气瓶，其容量能满足营救需要，有减压器、呼吸器和带球阀的直供式呼吸气体供气软管；潜水吊笼的底部承载面积不少于 0.6m^2/人，内部空间高度不低于 1.9m，顶部、底部和 1m 以下周边为可疏水的网栅结构，顶部和底部的单一网孔透光面积不大于 40cm^2。潜水吊笼的内部设有人员扶手及固定失去知觉潜水员的装置，同时还应配有穿系导向钢丝绳的活套。除主吊点外，潜水吊笼还设置有与主吊点等效的备用吊点。

图 6.6-2　潜水吊笼

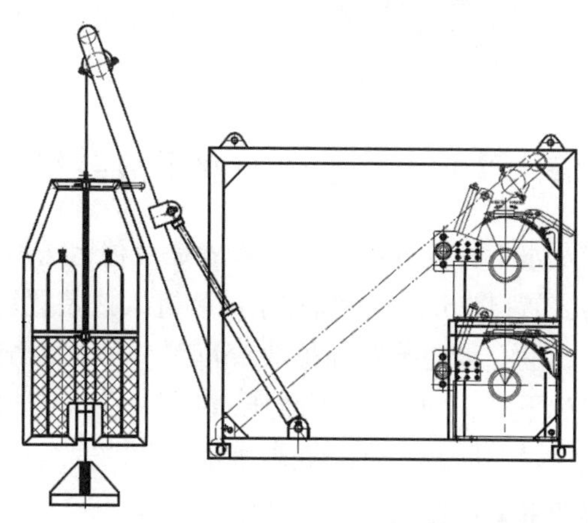

图 6.6-3　潜水吊笼装置

三、开式潜水钟

开式潜水钟(图6.6-4)是一种装载潜水员往返于水面与水下作业地点之间,底部开口,上端为半球形壳体,潜水员可将躯体肩部以上部分置入其气体聚集区,而其余部分暴露于水中的钟形运载设备。开式钟适合中浅深度的潜水作业,有的国家规定使用水面需供式轻潜装具时,深度超过40m或水中减压时间超过120min,应采用钟潜水。在潜水作业过程中,开式钟配备在需要进行潜水作业的船或潜水作业平台上,借助潜水钟,可把潜水员安全送往水下工作现场和接回水面,并可大大减少潜水员下潜、上升过程中受水文气象等不利因素的影响。潜水钟临近水下工作区,可视为一个水下避险所。一旦生命支持系统发生故障或通信失灵,潜水员只需游较短的距离即可返回钟内。潜水钟内设有应急供气设备和呼吸面罩,供主气源中断时备用。在减压阶段,潜水员头和肩部处在干燥环境中,因此可以舒适地减压。此外,潜水钟内可存放执行各种水下任务所需的工具及器材。因此,在常规潜水中使用开式潜水钟可提高潜水作业的效率,并提高潜水作业的安全性。

开式潜水钟吊放系统(图6.6-5)主要由潜水钟本体、钟内生命维持系统、潜水钟主脐带、脐带绞车、水面控制箱、吊放装置等组成。

图6.6-4　开式潜水钟

图6.6-5　开式潜水钟吊放系统

四、潜水及水下作业入出水吊放装置

潜水及水下作业入出水吊放装置是一种运送吊笼或开式潜水钟往返于水面与水下作业点之间的装置(图6.6-6),简称吊放装置。该装置可实现潜水员运载设备上下往返运动,其包括门架、底座、导向装置和吊放绞车等。吊放系统通过与潜水吊笼或潜水钟相配套使用,运载潜水员下潜、上升与水下减压,相当于在水面与工作点之间加装电梯,可减少潜水员的体力消耗,减轻其劳动强度,提高潜水作业的安全性。

1. 吊放装置的结构

吊放装置应按照中国船级社(CCS)《潜水系统和潜水器入级规范》和《船舶与海上设施起重设备规范》的相关要求设计,主要由门架、底座、主绞车和导向装置等部分构成。

吊放装置的底座上安放有门架、主绞车、动力站，布置有潜水员载运设备和导向装置压重的摆放位置，同时还留有人员操作与维修的空间。底座的工作区域应有可疏水的空栅结构，以避免作业过程中产生积水。此外，非工作状态门架、潜水员运载设备、导向装置压重的固定构件和整个系统的起重吊耳等附属设施也安装在底座上。

图6.6-6 吊放装置主绞车与动力站

吊放装置的主绞车及其动力站是整个吊放装置的核心结构，主绞车的安全工作负荷应大于或等于潜水员运载设备在空气中满载时的质量，并能够在1.5倍安全工作负荷下正常工作；主绞车配有主制动装置和备用制动装置，绞车配备离合器时，应有防止离合器意外脱离的保护装置，制动装置应能够在1.5倍安全工作负荷的静载和1.1倍安全工作负荷的动载情况下有效制动。主绞车的操作手柄或按钮释放时可以自动回到零位，零位应清楚地标识；当操纵杆恢复到零位或按钮释放(绞车失电)时，绞车可以自主制动。主绞车卷筒应能够容纳全部钢丝绳；除非使用特殊防护装置，卷筒凸缘应高出最上层钢丝绳不少于2.5倍钢丝绳直径。主绞车上还安装有防止异物被绞进机械中的防护装置。绞车的最小吊放线速度不得小于18m/min。绞车钢丝绳为旋转钢丝绳，其最小破断负荷应不小于相应钢丝绳静载荷的8倍；钢丝绳的长度应满足将潜水员运载设备放到最大设计水深时，绞车卷筒上留存量不少于三圈。主车动力源可采用：气动、液压和电动方式，应配置两路可切换的动力源，以最大限度地保障潜水作业的安全。

潜水吊放装置的门架也称A架或A型架，其通过液压伸缩油缸的推动，可实现潜水员运载装置和导向装置在水平方向上的移动。门架为焊接结构，各主要构件厚度应不小于6.5mm，门架的安全工作负荷应不小于潜水员运载设备在空气中满载荷时的总质量与导向装置压重在空气中总质量之和，在2倍安全工作负荷下，架体、销轴应无永久性变形。

导向装置用于控制潜水员运载装置竖直方向移动的轨迹，保证运载装置在下降与提升过程中不会出现大幅的摆动，它由导向压重绞车、压重和导向钢丝绳等组成。导向压重绞车的安全工作负荷，除导向装置压重在空气中的质量外，还应计入在应急情况下将潜水员运载设备一起回收时，潜水员运载设备在水中满载时的质量。导向装置压重具有足够的重量，在水中时每根导向钢丝绳的张力不小于2000N；用于闭式潜水钟时，每根导向钢丝绳的张力不小于10000N。导向钢丝绳为不旋转钢丝绳，其最小破断负荷应不小于相应钢丝绳静载荷的8倍；钢丝绳的长度应满足将导向压重放到最大设计水深时，绞车卷筒上留存量不少于三圈。导向装置除发挥导向作用外，还是主绞车的应急备份，其可在主绞车故障时将潜水员运载设备回收至其主吊点露出水面。

2. 吊放装置的使用管理与维护

吊放装置的工作过程贯穿整个潜水作业过程，该装置能否正常工作将直接影响潜水员与潜水作业的安全，因此应做好日常使用、管理及维护。吊放装置的使用、管理及维护的要求如下。

1)启动前准备

(1)检查吊放装置门架、框架,确认无异常损坏情况,确认门架上方无异物。

(2)检查吊放装置框架上各连接位置轴承润滑情况,确认无异常磨损,必要时使用专用黄油枪对各轴承加注黄油。

(3)检查液压系统油缸油位、液压管路和液压泵组,确保液压油位正常,各液压管路无泄漏,外接液压管路球阀关闭,液压泵组无异常。

(4)检查液压伸缩缸,确认无异常。

(5)检查液压绞车及钢缆,确认绞车无漏油及其他损坏情况,钢缆无断丝无锈蚀,刹车带完好。

(6)检查吊放装置操纵手柄,确认将手柄推至任意位置后松开,操纵手柄均能回复至初始位置。

(7)系统供电。

2)开机运行

(1)合上供电箱内电源开关。

(2)按下启动按钮开关,液压泵组运行指示灯亮,检查马达转向,确认无反转,检查液压泵组出口压力表,确认压力正常。

(3)液压泵无负载运行2~3min后方可进行潜水员运载装置的施放与回收。

3)停机

吊放装置回收后,按下停止按钮开关,停液压泵组,关闭电源,在避免淋湿电气与液压结构的情况下,可用清水将底座、门架、载运装置、导向装置冲洗干净。长时间不使用的情况下,可用防水帆布将吊放装置遮盖妥当。

4)周期性维护

(1)每次使用前对主构架和各吊点的外观进行目视检查,不得有严重锈蚀和裂纹。

(2)每次使用前或自出厂之日起每6个月,对装置各绞车进行1.25倍安全载荷的拉力试验,同时检查钢丝绳及刹车系统可靠性。

(3)自前次有效期起,每6个月委托有资格单位,对装置内的压力表进行校验。

(4)自出厂之日起,每年应完成以下第三方检验:

①各刹车装置在1.5倍最大安全工作载荷下的静载测试。

②绞车钢丝绳应进行破断测试:破断测试取样钢丝绳为水下终端至最前端滑轮部分,抽样破断测试应以至少8倍安全工作载荷的拉力进行;破断测试数值应与首次投入使用前进行的破断测试数值比较,如破断力降低超过10%,则此钢丝绳应被废弃。

③绞车钢丝绳重新制作终端后,应进行1.5倍最大安全工作载荷下的静态载荷测试。

④进行伴随1.25倍最大安全工作载荷动载测试前后的关键区域无损探伤检测。

第七节 电气系统

潜水作业的电气系统主要由电源设备、用电负载及相关线路、电气仪表等构成。电气系

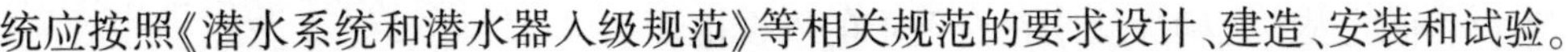

统应按照《潜水系统和潜水器入级规范》等相关规范的要求设计、建造、安装和试验。

一、电源设备

常见的潜水作业用电源设备主要有内燃机发电机组、蓄电池、UPS 电源等类型，见图 6.7-1、图 6.7-2 及图 6.7-3。其中内燃机发电机组一般是柴油发电机组或汽油发电机组。二者在工作原理上有很多相似之处，均是将燃料的化学能最终转换为电能输出，送至各用电负载。相对来说，柴油发电机组采用压燃方式工作，输出功率大，工作可靠性好，经济性好，但较笨重。汽油发电机组轻巧，灵活易搬运，但燃料费用较柴油机组高。

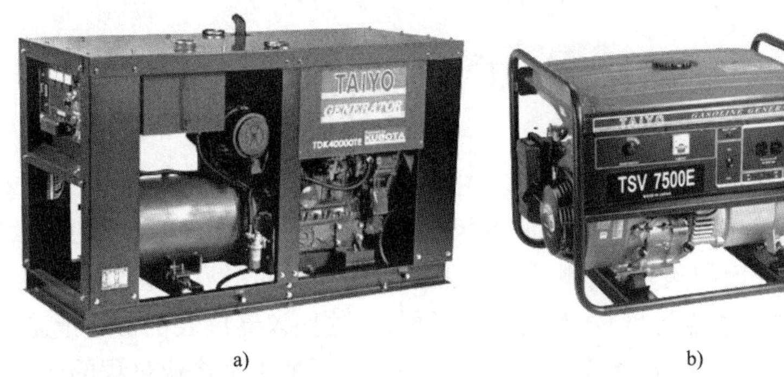

a)　　b)

图 6.7-1　发电机组

图 6.7-2　蓄电池

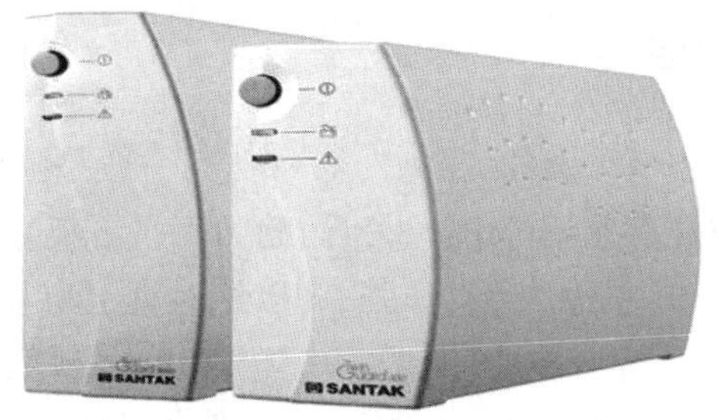

图 6.7-3　UPS 电源

潜水作业过程中，蓄电池主要用作各类通信装置的电源，其类型较多，有可充电的胶体电池、锂电池，也有碱性干电池。

UPS 电源即不间断电源，一般作为电气系统的一种应急电源接入系统。在系统断电时，UPS 电源可立即逆变输出电能，以确保各类应急照明、通信设施能持续正常工作。

在潜水作业的电气系统中，必须有主电源与备用电源两种，以确保用电安全。其中市电、船电一般可作为主电源，内燃机发电机组作为备用电源；在无法接入市电或船电时，也可用两台及以上的内燃机发电机组分别做主电源、备用电源。

二、电气系统的使用管理

随着潜水技术与潜水设备的发展，越来越多的电气设备应用于潜水作业过程中，安全高效地使用好电气设备，是潜水作业安全管理的重要环节。

(1)潜水作业过程中应确保使用符合要求的安全电压。

(2)规范使用熔断器、断路器、漏电保护开关等电路安全装置,定期检查此类设施以确认其安全可靠。

(3)做好各类舱室、用电设备的接地接零保护,定期检查舱室、用电设备外壳的对地电阻,检查电路绝缘电压,以确保用电安全。

(4)每六个月应进行一次外观检查与性能测试,包括电缆的阻抗与连续性测试。

(5)依照维护保养程序,做好电源设备、用电设备的维护保养工作,并留好维护保养记录。

第八节 仪器仪表

潜水作业相关的仪器仪表种类有很多,主要有:①用于指示气体与环境压力或者潜水深度的压力表;②测量并显示呼吸用气体或减压舱舱室环境气体中各组分浓度的气体检测分析仪器,如测量氧气浓度的测氧仪、测量二氧化碳气体浓度的二氧化碳分析仪等;③还有检测减压舱舱室环境的各类温湿度仪、计时器、时钟等。这些仪器仪表主要用于监测并显示潜水作业活动相关的各类参数,以便于潜水作业相关人员了解潜水作业过程的运行状态,并做出准确的判断和操作。

一、压力表

潜水作业中所涉及的“压力”这一概念,一般是指物理学上的压强,其单位为帕(Pa),经常采用的单位还有兆帕(MPa)、公斤、磅力每平方英寸(PSI)等。按照测量基准的不同,压强有两种表示方式:一种是绝对压强,即以绝对真空为基准,高于绝对真空的压强;另一种是相对压强,一般以大气压作为基准所标示的压强,其值等于绝对压强与大气压之间的差值。一般情况下,压力表所显示的表压 = 相对压强 = 绝对压强 - 大气压强。

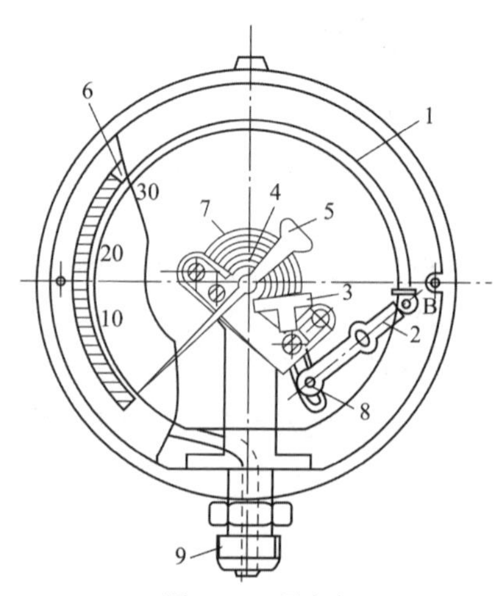

图 6.8-1　压力表

1-弹簧管;2-拉杆;3-扇形齿轮;4-中心齿轮;5-指针;6-面板;7-游丝;8-调整螺钉;9-接头

空气潜水作业中常用的压力表一般为弹簧管式压力表,用于指示气体或环境压强。其主要由弹簧管、齿轮传动放大机构,指针、刻度盘和外壳等几部分组成,如图 6.8-1 所示。被测压力信号由管接头进入弹簧管的内,弹簧管在压力的作用下扩张变形,从而使弹簧管的自由端产生位移并牵动拉杆带动扇形齿轮偏转,同时中心齿轮带动指针旋转,通过与表盘配合指示压力信号的大小。此外,潜水作业中还有一类特殊的压力表,其面板上的刻度以深度的形式进行标示,且多为精度等级较高的精密压力表,通常称之为深度表。其结构和常见压力表基本相似,仅在面板刻度与精度等级上和一般压力表有所区别。

压力表按其测量精确度,可分为精密压力表、一般压力表。精密压力表的测量精确度等级分别为0.05级、0.1级、0.16级、0.25级、0.4级;一般压力表的测量精确度等级分别为1.0级、1.6级、2.5级、4.0级。压力表的精度等级用最大基本误差与压力表量程之比的百分数表示,其反映压力表的指示值与真实值接近的程度。如0.4级压力表,其表示该表的最大基本误差为满量程的0.4%。在潜水作业中,精密压力表主要用于指示甲板减压舱的舱室压力与潜水员所处环境的深度,以便作为减压操作的依据。

目前,我国压力表没有统一的型号命名规范,但一些通用规格的仪表型号基本相近。以常用的Y系列压力表为例,其代号通常表示为Y□□－△△◇◇形式。其中,Y表示压力表;□内字母则表示该表的型式,如O代表氧压力表,B代表精密压力表,E表示膜盒压力表等;△为数字,用于表示表盘公称直径,如50、60、100、150等,表示相应压力表的表盘直径为50mm、60mm、100mm、150mm;◇内字母用于描述压力表结构,一般无代号表示径向无边,Z表示轴向无边,ZQ表示轴向带前边,T表示径向带后边等。如代号YB-150ZQ,表示该压力表为精密压力表,表盘直径为150mm,轴向带前边。

压力表在使用过程中应注意:

(1)压力表的日常维护时应确保压力表外壳、玻璃罩的密封良好;压力表阀门、导压管路、连接件无泄漏、无锈蚀、耐震油位正常无泄漏。压力表指针完好,表盘刻度清晰、齐全,能准确读数。

(2)压力表的安装正常。测稳定压力时,实测范围不能超过全量程的2/3;测波动压力时,实测范围为全量程的1/3到1/2左右。

(3)压力表在使用中应定期由计量部门进行检验和标定,外壳有铅封,不能自行拆开压力表进行清洗和加油。

(4)仪表长期使用后,如达不到精度要求,应及时另换新仪表,不得勉强使用。

(5)氧气压力表严禁测量一切含油成分的气体或液体,否则有爆炸的危险。

二、测氧仪

测氧仪是一类用于检测特定气体中氧气浓度的仪器。其一般由气路、传感器(氧电极)与主机组成。其工作原理如图6.8-2所示。

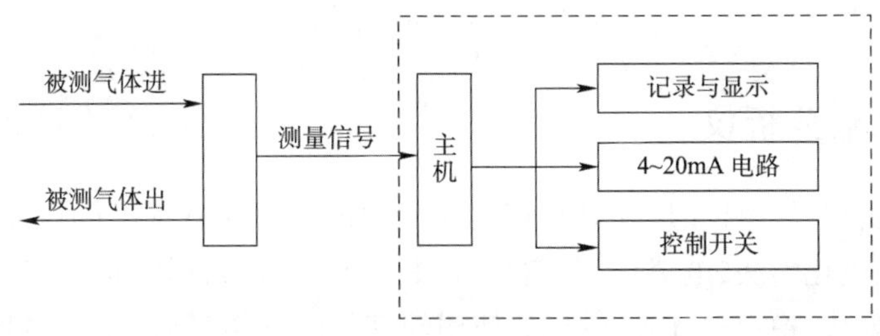

图6.8-2 测氧仪工作原理图

测氧仪根据传感器(氧电极)的种类与检测原理不同,可分为热磁式氧分析仪、磁力机械式氧分析仪、电化学式氧分析仪和氧化锆式氧分析仪等种类。热磁式氧分析仪和电化学式氧分析仪在空气潜水作业中均有使用,以电化学式氧分析仪为例,其传感器(氧电极)工作原理为:

氧电极包含一个直径为1mm铂阴极,阴极包覆于玻璃管中,使阴极和阳极绝缘隔离用环氧固化在阳极一起,阳极为一根银圆柱棒。电极的端面为12μm厚的聚四氟乙烯薄膜覆盖,用一层薄膜构成一个气体和电解质溶液的隔膜,并用一个圆形硅橡胶环压紧;在电极容腔中盛有0.5当量浓度的氯化钾(KCl)电解液。在阴极和阳极之间施加700mV的极化电位后,所有扩散到铂阴极的氧立即发生反应。

在阴极反应如下:

$$O_2 + 2H_2O + 4e = 4OH^-$$

极谱法氧电极中阳极为银-氯化银参比电极,在电解液中参比电极电位必须保持恒定,在阳极反应如下:

$$Ag + Cl - e^- = AgCl$$

在电极电位下,所有到达铂阴极表面的氧被电解耗尽。如果隔膜外空气中有氧含量,则引起浓差扩散,不断地有氧透过膜到达阴极表面,在阴极产生电解电流,此时到达阴极的氧将受氧在膜中扩散系数控制,最后建立平衡,产生稳定的极限扩散电流;如果隔膜外空气中为绝氧,则没有氧到达阴极,氧的电解电流为零。实验和理论证明极限扩散电流与氧含量呈线性关系,如下式所示:

$$I = KAPO_2$$

式中:K——电极常数,由氧的扩散系数、扩散层厚及阴极面积决定;

A——氧在复膜中的渗透率,与膜材料及厚度等有关,且随温度变化,实验验证结果为正温度系数;

PO_2——氧分压(即氧的体积百分含量)。

测氧仪在使用过程中应注意:

(1)确保传感器在有效期内,并正确安装在主机上。

(2)正确连接气路,在检测过程中,可按测氧仪的使用要求来调节进气量与进气压力。

(3)开机使用时应先进行定标,以确保测量的准确与可靠性。

(4)设定报警值,测氧仪的报警上下限值可按要求设定。

(5)测氧仪在使用一定期限后,可由有资质的计量单位或厂家进行计量检定,以确保测量结果的准确性。

三、二氧化碳分析仪

二氧化碳分析仪是一种测量并显示特定空间内的二氧化碳浓度的仪器,其工作原理主要有红外吸收法、电化学法、电气法、色谱法等,其中红外吸收法因其灵敏度与精确度高、测量过程中响应速度快、稳定性好等优点,故使用较多。图6.8-3为一类红外吸收式二氧化碳分析仪工作原理图。

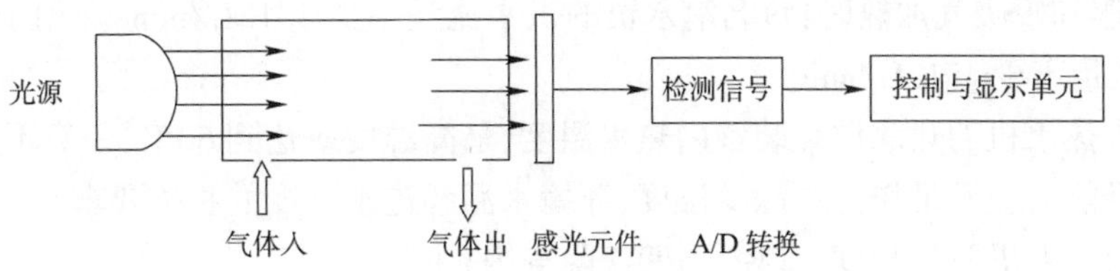

图 6.8-3 红外吸收式二氧化碳分析仪工作原理图

在空气潜水作业过程中，二氧化碳分析仪主要用于测量减压舱内二氧化碳浓度，以便于操舱人员了解舱内气体中二氧化碳浓度，并及时进行通风换气。除此之外，便携式二氧化碳分析仪还可用于测量密闭空间内的二氧化碳浓度，为潜水作业人员判断可否进入该类空间内进行作业提供判断依据。

第九节 潜水热水机

潜水热水机（图 6.9-1）是一种为作业潜水员热水服、呼吸气体加热装置、潜水钟加热器连续供应热水的装置。下面介绍潜水热水机的原理、基本要求和结构。

图 6.9-1 燃油式潜水热水机

一、潜水热水机的原理

在工作过程中，潜水热水机在控制单元的控制下，利用其加热系统，将由进水口输入并过滤后的冷水加热到一定温度，送至热水储存装置内，同时依据作业需求，再经增压泵增压，通过阀件的切换，由热水管送至作业潜水员装具处，供潜水员取暖用。

二、潜水热水机的基本要求

潜水热水机的基本要求有：

（1）潜水热水机仅用在潜水员热水服加热时，每名潜水员的供水流量不少于 12L/min；

在用于热水服和呼吸气加热时,每名潜水员的供水流量不少于 15L/min;在用于潜水钟加热器时,供水流量不少于 12L/min。

(2)潜水热水机的热水储存装置内热水温度,最高温度应达到 60℃,一般不超 70℃。

(3)温升能力应满足作业水深及温度、环境水温和进水温度的相关要求。

(4)压力应考虑脐带长度、管径、内壁流阻等因素。

(5)控制精度应达到 ±1℃。

(6)应有备用的热水系统。

(7)应有显示潜水员热水温度的装置及提供远程热水温度显示的接口。

(8)应有可设定的温度高/低温警报装置。

(9)热水系统应有低水位、超温保护装置。

三、潜水热水机的基本结构

现阶段潜水热水机的加热系统所用热源较多使用电加热或燃油加热的工作方式。

电加热式潜水热水机的加热系统的结构类似于家用电热水器,主要由加热系统、热水储存装置、控制单元、增压泵、过滤器、阀件以及相应的仪表和管路等部分组成(图 6.9-2);其加热系统主要由受控制单元控制的电加热管构成,电加热管安装在热水储存装置内,在通电后电加热管直接对热水储存装置内的工作水进行加热,使其温度达到系统设定范围。

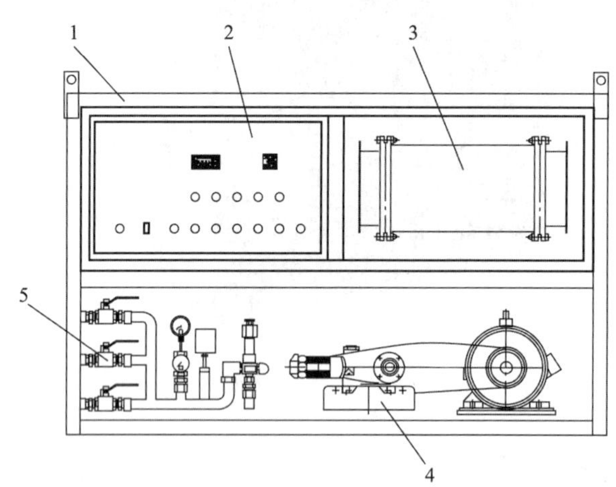

图 6.9-2　电加热式潜水热水机结构示意图

1-机架;2-电气设备及控制元件;3-电热水柜;4-增压泵;5-管路系统

燃油加热式潜水热水机的加热系统的结构与强制循环的管式热水锅炉相似,其加热系统由燃烧器、锅炉筒体、燃烧室、受热水管及辅助设备构成。在工作时,燃油加热式潜水热水机的加热系统,通过燃烧器燃烧燃油,对受热水管内工作水进行加热。除电加热式和燃油加热式之外,行业内也有利用船舶辅锅炉蒸气作为热源的潜水热水机。

为保障系统的使用安全,潜水热水机一般都设置有漏电保护、超压保护、超温保护、低水位保护等安全保护措施。

思考题

1. 空气潜水设备主要包括哪些?

2. 空气潜水供气系统的作用是什么? 主要由哪些设备组成?

3. 画出一个简单的空气潜水供气系统示意图,并简述其工作原理。

4. 简述空气潜水对供气系统的要求。能否直接使用船用空气供气系统提供潜水呼吸气体?

5. 空压机一般由哪些部件组成?

6. 以单级单作用活塞式空压机为例,简述空压机工作原理。

7. 简述空压机的管理要点。

8. 膜式压缩机有哪些优点?

9. 高压空压机为什么均采用多级压缩与中间冷却?

10. 储气罐使用和管理时应注意哪些事项?

11. 高压气瓶有哪些特别管理要求?

12. 油水分离器和空气过滤器的作用分别是什么?

13. 简述油水分离器和空气过滤器的管理要点。

14. 甲板减压舱的作用是什么?

15. 简述双舱四门式减压舱的结构。

16. 对减压舱供排氧系统有何要求?

17. 甲板减压舱对舱内用电有何要求?

18. 甲板减压舱的主要防爆措施有哪些?

19. 甲板减压舱的主要防火措施有哪些?

20. 甲板减压舱使用氧气的主要安全措施是什么?

21. 潜水控制面板的作用是什么?

22. 潜水控制面板的基本结构要求是什么?

23. 潜水控制面板的日常管理要点有哪些?

24. 潜水过程中规定的通信方式是什么?

25. 有线通信装置的构成是什么?

26. 接线方式有哪几种?

27. 自携式潜水采用无线通信装置有哪些优越性?

28. 通信装置的日常管理要点有哪些?

29. 对潜水梯有哪些要求?

30. 潜水吊笼的基本结构要求是什么?

31. 在较大深度空气潜水时,使用开式潜水钟有何优越性?

32. 开式钟的基本组成及结构要求是什么?

33. 入出水吊放装置的主要组成是什么?

34. 入出水吊放装置中主绞车钢缆(潜水吊笼或开式潜水钟的吊缆)有哪些要求?

35. 入出水吊放装置的周期性维护要求有哪些?

36. 潜水作业用电源设备主要有哪些类型?电气系统的使用管理要点是什么?

37. 潜水作业用的相关仪器仪表有哪些类型?

38. 压力表在使用过程中应注意哪些事项?

39. 潜水热水机的基本要求是什么?

40. 简述电加热式潜水热水机的基本结构。

第七章

水 下 作 业

潜水员单纯潜水不是目的，目的是要在水下环境中进行各种作业。随着社会的进步和科技的发展，水下作业技术也不断进步和更新。因此，作为一名合格的潜水员，不仅要有扎实的潜水理论知识和操作技能，而且要掌握各种水下作业方法和操作技能。本章着重介绍水下搜索、船体水下部分的检查和故障排除、水下检修闸门、水下整平、船体水下封堵、沉船打捞水下作业、水下爆破、水下电焊、水下切割、水下摄影和电视摄像、水下无损检测及水下作业新工具应用等的水下操作方法、程序及安全操作规程等。

第一节 水 下 搜 索

水下搜索是在水下特定搜索区域内寻找已知或可疑目标物体的过程。水下搜索可以由潜水员、载人潜水器或无人潜水器等来实施，也可由水面舰船、飞行器等来进行。

水底搜索时间是非常宝贵的。在进行水底搜索作业时，应优先寻求电子装备、声呐装备或者遥控操作装备的协助，提高水底搜索效率。必要时，让潜水员下水实施水底搜索。

在所有的情况下，搜索模式都应该完全覆盖搜索区域，而不应该出现过多冗余或遗漏区域。所选择的搜索方法能否完整覆盖搜索区域，这将受到扫描宽度的极大影响，而扫描宽度取决于用于检测目标的方法。对于零能见度水下条件下的潜水员而言，就是潜水员沿着一定模式行进的同时用手感觉到的最远距离。在能见度较好的情况下，它将取决于从采用的搜索模式中可以看到目标的距离，或者由声呐或磁场异常检测的距离。为了弥补不准确性和传感器误差，搜索区域的部分重叠是必不可少的，并且在某些搜索模式中为了避免间隙的出现，重叠搜索也是必要的。

潜水员水下搜索会使用不同的搜索模式，下面介绍常用的搜索模式及安全注意事项。

一、搜索模式

一旦确定了搜索区域，就要考虑采用的搜索模式。搜索模式的选择取决于作业条件、水域环境、任务性质和潜水员技能，包括搜索区域、水下障碍的数量和种类、水底的轮廓、水流、深度、搜索目标、搜索覆盖的范围以及照料员和潜水员所拥有的搜索模式经验等。潜水监督应该考虑所有这些因素，就当时的条件选择最安全、最有效的搜索模式。

1. 圆形搜索

水下圆形搜索就是潜水员围绕一个固定的参考点,以一系列距离的半径进行探摸搜索的过程。圆形搜索是一个简单且普遍的搜索模式,它不需要复杂的设置,大多数潜水员无需大量的特殊培训即可完成。

它适用于能够比较准确地确认搜索目标位置的水下搜索。但是,水底轮廓上不能够有太多的障碍物,且每一周上的深度变化可以接受。

1)圆形搜索分类

圆形搜索可分为标准圆形搜索(图 7.1-1)和改进型圆形搜索(图 7.1-2)两种模式。改进型圆形搜索能够避免潜水脐带或者信号绳与入水缆发生纠缠。

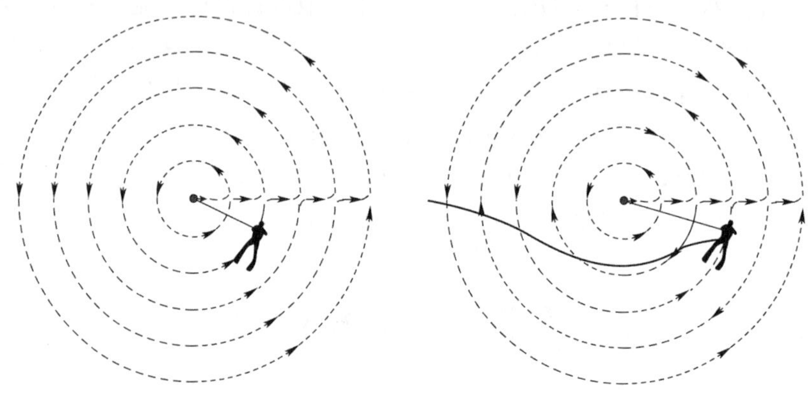

图 7.1-1　标准圆形搜索　　　图 7.1-2　改进型圆形搜索

2)圆形搜索程序

圆形搜索的一般程序是从固定的中心点开始,成圆周形搜索,圆周的半径以固定在中心的行动绳来定义。半径的大小取决于水下的能见度,并且在每完成一周的搜索后增加半径的长度,增加的长度能够让潜水员可以看到或感觉到当前圆弧与先前圆弧之间的重叠。

如果条件允许,潜水员可以使用一个水面标记浮标。潜水员将行动绳的一端固定在入水砣上,确认搜索半径,在始发点做好标记,收紧行动绳,以预定半径进行视觉上或者感觉上的搜索,直到返回始发点。然后潜水员会将行动绳放长与初始半径相同的长度并重复上述过程直到找到目标物,或者碰到障碍物,或者超出行动绳的范围,或者呼吸气体耗尽等。

每一次搜索半径的增加量应允许搜索区域的重叠,以避免在搜索之间遗失目标物的风险。

3)圆形搜索的演变

在某些情况下,可以由第二位潜水员作为水底搜索的中心点,同时还可以作为水下照料员。两位潜水员可以通过行动绳的拉绳信号进行联系。在搜索潜水员完成一周的搜索后,照料潜水员可以通过信号通知搜索潜水员,并放长行动绳,以便于搜索范围能够从中心点进一步扩大。

另外一个演变是沿着行动绳使用多位潜水员,潜水员根据能见度均匀地隔开一定距离,增加半径以允许搜索区域的重叠仅仅针对行动绳最里端的潜水员。但是,当潜水员人数增加的时候，特别是在低能见度的情况下，这种变异的圆形搜索会变得更加难以协调。

如果在搜索绳可达到的范围内未能发现目标，则应调整入水绳位置并重新开始另外一个圆形搜索，这种重复在必要时会经常发生，但必须认真选择中心点位置以覆盖整个搜索区域。一旦变更搜索区域，需要使用浮标标记原来的位置，避免不必要的重复工作。当搜索的范围扩大到一定程度，一些浮标可以除掉，仅留那些外周区域的浮标即可。

2. 弧形搜索

弧形搜索是最简单、最有效、也最常用的搜索模式。

弧形搜索也可以被认为是圆形搜索的一个变异，这种搜索技术被应用于水下没有足以完成圆形搜索的区域，如从码头或者岸边控制的搜索，或者搜索区域被限制在控制点一侧的扇形区域内，或者搜索区域存在限制可搜索范围的障碍物等。弧形搜索可分为钟摆式弧形搜索和雨刮式弧形搜索。

1）钟摆式弧形搜索（图 7.1-3）

在钟摆式弧形搜索中，潜水员收紧信号绳或者潜水脐带，在信号绳或脐带的末端以弧形来回搜索，一边搜索一边逐渐向岸边靠近。这种搜索技术可以快速地对海底区域进行搜索，即使在码头的末端或曲折的海岸线也很容易使用。钟摆式弧形搜索在起伏不平的海底状况下会发挥相对较好的作用，对于如汽车等大型物体的搜索会更加有效。

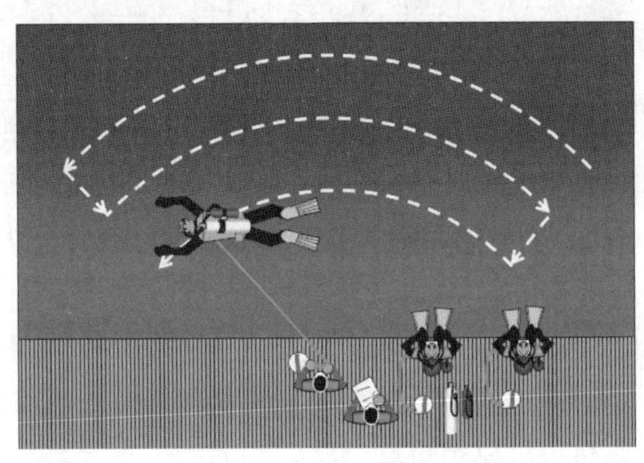

图 7.1-3　钟摆式弧形搜索

这种技术对于底部水草丛生的水域并不理想，主要原因是信号绳或者脐带有可能与水草发生纠缠，从而让潜水员无法沿着规则的弧形进行搜索。另外一个问题是，被拔下来的水草可能会与信号绳或者脐带纠缠在一起，其巨大的重量不仅会让作业潜水员陷于纠缠状态，同样也会让任何沿着信号绳或脐带进行救援的预备潜水员处于危险当中。

要进行钟摆式弧形搜索，首先让潜水员从水面到达搜索区域的最外端，但不能够超出 45m。照料员站在岸边一个标记位置，通过拉绳信号或者语音通信告诉潜水员下潜。潜水员一旦到达水底并确认一切正常后通知水面，照料员根据情况通知潜水员向左或向右移动。

潜水员开始向指定的方向移动，确保与照料员之间的信号绳或脐带处于绷紧状态。随着潜水员的移动，他移动的路径将会以照料员为中心点形成一个弧形。通常情况下，这一圆弧会覆盖圆周的 1/4。一旦潜水员到达圆弧的终点，照料员会通知他停止并面向信号绳或脐带。然后照料员会向后收信号绳或脐带，所收的长度应依据搜索目标和水下能见度而定，通常在0.6~1.5m之间。

在把潜水员向内侧拉近之后,照料员通知潜水员向相反的方向移动,潜水员开始他的第二个弧形搜索。这一过程重复进行直到潜水员发现目标物体。

为了确保潜水员始终处于搜索范围之内,照料员应该在弧形搜索的两侧设置一个地标或浮标。当信号绳或者脐带与浮标形成一条直线时,照料员就应该知道潜水员已经完成了一个弧形搜索,潜水员应该开始下一个弧形搜索。

如果底部轮廓深度变化剧烈,导致潜水员时常要上升和下潜,照料员应该修正潜水员的弧形搜索宽度。深度变化带来的问题不仅让潜水员不断进行耳压平衡,更会增加患潜水疾病的风险。

2)雨刮式弧形搜索(图7.1-4)

对于一个范围较大的区域,要进行一个快速的搜索最好结合雨刮式搜索模式。在这种情况下,将会有两个作业潜水员,每个人都采用独立的弧形搜索模式进行部分区域重叠的水下搜索。两位潜水员同时向左和向右移动,这样他们的信号绳或者脐带的移动看起来就如同汽车的雨刮移动一样。

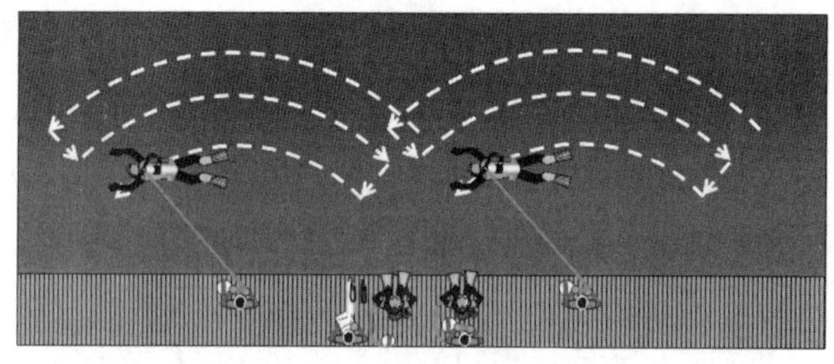

图7.1-4 雨刮式弧形搜索

在准备雨刮式弧形搜索的时候,在潜水员到达初始搜索点时,两位照料员通常会站得尽可能远离对方。因此,如果潜水员在离开照料员18m的位置开始搜索,照料员所站的位置应该相距18m。但是,如果该水域的底部陡峭、倾斜或者有其他的障碍,要求搜索区域小于通常的90°范围,那么两位照料员可以站得近一点。

保持潜水员以同样的速度移动要取决于照料员。如果一位照料员发现他的潜水员移动得太快,可以通过信号或者语音通信通知潜水员降低速度或者暂停一下。一旦另外一位潜水员赶上来,照料员再次通知潜水员在相应的方向上继续搜索。

雨刮式弧形搜索能够充分有效地使用作业人员。每一位潜水员都需要有其待命潜水员及相应的预备照料员,在两位潜水员进行雨刮式的弧形搜索作业时,岸边的待命潜水员必须着装完毕并可随时进入水下。

如果其中一位待命潜水员入水协助任何一位作业潜水员,另外一位作业潜水员必须停止作业,如果情况需要,可以缓慢地返回水面。否则,如果出现两位潜水员同时需要协助时,水面将无法提供足够的协助。在其中一位待命潜水员紧急下潜时,另外一位待命潜水员必须处于高度的待命状态。

进行雨刮式弧形搜索的两位潜水员不应相互作为对方的待命潜水员。因为,一旦发生紧急情况,根本没有时间让一位潜水员上升出水后,找到遇险潜水员的信号绳或者脐带,然

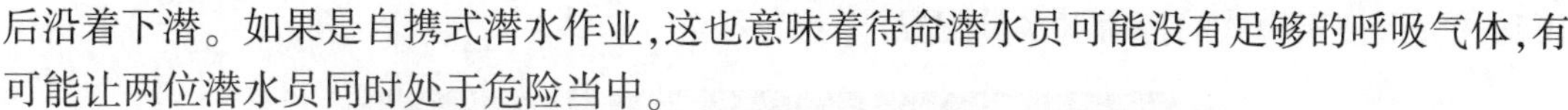

后沿着下潜。如果是自携式潜水作业,这也意味着待命潜水员可能没有足够的呼吸气体,有可能让两位潜水员同时处于危险当中。

3. 码头散步式搜索

码头散步式搜索,常被称为箱式搜索,是最有效、最彻底的搜索模式之一。由于这种搜索模式覆盖了一个矩形区域,它不会在水底留下需要抽查的楔形区域。它同样也是一种非常简单的搜索模式,易于配置和执行。它适宜于大面积海域,以及长而直的海岸的搜索。

在实施码头散步式搜索(图7.1-5)技术时,必须要有一个长而直的岸边、码头、或其他供照料员行走的区域。潜水员由水面到达指定的位置后下潜,照料员通知潜水员面对信号绳或者潜水脐带,然后依据搜索的开始点向左或向右移动。与弧形搜索不同,照料员将会与潜水员保持平衡并随着潜水员移动。

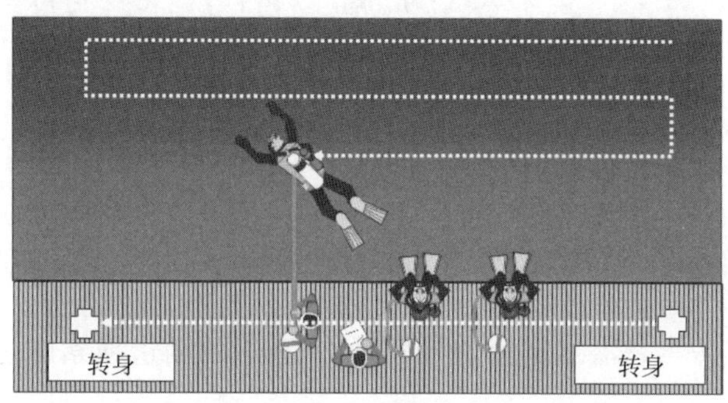

图7.1-5　单潜水员的码头散步式搜索

一旦到达搜索区域的一端,照料员通知潜水员停止,同时照料员也要停止移动。依据搜索目标的尺寸以及水下能见度,照料员将潜水员拉近自己一定的距离,并通知潜水员向相反的方向移动。照料员将会沿着海岸线,以与潜水员完全一样的速度向后移动,同时水下潜水员在第一次搜索区域旁边搜索。每当照料员到达搜索区域的末端时,都将重复这一过程。如果一位潜水员无法完成对整个区域的搜索,可以派遣另外一名潜水员接替前一名潜水员的搜索工作。

当使用码头散步搜索技术时,照料员必须牢记,确保信号绳或者脐带始终与岸边保持垂直,以便尽可能与潜水员保持在最近的距离上同步移动。照料员移动得太慢或者太快都会让信号绳或者脐带形成一个角度,从而让潜水员太靠近自己,导致底部区域被遗漏。移动得太快会在信号绳或者脐带上形成一个弓形,同样会把潜水员拉得太靠近照料员。

码头散步式搜索也有一个重要的安全考量,因为在使用这种技术时会有两位待命潜水员,而不是单一的待命潜水员。待命潜水员及其照料员应该位于靠近搜索区域两侧约1/4直线搜索距离处,这样始终会有一名待命潜水员能够以最快的速度到达作业潜水员的位置。两位待命潜水员同样也是相互之间的待命潜水员。

码头散步式搜索同样可以以双潜水员的形式实施(图7.1-6),两位潜水员搜索不同但是相邻的区域。为了避免信号绳或潜水脐带发生纠缠,其中一位潜水员搜索近岸的区域,另外一位潜水员搜索两倍于近岸潜水员距离的区域。照料员各自沿着自己的却是彼此相邻的路径移动,值得注意的是在他们相互交叉时要避免信号绳或脐带纠缠。待命潜水员可采用雨刮式弧形搜索模式的待命潜水员配置。

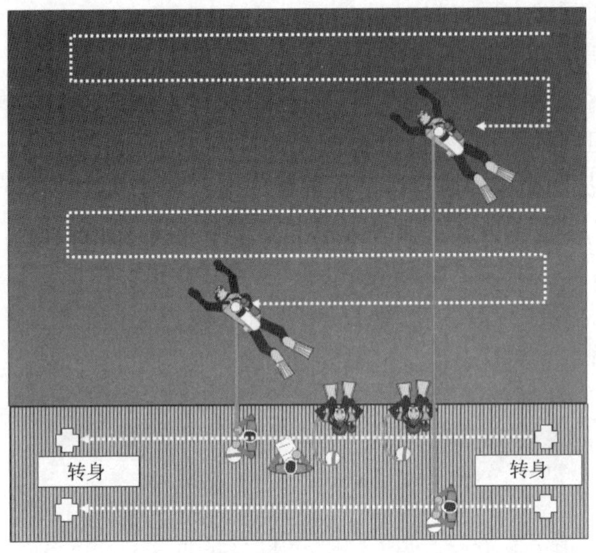

图 7.1-6　双潜水员码头散步式搜索模式

4. 固定支索式搜索

水下固定支索式搜索是潜水员沿着搜索缆-支索边游动边搜索的过程。水下支索式搜索有多种不同的技术。

1) 固定支索式水下搜索(图 7.1-7)

在使用两条支索、一条活动缆进行水下支索搜索时,两条支索之间的距离要视情况而定,但不应该过大,以免错失可靠的重叠搜索。这通常取决于海底状况。而通常会使用两位潜水员进行这种搜索。首先将两条重量较大的支索彼此平行地布置在搜索区域的水底,然后使用一条较轻的活动缆在搜索区域的一端连接在两条支索上。可以适当地收紧活动缆,但不能够导致支索的位置变化。

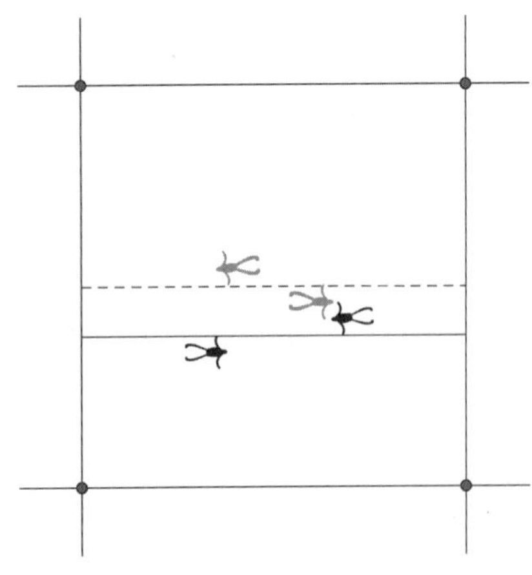

图 7.1-7　支索式水下搜索

两位潜水员分别从活动缆的两端沿着活动缆开始搜索,潜水员都用左手(或者右手,两位潜水员必须使用同一只手,以确保他们位于活动缆的两侧)抓住活动缆,通过视觉或者触觉搜索他这一侧的水底,直到到达另外一端的支索,此时他将通过活动缆发出信号,表明他已经到达指定位置。

在两位潜水员都到达支索的时候,他们将会依据水下条件把活动缆沿着支索移动一定的距离。这一距离要足够大,避免不必要的过度重叠搜索,但又不能够过大,避免错过搜索目标。这通常意味着,在低能见度的条件下潜水员凭着感觉能够触摸到的距离,而在高能见度的条件下,潜水员能够看到搜索目标侧面的距离与目标的宽度之和。必须要注意始终向同一个方向移动活动缆。这在低能见度的水下很容易混淆,可以使用指南针来预防这一问题的发生。

然后潜水员不断重复这一过程,直到发现目标或者到达支索的另一端。当一位潜水员发现目标时,他可以通过拉绳信号通知另一位潜水员。第二位潜水员和他一起确认是否是正确的目标并加以标记,如果不是将继续搜索。如果活动缆与水下障碍发生纠缠,在潜水员经过时要将其解除。在清除障碍后可能需要重复搜索。固定活动缆的方法应容易调整,但必须牢固可靠。

如果通过一系列的搜索没有发现目标,可能需要回收其中的一条支索,并在另一条支索的另一面重新布置,然后重复上述的搜索过程直到找到搜索目标,或者完成对整个区域的搜索。

2)支索“J”形搜索(图7.1-8)

支索“J”形搜索适宜于一位或两位潜水员的水下搜索作业,支索和活动缆的布置与双支索水下搜索类似,活动缆通常被置放于搜索区域的边缘,潜水员会从活动缆的同一端开始,沿着活动缆搜索。如果两位潜水员同时进行水下搜索,他们会分别位于活动缆的两侧,这样会同时搜索活动缆的两侧区域。

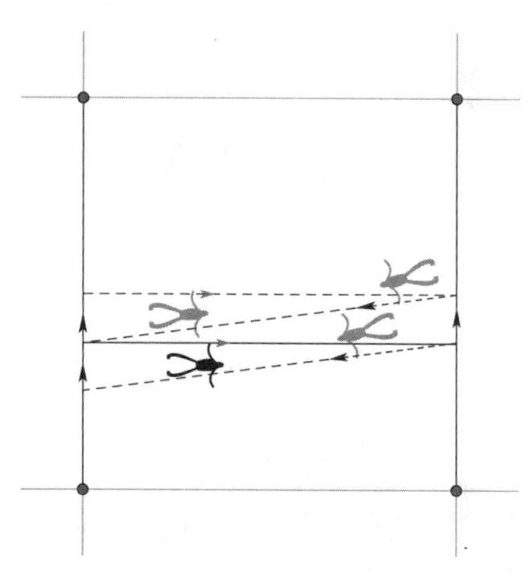
图7.1-8　支索“J”形搜索

一旦他们到达另外一条支索,完成单程的搜索之后,他们会把这一端的活动缆向搜索区域内移动几米,这样活动缆就会与初始的路径形成一个微小的角度。然后他们沿着活动缆向后搜索,这次他们或者再次搜索与上一次大部分相同的区域,或者简单地回到原点。一旦他们回到原点,就要将活动缆的起始端向搜索区域内移动几米,这样活动缆就会再一次与它的初始位置平衡。

他们将以这种形式重复对怀疑目标区域进行搜索,直到确定目标的位置,或者完成对整个怀疑区域的搜索。这种方法耗时更长,搜索速度更慢,多被用于水下能见度极差、潜水员不希望互相失去联系的环境,或者搜索目标特别小,特别是由单一的潜水员进行水下搜索时,潜水员希望在活动缆的每一侧进行一次搜索,以防从一侧靠近时,目标或被海床上较大的物体遮住,从而错失搜索目标。

5.拦阻索式搜索

拦阻索式搜索(图7.1-9)可能同样要使用固定支索来确定搜索区域。

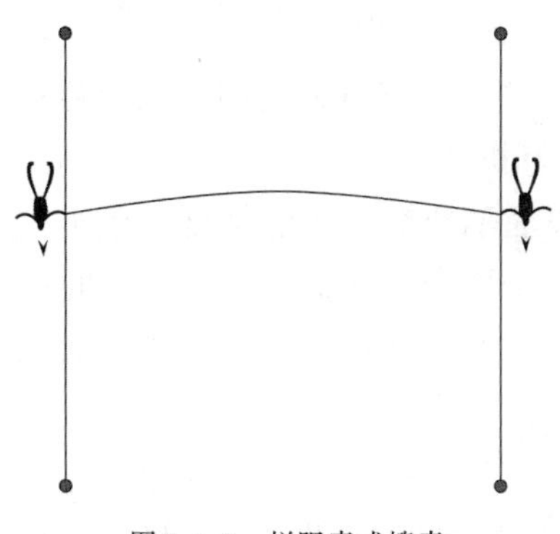
图7.1-9　拦阻索式搜索

在搜索目标足够大,并且形状合适,能够挂住拦阻索的时候,可以采用拦阻索式搜索模式,从而加快搜索过程。拦阻索可以与两条固定支索同时使用,也可以作为圆形搜索的距离缆。这种拦阻索通常是一条加重缆,在进行支索拦阻索式搜索时,两位潜水员各抓住拦阻索的一端,保持拦阻索松紧适当,分别沿着水底两条固定支索移动。如果使用圆形搜索，拦阻索的一端固定在水底某一重物（入水砣）上，潜水员抓住拦阻索的另一端围绕着中心点做圆弧移动。一旦拦阻索挂住水下物体，潜水员就要把拦阻索手握的一端固定在支索上，或者锚固在海床上，然后沿着拦阻索找到物体并确认是否搜索目标，如果确认就是搜索目标，应对目标进行标记，否则，潜水员将解除钩挂，将其绕过障碍物，返回拦阻索的固定点，继续进行水下搜索。

6. 螺旋框式搜索

水下螺旋框式搜索（图 7.1-10）是由潜水员依据指南针指引方向，围绕始发点不断增加搜索距离的水下搜索过程。这种搜索模式类似于具有直边的向外螺旋线，在同一个方位上的行程之间距离相等。在行程之间通常有 90°的方向变化，并且通常使用基本方向以便于导航。螺旋线可以是顺时针也可以是逆时针方向，理论上对于搜索的覆盖区域没有限制。

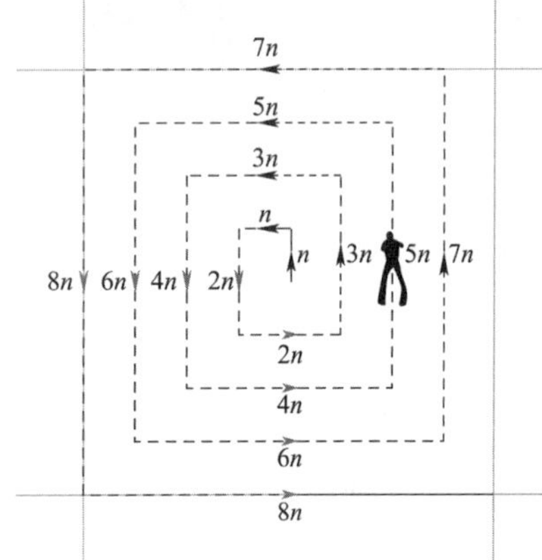

图 7.1-10　螺旋框式搜索

使用螺旋框式搜索技术时应该从搜索目标的估计位置上开始，潜水员要与水底保持一定的距离，以便于保持最好的视野，并沿着一个基本方向游动，游动距离大致等于或者略大于能见度范围的距离。估计的距离通常以踢腿的数量来计算，所以使用完整的踢腿数是必要的，最好是使用潜水员可以在心里累积的数字。这种距离被称为 n 次踢腿距离，n 代表 2、4、5、10 或者 20 等，因为这些数字很容易进行心算。旋转方向依据本次搜索的实际情况可选择顺时针或者逆时针方向。

例如：潜水员向北游动踢腿 n 次，左转向西游动同样踢腿 n 次，然后继续左转向南游动并踢腿 $2n$ 次，接着左转向东游动踢腿 $2n$ 次。然后左转向北游动并踢腿 $3n$ 次，左转向西踢腿 $3n$ 次。潜水员通过在每一个第二次转向时增加一个额外的 n 次踢腿，并且始终向同一个方向转弯来重复这一搜索模式。如果在任何一个阶段潜水员想要返回始发点，他只要游动半个行程（改行程上踢腿数的一半），按照通常的转弯法转弯，然后继续游动半个行程即刻返回始发点。

这种搜索模式特别适用于已经知道搜索目标大概位置的场合，但潜水员缺少设置位置标记或者搜索缆等的设施，但却拥有一个指南针以及有效使用指南针的技能。这种模式不会受到妨碍物或者潜在障碍的重大影响，而且在相对较容易发现目标物的水下效果更好，这就意味着搜索目标的尺寸要较大或者水下能见度要非常好。选择平行行程之间的间隙距离以便于计数以及有效的重叠搜索，从而提供一个锁定目标的好机会。

螺旋框式搜索模式不适于有水流的水域，虽然中等的浪涌不会对搜索的精度产生很大的影响，但前提必须是浪涌导致的潜水员水平移动不能够大于两个相邻的平行行程之间的重叠区域。误差是逐渐累积而成的：返回到中心点是对准确性的良好检查。如果潜水员在返回中心点时偏差不大，说明搜索模式的实施比较准确。

7. 游动索搜索

游动索搜索（图 7.1-11）是一种与拦阻索式水下搜索相当的一种搜索模式。一队潜水员沿着一条绳索分布,相互间的距离取决于水下能见度、水下地貌以及搜索目标的尺寸等因素。领队理论上可以在绳索上任何一个位置,但通常都是在一端或者中间点。他所游动的方向始终如一,其他潜水员对于这一点要心知肚明,而且必须也沿着这个方向游动。移动时要保持游动索绷紧,每一位潜水员必须要确保他没有超过或者落后于靠近领队的潜水员。这样,等距分布于一条游动索上的潜水员直线向前搜索一次,其搜索宽度将等同于游动索的长度。这是一种有效的水下搜索方式,但是需要潜水员的预先练习,以及搜索过程当中的精力集中,因为所有的潜水员都应该努力以便于尽快找到搜索目标。游动索搜索模式同样可以应用于圆形搜索模式,但是,由于方向在不停地变化,相互之间的配合较差,所以在应用于圆形搜索时效率会比较低。如果在河流或者运河里采用这种搜索模式,可以设置一位照料员站于岸边控制游动索,通过游动索照料员可以与潜水员进行拉绳信号沟通,并可以进行圆弧形搜索。通过拉绳信号可以通知潜水员调整相互间的距离以适应环境条件。

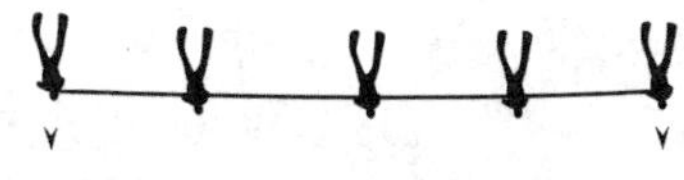

图 7.1-11 游动索搜索

8. 水面指引搜索

潜水员可以通过如拉绳信号、语音等通信系统接受水面的指引,从水面到达搜索区域或者在预计区域内进行搜索。这相对来讲有一定的局限性,但在某些情况下,特别是当水面团队拥有一个实时的声呐图像,以及在水下能见度极差的时候,这种水面指引的水下搜索会更加有效。有时人们并不认为这是水下搜索,因为在水面上可以看到目标,而且也已经知道确切的目标位置,但是,在潜水员到达之前,目标并不是总能够得到确认,而且可能有几个潜在的目标需要检查确认。有时从水面上就可以判断搜索目标的大概位置,但仍然需要潜水员对预期的位置进行一定的搜索,此时也可以使用这种水面指引的搜索技术。

二、安全注意事项

(1)潜水员在尝试任何的水下搜索作业作业之前,必须接受良好的潜水及水下搜索技能培训;

(2)进行圆形和弧形水下搜索作业的潜水员必须保持搜索缆(活动缆)足够紧,这样才能够发送和接收信号。如果使用水面标记浮标,应尽量避免浮标缆过松,以预防发生纠缠;

(3)如果由于水流速度太大,或有水下障碍物限制,潜水员不能完成360°的搜索扫动,应调整搜索方式;

(4)在进行支索式水下搜索作业时,只有风险评估表明所有的风险都在可接受范围内才可以使用单一潜水员进行水下搜索,最好是使用能够表明其水下位置的水面标记浮标,或者使用信号绳或语音通信系统;

(5)一旦水下目标被确定,应将目标进行标记,潜水员可先将搜索绳系在目标上临时保护目标,最后用浮标定位。

第二节 船舶水下部分检查与故障排除

船舶检测维修包括船体、船舶附体和水下设备(如推进器、舵、海底阀箱、船壳板进水孔和排水孔等)的各种维护、清洁、维修,具体包括销孔的维修、阳极的更换、围堰的焊接(隔离裂纹)等。本节仅对船舶水下部分检查和常见故障排除进行介绍。

一、船舶水下部分检查

1. 检查内容

主要检查推进器、舵、海底门、导流罩及船体水下部分等(图7.2-1)。

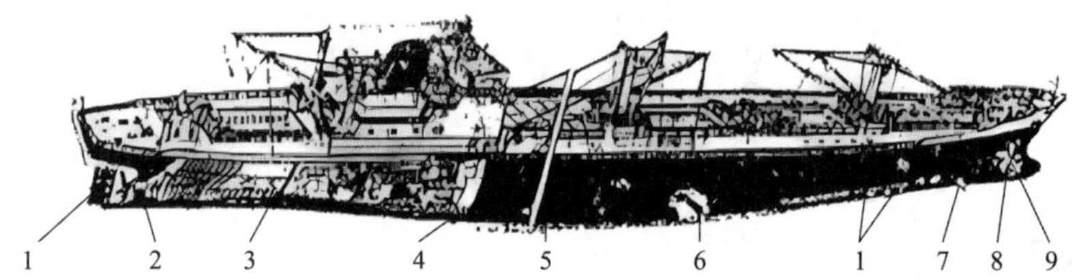

图7.2-1 船体水下检查部分示意图

1-舵;2-推进器保护装置;3-船体;4-船体进水口及排水口;5-舭龙骨;6-双底层;7-计程器;8-艏推进器;9-海洋生物

2. 检查前准备

首先与被检查船舶的船长取得联系,提出停止车、舵转动、悬挂潜水旗和布置船底索等要求;然后根据被检查船舶提出的要求和检查内容准备好专用工具。

3. 检查要点

潜水员沿船底索下潜,进行各部位的检查。检查要点如下:

(1)对舵的检查,查看其表面的完好性及是否变形,舵杆、舵叶损坏情况等;

(2)对推进器装置的检查,查看其螺旋桨叶的完好性,外露推进器轴上有否绞缠物,护罩及导流罩的固定螺钉等是否完好;

(3)海底阀的检查,查看其外形是否完好及有无堵塞;

(4)其他水下装置的检查,如导流罩、阴极保护装置、艏推进器及船体外部是否完好。

对检查情况及发现的问题,应及时报告,并由电话员将检查的结果记入"潜水作业记录簿"中;潜水员出水后,对"潜水作业记录簿"记录的内容进行确认并签字。

二、船舶水下部分常见故障排除

1. 解脱推进器上的绞缠物

当船舶的推进器被缆绳、渔网、钢丝绳等纠缠时,就会影响到船舶的航行速度,导致机械磨损,更严重可能造成机械损坏、船舶停航。如果船舶自己不能解缠,在这种情况下就需要潜水员进行纠缠物的解除。首先，潜水作业队必须弄清作业环境、船舶种类、海况、纠缠物种类等。如果是晚上作业，可以使用水面强力射灯照亮水下，如果必须使用水下电筒，可以将电筒用短绳固定在潜水员上方3m的脐带上，这样既可以方便电筒的使用又不会影响到潜水员的工作。我们主张进行这种工作的潜水员要穿戴脚蹼，帮助自己保持稳定。纠缠物的种类可以通过询问船员了解情况，必要时要先下一次水摸清，以便准备工具，根据不同情况进行解除。

1)渔网及纤维缆解除

当潜水员确定水下纠缠物为渔网或纤维缆时(麻绳、尼龙缆、聚丙烯等)，就要通知照料员准备好刀具、钢锯、木工凿、锤子等工具。如果绞缠绳索一端没有绞紧，可先解脱这一端，并用这一端按绞缠的反方向绕圈至解脱。如果太紧，可由潜水员指挥，机舱进行反方向人工盘车解脱。如果绞缠缆太大、太紧，可以使用刀具、钢锯或木工凿将其斩断或斩断成几段，这样就比较容易将其解脱。

2)钢丝缆解除

当潜水员确定水下绞缠物为钢丝时，就要通知照料员准备液压剪或水下电割设备。如果绞缠钢缆不大且一端没有绞紧，可以采用解脱纤维缆的方法进行解除，或直接用液压剪将钢丝剪断，然后绕出来。如果绞缠得太紧或钢丝较大，就需使用水下电割设备。由于船舶的推进器组合各种各样，在电割开始前，必须仔细探摸清楚。另外，一条被绞紧的钢缆上会有很大的张力，在电割时需要提防钢缆弹出伤到自己。有时钢缆会绞缠到螺旋桨和尾轴承之间，特别是风浪较大时，水下电割一定要特别小心，千万不能伤到尾轴和轴承套。

很多船舶的尾轴承是靠水来润滑的，在完成解除工作后，一定要确定在尾轴和轴承之间没有遗留下微小的钢丝或其他线丝。另外，还要检查一下推进器和舵的状况，以备汇报。

2. 船舶海底门滤网的拆解及安装

每一艘船舶或大型驳船都有吸水过滤网，也就是我们所知的海底门。海底门可能被水生物、杂草、漂浮物等堵塞。无论何种原因，若需要更换海底门滤网，就要拆除旧的，并安装上新的海底门滤网。水下海底门清理、探摸前，应结合船上所给的数据，准备扳手、浮袋、磁铁等工具。因水流会给潜水员的工作带来很大的影响，因此这项工作一般要在天气、海况允许的情况下进行，脚蹼的使用会有很大的帮助。

毋庸置疑，在进行任何与海底门有关的潜水作业之前，必须关停机舱内有关的机器和阀门。

1)清理

在拆解海底门滤网之前要将固定滤网的螺钉及其周围清理干净。潜水员要根据机舱工程师(轮机长及技工)的指引确定大概的位置，这是因为水下往往有几个海底门，下水时要带1根信号绳，找到海底门将信号绳固定在滤网上作为后续潜水的导向索，然后用锤子、刮刀、铁笔将固定螺钉周围的牡蛎等海生物清除干净。

2)拆解

使用1根5mm的焊条，一端弯成“J”形、一端弯成眼环，将“J”端插入滤网，用1条绳穿过眼环结成1个圆圈，潜水员可以通过调节圆圈让自己坐进去，这样既可以固定自己，又方便自己用力；当然，也可以使用 1 块吸附力 250kN 的磁铁来代替这一切。同样也可以使用 1 块吸附力 50kN 的磁铁吸附在工作点旁边的船体上，用来挂 1 个合适的桶（内盛螺钉、螺母、垫片以及工具）。在这一切准备妥当后，就可以用扳手来将所有的螺钉成对角拆松，然后留下成对角的 2 颗螺钉，将其他螺钉全部拆除，水面用绳将滤网拉住，以免滤网坠落击伤潜水员，最后将剩下的 2 颗螺钉拆除。一般情况下，滤网不会自动坠落，需要用铁笔将其撬落。当然，在撬动滤网时，潜水员首先要确定自己处于安全的位置。如果防护罩锈蚀，卸不下来，可采用堵漏办法，由机舱卸下清理、重新安装，然后潜水员将堵漏的器材卸掉。

3）安装

在确定新的滤网完全相符之后，将其平放固定在合适的浮袋上（不能影响穿螺钉），然后将浮袋放落水，水面要有留尾绳，将浮力调节为中性，潜水员就可以很轻松地将其拉到安装位。在对准螺钉之前，潜水员要将海底门内外、螺钉孔完全清理干净。通过调节浮力来将新滤网对接到海底门上，穿上螺钉，螺钉要成对角均匀地拧紧。在螺钉被全部拧紧后，经过检查没有遗漏，方可以清理工具出水。

三、船舶水下部分检查与故障排除的安全措施

（1）由于船舶的种类不同，其吃水深度也不同，吃水浅的船舶在风浪中跳动摇摆的幅度较大，这就给潜水员的工作带来了很大的危险，为了降低危险潜水员必须用一只手撑住上方的船体，以避免船体从浪峰落下时击伤自己。

（2）水下能见度、水流等海况对潜水员的水下工作影响较大，水上照料员必须根据水流速度适当收紧脐带，既避免脐带被水流冲得太远，又避免脐带纠缠到螺旋桨上。

（3）潜水员千万不要认为机舱离合器处于离开状态就可以下水作业，一定要确定机舱内已经关停了主机方可下水。

（4）在进行任何与海底门有关的潜水作业之前，必须关停机舱内有关的机器和阀门。此外，在船舶海底门的拆解及安装时还应特别注意：由于船舶的主机、电机、空调等都需要冷却水，冷却水是经过不同的海底门进入到机舱内的。潜水员在进行水下海底门的拆解和安装作业时，舱内的有关机器会被关掉，但其他的机器会照常工作。所以潜水员在进行水下某一个海底门的拆解与安装时，一定要注意其他海底门的进水吸力，避免被吸住造成伤害。

第三节 水下检修闸门

内河航道上的船闸、节制闸及水库的闸门等，经常需要潜水员水下检查、抢修和维修。由于这些闸门的型式、结构不同，检修方法也不一样，这就要求潜水员不仅具有熟练的潜水技能，而且要掌握一些钳工、木工、焊工、起重工等作业技能。

闸门水下检修往往涉及压力差环境下作业，危险性高，应进行充分的风险评估并采取相应的安全措施，详见第 8 章第 1 节。检修闸门、阀门尽量在水面进行，只有在万不得已的情况下，才由潜水员下水进行检修。

一、水下检修闸门的工作内容

水下检修闸门的一般工作内容如下：

(1)闸门上止水的更换，包括侧止水、垂直止水和水平止水；

(2)滚动门检修，主要是更换主、侧滚轮和主滚轮架等；

(3)横拉门的支撑垫座调整；

(4)人字门的顶、底框调整；

(5)轨道内清淤及排除障碍或故障；

(6)其他突发性事故的排除。

二、闸门的堵漏方法

在闸门运行管理中，经常遇到闸门新建后或维修工程的异常情况，如果闸门漏水或被废物卡住，就需要进行堵漏处理。堵漏一般在漏水点上方投放煤渣，由于煤渣比重比水稍大，它就慢慢向水底沉落，沉到闸门漏水点附近时，由于漏点出现流速大，压强沿水流方向降低，在周围高压的作用下，炉渣顺水流被吸收到漏水点，堵在漏水的缝隙上。如果煤渣无法靠近堵漏点，造成煤渣堵漏失灵，这时只能选择潜水员水下堵漏方法。

这种方法堵漏的材料一般是用棉被卷成圆柱形，用布条扎好，粗细根据漏水孔洞的大小确定，一般应比孔洞直径大3倍以上，否则强大的水流吸力会把棉被抽挤出洞外。当圆柱形棉被塞到漏水点上时，就可堵住漏水。用这种方法堵漏时，如果漏水量大，潜水员一定注意安全，系好安全绳，慢慢靠近漏水点，用竹竿探摸，万不可身体贴上漏水点，否则一下被吸在漏水处，潜水员会发生生命危险。

三、水下检修闸门的安全措施

(1)在潜水作业时，禁止启动闸门，有锁定装置的要加以锁定，以防止突然开启而发生意外；

(2)当有水位差或流速很快时，应根据具体情况采取相应严格的保护措施后，才可进行潜水作业；

(3)在检修作业中，需要启动闸门时，必须与水下潜水员联系，只有在潜水员出水并站稳在潜水梯上，才可实施闸门启动；

(4)检修闸门、阀门时，应先摸清修理部位的具体情况，然后才能确定修理方案，凡更换零部件时，均应确保从拆除到装妥新件之前，不得改变阀门原有的水流状态，特别要防止拆除后而增大漏水，这是非常危险的；

(5)当在发电厂的进出小廊道检查闸门时，应首先停止供水或排水，所有的闸门都要有专人看管，绝对不许开启，潜水员进入廊道后，每经过一个闸门都要检查闸门的牢固性，并把信号绳、供气软管清理好；

(6)在整个检修过程中，水面、水下的所有人员都要密切配合，特别要保持电话的畅通，待命潜水员着装待命，随时准备入水施救。

第四节 水下整平

港口码头、防波堤、船排滑道、水下隧道等水工建筑物的基床抛填作业，通常是用驳船进行的。当抛石数量很大时，可采用翻石船或开底泥驳进行。这种驳船抛石的优点是速度快，缺点是抛下的石料会经常形成单独的石堆。因此，基床的顶部抛石只宜采用平方驳或甲板驳来进行。这样才能保证抛石在基床断面上均匀分布，便于平基。抛石量小时，可采用平方驳或帆船。当进行基床的表面整平时，用小船或舢板送石料，逐渐向下抛填。水下抛石表面可先由潜水员初步找平，并指示抛填位置，这样做更能保证质量。当在岸边建造码头时，可采陆上工具如翻斗汽车、小推车等抛填基床。用船或陆上运输工具抛填基床，往往很不平整，与施工图的设计断面有很大的误差。在较好的场合，抛填石料的高程与设计高程的误差不超过±30cm。但这样的精度在大多数建筑物中还是不允许的。

为了使建成后的基床能均匀地承担从建筑物上部传来的压力，一般都需要水下基床整平作业（以下简称“水下整平”），对抛填的基床表面和边坡加以整平，使其达到设计要求。

一、水下整平的方法和工序

水下整平的方法有潜水员手工法、综合法和机械法三种。潜水员手工法水下整平的优点是设备简单、操作方便，缺点是潜水员劳动强度特别大、效率较低。这种方法对于工程量小、工程进度和精度要求不高、施工条件理想的工程还能适用，如遇到施工工况恶劣、施工条件差和深水沉箱式码头的抛石基床整平工程，难度就很大；且人工整平的基床质量，由于受人的情绪、身体状况和施工条件等不稳定因素的影响，变化很大，往往质量保证只能在安放上层构件的过程中加以弥补。工程量大的水下整平通常采用机械法整平，可解决人工水下整平作业效率低、质量差、风险大等问题。

水下整平的工序一般包括：

（1）设计施工图，包括基床平面、断面设计及施工要求等；

（2）水下挖泥，挖泥的宽度和深度符合施工的要求；

（3）抛填石料，抛填石料的高程与设计的误差不超过±30cm；

（4）水下夯实，用起重船或用抓斗式挖泥船悬吊重物夯实，或用小型方驳架立扒杆吊起重物进行夯实；

（5）水下整平，主要有潜水员水下手工法和机械法水下整平；

（6）测量验收，粗平的偏差允许±15cm，细平的偏差允许±5cm，极细平的偏差允许±3cm，水下整平的宽度偏差允许±50cm。

二、水下整平要求

1. 各种工程对整平的要求

（1）正砌方块岸壁的基床、沉箱岸壁下的基床及铺砌保护方块的肩部和斜坡要求极细平；

(2)木笼下的基床、码头基床肩部、防护建筑物的保护方块的基床肩部和边坡，以及抛填方块建筑物的压边方块的基床要求细平；

(3)码头基床的边坡、防护建筑物不覆盖方块的基床肩部和边坡，以及抛填方块的基床要求粗平，基床预留的自行沉实高度也要求粗平。

2. 基床整平的精度要求

(1)粗平的偏差允许有 ±15cm；

(2)细平的偏差允许有 ±5 ~ ±6cm；

(3)极细平要求，整平后基床表面标高与施工断面用的表面标高的偏差允许有 ±2 ~ ±3cm。

三、潜水员手工法水下整平作业的操作步骤

水下整平的操作步骤一般分为：选点，测标高，放钢轨，放刮道，平基作业，测量验收、吊起刮道和钢轨。水下整平作业如图 7.4-1 所示。

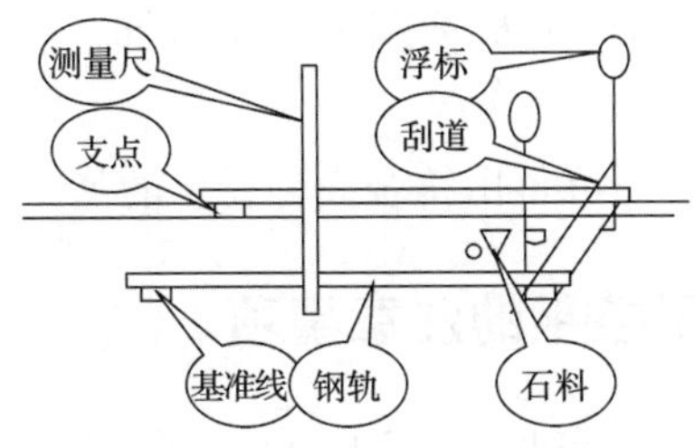

图 7.4-1　水下整平作业图

1. 选点

水面工作人员把测量尺或测量杆放到基床表面，通过水面测量，把点选在离基准线以外 50cm 处。然后，潜水员沿着测量尺或测量杆下潜到基床，潜水员把测量尺或测量杆与基床的接触点选择为支承钢轨的支点。

2. 测标高

通过测量尺或测量杆测量支承钢轨支点的标高，然后，潜水员在支承钢轨的支点周围整出 40cm ×40cm 水平基础，潜水员在水平基础的表面上加减不同厚度的混凝土方块以达到支承钢轨支点的标高。测量支点的高度必须符合设计的标高，误差值不能超过 ±1cm。

3. 放钢轨

用绳索或钢丝捆绑钢轨的两端，然后，把钢轨徐徐放下，当钢轨放到基床后，潜水员沿着绳索或钢丝下潜到基床。然后，潜水员指挥水面人员把钢轨提到一定的高度，潜水员轻轻扶住钢轨，把钢轨推到支承钢轨支点的上方。接着，潜水员指挥水面人员把钢轨放下。当钢轨的两端都放到支承钢轨的支点上时，潜水员可以把捆绑钢轨的绳索或钢丝解掉。

4. 放刮道

用绳索或钢丝捆绑刮道的两端，然后，把刮道徐徐放下，当刮道放到基床后，潜水员沿

着绳索或钢丝下潜到基床。然后,潜水员指挥水面人员把刮道提到一定的高度,潜水员轻轻扶住刮道,把刮道推到钢轨的上方。然后,潜水员指挥水面人员把刮道放下。当刮道的两端都放到钢轨上时,潜水员可以把捆绑刮道的绳索或钢丝解掉,并在刮道的两端绑上浮标。

5. 平基作业

潜水员可以在水下根据刮道的位置,在钢轨之间进行粗平、细平及极细平作业。凡是在刮道底面以上的石料均应搬走,如果刮道底面有空隙,应用石料填平。一路整平一路移动刮道,当把整个钢轨之间的基床都整平后,则进入下一个工序。

6. 测量验收

水面人员用测量尺或测量杆垂直放在基床的表面上(应随机抽查多个点),测量基床的高度,误差值按粗平、细平及极细平的要求进行验收。符合设计的要求时,则通过了验收。否则,就必须返工。

7. 吊起刮道、钢轨

当测量结果符合要求并通过验收后,潜水员沿着浮标绳索下潜到基床,用绳索或钢丝捆绑刮道的两端,潜水员出水后,水面人员把刮道吊出水面。按以上的方法也可把钢轨吊出水面。

通过不断循环以上的工序,便可整出符合设计要求的基床。

四、潜水员手工法水下整平的注意事项

(1)用测量尺或测量杆测量标高时,应把测量尺或测量杆垂直放在基床的表面上,不能有空隙或被石块垫高,否则测量数据不准确。

(2)支承钢轨的支点必须牢靠,同时 2 个支点之间的石料必须低于支点的高度,否则钢轨接触不到支点。

(3)潜水员已经上升出水或避让到安全的位置后,才能吊放刮道、钢轨等重物,或者向基床抛石料,否则潜水员容易受到伤害。

(4)潜水员利用浮力搬移重物时,一定要把浮力调节成负浮力后,双手才能离开重物,否则容易造成潜水员放漂。同时潜水员在搬动钢轨或石块等重物时,要防止挤手或碰手。

(5)潜水员可用排气泡或放浮标的方法来通知水面人员需要抛石的位置。

(6)当刮道前面的基床整平后,潜水员需要往前移动刮道时,要注意刮道两端必须支承在钢轨上,防止刮道从钢轨跌落。

(7)水面人员往基床抛石时,一定要抛在刮道的前面。如果抛在后面,那潜水员必须把刮道往后拉,重新对基床进行检查和返工。

(8)刮道两端的浮标绳不宜太长,太长浮标会漂动,从而影响水面人员判断刮道的位置,浮标绳太短,浮球没有露出水面,也影响判断。

(9)水面人员往基床低洼处抛石时,抛石量要适当,太多会增高潜水员的工作量,太少则不能把低洼处填满。

第五节 船体水下封堵

为了打捞沉船或救助破损漏水的船舶，有时需进行封舱、补洞、堵漏等工作。船体封堵在海损事故中应用较多。船体封堵多数情况下需要潜水员去完成。水下封堵往往涉及压力差环境下的作业，危险性高，应进行充分的风险评估并采取相应的安全措施，详见第八章第一节。

封堵器材和方法多种多样，需要根据船舶损坏部位和严重程度、封堵的要求和当时当地的客观条件来确定。例如，正在漂浮的船舶，由于海损事故或战争等原因，突然破损漏水，必须分秒必争地进行堵漏抢救，待难船停止漏水或漏水已得到控制等许可条件下，再进一步处置。至于已经沉没的船舶，如采用封舱抽水打捞，亦应进行水下封堵。

一、漂浮船舶的水下封堵

正在航行的船舶因碰撞、搁浅、触礁或不可抗力的原因，使船体部分受损，破损部位如果在水线以下，将使船舶大量进水而倾斜，甚至丧失浮力而沉没。抢救的原则是迅速堵漏，控制进水量并尽可能排除积水，防止破损扩大而使情况进一步恶化。抢救的最终目的是保持船舶继续航行的能力，争取时间到达安全地点或继续执行任务。

1. 漂浮船舶水下封堵主要器材

各种规格的堵漏板、堵漏垫、弯钩螺栓、堵漏箱、弓形夹具支撑、防水席、木楔、木塞、木材、棉絮和橡胶垫等，见图7.5-1。封堵器材中有的是现成产品，有的可以预制，有的则须根据当时现场情况临时制作。所以还要配备足够数量的各种专用工具，如锯、斧、刨、凿、钳子、榔头和扳手等，放在专用工具箱内，专人保管，以备急用。

另外，还有水下专用密封胶堵漏防渗材料，可由潜水员手工操作，广泛应用于电站、水库、大坝以及市政管道等水下封堵防溢。水下密封胶通常由多种成分构成，分开包装，使用时将几种材料按一定的比例混合调制，形成一种高黏度的水下密封胶。

2. 封堵漏洞

1）漏洞的性质

船舶漏洞的面积有大有小，凡漏洞面积大、损坏严重和潜水员难以达到的部位，封堵都较困难；漂浮于水面的船舶漏洞，又可按位置区分为水下、水线附近和水上三种。水下漏洞危险性最大，且不易封堵。

2）找漏洞的方法

漂浮在水面上的船舶发生漏水后，漏水情况可根据下列现象判断：船体如向左、右、前、后倾斜，表明已大量进水，漏洞就在倾斜那方；哪一舱的舱底水不断增加，漏洞就在哪一舱；可从舱底水增加的速度，判断漏洞的大小；舱内有进水声，可从声音的大小和方向，判断漏洞的大小和位置；潜水员在舷外用竹片、竹篙、拖把或其他工具在船壳上探索（图7.5-2）。如能钩住漏洞的边缘或感觉有吸力，漏洞的准确位置就可判断出来；探摸漏洞的潜水员必须使用工具，切忌直接用手或脚去探摸。否则，如遇大的漏洞，潜水员自身会被灌入船舱的水流吸压在船壳外而无法脱身。

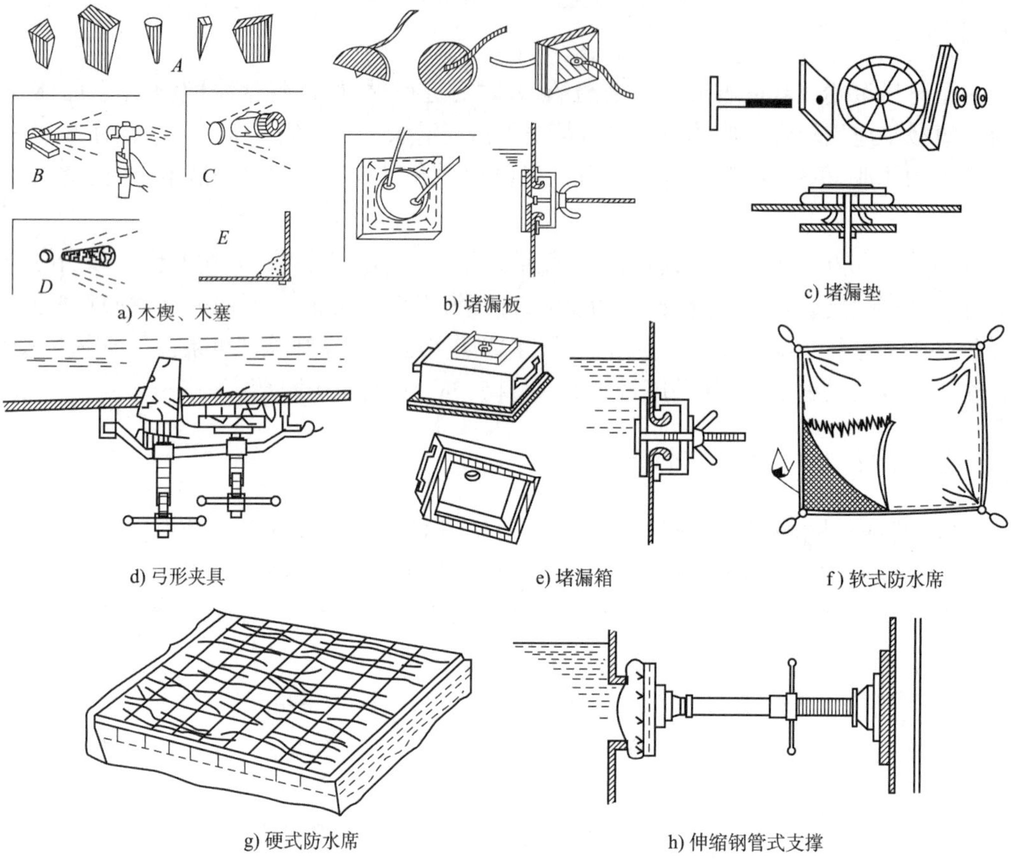

A B C D E

a) 木楔、木塞　b) 堵漏板　c) 堵漏垫

d) 弓形夹具　e) 堵漏箱　f) 软式防水席

g) 硬式防水席　h) 伸缩钢管式支撑

图 7.5-1　封堵器材

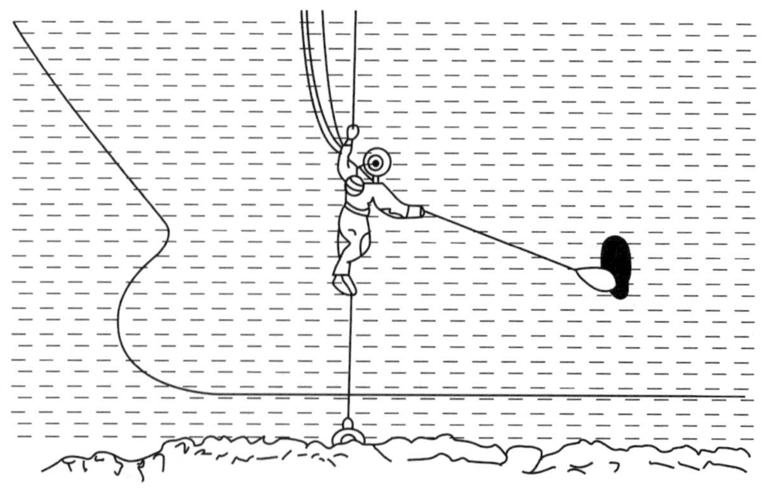

图 7.5-2　探摸有水位差存在的漏洞

3. 堵漏方法

小漏洞和缝隙可用木楔和木塞封堵;类似舷窗而又比较平整的破洞可用堵漏板堵;破洞不大而且比较平整,但用堵漏板有困难时,可用堵漏垫堵漏;堵塞裂缝或小漏洞时,可用弓形夹具配以棉絮、毯子、木料等物;向内高卷边的小破洞,可用预制的堵漏箱堵漏;漏洞不太大,但情况危急时,可用防水席堵漏后,在舱内应做进一步的封堵;为了防止漏水漫延,应将可能漏到其他舱室的一切通道如舱口、门窗、各种管道及电线孔等完全堵住。

二、沉船船体封堵

沉船船体封堵的方法大致有:封闭大型舱口、封闭小型舱口和门窗、封破洞或裂缝、堵塞微小漏缝等。无论采用哪种方法,封堵前须详细了解或测量沉船的结构,并考虑沉船上浮过程沉船各部位的强度。尤其是封舱板的强度。

1. 封闭大型舱口

对大型舱口进行水密封舱时,一般采用木枋。根据潜水员测量的舱口尺寸和结构,确定封舱具体方法、封舱板的规格、弯钩螺栓的位置和长度等。封舱板在水面锯成要求的尺寸(注意稍大于舱口宽度,两端各长出 75 ~ 100mm)。长型的大舱口通常是横向封舱,这样可以缩短封舱板的跨度,提高封舱板的抗弯强度。板的块数可根据舱口长度及板宽确定。锯好后刨光对缝,并编排号码。使用时,按顺序逐块沉入水中,如果舱口是平整的,宜先封边上的一块,然后按顺序向另一边封过去。也可以将几块板在水面先拼好,整块放入水中,置于封堵位置上。板铺好后,将预先装在封舱板两端的弯钩螺栓钩在舱口围板里口边缘上,并旋紧螺母。因封舱板有浮力,在下沉前需用压重物附着在板上,便于潜水员水下操作。

为了达到封舱的水密要求,封舱时应采取一些措施,如:封舱板与舱口围板的接触面上需衬以帆布或绒布包裹旧棉絮制成的软垫;所有封舱板必须靠得很紧,两块相邻封舱板拼缝的一侧应预先钉一层绒布;所有通过封舱板的管子接头或其他装置,必须妥善堵漏,以保水密。

2. 封闭小型舱口和门窗

沉船上小型舱口的水密封堵,通常也用木枋,其方法和封闭大型舱口类似。窗、人孔及通风筒的水密封堵,如图 7.5-3 所示。

小型舱口或人孔的气密封堵可利用沉船原有的钢质舱盖,油轮或其他特种船舶的钢质舱盖可能气密程度不高,可由潜水员在水下拆下,送到水面加固并装上压气皮管的接头及安全阀,以备使用。

3. 封破洞

先由潜水员详细测量破洞的大小及安装弯钩螺栓的部位,按照制作封舱板的方法,在水面做好堵漏板,不过各块堵漏板的尺寸不尽相同,须根据破洞大小而定。木板的两端预先钉好防漏软垫,软垫的里边安装弯钩螺栓,以便钩在破洞边缘上,木板拼缝的接触面上应钉好双面绒布,封堵时应逐块安装,逐块封堵可使封舱板的尺寸和弯钩螺栓的部位比较准确。所有堵漏板封堵完毕后,应在整幅堵漏板的外面覆盖一层帆布,并钉上木条固定。舱内排水后,帆布会被水压力压住,此时潜水员应再检查一遍,发现问题及时补救。

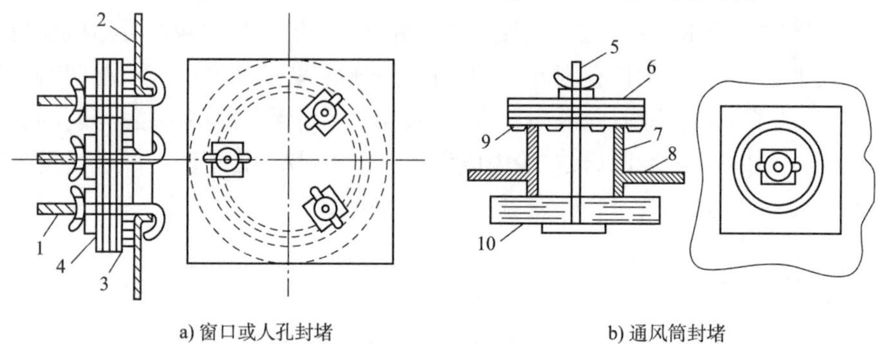

a) 窗口或人孔封堵　　b) 通风筒封堵

图 7.5-3　窗、人孔及通风筒的封堵

1-封舱弯钩螺栓;2-船旁板;3-软垫; 4-封舱木板;5-封舱螺栓;6-封舱木板;7-风筒;8-甲板;9-横木;10-软垫

4. 封补裂缝或小漏洞

裂缝可用木楔堵漏;小洞及受损管系上的破口,可用木塞等物堵漏。木楔和木塞宜用坚韧、干燥、优质的软性木料如松、橡、杉木等制成。使用时,潜水员用榔头把木楔或木塞从船外打入裂缝或漏洞中,打入的长度以约占全长的 1/2 时为妥。如木楔或木塞固定不够牢固或打入裂缝或漏洞内的长度少于其全长的 1/2 时,另换一个。如木楔在裂缝或漏洞外的部分太长,为防止其脱落,应在堵好后经过 2 ~ 3h,待木料浸水膨胀后,将露出的部分锯掉。有时因裂缝或漏洞的破口参差不齐,难以封堵,则可以用旧棉絮、绒布或棉毯等裹在木楔或木塞上堵漏。

5. 堵塞微小的裂缝、漏洞

用胶泥、油石灰或油脂抹入微小的裂缝或漏洞,也能起到堵漏作用。

利用铅、铝等金属较柔软的特点,用捻缝凿子捻入微小裂缝、漏洞,也可以堵漏,此外,环氧树脂系、聚胶树脂系和丙烯酸酯系,亦可用于水下堵漏。其中丙烯酸酯系属于水硬化黏结剂,因为它固化迅速,使用方便,与其他堵漏器材配合使用,能起到较好的堵漏作用。

6. 混凝土堵漏

(1)封漏用混凝土,主要由水泥、骨料和水组成,通常使用的配合比见表 7.5-1。

常用配合比　　表 7.5-1

水泥(桶)	砂(桶)	粗骨料		比例 水泥 : 砂 : 粗骨料	备注
		砾石(桶)	碎石(桶)		
1	1	—	—	1 : 1	富混凝土
1	1	1	—	1 : 1 : 1	富混凝土
1	2	1	—	1 : 2 : 1	富混凝土
1	2	1	1	1 : 2 : 2	贫混凝土
1	2.5	1.5	1	1 : 2.5 : 2.5	贫混凝土

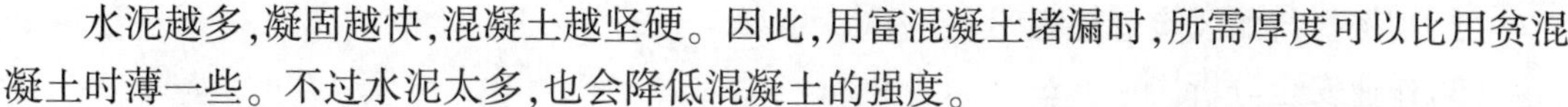

水泥越多,凝固越快,混凝土越坚硬。因此,用富混凝土堵漏时,所需厚度可以比用贫混凝土时薄一些。不过水泥太多,也会降低混凝土的强度。

为了提高封堵混凝土早期硬度,可在水泥中拌促凝剂,如氯化钙、盐酸、碳酸钠和硅酸钠等。

(2)混凝土的搅拌和水下浇灌:先在平板上铺一层砂,再铺一层水泥,趁干燥时充分拌和,然后一边加碎石、浇水,一边用铁锹彻底搅拌5次后,迅速装入桶(或布袋)内,送水下应用。潜水员打开桶的活底或解开布袋上的绳结,如无活底,则小心地将桶倒转,将混凝土浇灌在需要堵漏的地方,最后用手轻轻地平整混凝土表面,尽量避免灰浆流失,以防严重影响混凝土的质量。

混凝土浇灌完毕后,如发现有隙缝,用木楔、棉絮等填塞是没有效果的。宜在这些损裂的地方,先加整理,除去污垢或松散物,再浇灌混凝土。

(3)混凝土堵漏的注意事项:为了保护混凝土不被水冲毁,尚未凝固的混凝土不能受力或被流水冲洗,与混凝土接触的船体钢板上的铁锈、油污及垃圾,必须彻底清除,最好洗刷到出现金属光泽,如果能在钢板上焊一些钩形钢条则更好;浇灌混凝土的部位,通常要做好围壁,围壁多用木料制成,也有用盛满沙或混凝土的袋子堆成;混凝土要自始至终连续不断地一次浇灌完成,如不能一次完成,必须用板隔开,分段施工,使各段能可靠地连接起来;在大破洞或受弯力、拉力以及震动的地方堵漏时,必须根据情况增加混凝土的厚度,或在混凝土内添入钢筋、钢丝或在混凝土上加撑支柱,予以加固。

第六节　沉船打捞水下作业

船舶由于遭受风暴、炮击、触礁、火灾、碰撞、船体结构强度不良等原因,造成船舶大量进水,失去漂浮能力,以致沉没。

船舶沉没后,使船方造成巨大经济损失和人命威胁;沉船内溢出的机、柴油等物严重地污染了江、河、湖、海,使鱼捞生产、水产养殖和生态环境遭到破坏。若船舶沉在港区内或主航道处,则可阻塞船舶航行。为了减少损失或尽快恢复航道通畅,必须组织打捞。

打捞沉船的方法很多,可根据具体情况,因地因时制宜选择采用。沉船打捞方法通常有:浮筒打捞法;船舶抬撬打捞法;封舱抽水打捞法;封舱压气抽水打捞法;压气排水打捞法;沉船内充塞浮具打捞法;泡沫塑料打捞法;起重船打捞法;混合打捞法;解体打捞法;围埝打捞法等。

打捞沉船的步骤可分为沉船勘测、打捞工程设计、布置打捞工场、沉船打捞作业、沉船拖移搁滩等几个阶段。本节仅介绍打捞沉船时的潜水作业。

一、沉船打捞潜水作业方案编制

1. 编制潜水作业方案应该考虑的事项

潜水作业之前,由潜水监督编制潜水作业方案,编制潜水作业方案应该考虑的事项:

(1)陆上计划和准备的风险管理程序。

(2)现场执行的风险管理程序。

(3)作业安全分析。

(4)相关人员职责。

(5)对变更的管理。

(6)与各方进行安全管理的接口文件(桥接文件)。

(7)作业天气限制/环境条件。

(8)潜水/作业/维护程序。

(9)详细施工步骤。

(10)相关法律文件。

(11)指南、标准和参考文件。

(12)通信和责任架构。

(13)事故/隐患告知、报告及调查程序。

(14)潜水员部署与备用潜水员。

(15)需使用的设备、工具和材料以及其部署。

(16)设备评估报告和相关证书。

(17)工作许可的申领机制。

(18)许可的桥接文件。

(19)相应的紧急响应和应急计划。

(20)由业主标明的特殊风险位置。

2. 潜水作业方案的主要内容

潜水作业方案的主要内容包括:

(1)作业地点环境条件:气象和海况,水下能见度,水温,水深,潮汐和水流,海床的类型,以及采用的潜水支持船和固定方式,潜水系统在潜水支持船上的布置和潜水支持船上提供的支持,DP船舶以及船舶性能和其他因素的内部关系,任何潜在的危害和可能的外部影响,如在附近的其他船只。

(2)沉船概况:沉船类型、吨位,沉船主尺度及分舱情况,沉船主要结构及上层建筑布置情况,沉船沉没状态,横倾角度、纵倾角度,沉船艏向和水流夹角,沉船两侧及艏艉泥线状况,沉船船外淤泥、埋深情况,船内积泥、装载情况,破损位置、破损尺度、损坏程度,船内燃油种类、数量。

(3)工作任务:任务描述,预期工期。

(4)潜水作业程序:潜水作业深度,计划采用的潜水方式,减压方式,潜水程序的深度和时间限制。

(5)潜水队伍的资源:潜水作业队人员数量受到作业母船类型、潜水系统、作业内容、每天作业时间以及国家法规等因素的影响而有所变动,但原则是提供足够数量的有资质的和合格的人员,保证作业的安全和效率;潜水队的组成,包括人数、各种人员的资质和证书;人员调遣和换班计划。

(6)设备:潜水设备,设备证书和维护保养要求。

(7)气体配置:要求的各种气体数量,各种气体的最低储备量。

(8)后勤支持:交通,医疗服务,设备维修保养。

(9)潜水作业限制:允许进行潜水的气象海况条件(根据海域船况作业任务可做调整,在任何气象海况条件下,是否潜水由潜水监督,或潜水总监决定);潜水允许的最长作业时间;潜水员脐带长度(包括作业潜水员的脐带和待命潜水员的脐带)。

(10)潜水作业风险评估和安全作业分析。

(11)应急反应计划。

二、沉船舱内潜水作业程序及安全措施

(1)潜水作业前应向进入沉船舱内工作的潜水员明确交代具体工作内容,在有船图的情况下,潜水员应事先查看研究图纸,熟悉沉船货舱口的位置、尺寸、结构,熟悉沉船生活区走廊通道门窗的位置、尺寸、走向,计划好进入沉船舱内的路线。

(2)潜水员进入货舱内之前,应了解沉船货载情况,包括货物种类、积载高度、货物形状等,特别防止有毒有害物质对潜水员造成伤害。

(3)潜水员进入货舱内之前,还应对舱口附近进行探摸了解,是否有移动不稳定的舱盖板或其他障碍物容易坠落货舱内,必要时应清除掉。

(4)潜水员进入货舱应沿舱壁慢速下潜,同时对舱壁进行探摸测量,对横倾角度较大的沉船,应从上方一舷进舱,应特别注意货物的下滑移动影响潜水作业安全。

(5)潜水员进入沉船船员生活区、驾驶楼内进行探摸时,出入口的门打开后应用绳索将门绑牢,防止因风浪、水流影响,损伤潜水员脐带。探摸工作应由上而下逐层进行。

(6)潜水员进入复杂场所进行探摸时,应以两名潜水员同时潜水为宜,一名潜水员在内,另一名潜水员在外配合协助。

(7)潜水员进入舱内探摸时,现场应严格掌握流速的变化情况,避免出现因船舱外流速加快而造成潜水员难以返回水面的情况出现。

(8)船舱内淤泥高度的测量方法:在淤泥不多的条件下,潜水员可使用铁钎测量其深度;淤泥较多时可丈量出泥面至甲板的距离,根据船深推算淤泥高度;用测深尺分别测量泥面水深和甲板水深,然后根据船深推算淤泥高度的方法最为方便实用。

(9)货物高度测量方法:货物高度的测量方法原则上和淤泥高度测量方法一致,就是货物上有淤泥时,必须先进行局部除泥。

(10)舱壁破洞的测量方法:确认破洞位置和数量,探摸破洞的形状,破洞卷边情况,测量破洞大小,确认破洞有无延伸裂缝,对于结构物凹陷或突出部分仔细探摸。

(11)探摸测量舱壁破洞时,要避免破洞划伤潜水员和潜水装具,同时注意涌、浪、流对潜水员和潜水装具安全的威胁。

三、沉船打捞潜水作业工艺

1. 探摸沉船

根据已掌握的沉船水域气象、水深、水流、底质、沉船结构、沉船姿态等情况、制订沉船勘

测计划。潜水支持船到达现场泊定后，即可开始沉船探摸作业。

1）对沉船状态探摸的内容

（1）两舷和艏艉附近的水深；

（2）沉船周围水底的底质；

（3）沉船周围堆积物的情况；

（4）横倾和纵倾的情况；

（5）甲板建筑物和船体的破损情况；

（6）舵的类型，推进器和艉轴情况；

（7）沉船伸向舷外物的情况；

（8）船体水生物附着和锈蚀情况；

（9）沉船锚的状况。

2）对沉船舱内探摸的内容

（1）各舱积泥情况；

（2）有无漏洞及漏洞尺寸；

（3）舱内余货及货物的性质；

（4）水密隔壁的状况；

（5）主、辅机或锅炉的状况及位置。

3）对无资料或无同类型沉船探摸的内容

（1）沉船的种类和形状；

（2）沉船长、宽、高尺寸；

（3）甲板建筑的高、长度、分布和损坏情况；

（4）主、辅机和锅炉的类型、数量和配置；

（5）纵横水密舱壁的数量和位置；

（6）货舱及舱口围板的尺寸。

4）沉船测量的方法

（1）标示沉船方位。

沉船探摸和测量之前，先将艏艉浮标系好，以指示沉船方位。

（2）测量沉船纵横倾。

在沉船平整的地方放好水下量角器，当摆板停止摆动时，查看摆板指示数并报告水面；如水下能见度差看不见指示度数，可将摆板由制动旋钮固定，然后带出水面查看（图7.6-1）；另一种方法：准确测出沉船艏艉及两舷对称位置的水深数据，从而换算出沉船的纵、横倾。

（3）测量舷外淤泥。

可用带铅锤和米数标记的测量绳，于沉船四周每隔5～10m为一点进行测量，水面根据每次测量的尺寸换算出沉船淤埋情况。

（4）沉船舱内的探摸测量。

一般由两名潜水员进行沉船舱内的探摸测量。当一名潜水员进舱检查时，另一名应在舱口配合，测量时，可用带米数标志的测量绳或专用尺进行。亦可用绳结法测量。

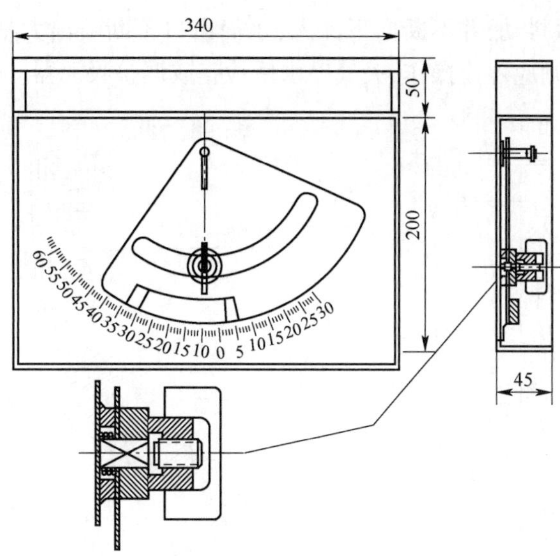

图 7.6-1 水下量角器

2. 除泥和卸货

1)除泥

除泥是打捞工程的主要工作之一。若大面积淤泥已覆盖沉船等打捞目标,一般用挖泥船初步除泥;而舱内或舷边的淤泥则常用吸泥泵清除。较简单的吸泥泵有气升式吸泥器和射流式吸泥器,气升式吸泥器又可分为硬管式吸泥器和软管式吸泥器两种。

气升式吸泥器的工作原理如下:吸泥器立于泥面,压缩空气从吸泥器底部导入管内,使管内比重较小的水气混合物顺管向上奔腾,产生负压,吸引管底口的泥水进入吸泥器中,并继续沿吸泥管流动,由上端管口排出舱外或较远的地方。硬管式吸泥器本体由薄钢板制成(图 7.6-2),主要用于舷外除泥配合潜水员攻穿船底钢缆;软管式吸泥器构造和硬管式基本相同,只是吸泥管用胶管制成(图 7.6-3),主要用于沉船舱内除泥。

射流泵除泥是利用高压水的射流作用来吸泥。沉船起浮后,用大直径水泵无法吸尽淤泥,而用射流泵效果非常好,能把沉船大舱、机舱内剩水、泥沙、小鱼等吸除。

气升式吸泥器的操作方法和注意事项如下:

(1)冲吸泥操作方法。

①冲吸泥的器材在水面连接绑扎好后,顺导索垂直放到水底泥面;

②潜水员到达吸泥位置后,首先清理好信号绳和潜水供气软管,并对吸泥位置及器材进行检查和调整,确认正常后方可开始除泥;

③用吸泥器吸除松软泥沙时,只要将吸泥管的下口靠近泥面,输入压缩空气即可将泥沙直接吸入管内;

④如果底质较硬就须用高压水枪将淤泥冲散再用吸泥器吸除。其方法是:潜水员双脚叉开,拿起冲泥高压水枪对着泥面成 45°,为了克服反作用力也可将水管从背后经肩部绕至胸前进行冲泥。通常先将淤泥吸除成深约 1.5 ~ 2m 的泥潭,然后由潜水员用高压水枪在其四周冲散淤泥,冲泥顺坡流向吸泥器口被吸除,这样做可以减少吸泥器的搬动,工作也较安

全。如果吸泥器有轻微抖动,并不断向下深入,水面出口不断喷出大量泥沙和水的混合物,说明除泥作业正常;否则应停止操作,关气停水后检查或调整吸泥器。

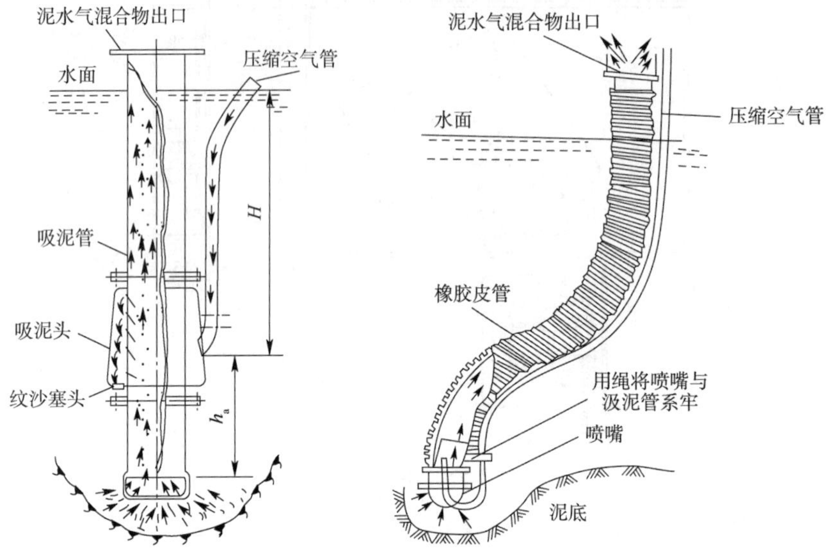

图 7.6-2　硬式吸泥器工作示意图　　图 7.6-3　软式气升式吸泥器工作示意图

(2)冲吸泥注意事项。

①水下除泥时,水面供气、供水阀要指定专人负责,严禁乱关乱开;

②冲泥时必须自上而下冲除,并随时掌握除泥面的角度,防止塌方;

③水下有两名以上潜水员同时作业时,不得把高压水枪对着另一名潜水员的方向冲;可在高压水枪上绑扎重物以克服其反作用力,一旦高压水枪脱手,须立即通知水面停水,以免伤人;

④除泥中,如吸泥管被堵塞,不得用手去探摸,应通知水面关气停水后才可检查排除;

⑤当冲泥的潜水员被塌方的泥沙压住时,应立即通知水面,同时用高压水枪自行冲除,如不能自行排除时,可由水面待命潜水员下水援救;

⑥在进入机、炉舱或较小舱口的舱内除泥时,要尽量避免潜水员和吸泥管在同一小舱口进出,防止吸泥管经常移动而挤压潜水员或损坏潜水供气软管等。

2)卸货

如果沉船是货船或客货船,为了减少打捞重量,可先将部分货物搬出船体。有时因沉船日久,舱内灌进大量泥沙,货物与泥沙混聚一起。所以,卸货同除泥往往要交叉进行。

当沉船舱内装有散装的粮食、煤、矿砂、黄砂等时,一般可用大口径的气升式吸泥器将其随同淤泥一起吸除。

对密度较大的散装铁矿石,除用气升式吸泥器吸除外,当舱口较大时可用抓斗清除,效率较高。利用抓斗卸货受水深或水流的影响较小,但离舱口较远或在倾斜较大的舱内卸货时,有时须拆除妨碍下抓斗的部位。利用抓斗起货时,潜水员除检查货物情况外,作业时可以不下潜配合,这就提高了卸货效率。

整袋货物可以吊装出水,已经散包的可将袋皮剔除后用气升式吸泥器吸除。散装的钢铁、盘元等可用电磁吸盘卸除。

整件笨重的货物,可用起重设备吊卸。小件可用吊货网或框架等器具,由潜水员在水下逐件装入,劳动强度较大。

水下吊重物时要注意:禁止潜水员在吊着的物体上工作;拉紧或放松吊索时,必须按潜水员的口令进行;禁止潜水员沿吊索上升或与被吊物体一起上升;起吊重物时,潜水员必须出水;起吊鱼雷、水雷和弹药时,严禁潜水员敲打、翻滚或撞击引信。

3. 攻穿船底钢缆

沉船打捞起浮,需要许多船底钢缆承受巨大的抬浮力,而攻穿船底钢缆的目的主要是起吊用的大钢缆从沉船船底兜过。作为沉船打捞施工的一道重要工序,攻穿船底钢缆工作,长年来都是靠潜水员人力操作高压水攻泥器攻穿船底钢缆,这种传统的攻穿千斤方法效率低,施工周期长,工程成本高,并存在着一定程度的不安全风险,同时也跟不上应急抢险打捞、紧急疏通航道时施工周期的要求。此外随着船舶大型化的发展,船宽超过25m的沉船,用传统的攻穿船底千斤方法已十分困难,甚至无法解决。

非开挖液压铺管钻机,在陆上已广泛应用于穿越江河、海滩、街道、铁路等障碍物,从事石油管道、天然气管道、供排水管道、通信和电力管线的铺设和检修作业。近年来,沉船打捞也借助非开挖铺管钻机钻孔技术,研制出水下导向攻泥器设备,可快速攻穿船底钢缆,寻找到了快速攻穿船底钢缆的捷径,改写了数十年使用传统方法的历史,实现了沉船打捞施工工艺的重大突破。

1)攻泥器攻穿船底钢缆

攻穿船底钢缆可分三步来进行,即:确定钢缆位置;攻穿船底钢缆洞;穿引船底钢缆。

(1)攻泥器的结构和作用。

潜水员水下攻穿船底钢缆洞(千斤洞)时,主要工具是攻泥器。

攻泥器用直径50mm的薄钢管制成。每节长1.5m,钢管两端有螺纹接头,最前端有一个金属制成的喷射头,喷射口径约为16mm,喷射头后部有4~6个反射水孔。使用时,根据沉船宽度决定攻泥器管节数,逐节接长,最后一节为长0.4m的短管。短管旁侧有压缩空气管接头,短管一端与攻泥器长管相接,另一端与高压水管相连(图7.6-4)。

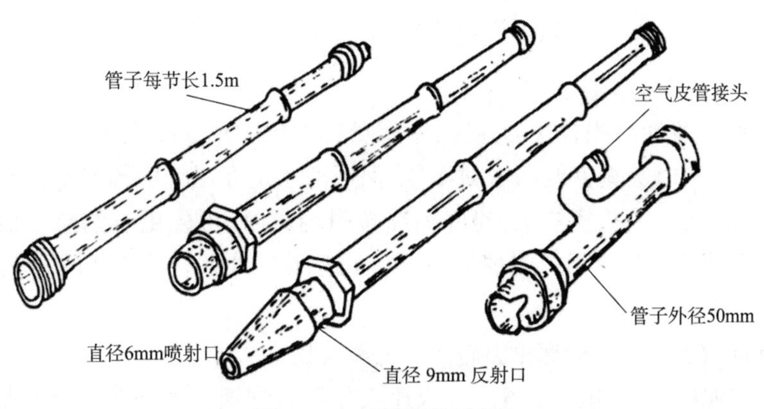

图7.6-4 攻泥器结构示意图

攻泥器的主要作用是:为穿引船底钢缆攻出一条通道,并把小直径的钢丝绳带引过船底。

(2)攻穿船底钢缆的具体方法和程序。

①按照施工方案中规定的船底钢缆位置,由潜水员沿沉船艏艉向,将每道钢缆的位置计量准确,并做好标记;

②在沉船旁攻穿船底钢缆处的水底,先冲出一个深度低于沉船船底,长、宽便于潜水员操作的泥坑,同时在沉船另一舷对称位置,也冲出一个相似的泥坑;

③潜水员在上述先冲好的泥坑中,用攻泥器喷射头借高压水的冲力,在船底泥沙中冲出一个洞孔,孔中冲散的泥沙,随喷射头上的反射水孔喷出水流流出洞口,每当潜水员攻过一节管子时,都要探摸攻泥器方向是否准确,以便及时纠偏;

④当预计需要攻穿的攻泥器管节数已全部攻过船底时,在最后一节原来用闷头闷住的短管旁侧的接头上,接妥压缩空气管,并向攻泥器供气,当空气从攻泥器顶端冒出时,潜水员在沉船另一舷的泥坑中可摸到攻泥器顶端,并在其上拴紧一根细钢丝绳,通知对面潜水员收拉攻泥器,将细钢丝绳拉过船底;

⑤当引过细钢丝绳后,在细钢丝绳端接一根较粗的钢丝绳作业引索,再通知对面收绞细钢丝绳将引索拉过船底,并在引索末端接妥船底钢缆,再绞拉过船底,直至钢缆两端各按规定长度露出在沉船两舷旁为止;

⑥当船底钢缆已按规定长度绞拉过船底后,即可将引索解脱,并将其两端用绳索分别悬吊在沉船两舷的上层建筑物上,以免被泥沙淤埋(图7.6-5)

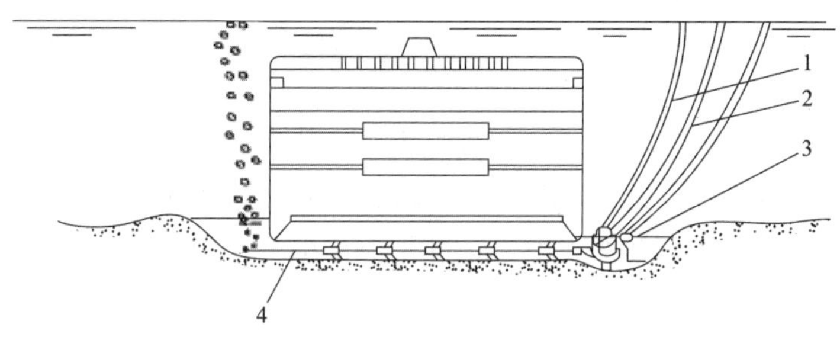

图7.6-5 用攻泥器攻穿千斤洞

1-高压水管;2-压缩空气管;3-潜水员;4-攻泥器

(3)攻穿船底钢缆时的注意事项。

在泥质松软或流沙淤积较快的地区,潜水员在泥坑中攻穿船底钢缆时,应在其旁悬吊一只吸泥器,以便随时吸塌方或回淤的泥沙,保证潜水员在泥坑中的安全操作。当船底的泥质较硬,攻泥器所攻的孔径较小,船底钢缆拉引困难时,可先用引索拉一根链条或一只较大卸扣来扩大洞孔,然后再拉引船底钢缆。沉船横倾时,一般从低的一舷向高的一舷攻穿。

2)水下导向攻泥器攻穿船底钢缆施工工艺和流程

水下导向攻泥器设备(图7.6-6),可快速攻穿船底钢缆。水下导向攻泥器攻穿船底钢缆的施工工艺和流程如下:

(1)水下导向攻泥器就位:水下导向攻泥器的重量一般在 15～18t 左右,水下导向攻泥器在打捞工程船甲板上一般和工程船艏艉向垂直停放,靠近工程船一侧船舷边,开钻的方向对准沉船,水下导向攻泥器下铺设木枋,木枋作为一个平台可供水下导向攻泥器调整纵向倾角,控制钻杆合适的入水角度(一般不大于 25°为好)。为防止海上有风浪情况下钻机移位,为安全起见在水下导向攻泥器艉部可用钢缆绑扎和工程船缆桩拉牢。

(2)设置攻穿位置的标志:在要求攻穿的钢缆位置处设置明显的标志,目的是方便控制水下导向攻泥器的攻穿方向。

(3)对准攻穿方向:通过工程船移位或移动水下导向攻泥器位置对准攻穿方向,实践经验认为通过绞锚移动工程船位置达到对准攻穿方向比较容易。

(4)放置攻穿导管:攻穿方向对准后,用工程船吊机将攻穿导管放置到位,使导管一端搁在工程船舷口处,另一端放至海底。钢质导管的直径 30cm 左右,钢质导管的长度视水深和入钻角度计算后确定。导管的作用是控制钻杆在水中能沿着导管方向进入海底。

(5)正式攻穿:启动水下导向攻泥器与高压水泵,正式攻穿船底千斤,钻杆通过液压动力向泥下顶进,并保持导向舌头向上姿态,钻杆在自身的弯曲半径轨迹中不断前进,直至到达沉船另一舷顶出海底泥面,此时液压负载明显减小。钻杆直径有 50mm、60mm 等不同规格,每根长度有 3m、4.5m 等不同规格,钻杆的弯曲半径有 30m、40m 等,质量好的钻杆弯曲半径小,有利于攻穿船底钢缆工作。

(6)通压缩空气以便潜水员探摸寻找钻杆头:钻杆顶出海底泥面后,关闭高压水泵,接上压缩空气通气,当钻杆头部逸出气体在海面有目标后,潜水员下潜探摸寻找钻杆头。由于水泵压力很高,在水泵未关闭前潜水员不可下潜探摸,以防受到伤害。

(7)钻杆回拉引入钢丝绳:潜水员摸到钻杆头后,连接上 1 根直径为 12～16mm 的小钢丝绳,并通知水下导向攻泥器回拉钻杆,将钢丝绳引入船底,直至钢丝绳在沉船另一边出水,吊起攻穿导管,一道船底千斤的攻穿工作全部完成。

(8)以上述同样程序完成打捞方案设计要求的其他全部船底千斤的攻穿工作。

图 7.6-6　水下导向攻泥器

4.浮筒打捞水下作业

1)打捞浮筒沉放位置的要求

打捞浮筒沉放位置应平整无杂物,浮筒沉放前需潜水员下水检查清理。打捞浮筒沉放位置的要求如下:

(1)打捞浮筒沉放位置按沉船打捞方案设计要求,一般在沉船纵向重心位置前后对称均匀成对沉放,打捞浮筒位置往往由沉船船底钢缆位置决定。

(2)打捞浮筒纵向间距,最小限度不少于2m,太小的间距易造成打捞浮筒端部相互碰撞。

(3)沉放在沉船艏艉部位的打捞浮筒,不宜靠艏、艉柱太近,应留有一定的距离,防止因船体线型使打捞浮筒向外滑出。

(4)沉放打捞浮筒时,打捞工程船和沉船之间的横向水平距离一般为1个打捞浮筒直径的间距,太近的间距会造成打捞浮筒下沉时碰撞在沉船上,易受损坏,太远的距离会使打捞浮筒离开沉船船旁,沉放不到位。

(5)打捞浮筒沉放的高度位置,在工程无特殊要求情况下,应使打捞浮筒能紧靠在沉船两舷船旁,设计时使打捞浮筒的浮心位置略高于沉船的综合重心位置之上。位置太高的打捞浮筒充气后会滚上沉船甲板,对沉船起浮不利。

(6)对有小角度横倾的沉船,为使沉船起浮后能回正,一般将低的一舷的打捞浮筒位置沉放得比另一舷低一些。对大角度横倾的沉船,用打捞浮筒进行扳正时,一般采用单边沉放打捞浮筒的方法。

(7)为能及时了解打捞浮筒的沉放位置,施工中一般在打捞浮筒两舷各系1根标志绳,通过标志绳可直接观察到打捞浮筒下沉深度和前后、左右的位置。

2)穿引浮筒引缆的方法

打捞浮筒引缆是指将船底钢缆引入打捞浮筒各缆孔的钢缆。引缆的穿引一般采用下述方法:

方法一:用1根直径8mm的棕绳作为引缆索,下端系1只卸扣做重锤,从打捞浮筒缆孔内松入水下,直至超过打捞浮筒吃水约3m。然后用1根直径合适的钢丝绳从打捞浮筒外侧套下,钢丝绳两端绕过打捞浮筒两端后,在打捞浮筒另一侧拉出水。引缆索受力后慢慢放松,这样可将引缆绳索下端重锤一起拉出水,反复拖拉引缆索,检查引缆索与邻近缆孔的引缆是否绞缠、交叉,确认无误,将引缆索下端接上与过底钢丝连接的细钢丝绳,浮筒缆孔上端引缆索回抽,将钢丝引出缆孔。

方法二:同样用1根直径8mm的绳索,下端系1只浮球,将浮球压入水下,超过打捞浮筒吃水深度后让浮球漂出水面,捞起浮球后,将绳索接上细钢丝绳引入缆孔。

3)浮筒沉放的操作程序

(1)在前述打捞浮筒沉放前的一切准备工作完成后,选择在当天平潮慢流时沉放打捞浮筒,一般沉船两舷同时进行。

(2)将打捞浮筒缆孔内的船底钢缆全部适当绞紧,然后将船底钢缆后端的留缆钢丝绳绕在打捞工程船缆桩上。

(3)打开打捞浮筒的放气阀,这时海水从海底阀进入打捞浮筒筒体内,随着不断的放气和进水,打捞浮筒逐渐下沉增加吃水,见图7.6-7。

(4)在放气进水过程中,注意通过调节两个端舱放气阀的排气量来调节打捞浮筒的平衡。

(5)当打捞浮筒吃水增加至干舷剩下0.5m左右时,应关闭二端浮力舱的放气阀,连接两端浮力舱充气管,并打开充气阀,然后打捞浮筒上的操作人员撤离回到打捞工作船上。

(6)打捞浮筒继续下沉,改为由打捞工程船上操控,将二端舱余气通过充气皮管分配箱阀门继续放气,打捞浮筒继续下沉。此时工作船甲板人员要密切关注打捞浮筒留缆、船底钢缆留缆、打捞浮筒带缆的松紧情况,同时观察打捞浮筒两端下沉是否同步,如有快慢不同时,通过控制放气量进行调控。

(7)当打捞浮筒下沉到顶部没水时,浮力已小于重量,打捞浮筒已可靠自身在水中的重量自行下沉,此时应关闭全部放气阀。

(8)均匀松出打捞浮筒留缆和带缆,专人拉好观察标志绳,使打捞浮筒沿着船底钢缆逐渐下沉到海底。

(9)打捞浮筒沉放到海底后,通过标志绳观察打捞浮筒的深度和位置。如一切正常可将打捞浮筒内余气全部放尽,进行下一步套桩等工作。如位置不符合要求,则通过留缆、带缆采用甲板机械动力进行调整。

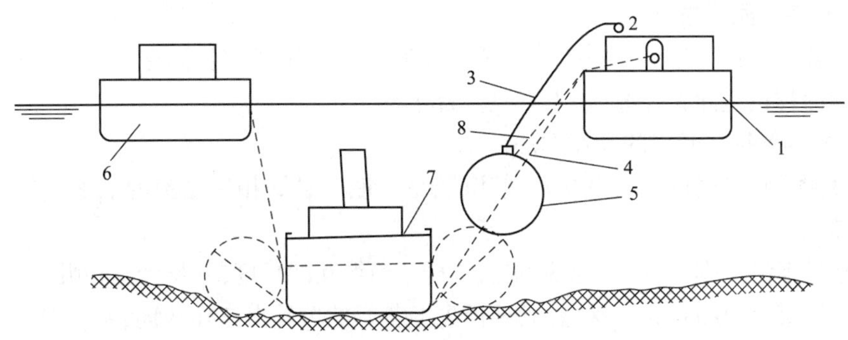

图7.6-7 浮筒沉放示意图

1-工程船;2-空压机;3-输(空气)气管;4-浮筒钢缆拉缆;5-浮筒;6-工程船;7-沉船;8-吊浮筒用吊缆

4)打捞浮筒沉放后的检查要求

打捞浮筒沉放后,需要潜水员下水检查。打捞浮筒沉放后的检查要求如下:

(1)检查浮筒与沉船之间的距离是否合适,前后位置是否偏移。

(2)检查前后两个打捞浮筒纵向间距,最小限度不得少于2m。

(3)检查浮筒沉放后的姿态,是否倾斜、滚动。

(4)确认船底钢缆没有压在浮筒下。

(5)其他要求。

5)浮筒与沉船船底钢缆连接的操作方法

一般500t型打捞浮筒用4根船底钢缆,800t型、1200t型打捞浮筒用6根船底钢缆,船底钢缆用专用浮筒卸扣进行相互连接。

(1)水下安装卸扣连接打捞浮筒与船底钢缆。

①首先由潜水员探摸确认需要连接的2根相邻缆孔的船底钢缆已全部露出缆孔,并至少有1.5m以上长度。如有未露出缆孔的船底钢缆,必须先将其绞拉出缆孔。

②此时2根船底钢缆上端分别由2根留缆钢丝绳连接悬挂在水中,船底钢缆头部位于

打捞浮筒上约2m处。潜水员在水下用1根直径20mm钢丝绳从处于相对较低的1根船底钢缆的双股之间穿入,在处于相对较高的1根船底钢缆的上端头部向后约1m处绑扎锁牢。

③潜水员通知甲板,逐渐绞紧上述钢丝绳,使2根船底钢缆头部互相靠拢,其中后1根的头部1m长度处于位置可控状态,即1名潜水员体力可推得动,潜水员将2根船底钢缆头摆好位置,处于卸扣可连接状态。

④潜水员通知甲板将浮筒卸扣的环沿着20mm钢丝绳从水面下放,潜水员将卸扣环套入2根船底钢缆的头内,并摆正位置。

⑤潜水员通知甲板,将浮筒卸扣销子从水面下放,然后由潜水员将销子插入卸扣环、销子孔内。

⑥潜水员通知甲板,将浮筒卸扣销子螺纹闷头下放,然后由潜水员将闷头旋上销子头部,并拧紧,做好保险。

⑦上述工作完成后,逐渐下放船底钢缆留缆和20mm钢丝绳,使浮筒卸扣平躺在打捞浮筒筒体表面,解除全部钢丝绳。注意浮筒卸扣一定要顺向受力,如浮筒卸扣处于横向受力或竖立状态,要将其理顺、放平。

⑧用绑扎绳将处于浮筒卸扣销子位置的船底钢缆和销子绑扎固定,防止浮筒卸扣受力时因船底钢缆移位至卸扣旁边,处于横向受力状态。

(2)打捞浮筒钢缆套桩的操作方法。

①通过留缆将船底钢缆用力绞紧,使沉船另一舷安装卸扣后松弛的船底钢缆全部绞拉到套桩一舷。

②潜水员下潜探摸丈量船底钢缆露出打捞浮筒缆孔的长度,并预计套在哪一个缆桩上。

③用1根直径20mm的钢丝绳,通过预先准备好的单轮滑车作导向,系在要套桩的船底钢缆头部。

④潜水员指挥甲板慢速绞紧直径20mm钢丝绳,并同步下放此船底钢缆的留缆,使船底钢缆平躺在打捞浮筒表面。

⑤潜水员探摸此船底钢缆走向,确认钢缆无大的拐点、打圈时,逐步松宽直径20mm钢丝绳,顺势将船底钢缆头套入打捞浮筒缆桩内,并插好缆桩保险销。

⑥船底钢缆套桩作业,一般先进行打捞浮筒外孔的船底钢缆,再进行打捞浮筒内孔的船底钢缆。反之会造成缆桩位置被压、被占,影响套桩正常进行。

⑦一般打捞浮筒左边2个缆孔的船底钢缆套打捞浮筒下排缆桩,右边2个缆孔的船底钢缆套打捞浮筒上排缆桩。

⑧船底钢缆过长时,要进行绕桩收短处理。

⑨套桩作业时,潜水电话必须畅通,松、绞钢丝绳的口令必须清晰,水下潜水员脐带、信号绳必须走向清楚,不和钢丝绳缠绕,特别注意脐带不能压在钢丝下面。钢丝绳受力时潜水员站位必须正确,处于安全区域,以防钢丝绳万一发生断裂时被击中。

四、打捞浮筒水下作业的安全注意事项

(1)参加打捞浮筒作业的人员,应穿救生衣、防滑工作鞋,人要站稳,特别注意防止失足

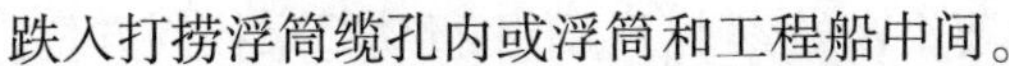

跌入打捞浮筒缆孔内或浮筒和工程船中间。

(2)打捞浮筒拖航时,应按规定显示信号,夜间显示灯号。

(3)打捞浮筒到达工地后,要充分考虑到流速、风浪的影响,带妥足够强度的带缆,加强守护。

(4)打捞浮筒沉放,必须选择适当的海况条件,在风浪小、流速慢时实施,防止打捞浮筒的吊耳损坏而影响使用。

(5)潜水员在水下进行打捞浮筒船底钢缆安装卸扣、套桩作业时,应特别重视自身站位正确的重要性,以免万一钢丝绳因受力过大断裂时被击中。

(6)在抽拉船底钢缆等操作中,凡钢丝绳受力较大时,潜水员应离开打捞浮筒,上升出水等候。

(7)需潜水员对打捞浮筒状态进行水下探摸时,潜水员切记不能进入浮筒和沉船中间位置,以防打捞浮筒滚动造成严重挤伤。

(8)打捞浮筒所有充气皮管接妥后,应用白棕绳将充气皮管在打捞浮筒栏杆上绑紧、扎牢,防止水流冲击,损坏打捞浮筒的充气阀。

(9)对打捞浮筒充气时,工程船必须离开至安全水域,工作小艇也不允许在打捞浮筒和沉船上方行驶。

(10)拆除沉船两舷打捞浮筒时,必须注意当沉船自身有足够的稳定性后才可实施。过早的行为或可使沉船因失去浮力支持等原因而再次倾覆下沉。

第七节 水下爆破

所谓爆破是指炸药受外力冲击或影响,以极大速度变为其他化合物,同时产生大量气体和热量,温度骤然上升,对周围的介质急剧地施加压力。水下爆破所使用的炸药、爆破器材和爆破方法与陆地爆破基本相同,但由于水下爆破作业是在水下环境中进行,能见度和压力变化,因此会给水下爆破作业带来很大困难。水下爆破的对象主要有浅滩、礁石、沉船、冰块等。其目的是清除航道障碍和清理施工现场等。

根据我国有关规定,凡执行爆破作业的人员必须经国家认可的专业培训机构培训,经考核合格后持证上岗。水下爆破通常由潜水员在水下作业。所以,从事水下爆破工作的潜水员除了要求熟练潜水技能外,还必须掌握水下爆破的方法和安全注意事项。

一、水下炸礁

当发现航道上有礁石影响通航时,通常使用水下爆破法,把礁石炸碎加以清除。在炸礁前,首先要勘察礁石的位置、形状、体积、礁石的种类和性质、影响航道的程度等,并由专业人员绘制成图。在测量人员进行现场测量时,潜水员要配合水下各部位的测量。主要是通过潜水探摸,把整个礁石或礁石群的基本情况搞清。探摸时,要逐块、逐点地探摸,探摸每块礁石应从礁石的顶面开始,发现有的礁石不稳固或快要脱离礁石岩体的石块时,应将其推落到稳定位置,然后再仔细探摸。探摸时要沿潜导索上下,并用行动绳来控制方位。要将礁石的表面状态了解清楚,若发现岩缝,要摸清宽窄和长短尺寸,特别要探测准其深度以便决定能否作为爆破部位。潜水员在探摸时就要把炸礁布放炸药的部位初步确定下来,这是制定施工方案的依据。探摸结束后,测量人员应将潜水员所测得的资料详细地标注在测量图上。

1. 制定施工方案

根据下列因素制定施工方案:

(1)礁石天然岩缝的多少;

(2)流速和风浪影响的大小;

(3)爆破后的坍石处理方法;

(4)残留岩底的标高和形状;

(5)礁石基底的完整和稳定程度等。

为了清除航道障碍,炸礁多采用彻底爆破。彻底爆破是将礁石全部炸毁,并将坍石清除。这种方式通常采用岩缝和岩洞爆破法,也可用钻孔爆破法。为建筑物基础而进行的爆破要炸掉部分岩石,同时要保持预定高度的岩基的完整和稳固。在施工时多采用钻孔机钻孔,安放小包炸药进行施爆,不可将岩石基础炸松,从而造成超深。

2. 炸礁方法

1)裸露爆破法

当自然条件差,如水流急导致潜水员无法潜水时,可采用裸露爆破法。可根据礁石的具体情况将药包安放在礁石或礁石旁。由于是表面爆破,往往要重复进行才能把礁石炸除至设计要求。

进行裸露爆破时,应将工作船泊定在礁石上流远离爆破点的安全距离之外。将药包捆扎在石头,然后用绳索吊在舢板的船头,放松与工作船相连的缆绳,让舢板顺流而下到达礁石上方,将药包轻轻放在礁石处预定爆破的位置,放妥后舢板退回到工作船旁,并再次检查四周警戒的情况,然后引爆,爆炸后,将绳索母线收起。重复上述过程,直到礁石炸到设计标高为止。

由于裸露爆破法是在水面往水底施放炸药,药包很难准确达到预定地点。所以,此法很难确保进度和工期,而且用药量也不易控制。

航道上出现浅滩时,也可采用裸露爆破法,称为爆破疏浚。它是利用炸药的爆炸松动浅滩泥沙,借水流将泥沙带走,增加浅滩上的水深。沙质浅滩如果有1m/s以上的流速,爆破疏浚一般能增加水深0.2~0.4m。

2)岩缝爆破法

利用礁石上的天然裂缝和洞安放炸药实施爆破称为岩缝爆破法。如果潜水员选择炮眼适当,炸药安放稳固,炮眼堵塞严密,施爆效果将比其他爆炸方法好得多,并能大量节省炸药。有时可根据具体情况把岩缝稍加整理,然后再安放药包。当岩石裂缝狭小时,应设法扩大一些,凿深一点;若裂缝太大,可清理一下,选择适当位置安放炸药后,再轻轻把裂缝填塞严实。必要时用石块将药包压住,可更好地发挥爆破威力。

3. 凿洞爆破法

当礁石缺乏天然裂缝和岩洞或已经炸成陡坎，难以寻找现成炮眼时，需要采用凿洞爆破法。采用这一方法时，如果岩洞开得深而且位置又适宜，四周堵塞严密，爆破效果比较理想。

凿洞爆破的具体操作：潜水员应先摸清陡坎壁坳的形状，寻找易于操作且能达到最大爆破效果的部位。凿洞一般用榔头、钢钎或钢凿或气动工具，按已确定的部位进行。承担凿洞的潜水员要事先经过专门的训练。凿洞时要随时注意安全，严防礁石坍落伤人。特别是在已爆炸过的礁石上凿洞时，应先把炸松的石块设法清除，待探摸确认稳妥后，再选择合适的部位进行凿洞，完全用人力手工凿洞费时费劲，尤其是水下视度不佳，施工很不方便，效率很低。

4. 钻孔爆破法

采用机械钻孔，装药爆破。适用于水下建筑工程的基础处理，而对于清除航道障碍的礁石则效果不太理想，特别是面对大体积礁石更显得费力。

钻孔爆破法分为竖钻钻孔和横钻钻孔两种。竖钻钻孔是将钻机固定在工作船上（爆破平台），钻机竖直并由潜水员扶持，从礁石面往下钻，让钻头利用自身重量往下沉，钻到一定深度提一提，一直钻到预定深度。然后用水压力或气压力将孔内的石渣冲净，就可安放炸药。横钻钻孔是潜水员手持钻机横向钻孔。钻头对准岩壁，开动风阀，用力推钻入孔，待钻好后，清除石渣，安放炸药。炸碎的礁石如果仍影响航道水深，应搬运至适当的地方。

二、爆破沉船

爆破沉船的目的：沉船在水下严重影响通航，如要及时打捞或无整体打捞价值，可采用爆破方式加以清除。这种爆破多以大量炸药，一次或多次将沉船炸毁，以达到清除障碍而使水深符合通航要求的目的。有时沉船虽说在航道中，但影响不十分严重，又不能整体打捞时，可根据设备能力，将沉船爆破成较小的碎块，吊出水面。

1. 炸捞沉船

炸捞沉船前应先详细进行测量，现根据所测资料，结合设备能力，拟定沉船解体程度。然后估计爆破线的总长度，计算用药量和工期，准备施工设备和器材，待一切准备就绪便可施爆。水面相关人员根据具体情况将炸药同雷管及引爆电线连接在一起，由潜水员按照施工方案要求的爆破线路将炸药紧贴在沉船船体上，炸药越是紧贴爆破部位，爆破效果越好。炸药布放妥当后，潜水员即浮出水面，回到潜水工作船上，潜水工作船移至安全地点，经认真检查确认：水下无潜水员，水面船只均已到安全位置，方可施爆。施爆应由现场指挥统一发布信号。起爆后而未爆炸时，应将引爆电线从电源上拆下，并将其尾端连成短路。若需进入爆破地点进行检查或重新布放炸药，为安全起见，其间隔时间在采用迟发雷管时，不得短于15min，采用即发雷管时，不得短于5min。

2. 快速爆破沉船

船沉后阻塞航道，由于要求清除的时间紧迫，又不可能用其他方法打捞，可用大量高威力炸药，迅速将沉船炸毁，让航行船舶在炸毁的沉船残骸上部水面安全通过。

施爆前先勘察测量，掌握水深和底质情况、沉船材质和载货情况、船舶结构和大小、沉船倾斜和入泥尺寸、附近建筑物和船舶等资料，并据此制定施爆方案。

在港区内一次爆炸的用药量不宜太大，以免危及附近建筑物、船舶和人员；港区外空旷水域，除附近有特殊怕震的装置和设施外，用药量可以适当加大。正式爆破前，可先用少量炸药试炸一次，以便观察效果，估计适合的用药量。炸药要布放在沉船的关键部位，才能起到用药量少、收效大的效果。有时只需炸除桅杆、烟囱、甲板上的上层建筑物等，便可达到清航目的，不必爆破整个船体。

快速爆破沉船时，要根据船舶不同的沉没状态、结构、材质和炸药的性能等各种因素来决定施爆方案。在港区外空旷水域，整艘木壳沉船，可一次炸坍。但在港区内，不能用大量炸药，必须分次爆破。除船艏、艉部位外，炸药宜布放在船体外。如果布放在船内，只能炸去边板，不能炸除肋骨。钢筋网水泥船不能采取爆破法，因为无法将钢筋网炸坍。

三、水下爆破安全操作规程

1. 水下爆破器材的运输与储存

水下爆破用的器材如炸药、雷管等爆炸物品，是危险物，如果管理不善或操作不当，就会发生爆炸事故，给国家建设和生命财产安全造成损失。为确保安全，在储存、运输和水下使用爆破器材时，一定要严格遵守国务院《民用爆炸物品安全管理条例》的各项规定。

2. 水下爆破的准备要求

水下爆破的准备阶段应做到：

(1)水下爆破作业必须有严密的组织、计划和充分的准备，并在熟悉水下爆破的指挥人员的监督下进行；

(2)参加水下爆破作业的每个人员必须分工明确，熟悉本职工作，各司其职；

(3)开工前，应有施工负责人向全体参加爆破作业的人员进行技术交底，讲解清楚作业程序、应急程序及有关安全注意事项；

(4)所有参加水下爆破作业人员必须服从统一指挥。

3. 水下爆破施工的安全注意事项

水下爆破施工过程中应注意的安全事项：

(1)炸药、雷管或导爆索等应由专人负责管理；

(2)在同一次起爆中不得用不同型号的雷管；

(3)装好雷管的炸药包不得与其他炸药包放在一起；

(4)暂时不用的炸药包不得装入雷管；

(5)放置炸药、雷管的船只，严禁烟火，禁止无关人员逗留；

(6)引爆电源或装置必须由专人掌管，其他无关人员不准接近或逗留；

(7)潜水员在水下布置好炸药包返回水面时，必须防止爆破母线拖着炸药包钩挂在潜水工作船或自己的潜水装具上，潜水员全身出水后必须仔细检查，确认无钩挂后方可让潜水员踏上潜水梯；

(8)雷雨将至,必须中止爆破作业。

4. 水下爆破施工时避让要求

水下爆破施工时避让的安全距离:

(1)爆破开始前,须与港航主管部门联系妥当,根据水下爆破影响范围,划定危险区域,设标警戒,在危险区域内,除爆破工作船外,禁止其他船只停泊或航行。

(2)爆破时,工作船应根据下列条件撤离到安全距离外:爆破力的影响不致损及潜水工作船、送药船和炸药船;从水下爆炸出来的碎片,不致损伤工作船上的一切设备及人员;爆破时不致引起炸药船上的炸药、雷管等爆炸。

(3)在炸药库、堤坝、码头、桥梁或其他设施附近进行水下爆破时,应根据具体情况,预先研究对各种设施的影响,如有必要可在采取安全措施后控制爆破。

(4)水下爆破的冲击波对人体的伤害力比空气中的伤害力大4倍以上,为安全计,没入水中的人体离水下爆破点的距离应远远超过规定的安全距离。

第八节 水下焊接

一、水下焊接方法及其特点

1. 水下焊接方法

在水面以下的水中所进行的焊接称为水下焊接。水下焊接周围环境的水比陆上焊接时空气对焊缝的危害性大,而且焊工操作技能也受到很大影响,其焊接质量更难保证。

水下焊接方法一般分为三类:湿法水下焊接、干法水下焊接和局部干法水下焊接。但随着水下焊接技术的发展,又出现了一些新的水下焊接方法,如水下螺柱焊、水下爆炸焊、水下电子束焊及水下铝热焊等。这些焊接方法还难以确切地归于哪一类,故暂按图7.8-1分类。

2. 水下焊接及其特点

1)湿法水下焊接

潜水焊工在水下对焊件和焊接电弧,不采取任何辅助屏蔽措施而直接进行焊接的方法,称为湿法水下焊接。而水与空气有着不同的物理化学性质,这就给这种水下焊接带来了一系列困难,主要有:①可见度差;②含氢量高;③冷却速度快。

因为冷却速度快出现高硬度组织,含氢量又高,再加上可见度差,容易产生焊接缺陷,造成应力集中,焊接接头质量较差,因此,水下手工电弧焊还不能用来焊接重要的海洋结构。

但是,湿法水下焊接具有灵活、简便、适应性广、成本低等优点,在生产中仍然是一种不能淘汰的水下焊接方法。

2)干法水下焊接

干法水下焊接指把包括焊接部位在内的一个较大的范围里的水人为地排开,使潜水焊工能在一个“干”的气相环境中进行焊接的方法。高压干法水下焊接是当前各种水下焊接中质量最高的方法之一,但也存在问题:①要有一个大型气室(焊接舱),将被焊工件罩起来,局限性较大,适应性较小;②施工成本也较高;③气体压力对焊接存在着影响。

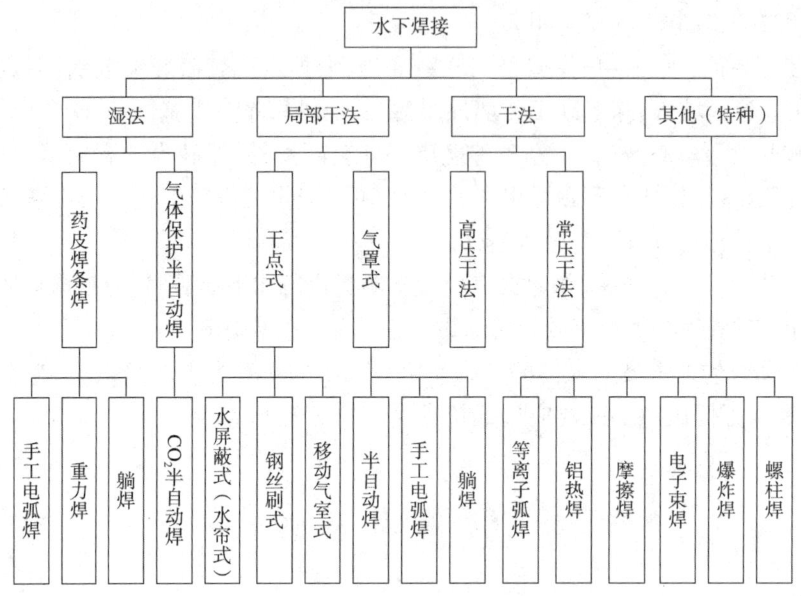

图 7.8-1 水下焊接分类

3)局部干法水下焊接及其特点

是潜水焊工处于水中,把焊接部位周围局部区域的水人为地排开,形成一个较小的局部气相区,使电弧在其中得以稳定地燃烧。与湿法水下焊接相比,因为焊接部位局部区域排除了水的干扰,从而提高了焊接接头质量。与干法水下焊接相比,不需要那种大型而造价昂贵的焊接舱。所以,它综合了湿法水下焊接和干法水下焊接两者的优点,是一种较先进的水下焊接方法。但是,这种水下焊接法也存在一些不足之处:①未能很好地排除焊接烟雾的影响;②气室与潜水面罩之间仍有一层水,在清水中对可见度影响不太大,但在浑水中可见度仍未得到解决;③焊枪与气室是柔性连接(软橡胶套连接),焊一段,停一次弧,移动一次气室,焊缝不连续,焊道接头处易产生缺陷。

二、水下手工电弧焊设备及焊材

典型的湿法水下焊接是水下焊条手工电弧焊,简称水下手工电弧焊。这种水下焊接方法的基本原理是:当焊条与焊件接触时,电阻热将接触点处周围的水汽化,形成一个气相区。当焊条稍一离开焊件,电弧便在气体介质中引燃,然后由电弧热将周围的水大量汽化,加上焊条药皮放出的 CO_2 气体,在电弧周围形成一个一定大小的“气袋”,把电弧和在焊件上形成的熔池与水隔开。虽然这种水下焊接法的接头质量较低,但由于其成本低,使用灵活方便,因此被广泛地应用于生产。一些海洋结构也可采用这种水下手工电弧焊进行焊接,见图 7.8-2。

1. 湿法焊接设备

水下手工电弧焊的焊接设备比较简单,主要由焊接电源和水下焊钳组成。焊钳与电源之间用焊接电缆连接。水下焊接时，焊接电源放在陆地上或工作船上（或平台上），潜水焊工可将焊钳带到工作地点。水下手工电弧焊的焊接回路见图7.8-3。

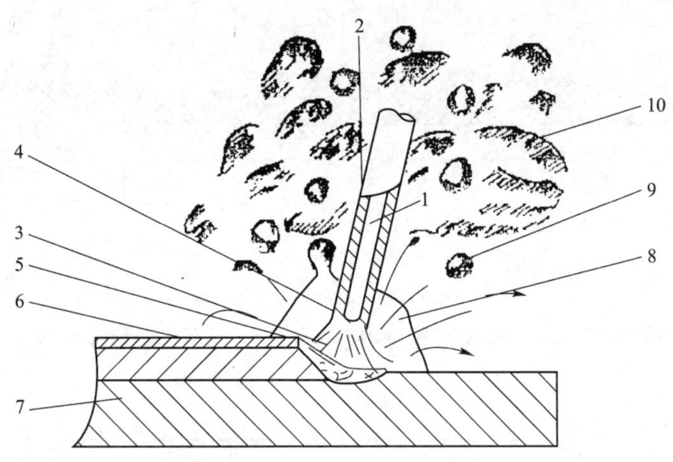

图7.8-2 电弧在水中燃烧示意图

1-焊芯；2-药皮；3-电弧；4-药皮套筒；5-熔池；6-熔渣；7-焊件；8-气袋；9-气泡；10-烟雾

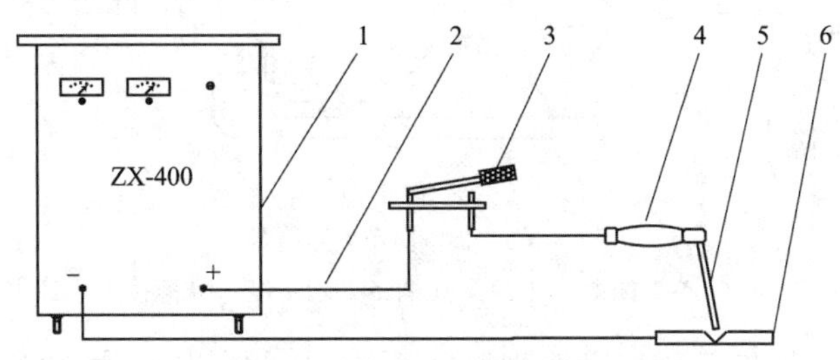

图7.8-3 水下手工电弧焊焊接回路示意图

1-焊接电源；2-电缆；3-切断开关；4-水下焊钳；5-水下焊条；6-工件

1）焊接电源

迄今，水下手工电弧焊尚没有专用电源，所使用的焊接电源（习惯称为焊机）都是陆地上手工电弧焊电源，符合弧焊电源的基本要求。但因水是导体，因此对水下焊接设备有特别的安全要求，应符合《潜水员水下用电安全规程》（GB 16636）的相关规定，主要有：①潜水员水下湿法焊接的弧焊电源，应使用隔离式变压器或独立的直流发电机；②水下湿法焊接与切割设备的用电电压，应符合表7.8-1中给出的规定。

水下湿法焊接与切割设备的用电电压表 表7.8-1

条件	人体安全电流（mA）	电流路径阻抗（Ω）	电压（V）	
			最大	额定
无自动跳闸装置的直流电	40	750	30	24

2）水下焊钳

水下焊钳的作用与陆地上的焊钳相同。但水是导体，将陆地上用的焊钳直接用于水下焊接作业极易触电。所以，水下焊钳是一种要求绝缘性较高的专用焊钳。图7.8-4是常用的圆筒形水下焊钳,图 7.4-5 是水下电焊和水下电-氧切割两用钳,主要用于进行水下焊接及切割联合作业。如果单纯焊接作业,采用专用焊钳即可。

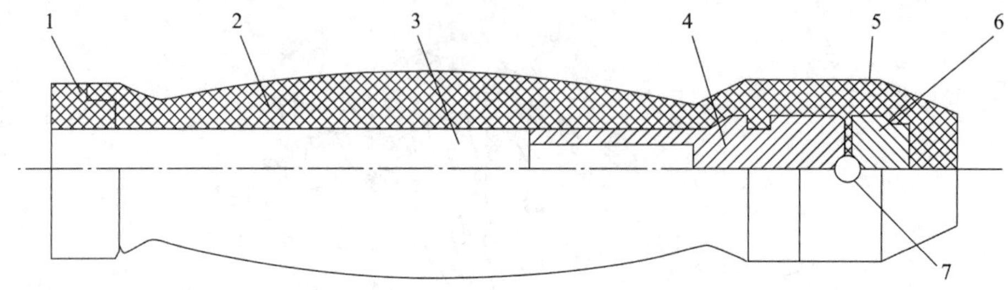

图 7.8-4 圆筒形水下焊钳示意图

1-属部绝缘外壳;2-本体绝缘外壳;3-导线孔;4-铜质本体焊条夹块;5-夹头部绝缘外壳;6-铜质头部夹头;7-焊条插孔

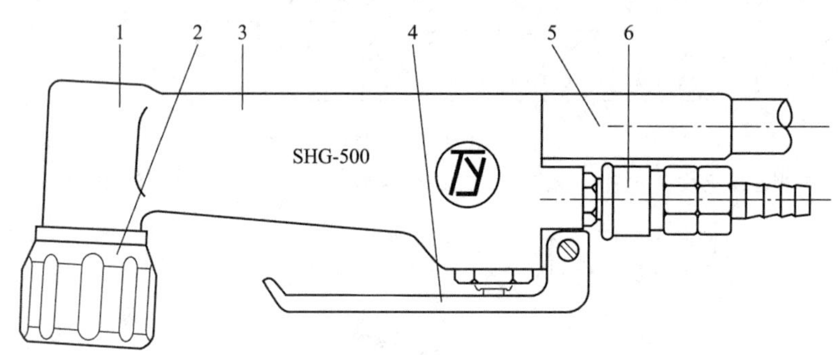

图 7.8-5 焊割两用炬结构图

1-炬体;2-压帽;3-手柄;4-压柄;5-过渡电缆;6-快速接头

水下焊接时,尤其是在海水中焊接,焊钳易被海水电解和腐蚀,使夹头部位损坏,从而导致夹紧力不足,使焊条松脱,或焊条和夹头间打弧而烧结。潜水焊工对焊钳要注意维护保养。

3)电缆和切断开关

焊接电缆和切断开关,也是手工电弧焊设备中的组成部分。在目前水下手工电弧焊中使用的焊接电缆,都是用陆上的焊接电缆代用,其外部的绝缘橡胶套不是耐海水橡胶,在海水中使用极易老化。所以,在工作中要注意检查电缆的绝缘性能。如果发现有损坏,应及时修补、更换。

焊接回路中装有切断开关,主要是防止水下作业触电,一般可用单刀闸开关。但最好是接入自动切断器。

2. 水下焊条

由于工作环境特殊,水下焊条有下列特殊要求:①具有较好的引弧性能;②电弧燃烧稳定;③焊条药皮防水性好;④焊条熔化金属流动性适中。

三、水下手工电弧焊操作方法

1. 基本操作方法

在水下手工电弧焊时,最大的困难是可见度问题。在清水中还好些,施焊前,潜水焊工

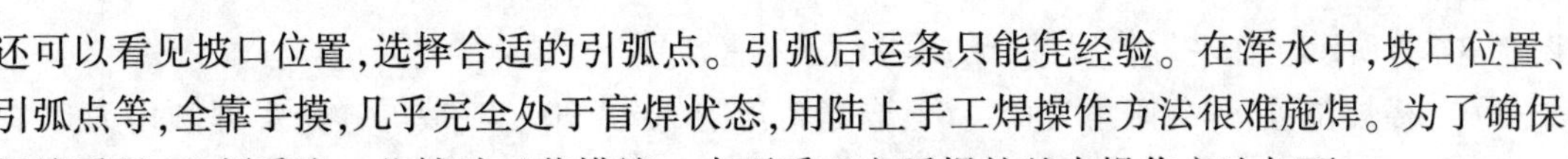

还可以看见坡口位置,选择合适的引弧点。引弧后运条只能凭经验。在浑水中,坡口位置、引弧点等,全靠手摸,几乎完全处于盲焊状态,用陆上手工焊操作方法很难施焊。为了确保焊接质量,必须采取一些辅助工艺措施。水下手工电弧焊的基本操作方法如下:

1)引弧

一般采用定位触动引弧。如果焊条引弧性能好,焊接回路一接通,便可自动引弧。也可采用陆地上焊接时使用的划擦法引弧。

2)运条

多采用拖拉运条法,将焊条端部依靠在焊件上,使焊条与焊件成60°~80°角。

3)收弧

可采用陆地上焊接时的划圈式收弧,一般不采用后移式收弧。水下手工电弧焊中,不宜使用反复断弧法收弧。

4)焊道连接

在连接处操作不当,极易产生气孔、夹渣及成形不良等缺陷。焊道连接可分三种情况:

(1)收弧连接即从前一焊道收弧处继续引弧焊接。在这种情况下,引弧点提前一段距离,即离开前焊道的弧坑5~10mm,引弧后再将电弧移到原弧坑上,待原收弧弧抗熔化后再开始向前运条,将引弧点重新熔化。

(2)首尾连接。

即与前一段焊道的引弧端连接。这时要将前一段焊道的引弧端熔化,将电弧移到前焊道上,在前焊道上收弧。

(3)尾尾连接。

这种连接产生在分段相对焊接的情况下,这时要将前焊道的收弧处熔化,将收弧移到前焊道上。

2. 各种位置焊缝的焊接技术

上面介绍的仅是手工电弧焊最基本的操作方法。焊接时,焊件接缝所处的空间位置称为焊接位置。焊缝倾角,是指焊缝轴线与水平面之间的夹角,如图7.8-6a)所示;焊缝转角,是通过焊缝轴线的垂直面与坡口的二等分平面之间的夹角,如图7.8-6b)、c)所示。

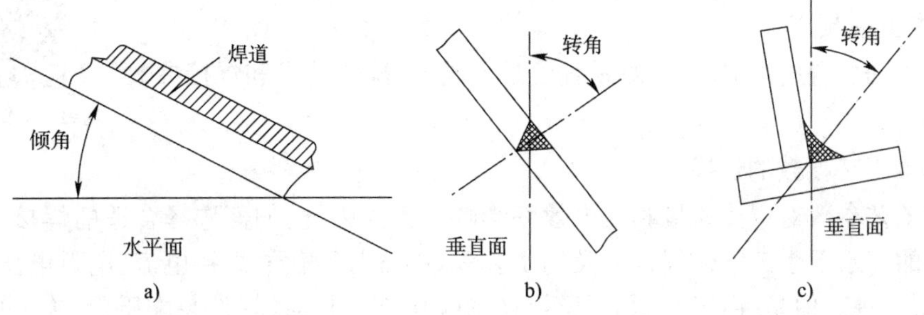

图7.8-6 焊缝倾角与焊缝转角示意图

焊接位置可用焊缝倾角和焊缝转角来表示,根据其数值的大小,可分为平焊、立焊、横焊和仰焊等。

(1)平焊位置:焊缝倾角为0°~5°,焊缝转角为0°~10°的焊接位置,称为平焊位置,如

图 7.8-7a)所示。在平焊位置进行的焊接,简称平焊。

(2)横焊位置:焊缝倾角为 0°~5°,焊缝转角为 70°~90°(对接焊缝);焊缝倾角为 0°~5°,焊缝转角 30°~55°(角焊缝)的焊接位置称为横焊位置,如图 7.8-7b)、c)所示。在横焊位置进行的焊接简称横焊。

(3)立焊位置:焊缝倾角为 80°~90°,焊缝转角为 0°~180°的焊接位置,称为立焊位置,如图 7.8-7d 所示。在立焊位置进行的焊接,简称立焊。

(4)仰焊位置:焊缝倾角为 0°~15°,焊缝转角为 165°~180°(对接焊缝);焊缝倾角为 0°~15°,焊缝转角 115°~180°(角焊缝)的焊接位置,称为仰焊位置,如图 7.8-7e)、f)所示。在仰焊位置进行的焊接,简称仰焊。

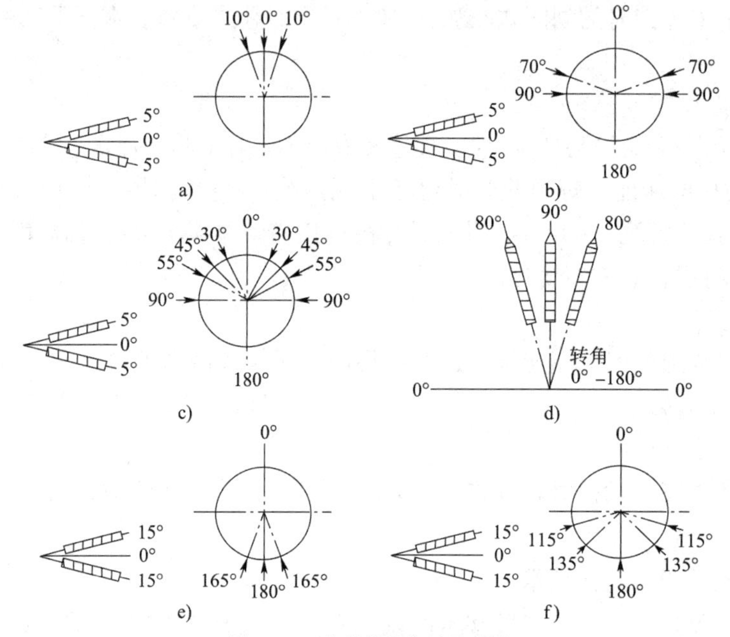

图 7.8-7 各种焊接位置示意图

a)平焊;b)、c)横焊;d)立焊;e)、f)仰焊

另外,把 T 形、十字形和角接的接头处于平焊位置进行的焊接,称为船形焊(参见视频 5)。

视频 5 水下平角焊

焊接不同位置的焊缝时,其难易程度是不同的,操作技术和焊接参数也各不相同。

3. 焊接工艺参数的选择

焊接工艺参数对焊接质量和生产效率影响很大。因此,如何选择合适的焊接工艺参数是很重要的。水下手工电弧焊常涉及的工艺参数有焊条直径、焊接电流、电弧电压、焊接速度、焊道层次等。但是,由于实际情况不同(如焊接结构材质、焊件装配质量、施工现场水文情况、潜水焊工操作技术水平及习惯等),同样的焊件,可选择不同的工艺参数。因此,对工艺参数不能做统一规定。

4. 常见的几种焊接作业

水下手工电弧焊,在我国还尚未应用在重要结构的焊接上。但在救助打捞作业中,却较

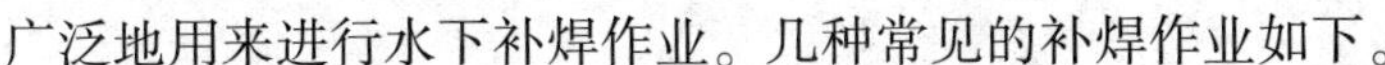

广泛地用来进行水下补焊作业。几种常见的补焊作业如下。

1)漏洞补焊

对于船体和闸门产生的漏洞,多采用敷补板的方法堵漏,补板的厚度根据需要而定。焊补板时,较重要的工作是补板焊前的装配固定。一般补板要大出漏洞的边缘20~30mm。补板和本体间的间隙不得大于2mm。如超过2mm,必须在间隙内塞入薄铁板,并清除坡口附近的油污、泥沙及铁锈等。

补板的固定有以下几种方法:①直接点焊法;②螺钉加压法;③铆接法。

2)裂纹补焊

裂纹补焊的程序包括:①补焊前止裂;②开坡口(清除裂纹,见图7.8-8);③补焊。

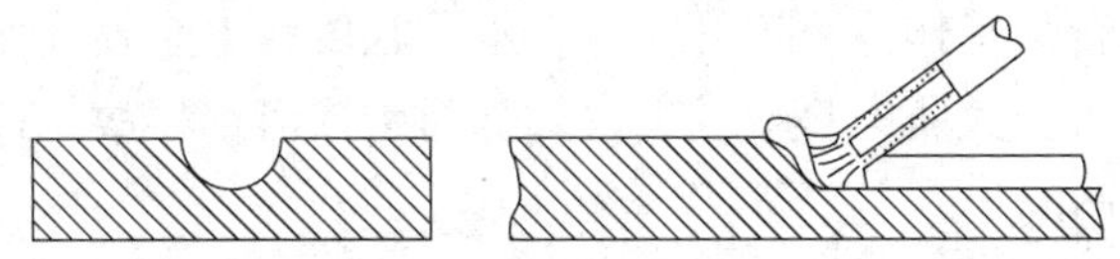

图7.8-8 用焊条清除裂纹开U形坡口示意图

3)管结构焊接

水下金属结构,大部分是管结构(如钻采平台的导管架)。补焊管结构可采用两种形式:一是利用补板进行补焊,即在破损处敷一个曲率与管径相符的弧形补板,采用前节所介绍的焊补板的方法进行补焊;二是将破损段切除,换一段新管,采用对接焊修复。

补焊管结构时,一条焊缝往往处在几种焊接位置上,潜水焊工必须掌握全位置焊接操作技能。其对接焊接方法如下:

(1)水平固定管的对接:这种焊缝处于平、立、仰三种位置,焊接过程中焊条必须不断地变换位置,而又不便于调节焊接参数,这就要求潜水焊工的操作技术必须熟练。

焊前将接缝开成V形坡口(薄壁管也可不开坡口)。组装时,管子轴线要对正。定位焊缝要均匀而对称布置,焊缝长度不小于20mm。

焊接时,一般是采用先上部后下部的施焊程序。组装时,下部装配间隙稍大一点,以补偿焊缝收缩而造成的下部间隙减小。

(2)竖直固定管的对接:这种管结构的对接,是单一的横向环焊缝,与平板横焊大体相同。

5.水下焊接缺陷与危害

水下焊接在能见度为零或能见度差的水中进行,受到水压力的影响,潜水焊工在水下稳定性较差,行动也不方便,尤其在水流大和风浪高的环境下,受影响更大。这些因素给水下焊接操作带来极大的困难,因此,水下焊接比在陆地上焊接更容易产生焊接缺陷。

水下焊接缺陷的类型与陆地焊接缺陷基本相同,只是不同类型的焊接缺陷产生概率与陆地焊接缺陷有差异。按发生概率,常见的水下焊接缺陷有:未熔合、未焊透、夹渣、裂纹、咬边、焊缝尺寸偏差、焊瘤、气孔和烧穿等。

不论何种类型的焊接缺陷都会破坏焊接接头的连续性,使焊接接头的性能降低。在水下,焊接缺陷还会引起腐蚀破坏的加剧。为了预防焊接缺陷的产生,潜水焊工必须了解一些水下焊接缺陷形成的特点,以及防止缺陷产生的措施。

四、水下焊接与切割施工安全

水下焊接与切割具有潜水作业和焊接或切割作业两者的特点，当潜水员身体浸入水中进行电割或焊接时，存在受到严重电击的风险。除作业环境复杂、恶劣外，在水下湿法焊接、局部排水干法焊接和水下电氧切割作业时，潜水焊工直接暴露在水中进行带电作业，较在陆地上焊接有更大的危险性，稍有疏忽大意，就可造成触电等事故。所以，潜水焊工在进行水下焊接与切割作业时，应严格遵守潜水规则和水下焊接与切割安全规程，确保施工安全。

1. 水下作业用电安全知识

水有导电性，在水中，特别是海水中，人体的接触电阻大大降低，电流很容易从人体中流过，所以比在陆地上进行焊接作业更容易触电。水下轻度触电会使潜水焊工恐慌，导致潜水事故。水下重度触电，可使人肌肉痉挛或失去知觉而引发潜水事故。

1）通过人体的安全电流

对人体起危害作用的是通过人体的电流。人体对所通过的电流具有一定抵抗能力，但当电流达到某一限度时，将使人感到痛苦，直至危及生命。人们把通过人体而不致使人发生危险的电流限值称为通过人体的安全电流。安全电流值因人和电流种类不同而不同，表7.8-2给出了电流对人体的作用情况。

电流对人体的作用表 表7.8-2

触电时人体反应情况	直流(mA)		交流(mA)			
	男人	女人	60Hz		10Hz	
			男人	女人	男人	女人
有感觉，稍有点发麻	5.2	3.5	1.1	0.7	12	8
没有抖动，无痛苦，能脱开	9	6	1.8	1.2	17	11
抖动而痛苦，仍能脱开	62	41	9	6	55	37
抖动而痛苦，达到能脱开的极限	74	50	16	10.5	75	50
严重抖动，肌肉强直，呼吸困难	90	60	23	15	94	63
脉搏有可能减弱	130	130	100	100	110	110
脉搏有可能减弱	500	500	100	100	500	500

从表中可看出，男人所能承受的电流大于女人所能承受的电流。直流电比交流电安全。当人体通过60～90mA直流电时将引起严重后果，而通过交流电（工频）15～23mA时就要引起严重后果。所以，在水下焊接与切割中不宜采用交流电流，在控制电路或照明时也不宜采用交流电。

2）通过人体的安全电压

通过人体电流的大小，取决于人体接触带电体电压的高低和人体接触电阻大小。接触到的电压越高，流入人体的电流也就越大。人们将确保通过人体的电流不超过安全电流的电压限值称为安全电压。同时，这个电压限值也随着人的接触电阻变化而变化。人体皮肤干燥时或表皮较厚的部位接触电阻较大，流过安全电流时所需的电压要高些。当人体处于水中，尤其在海水中时，接触电阻显著下降，所能承受的电压也就降低了。另外，人体本身的电阻也受所接触电压的影响,电压增高,人体的电阻也降低,见图7.8-9。

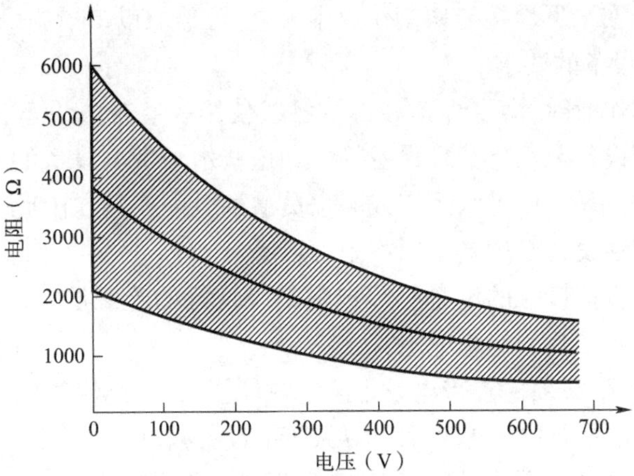

图7.8-9 人体电阻与电压的关系

通过人体的安全电流和安全电压是因人而异的,即使同一个人在不同条件下也不同,所以确定一个确切的数值是不容易的。另外,在实际工作中测定通过人体的确切电流值也较困难。因此,通常用安全电压值作为安全用电的限定指标。

根据《潜水员水下用电安全规程》(GB 16636—2008)的相关规定,凡与潜水员直接接触的控制电器必须使用隔离变压器,并有过载保护设备,其电压值直流电不得超过30V。

上述安全电压值是指人体直接接触的电压值。而水下焊接与切割中使用的焊接电源多在80V左右(直流)。虽然远远高于安全电压值,但只要不是直接接触,仍是安全的。表7.8-3列出了水下手工电弧焊触电时对人体的影响。从表中可看出,只要操作时注意,是没有危险的。

水下手工电弧焊触电时对人体的影响 表7.8-3

触电形式	条件	人体电流(mA)	触电程度	安全性
由焊条漏电在海水中产生的电位差触电	电源电压80V,焊条附近处的电位差为1V	0.7	C感觉不到有电流通过	安全
从焊炬漏电	电源电压80V,离漏电部位2m,电位差为0.4V	0.3	感觉不到有电流通过	安全
同时触到焊条和母材	电源电压80V	53	有痛苦感,但肌肉自由,可脱离	一般无生命危险
	电源电压50V	33	有痛苦感,但肌肉自由,可脱离	一般无生命危险
只接触焊条端部	电源电压80V	53	有痛苦感,但肌肉自由,可脱离	一般无生命危险
	电源电压50V	33	有痛苦感,但肌肉自由,可脱离	一般无生命危险
只接触母材	电源电压80V	0.7	无感觉	安全
拿着焊炬上浮	电源电压80V	40	有痛苦感,但肌肉自由,可脱离	一般无生命危险

3)水下焊接与切割中防止触电的措施

为防止潜水焊工在水下焊接与切割作业中触电,可采取以下措施。

(1)对水下带电设备的要求。

水下焊接与切割作业时,潜水焊工经常接触或使用一些带电设备,如焊接电源、电焊电缆、焊钳或焊枪、照明设备及水下清理设备等。如这些水下带电设备的绝缘性能不好或绝缘失效,就可能造成触电事故,使潜水焊工或潜水员遭到电击伤害。因此,为了防止触电事故,用于水下焊接或切割的设备必须具备以下条件:

①要求潜水焊工直接接触的设备必须包敷绝缘良好的绝缘层,其防护层的绝缘电阻不应小于陆地焊接设备和工具的绝缘电阻;

②每次下水使用前,必须检查带电设备的绝缘性能,遇有绝缘失效的应及时更换;

③由于潮湿和水有一定的导电性,可能导致带电设备漏电,应对水下带电设备进行水密;

④所有水下控制电器必须使用隔离变压器,不得使用自耦变压器,由潜水焊工直接控制的电器所使用的电压,交流不得超过12V,直流不得超过30V;

⑤开关应适用于使用的最大电流,并且安装开关的方式不能造成开关自行闭合;

⑥焊枪和电割把的设计应符合潜水作业的要求;

⑦所有水下电割作业应该正极接地,而水下焊接则应正极接焊枪,即直流反接。

(2)对潜水焊工的要求。

对潜水焊工的要求主要有:

①潜水焊工应经过培训并持有有效证书,掌握水下安全用电知识;

②施工前对潜水焊工及水面人员潜水员进行安全用电教育,以便进一步提高其思想认识;

③对水下焊接与切割用的电器、设备进行绝缘性、水密性检查,达不到技术要求者禁止投入使用;

④水下焊接与切割的潜水焊工,要戴防水绝缘手套,使手保持干燥状态,且不与带电体直接接触。

2. 水下焊接和切割作业劳动保护及安全操作规程

水下焊接与切割作业时,除必须遵守常规潜水作业中的劳动保护和安全操作规定外,还应注意水下焊接与切割中特殊要求的劳动保护及安全操作规定。

1)水下焊接和切割作业劳动保护

(1)防止弧光灼伤眼睛:虽然水具有较强的吸收光的能力,但在清水中弧光仍是很强的,会引起电光性眼炎。而在LD-CO_2焊接中,眼睛和电弧之间没有水,则引起电光性眼炎的危险不亚于陆地。为此,必须根据不同的作业方法,采取保护措施。如果着重潜装具进行水下手工电弧焊和电氧切割时,潜水焊工需戴护目镜,颜色深浅,可根据每个人的视力情况选择。如着轻潜装具作业时,则佩戴软性触摸接触镜。LD-CO_2焊接时,要注意拉放焊枪中的护目镜。

(2)防止高温金属或电弧灼伤:在清水中作业时,皮肤不要直接曝露在弧光下,以防被弧光灼伤。水下焊接时,特别是水下电-氧切割时,会向水中喷射出高温熔渣或熔化金属。这些高温物质,不仅会灼伤皮肤,而且也可能烧坏潜水服、气管等装具组件,造成呼吸气体中断等事故。因此,水下作业时,要防止这些高温物质喷落的区域,人也不要处于该区域作业。

作业中严禁用手触摸处于高温状态的焊缝或割缝、割条或焊条、焊丝或割丝。

(3)在进行水下焊接或电割作业时,潜水员应穿戴足够的防护服(一般是状态良好的橡胶湿式潜水服或干式潜水服),包括绝缘手套。

(4)应穿戴潜水头盔以保持潜水员头部干燥,避免受到电击的可能。

(5)注意潜水呼吸气体的卫生:水下焊接与切割时所产生的烟尘对人体是有害的。因此,作业时应将潜水空气泵放到作业区的上风头空气新鲜的地方。

2)水下焊接和切割作业安全操作规程

在进行水下焊接和切割作业时,为了确保施工安全,应按下列规程操作:

(1)水下焊接和切割作业前,必须对作业现场详细调查,使作业人员熟悉施工点所处的环境、水深、水文状况及工件结构特点等。

(2)水下焊接和切割作业前,制定施工方案、作业程序和应急措施,并进行安全技术交底,明确参与人员的岗位职责、安全作业程序。

(3)水下焊接和切割作业时,施工船舶应停泊可靠,与作业无关的船舶禁止进入作业区内,作业区域的水面上不许进行其他作业,作业区半径至少应等于作业水深。

(4)做好作业前的准备工作,备齐设备、器材,清除作业区域内可能危及作业安全的障碍物。

(5)水下焊接和切割作业时,要根据工件结构特点和环境情况设置操作平台,或采取其他措施稳定作业位置;绝对不允许在悬空状态下进行水下焊接与切割。

(6)水下作业时要接牢地线,且使地线与焊炬或割炬处于潜水焊工或潜水员的同侧,见图7.8-10;潜水员不得站在地线与工作地点之间,避免电场击伤;潜水员在水下不能站在割炬或焊炬与地线之间,以防产生的电流会高速分解腐蚀头盔上的金属部分,而且也不要站在一根弯曲的电缆中间。

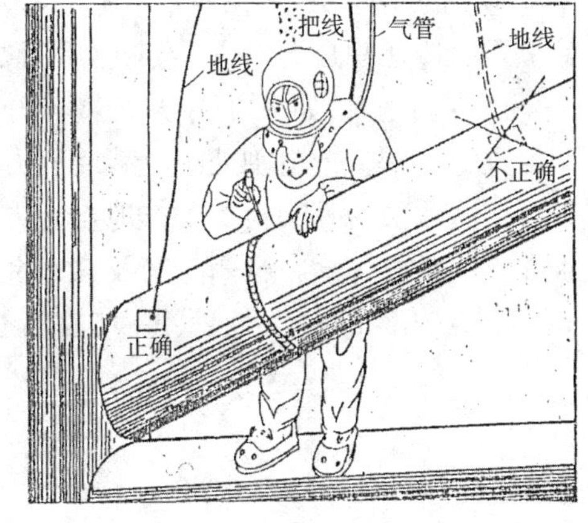

图7.8-10 水下焊接或切割正确接线示意图

(7)在带电结构(设有外加电流保护的结构)上进行水下焊接与切割时,应首先切除结构上的电流,然后进行水下作业。

(8)防止双相触电,即在水下多个人同时进行焊接或切割作业时,在引弧和续弧过程中,双手接触被焊接或切割的工件、接地线、焊条或割条是危险的。

(9)在能见度差、水流比较快的水域及操作空间狭小舱室,未采取头盔绝缘措施,不得穿着金属硬头盔潜水装具进行湿式焊接或电-氧切割作业。

(10)飞溅区是水下电割或焊接的过程中最危险的地点,潜水员应避免站在飞溅区工作。

(11)当潜水员在能见度较高的水中工作时,潜水员应使用适当的焊接面罩以保护他们的眼睛。

(12)始终严格控制闸刀开关,在潜水员没有电焊或电割时(包括焊枪或电割把及地线放入水中或收回水面时)不得闭合,否则可能会对潜水员造成伤害或对工作场地造成损坏。

(13)作业前或作业中间,需更换焊条或割条时,应通知水面人员断电;只有在潜水员要求“开”电源时，才能合闸送电。

(14)为防止压伤作业人员，在装配定位焊时，要系牢安装吊索，查明定位焊牢固后，方可通知松开吊索。切割时，对切断后易移位的割件，亦应系牢吊索，并留有一定的定位段，以确保切割过程中割件不移位。

(15)水下焊接和切割作业时，严禁将焊枪或割炬触及自身或其他作业人员，特别是潜水装具的金属部件；作业时，要防止头盔等撞击金属结构。

(16)应特别注意防止电焊或切割过程中易燃易爆气体集聚或封闭容器等引起爆炸。总体上是要设法解决现场潜在的爆炸性气体，以及在焊接和电割中产生的爆炸性气体。主要有：

①在开始电焊或电割之前，要确保对施工涉及任何可能含有易燃易爆气体的舱室使用惰性气体进行冲洗；对于聚集的易燃气体，例如腐烂有机物质释放的甲烷，可能存在于驳船或船体被淹没的舱室中，也可能会出现在管道线中，未经清除干净，不得进行电焊或电割施工；

②电割海底管线或任何封闭容器、结构之前，应确认里面是否含有易燃气体，即使是一根空的管线，里面也可能有残余的易燃气体，应在焊接和电割之前，用水或不助燃的气体(氮气、二氧化碳、氩气等)进行清洗、排放或净化；

③没有特殊可靠措施不得切割弹药库、油舱及其他有爆炸可能的舱室和物品；

④如果下方是泥浆，应确认泥浆是否含有甲烷等易燃气体；

⑤无法清除易燃气体时，应该使用冷切割(闸刀锯、金刚石绳锯切割机、高压水研磨料切割设备等)，冷切割是指一种不会产生足够热量以引燃可燃性气体或碳氢化合物的切割技术；

⑥在切割时，如果可能，从最高点开始向下作业，以便于气体排放；

⑦禁止焊接或电割处于负载或压力下的结构件；

⑧潜水员应仔细检查工作地点上方有无可聚集气体的凹槽，应注意防止电割或焊接作业中产生的气体会在密闭空间及H形钢梁等结构杆件下聚集，应注意防止在水下电割余氧达到一定浓度也可能引起氧爆；应在高处设置一个通风点，确保气体不会被限于空间内。

第九节 水下切割

水下建筑、海底石油管道等的金属结构在诸多外因影响下逐步磨损、腐蚀或受到某种损伤，在恢复或修理前必须分割金属结构的某一部分，或者全部拆毁。另外，沉船打捞、海上设施建造与安装及舰船维修等也都不可避免地应用水下切割技术。

一、水下切割技术分类及特点

1. 水下切割技术的分类

水下切割技术虽种类繁多，但依据其基本原理和切割状态不同，大体上可分为两大类，即水下热切割法和水下冷切割法，见图7.9-1。

2. 水下切割技术的特点

水下切割技术并不是陆地切割的延续，因水下特殊环境，有其独特的理论基础和使用方法,许多陆地上应用的技术不适于水下使用。

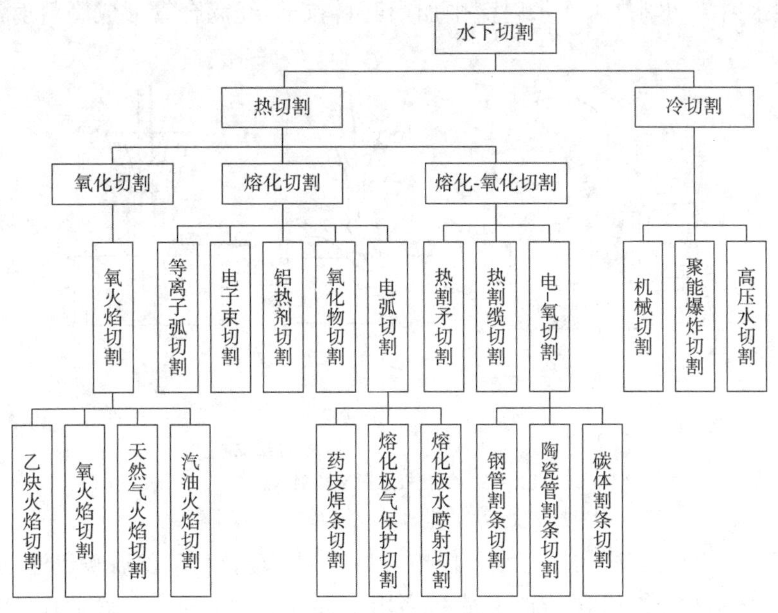

图 7.9-1 水下切割技术的分类

水下热切割法应用最广泛,占水下切割的 90%以上。水下热切割法具有切割速度较快、效率高、适用范围广等特点;设备简单,成本较低,但是易对工件产生热影响甚至发生变形,切口质量较粗糙,容易发生爆炸事故,安全性差。

水下电弧氧切割其原理与水下氧火焰切割一样,是用电弧代替火焰,氧气通过空心电极喷出,而电弧则在空心电极的端部产生。其原理示意图见图 7.9-2。

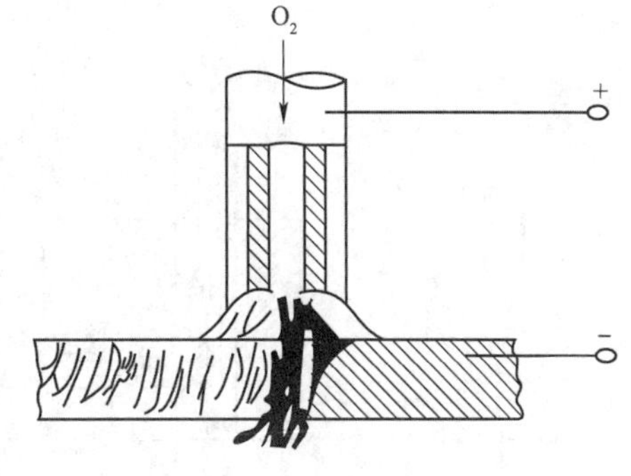

图 7.9-2 水下电弧氧切割原理示意图

水下电弧氧切割适用于能导电的金属材料,但主要是用来切割易氧化的低碳钢和低合金高强钢。其使用水深已超过 150m,切割的厚度也在不断增加。但水下电弧氧切割由于割缝质量不高,多用于水下破坏性切割。

水下氧火焰切割和水下电弧氧切割都以气体为介质,在水中气体上浮产生的气泡,降低了水下可见度,增加了切割中的困难。熔化极水喷射水下切割用水作为切割工作介质,除保证切割过程平静外,还不必克服以空气作为介质时存在的因水深而带来的静水压问题。这种方法是利用电弧产生的热量将金属熔化,并用高压水射流将被熔化的金属及熔渣吹掉,从而形成清洁的切口表面。熔化极水喷射切割示意图见图 7.9-3。

高压水射流水下切割技术作为一种水下冷切割方法,不会破坏材料的物理、力学性能及材质的晶间组织结构,且免除了后序加工。尤其对特种材料如碳纤维材料,有切割无法比拟的效果。高压水射流切割技术可以切割各类金属或非金属、塑性或脆性硬材料。图 7.9-4 为高压纯水型和加磨料型两种高压水射流切割法示意图。纯水型水射流切割的原理是将水增至超高压,再经节流小孔,使水压势能转化为射流动能,用这种高速密集的水射流进行切割;加磨料型水射流切割是再往水射流中加入磨料粒子,经混合管形成磨料射流,用磨料射流进行切割。

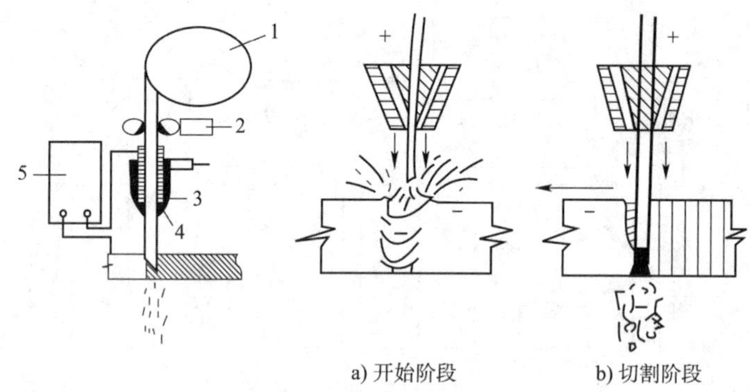

图 7.9-3　熔化极水射流切割示意图

1-切割丝;2-送丝电动机;3-水;4-喷嘴;5-电弧焊机

同样属于水下冷切割法的还有水下机械切割,其中应用较多、发展较迅速的是水下金刚石绳锯切割。金刚石绳锯机在陆地上最初多用于大理石的开采,后来逐渐应用于水下,见图 7.9-5。

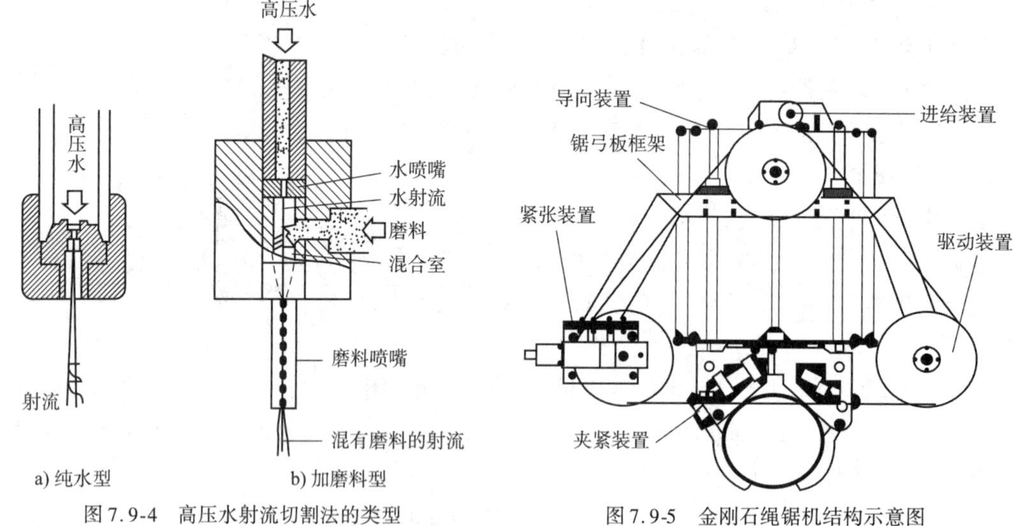

图 7.9-4　高压水射流切割法的类型

图 7.9-5　金刚石绳锯机结构示意图

二、水下电氧切割设备及材料

水下电-氧切割必须装配相应设备,其装配简图见图 7.9-6,其中包括切割电源、氧气瓶及氧气减压表、闸刀开关、割炬、氧气气管和切割把线及地线。如果大深度或大工作量切割作业,还需使用汇流排并连上氧气瓶组,以保证切割气体的供应。

1. 切割电源

水下电氧切割的电源与水下湿法焊接的电源相同。

2. 切割电缆

水下电氧切割的电缆与陆上电焊电缆无多大区别，其截面积主要取决于通过的电流大小，而电流大小与被割件厚度、水深有关。通常使用电流在400～500A，所以导线和地线一般采用截面积为70～100mm^2的电缆，详见表7.9-1。导线、地线和电割刀等都必须绝缘良好，防止漏电。被切割金属必须彻底清除铁锈、油污、牡蛎等所有不洁物。

切割电缆截面积与电流关系表 表7.9-1

导电截面积(mm^2)	最大允许电流(A)
25	200
50	300
75	450
90	600

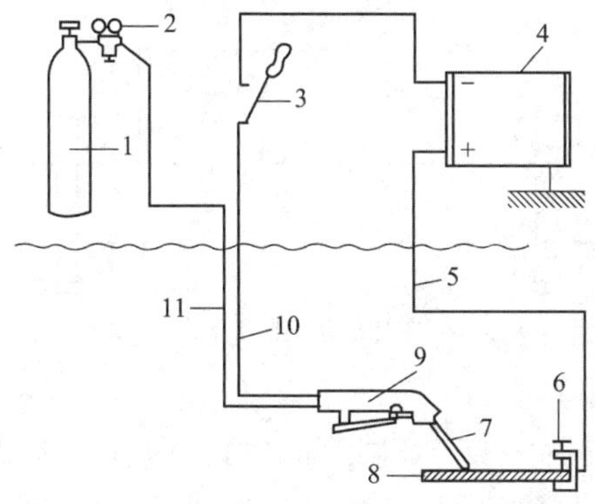

图7.9-6 水下氧-弧切割电路、气路示意图

1-氧气瓶；2-氧气调压总成；3-控制开关；4-电源；5-接地电缆；6-接地弓形夹；7-切割电极；8 被切割工件；9-切割炬；10-电源电缆；11-氧气管

3. 切割炬

切割炬是水下切割的重要组成部分。我国自行设计制造的SG-Ⅲ型水下氧-弧切割炬，水下重量为0.75kgf；切割炬头部构件与被割金属接触时，能自动断弧，以防止烧坏切割炬头部；切割炬装有回火防止装置，可防止炽热的熔渣阻塞气路，烧毁氧气阀，见图7.9-7。切割炬带电部分，包敷绝缘材料，其绝缘性较好；当通过切割炬氧气阀氧气压差0.6MPa时，其供气流量大于1000L/min。氧气阀应始终确保与割条绝缘。

4. 控制开关与自动开关箱

为了防止触电确保潜水员安全，应在电焊机接到切割炬的电缆上装有断电控制开关。当潜水员更换切割电极或工作暂停时，用断电控制开关及时切断电源。控制开关一般采用两极闸刀开关(图7.9-8)。闸刀的开关由水下作业的潜水员指挥，水面应有专人负责。

为了保证及时开关，在连接电路有时也装有自动开关箱，以代替人工操作的闸刀开关。

5. 氧气瓶、氧气管和氧气调压表总成

氧气瓶、氧气管和氧气调压表总成等均有定型产品。但在选用时，一定要与整个系统匹配。氧气管应注意其耐压强度。一般情况下,其工作压力应不低于2MPa。

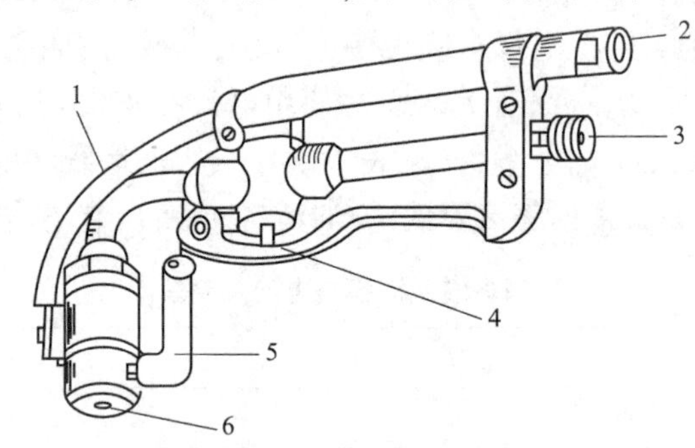

图7.9-7　SQ-Ⅲ型水下切割炬

1-导电铜排;2-电缆接头;3-氧气管接头;4-氧气阀;5-松紧螺栓;6-割条插口

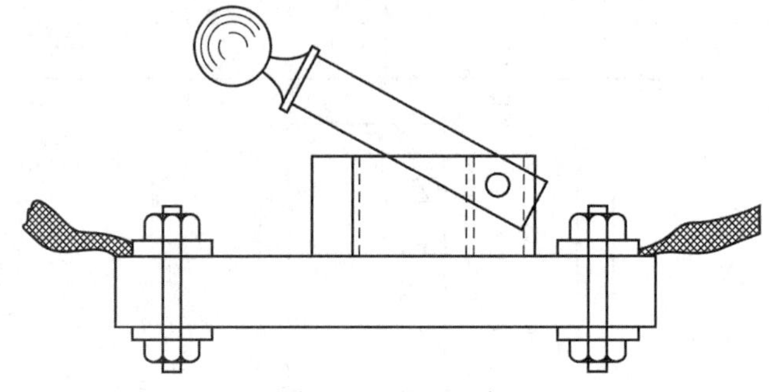

图7.9-8　闸刀开关

6. 电割条

电割条在氧-弧切割时作为一极,产生电弧并可输送氧气,因此也称钢管切割电极。

钢管切割电极应具有电器绝缘层。钢管切割电极外部涂料有两种方式,一种是在无缝钢管外涂压药条皮;另一种是在无缝钢管外涂以塑料纤维皮或包上一层塑料外套,以达到绝缘的目的。不论哪种方式,外部均涂有防水漆,防止药皮吸水受潮。使用受潮的割条,会产生药皮裂纹或破碎,影响水下切割效率。

涂料中有易电离的成分,起稳定电弧的作用。涂料在燃烧时,产生大量气体,使钢管切割电极与水隔离,涂料燃烧速度比钢管熔化的速度慢,在端部形成套筒,所以切割时,钢管切割电极能在与工件接触的情况下进行。

国产COESS-1041钢管切割电极,是一种典型的水下氧-弧切割电极。长400mm,钢管内径2.5mm,外径8mm。每公斤约有6根(图7.9-9)。

7. 氧气

在氧-弧切割中,氧气的作用是很大的。它不仅是助燃剂,氧气流又是吹除割缝中熔融金属、氧化渣的动力。作为助燃剂,氧气的纯度应该是越高越好。

三、水下电氧切割技术

1. 水下氧-弧切割电路和气路的连接

水下氧-弧切割电路和气路的连接在进行水下氧-弧切割操作之前,必须接好切割电路和气路(图7.9-6)。水下氧-弧切割电路一般采用直流正接法,即切割条接负极,被割工件接正极。

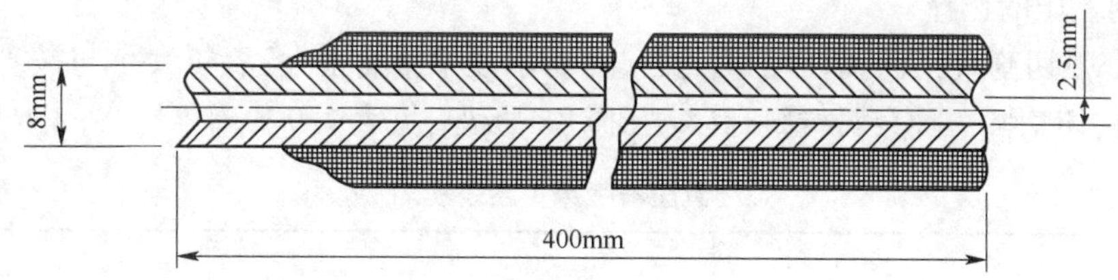

图7.9-9 COESS-1041 钢管切割电极

水下氧-弧切割时,氧气管一端接氧气调压表总成,一端接切割炬,氧气瓶中的高压氧气经过氧气调压表总成减压至所需要的压力。

2. 水下氧-弧切割规范参数的选择

氧-弧切割的效率很大程度上取决于下列因素:

(1)切割氧气的纯度和切割电极的类型;

(2)水下结构的状态,如被割金属的厚度,表面锈的程度等;

(3)水下环境的特点,如水下能见度、流速等;

(4)操作潜水员技术熟练程度;

(5)切割参数的正确选择。

在以上诸因数中,切割参数的正确选择与确定,对切割效率的提高有更大的作用。水下电氧切割参数,主要指切割电流、氧压和切割角的选择与确定。

1)切割电流的选择

切割电流的大小,通常根据电缆的截面积、长度和被切割金属的板厚来确定的,其中主要是板厚。切割金属的板厚与切割电流的关系表见表7.9-2。

金属板厚与切割电流的关系表 表7.9-2

板厚(mm)	<10	10~20	20~25	>25
电流(A)	280~300	300~340	340~400	>400

切割电流亦可用下列经验公式求得:

$$I = KD$$

式中:I——切割电流(A);

D——钢管切割电极外径(mm);

K——与切割板厚相关的经验系数,见表7.9-3。

切割板厚的经验系数表 表7.9-3

板厚(mm)	<10	10~20	>50
K	30~35	40~45	>50

当电流选择过小时,不但将使引弧、续弧发生困难,电弧不稳定,钢厚割不透,割缝不整齐,而且会发生粘弧,造成短路,切割效率下降。电流过大时,药皮爆裂,切割电板熔化过快、

熔池过宽，熔化金属在割缝中发生粘合，造成“割而不透”的现象，亦影响工作效率。

2）切割氧压的选择

水下氧-弧切割时，氧压选择正确与否，对切割效率影响很大，氧压大小与被割金属性质和厚度相关，切割同一种金属材料，其氧压取决于板厚，见表7.9-4。

氧压与板厚关系表表 表7.9-4

板厚(mm)	<10	10~20	20~30	>30
氧压(MPa)	0.6~0.7	0.7~0.8	0.8~0.9	>0.9

表7.9-4中的氧压是在水深10m，氧气管长不超过30m的条件下。如果切割水深增加，氧压亦增加，其幅度是水深每增加10m，氧压增加0.1MPa。氧气管长度每增加10m，氧压增加0.1MPa。

3）切割角(氧流攻角)

进行水下氧-弧切割时，切割角的掌握是否得当，对切割速度有一定影响。随着切割角的改变，切割速度也会改变。切割角是指切割电极与被割钢板割缝垂线之间的夹角。无论采用何种操作，适当运用切割角能获得较高的切割速度。切割角的选择取决于板厚。通常，切割板厚度越大，切割角越小。不同板厚的切割角推荐如表7.9-5。

切割角与板厚关系表 表7.9-5

板厚(mm)	<10	10~20	>20
切割角	50~60°	40~50°	<40°

切割电流、氧压和切割角，是水下氧-弧切割的重要规范参数。推荐的数据和计算经验公式，仅适用于碳钢。对于其他金属材料(如铜、不锈钢等)不能照搬硬套。这三个参数，如果选配恰当，可以大大提高水下切割效率。经验表明，在水下环境不太复杂的条件下，一个技术熟练的潜水员割薄板每小时可割20m以上，割中板6m左右，厚板也可达3m以上。

3. 水下氧-弧切割的基本操作方法

1）切割前的准备工作

水下切割开始前，氧气瓶上必须先装好减压阀、氧气压力表和氧气管等。再检查电割刀到氧气瓶的减压阀之间每1个氧气管接头，要保证不漏气。检查氧气瓶内的存气量，并确知氧气瓶阀已全部开好，氧气压力调节到所需数值。同时开动电焊机，电流也调节到所需数值。认真检查所有接头，切勿接错；要有良好的导线和地线，尤其是水下部分不得有裸露处；检查导线和地线的极性，特别注意检查接在切割件上的地线的接触情况；不能利用海水作地线，应直接接到切割件上(水上或水下部分均可)。并应检查电割条内孔是否有堵塞现象。电割条装入电割刀的一端应无锈、无油污，存放时间过长或浸过水的电割条装入端锈蚀严重的应去锈。

2）水下切割方法

待水面一切准备工作结束后，潜水员入水到达工作点，处于方便而稳妥的位置，然后手握电割刀，将电割条装入电割刀内固定；接着握住电割刀，再将电割条接近开始切割点；如果没有自动氧气装置，先开启电割刀氧气开关，但不可使气流太大，然后引燃电弧，并开始进行

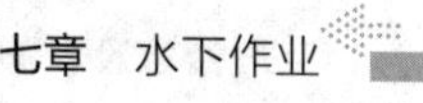

切割。切割开始后，当金属还未被全部割穿时，潜水员应稳住电割条，直到割穿后，再过渡到正常切割。

常用的水下切割方法有：

(1)支承切割法：

支承切割法的基本操作方法如下(图7.9-10)：

支承切割法是当电弧引燃后，将切割条倾斜一定角度，借助割条头部的药皮套筒，支承在被割工件上进行切割。支承切割法适用于切割薄板和中板。这种方法操作比较简单，易于掌握，且切割效率较高。

(2)加深切割法：

加深切割法的基本操作方法如下(图7.9-11)：

加深切割法是当电弧引燃后，将割条略微倾斜，保持电弧稳定。逐渐将割条伸入熔池，待割缝形成后，重新将割条提回工件表面，如同拉锯上下运动。加深法一般适用于厚板的切割。

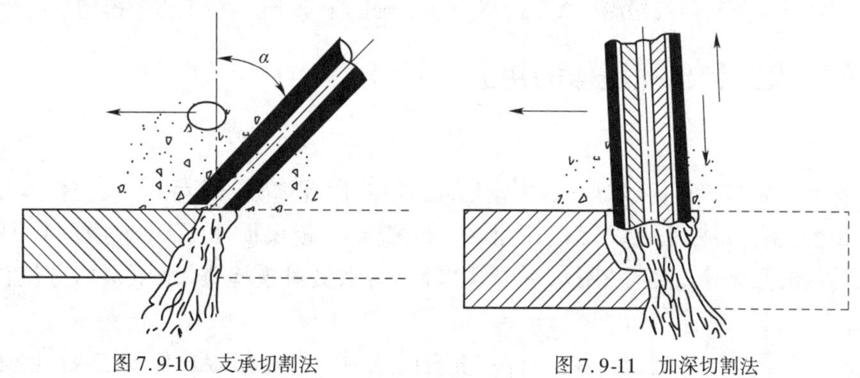

图7.9-10　支承切割法　　图7.9-11　加深切割法

(3)电弧维持法：

电弧维持法的基本操作方法如下：

当电弧引燃后，将割条离开被割工件表面，保持一定的电弧长度进行切割，割条与被割工件基本保持垂直位置。电弧维持法，一般用于切割板厚小于5mm的钢板。但由于水下电弧很短，这种方法较难掌握。

4.水下电氧切割操作安全

水下电氧切割作业劳动保护及安全操作规程，见第四章第八节。除此之外，还应注意下列事项：

(1)水下电氧切割常用电流为300~450A，空载电压为60~90V。

(2)一般水下电氧切割的氧气压力比切割水深处的水压高0.5~0.7MPa。

(3)割矩采用直流正接法，如果在错误的极性下使用割矩，将使切割效率大大降低，并使割矩受到较大损害。

(4)待切割处应清理海生物及其他污物和障碍物，防止对切割过程产生影响。

(5)特别注意在切割前应对每根割条进行检查。割条插入端长约40mm内应圆整光滑，无散落药粉，并用砂纸打光。否则因割条插不到割矩要求深度和接触不良，致使割矩漏气，不但影响切割效率，而且易将割矩头烧坏。

(6)割条插入割矩头内,依顺时针方向旋紧弯柄螺钉,割条被夹紧。换割条时,以相反方向旋松弯柄螺钉,开启气阀,即可吹出烧剩割条。

(7)当割条烧剩 30 ~ 50mm 左右时,应停止切割更换新割条,否则容易烧损割矩头部。

(8)切割中断时应先断弧后关氧气。

第十节 水下摄影和电视摄像

水下摄影由潜水员或潜水器(ROV)借助于水下摄影设备在水下完成拍摄,而后在水面进行后期处理,获得清晰度高、色彩丰富的永久性记录;水下电视摄像可将船舶、桥梁、码头等水下物体进行客观现实的 360 度全方位实时记录,获得连续实时、色彩丰富和真实可靠的摄像信息。水下摄影、水下电视摄像不仅是一种十分有价值的水下目视检测(UWVT)方法,也是水下磁粉检测(UWMT)、水下超声波检测(UWUT)等方法的辅助记录手段,在工程中得到了广泛的应用。

一、水下摄像和电视摄像的用途

1. 记录

海上平台钢结构的年检、水库大坝泥土墙面检查以及海床面检测等工程作业中发现一般性或严重性缺陷,如柱基裂纹、钢结构损坏、腐蚀坑、阳极块损耗(变小或脱落)、河床冲刷、海生物水下生长情况等,通常采用水下电视摄像、潜水员目视检查、水下摄影方法以获得永久的记录。

通常施工步骤:潜水员水下目视检查→发现问题由潜水监督做好现场记录(上报业主,征得业主同意后)→进行水下电视摄像(电视摄像资料和目视检查报告作业永久的记录资料)。

2. 监视与监督

潜水监督通过水下电视摄像系统(UWCCTV)将潜水员在施工中遇到各种问题直接在视频显示器上展现出来,水面监管人员可以监控和指导潜水员进行的水下作业。

潜水员虽然可以通过潜水电话与水面交流,但通过电视摄像可以更直接地反映水下实际情况,更容易使通过语音表达无法理解的情况得到理解,确保与水面人员的有效沟通。

3. 水下目视检测

水下目视观察检验、水下电视摄像和水下静物摄像检验是水下目视检测中采用的检验手段,其各具优缺点,详见表 7. 10-1。

水下目视检查、水下电视摄像和水下静物摄影的优缺点对照表　　表 7. 10-1

作业方法	优点	缺点
水下目视检查	(1)成本低廉(无需水下电视摄像系统)。 (2)具有立体观察能力。 (3)潜水员可直接观察需检测的物体并可分析物体的现状。 (4)水下移动灵活、速度快	(1)只能以书面报告作业资料,说服力不强。 (2)大深度潜水作业时,成本高、作业时间短,工作效率低。 (3)不能和水面进行良好的沟通,可能得出不客观的评价

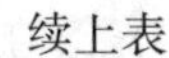

续上表

作业方法	优点	缺点
水下电视摄像	(1)操作简单,潜水移动到哪个位置水面都可即刻获得长时间、连续录像资料。 (2)可在没有光线的环境下,通过红外线获得黑白录像资料。 (3)可用广角镜头拍摄,视野更为广阔。 (4)可通过控制单元直接在摄像中写上现场日期和工作记录	(1)水下电视系统价格高昂。 (2)水下电视系统成像分辨率低(通常只有35万像素)。 (3)因水下摄像机器的不同在不同程度上使物体大小和颜色产生偏差
水下静物摄影	(1)成本低、相片分辨率高,图像清晰。 (2)可以用广角镜头拍摄,视野更为广阔。 (3)图片可以在电脑上进行有效的修改	(1)操作难度大,需专业的水下摄影知识。 (2)水下摄影色彩还原不真实,在不同水深需不一样的人工照明

二、水下环境对水下摄影、电视摄像的影响

光在水中的特性不同于它在大气中的特性,这是水下摄影最大的特点。水下摄影、电视摄像受到光线影响主要有水中的浮游物对光散射(水下能见度的影响)、水对光的选择吸收(水深对摄影的影响)、光线在水中的衰减等。

1. 水下能见度

在河水中,通常有大量不溶于有机物和无机物微粒以及悬浮状态的各种微生物。此种微生物也能使光散射和吸收光,被吸收的光能转变为热量,而散射光能向各个方向传播。不同区域的水对光的吸收和散射是不相同的,这是与水中所含物质及悬浮微粒的规格有关的,透射过纯净的海水的光成为淡蓝色的,而靠近岸边区域的水成为绿色的,而浑浊区域的水成为淡黄色的。

光线被水分子及各种微粒散射,而其大小又小于光波波长时,会产生偏振现象。此时大部分偏振光垂直于直射阳光的方向传播。

光线被水中悬浮微粒及其分子的散射会降低水的透明度,并形成像大气雾一样的水下雾。依据悬浮物数量及性质的不同,水下雾成为浅蓝色或淡绿色的。在浑浊的水中,水下雾成为黄色或棕色的。图7.10-1为能见度对水下摄影的影响。

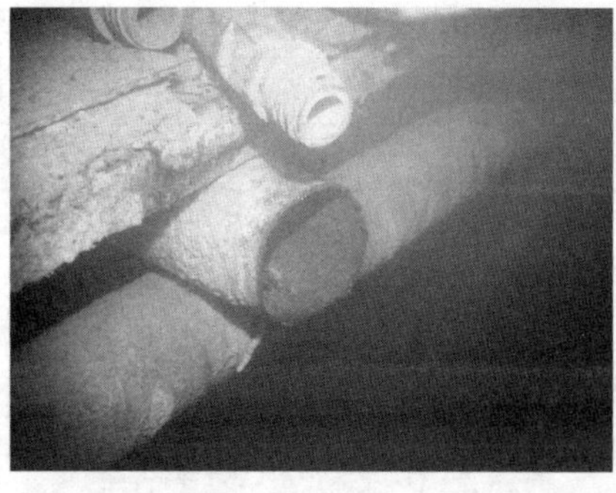

图7.10-1 能见度不同时影像的比较

光线在水中受浮游生物的影响而发生散射,在水下摄影时,影像对比度下降很大。摄影距离越长,因水中散射光产生的光晕(水下雾),对比度下降也越大。一般在摄影距离达10m以上时,影像对比度极低,不能得到实用的照片。要充分表现水中拍摄的景物,有必要时应将摄影机距离限制在1m至1m以下(用微距拍摄)。进行特写摄影和在摄影距离短的情况下,选择使用大角度画面的短焦距镜头,是得到真实照片的方法。摄影距离对影像的影响如图7.10-2所示。

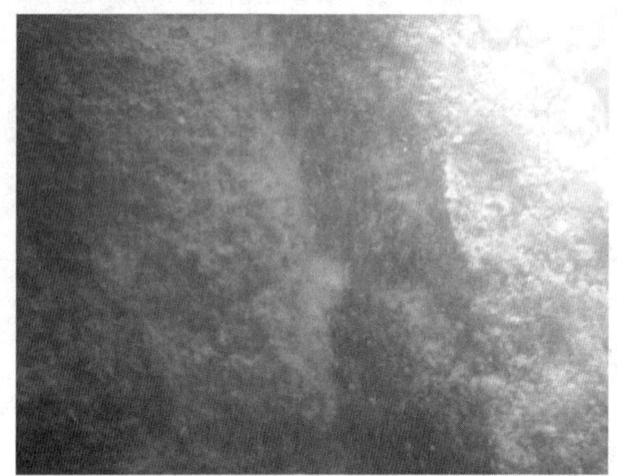

图7.10-2　摄影距离长、短的图片

2. 水深对摄影的影响

水对光的选择吸收。把光看成是一个色谱,而不是单纯的白光。这个色谱从红色(较长的波长)到蓝、绿(较短的波长)。

当光进入水中,它将受到水的吸收,这将使光谱中颜色的数量减少。波长较长的颜色(红、橙、黄)被吸收得较快,而波长较短的颜色(蓝、绿)被吸收得较慢。关于可见光谱中之各色段见表7.10-2。

可见光谱中各色段　表7.10-2

波长范围(nm)	所见光色	基本色宽度(nm)
390~430	紫	400
430~470	蓝	蓝
470~500	青	500
500~560	绿	绿
560~590	黄	600
590~630	橙	红
630~750	红	700

图7.10-3表示在纯净的海水中颜色被吸收的情况。这也解释了为什么海水呈现蓝色。因此,水层的作用如同带颜色的滤色镜,在水下观察到的景物的颜色是随着水深度的增加而变化的,如不用滤色镜在深度大于10m的水中用彩色胶片拍摄时,对摄影有效的红色光不存在。因此仅利用自然光进行水下摄影,颜色为单一蓝色,而红色系的颜色均表现为黑色。这种现象

在水浅处也有影响，所以水下摄影几乎都利用辅助光(以闪光灯为主)补偿红色光的不足。

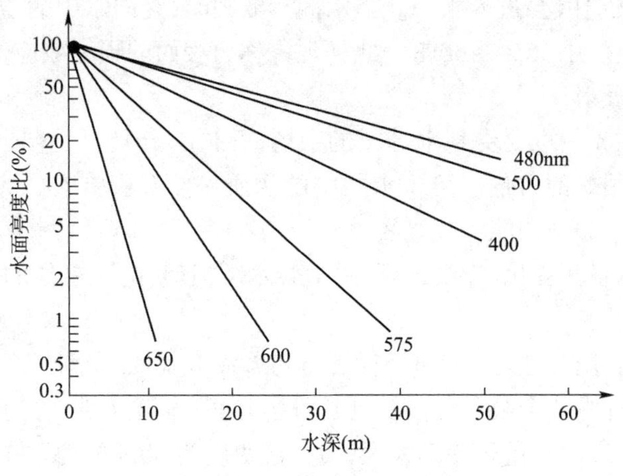

图 7.10-3　水的选择吸收

3. 光在水中的衰减

光在水中的散射，光吸收特性所引起的光亮度下降现象，称之为光在水中的衰减现象。图 7.10-4 显示了阳光在水中的透射与太阳升起高度的关系。

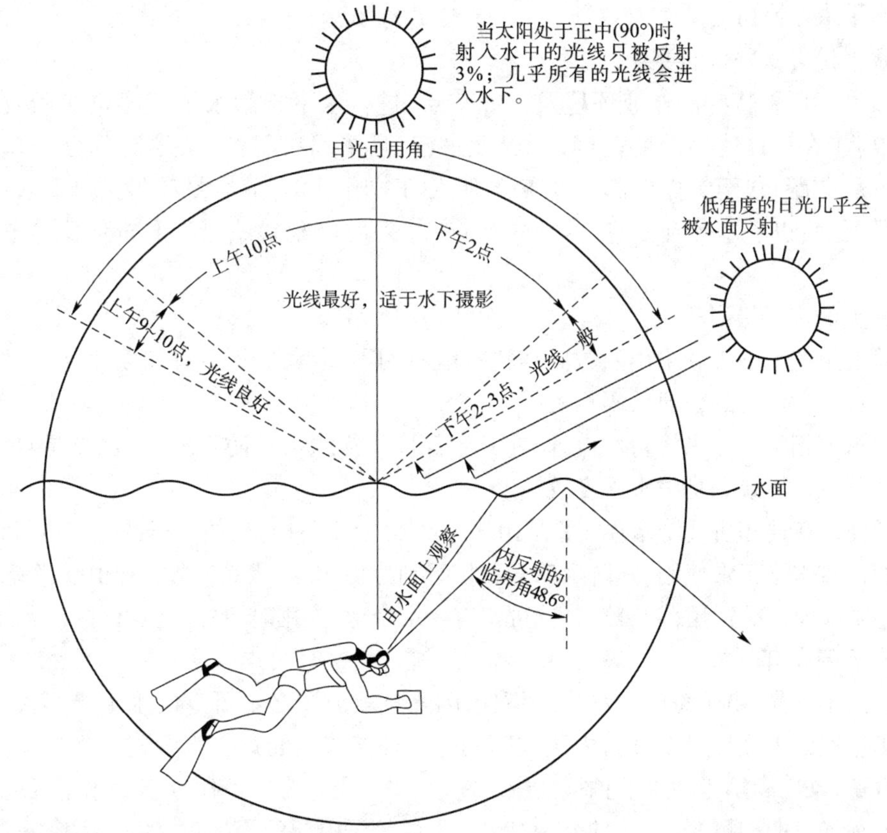

图 7.10-4　阳光在水中的透射与太阳升起高度的关系

自然光源的太阳距水面很高，太阳光相对水面的入射角在90°时，射入水中的光线只被反射3%，几乎所有的光线会进入水中。当水面有波浪时，光向水中的透射急剧减少，水下的照度比应该考虑的照度小15%～30%。此种现象称为表面的损失效应。当太阳处于很低角度时，日光几乎全被反射。

射进很清净水的光线也要受到水分子的散射，并被部分吸收。在自然界中很少有绝对纯净的水，因为水是很好的溶剂。溶于水的中的物质显然会影响它的光学性质。溶于水中的有机物、无机物和水分子均能吸收光线。

根据光在水下以昼间变化，光线最好，最适合水下摄影、电视摄像的时间是上午10时到下午2时。

在水面外表层内，阳光还保持直射现象，而随着深度加大，每种光线又分成向各个方向散射的各种光线，此种光线会被再分离及延长过程时间，直至光线被完全接收。在水浅处进行水下摄影和陆上摄影的光量相差不太大，但在透明度为30m的海水中，水深达到10m处，光量只有大气中的50%。在透明度低的水中，光量的衰减率会更大。随着光线在水中透射路程的增加，光的强度是依指数律减弱的。

三、水下摄影技术

1. 水下摄影器材

1）水下摄影对器材的要求

由于水下摄影特有的作业环境及光线特点，进行水下摄影水下照相机必须具备以下几个特点：①在设计使用深度范围内，保证水密，且坚固抗腐蚀；②控制部分简单容易操作；③光圈、焦距、快门等操作部件分布合理、便于操作；④存储容量满足拍摄要求；⑤镜头有效口径要大，以适应水下光线不足的特点；⑥采用广角镜头；⑦可与水下闪光灯装置适配。

2）常见的水下摄影相机

目前常用的水下摄影采用的数码相机一般有两种类型，专用的裸机防水水下数码相机和放入防水壳中使用的普通数码相机。

专用水下相机本身采用防水设计，在一定深度下无须另配防水配件，优点是自重轻、体型小巧、便于携带，缺点是防水深度较浅。

通常使用普通相机配防水壳（图7.10-5），此类防水壳针对具体型号的相机进行设计，尽量保证相机在水下正常使用；其防水深度可按级别分为40米级、60米级和100米级。60米级和100米级的产品适用范围较广，也可留有一定余地，使用时更加安全。

3）水下闪光灯

摄影离不开光，由于海底自然光线不佳，闪光灯就成了必不可少的水下摄影人工光源。水下摄影使用的闪光灯可以分为内置式闪光灯和外接式闪光灯。内置式闪光灯角度固定，曝光指数低，难以满足各种水下拍摄场景的需求，水下摄影常常使用外接式水下闪光灯来应对水下各种场景的拍摄要求，并且减少海水中悬浮粒子引起的漫散射、淡化阴影、还原色彩。水下闪光灯作为水下摄影照明，其色温较高，在5000°～6000°K，接近于日光。

a)　　b)

图 7.10-5　照相机和防水耐压式壳体

2. 水下拍摄操作

1）水下拍摄

首先，打开数码照相机的电源开关，确认电池电量，检查照相机的测光系统。一般来说，测光模式应设置为“评价测光方式”（也称分区测光）或是“中央重点测光方式”。切忌设置于“点测光方式”，会给曝光的准确带来很大的麻烦。

接着，设置曝光模式，以光圈优先自动曝光为佳，一般不考虑 M 挡的手动曝光模式。如果是以拍摄水下生物为主，可以使用速度优先，初始速度可以设置为 1/250 ~ 1/500s；若以拍摄静态的物体为主，则可以选择光圈优先，初始光圈可以设置为 F4 ~ 5.6。如果照相机上可以设置为 ISO 自动，最好设为自动，由照相机根据光线的条件自行进行调节。如果不能设置为自动，一般宜选择 ISO1600 ~ 3200 左右，因水中光亮较弱，在水中游动又难以端稳相机，感光度太低难以获得合适的快门速度凝固画面。

自动对焦模式最好设置为自动智能对焦模式。该模式既适用于拍摄静态物体，也适用于拍摄动态物体。在拍摄过程中能判断被摄体的状态，自动在“单次自动对焦”和“连续自动对焦”之间进行切换。当然，如果拍摄时使用的防水外壳上有自动对焦模式的切换键，那会给拍摄带来更多的便利。

如果照相机具有水下白平衡模式，可直接设置为水下模式，能够获得极为理想的色彩效果。没有这一模式的数码照相机可以设置为自动白平衡，待后期再进行适当的调整。

在将数码照相机装入防水壳之前，必须认真检查照相机的防水壳的性能是否良好、各个按钮、操纵杆的工作是否顺畅；仔细查看防水壳的连接处是否平整无破损，并且没有沙子及灰尘等异物。如果上述检查没有问题，可以将防水壳涂好硅脂或相机壳附带的润滑脂，在没有装入照相机的情况下，先闭合防水壳，沉入约 0.3m 深的水中至少 10min，确保防水壳没有渗水，然后再装入相机。在数码照相机的设置和防水壳的检查都已完成，确认无误后，可以下水进行拍摄作业。水下专用相机则直接根据说明书使用。

潜水员下潜到达拍摄地点附近后，应按照事先制定的方案与程序先熟悉周围环境，判断涌流的方向、光线方向以及水流速度和方向，然后取景构图进行拍摄。如需要应把结构位置编号等一同拍进画面。为确保水下摄影的顺利进行，在条件许可的情况下，应为潜水员在水下提供一个固定的工作平台。

2）相片格式选择

鉴于水下条件的诸多局限性，即便拍摄时已尽量拍摄理想画面，也还是会有很多照片要经过后期处理,照片格式的选择直接影响后期处理的调整空间。大多数单反相机提供了同时拍摄 RAW 和 JPEG 格式的功能,将来可以生成两个单独的文件。

JPEG 格式非常普及且十分方便,所有现代数码相机都有这个格式。JPEG 格式的优点是照片在任何计算机上都能打开,使用者也可以随意设定压缩程度来保留画质。但 JPEG 格式影像质量相对 RAW 格式要低得多。同样的画面用两种格式拍摄,JPEG 照片的饱和度会比 RAW 格式照片高,RAW 相对灰暗。这是因为相机风格设置对 RAW 格式照片没有任何影响。RAW 格式的缺点是比较占内存卡空间,并且不是所有软件都支持打开 RAW 格式的文件,但它储存图像信息量多,可保证图像质量不受损失,在后期有很大的调整空间,因此具有不可替代的优势。因此,内存空间允许的情况下,RAW 和 JPEG 格式并存是很好的选择。

3)照片的后期处理

水下状况复杂,要拍摄到满意的画面非常困难,诸多因素会影响水下的拍摄,这时就需要后期处理进行画面的优化,如去除水中的悬浮微粒、色彩校正、对比度调节等。水下工程中的摄影照片需要真实客观地反映水下构件的实际状况,一般除调整白平衡、裁剪构图外无需过多处理。Adobe Lightroom 是一款便捷的批量查看和处理软件,它拥有直观和简单的调色功能,导入 RAW 格式文件也无需下载其他插件,适合进行水下工程照片的调整。

3. 水下相机的维护

1)专用水下相机的维护

对于裸机防水深度可达 15m、30m 的水下数码相机,可以在规定的水深范围内直接使用,无需增加防水壳。在下水前应检查各水密部件的完好性,避免水下使用过程中进水,使用后按厂家要求进行清洗和维护。

2)普通数码相机(防水壳)的维护

普通数码相机是不能够直接下水进行拍摄的,为了实现数码相机的水下拍摄,必须给它穿上“潜水衣”——防水机壳。一般的防水机壳采用橡皮密封圈来进行防水处理,机身前后都要采取相同的处理,在每次打开和关上环形橡皮密封圈都要仔细地检查。检查橡皮密封圈的第一步就是将其从卡槽中取出来。在取出密封圈的时候,别用力挤压,特别是在使用工具将其挑出的时候,整个工序要缓慢而有耐心,不得使密封圈受力变形。之后就要对橡皮圈进行检查,看看有无变形或老化痕迹,然后再检查压盖密封圈的塑料外壳部分,看看有无沙子、头发、粗砂等杂物附着,如果有的话,用毛刷将这些清除掉。

潜水拍摄后,如果没有用淡水对防水机壳进行清洗,那么海水中的盐分会结晶,在其上面沉淀下海盐等颗粒物,这会造成机壳漏水。记住,一定要把机壳上的白色粉末状污垢清理干净。此外机壳带扣下面的淤积沙粒等杂物也要清除,还有密封空气孔的橡皮条也要好好清洗。

第二步,小心地用单手的两个手指轻轻握住密封圈,慢慢地托动来感受是否有异物,因为有时候我们眼睛看不到的杂物,手指能够感觉出来,不过要记住,在托动密封圈的时候不要让它产生变形或者拉伸。这样能够检查出第一步检查时逃过眼睛的杂质,然后把手指清洗干净,再继续检查,直到没有任何异物发觉。用手指检查密封圈上有无眼睛没有检查到的异物,然后用手指将其清除,再清洗双手,千万别直接把密封圈放在手帕里清洗。

在完成以上两个步骤的检查工作后,用手指检查的技法为密封圈涂抹硅脂,也要保证不要使得橡皮密封圈产生变形和过度拉伸。给密封圈涂抹的硅脂不要太多,涂抹层要均匀适当。如果涂抹得太多,也会引起漏水。

当硅脂涂抹均匀后,用清洁后的双手再原路将其安装回卡槽中,其间还要检查有没有杂物附着在上面,在密封圈都对好位置后用双手慢慢地将其完全附和在卡槽中,用手指检查有没有突出、没有和槽线吻合的部分。环形密封圈和槽线没有结合紧密是造成渗水的主要原因。仔细检查清除后,合盖上的杂物也要检查清洗干净。在密封圈都全部吻合后才盖上密封盖。在进行实际下水拍摄之前,应该做一下密封效果试验,在下水拍摄的前一天,把防水机壳放在水桶里进行一夜的测试,在当天进行下水拍摄前应该把数码相机放进防水机壳中再放在水里进行测试,不过时间不要太长。然后将安装好防水机壳的数码相机放在水下几秒,看看有无渗漏现象,主要是防止小沙粒或者头发等造成机壳漏水。在把相机放进水下进行测试的时候应当把镜头朝下,这样在机壳渗水的时候不会立刻影响机身,而要立刻查看渗水部分的情况并进行处理。如果有沙粒或者其他异物在密封圈里,那么水下拍摄时候的巨大压力就会使得机壳很快渗水,这张照片显示的是外面的海水在高压下渗入机壳的现象。

如果发现按钮上有沙粒,那么在出水后就立即用空气瓶进行清洗,不断地按下弹起按钮用高压空气进行冲洗,然后再用水把沉淀下来的杂质冲洗干净。用上面的方法进行按钮冲洗时,要记住,别直接用高压空气对着按钮。通过高压气瓶冲击水流来进行清洗才是正确的方法。

在水下用数码相机拍摄的时候,常常会发现镜头前的机壳上有起雾现象,这是因为数码相机在拍摄的时候很快会发热,在水下环境中会造成结水现象,影响拍摄效果。要防止此问题,需要在干燥的环境中安装上防水机壳,当然还可用硅胶干燥剂在机壳里阻止结水现象。

四、水下电视摄像技术

1. 水下摄像系统

水下电视摄像系统由水下摄像头、水下电缆组件、水上显示器和控制单元、水下照明灯及支架/手柄等组成,见图 7.10-6。

1)水下摄像头

水下摄像镜头是进行光电转换的设备,其基本工作原理是,利用三基色原理,通过光学系统将水下物体的彩色光像分解为三幅单色光像,然后由摄像器件完成光电转换,并经视频通道进行校正、处理、编码后形成所需的复合信号、数字信号和分量信号等。

潜水员使用时要注意镜头镜面不要被金属物体刮花;在水下电缆线头部 1m 处做固定绑绳点,以防止水密接头直接受力。中国船级社认可水下摄像头型号为 UWC-300、325/ss、350、400、560。

2)水下照明灯

目前绝大多数的水下摄像的光谱特性都是按照 3200K 照明色温设计的。而现实中水下照明光源的色温常常是因水的深度不同而变化的。为了使摄像机在不同的色温光照时均能正常拍摄,就需要对由于色温不同而引起光谱能量分布的变化进行补偿。

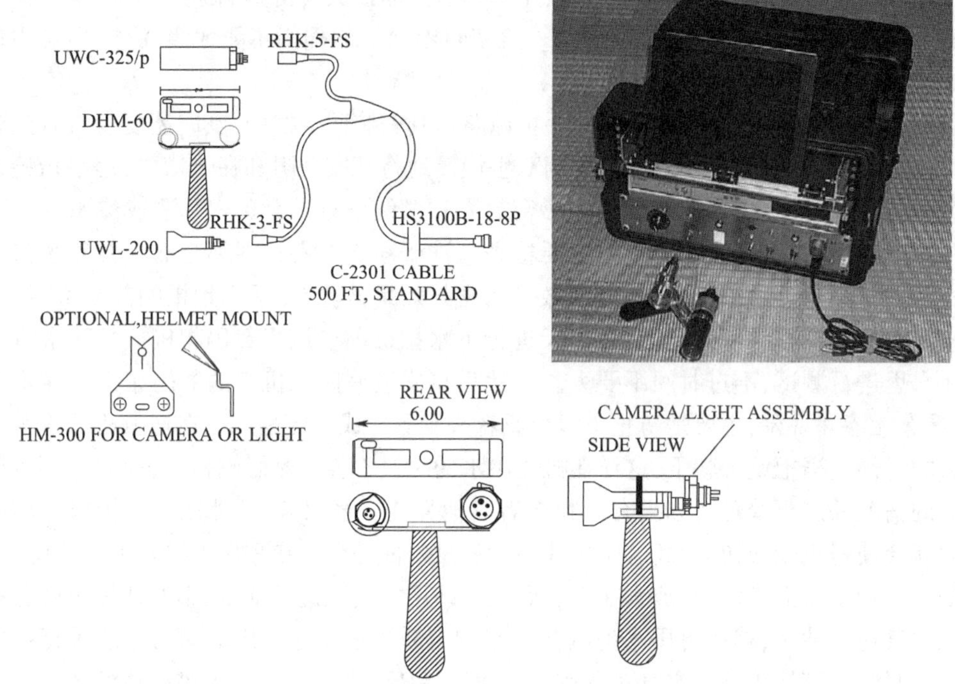

图7.10-6　水下电视摄像系统的基本组成

使用时应注意在入水后才开灯，出水前关灯，长时间在陆上使用照明灯容易引起水下照明灯发热而灼伤灯泡或减少灯泡的寿命。

3）支架/手柄

固定摄像镜头和水下照明灯，潜水员在摄像时通常用手柄式摄像设备进行定点和精细的水下物体摄像，支架式摄像设备通常是水面潜水监督观察潜水作业动向所用，起到监控和作业同步观察。

4）水下缆组件

水下摄像电缆线、水密连接器与水下摄像镜头和水下照明灯连接，水面线路直接连接控制面板。水下电缆线由一条铜轴电缆和四芯电线组成，外皮由聚氨酸酯或聚氨酯（PU）材料保护，它可以承受2000kN拉力。

5）水上显示器和控制单元

包括液晶（LCD）显示器、HD/DVD刻录机（500G硬盘或U盘为刻录机的摄像资料存储设备）、12V、36V直流供电电源、水下照明灯光亮度控制器（0～36V）。

2. 水下摄像方法

水下电视摄像具有比较高的综合性技术，它要求潜水员不仅需要掌握水下摄像的操作技巧和具备水下作业能力，而且需要熟知视觉规律以及被摄物体特点，能够根据不同的作业环境和不一样的拍摄任务灵活采用不同的水下摄像工艺手法，从要获得清晰稳定、主体突出、真实可靠的水下电视摄像画面入手，强调因地、因人、因水下摄像设备制宜，综合考虑各方因素、条件，灵活且严密地制定作业方案。

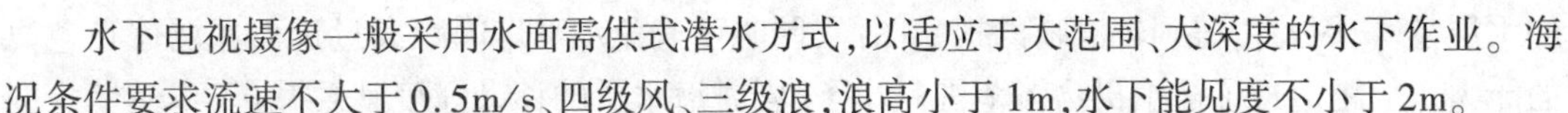

水下电视摄像一般采用水面需供式潜水方式，以适应于大范围、大深度的水下作业。海况条件要求流速不大于0.5m/s、四级风、三级浪，浪高小于1m，水下能见度不小于2m。

1）制订作业计划

在进行水下摄像前，必须按业主要求制订电视摄像的作业计划，计划主要内容有：水下摄像的开头和收尾、摄像时移动方向和运动规律（参照物选定）、作业深度和潜水人员安排（以技术水平能力高潜水员排先）、潜水设备（2套）和水下电视摄像设备（2套）准备。

2）水面准备工作

（1）检查水下电视摄像系统，准备好U盘或固态存盘设备，并对摄像系统组装调试。通常水下电视摄像作业时需准备2套设备，防止水下电视摄像有问题留作备用，以确保工程作业的顺利进行。

（2）准备好并检查潜水设备、通信设备、供气设备。

（3）安排好每个岗位的作业人员。

（4）按水下电视摄像作业程序准备好标记物。

3. 水下电视摄像实施

水下电视摄像技术是潜水员应用摄像镜头，通过特写或近景把物体从各个方位、立体空间表现出来，以小视觉来展现大物体。

当然水下电视摄像水平很大程度取决于潜水员潜水技巧、作业经验和对物体的空间想象能力，要充分反映被检物体的局部与整体。

水下电视摄像最重要的一点是水上指挥者与水下潜水员的指令沟通，因为只有水上指挥者才能通过显示器看到摄像头的成像结果，潜水员是看不到的。另外一点就是要保证摄像过程的完整性，开始之前要将潜水脐带整理好，并确保计划行进的路线上没有阻碍，整个过程应尽可能地一气呵成，不要中间有停顿。

1）画面稳定

要使摄像画面稳定，首先潜水员在水下要调整好身体的配重，一般情况下潜水员处于中性浮力。其次，潜水员在选定拍摄检测物体距离时，要和水的清晰度成正比（水越清晰拍摄距离越远，镜头距离最好不大于3m），潜水员的拍摄距离只要水面观看可以清晰就行，不要经常改变拍摄距离（拍摄重点部位可以放近点）。最后，移动摄像镜头要平稳，潜水员移动镜头时要用脚蹼轻轻发力缓慢移动，摄像过程中可以用左手来平衡身体姿态，尽量用潜水员身体移动来带动镜头进行移动拍摄。

2）画面构图合理

水下电视摄像检验，主要是反映业主所希望看到、了解的画面。通常拍摄时是从水面到水下、从前部到后部、从外到里，摄像时要紧抓被拍摄物的参照物，能让水面人员知道潜水员的位置。例如，水下电视摄像船舶年检的录像顺序是：船舶的船名（船艏侧位）→船艏部（球鼻艏）→船侧板→海底门（左右侧）→船艏侧推→舭龙骨→锌块→艉柱→美人架→导流罩→浆毂→螺旋桨→舵。

3）水下摄像技巧与注意事项

（1）水下电视摄像距离：水下电视摄像时被摄物体越近越好，距离越短，镜头至被摄体中的水层越薄,因此可得到较清晰的视频图像,同时可避免水下灯因距离过远而减弱修正色温的能力。但距离近了被拍摄物体范围就小了,同时潜水员的移动速度就要减慢,不然镜头的摆动幅度就会加大。

(2)水下电视摄像的控制:潜水员在拍摄过程中要减少水底悬浮微粒的产生,在着装时(与压铅的配比)就要考虑中性浮力的控制,这是减少河床部悬浮微粒的不二法门。潜水员一切由慢动作开始。相对于空气,水的阻力大很多,若在泥、砂底拍摄时缓慢地活动,可有效地减少扬起河床底部的沉积物,也比较容易接近录像主体,取得最佳录像位置和角度。如果有水流,潜水员尽量由下游位向上游进行水下摄像,这样即可保障潜水员的身体平稳度和拍摄的可控度。潜水员在水底水下拍摄时吸气和排气都会影响浮力,导致持水下拍摄设备不稳定。

(3)视觉的误判:在水中因光线折射使水中物体距离看起来比实际近 1/4,因此使得物体看起来大,很容易导致摄像者和陆地人员误判距离和物体的大小。水下电视摄像时潜水员最好带一把圈尺,去分辨物体的实际大小。

(4)拍摄速度:因为潜水员是以近景摄像,如果速度过快水面人员看到的画面就会不清楚,因此应根据水面监控要求调节速度。

4)浑水或污浊水域水下摄像

由于受水下光照度与浑浊度的限制,潜水员只能进行近距离以及超近距离的光学观测。潜水员对于能见度低的环境水域,如江河、市政管道等,由于浊度过大,可视距离非常小,水下电视拍摄设备几乎处于失明状态,使得相关光学检测也无法顺利开展,这个时候可以自制或购买(上面大、下面小的)喇叭体形壳体的浑水降浊装置对目标观测区域进行短时间内降浊处理,令观测区区域浊度降低,从而提高观测区域的可视范围。这种适用于浊水环境下的水下电视摄像工具包括摄像机本体、储水管、水泵、流量控制阀和浑水降浊装置(喇叭口的套筒箱),喇叭口的套筒箱体前沿玻璃四周设有多个出水口,水面通过一条管子把清水注入套筒箱壳体后使得浑水或污水被隔离开,并在套筒箱内的前沿玻璃不断喷射出水,从而把浑水或污浊的水排开,使得水下摄像镜头拍到清晰的物体。

用透明的塑料袋充满清水后在水下放到被拍摄物体前面进行拍摄,也可以拍摄到较好的视频,但这种办法局限性比较大,在操作上不可控的因素比较多,但也是一种不错的浑浊水域水下电视拍摄的办法。

4. 录像带编辑与提交报告

对所拍的录像资料进行编辑,必要时配以字幕(时间、地点、工程内容、有问题或损坏处尺寸数字、作业单位、验船师、业主等)、配音(和摄像内容同步解说)、背景音乐。

第十一节 水下无损检测

水下无损检测(UWNDT)是保障船舶和海上设施安全的一种重要检测手段,主要由水下无损检测人员在水下完成。水下无损检测(UWNDT)方法目前已扩展为水下清理、水下目视

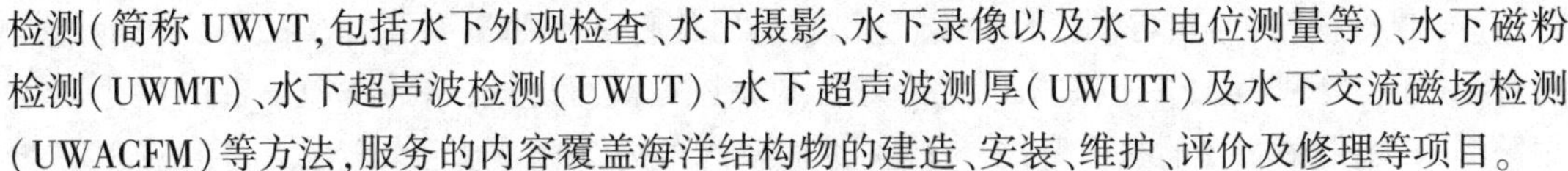

检测(简称 UWVT,包括水下外观检查、水下摄影、水下录像以及水下电位测量等)、水下磁粉检测(UWMT)、水下超声波检测(UWUT)、水下超声波测厚(UWUTT)及水下交流磁场检测(UWACFM)等方法,服务的内容覆盖海洋结构物的建造、安装、维护、评价及修理等项目。

一、水下无损检测的服务对象与检测目的

1. 服务对象

UWNDT 的服务对象较多,主要有:①船舶(普通干货船、散货船、集装箱船、油船、客货船、液化气船等);②海洋固定平台(包括桩基平台、重力平台、柔性平台、混凝土平台等);③海洋移动平台(包含钻井平台、采油平台、居住平台、自升式平台、半潜式平台、坐底式平台、船式平台、驳船式平台等);④海底管道系统;⑤单点系泊系统(SPM);⑥浮式生产储卸油装置(FPSO);⑦新型海洋经济设施(如海上风力发电厂、渔业养殖设施等);⑧水库、码头设施等。

其中,海洋工程结构物(以海洋平台为主)是 UWNDT 的主要服务对象。在海洋工程结构的制造、安装,特别是海洋平台营运过程中,UWNDT 都发挥着极其重要的作用,其结果对于改进设计提供一定的技术依据。

不同的服务对象,其组成材料、结构形式、损伤缺陷的类型、大小及危害不尽相同,相应的 UWNDT 在方法、工艺等方面也会表现出较大的差异。

2. 检测目的

1)海洋工程结构的使用环境

与陆上工程结构件相比,海洋工程结构的使用条件和环境非常恶劣,主要表现在:①受海水(浪、流)的冲击,结构容易疲劳;②受海洋环境的影响,容易产生电化学腐蚀;③飞溅区的结构,经常受海浪的拍击,且结构受干湿的影响,局部涂层容易脱落,产生电化学腐蚀;④飞溅区的结构有承受漂浮物冲击甚至承受船舶碰撞的危险;⑤水下结构容易附着海生物,增大结构体积,增大环境载荷,增大结构承受的负荷。

2)损伤缺陷的类型及其危害

船舶与海洋工程结构存在着不同种类的损伤缺陷,它们一般是随机分布的。船舶,尤其是海洋平台等钢质结构主要的损伤形式有裂纹损伤,机械损伤,腐蚀损伤,海生物附着等;对于码头、水库的基础设施以及混凝土平台的桩腿等构件,损伤主要表现为裂缝和外来损伤(由碰撞所引起)。

(1)裂纹损伤:裂纹损伤主要有宏观裂缝(大都存在于水库、码头设施及混凝土平台桩腿部位)、疲劳裂纹、腐蚀裂纹、焊接裂纹等,其中以疲劳裂纹最具隐蔽性和危害性。导管架式固定海洋平台的管状构件连接处的管节点因几何形状复杂,应力高度集中,最容易产生疲劳裂纹,导致管节点的失效并可能最终引起平台结构的整体破坏。在海洋环境下,疲劳裂纹会很快成为新的应力腐蚀源,加速其扩展的速度。钢结构表面裂纹的长度一般可在 10 ~ 50mm,由于构件表面常覆盖较厚的海生物,即便经过清理,用目视检测方法也难以发现,必须借助于 UWMT 等手段。水库、码头等结构的宏观裂纹(缝)有时可长达数米,且裂纹(缝)的宽度甚至最大可达几十毫米,仅进行 UWVT 即可发现。

(2)机械损伤:船舶与平台的碰撞、重物坠落对构件的冲撞以及意外事故等原因而造成的弯曲、凹坑等,都属于机械损伤。无论是在深海还是浅海海域,这种碰撞事件的发生是很频繁的,凹坑是最主要的损伤形式。有时,重物坠落对构件的冲撞也会造成严重的破坏。

(3)腐蚀损伤:在海洋环境条件下,构件的腐蚀是非常严重的,特别是处于飞溅区域范围内的构件更甚。腐蚀最严重的区域是位于飞溅区 ±5.0m 的构件,最大的平均腐蚀速度为0.24mm/年;其次是大气层,也达0.21mm/年;从构件的类型看,腐蚀最严重的是撑杆,其次是导管架。腐蚀作用的结果将导致构件有效厚度的减少,同时也会加速疲劳,出现腐蚀疲劳。虽然海洋工程结构都有阴极保护系统或牺牲阳极保护,但腐蚀依然存在。

(4)海生物附着:海生物附着在构件的表面上,改变了构件表面的粗糙度和阻尼系数,增大了构件的表面积,增加了结构的总重量,使结构承受更大的重量载荷、波浪载荷及海流作用力。海生物分为硬质、软质和黏质三种类型,它们的存在也增加了水下无损检测的困难。

3)水下无损检测的目的

正如以上的分析,各类损伤缺陷的存在严重威胁着海洋工程结构的安全可靠性。为了确保海洋工程结构的完整性和安全可靠性,保证人员财产的安全和石油资源的顺利开发和生产,保护国家的巨额投资,防止海洋环境污染,必须对海洋工程结构进行定期与不定期的检测、评价与维修。这一切,都对 UWNDT 技术提出了较高的要求和期望。

UWNDT 的目的,在于要确定被检结构、部位的实际情况,有无损伤,缺陷的部位、数量、大小、分布等状况。调查、收集、探测海洋工程结构的承载、腐蚀、损伤等情况(如海生物的检查、腐蚀测量、裂纹探测、缺陷检测等),协助评价被检设施在技术方面的完善性、结构的安全可靠性,以及对下一步的维修决策提供可靠的依据。当然,包括规范在内,检测、评价及维修都是相辅相成、互相渗透交叉的,其中检测结果的可靠性是一个极其重要和根本的指标。其实,目前许多 UWNDT 工作都是围绕这一目的而展开的。为此,我们应该很明确地认识到,UWNDT 不是孤立专业的技术问题,检测的部位与范围、检测的方法与要求、检测的方案与工艺等内容都是与评价、维修等紧密联系在一起的。

二、水下无损检测技术方法与检测内容

UWNDT 的服务对象、工作环境、缺陷特征及其检测目的与要求,决定了它在技术方法和检测内容上必然表现出更强的针对性和特殊性。各种 UWNDT 技术方法的开发与应用,都与被检结构的材料、结构形式、缺陷类型、检测环境以及对应的检测要求紧密相联。同时,UWNDT 不能简单地将陆上常规检测方法搬至水下,因此其技术方法的开发与应用还必须充分考虑它们在水下的适用性和有效性。

1.水下无损检测的方法

一般水下无损检测分为:水下目视(水下摄影、水下录像、水下防腐电位测量);水下磁粉;水下超声波;水下超声波测厚;水下交流磁场(UWACFM);ROV 检测等类别。目前应用最为广泛的是水下目视检测、水下磁粉检测、水下超声波检测、水下超声波测厚和水下交流磁场(UWACFM)等方法。

对于相应的检测方法,又根据检测人员的技术水平和在工程进行过程中所负的责任分

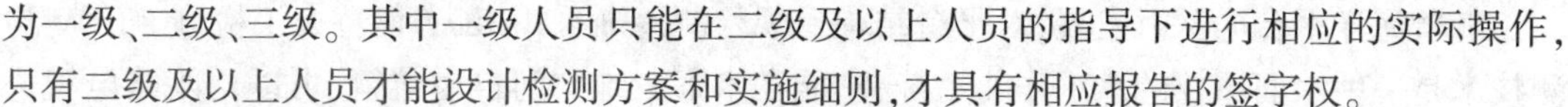

为一级、二级、三级。其中一级人员只能在二级及以上人员的指导下进行相应的实际操作，只有二级及以上人员才能设计检测方案和实施细则，才具有相应报告的签字权。

1）水下目视检测（UWVT）

UWVT的操作方便、方法简单以及应用面广泛，已成为目前对船舶和海洋移动平台实施“水检替代坞检”、海洋钢结构和混凝土结构、水库及码头设施进行质量检查的基本方法。常用的UWVT方法有：水下目视检查（亦称水下外观检查）、水下摄影、水下录像、水下防腐电位测量等。通常在以下情况下对海上设施进行水下目视检测：①对于移动平台和FPSO而言，当得到主管机关或船级社同意允许采用水下检验代替坞内检验时；②对于具有水下检测附加标志的移动平台或FPSO，当这些设施坞检日期到期时；③对于海上固定设施，比如固定平台，海底管线，当平台或管线定期检验到期时；④海上设施水下结构发生海损事故，需要进行检测时。

UWVT的内容主要有：钢结构机械损伤的检测、裂纹的检测（主要指混凝土结构、水库及码头设施的损坏情况）、腐蚀的检测、海生物的检测、阳极块的检查、基础冲刷的检查等。其中腐蚀的检测分为结构腐蚀测量和牺牲阳极腐蚀的测量，结构腐蚀又分为点腐蚀和普遍腐蚀的测量两种。

水下目视检查是UWVT的主要方法，完全依赖于潜水员的肉眼观察。肉眼在确定和鉴别值得注意的区域，放置和使用专用器材，以及连续进行观察及作出评价方面，有重要作用。水下目视检查的主要优点在于：具有立体观察能力、能够分辨彩色、与大脑的逻辑思维相联系、对环境照明条件的适应范围广以及不需要外接能源与设备等。它的缺点是：不能产生永久性记录（只能按潜水员的口头报告与记忆进行整理）、没有放大图像的能力、对低照明条件适应缓慢、不能进行遥控观察（他人看不见）、在估算大小和距离方面由于视觉偏差及错觉导致结果误差较大，以及对所见问题的评价不一定很准确等。这些优缺点，决定了水下目视检查在通常情况下总是作为一种辅助的UWNDT手段。

水下摄影和水下录像对环境、设备以及操作人员的技能有较高的要求。在工艺文件中，应对摄录设备、摄录材料的性能、工艺参数的选择作出规定，同时对工艺方案的制定、水下能见度、清晰度、照明及所依据标准等作出明确规定。如何在复杂的水下环境下获得稳定、清晰且具有说服力的图片或视频，是水下摄影和水下录像技术的关键。

UWVT一般需要专门的检测设备和配套设备，如水下摄影机、水下录像仪、水下电位测量仪以及配套的水下照明装置等。这些检测设备不仅要求有较高的精度，同时要求有较高的耐水压性和水密性。

水下电位测量包括结构电位和牺牲阳极电位的测量。利用带液晶显示的便携式水下电位测量仪，探头与被检部位为点接触，将显示出的电位数值通过电话由陆上人员记录下来，也可由水下检测人员在记录板上记录。测点的选择、仪器的标定校验、标记与记录、数值分析、评定等是水下电位测量的关键技术。

与其他检测方式相同，水下电位测量也要严格按照检测要求、检测程序进行操作和评判，记录应按照规定的格式和内容如实地填写；除UWVT-Ⅱ级人员签字外，还要求潜水监督以及第三方验船师在报告上签字。

随着海洋平台向深海发展,对平台结构目视检测逐渐采用ROV代替人工检测。ROV检测技术是一种水面遥控的水下作业系统,它能在水下三维空间自由航行,可以用闭路电视进行观察,可以用一只或多只机械手完成一定的水下作业任务。ROV具有灵活的大深度水下运动能力,装备先进的水下动力、控制和机械系统,能在潜水员无法达到的深度和不安全的环境下进行水下检测。ROV检测技术具有经济、安全、工作效率高、作业深度大,并能在恶劣的环境下作业等优点。为了提高效率,降低成本,海洋工程结构的水下无损检测,越来越趋向于使用ROV检测技术。

2)水下磁粉检测(UWMT)

UWMT是目前比较成熟的一种UWNDT方法,应用十分广泛。常用的UWMT方法有:永久磁铁法、触头法、电磁轭法等。磁悬液以水为载体,通常用荧光磁粉;磁悬液存放在一个带有搅拌装置的容器之中,通过一个细小管道喷出,喷射系统与黑光灯装置连为一体,UWNDT人员可以用手握持和控制。现在新式检测电流的控制装置一般与检测设备一起放入水中。UWMT在实施时,一般要求辅以水下录像或水下摄影作为记录,同时UWMT人员也应在被检部位和记录板上作好记录。海上设施通常在以下情况下需要进行水下磁粉检测:①根据主管机关法定要求或船级社规范,当设施达到一定年限需要进行磁粉探伤抽查时;②在目视检测发现疑问,比如腐蚀,疲劳等,验船师或业主要求进行磁粉检测进一步确认时;③海上设施发生事故,按照验船师或业主要求,需要进行磁粉检测时。

水下磁粉检测要严格按照检测要求、检测程序进行操作,记录应按照规定的格式和内容如实地填写;除UWMT-Ⅱ级人员签字外,还要求陆上配合人员、潜水监督以及第三方验船师在报告上签字。

3)水下超声波检测(UWUT)

UWUT也是目前最常用的UWNDT方法之一。在对水下焊接质量的检验、水下焊缝内部缺陷的检测、水下钢结构的检验和评价等工作中,UWUT是主要的检测手段。

UWUT的原理与陆上基本相同,采用的是A型显示脉冲反射法;但它并非简单地将陆上常规UT技术和设备移植到水下,而存在着许多引人注目的技术特点。通常,有两台水下和陆上同步的超声波探伤仪,其中水下超声波探伤仪是主控制仪器,UWUT人员可以自由进行调节;而陆上超声波探伤仪则是辅助设备,由陆上UT人员进行监视,但不能进行自由调节。UWUT的耦合剂为水。尽管检测表面要求清理到金属出白,但相对陆上的UT探测面来说还是要粗糙得多,因此检测中对探头的磨损是比较厉害的;据统计,一个探头检测约10m长度就因偏差过大需要更换。DAC曲线的制作,可以将试块带到水下进行,但更多的是在陆上的盛水容器中进行调节,要求在两台探伤仪的面板上制作;在确定灵敏度基准时要充分考虑各种补偿量。

在检测时,UWUT人员应随时通过电话与陆上配合人员及监督人员取得联系。UWUT人员根据所观察到的反射信号回波的情况、陆上检测配合人员的反馈信息,进行水下判定、标记和记录。当然,UWUT也要求辅以水下录像或水下摄影作为记录,同时UWUT人员也应在被检部位和记录板上作好记录。

与UWMT相同,UWUT也要严格按照检测要求、检测程序进行操作和评判。记录应按

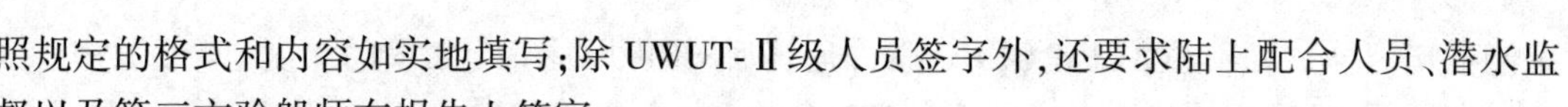

照规定的格式和内容如实地填写;除 UWUT-Ⅱ级人员签字外,还要求陆上配合人员、潜水监督以及第三方验船师在报告上签字。

4)水下超声波测厚(UWUTT)

水下超声波测厚一般用脉冲反射式超声波进行测厚,原理与陆上方法类似。

在检测时,水下超声波测厚人员应随时通过电话与陆上配合人员及监督人员取得联系。水下超声波测厚人员根据所测量的实际情况,进行标记和记录。当然,水下超声波测厚也要求辅以水下录像或水下摄影作为记录,同时水下超声波测厚人员也应在被检部位和记录板上作好记录。

与其他检测方式相同,水下超声波测厚也要严格按照检测要求、检测程序进行操作和评判,记录应按照规定的格式和内容如实地填写。

5)水下交流磁场(UWACFM)

ACFM 的原理是利用交流电转化为电磁感应场并通过所被测物体的表面和近表面,造成磁力线切割工件,如被测工件表面或近表面有裂缝缺陷的存在就会使磁力线的分布产生改变扭曲。裂缝处的阻值增大,使得磁力线改变路径,从旁边绕过。

当探头扫查工件上的焊缝时通过探头内部的耦合线圈,利用这一原理在工件上产生一个感应电流,并最终通过其磁感应信号的变化反馈给主机,然后利用电脑显示并储存相关动态的曲线图形。再运用 QFMU 软件根据所得到的曲线图形对焊缝进行分析判断,最终得出结论,如果发现了缺陷还可以准确定位裂缝的位置,及通过计算估算出它的长度及深度。

ACFM 是在交流电位差法技术(ACPD)的基础上发展出来的。交流电位差法的特点是:当交流电通过探头与被测的导电体接触时,电流并不是沿着截面均匀分布的,而是在被测体表面层行进。ACFM 技术沿用了 ACPD 的这个技术理论,所不同的是 ACFM 技术是通过探头内部设置的耦合线圈产生交流磁场,这一交流磁场依照电磁感应的原理,在被测试体表面感应出表面交流电场。在没有裂缝缺陷的被测工件表面生成的交流电场是均匀分布的,见图 7.11-1。而当被测工件表面或近表面有裂缝缺陷存在时,由于裂缝处的电阻远大于工件材料的电阻,使得均匀分布的交流电场出现弯曲,见图 7.11-2。

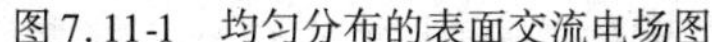

图 7.11-1　均匀分布的表面交流电场图

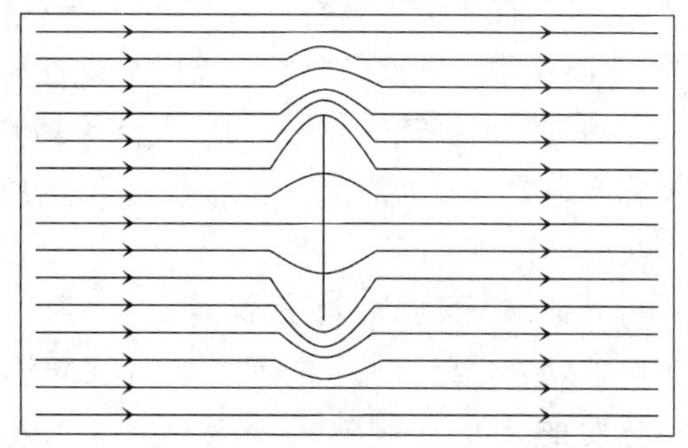

图 7.11-2　裂缝缺陷引起表面交流电场弯曲

由表面交流电场感应生成的表面交流磁场的强度随着表面交流电场的变化而改变。当探头移动并接近裂缝时,探头内的耦合线圈将表面交流磁场的变化信号反馈到主机,在电脑屏幕上显示出同步的动态曲线图形。根据曲线图形分析可准确地确定裂缝的起点和终点,并测量出裂缝长度。经 ACFM QFMU 软件运算后，还可以估算出裂缝的深度。

应用领域：这项技术可以应用于航空航天业、汽车船舶制造业、石油化工、核工业、桥梁建筑业等领域。而在与我们相关的海洋工程领域中，用于检测金属构件裂缝的尺寸，包括测量裂缝的长度和计算裂缝深度，可广泛用于水下金属构件、平台船体、油气罐、管道、桥梁以及各种焊接工件的裂缝检测，既可以应用于陆上也可以在水下使用。

ACFM 具有以下特点：①检测过程不与构件进行电接触，构件表面清洁程度要求不高（构件不需要打磨出白，可透过涂层、铁锈（5mm）；②无须校正（校正试块不具有代表性，如槽口电特性与裂纹不同，槽口的材质与裂纹位置的材质如母材、热影响区、焊缝不同，槽口的几何特性与裂纹不同）；③电子化数据采集，现场数据显示、分析报告，数据能储存、备份，能远程会诊；④快速，潜水员操作探头快速扫描焊缝，可以进行构件裂纹、裂纹大小深度探测。

6）杆件渗漏检测仪（FMD）

FMD 用于对结构部件内部进水的检测，已广泛用于近海钢结构体及管道部件的分析检测，适用于穿透型裂纹和其他可能使水渗透进构件内部的缺陷检测。当构件存在穿透型裂纹时，海水将渗透进构件内部，这样就可以使用超声波或射线检测构件内是否有水来判断相关缺陷的有无。

FMD 检测的原理就是探测构件的另一侧是否反射超声回波，因为充满空气的构件与充满水的构件传播超声波脉冲的速度和质量完全不一样，可以近似认为充满空气的构件不会传送超声脉冲，如果探测到超声回波，就说明构件内有水，即构件存在穿透性裂纹。射线检测的原理是射线在水中会因为水的吸收而很快衰减。FMD 的优点是速度快、操作简单、效率高、与其他方法相比成本比较低。

通常，其杆件内部的水必定是经过构件表面裂纹而进入其内的，因此，进行 FMD 检测使得后期进行的更细致的裂纹检测变得更为高效省时。

FMD 探头可由潜水员或 ROV 操作。系统连接完成后，一切操作均可以直观显示。潜水员携带探头传感器在进行任何检测前，在检测点清理出大概直径 5cm 范围金属表面即可，潜水员在水下通常把探头放在被测管件上，根据甲板上设备操作员的指令调整探头在被测管件上的位置，探头被正确放置后，即可进行检测。水面操作员在开始检测前设定一些简单的参数，待测构件的长度、直径、导管的物理摆放参数（水平，竖直、倾斜）；选择单位（英尺、米；在相应的区域填好工作编号、操作人员或其他更多的信息，就可以根据计算机屏幕上显示的图像选择想要查看的部位，相关信息就会出现在屏幕上供查询，同时也将显示是否有内部流体存在或已存在情况。

7）其他水下无损检测技术

除了以上介绍的水下清理、UWVT、UWMT、UWUT、UWACFM 等方法外，目前已经应用或正在开发的水下无损检测方法还有：①水下声发射检测（UWAE）；②水下涡流检测（UWET）；③交流电位降法（ACPD）；④水下超声全息成像；⑤磁强记录仪法；⑥带式超声检测系统（如阵列式 UT 系统、管道内爬行器等）。

2. 水下无损检测的内容

不同的检测项目，检测内容以及所采用的 UWNDT 方法有较大的差异。这种差异一方面表现在不同检测项目的危险区域、检测方法、水下清理要求、仪器校准、缺陷的观察与处理、记录/报告等要求不尽相同,其次表现在各种 UWNDT 方法的实施工艺有较大的区别。以下按照有关规范的要求,以固定平台为例,针对各种检测项目对 UWNDT 的内容作简要介绍。

1)机械损伤

包括弯曲、凹陷、烧伤、裂缝、划痕、凹槽等损伤,详见机械损伤检查部分的内容。

2)裂纹

危险区域:主要是应力集中区域的焊缝,包括焊缝在内的 100~120mm 宽的带状区域。

检测方法:荧光磁粉检测法。

水下清理:用高压水枪、钢丝刷清除全部有机生物、海生物和非金属涂层。

仪器校准:仪器要在现场用已知裂纹试件校准。

裂纹显示:用轻度打磨方法证实后,在裂纹两端打孔做标记,并进行拍照。

附加检查:用超声波裂纹探测仪或裂纹深度探测仪进行校核,以进一步确定裂纹的走向和深度。

文件/报告方式:需报告有无裂纹显示。如有裂纹,将所发现的情况以规范化语言描述并附上草图和照片,且应报告裂纹的处理情况,是否可通过打磨去除等。

3)壁厚测量

危险区域:承受海水及其他物质腐蚀的结构杆件,与金属杂物有接触的区域,所有与平台相连的生产线的暴露区域(特别是弯管)。

检测方法:用 CRT 类装备的超声波测量,不要把有水层时探头与金属表面的水层而被延迟的界面波(有水层时是第一个回波)误认为是厚度测量值。

水下清理:用高压水枪清除全部有机物、海生物和涂层,不允许采用打磨方式。

仪器校准:要定期进行现场校准。

文件/报告方式:所有测量都应有报告,以毫米为单位给出位置和厚度。

4)局部腐蚀

危险区域:通常是管节点、舱室角域、保护涂层局部破坏的区域,与杂物有接触的区域,焊接后的区域。

检测方法:目视检测。

水下清理:用高压水枪清除全部有机物和腐蚀生成物。

文件/报告方式:过度的腐蚀要拍彩色照片,这些照片应附在检测报告中;要给出点腐蚀的范围(直径,每平方厘米的数量)和深度,较小的点腐蚀要在检测报告中绘出草图。

5)阴极保护

危险区域:管节点,远离阳极块的区域,保护层局部破坏的区域。

检测方法:使用银/氯化银标准电极和电位表进行电位测量;电极由潜水员携带,电位表可与电极连在一起或放在水面之上。

仪器校准:仪器要定期用标准饱和氯化亚汞电极校验。

文件/报告方式:所有的测量结果,包括校验读数,都要加以记录。

6)阳极块的状态

检测方法:目视检测,几何测量和电位测量。

水下清理:按照需要用手工括刀清理。

文件/报告方式:文件要证实阳极是否存在,估算出阳极块的腐蚀情况并算出腐蚀率。

7)海生物

检测方法:用量尺辅助进行目视检测,估算出海生物的厚度、单位面积的重量等数据,必要时取样对海生物的种类进行分析。

文件/报告方式:要报告海生物的种类,厚度和覆盖范围,对基准电极和显著的发现应拍照,并将复制件附于报告中。

8)冲刷程度

危险区域:桩腿、桩靴和管线的立管海床附近区域。

检测方法:用码尺杆辅助的目视检测;对泥面以上的诸如较低的水平横撑或管线立管水平段的评价应报告,附有海床面向上和向下走向大致的斜度,并指明是软底还是硬底。

9)杂物

检测方法:目视检测。

文件/报告方式:与结构相接触的任何类型的金属杂物的描述性报告。

10)管线连接件的紧固情况或立管连接件的紧固情况

危险区域:弯管,法兰,夹具,飞溅区及套管与立管的端连接。

检测方法:详细的目视检测和按照需要用电位测量、UWMT 及 UWUT 方法对暴露的管线、防腐涂层、阳极块及其他保护装置的检测。

文件/报告方式:松弛的夹具,涂层的损伤,腐蚀的迹象都要报告,并给出每种情况下尽可能详细的资料。

三、水下无损检测的基本过程与检测程序

检测作业计划的制定、检测设备的选择、检测方法与技术参数的确定,需要以业主的要求、船级社的规范为依据,同时还与被检结构的背景材料(包括形状、尺寸、部位及其检测历史)以及水深等环境情况都密切相关,不仅需要对各种方法的优缺点及其实施条件有透彻的认识,还要求事先掌握大量的资料以及现场的实际勘查。UWNDT 人员在实施检测时,必须按照事先制定并经过第三方认可的检测规程或检测程序进行,同时,检测时还须接受验船师的现场监督。

为了全面地研究和认识 UWNDT 技术,现对其基本过程和检测程序等带有共同性质的内容进行总结和归纳。

1. 在役海上结构物循环检验过程

在役海上结构物的检测与维修是一项复杂的循环过程,应按照事先制定的中长期检测大纲进行。UWNDT 作为在役检测的重要手段,假如平台结构执行循环检验计划,在总体上需按照图 7.11-3 所描述的在役结构检测循环过程的流程进行。

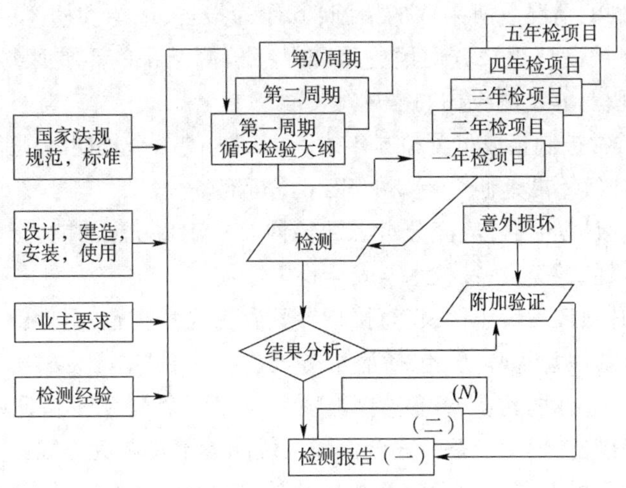

图 7.11-3　在役结构检测循环过程

2. UWNDT 的基本过程

水下无损检测有其自身运行的质量环。经过深入的研究分析，可以将 UWNDT 的基本过程划分为以下六个阶段，见图 7.11-4。

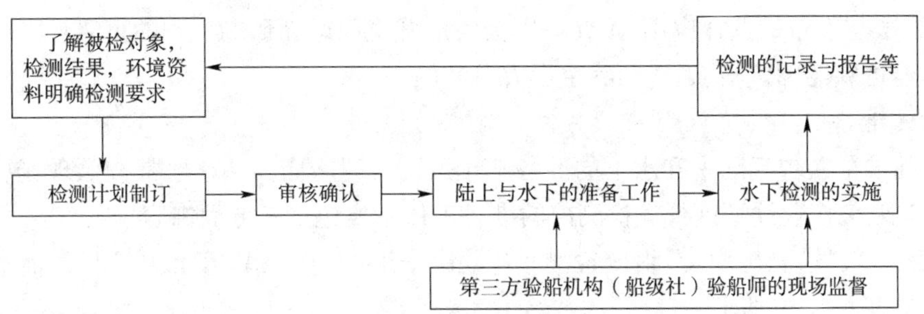

图 7.11-4　UWNDT 的质量环

1) 了解被检对象及环境资料，明确检测要求

在 UWNDT 作业计划制订之前，需要收集、整理和汇编大量的文件资料，以便了解被检对象的实际情况及其所处海域的环境资料，明确检测要求，为制订检测作业计划以及将来顺利地实施检测工作做准备。这些资料至少包括：①船级社或法定主管机关有关检测规范、技术指导性文件；②平台业主或船东所提出的检测要求；③国内外相关的技术标准、法规等；④被检测对象的背景材料，包括结构的设计资料、焊接、工作年限、历次检测的记录报告，缺陷损伤及修理的情况；⑤被检对象所处海域的环境资料（包括水深、水温、风浪、流向、季节、海生物、海洋污染等）。

2) 检测计划制定

检测计划通常可以分为检测大纲和检测作业计划两种形式。

(1) 检测大纲是制定出来用于指导在一个规定的时间周期内制订检测作业计划并实施的文件。检测大纲一般包括：①检测项目（范围）的说明；②每个检测项目的检验类型；③每个检测项目所用的手段，方法和装备；④检测的频率和时间进度表；⑤在有重大发现和/或发生偏离检测作业计划的情况下所采取的措施;⑥作为报告、记录和档案的规程;⑦作为更新结构状态记录 SCR(被设计用来方便地更新和保存检测结果的重要区域/项目的记录或图形)和检测大纲的规程;⑧检测机构的描述等。

(2)检测大纲常常被制定成可覆盖5年时间周期内的一个长期纲领,而检测作业计划则应根据检测大纲和连续不断地研究更新的 SCR 进行准备。

在制订检测作业计划时,还应充分考虑到各种 UWNDT 方法的能力与局限性,以及检测机构在现场能够提供的各类设备、技术与安全保障系统。

检测作业计划必须最具操作性,将直接指导其后的检测实施,至少应包括:①检测内容、范围、要求、环境说明、注意事项等,包括潜水方式、供气方式、减压方案、照明供电、通信系统、录像监督系统等;②标明检测对象、类型、项目、设备、实施顺序和日期的作业进度计划表;③所要求的检测设备、辅助设备及安全保障系统的清单及调遣方案;④作业人员名单、职责分配与资格要求,现场人员中至少应有相应检测方法的 UWNDT-Ⅱ级人员及潜水监督人员;验船师名单不列入作业计划;⑤UWNDT 工艺及验收标准,以及发现缺陷后的处理办法等。

3)审核确认

现场验船师在审核 UWNDT 作业计划时,一方面要避免不必要的检查,同时特别注意 UWNDT 方法与设备的选择应用,不允许因为考虑开支问题而影响检测的可靠性。检测作业计划必须经过验船师审核、确认和签字后方可实施。

4)检测准备

检测前的准备包括陆上和水下的准备工作,是极其重要的环节,通常按照现场验船师确认后的 UWNDT 作业计划进行。检测前的准备工作主要包括三方面内容:

(1)落实人员、明确职责:组成检测小组,指派潜水监督、UWNDT 人员和其他水下及水面配合人员,明确岗位职责。

(2)设备安装就位、检查与调试:配备落实 UWNDT 作业所要求的检测设备、潜水装具、供电供气通风系统及其他辅助设备,并进行全面检查,对检测设备则要求进行现场校核与记录。

(3)配备落实应急救护系统现场待命,如减压氧舱工作系统。

(4)检测区域标记:特别对于 UWMT、UWUT 等复杂的检测工作,首先按照检测作业计划中找到所指定的被检管节点、焊缝或其他有关部位,划定并标记出检测区域。

(5)水下清理:根据检测项目要求决定是否需要进行水下清理。可用高压喷水方法完全清理工件表面全部有机物,腐蚀生成物和关键区域中的涂层,如果需要的话,还要用钢丝刷清理。检测准备工作的质量对下一步的检测质量有较大的影响,通常应在验船师的监督下进行。

5)水下检测的实施

UWNDT 的实施是最重要的环节,前面阐述的所有计划与准备都是为检测的实施服务的。总体说来,它通常包括检测工艺与技术参数的选择,灵敏度测定与校验,探测与观察,缺陷的标记、验证与处理等。水下检测实施的技术性极强,要求 UWNDT 人员必须持证操作。

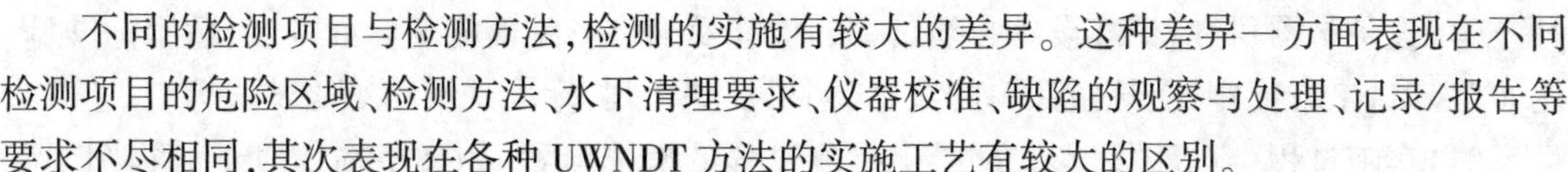

不同的检测项目与检测方法,检测的实施有较大的差异。这种差异一方面表现在不同检测项目的危险区域、检测方法、水下清理要求、仪器校准、缺陷的观察与处理、记录/报告等要求不尽相同,其次表现在各种UWNDT方法的实施工艺有较大的区别。

6)检测结果评定、记录与报告体系

检测结束后应如实做好原始记录并进行整理后出具报告。在有些情况下,还需要对检测的结果进行进一步的评定并对被检结构的某些性能(如安全可靠性,阴极防护系统的效果等)进行综合评价。当然,要对结构进行综合评价需要许多专门的知识、计算程序与手段,一般的水下检测机构往往难以胜任,因此进行综合评价之前必须得到验船师的书面认可。

记录与报告体系的完善与否,往往是衡量一个UWNDT机构综合实力的重要指标。以下内容应特别注意:

(1)原始记录(包括草图、潜水员第一手报告、照片、录像带)应忠于事实,并阐明所检测的区域/标识、检测准备/检测方法/工艺参数、灵敏度校验方法、试块试片、所用的装备、检测的结果/处理方法等;

(2)检测报告必须有固定的格式;

(3)报告只能由UWNDT-Ⅱ级或具备更高资格证书的人员填写和编制,同时必须经过现场验船师和业主签字确认;

(4)必须用规范化的专业报告用语填写UWNDT报告,并附上草图和照片等资料;

(5)检测和评定所依据的规范、标准;

(6)将所有UWNDT作业涉及的资料(包括检测程序、作业计划、仪器设备使用记录、检测原始记录、检测报告等)编制成完整和特定方式的文件并立卷,一式数份,分别提交给业主、验船师和有关各方,至少一份由水下检测公司归档。

3. 检测程序

为了保证UWNDT的结果可靠性,确保水下检测服务机构所实施的UWNDT工作满足相关规范、技术指导性文件的要求,UWNDT的实施需要按照事先制定并经过认可的检测规程或检测程序进行。

书面的UWNDT检测程序类似于一份详尽的操作指导书或工作须知,属于工艺性质的技术性文件。检测程序的内容必须符合实际、切实可行,包含检测的实施步骤(通常以流程图的形式给出)、检测的项目与内容、人员职责与资格、仪器设备的调试与方法、检测实施的方法与技术细节、记录与报告的内容与格式等内容。

图7.11-5是一份UWNDT的通用流程图,包括检测与评价两部分内容。在通常情况下,检测部分的工作由水下检测人员完成,评价部分的工作则需要相应的专业技术人员借助专门的计算软件进行。

检测程序虽然没有统一的格式,书写方式也没有特别限制,应特别注意以下内容:

(1)总则:总则的内容至少应包括目的、适用范围、检查对象、适用的法规、标准、技术条件等。

(2)职责:按检测方法及检测项目要求,落实各项活动的职责分配,组织与技术上的接口等。

(3)设备与器材:应记载设备必须具备的性能及测量各种性能的标准方法、适用标准等。比如在 UWUT 程序中,应规定探头的尺寸、频率及耦合剂,标准试块和对比试块等。

(4)实施过程:应以图表形式描绘出检测过程的操作流程,用文字描述对于流程图中各环节的实施细节与要点。所有 UWNDT 人员必须照此执行,以免人为误差。如在 UWNDT 程序中,应规定扫查方法,修正操作方法,探伤部位的指定、检查百分比、探伤范围、缺陷定位定量要求,缺陷指示长度的测定方法等。

(5)检测评定与验收标准:应标明检测评定与验收的标准及验收等级。

(6)记录与报告:应阐明记录与报告的内容、审核、格式(可作为附录)、编号、分发、归档等。

(7)其他。

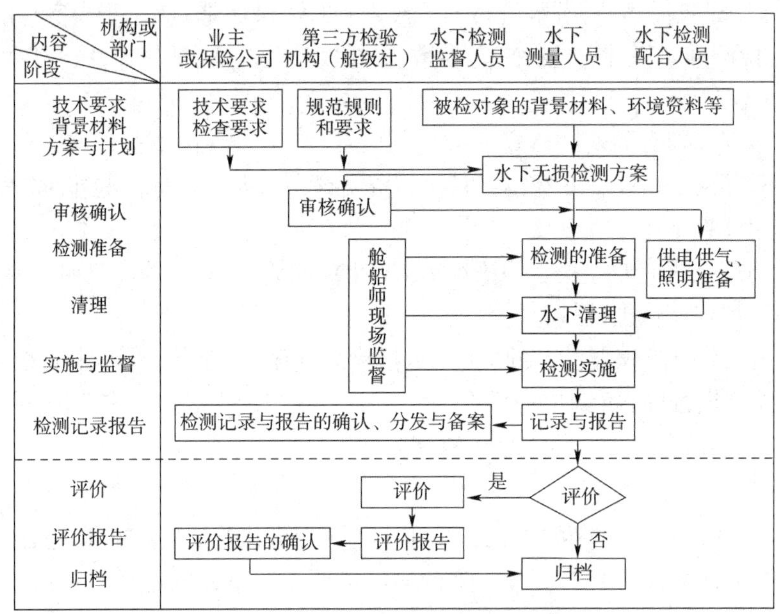

图 7.11-5　水下无损检测的基本流程图

四、水下作业环境对检测作业的影响

水下环境是十分复杂的,对 UWNDT 工作的影响更加复杂。这种影响至少表现在两个方面:

(1)水下环境因素导致产生了一系列复杂的生理和心理反应(如半失重、氮麻醉、听力听觉辨别能力的减弱及辨别方向能力降低、氦气性语言等),使得 UWNDT 人员工作能力和判断能力大大降低;

(2)水下环境因素使得常规无损检测方法中并不十分困难的问题成为难题,并且还使得相应检测方法的局限性和缺点更明显地暴露出来(如超声波探伤的缺陷定性、定位及定量问题,射线照相法的防护问题等);对检测方法、检测设备及检测工艺等提出了特殊的要求。

影响因素包括波浪、流、潮汐、涌浪、能见度、水深、水温、海生物与海底沉积物等。

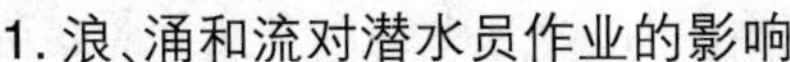
1. 浪、涌和流对潜水员作业的影响

在水下进行检测工作的潜水员面临着巨大的流体动力。外界扰动引起的水运动打破了流体的平衡状态，接着水运动又通过内部运动恢复其平衡。激起水运动的外界扰动力在水面产生了“波浪”，在流体的内部产生了“流”。通常，波浪由风、潮汐、空气压力和地震等外界扰动源引起，流由风、潮汐、重力和地球自转等产生。

海浪下质点的运动和压力对检测人员的作业和安全会有较大的影响。一般说，波陡（波高与波常的比值）越大，作业越困难；一个波高只有 1m 的“三角浪”往往要比一个波高 2m、长而平缓的波浪更难于作业。

海浪下的扰动与海浪的波长、水深等因素有关。在浅水区波浪下水质点的运动轨迹为椭圆形；当水深与波长的比值超过 1/2 时，这种扰动的影响将减小。

流也是水下检测人员难以对付的棘手问题之一。当流以一定速度和方向运动时，给水下检测潜水员施加的曳力与水速成平方正比，与水下检测潜水员在流动方向上的投影面积成正比。

波浪和流对水下无损检测工作的影响是较大的。它们不仅会对水下检测潜水员及所携带的设备施加作用力，使其失去平衡；还会影响到水下的工作时间及所采取的减压方式。为了确保水下无损检测工作的实施并获得准确可靠的结果，同时保证水下无损检测潜水员的生命安全，在作业前必须事先获得详细的气象信息和海况资料，注意水下检测潜水员、设备的定位，并加强水面与水下的配合。

2. 光在水中的传播特点及其对作业的影响

清晰可辨的水下环境并非水下检测人员经常遇到的理想环境。当光穿过“气-水”界面入射到作业深度时，诸多因素将导致光线发生光学上的改变，能见度将大大降低；即使水下检测潜水员自带照明光源，也很难保证在水下环境中各个视角上的良好效应。同时，由于介质的改变，UWNDT 潜水员将会遇到视力降低、视野缩小和色觉改变等视觉问题。

3. 水中声音的传播特点及潜水员听觉的改变

声音在水下的特性与在空气中有极大的差异，人耳很难辨别水下声源的方向和距离，潜水员的听觉也将发生改变，表现为听觉传音过程的改变、听力减弱、听觉辨别能力的改变及语音的改变等，这将对 UWNDT 工作的实施产生不利影响。

1）水中声音的传播特点

声音在水中传播较空气中有以下不同之处：①声音在水中的传播速度较空气中快四倍多；②声音在水中的传播速度很快，声音到达人耳的时间极短，潜水员无法准确辨别，甚至丧失辨定声源方向的能力；③声音在水中传播，也发生衰减，但比在空气中要少；衰减的原因是水对声波的吸收和散射；④在水中，嘈杂的声音非常少，水越深越安静，故对声音的干扰非常小。

2）潜水员听觉的改变

潜水员在水中，听觉的改变主要表现为：①听觉传音过程的改变，人在空气中，传音主要依靠气传导，而当人在水中时，如果头部直接与水接触，或虽戴防水面罩，仅外耳道残留少量气体，传音不是靠气传导而是靠骨传导；如果戴头盔，则还存在有气传导；②听力减弱，听力减弱发生在头部直接与水接触或外耳道残留少量气体不多时，传音由气传导变为骨传导，听觉阈值提高了许多，尤其是经常听到的音频和强度，听觉阈值提高得更多；③听觉辨别能力的改变，听觉辨别能力的改变表现为，对音源距离辨别能力降低、对音源方向的辨别能力极度降低以致丧失及对音频的辨别能力降低；④语音的改变，在进行 UWNDT 工作时，水下检测潜水员发出的声音显示出特殊的变化，音调变高、带有鼻音，且语言的清晰度随下潜深度增加而下降，甚至难以听懂，“氦语音”会影响检测潜水员与水面配合人员正确通话联系，因此不得不借助信号绳联系和视觉联系（包括打手势、作出某种姿势、写字在板上等等）。

4. 其他环境因素的影响

1）潜水装具与设备对 UWNDT 人员活动的限制

在 UWNDT 工作中，水下检测潜水员不能像陆上一样自由地行走和活动，受到了诸多条件的限制；其中潜水装具与设备往往是限制 UWNDT 人员工作的主要因素。

目前我国常用的潜水方式主要有以下几类：①水面供气空气潜水装具，是目前应用最广泛的潜水装具；②自携式潜水，因其使用过程中风险较高，除非使用之前做过详尽的安全评估，近海油气产业的相关潜水很少使用，只在一些内河或沿海潜水时偶尔使用。

UWNDT 涉及的检测设备和配套设备往往较多。在进行水下超声波检测时，需要携带的设备有：水下测厚仪、水下清理设备、水下超声波探伤仪、水下照明装置、水下录像设备、水下固定装备（绳索、脚手架等）、校正试块、水下记录板和测量工具等。当然，这些设备并不是一个检测潜水员所能够携带的，需要水下的配合人员（检测助手）帮助，也需要陆上（或在工作船上）人员的配合。

2）UWNDT 人员处于半失重的工作状态

浸入水中的物体，其本身的重力使之下沉，而水的浮力使它上浮。潜水员通过佩挂压重带等压重物，使重力大于浮力从而能够下潜；但负荷也不宜过大，以致在水下行动困难并迅速疲劳。因此，潜水员在水下工作时始终处于半失重的状态，很难使身体自如地保持平衡和稳定。一般来说，潜水员的“重心”和“浮心”不相重叠，其相对位置决定了潜水员的稳度。如果“重心”和“浮心”的相对位置不适当，潜水员的稳度就要受到影响，甚至造成倾倒或屈身困难等情况的发生。

3）氮麻醉降低了 UWNDT 人员的工作能力

高分压的氮气具有麻醉作用。当潜水员在 30m 水下作业时，氮气的分压约为 0.32MPa 压力，它会作用于神经系统，使人有欣快、动作不协调等感觉，降低潜水员的工作能力；若氮气分压再升高，潜水员便会感到疲劳、思睡、无力，综合和判断能力下降，精细动作失调，严重时还会丧失意识。

氮麻醉导致了 UWNDT 人员的工作能力下降，增加了检测工作的难度。

4）水深对潜水员作业的影响

水深是选择潜水方法的依据，也决定了潜水员的水下工作时间与减压时间。无论是轻潜还是重潜，空气潜水、混合气还是饱和潜水，都导致 UWNDT 方法的改变。为完成检测工作，还必须采取许多保护及附加措施。当水深过大（超过 200m）时，由潜水员进行 UWNDT 工作就非常困难了，一般的检测设备也会因为承受不了高压而难以胜任检测工作。

5)水温对潜水员作业的影响

水温与气候、季节以及水深有关,水温的高低对检测工作的影响也颇大。由于轻潜时潜水员不能在过低的温度下工作,同时温度对被检物及海水的色彩以及录像的效果大有影响。

水下环境是制约UWNDT实施及其检测结果可靠性的决定因素,对UWNDT的应用产生了巨大的影响。这些影响的综合效果,至少表现在以下方面:①限制了无损检测手段在该特殊领域的广泛运用,对检测方法有较强的选择性,如目前最常用的UWNDT方法为水下目视检测(UWVT)、水下磁粉检测(UWMT)及水下超声波检测(UWUT)和水下交流磁场(UWACFM),而较少采用水下射线检测(UWRT)方法;②UWNDT工作能否顺利实施,受气候、季节以及水深等环境因素的直接制约,随之而来的是调整潜水方式、防护措施、水面与水下配合等一系列实施方案,UWNDT工作实施的前提是保证人员和财产的安全;③UWNDT结果的可靠性难以得到保证,这是环境因素综合影响的结果。

必须指出的是,只有在UWNDT工作顺利实施的前提下,才有可能讨论UWNDT结果可靠性。同时,UWNDT结果的可靠性与所采用的UWNDT方法密切相关,更加深入的讨论必须结合相应的UWNDT方法而展开。

第十二节 水下高压水射流作业

高压水枪以多种不同方式用于完成水下的清洁和切割任务。工作压力在10~170MPa,并有喷嘴射出形成不同形状的高速水流或空化水流,均属于为高压水射流作业;工作压力超出170MPa,并由喷嘴射出形成的不同形状的高速水流为超高压水射流,其水下水射流作业为超高压水射流作业。高压水射流及空化水射流加入磨料均可达到切割目的。水下空化射流清洗装置是利用液体在低压状态下,通过空化喷嘴形成一定剪切力的空化泡射流,当空化泡射流接触被处理表面时,空化泡破裂,形成能量巨大的剪切力,剥蚀掉被处理表面的污垢,完成清洗作业。液体中也可加入化学溶剂起到防腐养护功能。高压水枪的任何压力均是危险的,并且可能引起有严重致残性的损伤。

一、基本要求

(1)水下高压水射流作业应严格按国家标准《潜水员高压水射流作业安全规程》(GB 20826—2021)的要求进行。

(2)水下高压水射流作业的环境条件,应满足标准所规定的各相关潜水方式环境条件要求。

(3)指定涉及高压、超高压水射流作业的潜水人员,包括潜水员、照料员、潜水机电员、水泵操作员和潜水监督等,在进行水射流作业前,应接受有关水下高压水射流作业安全知识的基本培训,并具备完成这一任务的知识和能力。培训应在工地现场演示高压水射流装备的安全使用、安全关机装置和程序,并让参与培训的每个人熟悉将要进行的操作和所使用的设备。进行超高压水射流作业时，应增加超高压的相关培训。

(4)应根据潜水方式、环境条件配置水下高压水射流系统，并检查水射流系统作业准备工作、作业方案、操作程序，以及安全措施和应急预案，进行高压水射流作业风险评估，布置作业现场并确保潜水作业期间不会受到干扰。

(5)严重的危害和损伤可能是由于水射流设备的错误使用和选择不合格的接头、软管或附件而引起的。所有这一系统的元件应该对照制造厂商的说明书进行校验，以确保系统没有问题。

(6)所有潜水队的成员(潜水员、照料员、潜水机电员、水泵操作员和潜水监督)应熟悉要使用的设备和与其作业有关的损害。参与高压水射流作业的潜水员及相关人员，应采取相应的安全防护措施，以避免作业过程中可能造成的人身意外伤害。

(7)在作业之前，应做好详尽的作业前准备和检查工作，并对应检查结果制定相应的防范措施，检查包括但不限于：

①作业点设置了合适的警示标志牌；

②外露电气装置采取了必要的安全保护措施；

③水源吸入端过滤网洁净能继续使用，供水水源能保证供给；

④所有软管、管接头的额定压力值均与规定相一致且均处于良好的工作状态，螺纹的规格是正确的，压力范围适合于计划进行的水下服务；

⑤软管连接处应配有环状柔性扣等安全防护装置，以免接头断裂造成伤害；

⑥所有设备的破损和老化情况，并特别注意高压软管、接头和枪的扳机功能；

⑦所有的水下高压水射流喷嘴均无堵塞且可继续使用；

⑧配置有合格的水枪扩散管及扩散保护管以平衡水枪后坐力，且可靠安装在枪杆上，以防伤及操作的潜水员；

⑨应检查相关设备的测试证书、维修记录、校准证明等文件；

⑩在潜水作业前，高压水射流系统应该装配完毕，并且经过功能试验，包括紧急关闭或安全截流/安全阀(泄压装置)的操作，以确保其能够安全操作和运转。

(8)应掌握紧急医疗援助的联系方式，以及最近的合适医疗机构的位置，并于高压水射流作业开始前记录在应急预案中。

(9)为防止高压水射流产生的噪声干扰动力定位船舶的声学参照系统，潜水监督应与潜水动力定位船的操作人员进行沟通；潜水动力定位船操作人员应采取相应的防护措施，并与潜水监督保持联系。

(10)空化水射流作业的潜水员应佩戴光滑的橡胶保护手套。

(11)冬季作业时，装置或水管采取了防冻结措施。

二、潜在危害

(1)高压水流系统水面高压水泵的安全关键元件是爆破膜片，不允许使用硬币来替代爆破膜片。错误的喷嘴或堵塞是造成膜片破裂的主要原因。

(2)在水下使用高压水枪时，应根据任务需要选择和使用合适的喷嘴，并及时更换磨损喷嘴;使用错误的喷嘴会造成排放压力异常升高而导致高压水泵爆破膜片破裂或降低排放压力。

(3)潜水员非主观故意地将前喷嘴水射流对准自己、潜水脐带或设备。

(4)尾部扩散管从枪体上脱落,造成后坐力平衡喷嘴直接暴露。如潜水员未及时觉察,可能会无意识地将自己直接暴露于喷嘴下。

(5)软管或配件故障造成了泄漏,带压力的水流会射到并伤害水面人员或潜水员。

(6)水枪喷杆的长度应适合于实际水下作业的需求,最小长度应能够确保操作者的使用安全,且最小长度通常不应小于60cm。擅自缩短喷杆的长度,潜水员受到水射流伤害的风险将大大增加。

(7)水面人员在准备、测试或使用系统时,非主观故意地将前喷嘴或后坐力平衡喷嘴对准了自己或其他人。

(8)在水面使用高压水枪所造成的碎片随着水雾进入该区域的人眼睛中。

(9)水面人员在操作软管时拉伤背部。

(10)泵的供水被用完、关闭或堵塞,泵过热并且出现损坏(水对泵的机械有降温和润滑的效果,如果泵干燥运行,将会很快过热并且卡住)。

(11)工具或设备部件掉落,造成人员受伤或泵的损坏。

三、潜在危害预防措施

开始水下射流作业前,应着手进行水下场所的调查,发现潜在的损害,并进行工作危害分析或评估。预防措施包括:

(1)在高压水射流作业时,注意照料好潜水员的脐带和高压水管;

(2)系统只有在潜水员要求时才能进行加压;

(3)水面能够快速关闭通向水枪的高压水;

(4)应在潜水员离开工作场所前关闭系统压力;

(5)在同一作业点,除进行高压水射流作业外,不得同时有其他潜水员在水下作业。如确需两名及以上的潜水员同时进行高压水射流作业,应保证充足的安全距离,并进行充分的风险评估和落实相应的安全管控措施;

(6)在穿透潜水或者受限空间进行高压水射流作业时,应在作业区域外部配备一名水下照料员,但不得将喷嘴处于压力状态下的水枪送放给潜水员;

(7)由于产生的噪声较大,在潜水员和水面之间的命令和信号应该做到确认和复述;

(8)由于噪声的损害,应对潜水员的耳朵进行保护,应穿戴硬质潜水头盔,必要时,可佩戴防噪声耳塞,或者限制潜水员暴露在噪声中的时间;

(9)针对射流作业期间的嘈杂环境,如潜水员与水面之间的音频通信困难,应在潜水员头盔上安装摄像头帮助潜水监督观察水中情况;

(10)扳机的机械装置应是人不操纵即释放的型式,不允许将扳机捆绑在“开启”的位置;

(11)仔细检查水枪喷嘴后坐力防护装置,假如没有适当的防护装置和散射的话,则可能对潜水员造成伤害；

（12）喷嘴的选择应视工作需要，小角度来复线喷嘴由于具有切割能力，危险性最大；

（13）操持高压水射流，尤其是超高压水射流装置的潜水员，应穿戴对脚部和小腿部专用的硬性个人防护装备；

（14）为防止高压水枪带来或由高压喷枪产生的沙粒对减压阀、配气阀等潜水呼吸气体供应装置造成损害，每次水下高压水射流作业后，都应有专人对减压阀、配气阀等潜水呼吸气体供应装置及潜水装具的有关部件进行检查、清理、复核并记录；

（15）高压、超高压水射流切割作业，不应采用潜水员手持式装置，可通过远程遥控装置搭载水枪进行；

（16）CDSA 建议不得使用不同公司的高压软管、水射流枪和任何高压连接件混合搭配。

四、作业中操作要求

（1）作业过程中，潜水监督、潜水员与高压水泵操作人员之间应保持清晰可靠双向通信联系。

（2）水下高压水射流作业应在潜水监督的指挥下进行。实施水下高压水射流作业的指令，应在潜水员到达安全作业位置，并做好开始高压水射流作业的准备后，由潜水监督发出。

（3）高压水泵运转期间，高压水泵操作员应始终守候在泵前，关注高压水泵运行情况，控制高压水泵应急停机开关，保证紧急情况下能够使运行的高压水泵立刻停机。

（4）高压水枪处于“开启”位时，不得采用线、绳或其他无法立即释放的人为方法锁定高压水射流的扳机装置。

（5）潜水监督应将水面高压水泵输出压力的信息告知潜水员。在通知潜水员之前，水泵操作员不应随意操作水泵，增加水枪压力。

（6）传送高压水枪应锁定扳机保险装置，并在高压水泵停机且系统压力释放的情况下进行。

（7）潜水员需要在水下移动位置时，应锁定高压水枪扳机保险装置并采取措施防止其意外开启。必要时，应通知水泵停机并释放输水软管中的剩余压力。

（8）潜水员不能清晰目视高压水枪喷嘴射流时，不应进行水下高压水射流作业。

（9）不应用水枪喷嘴直接触碰被清洗物体，避免喷嘴堵塞或损坏。

（10）不应用枪杆或无后坐力高压水枪外壳敲击硬质海洋生物，避免枪杆损坏。

（11）潜水员发现高压软管或水枪故障（如水枪失压、连接泄漏），应立即停止使用并通知潜水监督关闭水泵，经泄压后将故障设备返回水面进行检查。

（12）高压水枪水下作业时产生的噪声会使通话质量受到影响，因此潜水监督应仔细监视潜水员的工作，监听潜水员的呼吸模式。如果潜水员的呼吸节奏突然发生变化或观察到潜水员的动作突然改变，潜水监督应迅速做出反应。

（13）在紧急情况下，潜水监督应能马上关断高压水泵。为此，应能在任何时间直接迅速地与高压水泵操作员取得联系，或者设置随时可在紧急情况下关闭高压水泵的开关。

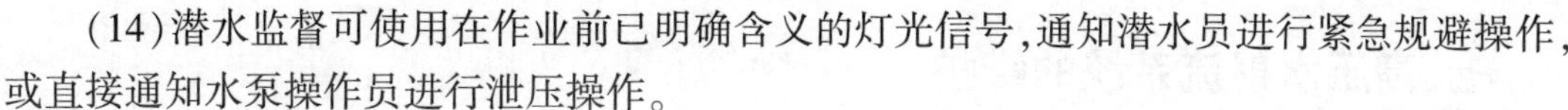

(14)潜水监督可使用在作业前已明确含义的灯光信号,通知潜水员进行紧急规避操作,或直接通知水泵操作员进行泄压操作。

五、作业后操作要求

(1)水下高压水射流作业结束,潜水员应立即通知水面关闭高压泵并释放系统压力。

(2)个人潜水装具应检查清洗并由专人复核及记录。

(3)使用潜水钟作业,潜水员进入潜水钟之前,应清除潜水服和脐带上可能附着的喷射碎片及其他污染物。

(4)使用磨料添加物进行高压水射流作业,应检查并清洗相关潜水装备或工程设备。

(5)如有任何潜水员高压水射流伤害,应立即向潜水监督报告并立即出水,按高压水射伤害应急处置流程,根据实际情况采取相应应急处置措施。

六、高压水射流伤害应急处置

1. 伤害

(1)从事水下高压水射流作业人员应充分认识高压水射流致伤的实际程度比表面征象更严重的特点。

(2)约 0.7MPa 压力的高压水流就可穿透皮肤,注入深部组织。

(3)即使皮肤伤口看起来很小,也可能存在大面积深部组织损伤并继发严重感染的风险。

(4)处置不当或损伤严重者可导致截肢甚至危及生命。

(5)超高压水射流比高压水射流穿透皮肤更快,深部损伤可能更严重。

2. 应急处置

(1)发生伤害应立即寻求专业医疗的远程支持,在医生建议下对伤员进行现场应急处置,并及时向管理部门提交伤害报告。

(2)伤员一开始就有皮肤破口和局部明显肿大等创伤表现时,应立即转送医院诊治。

(3)损伤轻微,且现场无医生时,可先行清创包扎,连续 4~5 天密切观察伤员临床表现,如有发热、脉搏加快,并伴有持续疼痛且进行性加重情况,应给予口服抗生素,并尽快转送医院诊治。

(4)伤员后送时,潜水监督应填写伤员转送信息卡,该卡片应与伤员一起交主诊医生。

(5)如果受伤的潜水员处于饱和状态,在转移到医疗机构之前应进行减压处置。

(6)发生高压水射流伤害,潜水监督应填写高压水射流伤害事故报告,其基本内容应包括:

①伤害发生的时间、地点、过程;

②如伤害中涉及伤亡,应写明伤亡者的姓名、年龄及其伤亡原因或损伤程度;

③如伤害中涉及船舶、潜水设备、作业器材,应写明船名、装具、器材名称和数量;

④伤害当事人、目击者的姓名、住址和联系方法等。

七、高压水射流系统的维护

(1)高压水射流设备的维护保养分为日常和定期两类,应由专业人员进行维护保养。

(2)日常维护保养应达到:

①高压水泵及相关部件无泄漏、松动或其他潜在危险,设备运行正常;

②软管总成无压扁、损伤,接头牢固可靠,柔性扣连接完好;

③水枪喷头无堵塞或损坏,连接螺纹完好,扳机开关释放自如;

④安全阀、截流阀、调压阀等外观清洁,性能良好;

⑤电气设备接线、开关、仪表等绝缘可靠,不会因水或磨料侵蚀而损坏;

⑥严禁在设备处于工作状态或泵站处于运转时检修装置或紧固螺栓及连接件。

(3)定期维护保养,应每隔六个月或按设备产品证书上所要求的时间进行,内容包括:

①检查高压水泵的叶片(或柱塞)及密封装置是否有裂纹、变形,清洗、更换过滤器;

②检查高压软管有无异常和老化开裂现象,管端部件的内部金属表面有无磨损、异常;

③检查安全阀和压力表应在有效检验期限内。

(4)使用磨料添加物的软管和软管接头,内部易腐蚀和磨损,应检查更换。

(5)租用的高压水射流设备,应提供自检验日期起不超过 6 个月的适用作业文件。

(6)所有高压水射流设备使用后及存放之前,应用淡水彻底冲洗干净。

(7)高压水泵及相关设备存放 6 个月以上者,再次使用时应进行测试或检验。

第十三节 水下液压作业工具

由于水下环境特殊,如海水介质密度大、水温低、高压、黑暗,加之有潮汐、暗流、海浪及海水腐蚀,给水下作业带来了很大困难,且潜水员水下作业时间短。水下液压作业工具系统可以进行水下切割、打磨、钻孔、清刷、螺栓拆装等水下作业,为潜水员高效完成各种水下作业任务提供更好的手段。

一、油液压水下作业工具系统

液压工具主要利用液压泵带动液压马达。液压工具比气动工具、电动工具和内燃式工具工作效率要高得多,并且使用方便,可靠性高。传统矿物油液压水下作业工具已经有着较广泛的应用,技术发展较成熟。

1. 油液压水下工具系统的结构和原理

油液压水下工具系统由液压动力源、水下作业工具、控制装置及进排油管路等所组成。

液压动力源根据不同水深和作业要求,可以配备两种,一种为水面液压源,一种为潜水式液压源。当作业深度较浅时(60m 以浅),可用水面液压源,液压源可以放在岸上或工作母船上,通过液压管路为作业工具提供动力;当作业深度较深时,可以采用潜水式液压动力源。

通过吊放装置将液压源放到水下,通过水密电缆为其提供电力。

水下作业工具主要由动力输出部分、作业形式转化部分组成。动力输出部分是液压工具主要组成部件之一,主要由液压马达及动力输出齿轮组成,它依靠液压动力源输送来的高压液压油吹动马达叶片而使马达转子转动,对外输出旋转运动。作业形式转化部分是将马达输出的旋转运动进行相应的转化。对于不同类型的工具,作业形式转化部分主要分为机械式离合器及行星齿轮组、摩擦片式离合器及行星齿轮组、液压油缸、扭力杆及锤打块组等。以上部件均是以旋转运动为基础的重要部件,它决定着该工具的扭力大小、转速快慢、拧紧精度等重要参数,由于它不停地离合、受压或受扭,故它的组成部件易受损坏。

控制装置主要由运动开启与停止控制部分及压力调节部分组成。

进排油管路是液压油进出的相关通道,是保障马达正常运动的能源输送线。工具与管路的连接通常采用自封式液压快换接头。

还有工具附件,包括各类打磨片、砂轮片、硬塑刷、钢丝刷等,安装在工具本体上与工件直接接触。

上述各部分相互依存、相互制约,不能单独实现作业。

2. 常见水下作业工具

水下作业工具通常有:液压动力站、液压镐、切割工具、钻孔工具、渣浆泵、污水泵、冲击扳手、护桩施工工具和电缆施工等。下面介绍几种最常用的液压工具。

1)液压扳手

液压扳手是较常用的水下液压工具,用于锁紧或拧松螺母、螺栓。

液压扳手有驱动式液压扭力扳手和中空式液压扳手两大系列,见图7.13-1。驱动式液压扭力扳手驱动套筒,可配套不同的标准套筒,适用范围广。中空液压扳手厚度较薄,特别适用于空间比较狭小的地方。由于液压的操控性好,它可以准确地设定旋紧力矩。

图7.13-1 驱动式和中空式液压扳手

由于液压扳手的行程很小,故其专用液压泵的体积也较小巧,所需液压管线也较细,但是其工作压力往往较高,最大工作压力一般要达到70MPa。

2)液压切割设备

液压切割设备有手持液压切割设备和自动液压切割设备两种。手持液压切割设备比较简单,即用手持式的液压驱动切割机驱动刀具或磨具进行水下切割。自动液压切割设备有自动行走机构和进刀机构及刀具,它在安装就位以后可按设定的路线和进刀量进行自动切割。

手持式液压切割主要应用于抢险打捞、清除障碍、拆除结构物等要求精度不高、作业量不太大的作业。它的设备简单,灵活性和适应性强。

自动液压切割主要用于海管或水下结构物的精密切割,它的切口齐整,精确度高,而且可连续长时间作业,但其设备较大、安装复杂,且仅能对其针对性结构进行切割,通用性不强。

3. 操作要求

操作前应仔细阅读水下液压工具出厂附带的使用说明书,其内容至少应包括:附件、配件的规格和要求、维护和保养说明、安全使用注意事项以及工具的噪声与振动数据等。

(1)检查动力源。必须确保动力源具有足够的流量并调节在适当的输出压力。

(2)检查并连接软管。确保所有软管都是适合的,没有明显的损伤、凹凸变形等。确保软管的连接方向正确,特别是液压工具应区分进油管和出油管。

(3)连接工具。确认所有的部件均组装正确,工具干净,各紧固件无松动现象。

(4)检查开关。应扳动灵活,收放自如。

(5)检查手柄及防护装置。手柄应紧固在托架上。防护装置应牢固地安装在适合的位置,没有裂纹或其他损伤。

(6)选择工作部件时,应保证其允许运转速度大于或等于工具的额定运转速度,其规格、尺寸应与所用工具配套。

(7)工具在向水下或水面传送的过程中必须确保动力源处于关闭的状态。

(8)只有在潜水员要求"开始传送压力"时才能开启机器传送压力。

(9)潜水监督只有在确认潜水员已经处于一个安全的位置并准备好,其脐带与所有的软管之间没有任何绞缠的情况下,才能下达传送压力的命令。

(10)潜水员操作时要握牢工具并保持身体平衡,保持身体远离工具的旋转平面。

(11)工作结束后应先关闭动力源并将剩余压力卸掉,才能拆卸工具。

二、海水液压水下作业工具系统

1. 海水液压驱动水下作业工具系统的特点

传统的油压工具,其内部的矿物性液压油与海水不相容,系统必须设计成闭式循环系统,因而存在一些难以克服的弊端。具体表现为:

(1)尽管液压技术得到了很大发展,但液压油与海水不可避免地互相渗漏,这不仅污染环境,还加速了系统元件的损坏,大大降低了工具的可靠性和使用寿命;

(2)液压油的黏度大,且其黏温、黏压系数大,随着作业深度和范围的扩大,系统进油和回油的沿程功率损失增大;

(3)为保证有效的驱动功率,需随着作业深度的增加而调整动力源的输出压力以平衡水深压力,使得油压工具的效率大大降低,同时使得设备的体积、重量和复杂程度增加,制造和维护困难,成本上升。

针对这些不足,有人提出了以海水代替矿物油作为工作介质来驱动水下作业工具。

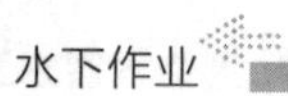

40 多年的实验与发展,证明以海水驱动的水下作业工具将是水下作业工具发展的方向,因为这种工具系统具有以下优点:

(1)节省液压油,降低使用成本;

(2)水介质能够阻燃,海水液压工具系统满足军事装备安全性要求;

(3)既不会污染生态环境,也不会因为水进入系统而降低工作可靠性;

(4)海洋水温变化小,黏度变化也小,因此海水液压系统的工作性能稳定;

(5)水的黏度只有液压油的 1/40,管路压力损失小;

(6)海水液压系统的工具系统可以设计成开式系统,直接从海洋中吸水,加压做功后,再直接排回海中,因而无需携带水箱,不用冷却器、回水管,不但简化了系统,减少了体积,降低了重量,而且不需要压力补偿装置,作业工具的工作水深不受限制;

(7)如果采用潜水承压电动机驱动海水泵,能够把海水液压工具系统的动力站放在水下,使作业深度和作业范围大大增加;

(8)动力源与作业工具间仅用一根直径较小的压力软管相连,受风浪和海流的作用力小,潜水员操作轻便,降低了劳动强度;

(9)能够在水下更换作业工具,或者进行简单维修。

由于海水液压驱动水下作业工具的突出优点,它是今后水下作业工具的必然发展方向,是水下作业工具的必然选择。当传统油液压水下作业工具不能满足当今海上水下作业所提出的大范围、大深度作业的要求时,海水液压传动技术才在水下作业工具中得到迅速发展,海水液压传动技术在水下作业工具中的应用发展较晚,20 世纪 80 年代后期,英国、美国等发达国家在海军的资助下首先进行了海水液压水下作业工具的研究。

这种新型的作业工具系统不仅完全避免了使用矿物油时所带来的一系列泄漏、环境污染、用于深海需要压力补偿等严重问题,而且具有系统简单、工作可靠、系统效率高、作业深度不受限制、设备重量轻、隐蔽性好、机动能力强等突出优点。

2. 海水液压驱动水下作业工具系统的组成及原理

海水液压水下作业工具系统由潜水电机驱动,整个系统由高压海水液压泵 1 台、海水液压比例/伺服控制阀 1 套、高压海水液压马达、高压海水液压缸/海水液压控制阀 1 套、水箱、换向阀等组成。动力源输出的高压水通过高压软管输送至海水液压作业工具并驱动其工作,完成水下钢缆、软缆和结构件的切割、结构物表面清刷打磨、金属及非金属表面进行打磨及抛光、钻孔、连接件的拆卸等多种水下作业。

海水液压水下作业工具主要包括两种类型(图 7.13-2)。

1)往复型作业工具

该类型工具由海水液压缸驱动,用以完成对水下钢缆、软缆等的切断作业、螺母的松紧及结构物的扩张等等。

2)旋转型作业工具

该类型工具由海水液压马达驱动,用于完成水下清刷、打磨、切割、钻孔及连接件的装卸等。工具的设计原则目标是体积小、重量轻,便于潜水员水下作业,操作开关等应简单可靠、操作方便。

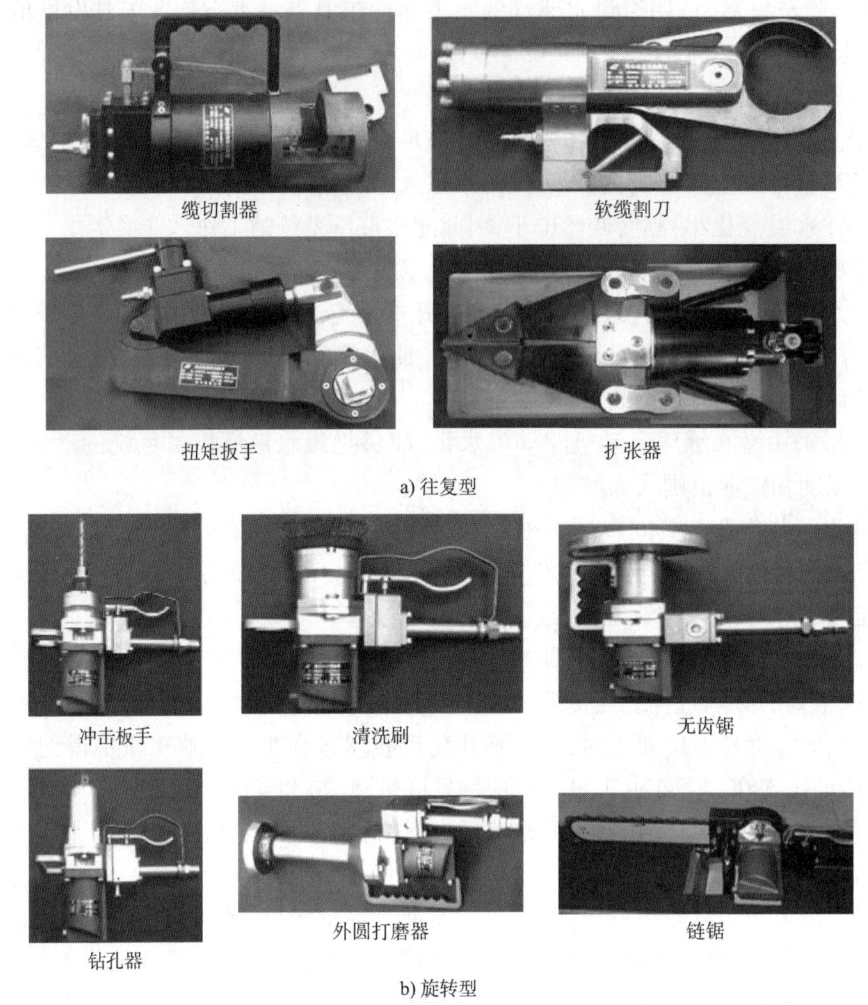

图 7.13-2　海水液压水下作业工具

三、水下金刚石绳锯

金刚石绳锯在国外已被用来切割发电站中的大型热交换机部件、核电站、海底输油管线或海上钻井平台等。特别是在核电厂拆除工程中，与传统方法相比，金刚石绳锯可达到最佳的切削效果。

20 世纪 80 年代末，金刚石绳锯开始用于切削钢材，最初用绳锯切削的钢件是钢管。20 世纪 80 年代有少数公司开始了用金刚石绳锯切割钢质材料的试验。刚开始绳锯加工仅限于小规格碳钢型材（如管材），后来应用于维修海底构件和核电站部件，如热交换器和集束管，后来扩展到奥氏体钢材料制成的大直径零件的切割。德国汉诺威大学工程切削工具研究所也是较早开始对用金刚石绳锯切割钢件的课题进行研究的单位，其研究目的之一是确定绳锯在核电站修复和拆除使用中的切削机理，更进一步的目标是研制出高效、长寿命和低磨损的工具。

金刚石绳锯切割钢制构件已经在实际工程中逐步得到应用，尤其是在水下工程中的应用更具独特优势。图 7. 13-3 为在印度利用金刚石绳锯切割 48″码头管线的工作情况。图 7. 13-4为印度尼西亚某公司在新加坡将要下水作业的金刚石绳锯机。

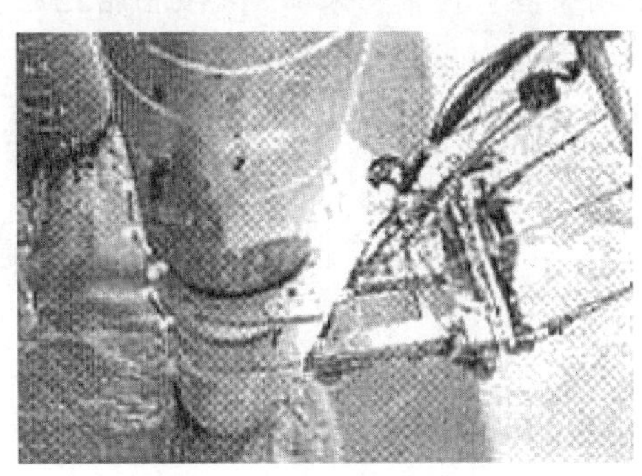

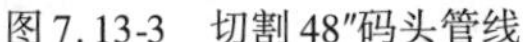

图 7. 13-3 切割 48″码头管线

图 7. 13-4 切割 28″管道的金刚石绳锯机

马来西亚 IEV Group of Companies 公司为欧洲、北美洲、中东、远东以及澳大利亚的石油和海运事业提供了独一无二的产品和服务。图 7. 13-5 为该公司的产品正在切割竖管和复合管。

金刚石绳锯水下切割最引人瞩目的两次分别是在 2000 年 8 月，俄罗斯的核潜艇“KURSK”号在巴伦支海沉没，在随后的打捞过程中，库尔斯克号的艇首和艇身的分割工作是使用金刚石绳锯来完成的。2003 年 7 月在英吉利海峡同样用绳锯的方法打捞“TRICOLOR”号货船，“TRICOLOR”号货船打捞行动是史上最大的一次清航打捞行动。

绳锯切割方法的优点是效率高、精度高，减少了 30% 的工程时间，节约了工程费用。另外，该切割设备结构紧凑，重量轻，易于运输，施工设备要求也低，又可自上而下或自下而上进行沉船切割，并可从沉船的非破损部位开始切割。

这项技术在首次成功运用于“KURSK”号核潜艇打捞后，又在“TRICOLOR”号沉船打捞中发挥了重要作用。图 7. 13-6 为金刚石绳锯切割“TRICOLOR”号的试验工作图。

图 7. 13-5 切割复合管

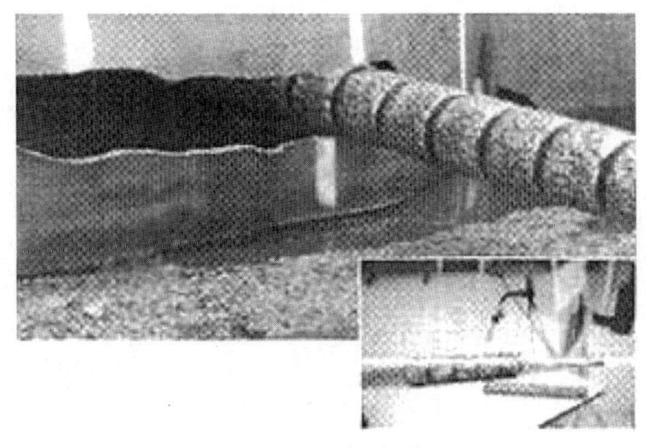

图 7. 13-6 绳锯切割“TRICOLOR”号试验

此外由于绳锯加工过程中无污染、噪声低而且设备占地少、易于安装、自动化程度高、对场地要求低、柔性切割等特点，因此成为水下拆除中切割工具的首选。

思考题

1. 常用的水下搜索模式有哪几种？简述每一种水下搜索方法及安全注意事项。
2. 船舶水下部分检查的准备工作及检查要点有哪些？通常应采取哪些安全措施？
3. 简述闸门的堵漏方法及安全措施。
4. 水下整平的方法有哪几种？简述潜水员手工法水下整平作业的操作步骤。
5. 简述漂浮船舶水下漏洞的找寻方法及安全注意事项。
6. 沉船船体封闭小型舱口和门窗有哪几种方法？
7. 沉船打捞方法通常有哪几种？
8. 简述沉船舱内潜水作业程序及安全措施。
9. 沉船打捞潜水作业工艺步骤有哪些？
10. 打捞浮筒水下作业的安全注意事项是什么？
11. 水下爆破安全注意事项的安全注意事项是什么？
12. 简述水下手工电弧焊的基本操作方法。
13. 水下焊接与切割中防止触电的措施有哪些？
14. 水下焊接和切割作业的劳动保护措施是什么？
15. 简述水下焊接和切割作业安全操作规程。
16. 简述水下环境对水下摄影、电视摄像的影响。
17. 水下无损检测的服务对象与检测目的是什么？水下无损检测的方法有哪些？
18. 简述水下无损检测的基本过程。
19. 简述水下高压水射流作业中的安全操作要求。
20. 油液压水下工具系统的原理是什么？其水下作业工具通常有哪些？

第八章

特定环境潜水作业

特定环境潜水作业,包括:压力差、有限空间、市政污水管道、污染水域、核辐射、寒冷环境、高海拔地区等环境条件下的潜水作业。

特定环境潜水作业时,应针对不同作业环境、作业条件、风险因素对潜水安全的影响,充分进行有针对性的风险评估,以决定人员和装备的配置和安全防范措施。

第一节 压力差环境下潜水作业

在有压力差并产生吸力的水域进行潜水作业,危险性高,潜水伤亡占比高。因此,很有必要认识压力差的危害,掌握压力差环境识别、危害预防的方法及安全作业控制措施,消除压力差环境下潜水作业可能产生的危害。

一、压力差环境危害认识

水下压力差可能对潜水员造成致命的危害。压力差发生在水从高压区流向低压区的位置,而在没有水流的时候却不存在危险。然而,一旦水流形成,将会产生相当大的能量。水流的形成可能是在自身重量下运动的结果,或者它也可能是一个涉及机械的活动过程。例如:由于结构故障、阀门的开启、潜水员水下切割入空间、水泵的启动等都会产生水流。当水流穿过一个开孔时,潜水员接近高压(或者上游)端,都可能被吸入并被困住。一旦出现这种情况,就会发生严重或者致命的伤害。

在不同水位的两个水体之间产生的力取决于水位之间的高度差,以及两个水体之间屏障上开口的尺寸。在屏障两侧的水位明显不同的时候,即使穿过小的开孔,也可能产生相当大的力。然而,通常未被认识到的是,当水位的适度差异与一个相对较大的开孔结合时,也可以产生一个非常显著的吸力。潜水员一旦被压力差困住,几乎就没有逃脱的可能。潜水员在3m的深度上也可能因为压力差发生致命的事故。

例如,如图8.1-1所示,水位差为3.5m,处于水坝中的管口直径为0.2m,计算因压力差在管口处产生的吸力如下:

压力差在管口处产生的吸力

$$F = P_{静} A \tag{8.1-1}$$

式中：$P_{静}$——静水压强，MPa；

A——开口面积，m^2。

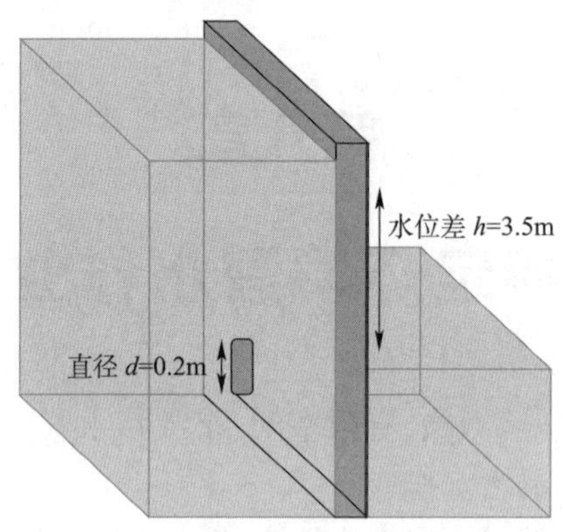

图 8.1-1 水坝管口压力差

将式(2.1-2)代入得出

$$F = g\rho hA \quad (8.1\text{-}2)$$

式中：g——物体所受的重力跟它的质量的比值，N/kg；

ρ——液体的密度，纯净水为 $1g/cm^3$；

h——水的深度，m。

将已知条件代入上式可得：

$$F = 0.001 \times 9.8 \times 1 \times 3.5 \times 10^6 \times \pi \times (0.2/2)^2 = 9.8 \times 1 \times 3.5 \times 1000 \times \pi \times (0.2/2)^2 = 1077N$$

一般而言，人体的躯干受到大约 350N 力的作用，就有可能造成呼吸困难或血液循环受阻。上例中的管口在 3.5m 压力差作用下，产生 1077N 的吸力，足以让被吸住的人四肢无法动弹。吸入口的面积越大，深度越大，产生的吸力越大，危险性越高。即使是微小的吸力，可能由多种因素组合加重，也会造成被吸住的人四肢无法动弹等。

水流危害的另一个可怕之处，是潜水员在外围接近吸入口不会感到任何水流流速的提高，而当潜水员能够感到水流流速时，已经处于危险之中了。

因此，识别压力差、避免压力差危害，对保障压力差环境下潜水作业安全非常重要。

二、压力差危害分类

压力差危害情况可以被分成四种类型：

(1)当水位在边界两侧发生变化时，例如在水坝和闸门处等，见图 8.1-2。

(2)当一个完全浸入或者部分浸入水下的空心结构含有高于或低于外界水压的气体时，例如在海底管道和其他具有空心部件的水下结构以及船舶周围等，见图 8.1-3。

(3)当水被机械设备从入水口抽出时，例如在陆上和海上的冷却或消防的进水口或者船舶的海底门等，见图 8.1-4。

(4)当水体被机械设备抽到船舶的螺旋桨或其他类型的推进器时，见图 8.1-4。

船上螺旋桨或者推进器所造成的事故几乎总是致命的。然而，这种危害与单纯吸力造成的伤害明显不同,而且不会涉及因为压力差造成的被困或伤害。

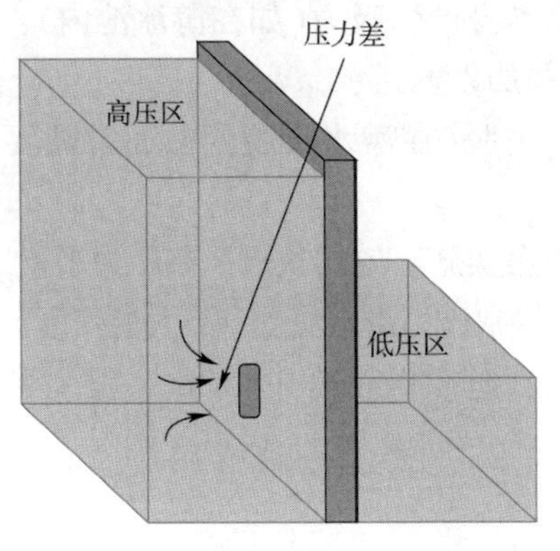

图8.1-2　相邻水位之间的开口管

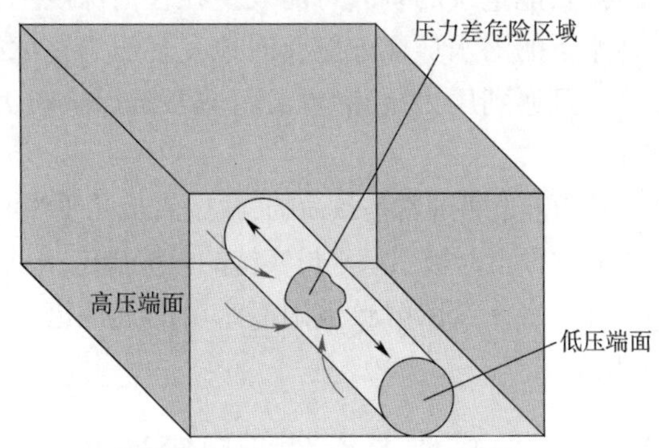

图8.1-3　水下受损气腔(管线)

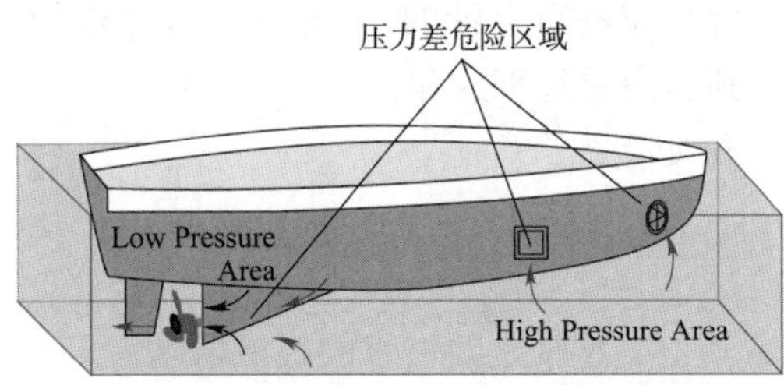

图8.1-4　海底门、首推以及开放式螺旋桨

压力差环境的示例,包括:

(1)进水口滤网堵塞;

(2)水坝出水口滤网、拦污栅;

(3)储水罐中有孔;

(4)打开泄洪闸门;

(5)打开两个区域之间的屏障;

(6)输送管道;

(7)水塔排水;

(8)潜水员在无开口端头使用法兰保护盖安装一段管道;

(9)水下管线有孔;

(10)船壳破损;

(11)切割水下管线或其他存在压差的气管;

(12)泵机房进水口;

(13)吸泥或疏浚作业;

(14)船舶推进器产生的吸引力。

三、压力差环境危害特征

压力差环境危害具有一定的特征:

(1)几乎所有深度上都存在着压力差的危害；

(2)涉及能量泵的事故可能发生在任何深度上,泵本身产生吸力(如在游泳池内)；

(3)水下的潜水员很难能及时地发现压力差危害并加以躲避；

(4)一旦遇到压力差,潜水员将非常难以从吸力中逃脱(在潜水员脱困前通常需要平衡压力差)；

(5)压力差危害通常是致命的,救援人员几乎没有机会实施有效的救援。在压力平衡之前,救援人员在水面上对被困潜水员实施的救援措施,经常会导致被困潜水员受到更大的伤害；

(6)进入水下试图解救被困潜水员的其他潜水员,在解救的过程中,经常会发生受伤或死亡的事故。

四、压力差环境潜水作业风险评估

在进行任何潜水作业之前,应进行合理的、充分的风险评估,并制订潜水计划。在以下情况下,风险评估必须考虑到压力差危害的存在：

(1)邻近的两个水体水位变化；

(2)毗邻气腔的水体；

(3)机械取水口；

(4)向船舶螺旋桨或者其他类型推进器供水的机械取水口。

风险评估应该与完全熟悉潜水现场的主管人员一起完成,并需要定期检查。

有的压力差危害可能只有在结构发生故障后才会出现。在这种情况下,风险评估应该包括对潜水作业所在区域或者周围结构完整性的评估。特别在对临时的或者受损结构的持续完整性持有怀疑时,必须要特别小心。

水体快速移动可能会使潜水员受到水流威胁的危险区域、存在吸力或者湍流(无论是自然形成的还是由于工厂和机器运转或故障而产生的)的区域被称为压力差危险区域(DP-DZ),应采用合适的方法对压力差危险区域的大小以及可能涉及的潜在吸力的大小进行评估。压力差环境潜水前遥测的方法如下：

(1)如果存在潜在压力差的情况,则建议使用某种类型的水下运动检测装置进行检测。但是,即使阀门或闸门的指示装置指示其处于关闭位置,指示器也有存在故障的可能性。例如,如果控制阀杆弯曲,则阀杆的有效长度减小,导致即使阀门并未完全关闭,阀位指示装置仍指示阀门处于关闭位置。

(2)过往通常在潜在压力差危险区域的前方,放下吊有重块的拖把头或类似装置(浮标绳)进行测试,如果发现其被牵引至该区域或吸入,则表明存在压差危险。此方法沿用至今,是检测是否存在压力差危险的有效手段。

(3)现在采用的先进方法是使用数字式读数流量表,放入水中并通过电子的方式显示流量。

五、压力差环境危害的预防及控制

当适当和充分的控制措施到位时,潜水员才有可能在压力差危险区域附近安全工作。

一般认为，在本质上采取工程控制措施(硬件措施)，要比程序和行为控制措施(软件措施)更可靠。因此，应该在采取"软件措施"之前制定合理可行的"硬件措施"。不应该使用"软件措施"来证明"硬件措施"的缺失是可行的。在潜水作业的过程中，为了有效地消除或者控制压力差危害和风险，可能会同时需要这两种风险控制措施。

压力差环境危害控制失败的案例，突出强调以下措施的重要性：

(1)在潜水员入水之前要评估控制措施的实效性；

(2)在对阀门、入水口的潜水作业中应使用坚固的物理屏障；

(3)将潜水员与压力差危险区域隔离开来。

1. 预防方法

(1)与适当的胜任人员(如熟悉现场的工程师等)一起识别可能的压力差危险；

(2)评估由任何可能的压力差危害引起的风险；

(3)规避风险。禁止潜水员进入活跃的或潜在的压力差危险区(特别是高压端)；询问是否需要潜水员来完成该项工作；

(4)采用工程控制措施消除任何活跃压力差危险区的存在，或者消除压力差危险区影响潜水员安全的机会。在任何可能的情况下，在潜水作业开始之前应平衡任何压力差。

2. 作业程序

在压力差环境下进行潜水作业，应遵循以下程序：

(1)召开工前会介绍存在压力差的危险；

(2)了解作业设施的布置，尽可能查看水下设施或建筑物的平面图；

(3)了解可能存在压力差的位置；

(4)确保由具备压差作业知识和经验的潜水监督管理作业项目；

(5)为全体潜水人员及相关人员提供相关的信息、指示和培训；

(6)确保潜水员和潜水监督了解管道和阀门系统的整体工作原理；

(7)使业主人员了解潜在的压力差危险；

(8)检查所有泵机、吸口、闸门或阀门并问询相关的问题；

(9)潜水监督和潜水员亲自检查作业区域周围的全部闸门或阀门是否位置正确；

(10)执行必要的上锁挂牌程序，以确保作业任务尽可能在安全的情况下完成；

(11)对于潜在压力差的区域，进行水力计算；

(12)使用流量表检查流量(如适用)；

(13)如存在吸口，应向潜水员交代其位置；

(14)可适当增加作业区域的照明；

(15)如果潜水作业的结构怀疑受损，需特别小心注意；

(16)如有可能，在作业范围建立禁区，并在危险点周围增加合适的安全裕度；

(17)潜水员的脐带维持绷紧状态，以防止脐带被压差区域卡住；

(18)限制潜水员脐带的布放长度；

(19)潜水员保持与水面人员的通信，并确保水面人员以及水中的其他潜水员始终了解自身的位置；

(20)检查所有潜水装具及附件是否正确连接,并确保无任何松动部分会被纠缠;

(21)在动力定位(DP)船上,潜水员的脐带的长度比最近螺旋桨、推进器的距离至少短5m,待命潜水员的脐带长度必须比最近危险位置的距离短3m;

(22)待命潜水员的脐带长度必须足够,确保待命潜水员始终能达到主潜水员的位置;

(23)如有可能,在开口上安装滤网或防护装置;

(24)如果需要切割进入至低压区域,则切割相隔一定距离的狭长口(而非切孔),确保即使潜水员在开口前方时仍能保持水体流动;

(25)特别注意所有深度的吸泥和疏浚等作业,尤其是在深度大于10m的情况;

(26)在潜水员入水之前,可进行潜水前遥测,潜水前遥测可使用遥控潜水器、水下摄像机、流量表、拖把头等;

(27)应考虑结构的状况,结构分解可能会引起压力差危险。

3. 控制措施

如果从物理上不可能消除压力差状态下的风险,而且又没有办法避免使用潜水员进行水下工作,那么就要遵循下列的措施进行风险控制:

1)消除危险

(1)采用工程控制措施尽可能地减小压力差。

(2)严禁在高压力端进行潜水,应在低压的一侧进行潜水。

(3)可考虑使用无人遥控潜水器进行潜水前的勘察。

2)采用设计手段消除危险

(1)从低压侧检查任何必须关闭的阀门处于完全关闭状态并没有泄漏。潜水前检查所有的水下结构、机械、密封件是否适合使用目的并能够安全使用。检验任何必要的、旨在保护潜水员的隔离措施的有效性。

(2)当使用一个关闭的阀门作为防止潜水员暴露于活跃压力差状态的主要保护屏障时,如果可能,应该多使用一个阀门。

(3)如果切实可行,可以通过限制释放脐带的长度控制潜水员进入压力差危险区,构造适当及足够的保护屏障,或者通过设计阀门降低受困风险,又或者在压力差危险区周围建立一个包含适当安全裕度的标准禁区。

3)作业时采取安全措施

(1)如果绝对没有办法避免在高压侧进行潜水,应与相关的胜任人员(如熟悉现场的工程师等)一起进行全面的风险评估并制定详细的(程序性)安全工作体系。

(2)作为安全工作体系的一部分,使用许可的潜水体系,包括对任何厂房或机械进行隔离锁定,以确保不安全的重新连接或操作是不可能的。

(3)采用合适的方式评估任何活跃的或者潜在的压力差危险区的大小。要考虑到是否存在着不可预见的,压力差危险区会突然扩大或者超出预计范围的情况,如:被海生植物部分堵塞的进水口会出现瞬间的水流增加。在可行的情况下,潜水前要对适当区域进行精确的流速测量。

(4)如果潜水员不可避免地必须进入到压力差危险区,绝不能够允许他们干扰到密封设施及应对水流的工程屏障(特别是在高压侧潜水作业时)。

(5)在潜水前,潜水员和潜水队应接受相应的培训,以识别压力差风险。

4)个人防护装备

(1)在任何已经识别了的压力差危险区进行潜水作业,必须使用水面供气式潜水装具。

(2)使用水面供气式潜水装具的同时,使用由合适强度构件加强的脐带。

第二节 有限空间潜水作业

有限空间潜水指进入上部遮顶或有空气封闭的水域(如沉船舱内、洞穴、管道等)进行潜水的活动。有限空间潜水时,潜水员需穿过一个身体受限的空间,照料员不能直接将在有限空间的潜水员拉出水面或拉入潜水钟。因此,有限空间潜水作业前,应进行严格的风险评估并采取相应的安全措施。

一、有限空间的不同情形

有限空间潜水,主要有以下几种情形。

1. 水面直接出入口

水面直接出入口,指方便潜水照料员从水面拉起潜水员,或被潜水钟内照料员拉入潜水钟的潜水位置。水面直接出入口并不一定表明潜水员上升到水面的过程中,没有任何障碍物,而是照料员或潜水钟照料员在入水位置将潜水员拉回水面或拉入潜水钟时,不会受到任何限制。

2. 潜水员在拐角工作

潜水员在水下有拐角的位置潜水作业时,潜水脐带可能被绞缠,或者因为潜水场地设施造成照料员和潜水员之间的不能直线拉拽,也不能使用拉绳信号。

3. 密闭空间潜水

密闭空间指一个水下的、潜水员可以进入的、空间上部可能有空气的封闭水下环境。在某些情况下,为了到达水下的潜水作业点,潜水员需在密闭空间内运送或工作。通常,密闭空间有以下特点:

(1)足够大,足以让一名潜水员完全进入空间并工作;

(2)进出受限,例如水箱、船舱、筒仓、存仓、料斗、拱顶、挖掘区或深坑等;

(3)不是针对人员进入而设计的;

(4)可能未完全充满水。

4. 穿透潜水

受限空间指限制潜水员在任何平面上从头到脚旋转180°的水下空间。

穿透潜水指需要潜水员进出受限空间且无潜水照料员可从水中将潜水员拉出水面或拉入潜水钟的直接出入口的潜水作业。

二、有限空间潜水作业的最低人员要求

有限空间潜水作业的最低人员要求如下：

(1)一名潜水监督；

(2)一名潜水员；

(3)一名水下照料员/待命潜水员；

(4)两名照料员(其中一人兼任水面待命潜水员)。

三、有限空间潜水安全操作

1. 密闭空间潜水

密闭空间潜水，又称"天花板潜水"。在执行密闭空间潜水时，如果密闭空间的入口在水下并且在水面不能直接进入，则潜水员在密闭空间的入口处应始终得到一名水中照料员的照料。水中照料员的作用是照料密闭空间潜水员的潜水脐带，并且在潜水员发生潜水脐带绞缠或受阻时，提供援助。在这些情况下，潜水队应增加一名额外的照料员。

密闭空间潜水作业常见的危险有通道狭窄、可见度低和表面光滑。这些空间可能是充满或者部分充满气体，也有可能充满了水，密闭空间的气体可能有一定的毒性或者是易爆气体。密闭空间潜水作业存在一定的危险性，必须严格遵循下列规定：

(1)尽可能使用潜水头盔；

(2)潜水监督必须派遣水下照料潜水员在密闭空间的入口处对作业潜水员进行照料，水下照料潜水员的数量取决于密闭空间的具体情况；

(3)潜水员进入密闭空间后，如果空间内充满气体，在没有经过适当处理并确保气体无害的前提下，绝对不能脱去潜水装具直接呼吸封闭空间内的气体；

(4)密闭空间内的活动要谨慎，不可横冲直撞；

(5)进入密闭空间后，任何时候只要开始启用应急气瓶的气体作为呼吸气体，潜水员就必须终止潜水，开始转移和上升出水。

潜水员在水下有拐角的位置进行潜水作业时，潜水脐带可能发生绞缠。由于有拐角，应指派潜水员在水下担任照料员，在拐角处照料工作潜水员的脐带，并与照料员接力传递所有的拉绳信号。

2. 穿透潜水

穿透潜水是有限空间潜水的一种。最常见的穿透潜水就是潜水员进入一个管道，并沿着管道进入其内部。这大致符合处在身体受限的空间和无水面直接出入口的两个特点。如潜水员进入水下管道进行潜水作业，潜水员的脐带经常会在管道的进口处拐个弯，甚至在管道内拐弯。因此在这些拐点处，应安排一名潜水员作为水下照料员，照料在管道内作业的潜水员的脐带。在执行长距离有限空间潜水时，还可能需要额外的水下照料员。应该计算和准备呼吸气体，保证有足够的供气量和供气余压，满足潜水员的呼吸需求。

3. 市政污水管道潜水

市政污水管道潜水，包括市政的排水管道、窨井、泵站施工等，多属于有限空间潜水。在许多地下水位高的城镇，一般情况下特大型和大型管道的断水和封堵有困难，同时管道运行

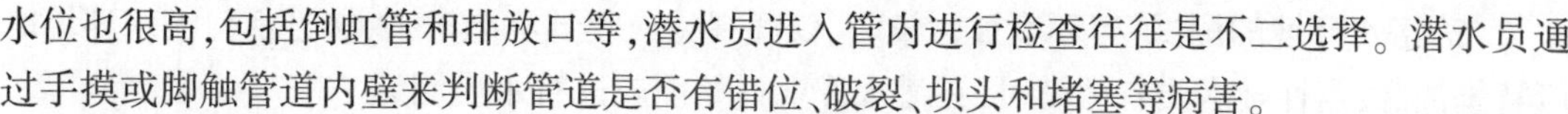

水位也很高，包括倒虹管和排放口等，潜水员进入管内进行检查往往是不二选择。潜水员通过手摸或脚触管道内壁来判断管道是否有错位、破裂、坝头和堵塞等病害。

市政污水管道潜水，除应遵守上述密闭空间潜水和穿透潜水的原则和程序外，由于该环境下易于产生硫化氢等有毒气体，会对潜水员造成严重伤害，因此还应特别注意：

（1）严禁贸然潜入，应先对管井水面的空气部分彻底通风；

（2）应针对作业环境特点预防有毒有害气体的危害，人员应经过专门培训，制定特定安全程序，履行审批手续，谨慎严密地组织施工；

（3）应完成风险识别和评估工作，检测和分析存在的危险有害气体的浓度，明确本次有限空间或管井作业应急处置措施并纳入作业方案；

（4）组织现场应急救援演练，提高事故预防和应急处置能力，演练后应对其效果进行再评估，分析存在的问题，提出改进措施，以完善应急预案或现场处置方案；

（5）在按规定完成潜水前的准备工作的同时，针对有限空间和污水管井作业具体特点，还应准备包括便携式气体检测报警仪、大功率机械通风设备、照明工具、正压式空气呼吸器或高压送风式长管呼吸器、全身式安全带、安全绳索等，并处良好状态；

（6）定期开展有针对性的有限空间或污水管井作业风险、安全操作程序、应急装备装具使用以及应急救援技能等教育培训，确保作业人员安全；

（7）禁止未经培训、未佩戴个体防护装备的人员进入有限空间或污水管井作业或施救。

第三节　污染水域潜水作业

在污染水域潜水作业时，应考虑将潜水员暴露于污水中的时间缩至最短。市政工程潜水作业（含市政管道潜水作业）水域一般水深较浅，大多数情况下不需要减压；如果作业水域水深（或气压）较大，应选择不减压潜水，以减少潜水员暴露于水污染的机会。污染水域潜水作业涉及不同污染水质问题，应视污染的程度采取不同的措施。

一、培训

凡是计划参加污染水域潜水作业的人员，应该接受作业当地主管部门要求的有害废物作业和应急反应方面的特定培训。培训内容包括：

（1）水面和潜水人员的个人防护设备；

（2）排除污染程序，包括准备消毒剂或其他应采取的解决方法；

（3）对作业中的人员和使用的设备排除污染；

（4）对参加过作业的人员和使用过的设备进行消除污染处理。

二、现场评估

作业水域存在污染可能或确定被污染，应对作业地点进行评估。评估应包括：

（1）任何可能的污染（有可疑污染物）或潜在的危险。

(2)潜水环境的测试:当环境被污染时,仅凭视觉或嗅觉不能辨别,接近任何潜水环境时应特别注意;当怀疑水质有污染时,在潜水作业开始前应进行水质测试。

(3)在可能存在有毒烟雾的环境中,潜水站、压缩机和水面人员应位于任何空气污染源的上风位置。

(4)在存在表层流和水下流的情况下,潜水员应从上游位置向已知污染源点接近,以确保污染水质远离潜水员。

(5)尽可能建立潜水站和潜水地点周围的参数,确保没有防护措施的人员远离可能的污染。

(6)应进行限制区域的管理,以使没有防护措施的人员管控在限制区域之外。

三、水面人员防护装备

按照我国环境保护行业标准《新化学物质危害性鉴别导则》(HJ/T 154)对环境保护的要求,污染水域潜水作业前应做风险评估。对个人防护装备(PPE)的选择,应基于它保护潜水员和水面作业人员免除遭受特定风险的能力。个人防护装备有四种不同类别,从最低保护 D 级到全身保护 A 级,装备配置结构建议见表 8.3-1。

在选择个人防护装备时,必须考虑一些关键的可变因素:

(1)危害的识别。

(2)潜在的危害侵害潜水员和水面作业人员的途径,即:呼吸吸入、皮肤吸收、消化道摄入和眼或皮肤接触。

(3)个人防护装备的材料、缝合线、面罩以及所有其他关键元件的性能。

(4)个人防护装备的材料在密封、撕扯和耐磨等强度上的耐久性,与在潜水现场的特殊条件相匹配。

(5)个人防护装备对潜水员和水面作业人员的作用与现场的环境状况相匹配(如热射病、体温过低、脱水、任务时间长短等)。

(6)选择个人防护装备时,如果这些变量不能得到实际确定,应按照最恶劣情况下的特定变量和穿着的防护。根据作业现场的实际情况,定制满足作业需要的个人防护装备,确保潜水员和水面作业人员不受污染伤害。

个人防护设备选择指导方针 表 8.3-1

<table>
<tr><th>防护等级</th><th>呼吸防护</th><th>防护服</th><th>手和脚的防护</th><th>额外防护</th></tr>
<tr><td>A</td><td rowspan="2">一个经批准的正压式全面罩自给式呼吸器(SCUBA)或一个经批准的供逃生用的正压式送气呼吸器(SCUBA,不少于 5min 的呼吸气量)</td><td>专门用于防化学品渗透完全密封化学防护服</td><td rowspan="3">手套:外层和内层的耐化学品手套。
靴子:带刚性鞋头和鞋骨的耐化药品靴子</td><td>连裤工作服、长内衣、安全帽、双向无线通信系统</td></tr>
<tr><td>B</td><td rowspan="2">用耐化学品材料做成的带帽子的耐化学品防护服(工作服和长袖上衣;连裤工作服;一件式或两件式防化服;一次性耐化学品工作服)</td><td>以上物品,加上面部保护罩、鞋套(一次性,耐化学品)</td></tr>
<tr><td>C</td><td>一个经批准的全面罩或半面罩空气净化呼吸器</td><td>以上内容,加上逃生水罐</td></tr>
</table>

续上表

防护等级	呼吸防护	防护服	手和脚的防护	额外防护
D	—	连裤工作服	靴子：带刚性鞋头和鞋骨的耐化药品靴子	以上内容，加上安全眼镜或防化学护目镜、手套

四、潜水员佩戴或携带的装备和附件

当作业水域存在污染的可能或确定已被污染时，对潜水员佩戴或携带的装备和附件的要求如下：

(1)潜水员佩戴装备的选择应基于所要求的污染防护水平。

(2)潜水监督负责选择防护装备和编写潜水作业技术方案。

(3)潜水员配备的防护装备应与所防护的污染物相匹配。

(4)潜水员佩戴的装备和附件保护共有三个级别，从最高保护(一级)到最低保护(三级)，这些级别的要求见表8.3-2。

潜水员佩戴或携带设备和附件　　表8.3-2

一级(最高防护)	二级	三级(最低防护)
在含有已知的生物学污染、石油燃料、滑润油和工业化学品的水中潜水，会导致长期健康的危害或致死。 头盔式水面供气潜水员配有连着靴、手套和一个回路排气或双排气阀系统的无孔干式服。 注意：一级防护的使用应该考虑正在使用的设备和水污染通透进入装备的后果(参考制造厂商的数据)。在含有强化学品或核污染的水中潜水，即使很少暴露也可能产生严重的威胁，要求特别考虑和计划设备防范措施，并进行培训	在含有已知的生物学污染或化学品污染的水中潜水，会引起短期健康影响，但不会引起永久性的损伤、残疾或致死。 水面供气脐带，带有密封帽、手套和靴的干式服。 密封的帽覆盖面部的全面罩	推荐在被认为健康危害很小的水中潜水所使用。 SCUBA 或水面供气脐带，带有半面罩或全面罩，耐磨连裤工作服，手部和足部的防护

(5)潜水员佩戴的所有防护装备应该在潜水作业前对其完整性和功能进行测试。

(6)如可能发生超过一级潜水系统(防护装备)防护能力的情况，应立即终止潜水作业。

五、潜水后清污程序

在特定高污染潜水环境中，可采用以下清污程序：

(1)围绕潜水站周围的区域，可分为三个区域用于适当隔离污染。直接围绕在入/出水点的地带被认为是“高污染”区域。潜水员和设备经过初始排污后的区域则被定义为“低污染”。最后地带是潜水员在经过排除污染后进入，并保证所有离开的潜水装备都是“干净”的。

(2)一个有效的颜色码系统可以用于清楚地标明排除污染的边界点。用“红色”表明所有“高污染”区域,黄色表明“低污染”区域,绿色表明“干净”区域。绿色标明的“干净”区域应该位于污染区的上风。

(3)使用高压淡水冲刷潜水员作业点,以降低潜水环境的污染物含量并减少对潜水员的污染。

(4)如果潜水过程中可能遭遇大量黏性污染物,建议使用与潜水装具匹配的一次性防护服。

(5)潜水员完成潜水任务、经过初始淋洗后,可采用以下清污冲洗程序:

①应该用清洁溶液和合成硬毛刷洗刷潜水员全身,同时仔细刷洗潜水头盔和颈部密封圈的交界处。

②潜水员经过初步冲淋后,应该用硬毛刷和清洁液再刷洗全身,可先用长柄刷加速清洗过程,再用短柄毛刷仔细刷洗潜水头盔、颈围的交界面。

③清洁液的成分应适用于待清除的污染物。5%漂白剂清洁液的制备方法之一:优质次氯酸钙1360g加19L水,混匀。含氯清洁液不宜用于大量含氨的污染物,在这种情况下可用1%~2%磷酸三钠清洗液。

(6)一旦潜水员已合理进行清污,并进入“低污染”区,应卸除潜水装具。首先,解开头盔与潜水服的机械锁紧装置,取下头盔。然后脱下干式潜水服和手套,最后脱下内衣裤。

①如果潜水装具没有因本次潜水造成损坏的征象,潜水员可进入清洁区,进行常规的潜水后淋浴,包括用沐浴皂和洗发剂清洗全身。此外,用沐浴皂彻底刷洗手指,潜水员可根据具体情况刷洗指甲或刷牙漱口。

②如果皮肤有暴露于污染物的阳性指征,应采取额外的清污措施。

(7)潜水员卸装后,应对所有装具进行二次清污。首先冲洗装具的大片污染,然后将其置入合适的表面活性剂洗涤液中浸泡30min。在浸泡后,彻底冲洗装具,直至无泡沫为止。为保证清洗液不进入脐带或其他气动装置的输气孔,应采用不透水的密封罩。

(8)在某些情况下,应将用于潜水员和潜水装具冲淋、洗涤和再冲淋的所有液体进行封存,以便进行相应的危险品处理。如果确属危险品,上述潜水员和潜水装具的清污程序需作变更,以确保所有与清洗液有关的活动在水密的集水区内进行。凡有集水区的地点,所有洗涤液应泵送或排放到合适的储存和输送容器内,并标有醒目的“危险品”标记。

(9)对存在有放射性污染的水域,要按照放射性防护要求进行特别防护。

六、危险源评估和识别

(1)当存在化学品污染危害时,应该对该区域进行回顾性评审,设施安全员、厂家监督或技术员应提供相关的信息。应进行如下检测:

①化学污染物的定性分析;

②化学污染物的定量分析;

③空气质量监测;

④既往存在的污染物质检测。

(2)在污染水潜水作业时,应考虑水温对选用防护设备的影响。

(3)防控措施应符合本地区、市或省属水质机构对生物毒素、水生病原体、微生物污染方面的现行管控要求。

(4)对水或沉积物取样分析,以确定污染物是否存在。检测机构应提供适当的容器和样品采集、搬运、运输程序。

(5)已经确定在沉积物或水中存在污染,可使用快速现场试验包对化学物进行检测。潜水作业的现场出现了严重的污染,可考虑使用 ROV。

(6)可使用手持式探测器监控挥发性化学品:

①潜水作业前,初始转运到一个新区域监测空气质量。

②在潜水作业进行时,使用带有警报装置的设备进行持续监控。在空气质量发生变化时,及时提醒工作人员。

③在潜水员出水后,应排除污染。再次监测潜水员是否仍存在污染。

(7)潜水员和水面工作人员受到污染后,可以采集血、尿或其他生物学样本进行医学检验,以获取污染物清单。

第四节 核辐射环境潜水作业

一、人员要求

从事核辐射环境潜水的人员除应满足潜水人员基本要求外,还应满足:

(1)参加过由具有核潜水作业经验的人员开展的专业培训,熟练掌握核潜水个人装具的着卸装程序,接受过模拟核潜水作业的实操培训,并经考核合格取得核潜水培训证书。

(2)参加核电站基础知识、辐射防护知识和剂量检测仪器的使用等基本安全知识培训和考核,考核合格后,获得进入核电站相应辐射等级区域的许可。

二、装备要求

从事核辐射环境潜水的人员除遵循本章第三节污染水域潜水作业对装备的要求外,还应:

(1)佩带行业认可的可用于核污染环境潜水的硬质的、铸造型潜水头盔;

(2)穿着由限制核污染量的硫化橡胶制成的潜水服;

(3)穿戴可保护最里层的密封手套;

(4)佩带辐射剂量检测器;

(5)佩带重型全身固定式铅带;

(6)潜水员使用冷水降温服;

(7)现场水下应投入辐射传感装置,如100AMP辐射剂量检测器或同类设备。

三、作业程序

(1)应遵循本章第三节污染水域潜水作业的有关程序规定。

(2)应遵循本章第二节有限空间潜水作业的相关规定。

(3)除应遵循上述两项外,涉及核辐射特定环境潜水作业的程序如下:

①潜水员着装,并穿上装有电子辐射测试仪的冷水降温服;

②潜水员进入核污染区域前,辐射防护组须在现场确定一切正常,防止辐射剂量检测器被碰掉;

③潜水队其他成员做最后的检查,确定潜水员一切都准备妥当;

④启用冷水降温服系统,确定潜水员冷水降温服正确运行;

⑤拉上潜水服拉链后,戴上双层橡胶手套;

⑥在潜水员安全背带上安装辐射剂量检测器的外部天线;

⑦佩带重型全身固定式铅带;

⑧穿戴潜水头盔;

⑨下水前,再次测试潜水装具、通信和录像设备以及辐射剂量检测器功能正常;

⑩潜水员入水。

(4)潜水员及装备的清洗程序。核辐射环境潜水作业完毕,潜水员及装备的清洗程序如下:

①水面人员按防护操作程序将作业物品等收回水面;

②水下带上来的物体出水后,所有出水的物品应用矿化水冲洗、擦拭;

③清洗完所有工具和装备后,潜水员开始出水;

④出水时,水面上的照料员要用软水将潜水服和脐带等所有物品彻底冲洗干净;

⑤由于潜水员在水下时,手部和脚部接触的核污染物最多,因此要特别注意冲洗潜水员的手部和脚部;

⑥辐射防护组用辐射剂量检测器检查潜水员,确保潜水服未受污染;

⑦当潜水员清洗完后,潜水员依程序卸装;

⑧潜水员身上取下来的所有装备,应由辐射防护组人员带出核污染区域,并进行去污处理;

⑨潜水监督应迅速安排将潜水员擦拭干净,尽量将所有水滴擦掉;

⑩应首先确定冷水降温服和辐射剂量检测器上没有核污染物,只有辐射测量合格,潜水员身上的辐射测量仪才可拿走,潜水员才能返回更衣;

⑪如果潜水员被发现受了核污染,则应进行彻底淋浴清洗。

(5)潜水后装备的处理。核辐射环境潜水后装备的处理程序如下:

①当在有辐射的水下环境进行潜水作业后,任何与水接触的潜水装具都被视为已经被污染;

②根据潜水站位置和空气传播核污染的潜在可能,大多数东西都可能被核污染了;

③所有被污染的装备都不能被用于其他普通的潜水作业中；

④承包商提供并带入核污染区域的所有潜水装备应由业主进行最终处理。

(6)潜水后的人员健康跟踪：

①参与核辐射环境潜水作业的所有人员应接受核电站进入前和离开时的全身有效剂量测量，确保人员离开时满足国家和行业相关健康安全标准；

②应对作业人员进行一定时期的健康跟踪，例如进行体检，以获得身体合格的体检报告。

四、安全要求

(1)应对潜水人员进行必要的心理评估。

(2)潜水作业前，业主代表、潜水监督和辐射防护组应先行充分的沟通。

(3)潜水人员应对作业位置、执行的任务、水温、水深和潜在辐射源有全面的了解。

(4)辐射防护组应提供作业地点的最新核放射量数据和区域分布图，以便潜水员能了解他们在水下的工作环境状况。

(5)辐射防护组和潜水员也需要就辐射剂量检测器在潜水员身上的安装位置达成一致潜水员身上各部位应安装经校准的具有警报功能的辐射剂量检测器，通常放在手腕、脚踝、腿部、腹股沟、胸部、后背、手臂部和头部。

(6)现场水下布放辐射测量仪，以让潜水员更准确地测量作业区域的核辐射量，这种测量仪应至少包括两套且是独立的。

(7)业主应为潜水作业现场的地面和水下提供足够的照明。

(8)应设置辐射屏蔽装置防止潜水员靠近放射燃料区和其他高放射物。

(9)辐射防护组应对现场作业进行连续的监视，并有权随时停止正在进行的作业。

(10)如电子辐射剂量检测器其中任何一个设备损坏，应终止潜水，直到找到问题并修复。

(11)由于被辐射物照射过的物体的核辐射量具有不确定性，辐射剂量检测器如显示潜水员可能触及此物品，则只能将该物品从作业地点移到一旁；只有辐射防护组确认允许后，潜水员方可捡起物品。

(12)如果水下作业地点的放射率高于预期数据，应使用水下真空泵将作业地点的核污染物清除；对真空泵无法清除的核污染物品，应放置铅毯来帮助降低潜水员受到的核辐射量。

第五节　寒冷环境潜水作业

随着国家海洋强国战略实施和国民经济发展，我国北方冬季寒冷水域工程潜水作业量逐年增长，同时北方大风寒潮等极端气候导致的海上、内陆水域意外事故等对潜水应急救援的需求增加；另外，我国已经实现北极航线夏季常态化。应对北极水域航行事故时，应急救捞潜水作业也是重要技术手段。寒冷环境潜水易导致水下潜水员低温、水面辅助人员冻伤，特别是呼吸气体管路结冰阻塞对水下潜水员造成巨大威胁。本节将介绍寒冷环境对常规潜水作业的影响及其对人员、装备和作业程序的要求。

一、寒冷环境对潜水作业的影响

寒冷环境潜水是指在气温或者水温≤5℃的环境下进行的潜水。冰下潜水（简称“冰潜”）是指当环境异常寒冷，水面结冰或者出现浮冰，需要在冰面之下或者冰水混合环境下进行潜水的活动。

寒冷环境的气温和水温相互影响，两者有时不完全一致，但都对寒冷水域潜水安全产生影响。主要影响如下：

1. 寒冷对人体的损伤

寒冷环境易导致水下潜水员低温。低体温发生后会引起脑损伤、脑组织水肿、颅内压升高。脑水肿是颅脑损伤最常见、最严重的继发损伤之一，其病理生理过程十分复杂。冻伤后的脑水肿主要是血管源性脑水肿，也可合并细胞毒性脑水肿，最终都将导致神经元受到不可逆的损害。中枢神经系统功能出现重大变化发生在核心温度低于35℃时；体温降至30℃左右时，出现意识障碍、定向障碍、构音障碍、共济失调；28℃为生存临界值。低体温还会造成心血管、肺脏、肾脏、肝脏等各系统器官一系列的病理变化，进而发生严重的损伤。

寒冷环境易导致水面辅助人员冻伤。医学界普遍认为冻伤多发生于四肢和皮肤外露部位，如手、足、耳、鼻等，这与寒冷水域潜水作业的情形相一致。当手的皮肤温度降至18～20℃时，手部的触压感觉开始下降，下降到15℃左右会引起痛感，5℃以下会丧失感觉，失去手的灵活性和协调性。若温度进一步下降，则会出现冻伤。

2. 寒冷环境对潜水设备的影响

寒冷环境对潜水装具、脐带、供气管路、仪表、空压机、入出水装置、热水机、热水服等设备产生较大影响。寒冷环境还对潜水装备的安全使用产生较大影响，特别是呼吸气体管路结冰阻塞对水下潜水员造成巨大威胁，必须有针对性地采取措施。

3. 寒冷环境增大潜水作业安全风险

寒冷环境除了有可能造成人体的损伤及潜水设备故障外，冰面或者潜水作业平台湿滑也对人员构成危险，特别是冰下潜水属于高风险的封闭潜水。

4. 寒冷环境对潜水作业流程的影响

寒冷环境常规潜水属于特殊环境下的常规潜水，除了应遵循《空气潜水安全要求》（GB 26123—2010）、《混合气潜水安全要求》（GB 28396—2012）外，还应针对寒冷环境潜水作业安全分析，对作业程序提出特别的安全要求。

二、寒冷环境对潜水人员的要求

1. 人员的资历要求

（1）应具备寒冷水域潜水的作业经验或者经过寒冷环境潜水的培训。

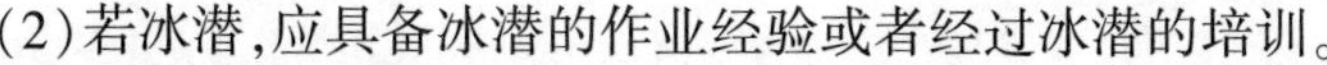

(2)若冰潜,应具备冰潜的作业经验或者经过冰潜的培训。

2. 人员的健康要求

(1)潜水员健康除满足《职业潜水员体格检查要求》(GB 20827—2007)的要求外,还应满足以下要求:

①无冷过敏情况;

②无皮肤冻伤病史;

③寒冷水域下,无明显反应性血压增高;

④无关节炎;

⑤冰潜的潜水员无幽闭恐惧等心理障碍。

(2)水面人员健康除满足《船员健康检查要求》(GB 30035—2021)规定的甲板部人员要求外,还应满足以下要求:

①无冷过敏情况;

②无皮肤冻伤病史;

③寒冷水域下,无明显反应性血压增高;

④无关节炎。

3. 人员的配备要求

除符合上述要求外,人员数量还应符合以下要求:

(1)照料员的数量应至少为水下作业潜水员的2倍。

(2)冰潜作业时,应至少配备2名具备冰潜经验的潜水员。

(3)现场应至少配备1名医师。

三、寒冷环境潜水作业对潜水装备的要求

1. 个人装具

(1)应使用全面罩或头盔式潜水装具,不应使用咬嘴式潜水装具。

(2)潜水面罩或头盔、潜水服、安全背带应选择适宜寒冷水域作业的类型。

(3)潜水员应急气瓶减压器宜采用隔膜平衡式一级减压器。

(4)冰潜作业时,应增加携带不锈钢螺钉型冰锥、快扣组和登山扣遇险信号灯。

2. 软管、脐带

(1)应选择适宜寒冷水域作业的类型。

(2)供气软管应采用整体一根软管,中间不得有接头。

3. 供气系统

(1)水面高压气瓶组供气,一级减压器的部位应装配加热保暖装置。

(2)设备性能应满足寒冷作业环境使用要求。

(3)水面储气罐供气,应为大型中压储气罐,气体储备量应满足《潜水员供气量》(GB 18985—2021)的要求。

(4)阀门、仪表、垫圈性能应满足寒冷作业环境使用要求。

4. 甲板减压舱

(1)甲板减压舱内部应具备温度调节装置。

(2)甲板减压舱外部应增加保温层。

5. 装备使用要求

(1)潜水员穿着热水服潜水,全面罩或头盔式呼吸装具应使用头部热水罩。

(2)作业间歇期间环境气温≤0℃时,热水机使用结束后,应及时放空内部水分。

(3)所有设备使用的燃油、润滑油、液压油、防冻液应满足环境温度要求。

(4)潜水员入出水设备宜采用液压动力驱动。

(5)脐带应进行可靠的防护,避免其直接接触冰面或者金属甲板。

(6)燃油机加油前,应先清除静电,防止燃爆。

(7)不得使用气体压缩机制造高压气体实时给潜水员供气。

6. 潜水装备的现场检查、测试

(1)装备测试应在寒冷作业环境气温条件下进行。

(2)潜水热水机的温升、流量,应满足同时为潜水员、待命潜水员提供热水。

四、寒冷环境潜水作业程序

寒冷环境潜水作业,应在遵循《空气潜水安全要求》(GB 26123)、《混合气潜水安全要求》(GB 28396)的前提下,遵循以下特别的程序要求。

1. 现场文件的配备

(1)冰潜作业时,潜水计划中应含有冰潜作业流程及应急预案。

(2)应备有寒冷水域水文气象记录表。

(3)应备有防寒、保暖、低温急救等物品清单。

2. 紧急救助

(1)应备有低体温急救包及相关设备。

(2)除潜水热水机外,水面备有热水设备,作业期间应处于运行状态,随时取用热水、热饮料。

(3)冰面作业时,应配备橡皮艇或水面浮动平台。

3. 风险评估

(1)应评估潜水呼吸气体管路结冰阻塞的风险。

(2)应评估水面人员的防寒保暖措施。

(3)应评估潜水员的水下保暖措施。

(4)应评估潜水水域浮冰移动的风险。

(5)应评估冰面作业的冰层安全荷载,冰层安全荷载计算方法见附录 A;

(6)应评估冰潜作业风险。

4. 水面人员保暖防护措施

(1)工作服保暖性能应满足《带动防护服　防寒保暖要求》(GB/T 13459)的要求。

(2)照料员工作服的前臂、手部和小腿等部位应采取防水措施。

(3)头部、面部、耳朵、鼻子和手部应采取适当的保温措施。

(4)劳保鞋应具有保暖、防水和防滑性能。

(5)冰雪环境作业时,应佩戴紫外线防护眼镜。

(6)应配备个人皮肤防护品。

5. 潜水员保暖防护措施

(1)应穿着干式潜水服、热水服或其他加热保温潜水服,不得穿着湿式潜水服。

(2)水温≤3℃,且水下作业时间超过30min或需要水下减压,应使用热水服或其他加热保温潜水服。

(3)水下作业存在人员羁绊风险时,应使用热水服或水面供电式电加热潜水服。

(4)热水服的水面热水供给温度应保持在45~65℃,具体根据潜水员的感受进行调整。

(5)穿着干式潜水服潜水时,应使用丁苯橡胶保暖手套或其他材料保暖手套,手套厚度应不低于3mm;下水前,手套内可灌注适宜热水。

(6)潜水员出水后,应及时进入温暖、干燥的空间,尽快脱去湿衣服,擦干身体,穿上温暖干服,提供无酒精、无咖啡的热饮料。

(7)需要水面减压时,潜水员可先卸掉潜水装具直接进入减压舱,一边加压一边脱去湿衣服,穿上温暖干服;舱内应备有保暖物品,提供无酒精、无咖啡的热饮料。

6. 冰面作业安全措施

(1)冰面作业,冰层应满足安全载荷要求。

(2)大型设备在冰面运输或移动时,其速度应缓慢。

(3)多个大型设备同时在冰面运输或移动时,应保持大的间距。

(4)大型设备布场,应在其底部铺设木板。

(5)当空气温度高于4℃时,应终止冰上活动,撤出冰上设备。

(6)当裂缝深度超过冰层1/2或者裂缝内存在水流时,应重新计算冰层安全荷载。

7. 现场庇护所建立

(1)庇护所的位置应设在安全区域,并靠近潜水作业点,如果在冰面上搭建庇护所,冰层的强度应满足安全荷载的要求。

(2)庇护所使用的帐篷、活动房或保温集装箱,应满足低温环境作业需要。

(3)庇护所应设置干燥区,应配置潜水员着装用的长凳、防水地板、取暖和照明设备。

(4)庇护所内应安装一氧化碳监测仪、二氧化碳监测仪,具备声光报警功能。

(5)庇护所应配备消防器械。

(6)搭建在冰潜入口之上的庇护所,其空间应满足照料员的工作活动要求。

8. 装备与材料的配备

(1)冰潜作业时,应配备2套以上不锈钢螺钉型冰锥、快扣组和登山扣、水下照明的导向绳和遇险信号灯。

(2)潜水呼吸装具每次潜水使用后,需风干处理,应增加数量配备。

(3)使用潜水热水服时,应配备至少2套潜水热水机,若只配备1套,则其应具备冗余性能。

(4)使用电池的设备、仪表时,其电池储备数量应为常规使用量的2倍以上。

(5)在地球磁极点附近作业时,应增加特殊备用导航设备。

(6)作业面有结冰或冰面作业时,应配备足量的沙袋、木板、麻布等防滑防冻材料。

(7)气温或水温≤3℃时,潜水作业现场应配备2台常压气体露点仪或气体水含量检测仪。

(8)冰面作业时,应配备至少1艘橡皮艇或水面浮动平台。

9. 呼吸气体的检测与控制

(1)应对水下高压气瓶的气体进行露点或者水含量分析,其压力露点应低于环境水温至少2℃。

(2)应对水面供气气源的气体进行露点或水含量分析,推算供气时段供气软管的气体压力露点。当水面供气气源为高压气瓶组时,脐带供气软管的气体压力露点应低于环境气温3℃以上;当水面供气气源为储气罐时,脐带供气软管的气体压力露点应低于环境气温。

10. 潜水呼吸气体管路结冰阻塞控制措施

(1)潜水作业前,对潜水呼吸装具、应急气瓶一级减压器内部应进行干燥处理。

(2)潜水作业前,对潜水吊笼、潜水钟的应急气瓶的一级减压器内部应进行干燥处理。

(3)水温≤3℃时,所有水下应急气瓶应采用隔膜平衡式一级减压器。

(4)所有水下应急气瓶充气前,应使用干燥气体冲洗三次以上,然后使用低温环境高压气瓶组气体进行充气,气体应符合前述9(1)的要求。

(5)气温或水温≤3℃时,应使用高压气瓶组作为水面供气气源,一级减压后输入供气软管的气体应符合前述9(2)的要求。

(6)高压气瓶组供气时,一级减压器应采取加热、保暖措施,在使用状态下,局部温度应保持在1℃以上。

(7)潜水员入水前,应对脐带供气软管内部进行干燥处理。

(8)气温、水温皆>3℃时,可使用大型中压储气罐作为水面供气气源,高压气体应提前制备,储气罐温度与供气软管作业环境气温平衡,储气罐应完全排污后方可使用。

(9)潜水员佩戴呼吸装具后,应及时入水;入水后,应保持呼吸调节器浸没水中,尽量缩短在水面的时间。

(10)潜水员在水下应慎重使用旁通阀,若使用旁通阀,应控制在5s之内。

11. 入水、出水

(1)潜水员入水前,面罩或头盔目镜应使用防雾剂。

(2)气温≤0℃时,潜水员佩戴潜水装具后,如在水面耽搁时间较长,应使用50℃左右的热水浇淋潜水面罩或头盔。

(3)气温≤0℃时,潜水员出水时应准备50℃左右的热水浇淋潜水面罩或头盔。

12. 冰潜要求

(1)入口、逃生口的设置应满足以下要求:

①用特殊工具将冰面凿成2m×1m长方形入口或边长为1.5m的三角形入口;

②潜水入口周围铺设砂子、木板、沙袋或麻袋等防滑物品；

③在江河冰面，潜水入口下游凿制 1m×1m 逃生口；在海冰面，在潜水入口的上下流各凿一个 1m×1m 逃生口；

④在潜水入口放置加强导向绳，并在导向绳的末端和不同深度装照明灯；

⑤确定水下作业点后，在导向绳和作业点之间连一条延长绳；

⑥若能见度较好，可将冰上积雪进行清除，形成以潜水入口为中心的辐射状阴影，辐射圈的直径应当在 18～20m。

(2)冰面作为冰潜作业平台，冰层应满足安全荷载要求。

(3)携带的个人装具应满足第八章第五节第三部分的要求。

(4)自携式潜水时，潜水员应使用安全绳。

(5)潜水员应佩戴遇险信号灯，并在下潜前打开。

(6)首次作业的潜水员应具备冰潜经验。

(7)应沿着导向绳下潜。

(8)出水时，潜水员应水平移动到导向绳位置，沿着导向绳出水。

13. 待命潜水员

(1)待命期间，应加强保暖。

(2)自携式冰潜时，待命潜水员的安全绳长度应为水下潜水员的 2 倍。

14. 冰潜现场警示标志

(1)入出水口应设置警示标志。

(2)逃生口周围应设置警示标志。

15. 不宜潜水和终止潜水

(1)穿着干式潜水服潜水时，若潜水服破裂进水，应立即终止潜水。

(2)穿着热水服潜水时，若热水供给不足或中断，应立即终止潜水。

(3)若潜水员水下出现寒战，应立即终止潜水。

16. 反复潜水

不宜进行反复潜水。

17. 水文气象的限制

(1)在浮冰区作业，浮冰应能被及时清除或被可靠固定。

(2)冰面作业时，冰层如出现较大裂纹，应重新评估冰层强度应符合安全荷载要求。

18. 气体转换

(1)氦氧混合气潜水时，气体转换应依据减压方案确定。

(2)水下减压使用富氧，气体转换应依据减压方案确定，对富氧气体应严格管控，缓慢开启。

19. 减压方案选择

(1)穿着干式服潜水时，水下作业时间应控制在允许直接出水进行水面减压的极限之内；如发生潜水服破裂透水，应立即出水，进行水面减压或按照减压不足处理。

(2)穿着热水服潜水时,水下减压时间应控制在30min以内,若发生热水供给障碍,应立即出水,进行水面减压或按照减压不足处理。

(3)冰潜作业时,水下作业时间应控制在不减压潜水极限之内;特殊情况下,经过安全评估,水下作业时间应控制在允许直接出水进行水面减压的极限之内。

20. 潜水后的安排

(1)应及时安排潜水员在温暖的环境休息。

(2)手部、面部、足部应及时涂抹皮肤防护品。

21. 最低休息时间

潜水员连续3天寒冷水域潜水,应在温暖环境休息1天。

五、寒冷环境潜水应急程序

(1)冰潜潜水员脱离安全绳,迷失方向,无法返回入水口,自救应采取以下措施:

①丢弃压铅,上升至冰下;

②在冰下打入冰锥,用快扣组连接固定自己,保持垂直体位;

③观察寻找安全绳和救援潜水员安全绳,等待救援,不应盲目试图返回入水口。

(2)冰潜潜水员失踪救援,应采取以下措施:

①依据潜水员的移动速度和方向,估计失踪潜水员的可能位置;

②救援潜水员沿估计失踪方向潜水,潜水距离是失踪潜水员距离的2倍;

③照料员始终拉紧救援潜水员的安全绳,救援潜水员以入水口为中心进行环形搜救;

④一旦安全绳绊住失踪潜水员,救援潜水员游近被救援者,并发出信号通知照料员收紧安全绳;

⑤救援潜水员协助被救援者返回入水口;

⑥第一次搜救失败,应重复一次,再失败后,在入水口下游的逃生口进行搜救。

(3)低体温者现场应急处置采取以下措施:

①尽量将低体温者保持水平体位从水中救出水面;

②低体温者被救出水面后,立即将其转移至温暖的环境,脱去湿衣服,用毛毯或被子保暖,若患者肢体僵硬无法脱下湿衣服,不应强行解脱;

③环境温度宜大于37℃,不宜大于50℃;

④尽量让其保持清醒;

⑤不断对其进行周身按摩,持续时间宜大于或等于水中浸泡的时间;

⑥当直肠温度大于或等于35℃时,采用增加保暖衣物、被褥和饮用热饮料等主动复温措施;

⑦当直肠温度为31℃~35℃时,采用热水浴、红外线照射和升高环境温度达50℃等被动复温措施;

⑧当直肠温度小于或等于31℃时,采取被动复温的同时,转送医疗机构急救;

⑨对疑似死亡患者的抢救持续到其体温恢复,才能判断患者是否死亡。

(4)冰层破裂应采取以下措施:

①人员紧急撤离至岸上、橡皮艇或水面浮动平台上。

②紧急救援落水者出水面后，脱下湿衣服，穿上干的保暖衣服，对低体温者按上述(3)的措施处理；对溺水者进行控水，对心跳呼吸停止者进行心肺复苏。

③紧急呼救岸基支持和救援。

第六节　热水环境潜水作业

一、热水环境的定义

热水环境是指水温高于30.5℃的水环境。

热水一般是工业生产的产物，而且通常被污染，潜水员和水面人员在热水环境下潜水应采用合适的防污装备。虽然使用防护设备能保护人员避免被水中的污染物污染，但是使用此类防护装备不能解决潜水员和水面人员面对高温的问题。

因此，在热水环境潜水作业过程中，既要采取防污措施，同时还要考虑高温问题；在作业期间，应特别注意保护潜水员和水面人员减少受不利温度的影响并维持正确的热平衡。

二、防止发生中暑的措施

在热水环境中潜水，为防止发生中暑，潜水员应根据水温情况以及预期水下工作时间穿戴合适的保温装备。在热水环境中，潜水员可使用带内循环冷水的管式干式潜水服；此类潜水服原为铸造工人开发，经过相应的改造后，适合热水环境潜水员使用。通过实践发现，此类潜水服在水温高达37.7℃的情况下可有效使用，但取决于潜水员接触热水环境的时间。有人曾在水温高达48.8℃的情况下进行过短时间潜水，但是这种水温属于极端情况(一般热水浴缸的温度通常介于37.7℃至40℃之间)。对于这种环境，有人使用“护罩式潜水服”，即在潜水员的干式潜水服外增加一层防护服，以受控的方式向护罩式潜水服泵送大量冷水并在潜水员周围形成一个温度较低的包裹层。

使用“管式干式潜水服”或“护罩式潜水服”时，应确保进出潜水服的冷水流持续供应，不会妨碍(如管线扭结等)潜水员作业。由于在潜水员头部的冷水会迅速吸收热量，所以此区域应采取特殊措施保持冷却；其次，由于潜水员的脐带在热水中，潜水员的呼吸气也会随之被加热，因此应尽量减小脐带在水中的长度；此外，在极端环境下，可能需要采用其他方法确保潜水员的呼吸气在尽可能的低温下输送。

如果潜水员表现有高温症的轻度或重度症状，则应让潜水员立即出水。因为潜水员在水中可能不一定感觉到水热，所以照料员不得仅凭陆上热应激的常见迹象和症状判断，而应以潜水常见高温症的迹象和症状判断。轻度症状包括大量出汗、呼吸急促、思维不清晰、疲劳、头痛、头晕、肌肉痉挛、恶心呕吐等。重度症状包括止汗、脉搏突然迅速增加、精神状态改变、定向障碍、意识模糊、精疲力竭，并可能出现癫痫发作、意识丧失、休克等症状(出现这种情况需要进行急救)。

潜水员从热水中出水后,如所穿的潜水服为制冷式潜水服或冷水式潜水服,则应立即使用冷水冲洗潜水服,并在潜水员足够冷却之后脱除潜水服;如潜水员所穿的潜水服为干式潜水服,并且由于污染而不能立即脱除,则应使用冷水冷却干式潜水服的外表面。

三、对潜水员的要求

(1)热水环境属于极端环境,而且有很多安全隐患,所以能否派潜水员入水应进行充分的评估。

(2)应确保潜水服与潜水员体型适合,且所有密封位置均状态良好。

(3)因高温会导致人的判断力下降,所以水下作业任务内容必须明确,并且对潜水员的状况进行持续监测。

(4)应始终保持潜水员体内有充足的水分。

(5)应确保潜水员的身体处于良好的状态。

(6)如果潜水员表现有高温症的轻度或重度症状,则应让潜水员立即出水。

(7)应为潜水员提供非酒精类的冷饮。

四、对水面人员的要求

(1)在受污染的环境中操作时,穿着防护服会有过热的风险。在这种情况下,有必要对水面人员的热相关问题进行持续监测。

(2)确保提供凉爽、不含酒精的饮料,以及用于冷却目的的凉爽、潮湿的抹布。

(3)如有必要,确保水面人员随时可以进入气温可控的环境。

(4)像监测潜水员一样,持续监测水面人员状况。

(5)在高温条件下执行任务,应预留额外的时间。

五、对装备及装备维护保养的要求

(1)在潮湿的环境中,储气罐和过滤器会有水分积聚,因此需要持续排水。

(2)潜水队可利用高压气瓶,其所产生的水分通常会低于低压压缩机提供的空气。

(3)应尽量减小脐带在水中的长度。此做法可减少热水与空气和冷水软管的接触量,从而降低潜水员所用空气和冷水的温度。

(4)如使用冷水器,则应仔细留意监测冷水器的出水温度。在极端热水环境下,冷水器应被划分为生命支持设备。冷水器故障会导致潜水员发生灾难性事故。

(5)在作业和潜水减压期间,应考虑在减压期间冷水器发生失效的情况。

(6)应考虑配置高温症急救包。

思考题

1. 如何认识压力差的危害?压力差危害分哪几类?列举常见压力差环境。

2. 压力差环境危害特征是什么？

3. 哪些情况下风险评估必须考虑到压力差危害的存在？

4. 在压力差环境下，潜水前遥测的方法有哪些？

5. 在压力差环境下，进行潜水作业应遵循哪些程序？

6. 有限空间潜水主要有哪几种情形？密闭空间潜水作业应遵循哪些规定？

7. 市政污水管道潜水应注意哪些事项？

8. 当作业水域存在污染的可能或确定已被污染时，对作业地点进行评估的内容包括哪些？对潜水员装备有哪些要求？

9. 核辐射环境潜水作业对潜水装备有哪些要求？

10. 核辐射环境潜水作业应遵循哪些程序？

11. 如何认识寒冷环境对潜水作业安全的影响？

12. 在寒冷环境潜水作业对潜水装备有哪些要求？

13. 寒冷环境潜水作业应如何进行潜水评估？应采取哪些措施对潜水员进行保暖防护？

14. 在寒冷环境潜水作业时，应采取哪些措施控制潜水呼吸气体管路结冰阻塞？

15. 如何认识热水环境对潜水作业安全的影响？

16. 热水环境潜水作业时如何防止潜水员发生中暑？

第九章

空气潜水作业组织与安全管理

第一节 空气潜水作业队组成和人员要求

一、空气潜水作业队人员组成

空气潜水作业队人员包括：空气潜水员、潜水监督、潜水机电员及潜水医学技士等。

空气潜水作业队的人员配备要求如下：

(1)采用 SCUBA 潜水，潜水人员配备应不少于 3 人，其中潜水监督 1 名，潜水员 2 名。

(2)采用水面供气式潜水装具潜水，潜水人员配备应不少于 4 人；海洋工程潜水或潜水深度大于 24m 时，潜水人员配备应不少于 5 人，其中潜水监督不少于 1 名，潜水员不少于 2 名。

(3)在没有同等资格人员替班的情况下，潜水监督不能潜水。

二、空气潜水作业人员从业条件

1. 空气潜水作业人员从业条件和证书要求

从事空气潜水作业人员，应符合下列条件，并取得相应的证书。

1)照料员

根据潜水工作需要，潜水员或实习潜水员均可担任照料员。

2)实习空气潜水员

(1)具有初中及以上或同等文化程度，年满 18 周岁。

(2)体格条件符合《职业潜水员体格检查要求》(GB 20827)规定的岗前体格检查要求。

(3)完成空气潜水员培训，并通过考核。

3)空气潜水员

实习空气潜水员有 12 个月实习经历，并完成至少 30 次潜水作业。

4)空气潜水监督

(1)持有效的空气潜水员证书。

(2)具有至少五年空气潜水工作资历,并完成至少100次潜水作业。

(3)应完成空气潜水监督培训,并通过考核。

(4)实习期应增加空气潜水作业经历,并累计完成200次空气潜水作业;同时,应具有至少60个工作日和在100次空气潜水作业中担任助理空气潜水监督的现场经历,并有200h潜水控制面板操作记录。

(5)由潜水承包商书面任命。

5)潜水总监

潜水作业队的最高管理者和指挥者,由持有潜水监督证书的资深潜水监督担任,并由潜水承包商书面任命。

6)潜水医学技士

(1)持有任意有效的潜水人员证书。

(2)应完成潜水医学技士培训,并通过考核。

(3)实习期应具有至少180个工作日作为实习潜水医学技士的现场经历。

7)空气潜水机电员

(1)具有高中毕业及以上或同等学力文化。

(2)持有机电类初级职业资格证书或从事机电类操作、维护工作至少一年。

(3)体格条件符合《船员健康检查要求》(GB 30035)轮机部船员的要求。

(4)应完成空气潜水机电员培训,并通过考核。

(5)实习期应具有至少30个工作日作为实习空气潜水机电员的现场经历。

8)潜水医师

(1)持有执业医师资格。

(2)完成规定的潜水医学培训,并通过考试。

(3)具有至少1年潜水医务保障的现场经历。

2. 空气潜水从业人员证书复审

潜水员证书与潜水员健康证书合并使用。潜水员证书有效期5年,每5年复审一次。潜水员健康证书有效期为12个月,持证潜水员应每年出具体检合格证明,连同其健康证书,向中国潜水打捞行业协会考评委员会报检一次;身体不合格的或未提供有效健康证明的,其潜水员健康证书失效,潜水员证书同时停止使用,并在中国潜水打捞行业协会网站上公布。

潜水监督等其他潜水作业人员证书每5年复核一次,在复核前应进行短期再培训;经复核合格者,其证书继续维持有效;复核不合格者,其证书失效。

三、空气潜水作业队人员的职责

空气潜水作业人员在作业期间应遵循各自的岗位职责,其岗位职责如下。

1. 照料员

(1)帮助潜水员着装和卸装。

(2)协助潜水员对潜水装具进行检查,确定潜水装具性能正常,并通知潜水监督潜水员已做好入水准备。

(3)在整个潜水作业期间,从潜水的准备工作到潜水的结束,包括任何要求的水中减压,照料员应全力照料潜水员(通过潜水员的脐带),并且始终了解潜水员的深度和位置。

(4)按照潜水监督的指令,安装和操作设备。

(5)保持警惕,一旦发生有害或不安全情况应立即报告。

(6)在紧急情况下开展急救及心肺复苏等工作。

(7)在需要时或被指派时,协助水面援救工作。

(8)在潜水员的指导下,参与潜水装具的常规维护保养。

(9)在水面减压或治疗期间,负责减压舱舱外照料。

(10)在潜水员水面减压或治疗时,可进入减压舱照料潜水员。

(11)根据需要,照料待命潜水员和执行潜水监督布置的其他任务。

(12)如果确认本人不能胜任委派的工作,应立即向潜水监督报告。

2. 实习潜水员

(1)协助潜水员着装和卸装。

(2)协助潜水员对潜水装具进行检查。

(3)按照潜水监督的指令,照料潜水员。

(4)在潜水员减压或治疗时,能够在必要时进入减压舱。

(5)协助进行潜水装具的常规维护保养。

(6)在执行潜水作业任务中,应严格按照空气潜水作业程序和应急程序进行潜水。

(7)执行潜水监督布置的其他任务。

3. 空气潜水员

(1)应按照潜水监督指令,执行潜水作业任务。

(2)在执行潜水作业任务前,应明了潜水计划的内容、作业程序、安全程序和应急程序,并确认能够胜任潜水作业任务。

(3)在执行潜水作业任务前,应检查、测试潜水装具以及按潜水监督要求检查、保养其他潜水设备系统,并做记录。

(4)在执行潜水作业任务中,应严格按照空气潜水作业程序和应急程序进行潜水。

(5)在执行潜水作业任务前、中或后,如有身体不适或其他原因不能潜水,应向潜水监督报告。

(6)在执行潜水作业任务的任何阶段,如发现任何人员、设备或环境出现隐患、险情或事故,应向潜水监督报告,必要时可立即采取应急措施。

(7)潜水后,应填写潜水员记录簿,并交由潜水监督签名。

(8)根据任务需要,可被指派担任待命潜水员或潜水照料员。

4. 待命潜水员

(1)持有潜水员证书,具有较丰富的潜水经验和水下援救遇险潜水员的能力。

(2)检查个人潜水装具,并确认处于良好状态。

(3)应穿戴除潜水面罩或头盔外的全部潜水装具,并确保个人用潜水头盔或面罩已与待命潜水员脐带紧密连接,核实呼吸气流量适宜和通信正常,接到潜水监督的下水命令,应立即入水。

(4)潜水期间,包括潜水员在水中减压过程中,始终在潜水员入水点或潜水控制室附近待命,直至作业潜水员出水后解除待命任务。

(5)要始终掌握潜水作业的动态。

5. 空气潜水监督

(1)应制订和执行潜水作业计划,内容包括所采用的潜水方式、潜水人员的配备和岗位职责、潜水设备和潜水气体的配备、减压程序及医疗援救程序等。

(2)应严格按照相关的国家法规、标准、规范及作业手册进行潜水作业,确保潜水人员的安全和健康。

(3)应确保所有设备、装具及器材等在潜水前备便、齐全,且检查合格、保养良好。

(4)应确保所有潜水人员在能力和体格方面胜任指派的任务,在每次潜水前应评估潜水员的健康状况,避免进行身体不适且可能影响水下作业安全的潜水员下水作业。

(5)在整个潜水作业期间应始终在岗并密切监控作业潜水员,全面指挥潜水作业各岗位任务的实施。

(6)潜水监督在没有另外指定的潜水监督接替时,不得亲自潜水,除非应急救助。

(7)对危险或复杂的任务,在潜水作业前应进行附加培训及技术和安全交底。

(8)应制定、完善现场作业潜水前和潜水后检查表。

(9)在执行任务时,应控制并正确执行应急程序。

(10)应对每一项工作任务进行工作安全分析(JSA)。

(11)应贯彻执行作业公司要求的安全措施。

(12)在潜水作业过程中,如发生威胁到潜水员生命和安全的隐患或情况,有权决定终止潜水。

(13)应向位于本潜水作业实施海区周围船舶的船长和海上设施的负责人通报作业即将开始,请求予以配合,确保潜水作业在一个合适的、安全的环境下进行。

(14)应确保每位潜水员在水下期间受到不间断的照料,在潜水后得到监护。

(15)应按所属公司要求准备日报和其他报告。

(16)应报告设备故障、潜在缺陷和事故。

(17)应确保准确记录并妥善保管潜水作业记录簿和其他要求的文件。

(18)潜水后签署潜水员记录簿。

6. 潜水总监

(1)组织、管理和监督潜水作业。

(2)保证潜水作业按照国家法规和相关标准、规范及作业公司的规定进行。

(3)修改及完善潜水前、后检查程序和应急程序。

(4)保证工作程序得到遵守。

(5)保证工作符合质量要求。

(6)保证作业人员熟悉工作计划、潜水系统、潜水程序、应急程序、安全规定等。

(7)与业主、支持船船长、项目经理等建立联络关系。

(8)保证设备保养计划得到执行和证书有效。

(9)按要求准备日报和其他报告。

(10)通过交接班会或每周、每月会议传达安全信息。

(11)向所属公司报告事故隐患和事故。

(12)执行所属公司要求的安全措施。

(13)如果潜水项目未设项目经理,潜水总监就是项目的总负责人,还应承担项目经理的职责。

7. 空气潜水机电员

(1)负责空气潜水供气设备、系统的操作与运行管理。

(2)每次潜水作业前,应检查所有潜水设备的状态。

(3)应负责潜水供气设备、系统和工具的维修和保养,并做记录。

(4)应向潜水监督报告潜水设备的状况。

(5)应记录和保管工作记录簿。

8. 潜水医学技士

(1)潜水作业前,应对潜水员进行体检(检查体温、心率、呼吸、血压等),并做记录。

(2)应具备操作甲板减压舱的技能。

(3)应负责潜水现场急救箱的配备,并合理使用非处方药(OTC)。

(4)在紧急情况下应对患者实施急救,包括人工呼吸、心脏按压、外伤包扎及静脉和小动脉的止血等。

(5)应在潜水医师指导下完成动脉止血、骨折固定及减压病治疗和其他常见潜水疾病的处置。

9. 潜水医师

(1)负责潜水员平时医学保障工作,包括营养指导、组织加压锻炼、氧敏感试验及急救训练等。

(2)了解潜水员工作经历和病史,负责潜水员体检,进行适潜性医学评估,签发适潜健康证明。

(3)协助潜水监督制订潜水作业方案,主要工作包括:

①根据潜水作业方案,选定减压表和治疗表。

②提出潜水员在水下特殊环境作业的安全防护要求。

③提出载人压力舱环境参数控制及卫生要求。

④对返回常压后的潜水员进行观察和追踪。

⑤向潜水员提出潜水后乘飞行器的安全要求和注意事项。

⑥对高海拔以及特殊环境的潜水作业进行医学监督。

⑦制定潜水事故和疾病的应急方案、措施及实施要求。

⑧合理配备急救设备与器材。

⑨估算、配制和监测呼吸气体、应急气体、治疗用气以及舱室用气。

⑩估算其他消耗物品,并提出卫生学要求。

(4)指导或实施潜水作业现场的医学保障工作。

(5)在潜水事故现场,实施伤病员的抢救、治疗及安全转送。

(6)开展其他潜水作业医学监督的咨询工作。

(7)参加重大潜水伤亡事故的现场调查和分析。

(8)提出和修改潜水员的营养保健标准。

(9)经过生命支持员培训并考核合格后,可兼任生命支持员的工作。

第二节　潜水装具和设备要求

一、潜水装具

1. 潜水装具的配备要求

1)水面需供式潜水

水面需供式潜水作业时,现场应至少有 2 顶潜水面罩或头盔、2 套潜水脐带、1 台潜水控制面板、2 台潜水电话、2 套潜水服、2 条安全背带、2 条压重带、2 副脚蹼、2 把潜水刀、2 只潜水员应急气瓶、2 个计时器、必要的工具和配件等。

2)自携式潜水

自携式潜水作业时,现场应至少有 2 套潜水装具,包括潜水半面罩、压缩空气气瓶、测压表、减压器、连接软管、呼吸器、潜水服、浮力背心、安全背带、压重带、脚蹼、水下无线通信装置、潜水刀、潜水计时器、测深表、必要的工具和配件等。

3)个人防护用品的配备

(1)所有水面潜水人员应穿戴符合安全要求的个人防护用品;

(2)个人防护用品应满足人员头部、脚部、眼部和听力的防护要求;

(3)登高或舷外作业应佩戴安全背带,甲板作业应穿戴浮力救生背心;

(4)在可能存在环境气体污染的区域作业,应配备个人呼吸防护用品;

(5)采用水面需供式潜水装具潜水,宜使用潜水头盔;

(6)应根据不同的水温条件,选配湿式潜水服、干式潜水服或热水潜水服;

(7)在污染水域潜水时,应穿防污染潜水服;

(8)在甲板减压舱内减压或治疗时,应穿纯棉衣裤。

2. 潜水装具的安全要求

个人装具包括潜水员直接佩戴或穿着的潜水面罩或头盔、潜水服、安全背带、压重带、应急气瓶、脚蹼、潜水刀和浮力背心等。个人装具的各个组成部分应具备识别编号、维护保养程序和记录。

(1)水面需供式潜水面罩应符合下列要求:

①供气量符合《潜水员供气量》(GB 18985)的要求。

②有双向语音通信装置。

③供气管路上装有止回阀,阀内弹簧承受压强小于 20kPa。

④采用抗腐蚀材料制成。

⑤有过压保护装置。

⑥可连接应急气瓶。

⑦易于脱卸。

⑧潜水面罩宜配头部硬质保护罩。

⑨每年由制造商认可的人员进行 1 次外观检查、维护和性能检测。

(2)水面需供式潜水头盔除应符合水面需供式潜水面罩①~⑦和⑨的要求外,还应有防止头盔从颈箍意外脱离的保险装置。

(3)通风式潜水头盔除应符合水面需供式潜水面罩①~⑤和⑨的要求外,还应有快速排气阀。

(4)潜水服分湿式、干式和热水潜水服等,应分别符合下列要求:

①湿式潜水服材料应由适合使用环境,有足够强度且对人体健康无害。

②干式潜水服除符合湿式潜水服的要求外,还应有手动供气、排气和过压排气装置,有保温功能,能防止潜水员受外界有害物质的伤害。

③热水潜水服除符合湿式潜水服的要求外,还应能提供足够的热水流,能耐受工作水温 44℃,有供潜水员测试水温的旁通装置,能使泵送的热水经旁通装置进入或排出热水服。

(5)安全背带应符合下列要求:

①参照《坠落防护　安全带》(GB 6095—2021)的要求设计和制造。

②制造材料能承载潜水员及个人装具的负荷。

③安全背带与脐带之间配有快速解脱带扣。

④能防止潜水员从背带中滑脱。

⑤与面罩或头盔的连接处不产生过度牵拉。

⑥起吊潜水员时,不妨碍潜水员呼吸。

⑦有 2 条裆带。

⑧有起吊潜水员的“D”形环。

⑨不能装带压铅代替压重带使用。

⑩每 6 个月进行 1 次外观检查,按《坠落防护　安全带》(GB 6095)和《坠落防护　安全带系统性能测试方法》(GB 6096)的要求每 2 年进行 1 次负荷测试。

(6)压重带应符合下列要求:

①制造材料能承载压重块负荷。

②配重与潜水员水中浮力匹配。

③不能与脐带系扎。

④有快速解脱带扣。

⑤能防止意外脱扣。

(7)应急气瓶应符合下列要求:

①按《钢质无缝气瓶　第 1 部分:淬火后回火处理的抗拉强度小于 1100MPa 的钢瓶》

(GB/T 5099.1)或《铝合金无缝气瓶》(GB 11640)的相关要求设计和建造。

②有减压器和与其连接的软管,减压器能满足潜水员面罩或头盔供气流量和压力要求。

③有过压安全装置。

④与面罩或头盔的连接不能意外脱落。

⑤气瓶背带能快速解脱。

⑥灌装的呼吸气体符合《潜水呼吸气体及检测方法》(GB 18435)的要求。

⑦气体容量能满足潜水员以10m/min速率上升到水面,或到达其他有替代气源的应急场所。

⑧标识和记录所装载气体的成分和压力。

⑨每年进行1次损坏和腐蚀程度的目视检查。

⑩每6个月进行1次减压器性能测试。

⑪每年进行1次减压器及连接软管最大工作压力泄漏试验。

⑫按《钢质无缝气瓶定期检验与评定》(GB/T 13004)、《铝合金无缝气瓶定期检验与评定》(GB/T 13077)和《气瓶安全技术规程》(TSG 23)的要求,每2年进行1次本体检验。

自携式潜水气瓶应符合《69-Ⅲ型轻潜水装具》(JT/T 207)的相关要求。

二、软管和脐带

1.软管和脐带的配备要求

脐带的内径必须满足最大深度时潜水员用气峰值的输气量要求。为了能给最大深度时重体力劳动的潜水员提供足够的气体,必须使用0.94cm内径的供气软管。供气软管的额定工作压力通常至少要比最大潜水深度时供气调节器所需的最大压力高出50%。

潜水员的脐带长度不限,视潜水作业的需要确定,主要取决于最大的潜水深度,以及潜水控制面板到作业点的距离。确定脐带长度还要考虑其他一些因素,如:在污染水域的潜水作业,有可能需要把潜水控制面板设置在远离水面的地方;可能需要数米的脐带摆在岸边上,潜水员无法使用,等等。潜水脐带越长,价钱越高,占用空间越大,重量越大。一般说来,短的脐带会比较便宜,也更易管理,只要它的长度能够满足使用要求,越短越安全。

待命潜水员脐带的长度要比作业潜水员的脐带长度长2m,以便于在发生紧急情况时待命潜水员能够较容易地接近作业潜水员。

2.软管和脐带的安全要求

(1)软管和脐带的总体要求应符合下列各项:

①采用尼龙、聚四氟乙烯、聚乙烯、聚氨酯或橡胶等无毒抗氧化材料制造。

②最小破坏压力不小于4倍的最大工作压力。

③最大工作压力、流量不小于所连接的装具或系统的要求。

④软管接头的承载压力不小于所连接软管的承载压力。

⑤能抗扭曲或防扭曲。

⑥使用热水时,耐温不小于44℃。

⑦每年进行1次外观检查和软管总成1.15倍的最大工作压力气压试验。

⑧在维修或改装后，进行外观检查和气压试验。

⑨有识别编号、维护保养程序和记录。

（2）呼吸气体软管除符合上述总体要求外，还应符合下列要求：

①适合输送所使用的呼吸气体。

②最大工作压力不小于最大潜水深度的供气压力加 1MPa。

③当软管承受的外压大于内压时，无凹瘪。

（3）脐带除符合上述总体要求外，还应符合下列要求：

①从连接潜水员或潜水钟的端点开始进行标识，30m 内每 3m 作一标记，之后每 15m 作一标记。

②组件至少包括呼吸气体软管、通信电缆和测深管。

③受力层的材料不受长期浸水影响。

④软管总成包括末端接头的最小破坏压力不低于 4 倍系统最大工作压力。

⑤有防腐蚀材料制成的防脱落的固定扣。

⑥待命潜水员的脐带长度比潜水员的脐带长 2～3m。

⑦从潜水钟出潜的潜水员的脐带长度为 30m 以下。

⑧每 6 个月进行 1 次外观检查、1.15 倍的最高工作压力气压试验以及通信电缆性能测试。

（4）氧气管除符合上述总体要求外，还应符合下列要求：

①适合输送氧气。

②有“氧气专用”标识。

③按用氧要求清洗。

④氧气管配件使用与氧气兼容的润滑剂。

三、供气系统

1. 供气系统的配备要求

供气系统包括空气压缩机、储气罐、过滤器、油水分离器、高压气瓶和输送气体的管道和阀件等。供气系统的各个组成部分应具备识别编号、维护保养程序和记录。

水面供气式潜水时，潜水员主气源和应急气源应为 2 个独立的气源，可以是 1 台空气压缩机和 1 组储气罐（或高压气瓶），或 2 台独立动力源的空气压缩机（如 1 台电动和 1 台柴油驱动）；预备潜水员主气源和应急气源应为 2 个独立的气源，可以是 1 台空气压缩机和 1 组储气罐（或高压气瓶），或 2 台独立动力源的空气压缩机（如 1 台电动和 1 台柴油驱动），其中应急气源可由潜水员主气源代替。

潜水员主气源储量应满足完成 2 次作业深度的潜水和水下减压的要求，应急气源储量应满足完成 1 次作业深度的潜水和水下减压的要求。预备潜水员主气源储量应满足完成 1 次应急潜水深度的潜水的要求，应急气源储量应满足完成 1 次应急潜水深度的潜水的要求。甲板减压舱主气源储量应满足完成 3 次水面减压周期的用气量的要求，或能完成 1 次用甲板减压舱 2 个舱室进行减压病治疗的用气量的要求；应急气源应能满足完成 1 次用甲板减压舱 1 个舱室进行减压病治疗的用气量的要求。氧气储量应备该潜水项目中减压用氧量的 2 倍,治疗减压病用氧量应备不少于 $60m^3$,或参照《潜水员供气量》(GB 18985—2021)执行。

2. 供气系统的安全要求

空气潜水供气系统的各主要设备应符合下列要求。

1)空气压缩机

(1)符合《潜水装具用高压活塞式空气压缩机技术条件》(GB 12930)的基本要求。

(2)满足潜水深度和作业时间的供气压力和流量。

(3)软管符合“软管”的技术要求。

(4)高压管道符合“高压管道”的技术要求。

(5)储气罐符合“储气罐”的相关技术要求。

(6)电力控制系统满足“电力控制系统”的相关技术要求。

(7)不能泵送或输送混合气和氧气。

(8)使用前、维护保养和改装后进行性能测试。

2)储气罐

(1)按钢制压力容器的相关标准设计和建造,安装在船舶或海上设施上时,还须参照中国船级社(CCS)《潜水系统和潜水器入级规范》的相关规定。

(2)进气口处有止回阀或可手动控制气体回流的其他替代阀。

(3)底部有冷凝液排放阀。

(4)设计压力超过 3.45MPa 时配缓启阀。

(5)有压力表和安全阀。

(6)每年进行 1 次本体腐蚀程度目视检查和最大工作压力的气压试验。

(7)容器本体按《压力容器定期检验规则》(TSG R7001)或 CCS《潜水系统和潜水器入级规范》进行定期检验,压力表按《弹性元件管式一般压力表、压力真空表和真空表检定规程》(JJG 52)每 6 个月进行 1 次检定,安全阀按《弹簧直接载荷式安全阀》(GB 11243)每年进行 1 次检定。

3)高压气瓶

(1)按《钢质无缝气瓶 第 1 部分:淬火后回火处理的抗拉强度小于 1100MPa 的钢瓶》(GB/T 5099.1)的相关要求设计和制造。

(2)气瓶阀有过压安全装置和保护罩。

(3)成组装运时有气瓶阀和减压器保护框(罩)。

(4)使用前后对其灌装气体的成分和压力进行检测、记录和标识。

(5)存放在通风良好、避免高温和防止坠落区域。

(6)灌装氧气的气瓶须专用,存放在开放区域,有禁止明火标识。

(7)每年进行 1 次损坏和腐蚀程度的目视检查。

(8)气瓶本体按《钢质无缝气瓶定期检验与评定》(GB 13004)每 3 年进行 1 次检验。

4)高压管道

(1)参照《压力管道规范—工业管道》(GB/T 20801)系列标准的相关要求设计和建造。

(2)采用紫铜或不锈钢材质。

(3)布排有序,并标识其走向和功能。

(4)空气与氧气管道使用规定的易于识别的颜色或标签。

(5)在易受撞击部位加盖保护罩。

(6)管道上的阀件选用铜质或不锈钢材质。

(7)氧气管道不能使用球阀和不锈钢材质。

(8)每年进行 1 次损坏和腐蚀程度的目视检查和泄漏试验。

(9)每 3 年进行 1 次最高工作压力 1.5 倍的液压试验或最高工作压力 1.15 倍的气压试验。

5)过滤器

(1)符合《空气过滤器》(GB/T 14295)的规定。

(2)达到或超过压缩机或管道系统的流量和压力。

(3)根据使用频率,定期检查、清洁或更换过滤材料。

6)油水分离器

(1)达到或超过压缩机或管道系统的流量和压力。

(2)底部有排放阀。

(3)每 3 年进行 1 次最高工作压力 1.5 倍的液压试验或最高工作压力 1.15 倍的气压试验。

7)空气纯度要求

(1)每 6 个月应进行 1 次空气纯度检测,气体质量符合《潜水呼吸气体及检测方法》(GB 18435)的要求。

(2)气体纯度取样和测试方法应符合《潜水呼吸气体及检测方法》(GB 18435)中检验方法的要求。

(3)检验结果应存档,供随时查阅。

四、甲板减压舱

1. 甲板减压舱的配备要求

潜水深度大于 24m 或减压时间超过 20min 或在水下不能安全减压时,潜水现场应配甲板减压舱,并应有用于减压和治疗的氧气;有反复潜水、减压病易患者,水下环境复杂、可能导致潜水员水下减压不当,航行潜水和偏远地区潜水(距最近减压舱地点 2h 路程)时,现场应配甲板减压舱。

2. 甲板减压舱的安全要求

(1)符合《甲板减压舱》(GB/T 16560)的相关要求,安装在船舶或海上设施上时,还须参照 CCS《潜水系统和潜水器入级规范》的相关规定。

(2)能承载 0.5MPa 以上的工作压力。

(3)舱内外应有双向通信系统、应急通信系统和呼叫装置。

(4)进出舱体的管道和电缆应有贯舱件。

(5)进出舱体的管道应有内外截止阀。

(6)舱室内部加压进气口应安装消音器,减压排气口应安装防吸入保护罩。

(7)生活舱内应安装显示舱内压力的压力表。

(8)所有阀件、仪器仪表、管道应标识其功能。

(9)所有仪器仪表应符合相关要求。

(10)每年应进行1次舱体(包括观察窗)的损坏和腐蚀程度目视检查和最高工作压力气压试验。

(11)舱体应按《压力容器定期检验规则》(TSG R7001)或CCS《潜水系统和潜水器入级规范》(2018版)要求进行定期检验。

(12)安全阀按《弹簧直接载荷式安全阀》(GB 11243)每年进行1次检定。

(13)应有识别编号、维护保养程序和记录。

五、潜水控制面板

1.潜水控制面板的配备要求

潜水控制面板是汇集和合理调节供气的装置,接入来自中、低压压缩机或者高压气瓶经减压后的主供气和备供气体,通过面板上的压力调节器调节后,向脐带提供符合要求、持续稳定的呼吸气体给潜水员。潜水控制面板连接呼吸气源管路与潜水员脐带,并用于控制潜水员呼吸气体,是潜水作业现场必不可少的一种重要潜水设备。

2.潜水控制面板的安全要求

(1)潜水控制面板应至少包括供气阀、排气阀、调压阀、气源压力表、供气压力表、测深表和通信装置等。

(2)应有至少供2名潜水员独立使用的供气管道。

(3)应有分别连接主气源和应急气源的接口。

(4)应有2只以上气源压力表。

(5)应有潜水员供气压力表和测深表。

(6)供气管道上应有泄放管道内压力的泄放口。

(7)供气管道上应有气体分析取样口。

(8)应标识阀门、管道和仪器仪表的功能。

(9)潜水作业深度大、周期长时,宜安装在潜水控制室内。

(10)应有识别编号、维护保养程序和记录。

六、通信系统

1.现场通信的配备要求

(1)潜水监督应与潜水员、预备潜水员、照料员、潜水吊放系统绞车操作员、潜水生命支持员和潜水钟操作员之间建立双向通信;

(2)潜水监督应与现场主管、现场业主代表、潜水船船长等现场人员之间建立双向通信;

(3)在 DP 潜水作业中,潜水监督应与 DP 操作员之间建立双向通信;

(4)ROV 协同潜水作业时,潜水监督应与 ROV 监督或操作员之间建立双向通信;

(5)潜水监督还应与潜水从业单位潜水负责人、最近的医院、最近的海上(水上)救助机构、最近的具备减压舱的单位,以及随时可联系的潜水医师之间建立双向通信。

2. 通信系统的安全要求

(1)通信系统应为双向语音式通信装置。

(2)以下通信方式应为有线通信:

①潜水监督与潜水员、待命潜水员之间的通信,自携式潜水时除外;

②从动力定位船(DP)上展开潜水作业时,潜水控制室与驾驶室之间的通信;

③ROV 协同潜水作业时,潜水控制室与 ROV 控制室之间的通信。

(3)应有备用电源。

(4)宜有记录潜水监督与潜水员之间所有通信的录音系统,并保留录音记录 24h 以上。

(5)潜水监督应能听到潜水员与其他人员的通信,以及潜水员的呼吸声音。

(6)潜水监督应能切断潜水员与其他人员之间的通信,确保潜水监督与潜水员之间的通信畅通。

(7)应有识别编号、维护保养程序和记录。

七、潜水入出水系统要求

1. 潜水入出水系统的配备要求

潜水现场应有供潜水员安全入水和出水的设备,如潜水梯、潜水吊笼或开式潜水钟系统。潜水站地面或甲板面的位置与水面间的距离大于 3m 时,应用潜水吊笼或开式潜水钟吊放系统;潜水吊笼或潜水钟吊放系统应符合载人要求。入水与出水的方法应满足潜水员救援的需要。

2. 潜水入出水系统的安全要求

(1)潜水梯应符合下列要求:

①能承受 2 名潜水员的体重和装具的重量。

②由抗腐蚀或经防腐蚀处理的材料制造。

③长度满足下端能放置水线以下不小于 1m,上端高出潜水站地面(或甲板面)不小于 1m。

④有供潜水员扶持的扶手。

(2)潜水吊笼应符合下列要求:

①有足够的内部空间,能容纳 2 名潜水员及其装具。

②能承受 2 名潜水员的体重和装具的重量,以及相关作业工具的重量。

③由抗腐蚀或经防腐蚀处理的材料制造。

④顶部有起吊环(孔)和备用起吊点。

⑤有安全防护链和内部扶手。

⑥有固定丧失知觉潜水员的装置。

⑦有两只以上应急空气气瓶,其容量能满足营救需要。

⑧有减压器、呼吸器和带球阀的直供式呼吸气体供气软管。

⑨顶部有坠物防护网。

(3)开式潜水钟除符合潜水吊笼的相关要求外,还应符合下列要求:

①上部设为充填呼吸用压缩空气的空间。

②钟体内外的高压管道符合"高压管道"的技术要求,软管符合"软管"的技术要求。

③有为潜水钟供气、供电和通信等用途的脐带,脐带不得承受超过其安全负荷的拉力。

④钟内有为潜水员供气和通风的供气阀。

⑤有照明装置。

⑥标识贯穿件、阀件、管道和仪器仪表的功能。

(4)潜水入出水吊放装置应符合下列要求:

①参照CCS《潜水系统和潜水器入级规范》的相关要求设计、建造、安装和试验。

②潜水吊笼或开式潜水钟的吊放装置应至少包括门架或吊臂、吊车或绞车、吊索和底座以及动力源。

③设计、建造、安装和试验应符合载人要求。

④应有自动刹车装置,当操作杆回到"中"位或绞车失去动力时,应能自动锁定。

⑤应有防止自动刹车失灵的机械制动式后备刹车装置。

⑥应有能使操作员观察并控制升降作业的控制系统,控制杆上应清楚标识"上""中"和"下"三个挡位,当操作员的手离开控制杆,能自动回到"中"位。

⑦配备离合器时,应有防止离合器自动脱开的保护装置。

⑧起吊潜水吊笼或潜水钟的防扭转吊索应能承载8倍的起吊最大工作负荷,每年取样进行1次破断试验。

⑨吊索与潜水架吊点的连接应采用带螺母和开口销的螺母插销。

⑩潜水钟脐带用作回收系统的一部分时,应有脐带运行终止装置。

⑪传动角度超过2°时,应安装1个滑轮装置。

⑫应参照CCS《船舶与海上设施起重设备规范》每年进行1次检验。

⑬在安装、改装、修理或发生故障后,应全面检查并试运行,再以该吊放系统的1.5倍安全工作负荷重新试验。

⑭应有识别编号、维护保养程序和记录。

八、电气系统

1.电气系统的配备要求

(1)供电系统应由主电源和应急电源组成。

(2)应急电源应满足潜水员减压或治疗所需时间的应急照明与通信的需要。

2.电气系统的安全要求

(1)参照CCS《潜水系统和潜水器入级规范》的相关要求设计、建造、安装和试验。

(2)单一线路的故障不应妨碍其他设备的运行。

(3)每6个月应进行1次外观检查与性能测试,包括电缆的阻抗与连续性测试。

(4)应有维护保养程序和记录。

九、仪器和仪表

1. 仪器和仪表的配备要求

仪器与仪表应包括压力表、测深表、氧分析器、二氧化碳分析器、温度计、湿度计和计时器等。

(1)压力表、测深表的量程应适当,最大工作压力应不超全量程的2/3。

(2)压力表、测深表的刻度应清晰,测深表的单位刻度划分应与使用的减压表相一致。

(3)压力表、测深表应有过压限制装置。

(4)氧气管道上的压力表应符合用氧要求。

2. 仪器和仪表的安全要求

(1)一般压力表应按《弹性元件式一般压力表、压力真空表和真空表检定规程》(JJG 52—2013)每6个月进行1次检定,精密压力表(测深表)应按《弹性元件式精密压力表和真空表检定规程》(JJG 49)每年进行1次检定,氧分析器应参照《电化学氧测定仪》(JJG 365—2008)、二氧化碳分析器应参照《一氧化碳、二氧化碳红外气体分析器检定规程》(JJG 635—2011)每年进行1次校验,温度计、湿度计应按照具体型号参照相应的计量检定标准每年进行1次校验,计时器应参照《时间间隔测量仪检定规程》(JJG 238)或《秒表检定规程》(JJG 237)每年进行1次校验。

(2)应标识最近的校准日期和限定的下次校准日期。

(3)应标明与校准标准的偏差。

(4)当示值误差超过2%时,应重新校准,计时器在4h内偏差大于15s时,不能使用。

(5)应有识别编号和维护保养程序、校准记录。

第三节 潜水安全风险评估

潜水作业风险评估是指在进行潜水作业前对每一个可预见的风险进行评估的过程,结果要记录在案。

潜水作业风险评估的目的是提供1份书面文件,作为风险管理的工具,以识别作业中每一步骤的有关危害,并确立减少、排除或防范风险的方法。

一、安全风险评估要求

(1)安全风险评估通常包含在常规潜水作业程序中,应在潜水作业开始前进行。现场项目经理、潜水监督都应参加现场作业风险评估,所有人员都应掌握避免危害和防范风险的措施。

(2)安全风险评估的基础是作业安全分析,具体内容应包括可能造成人员伤害和设备损坏的环境因素、人为因素和设备因素等并制定防范措施,指定所有作业人员防范措施的内容和责任人。

(3)应详列风险的危害程度及发生的概率,如果风险级别不能降低到可接受的水平,则必须重新选择方案。

(4)风险评估应该是基于现场实际作业的基础上,而不是基于书本程序上,如果作业人员没有妥善地遵循程序,可能引发附加的风险。

(5)评估范围不仅包括采用本单位潜水作业手册中所包含的常规的潜水程序的风险评估,而且包括潜水作业地点和潜水作业任务的特殊风险评估。还应尽可能考虑到不经常不寻常的因素,意外通常都是发生在非常规作业或常规作业被中断的情况下。如:①气象情况能否满足释放小艇和回收小艇;②回收潜水员到加压舱需要的时间等。

(6)应考虑可能处于危险中或遭受特殊风险的人,包括新的或经验不足的潜水人员,或是不能流利使用工作环境通用语言的人员。

(7)一些风险可能同时存在于工作的几个不同步骤中,应确保每一步都被正确地分析与控制。

(8)控制措施制定出来后,要严格监控看控制措施是否能够真正起效。有任何现场意见反馈或变更潜水程序、潜水人员、潜水设备和潜水地点,或出现隐患、事故和环境条件变化后,应重新评估与分析,并修订防范措施。

(9)应鼓励所有成员向潜水监督汇报任何潜在风险、险情及事故。权威数字统计,每出现 320 次险情,就会发生 1 次严重事故,这表示就有 320 次警告被忽视。

二、作业安全分析方法(JSA)

JSA 是风险评估的一种常用形式。JSA 的目的是识别工作中每一步骤中的风险,制定相应的程序以降低、消除或者规避各类风险的方法,并对此形成书面文件。

JSA 可参照以下步骤进行,也可根据以下步骤修订,制定适合自身需要的 JSA 报告。

(1)将本次潜水作业从调遣到作业的全过程进行分解,简要分为几个步骤;

(2)列出与潜在事故有关的步骤,评估每个步骤的潜在危害,包括可能造成人员伤害和设备损坏的环境因素、人为因素和设备因素等;

(3)分析风险级别;

(4)列出所有相关或有影响的人员,可能包括不是潜水队成员的人员,例如设施经理、支持船长等,分发 JSA 报告到每一个与工作或任务相关人员,并确保每个人熟悉 JSA 的内容;

(5)提出潜在危害的解决、控制办法,比如培训、程序、保护装备等;

(6)执行后的风险级别是否下降到可以接受的程度;

(7)监控并确保相关人员执行解决、控制办法;

(8)重新修订风险评估程序,在新装备、新产品、新程序被引入工作场所时,JSA 报告应重新评审和更新,发生事故的则需要特别修改。

表9.3-1是作业安全分析表的一种样式。

工作安全分析表　　表9.3-1

项目名称					
作业任务					
地点			日期		
序号	作业步骤	风险级别	防范措施	防范措施执行后风险级别	责任人
参加分析人员					
填表		审核		批准	

三、危害级别

(1)危害的级别通常由事故的严重程度以及发生的概率来确定。例如空难可能导致多人死亡,但发生的概率很低,因此乘飞机的危害等级应该是"低"。足球比赛中运动员受一般伤害的概率很高,因此踢足球的危害等级应该为"中"。

(2)有多种方法可以来进行系统的风险管理。常用的是通过事故的严重程度与发生的概率来管理。更复杂的方法需要一些特殊设计的软件来进行,可能要包括暴露于风险下的概率以及财政风险等。

(3)事故发生的概率通常分为5级:

①非常不可能的:事故只会发生在非常反常的情况下。

②不可能的:事故只会发生在其他因素呈现的情况下,但风险极低,例如潜水脐带的电缆插头坏掉或绑扎胶带磨损等。

③可能的:事故会因为其他额外事件的发生而发生,这些额外事件是指一些指定的作业或作业失败,而不是随机事件。例如,如果在气瓶组未连接之前,气体分析失败(忘记做或分析仪失灵却不知道),气瓶连接到控制面板之后,控制面板上的气体分析又失败(忘记做或分析仪失灵却不知道),意外就可能发生。

④很可能的:事故可能因为风、船舶移动、震动或人为疏忽而突如其来。例如1个不牢固的梯子或未绑扎牢固的单个气瓶。

⑤非常可能的:如果继续工作,那么事故几乎肯定会发生。例如1个暴露在外的带电导

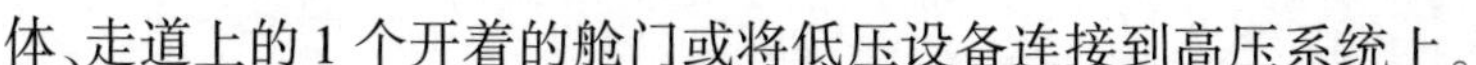

体、走道上的1个开着的舱门或将低压设备连接到高压系统上。

(4)通常一些事项要通过讨论来确定级别。例如1个不牢固的梯子的确将导致意外的发生,那么定为5级就要好于4级。

(5)事故的严重程度也分为5个级别:

①轻微伤害:这种伤害可以在工作现场直接治疗。

②一般伤害。

③严重伤害。

④重大伤害:多人严重伤害。

⑤1人或多人死亡。

(6)基于事故的严重程度和概率可以得出危害级别矩阵(表9.3-2)。

危害级别矩阵表　　表9.3-2

发生概率	严重程度				
	1	2	3	4	5
1	低	低	低	低	低
2	低	低	中	中	中
3	低	中	中	中	高
4	低	中	中	高	高
5	低	中	高	高	高

(7)如果在高压状态下甲板减压舱递物筒的内门是开着的,且在这种情况下试图打开锁紧装置,意外就会发生。这种事情发生的概率等级设为2级,但是如果真发生意外,那么后果是致命的,严重等级应为5级,参照上表,得出的结论是:开着递物筒的内门的危害等级为中级。当然,开着递物筒的内门可能还会有其他风险,如果内门没有固定,在恶劣海况下可能会晃动摇摆,而撞坏一些阀件或人员等;还有一个风险是舱室内气体的泄露会增加。

(8)风险评估并不需要做到非常详细,列出所有轻微风险,要做到什么程度要根据具体情况来制定。

四、潜水作业要考虑的常规风险

(1)作业位置:

①开放水域或有限空间;

②在设施安全距离500m内。

(2)从固定或浮式设施上潜水:

①区域限制;

②设施安全程序。

(3)潜水平台:

①动力定位作业;

②系泊或抛锚作业。

(4)天气及水文,即时和预计的天气及水文情况:

①水面能见度;

②水下能见度;

③水流及潮汐。

(5)可能会相互影响的其他工作:

①地震;

②脚手架作业;

③吊装作业。

(6)落物。

(7)闸门、吸入口、压力差。

(8)火灾或爆炸的风险。

(9)气体泄漏,包括硫化氢。

(10)海底残骸、碎片等。

(11)排水口。

(12)漏油。

(13)电击。

(14)高压。

①高压水射流;

②液压系统。

(15)潜水医务保障。

①减压病预防;

②潜水方式;

③人力资源;

④首选潜水医院;

⑤潜水最大深度、最长工作时间及减压表的选择。

第四节 潜水作业计划与应急计划

一、潜水作业计划

在每项潜水作业开始前,为了使任务安排、人员和设备配备适当,确保潜水作业的安全和效率,应根据具体作业任务及潜水法规和标准的要求制订每个项目的潜水作业计划。潜水作业计划一般由潜水监督或潜水项目经理制订。潜水作业计划应传达至潜水作业队的所有人员,确保工作任务被透彻理解。

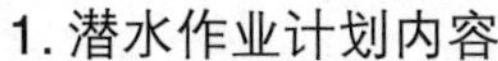

1. 潜水作业计划内容

潜水作业计划强调项目的目标和方法、作业顺序、作业安全、人员和设备要求、应急程序、通信及法规要求等。潜水作业计划至少包括以下内容：

(1)工作开始日期及计划周期，动员计划；

(2)工作具体内容；

(3)具体工作程序；

(4)工作中所能应用到的技术；

(5)岸基人员应提供支持的内容；

(6)现场应备有的作业手册、文件、规范、标准和参考资料；

(7)针对所要进行的作业的程序(潜水程序、减压程序等)；

(8)针对所要进行的作业的风险评估；

(9)针对现场特殊风险的程序；

(10)潜水深度及最大暴露极限，水面间隔时间控制程序；

(11)潜水支持平台，包括固定设施、浮式设施；

(12)潜水员入出水程序；

(13)应急及意外程序；

(14)作业前的准备工作；

(15)潜水人员的配备和岗位职责；

(16)潜水设备、工具和物资的配备及它们的部署；

(17)设备检测报告和证书；

(18)潜水呼吸气体的配备和管理(包括备用气量、储存要求等)；

(19)作业现场存在的危害，例如进水口或排水口、锚缆、紧绷的缆索、落物或高空作业等，有些危害在作业前应与业主一起进行隔离；

(20)安全使用各种设备和工具，如高压水射流，液压工具等；

(21)现场环境风险，如潮汐，水流，水温，天气，能见度等；

(22)通信，包括潜水监督与水下潜水员之间、与潜水队其他成员之间、与其他相关作业人员之间等；

(23)工作许可证系统；

(24)险情、事故报告和调查程序；

(25)潜水作业、设备操作、维护保养程序。

2. 潜水作业计划制订

潜水作业计划制订，通常包括下列程序和要求：

(1)认真调查，掌握作业水域的气象、水文、底质及其他现场情况。

(2)确定潜水深度和方式。

(3)根据潜水作业资源及潜水作业规模、性质，合理配备相应的人员、装备及器材。

(4)制定潜水作业方案和潜水程序。

(5)全面分析潜水作业中各种可能遇到的情况，进行潜水作业风险评估。

(6)制定应急程序。

(7)交潜水作业单位批准。

二、潜水应急计划

1. 潜水应急计划要求

应根据现场环境条件和可能出现的危险,制订每次作业的应急计划。应急计划的内容应包括环境因素、人为因素、设备故障和管理失误可能引起的危害,以及针对这些危害拟定的应急方案等。应明确在作业过程中如果发生可预见的紧急情况时,潜水队成员应各自采取哪些行动。

2. 常见紧急情况

编制潜水应急计划应考虑的常见紧急情况包括:

(1)供气中断:

①供气中断发生在水面;

②供气中断发生在水下。

(2)通信中断。

(3)潜水员绞缠或羁绊。

(4)潜水员放漂。

(5)潜水员水中受伤。

(6)潜水员脐带切断。

(7)设备起火。

(8)控制室起火。

(9)吊放系统失灵。

(10)动力定位意外。

(11)失去热水供应。

(12)潜水员在水下时发生设备故障。

(13)水下发生氧中毒。

(14)治疗期间发生氧中毒。

(15)减压病。

(16)肺气压伤。

(17)紧急撤离。

第五节 空气潜水程序

一、现场文件的配备

潜水作业现场文件的配备要求如下:

(1)所有潜水作业文件均为受控文件,文件应在规定范围内发放。对文件的所有修改进行控制,并确保所有副本更新修改内容。未经授权,不允许复印受控文件。

(2)潜水作业公司应按照当地政府法律法规和本协会的要求,制定和使用一套潜水作业(安全)手册,且应确保该手册中的内容能够适用该单位所有作业范围,该手册应含潜水员安全和健康的保障措施,应达到或超过国家标准和行业标准的要求。

(3)应备有潜水计划,内容至少包括工作范围、完成计划所要求的资源、人员和设备清单、调遣计划、质量保证计划、后勤计划、潜水程序和应急程序,内容应符合计划的潜水任务。

(4)应备有设备操作程序、维修程序、检查表和维护保养记录。

(5)应备有潜水人员的岗位职责和分工明细表。

(6)应备有潜水人员的资格证书、健康证明和相关安全培训证书。

(7)应备有潜水减压表和减压病治疗表及记录表。应备有各类记录簿和记录表格,包括潜水作业记录簿、潜水监督记录簿、潜水员记录簿、潜水记录表、潜水日报表、工程进度表、隐患和事故报告表和材料消耗表等。

(8)应备有潜水作业公司及该作业项目的应急响应计划。

(9)潜水作业现场应配备与潜水相关的法律法规和标准。

(10)潜水监督还应熟悉作业区域的相关法律法规,以及其他有关安全要求。

二、紧急救助与急救

现场应有紧急救助联络表,内容包括潜水从业单位作业主管、安全主管、业主单位主管、最近的海上救助单位、最近的医院、最近的具备减压舱的单位以及随时可以咨询的潜水医师等;紧急救助联络表应张贴于现场潜水人员均能看清的明显位置;应有紧急救助通信系统;应有急救药品、器材、急救手册和存量清单,每次潜水前应按清单检查、补充和更新;急救药品和器材的种类和存量应根据现场条件、作业规模和作业周期配备。

三、潜水计划和应急计划的制订

应根据具体作业任务制订该次作业的潜水计划,潜水计划的内容应包括采用的潜水方式、潜水人员的配备和岗位职责、潜水设备的配备、潜水气体的配备和减压程序等。应根据现场环境条件和可能出现的危险,制订该次作业的应急计划,应急计划的内容应包括环境因素、人为因素、设备故障和管理失误可能引起的危害,以及针对这些危害拟订的应急方案等。应急计划应与业主的应急计划相匹配。

四、风险评估和 JSA

应针对具体潜水工作步骤做出书面的该次作业的风险评估和 JSA 报告;内容应包括可能造成人员伤害和设备损坏的环境因素、人为因素和设备因素等;应针对风险评估所述因素制订防范措施,并指定责任人;所有作业人员应清楚防范措施的内容和责任人;变更潜水程序、潜水人员、潜水设备和潜水地点,或出现隐患、事故和环境条件变化后,应重新评估与分析，并修订防范措施。

五、人员的配备

采用 SCUBA 潜水，潜水人员配备应不少于 3 人，其中潜水监督 1 名，潜水员 2 名；采用水面需供式潜水装具潜水，潜水人员配备应不少于 4 人，海洋工程潜水或潜水深度大于 24m 时，潜水人员配备应不少于 5 人，其中潜水监督不少于 1 名，潜水员不少于 2 名；在没有同等资格人员替班的情况下，潜水监督不能潜水。

六、个人防护用品的配备

所有水面潜水人员应穿戴符合安全要求的个人防护用品；个人防护用品应满足人员头部、脚部、眼部和听力的防护要求；登高或舷外作业应佩戴安全背带；甲板作业应穿戴浮力救生背心；在可能存在环境气体污染的区域作业，应配备个人呼吸防护用品；采用水面需供式潜水装具潜水，宜使用潜水头盔；应根据不同的水温条件，选配湿式潜水服、干式潜水服或热水潜水服；在污染水域潜水时，应穿防污染潜水服；在甲板减压舱内减压或治疗时，应穿纯棉衣裤。

七、装具、设备、系统和工具的配备

SCUBA 潜水时，应有 2 套以上潜水装具。如有结伴潜水员或使用信号绳时，可不使用水下无线通信装置。

水面供气式空气潜水时，应有 2 套以上独立的主气源、1 套应急气源（预备潜水员的应急气源可由潜水员主气源代替）、2 套水面供气式潜水装具。视情况需要，配甲板减压舱及水下作业工具。

八、呼吸气体的配备

潜水员、待命潜水员的主气源、应急气源及储气量应符合要求。

九、装具、设备和系统的现场检查和测试

潜水作业前，潜水装具、设备和系统应现场检查和测试合格。

十、现场通信建立

潜水监督应与潜水员、预备潜水员、照料员、潜水吊放系统绞车操作员、潜水生命支持员和潜水钟操作员之间建立双向通信；潜水监督应与现场主管、现场业主代表、潜水船船长等现场人员之间建立双向通信；在 DP 潜水作业中，潜水监督应与 DP 操作员之间建立双向通信；ROV 协同潜水作业时，潜水监督应与 ROV 监督或操作员之间建立双向通信；潜水监督还应与潜水从业单位潜水负责人、最近的医院、最近的海上（水上）救助机构、最近的具备减压

舱的单位，以及随时可联系的潜水医师之间建立双向通信。

十一、入水和出水方式

潜水现场应有供潜水员安全入水和出水的设备，如潜水梯、潜水吊笼或开式潜水钟。潜水站地面或甲板面的位置与水面间的距离大于3m以及深度大于50m时，入出水方式应采用潜水吊笼或开式潜水钟系统。入水与出水的方式应满足待命潜水员营救的需求。

十二、潜水记录和报告

应按规定填写潜水记录和编制潜水报告。

十三、作业审核与工作许可

潜水项目开工前，应由业主熟悉潜水作业的人员对潜水从业单位该项目的潜水计划、应急计划、工作安全分析报告、人员资格和配备、设备认证情况和配备等进行审核和认可；潜水装具、设备、系统和工具在现场布置、安装和测试后，应由业主熟悉潜水作业的人员对设备和系统的安全性进行审核和认可；潜水作业前，潜水从业单位应获得业主书面的潜水作业"工作许可证"（Permit to Work，PTW）俗称"工作票"；PTW是被普遍使用的一个缩写，用以对有风险的环境内工作的正式的书面授权，由授权人授权给特定工作人员；PTW应由潜水作业现场业主负责人或授权人批准；批准人应已清楚即将开始的潜水作业方式和内容，以及可能影响潜水作业的因素和所采取的防范措施；特殊水下作业如热切割、焊接、爆破、进入受限空间或船舶航行等，也应申请特别的PTW；在通航水域潜水，应报海事主管部门批准。

十四、任务的布置与沟通

潜水前准备完毕后，潜水队召开首次工前会，潜水监督向潜水队简要说明潜水作业计划，介绍本次潜水作业任务、安全程序、水面和水下环境可能存在的危害因素及防范措施。这种简要说明对于任何潜水作业的成功和安全都至关重要，而且主要关注即将开始的潜水，所有直接参与到潜水作业的人员都应参加。

首次工前会应确保所有作业人员能够理解潜水计划，并解决任何问题和疑问。之后，每天潜水作业前，潜水监督应组织召开工前会，把任务布置后发生变化的任何资料、状况或者条件向潜水队进行传达，布置当天即将开展的作业任务，对作业任务所涉及安全风险及防控措施进行分析。

潜水作业之前，潜水监督应向潜水员询问下列内容：是否清楚所要进行的工作；是否清楚安全程序和环境存在的风险；是否有身体和心理的不适；能否胜任本次潜水。

每一次工前会都应涉及以下内容。

1. 潜水任务

简述潜水的目的，注意事项和目前的状况，包括前一次潜水的结果和存在的问题。在简要介绍的过程中，要对眼前任务的潜水和作业程序进行讨论。例如：潜水目的——打捞公交车运行记录仪；任务——找到坠江公交车，拆卸“黑匣子”，将记录仪带出水面。

2. 潜水程序

该次潜水作业的安全程序。

3. 危害因素

应当向潜水员简要说明本次潜水的具体危害因素。确保潜水员和潜水队了解存在的危害，以及安全潜水所必需的防范措施。

4. 限制及约束

最大的潜水深度、水底时间、搜索范围、现场环境、受限空间以及必须高度注意的密闭空间等。

5. 岗位安排

审查及核实任务分配，确保作业人员了解他们的岗位和职责。潜水监督应根据作业内容，结合潜水作业人员的身体健康状态、精神面貌状态、心理状态来安排适当的潜水员，确保1号潜水员（如果可能2号潜水员）以及待命潜水员都是经验丰富的潜水员。未经潜水监督许可，作业人员不得随意更换潜水站的位置。

潜水前，潜水监督应评估每名潜水员和照料员的身体状况（如有必要可接受医学人员的协助）。潜水员出现咳嗽、鼻塞、明显的疲劳、精神紧张、皮肤或耳朵感染等任一症状，应取消潜水班次轮换。

潜水监督应确认是否有潜水员或者照料员服用任何可能妨碍潜水的药物。没有硬性规定决定什么时候药物会妨碍到潜水员的潜水作业。一般来说，局部用药、抗生素、节育药物以及不会引起嗜睡的减充血药物等不会限制潜水。

潜水监督应询问潜水员是否有身体和心理的不适，能否胜任本次潜水，核实潜水员完成指定任务的意愿和能力；不得强逼任何潜水员进行潜水。潜水前，潜水员应向潜水监督报告是否有身体和心理的不适，询问不清楚的情况；经常拒绝潜水作业的潜水员将会被取消潜水岗位。

6. 紧急情况及协助

根据潜水计划中的任务说明，审查当天第一次潜水发生紧急情况时的应急及援助行动计划。

十五、预备潜水员

有1名潜水员在水下作业时，潜水现场应指定1名待命潜水员；有2名以上潜水员在水下作业时，每2名潜水员至少指定1名待命潜水员；除潜水面罩或头盔外，待命潜水员应穿戴整齐其他潜水装具；待命潜水员应先于潜水员进行潜水装具的检查和测试；只有在其装具检测无误，且随时可以入水营救潜水员时，待命潜水员才能入水；待命潜水员供气系统的主气源应独立于潜水员的供气系统；待命潜水员应在距入水点最近的位置待命；现场应具备合适的入出水方式；待命潜水员待命期间应随时掌握水下潜水员的状况。

十六、现场警示标志

潜水现场应有相应的隔离标识,无关人员不能进入潜水区域;重要潜水设备或系统开启后,应有标识;在通航水域潜水,现场应悬挂潜水作业的信号旗、信号灯或号型;潜水开始和结束时,应通知现场所有人员。

十七、不宜潜水和终止潜水的条件

潜水员不宜潜水或高气压暴露的条件应包括:严重感冒或呼吸道感染,耳咽管功能障碍;酒后;药物反应;中耳疾病或外耳感染;皮肤感染;过度疲劳;情感抑郁;心理障碍;体检时,心率超过100次/min或低于55次/min,口腔温度超过37.3℃或腋下体温超过36.8℃,血压收缩压超过140mmHg(18.6kPa)或舒张压超过90mmHg(12.0kPa),收缩压低于90mmHg(12.0kPa)或舒张压低于60mmHg(8.0kPa);潜水监督或潜水医师认为不宜潜水的其他因素。

潜水员终止潜水的情况应包括:潜水员要求;潜水监督或业主代表要求;预备潜水员不在岗位;通信中断、故障或效果不佳;潜水支持船无法控制设定的船位;主气源供气中断或供气故障,潜水员已开始使用自携应急气源或来自水面的应急气源;水下环境发生变化,达到启动应急计划条件时;气象条件超出允许极限。

十八、最大潜水深度

SCUBA潜水,深度应不大于30m。水面供气式潜水装具潜水,深度应不大于57m;深度大于50m时,入出水方式应采用潜水吊笼或开式潜水钟系统。

十九、反复潜水的条件

潜水作业后的12h内通常不应进行反复潜水;特殊情况需要进行反复潜水时,应根据《空气潜水减压技术要求》(GB 12521)的规定,依据前次潜水深度和水下工作时间、该次潜水深度和水下工作时间以及两次潜水水面间隔时间,选择反复潜水减压方案。

二十、水文气象的条件

1. SCUBA潜水

SCUBA潜水,水流速度应不大于0.5m/s;蒲福风力等级应不大于4级(风速11~16kn,浪高1.0m)。

2. 水面供气式潜水

(1)通过潜水梯入水时,水流速度应不大于0.6m/s,蒲福风力等级应不大于4级;蒲福风力等级大于4级小于5级(风速17~21kn,浪高1.8m)时,应评估现场具体条件决定是否潜水。

(2)通过潜水吊笼或开式潜水钟入水时,水流速度应不大于0.75m/s,蒲福风力等级应不大于5级;水流速度超出上述限制条件,因特殊情况需要潜水时,应评估现场具体条件,采取更有效的安全防护措施,确保潜水员安全;蒲福风力等级大于5级小于6级(风速22~27kn,浪高3.0m)时,应评估现场具体条件决定是否潜水。上述水文气象的限制条件只考虑潜水员能安全入出水,而非在此条件下胜任工作。在海洋工程潜水作业中,一般建议水流速度控制在0.5m/s之内。

二十一、减压方案选择和评估

根据《空气潜水减压技术要求》(GB 12521)的规定,依据潜水深度、水下工作时间,结合潜水工作强度、水质情况、水文气象和潜水员个体差异等多种因素选择减压方案;按减压方案减压后,如确定潜水员患减压病,应结合以往的减压方案进行综合评估,找出引起减压病的原因,供今后选择减压方案时参考;其他减压程序应得到潜水医师批准后采用。

二十二、潜水后的安排

潜水监督或潜水医师应向潜水员询问身体状况;潜水员如感觉任何身体不适或异常生理反应,应立即报告潜水监督或潜水医师;应告知潜水员最近的减压舱位置;潜水员水下减压潜水出水或减压出舱后,应在甲板减压舱附近停留不少于1h,且5h且内不能远离减压舱(即能在2h内到达有减压舱的地点);潜水员不减压潜水后12h内、减压潜水减压后24h内不应飞行或去更高海拔地区;紧急情况需搭乘飞行器或去更高海拔地区时,应按医嘱执行;潜水员罹患减压病,需要空运去其他地点治疗时,应由潜水医师决定。

二十三、最低休息时间规定

潜水人员连续工作时间不应超过18h,此时间包括设备装运、人员由驻地至工作地点的交通、设备布置和测试、召开会议和潜水前待命等的组合。连续18h工作后,潜水人员应有8h的连续休息时间。由驻地至工作地点的交通工具上有4h以上睡眠时间者,可不受上述规定限制。潜水作业期间,潜水人员在24h内工作时间应不超过16h或在96h内不超过60h。除非紧急情况,任何人在两个工作时间段中间应有8h的连续休息时间。

二十四、潜水作业事故报告、调查、统计与处理

潜水从业单位应建立隐患和险情报告制度,内容包括人的不安全行为和物的不安全状态。任何隐患、事件或事故应在第一时间报告业主现场安全代表和潜水从业单位安全主管。未达到轻伤的事件或事故应在潜水从业单位内部记录和统计。轻伤以上事故应按《中华人民共和国安全生产法》和主管机关的要求进行报告、调查、统计和处理。减压病和减压性骨坏死的诊断与处置应按《职业性减压病的诊断》(GBZ 24)和《减压病加压治疗技术要求》(GB/T 17870)进行。职业病报告应按《中华人民共和国职业病防治法》进行。事故与职业病的记录和报告应存档,保存时间至少5年。

第六节　装具、设备和系统的现场检查和测试

在潜水作业前,应对装具、设备和系统进行现场检查和测试。现场检查和测试的要求如下。

一、潜水员个人装具

1. 水面需供式潜水面罩

应符合第九章第二节“潜水面罩”的技术要求;本体内外部无破损及污物;组合阀无破损并运转自如;单向阀吹气测试畅通;排水阀排水测试畅通,无泄漏;进气弯管无凹陷、变形及破损,接头无泄漏;旁通阀操作自如、供气顺畅;耳机、话筒位置正确、通话语音清晰;相连的供气管畅通,接头无泄漏;口鼻罩位置恰当、无破损,鼓鼻器推拉自如、鼓鼻功能正常;呼吸器调节旋钮无破损、操作自如,非自动供气时呼吸畅通,顶端按钮功能正常;头罩及脸部密封材料无撕裂、割伤、老化和开胶;不锈钢卡箍无裂纹或破损;固定卡箍的螺钉已旋紧,位置正确;头带无老化、裂纹和断裂。

2. 水面需供式潜水头盔

应符合第九章第二节“潜水头盔”的技术要求;本体内外部无破损及污物;组合阀无破损并运转自如;单向阀吹气测试畅通;排水阀排水测试畅通,无泄漏;进气弯管无凹陷、变形及破损,接头无泄漏;旁通阀操作自如、供气顺畅;耳机、话筒位置正确、通话语音清晰;相连的供气管畅通,接头无泄漏;口鼻罩位置恰当、无破损,鼓鼻器推拉自如、鼓鼻功能正常;呼吸器调节旋钮无破损、操作自如,非自动供气时呼吸畅通,顶端按钮功能正常;颈箍组合无破损,与头盔之间密封良好,张力适当;颈围无破损,硅脂润滑状况良好;弹簧扣松紧适当;头盔衬垫位置正确、无损伤;头盔底部的O形圈无破损,硅脂润滑状况良好。

3. 通风式潜水头盔

符合第九章第二节“通风式潜水头盔”的所述要求;本体内外部无破损及污物;组合阀无破损并运转自如;单向阀吹气测试畅通;排水阀排水测试畅通,无泄漏;进气弯管无凹陷、变形及破损,接头无泄漏;旁通阀操作自如、供气顺畅;耳机、话筒位置正确、通话语音清晰;相连的供气管畅通,接头无泄漏;头盔与领盘连接紧密,无泄漏;快速排气阀功能正常。

4. 潜水服

应符合第九章第二节“潜水服”的相关技术要求;类型符合潜水环境要求;尺寸符合潜水员体型要求;无撕裂、老化、磨损;如为热水潜水服,热水管及其接头无破损、无泄漏,热水输送畅通;如为干式潜水服,充气接头及软管无破损、无泄漏,通气畅通。

5. 安全背带

应符合第九章第二节“安全背带”的技术要求;无撕裂、老化、磨损;D形环无锈蚀和变形;负荷测试日期在有效期内。

6. 压重带

应符合第九章第二节“压重带”的技术要求；压铅位置合理、无松动；无撕裂、老化、磨损；快速解脱扣开闭正常；压铅重量符合潜水深度和人员要求。

7. 应急气瓶

应符合第九章第二节“应急气瓶”的技术要求；外部无破损、凹陷、严重锈蚀；气瓶阀位置正常，无破损、弯曲，无泄漏；容积符合潜水深度要求；储气压力在规定的充气压力范围内，储气量符合最大潜水深度应急上升时间要求；气体成分符合潜水呼吸气卫生学要求，并有标识；有过压安全装置；减压器及连接管无破损、无泄漏，供气畅通；气瓶检定日期在有效期内。

8. 其他装具配件

其他装具配件应满足下列要求：脚蹼尺寸符合潜水员穿戴要求，无老化、裂痕和磨损；信号绳尺寸和强度符合潜水深度要求，无老化和磨损；潜水刀锋利，且有刀鞘保护。

二、软管与脐带

1. 供气软管

应符合第九章第二节“软管”的技术要求；布放合理、走向明确，不能靠近高热区域，不能绞缠和过度弯曲，布放在甲板或地面人员行走通道的软管已加盖防踩踏保护；吹净后连接；接头处无泄漏，并已加装防脱落保护装置；氧气软管已做特别标识和用氧清洗，符合用氧要求，输送压力应小于4MPa；最大工作压力检测日期在有效期内。

2. 脐带

应符合第九章第二节“脐带”的技术要求；具有明确的走向，不能靠近高热区域，不能绞缠和过度弯曲，布放在甲板或地面人员行走通道的软管已加盖防踩踏保护；吹净后连接；接头处无泄漏，并已加装防脱落保护装置；最大工作压力检测日期在有效期内；按要求进行长度标识；与安全背带的固定钩无扭曲、变形。

三、供气系统

1. 空气压缩机

应符合第九章第二节“空气压缩机”的技术要求；布放位置不妨碍周围工作人员行动，不受环境因素影响，进气口周围无潜在污染物；燃料、冷却剂、润滑剂和防冻剂的品质符合使用要求，存量充足，燃料和润滑剂的添加量在规定范围内，无油类物质溢出；过滤器和油水分离器清洁，过滤器和储气罐内无冷凝水；传动带防护装置完好，运行时机上无覆盖物；排水栓、安全阀、单向阀及自动卸压装置功能正常；启动后阀件、接头和管道等无泄漏；有消防器材；周围已悬挂警告标识，特别是自动启动的设备；过滤器、油水分离器、储气罐的本体，以及安全阀、压力表的检定日期在有效期内；有操作说明书及使用、维护保养记录，以及上次检定报告的副本。

2. 储气罐

应符合第九章第二节“储气罐”的技术要求；罐内无冷凝水；进气口的单向阀功能正常，无泄漏；排气口的阀件功能正常，无泄漏；本体、安全阀、压力表的检定日期在有效期内；有维护保养记录，以及上次检定报告的副本。

3. 高压气瓶

应符合第九章第二节“高压气瓶”的要求；外部无破损、凹陷、严重锈蚀；气瓶阀位置正常，无破损、弯曲和泄漏；压力在要求的充气压力范围内；气体成分符合潜水呼吸气卫生学要求，并有标识；过压安全装置位置正确，无破损和泄漏；运送时，有气瓶阀保护罩，成组装运时，有气瓶阀和减压器保护框(罩)；减压器及连接管无破损、无泄漏，供气畅通；存放区域通风良好，避免高温和防止摔落；氧气气瓶的存放区域为开放区域，并有禁止明火标识；气瓶检定日期在有效期内；有最新的气体成分和压力检测记录。

4. 高压管道

应符合第九章第二节“高压管道”的要求；布放合理、走向明确，容易受到撞击的部位加盖保护罩；吹净后连接；接头处无泄漏；氧气管道已做特别标识和用氧清洗，符合用氧要求；管道上的阀门开闭功能正常；最大工作压力检测日期在有效期内。

5. 过滤器

应符合第九章第二节“过滤器”的要求；冷凝水已排清；进气和排气口阀件(如有)功能正常，无泄漏；本体、安全阀(如有)、压力表的检定日期在有效期内；有维护保养记录，以及上次检定报告的副本。

6. 油水分离器

应符合第九章第二节“油水分离器”的要求；冷凝水已排清；进气和排气口阀件(如有)功能正常，无泄漏；本体、安全阀(如有)、压力表的检定日期在有效期内；有维护保养记录，以及上次检定报告的副本。

7. 空气纯度

空气纯度的检测要求：有空气纯度检测报告；气体质量符合《潜水呼吸气体及检测方法》(GB 18435)的要求。

四、甲板减压舱

应符合第九章第二节“甲板减压舱”的技术要求；布放位置尽可能接近潜水站，与甲板面的固定牢固；布放场所整洁，无易燃易爆物品，并远离污染源；主气源和应急气源储量、压力和纯度符合规定要求；减压和治疗用氧气储量、压力和纯度符合规定要求；舱内 BIBS 供气充足，呼吸畅通，如配舱外排氧装置，功能正常；急救器材、药品和手册在位，符合配备要求；舱门无变形和破损，密封圈无破损、老化和开裂，气密性能良好，加压后泄漏率在规定范围内；阀件无变形和破损，活动自如，功能正常，无泄漏；舱内舱外照明设施功能正常，亮度满足规定要求；通信系统畅通，语音清晰，舱内应急呼叫装置功能正常；观察窗无破损、老化和划痕，符合使用年限要求，清洁溶剂不含油漆稀释剂成分，未暴露在高温下(65.5℃以上)和高辐射条件下(4MeV 以上),也未暴露于强烈的阳光和紫外线下;递物筒无变形、开闭功能正常,加压后门锁扣功能良好、气密性良好,无泄漏,压力表读数在正常范围内,检定期限有效;舱内外有在有效期内的消防器材;控制面板上的管道、阀件、调压器功能标识清楚,无破损、变形,功能正常,无泄漏;控制面板上的压力表读数正常,检定期限有效;氧分析器、二氧化碳分析器、温度仪、湿度仪和计时器读数正常,校检期限有效;如配视频监控系统,功能应正常、图像清晰;供电系统无破损、漏电,接地正常。

五、潜水控制面板

应符合第九章第二节"潜水控制面板"的要求;通信系统畅通,语音清晰;潜水员和预备潜水员的主气源供气畅通;潜水员和预备潜水员的应急气源供气畅通;压力表、测深表读数正常,检定期限有效;管道、阀件、调压器等功能标识清楚,无破损、变形,功能正常,无泄漏。

六、入出水系统

1. 潜水梯

应符合第九章第二节"潜水梯"的要求;无锈蚀、弯曲、变形;扶手牢固。

2. 潜水吊笼

应符合第九章第二节"潜水吊笼"的要求;框架无锈蚀、弯曲和变形;安全防护链和内部扶手牢固,无锈蚀、弯曲和变形;有应急气瓶和减压器,气瓶应符合设备要求中的"气瓶"的要求,压力足够,减压器及呼吸器功能正常;顶部起吊环(孔)牢固,无锈蚀、弯曲和变形。顶部有备用起吊点,结构牢固,无锈蚀、弯曲和变形。

3. 开式潜水钟

除应符合第九章第二节"潜水吊笼"的要求外,还应满足下列要求:本体无锈蚀和变形;钟内扶手牢固,无锈蚀、弯曲和变形;管道、阀件、贯穿件、气瓶阀等的防护装置牢固,无锈蚀、弯曲和变形;有应急气瓶,并按规定压力充气;压力表读数正常,检定日期在有效期内;照明系统功能正常,照明亮度符合规定要求;电气系统符合电气使用安全要求;贯穿件、阀件、仪表和管道的功能标识清楚。

4. 潜水吊放装置

应符合第九章第二节"吊放装置"的技术要求;支架结构无锈蚀、凹陷、弯曲和变形;压重系统无锈蚀,无变形且吊点状态良好;主、副动力源功能正常;绞车操作杆操作灵活,且挡位标识清晰;绞车刹车系统功能正常;绞车润滑油添加量在规定范围内;绞车钢索无断丝、扭伤等,并润滑良好;钢丝绳保护装置安装牢固;滑轮、卸扣及其安全销功能正常;与潜水控制室之间的通信畅通,语音清晰。

七、其他

1. 通信系统

应符合第九章第二节"通信系统"的技术要求;通信畅通,语音清晰。

2. 电气系统

应符合第九章第二节“电气系统”的技术要求;线路无破损、漏电,接地正常。

3. 仪器和仪表

应满足下列要求:压力表读数正常,检定期限有效;氧分析器、二氧化碳分析器、温度仪、湿度仪和计时器读数正常,校检期限有效;氧分析器探头已按规定更换或补充化学检测液。

第七节 潜水作业记录与报告

一、潜水作业记录的填写要求

1. 潜水员填写的记录

潜水员应填写的报告包括潜水前个人装具的检查表、潜水员个人潜水作业经历记录以及潜水监督要求的其他记录。

2. 潜水监督填写的潜水记录

潜水监督应填写每次潜水的潜水记录,内容包括:业主单位名称和地址;潜水从业单位名称和地址;潜水作业地点、日期和时间;水下能见度、水流速度、浪高和水温等;潜水监督、潜水员、照料员和其他潜水人员的姓名;所用的潜水方式;所用的潜水设备;潜水最大深度;水下工作时间;详细的作业内容和作业过程;所用的减压表和减压方案;任何异常情况。

3. 潜水医学技士填写的记录

潜水医学技士应填写的报告包括:如现场无潜水医师时,潜水员的体检记录;甲板减压舱检查表;减压记录表;潜水医学技士个人作业经历记录等。

4. 潜水机电员填写的记录与报告

潜水机电员应填写的报告包括:每日潜水设备、系统和工具的检查表;每次潜水设备、系统和工具的运转记录;每日潜水装具、设备、系统和工具的维护保养记录;详细的设备故障和损坏报告。

5. 潜水医师填写的记录及报告

潜水医师应填写的报告包括:潜水员的体检记录;潜水作业的医学保障计划;潜水疾病的诊断、治疗和处理记录与报告;潜水事故的调查、分析和处理报告。

二、潜水作业日报表的填写要求

潜水监督应填写每日的潜水工作日志,内容包括:业主单位名称和地址;潜水从业单位名称和地址;潜水作业地点和日期;潜水监督、潜水员、照料员和其他潜水人员的姓名;作业内容;每次潜水员的入水和出水时间;会议、演习、训练、设备维护、人员变更、环境变化等其他情况;应急情况;隐患与事故;业主建议。

三、潜水作业完工报告的填写要求

潜水监督应填写每日的工作进度报告，内容包括：人员名单和人员变更情况；设备状况（包括设备的增减）；过去24h完成的工作；过去24h的潜水次数和总潜水次数，总水下工作时间；已完成的工作量占总工作量比率；超出计划工作范围的工作内容；材料消耗与库存状况；气体消耗与库存状况。

四、其他报告

需要时，潜水监督还应填写下列报告：潜水员的体检记录；安全会议纪要；隐患和事故报告；设备故障和损坏报告；应急演习和训练报告；潜水监督个人潜水监督经历记录。

思考题

1. 空气潜水从业人员包括哪些岗位人员？
2. 简述空气潜水监督的从业条件。
3. 简述潜水员的岗位职责。
4. 简述照料员的岗位职责。
5. 潜水员个人装具包括哪些主要部件？
6. 潜水装具的配备要求有哪些？
7. 潜水软管和脐带的配备要求有哪些？
8. 甲板减压舱的安全要求有哪些？
9. 潜水控制面板的安全要求有哪些？
10. 潜水安全风险评估的要求是什么？
11. 简述潜水作业安全分析的基本方法。
12. 潜水作业要考虑的常规风险有哪些？
13. 潜水作业计划至少应包括哪些内容？
14. 编制潜水应急计划应考虑的常见紧急情况有哪些？
15. 空气潜水的程序要求有哪些？
16. 简述潜水作业现场应配备哪些文件。
17. 潜水员不宜潜水和应终止潜水的条件有哪些？
18. 空气潜水对反复潜水的规定条件是什么？
19. 在潜水作业现场，对水面需供式潜水面罩检查和测试的要求有哪些？
20. 在潜水作业现场，对潜水软管与脐带检查和测试的要求有哪些？
21. 简述潜水作业记录的填写要求。
22. 简述潜水作业日报表的填写要求。

第十章

潜水事故预防与应急处理

正如世界上有了飞机就有空难,有了船舶就有了海难和有了车辆就有车祸一样,潜水作业尽管经过充分准备、周详计划和严格管控,但仍然会发生潜水事故。众所周知,潜水作业是一项高风险的生产活动,威胁潜水员安全的危险因素多而复杂,有些互为因果,但总的来讲不外乎四个方面的因素,即人(Man)、机(Machine)、环境(Media)和管理(Management),也就是系统安全理论上所讲的事故"4M"要素。因此,在潜水过程中,人、机、环境、管理等方面的任何环节出现差错,都有可能发生潜水事故,轻则影响工作进度和质量,重则造成人员伤亡和财产损失。为减少和避免潜水事故或使潜水事故的不良后果降至最低,最有效的方法就是采取切实有效的预防措施和妥善的应急处理。本章介绍国内外潜水事故的概况、主要原因及影响因素、预防措施以及应急处理,为潜水事故的预防和应急处理提供参考。

第一节 国内外潜水事故概况

一、美国概况

根据2014年2月25日美国海岸警备队(USCG)与国际潜水承包商协会(ADCI)安全合作会议纪要,从2002—2014年,共发生34起商业潜水员伤亡事故,其中死亡19人,严重伤残4人,中度伤残5人,轻度伤残2人,一般伤残4人。查阅美国职业安全与健康管理局潜水死亡事故报告,2008—2013年间潜水死亡人数分别为8人、10人、11人、10人、11人和4人,共54人,平均每年9人,按行业分类分别为海油石油0人、港口和内陆23人、海上捕捞11人、政府部门13人(不含部队)和其他7人。海洋石油行业的潜水死亡率最低,这是因为海洋石油行业对潜水安全的管理要求最重视,执行的潜水安全标准最严格。

二、欧洲概况

根据英国能源部和挪威石油管理局的有关资料,英国和挪威1971—1981年间在北海油田的潜水死亡人数分别为3人、1人、2人、10人、9人、9人、3人、2人、2人、0人和0人,共41

人,平均每年3.7人。挪威有关资料介绍,1971—1981年间在挪威大陆架水域发生了39起潜水死亡事故,平均每年3.5人。另外,还有欧洲某机构统计的北海海区每年潜水员死亡人数,其中1960年1人,1970年44人,1980年10人,1990年3人,2000年0人,2012年2人。该数据可以看出在20世纪七八十年代,随着海洋资源大量开采,潜水事故增多;到20世纪90年代以后,随着海上潜水作业安全管理的强化,潜水事故和潜水员死亡人数大幅度下降,有些年甚至只是零星发生。

国际海事承包商协会(IMCA)是海洋石油行业中船舶、潜水、无人遥控潜水器(ROV)和海上测量承包商的组织,制定了国际海洋潜水技术规范,它每年可收集到250家左右的承包商安全数据,并进行统计分析。我们查阅到其公布2000—2014年的承包商海上人员死亡率(FAR)(计算方法:死亡人数/总工时×108)分别为10.12、10.14、4.83、6.03、2.75、3.93、3.23、2.38、1.08、1.27、1.29、0.70、2.14、1.15、0.72,由此可见,死亡事故随着社会的发展、安全管理的强化逐渐下降。IMCA的这项统计和分析没有将潜水员单独列出,而是与其他水面人员(如船员、潜水支持人员)一起统计的。我们查阅了2009—2014年间的原始资料,IMCA会员单位发生的潜水死亡分别为0人、1人、3人、1人、0人和0人,这么一个庞大的潜水组织如此低的潜水死亡率说明其管理的先进性。

三、中国概况

迄今为止,中国尚未建立统一归口的潜水事故报告机构,另外,一些潜水单位也出于名誉、经济利益等原因不报和瞒报潜水事故,因此很难获得我国潜水事故的完整资料。20世纪80年代,有人以函调、随机访问、查阅文献等方式,搜集到1971—1986年潜水事故案例60例,其中17例为死亡事故,平均每年死亡1.06人。我们认为这个数据远远不能反映我国潜水事故的发生情况,据山东省某机构报道,一年发生潜水死亡事故10多起,按经验估计,我国每年发生潜水死亡事故50起以上,这些事故主要发生在渔业潜水员,特别是那些没有经过正规培训、不按安全程序潜水的水产捕捞潜水员身上。

在我国,中国海洋石油总公司在海上油田设施建设和运行期间进行的潜水作业中,2003年以前平均每年发生的潜水死亡事故约两起;2004年后该公司引进并推行国际潜水承包商协会(ADCI)的潜水标准,用以规范其潜水承包商的潜水作业,同时不定期对其潜水承包商的人员、设备、管理体系、操作规程进行审核,不合格不得从事潜水分包业务,这样持续推广近20年来,事故发生率大幅下降,潜水死亡事故仅是零星个案。

第二节 潜水事故的主要原因及影响因素

造成潜水事故的原因多而复杂,从事故系统原因的角度来分析,不外乎人的不安全行为、物的不安全状态、环境不良和管理上的缺陷这四个方面,下面从这四个方面来分析潜水事故的原因及影响因素。

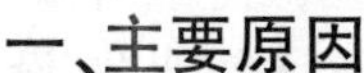

一、主要原因

1. 人的不安全行为

造成人的不安全行为的因素很多,包括以下几方面。①生理因素:身体不适、疲劳、残疾、既往病史、晕船、呕吐、眩晕和(或)定向障碍等。②心理因素:个性(神经质、焦虑)、不良行为(酗酒、吸毒、药物依赖)、急于求成、侥幸心理、忽视或否认危险征兆、反应迟钝、恐惧、追求刺激、寻求挑战等。③技能因素:知识缺乏、经验不足、能力有限、技术不熟、装具使用不当等。④文化素质:文化素质的高低影响着人的生活方式以及思维方式、价值观、人生观,也影响着社会人格和心理素质的发展,因此,文化素质低也是造成潜水时人的不安全行为的因素之一。

2. 物的不安全状态

在潜水过程中,物的不安全状态的主要表现形式有以下几方面。①潜水装具、设备和系统的故障或损坏:包括头盔或面罩脱落、漏水、呼吸器故障,脐带损伤或断裂,供气系统故障、调节器故障、管路不畅、腰节阀失灵,脐带绞缠或羁绊,潜水鞋脱落,压重带断开或压重带脱离,绞车故障或刹车失灵,减压舱泄漏或供气故障,通信故障或中断,测压或测氧仪失灵,二氧化碳清除仪失灵,温湿度控制仪失灵,吊缆损坏或断裂等。②作业工具故障或损坏:如水下监视仪故障、水下检测仪故障、高压水射流装置损坏、打磨机损坏、切割机损坏等。③作业目标物的故障或损坏:如水下隔栏栅缺失、水下外加电流阴极保护装置失灵、导管架裂缝、沉船舱室损坏、大坝闸门损坏等。④潜水支持船故障:如动力定位潜水船突然失去动力、船位发生漂移、锚泊潜水船走锚等。

3. 环境不良

在潜水过程中,环境不良的主要表现形式有以下几方面。①水文因素:包括风浪大、水流急、能见度低等。②气象因素:包括大风、大雨、寒冷、高温等。③环境因素:包括潜水深度大、洞穴或密闭空间作业、水下障碍物多且复杂、有深沟或坑道、水下爆炸物存在、不同压力界面等。④海洋生物侵袭:如周围有鲨鱼、海蛇活动,存在大量海藻或水母等。⑤居住因素:如采用饱和潜水,潜水员长期居住在甲板减压舱内,环境狭小、封闭,生活单调、乏味,身体容易疲劳,情绪容易波动等。

4. 管理上的缺陷

造成管理上的缺陷主要表现形式有以下几方面。①潜水人员缺乏正规的培训,没有胜任所从事任务的技能。②规章制度不健全或执行不到位,安全管理体系不完整,作业程序不清晰。③潜水计划不完善,作业人员和设备配备不足或不合理,潜水人员分工、职责不清,工作安全分析不彻底,安全监管人员责任心不强、监督和检查不到位。④现场信息交流不畅,缺乏必要的交流制度和交流渠道,与陆岸和其他方的沟通不足。⑤现场设备布置紊乱,人员居住环境脏乱差。⑥作业地点、任务、程序、人员或设备变化后,没有及时进行或没有进行有效的变更管理。⑦人员得不到充足的休息和睡眠。⑧人员之间关系不和谐,团队协作精神差,相互之间漠不关心。⑨不重视医学保障,潜水员不做体检或体检把关不严,呼吸气体的质量控制不严，医疗器材、药品准备不足，备用应急气源和氧气准备不足，减压不当，减压出水后疏于观察。⑩人员流动性大，相互之间不熟悉，配合默契不够。⑪潜水作业前，设备检查不充分或没有进行检查。⑫潜水过程中存在交叉作业或交叉作业控制不严。⑬水下隔离不充分或没进行隔离等。

欧洲有机构对收集到的2002—2012年间死亡的461名潜水员中的211人的死亡原因做了分类和分析，见表10.2-1。

潜水行业死亡事故原因统计表　　表10.2-1

事故原因	死亡人数(人)	比例(%)
吊装不当	4	1.9
海洋生物伤害	6	2.8
设备故障	9	4.3
氧弧切割爆炸	18	8.5
推进器伤害	17	8.1
压力差伤害	45	21.3
绞缠	31	14.7
减压不当	35	16.6
健康问题	46	21.8

从表中可以看出，造成死亡事故的最主要原因是健康问题，所以潜水员体格检查是预防潜水事故最重要的抓手，潜水管理人员和潜水医师应加强管理，严格控制潜水员适潜条件，不能让那些体格不良的潜水员带病潜水。另外，压力差伤害、减压不当和绞缠也是造成潜水员死亡事故的主要原因，潜水前应严格做好压力差隔离，做好水下环境的调查。选择适合的减压方案，做到充分减压，也是预防潜水事故的重要手段。

二、影响因素

1.潜水深度

Hoiberg等曾经对美国海军1968—1981年间发生的潜水事故进行统计分析，结果表明，30m以浅的潜水，事故发生率为0.054%；31～60m深度的潜水，事故发生率猛增9倍，达到0.54%；61m以深的潜水，事故发生率为2.063%。日本运输省港湾局1970—1975年的统计报告称，水深15m以浅潜水事故的发生率远远高于15m以深的潜水，即事故发生率并不因水深而增加。我们在数十年的潜水实践中，也体验到浅深度潜水发生事故的频数明显高于大深度潜水，大多数潜水事故似乎都发生在15m水深以浅。究其原因，可能是潜水员和水面支持人员在浅深度潜水时，不重视计划制订、安全分析、人员配备、设备检查和水面的监控，在战术上没有引起高度重视；而在进行深潜水时，所有人员都非常重视，计划周密，人员和设备配备充足，安全分析完善，水面监控也十分严密，所以潜水事故发生的概率反而不高。

2. 潜水类别

Edmonds 和 Bradley 通过资料分析和比较,认为洞穴潜水和钻井平台的潜水作业最具危险性。Hoiberg 等也列举了两种事故发生率较高的潜水类型,即选拔潜水员的考试性潜水和检验新式装具的试验性潜水,在考试性潜水中,由于应试潜水员的心理压力较大或盲目地追求好成绩而容易导致差错,事故发生率显著增高。尽管从理论上讲,新式装具比旧式装具操作更简便、性能更先进,更加安全可靠。但在首次试用时,一方面潜水员有一定的心理压力,另一方面潜水员对新式装具的操作熟练程度不高,试用过程中难免出现一些意外情况,如果处理不当,就会导致潜水事故。日本运输省港湾局的统计资料表明,协同作业的事故相对高于单独作业,如地基平整和沉箱安放,需要多名潜水员的协同参与才能完成,其事故发生率相对也较高。

3. 潜水方式

Biersner 等报道了美国海军 1960—1969 年间发生的潜水事故,空气潜水和氦氧潜水的减压病发生率分别为 0.047% 和 0.065%。我国 1971—1986 年间收集到的潜水事故案例统计分析表明,重装潜水所占比率为 91.7%,这也和当时的潜水方式主要是重装潜水有关。一般认为,使用水下自携式呼吸器潜水的事故发生率要比水面供气式潜水装具高,饱和潜水的事故发生率最低。

4. 技术水平

技术水平是影响潜水作业中应激反应的重要因素。过硬的技术可以从主观上提高自我效能,帮助潜水员做出积极的认知评价,从而有效地应对潜水中的意外情况。

5. 年龄

从事潜水的适宜年龄为青壮年(最佳在 20 ~ 45 岁)。年龄大的潜水员虽然技术熟练、经验丰富,但动作的速度、力量和灵活性大大降低,对信息刺激的反应相对迟钝;另外,年龄大的潜水员相对来讲比较肥胖,心血管功能较差,在减压时不容易脱饱和,如果减压不足,比年轻人容易患减压病。所以,年龄大的潜水员的事故发生率常高于年轻潜水员。

6. 性别

有资料显示,无论是潜水事故中遇难者的数量,还是遇难者在各自性别潜水员群体中的比例,女性均低于男性。在我国,除休闲潜水外,职业潜水员还未接收女性。

7. 个性

人的气质类型、性格、心理活动水平有很大差异,因而在特定情境中便有不同的表现,出现不同的差错频率。如有的人反应快,但准确性低、差错率高;而有的人反应稍慢,但准确性高、差错率低。因此,有人提出了“事故倾向品质”的概念。对于潜水职业来讲,事故倾向品质的具体含义可能包括毅力差、遇事动辄放弃努力、神经质、疏忽大意、鲁莽行事等,目前尚无定论,有待进一步研究。

8. 个体差异

即使各种条件一致,不同个体或同一个体在不同时间对氮麻醉和氧中毒的反应不同,这就是个体对高分压氮或高分压氧的耐受能力的差异。如在大深度空气潜水时,有些潜水员毫无不良反应，思路十分清醒，有些却像喝了酒一样感到昏昏沉沉。这种个体耐受能力的差异与潜水员健康程度、对疾病的免疫力和抵抗力没有任何相关性。有人认为酒量大的人对氮麻醉的耐受性也强。此外，精神紧张、情绪波动、睡眠不足和疲劳等也会降低机体对高分压氮和高分压氧的耐受能力。

9. 潜水工龄

日本运输省港湾局对 1970—1975 年初日本所发生的事故进行了全面的调查分析，随着潜水工龄的延长，潜水事故的相对频数逐渐降低，但原始资料未提供工龄段的潜水总人次，因而无法获得对潜水事故与潜水工龄相关性的准确判断。

10. 劳动强度

潜水时劳动强度大，容易促发氧中毒，这可能是由于运动时代谢增强，二氧化碳产生增多所致。

11. 药物的影响

实践证明，一些抑制兴奋性的药物会降低潜水员在水下的注意力，使潜水员应急反应能力降低。也有动物实验证明，一切能提高代谢的药物，如甲状腺素、肾上腺素、肾上腺皮质激素和拟交感神经兴奋剂等，均可加剧氧的毒性作用；而那些降低兴奋性、抑制代谢的药物，如镇静、安眠作业的药物，可降低氧的毒性作业。

第三节 潜水事故的预防措施

潜水事故的预防，我们可以从人、机、环境和管理（“4M”）四个方面采取措施。

一、减少人的不安全行为

1. 严格体格检查

不管什么职业，健康、强壮的体魄是工作安全的基本保证。潜水员作为一个特殊工种，需要在水下和高气压环境从事高强度活动，其体格必须满足一定的要求。我国已制定了国家标准《职业潜水员体格检查要求》和海军标准《海军潜水员体格检查标准》，所以，我们在选拔潜水学员时应按该标准进行严格挑选；另外，按照该标准潜水员每年应进行一次年度体格检查，以便发现健康问题，及时解决，杜绝带病潜水。必须指出的是，潜水员体格检查的结果只能代表体格检查当时的健康状况，所以，每次潜水前我们还必须询问潜水员自我感觉，并做相应的体检，以评估潜水员是否适合潜水。

2. 科学心理选拔

应按照国家标准《职业潜水员心理选拔方法及评价》要求，选拔那些擅长机械操作、反应快速而准确、情绪稳定、勇敢、果断、独立能力强、具有团体协作精神的人员从事潜水职业。增强从业人员的职业适宜性，是提高潜水员队伍素质、减少人为差错、确保潜水安全的有效措施。

3. 加强知识、技能培训

牢固掌握与潜水相关的生理学、医学、物理学和水文气象知识,以及潜水设备和水下作业设备的性能和操作程序,相关潜水法规、标准和安全知识等,认真开展潜水技能和水下工具操作技能的训练。要严格把握培训的质量,通过培训,使潜水员不但具备丰富的理论知识,同时具备娴熟的专业技能。潜水培训中要特别注重学员的应急培训,使学员熟练掌握应对各种险情的措施,例如遇到通信中断时,如何使用手语、信号绳通信。在日常培训或现场施工作业中,应经常模拟可能出现的意外情况,演习如何按照预先制定的应急预案做出应急反应,反复练习,直至形成条件反射式的自动反应,使潜水员遇到类似情况从容不迫,不易产生恐慌情绪。如果一名潜水员面对意外情况几乎不需要考虑就能做出正确反应,他就可能为保护自己的生命赢得宝贵的时间。

4. 开展认知重建训练

改变不正确的认知方式,提高自信心,是防止过度焦虑的重要措施。在潜水中出现特殊情况,如果认为"不好了,赶快逃生吧",那么潜水事故就难以避免。类似情况下,如果冷静分析,相信总有解决办法,则成功脱险的机会就大大提高。经历过潜水事故的潜水员,如果把失败原因归于自己的能力,并觉得难以改变,则不但于事无补,反而加重心理应激反应。如果归因于努力不足,那么,失败不会导致悲观失望,而会增加动机行为。认知重建训练就是分析自己的认知方式,认清认知的不准确性和歪曲性,用正确、客观的认知取代非理性认知,检验新的认知。除了针对潜水事故的认知重建训练,潜水员在平时的生活、训练中也要注意自我调节,提高对职业环境的适应性,防止因不良应激反应而影响作业时的情绪、思维和操作水平。

5. 组织体格锻炼

平时应加强体能训练,可以增加心、肺功能的储备能力,增强耐寒能力,提高自我效能等,体能训练可进行跑步、打球、游泳,最好能组织一些水上运动,可提高机体对海洋和水下环境的适应能力;定期组织加压锻炼,巩固和提高机体对高气压环境的适应性和耐受力。

6. 尝试心理训练

焦虑如果得不到有效控制就会发展为恐慌,恐慌中的潜水员往往会做出非理性的行为,直接影响潜水员解决问题的能力,容易产生致命的危险。防止恐慌,首先要有足够的知识、不断的练习和充分的准备(如充足的睡眠、性能良好的装具),同时也要认识到,焦虑也是一种保护性反应,有利于引导人们消除或避开引起焦虑的危险情况。在潜水过程中,焦虑是一种早期的危险征兆,只要潜水员能够保持清醒的头脑,正视问题的存在,对意外事件就有可能做出准确的判断和反应,解决问题和获得生存的机会就大大增加。有人推荐,面对突发情况,SBTA 技术能帮助潜水员成功地脱离危险,SBTA 即:停下来(stop)、深呼吸(breathe)、想一下(think)、再行动(act)。从生理上讲,当你进行缓慢的深呼吸时,你没有理由不会冷静下来。此外,放松技术对于控制应激、阻断恐慌的恶性循环可能会起到有益的作用。

7. 合理布置任务

根据个人的生理、心理特性和当时的具体情况,合理安排工作,避免在疲劳、生病、情绪波动或有心事的时候进行潜水。另外,在安排潜水任务时,应根据潜水员经验和技能水平,合理安排任务,一般来说,不要给新的潜水员安排水下环境复杂、工作难度大、水流急和深度大的潜水任务,应遵循从浅入深、从易到难的原则,就是要安排他能够胜任的任务。

二、消除物的不安全状态

1. 配备合格的装备

完整和性能良好的装备是潜水安全的必备条件,我们在购买、配备潜水装备和水下作业工具时,一定要查验它们的合格证和技术规格书,验证这些装备和工具是否是由行业认可的厂家生产的,是否获得有关机构的产品认证。

2. 做好装备的维护保养

应制定潜水装备和水下作业工具维护保养体系,并按照体系规定定期进行维护保养,如减压舱应定期清洁消毒,舱内供排氧装置应定期测试,急救药品应定期更新,舱内外压力表每6个月、安全阀每年应检验一次,观察窗应每10年更换,递物筒应定期清洁润滑等。

3. 认真进行潜水前装备的检查和测试

建立装备检查表检查制度,每次潜水前对潜水装备和水下作业工具依照检查表逐一检查,并测试其功能,确保所有装备处于正常功能状态,检查时不得有任何遗漏和疏忽。如潜水头盔的检查和测试应包括:本体内外部无破损及污物,组合阀无破损并运转自如,止回阀吹气测试畅通,排水阀排水测试畅通、无泄漏,进气弯管无凹陷、变形及破损,旁通阀操作自如、供气顺畅,耳机、话筒位置正确、通话语音清晰,相连的供气管畅通,接头无泄漏,口鼻罩位置恰当、无破损,鼓鼻器推拉自如、鼓鼻功能正常等。

4. 确保任务目标物处于安全状态

水下作业目标物如果出现异常,有时会导致严重潜水事故。如有压力差的界面的格栏栅缺失,会导致潜水员被吸入,造成伤亡;水下外加电流阴极保护装置失灵,会导致潜水员触电;水下障碍物过多,会造成潜水员绞缠等。所以,只有在排除了这些水下目标物的不安全状态,或采取了必要的措施后才能潜水。

5. 确保潜水支持船满足潜水要求

大多数潜水都是以船舶为基地进行的,如果船舶结构或性能不能符合潜水要求,就会对潜水安全产生影响。如船舶甲板面积过小,不能完全布置潜水装备,通道不畅;房间太少,人员居住拥挤,得不到充足的休息;船舶吃水深,而作业水深过浅等都是不安全状态。在选择潜水支持船时应予以考虑。

三、控制环境的不利因素

1. 设定潜水的水文气象极限

在做潜水计划时,应根据潜水地点的具体情况,按照潜水安全的有关规定,规定潜水的浪高限制、流速限制、能见度限制、风速限制等,如水流流速通常限制在0.5m/s,浪高限制在1.8m,如果超过这一限制,在没有其他确保潜水安全的措施时,就不应该潜水。

2. 水下情况的预调查和预处理

在怀疑水下情况复杂、危险因素多时，应做水下情况的预调查，可以指派潜水技能良好、经验丰富的潜水员在具体任务开始前先下水了解水下情况，必要时也可以先使用ROV先做水下情况调查，如果水下情况确实复杂，无法正常开展潜水作业，可先进行水下障碍物的清理。

3. 作业点危险因素消除

对存在的水下吸水口，在潜水前应关闭或隔离。即使这些吸水口已经隔离，潜水员在接近它们时也要格外小心，观察其有无水流异常现象。在现场作业中，曾经就发生吸水口已经关闭，但又被无关人员打开，而造成潜水员头部被吸水口吸住的事故。另外，带电的水下防腐阴极保护系统、水下电缆等，在潜水前必须关闭；船舶的推进器在潜水时必须关闭和锁定（动力定位船的推进器因始终处于运转状态，则采用其他防范措施）。

4. 防止海洋生物的伤害

在有鲨鱼、海蛇活动，或存在大量有毒海洋生物的水域潜水时，应做好防护措施。如在有鲨鱼活动的海域潜水应穿着深色服装、夜间不要点灯或光线不要太强、水面要加强瞭望、受伤出血应立即出水、携带驱鲨剂或驱鲨仪等。

5. 污染水域的防护

在污染水域或怀疑有污染物存在的水域潜水时，应穿着干式服或其他特殊防护潜水服潜水；在严重污染水域潜水时，潜水员呼吸气体也不要直接排入水中，而是穿戴特种潜水头盔，将呼吸气体排至水面大气环境，以防搅浑沉淀在水底的污染物。在核污染水中潜水，如在核电厂的排水口，甚至核反应水槽中潜水，应采用防核辐射装备。

6. 合理协调交叉作业

有时在潜水水域同时存在着其他作业，如在潜水区域的上方有高空作业、直升机起降、货物吊装等，如果这些作业操作不当，有物品掉入水中，就会伤害潜水员；又如在潜水水域有其他船舶活动，船舶本身或其推进器可能会伤及潜水员。存在这些情况时，必须与相关方进行协调，要么潜水时这些作业停止，要么等待这些作业结束后再潜水。

四、加强科学管理

潜水管理是预防潜水事故中的重要一环，国家和行业出台的潜水相关法规和标准都是规范化的安全管理文件，应在潜水实践中结合实际情况贯彻执行。

作为潜水作业机构，具体的潜水管理应考虑以下几个方面，以减少和杜绝潜水事故发生。

1. 建立完整的潜水管理体系

潜水管理体系主要包括潜水手册，潜水装备和水下作业工具操作规程、维护保养体系，人员组织管理架构、岗位职责等。

2. 制订翔实的潜水计划和应急计划

针对某项潜水任务应制订翔实的潜水计划，包括采用的潜水方式、潜水人员的配备和岗位职责、潜水设备的配备、潜水气体的配备、救助和急救单位的联系方式等;应根据现场环境条件和可能出现的危险,制订应急计划;潜水医学保障计划可以纳入潜水计划,也可以单独制订一份医学保障计划,包括潜水员体检、加压锻炼、减压程序、治疗程序、追踪观察、药品和医疗器械的配备、潜水装备的清洁消毒、呼吸气体的检测等。如果潜水现场没有潜水医师或潜水单位也没有潜水医师,应聘请一名岸基的潜水医师或潜水医学顾问,并保证24h随时可以与其联系,确保发生潜水事故或疾病时能在第一时间咨询。

3. 技术交底和风险评估

针对某项潜水任务,应将具体完成该任务的方法和步骤向所有参加潜水的人员交代清楚;应针对具体潜水步骤做出书面的风险评估和工作安全分析报告,明确每个风险可能造成的伤害以及降低该风险应采取的防范措施,并明确责任人。需要特别注意的是,变更潜水程序、潜水人员、潜水设备和潜水地点,或出现隐患、事故和环境条件变化后,应重新评估与分析,并修订防范措施。每次潜水员下水前也要重复告知其完成任务的步骤和安全注意事项。

4. 劳动防护用品的佩戴

所有水面潜水人员应穿戴符合安全要求的个人防护用品,并满足对人员头部、脚部、眼部和听力的防护要求;登高或舷外作业应佩戴安全背带;甲板作业应穿戴救生背心;在可能存在环境气体污染的区域作业,应配备个人呼吸防护用品等。

5. 潜水工作的批准和相关方通知

在潜水工作开始前,一定要得到现场最高管理者批准,并确保现场所有相关方都知道潜水即将开始,所有防范措施均已到位。

6. 不得潜水和终止潜水的条件

在潜水前,如发现潜水员有感冒或呼吸道感染、咽鼓管功能障碍、喝酒、药物反应、中耳疾病或外耳感染、皮肤感染、过度疲劳、情感抑郁、心理障碍、心动过速或过低(超过100次/min)、血压过高或过低(超过140mmHg或舒张压超过90mmHg,收缩压低于90mmHg或舒张压低于60mmHg)、体温过高(口腔温度超过37.3℃或腋下体温超过36.8℃)等情况,不应让潜水员下水。

在潜水过程中,如发生水文气象超过极限规定、设备故障、待命潜水员不在位、无法控制船位、潜水员主观感觉不能继续潜水等原因,应终止潜水。

7. 加强现场隐患发现和处理

尽早发现事故隐患,及时处理事故隐患可减少和杜绝小事故,减少和杜绝小事故可预防大事故,所以在潜水现场我们要经常排查隐患,发现隐患及时处理,不让人员带病工作,不让设备带着故障运转,环境隐患没有排除不工作。

8. 加强潜水事故案例的宣传教育

组织潜水人员进行潜水事故案例分析,使潜水员知道自己所从事的作业中存在哪些危险,曾经有过什么样的事故,有过怎样严重的后果,如何才能及时地发现异常现象和事故隐患,相应的对策是什么等,通过案例分析,提高潜水员的安全分析和预知危险的能力。

另外。在潜水作业中,我们还要加强警戒,不要让无关人员、无关船舶进入潜水区域;保证待命潜水员随时可以入水救助遇险潜水员;控制好潜水深度与时程限制;严格控制反复潜水;合理安排潜水人员的作息;掌握好潜水后飞行的条件。

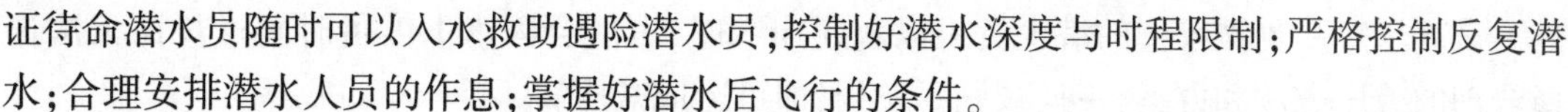

第四节 潜水事故应急处理

潜水作业具有特殊性和高危险性,潜水员除了受高气压和呼吸气体分压改变的影响而有可能发生疾病和损伤外,还可能受到由水下操作失误、装具突然故障、水下生物及其他物理因素等引起的伤害。这些伤害虽不是潜水本身所造成的,但一旦发生,对潜水员的危害很大,如不能及时救援和应急处理,后果十分严重。因此,潜水员不仅应重视预防各种潜水紧急情况和事故的发生,而且应掌握应急救援方法和处理程序,一旦发生潜水紧急情况和事故,能及时、正确地实施应急救援和处置。潜水员通过训练以及经验积累,通常能够处理他可能遇到的各种实际发生的或潜在的潜水紧急情况和事故。绝大多数潜水紧急情况和事故,只要处置得当是可以转危为安的。

水面需供式潜水、自携式潜水及通风式潜水由于水下操作失误、装具突然故障等引发的潜水紧急情况和事故的应急处理,详见各对应章中的相应内容;发生潜水疾病和伤害,或者在某一潜水紧急情况或事故发生时,若并发其他潜水疾病和伤害,应按相应潜水疾病或伤害的处理方法和要求进行处理。本节仅介绍空气潜水通常可能遇到的、威胁较大的几种潜水紧急情况的应急处理方法或程序。

一、绞缠

潜水员的信号绳、软管被水下障碍物缠绕、钩挂,或者潜水员被海草、渔网缠住,而不能上升出水,以致被迫在水中长时间停留,这种潜水紧急情况称为水下绞缠。另外,作业潜水员不幸被塌方的泥沙压住,被涵洞及进水孔吸住,或在海底沉船、坑道中作业时返回的途中被一些出乎意料的原因阻挡等,也会造成潜水员在水下暴露时间过长。

1. 发生绞缠的原因

水下作业条件复杂多变,多数情况下能见度很低,甚至完全黑暗,靠摸索进行工作和行动,一不小心,就会造成水下绞缠。由于着水面供气式潜水装具作业时,潜水员拖着很长的信号绳、软管或脐带,因而较自携式潜水更易于发生水下绞缠。常见原因有以下几种:

(1)信号绳、软管或脐带缠绕于某些物体,或信号绳、软管被绞、卡、夹、压;

(2)头盔的进气弯管或腰节阀等部件被缠挂;轻潜装具被渔网、绳索等缠住;

(3)潜水员被沉船或丢弃海中的渔网、绳索以及海草等缠住。

2. 绞缠可能导致的疾病

(1)水面供气式潜水发生绞缠后,虽有较充裕的气体维持较长的水下停留时间,但潜水员则有可能发生以下情况:

①体力衰竭。这是由于水下停留时间过久所造成,并可能因此而导致其他疾病和事故的发生。

②减压病。当被绞缠的潜水员得以解脱出水时,可能会因水下停留时间过长而无法选择合理的减压方法和方案,一旦减压不充分,即可造成减压病。

③外伤。在潜水员极力解脱过程中或被迫在恶劣环境里长时间停留时,均有可能发生外伤。

(2)自携式潜水时,发生绞缠的概率较小,一旦发生,则因自携气瓶的容积有限,常造成供气中断,进而发生窒息、溺水等事故;解脱时,如丢弃装具,自由漂浮出水,又有可能发生肺气压伤。

3. 绞缠的应急处理

(1)当绞缠发生时,潜水员应立即向水面报告;水面人员应与潜水员保持密切联系,及时了解其状况,根据可能发生的疾病和其他事故,做好相应的救治准备。

(2)在水面人员的指导下,要求潜水员冷静地自我解脱;潜水员应努力使自己沉着、冷静,与水面或待命潜水员密切合作,切勿惊慌、急躁,拼命挣扎。不能自行解脱时,则派待命潜水员进行水下援救。必要时,再系一根信号绳后可割断信号绳和(或)供气软管,迅速出水。与此同时,潜水医生应根据潜水员水下停留时间的延长,选择相应的减压方案。

(3)自携式潜水发生绞缠后,潜水员经过努力仍无法解脱时,可丢弃装具漂浮出水。这时,水面人员应做好援救、治疗的准备。

(4)潜水员出水后,要根据情况进行预防性加压处理,充分休息,并供给高能量的饮食。

(5)发生其他疾病,采取相应的急救措施。

4. 绞缠的预防

(1)水下作业区条件复杂时,应预先认真进行水下调查和清理障碍物,派技术熟练的潜水员进行潜水作业,并预先安排好待命潜水员,做好潜水救护准备。

(2)在潜水作业区一定范围内起吊、移动重物或收绞水下绳缆时,应收紧潜水员的信号绳和软管。

(3)作业时尽量避开障碍物。

二、供气中断

供气中断是指在潜水过程中,由于某种原因,终止了对水下潜水员的供气。出现这一现象时,往往导致严重的潜水疾病或其他事故。

1. 发生供气中断的原因

1)水面供气式潜水

(1)供气系统突然故障,气源中断。

(2)因水面人员工作疏忽而误关供气阀;在极少情况下潜水员在水下吸用的是应急气瓶气体,而一旦需要时,应急瓶贮气已被耗尽。

(3)供气软管断裂或被压扁、弯折、管内冻结、堵塞等原因而造成供气中断(软管断裂多发生在供气软管水面部位或浅水中)。

(4)潜水头盔进水或面罩进水而无法排除,或其二级减压器出现故障。

2)自携式潜水

(1)气瓶内气体耗尽。

(2)呼吸器发生故障而停止供气。

(3)中压软管爆裂。

2. 供气中断引起的疾病

1)减压病

当潜水深度和时间超过不减压潜水范围,由于供气中断,迫使潜水员迅速出水,很可能发生减压病。

2)潜水员窒息

供气中断突然发生后,如潜水员因被绞缠等原因而无法马上出水,则随着时间的延长,潜水服内氧分压不断下降,二氧化碳分压持续升高,必然导致潜水员窒息。

3)挤压伤

使用通风式潜水装具发生供气中断时,如潜水员仍继续排气或下潜,就可能发生挤压伤;使用自携式装具潜水发生供气中断时,则可发生面、胸等部位的局部挤压伤。

4)溺水

使用自携式装具潜水时,如潜水员因供气中断、窒息而扯去面罩或咬嘴,就可能发生溺水。

5)肺气压伤

发生供气中断后,潜水员快速上升,甚至放漂出水过程中,如屏气,则可发生肺气压伤。

3. 供气中断的应急处理

水面需供式潜水发生主供气中断,主要有主气源中断、脐带中呼吸气体软管切断或全部软管被切断或压扁、二级减压器发生故障等。其应急处理程序如下。

1)潜水员主气源中断

(1)如果发生主供气中断,潜水员应停止排气,立即打开潜水面罩或头盔上的应急阀,正常情况下背负式应急供气系统会为潜水员提供应急供气;同时,潜水员应向水面报告情况。

(2)在确认脐带没有被绞缠后,潜水员应立即返回入水缆处或者潜水吊笼、开式潜水钟内,时刻与水面保持通信并准备放弃该次潜水作业。

(3)潜水监督命令潜水控制面板操作人员检查供气压力,确认供气压力是否正常;若是潜水员主气源中断(压力明显偏低),水面人员应立即转换到应急气源。

(4)终止潜水,并按适当的减压程序进行减压。

若转换到应急气源后,仍未能恢复水面供气,此时应执行脐带切断的应急程序。

2)脐带切断的应急程序

(1)脐带中的呼吸气体软管切断的应急程序:

①潜水员立即打开潜水面罩或头盔的应急阀,并同时向水面报告情况。

②潜水监督缓慢打开测深阀门,向脐带的测深管供气,以便潜水员随时可用。

③潜水员将测深管插入潜水头盔或面罩,由测深管供气,水面将供气余压调节在0.2～0.3MPa范围内呼吸比较舒畅(如果潜水头盔的颈圈、颈环组件与潜水服形成一个整体,将无

法采用测深管为潜水员提供呼吸气体)，此时应关闭应急阀。

④潜水员立即返回入水缆处，沿入水缆上升到水下减压的第一停留站；若潜水深度较浅时，可考虑立即返回水面。

⑤若使用潜水吊笼或潜水钟，潜水员应立即返回潜水吊笼或者开式潜水钟内，可使用潜水吊笼或潜水钟内的应急气源供气。

⑥潜水监督应警示待命潜水员，戴上潜水头盔或面罩，做好随时入水援助的准备。

⑦如果可行，由待命潜水员携带另外的应急气瓶入水给遇险潜水员使用。

⑧终止潜水，并按适当的减压程序进行减压。

(2)脐带全部切断的应急程序：

①潜水员立即打开潜水面罩或头盔的应急阀，并同时向水面报告情况。

②测深管也被切断，无法供气。

③此时，潜水员应立即返回入水缆处，沿入水缆上升到水下减压的第一停留站；若潜水深度较浅，可考虑立即返回水面。

④若使用潜水吊笼或潜水钟，潜水员应立即返回潜水吊笼或者开式潜水钟内，可使用潜水吊笼或潜水钟内的应急气源供气。

⑤潜水监督应警示待命潜水员，戴上潜水头盔或面罩，做好随时入水援助的准备。

⑥如果可行，由待命潜水员携带另外的应急气瓶或呼吸软管入水给遇险潜水员使用。

⑦终止潜水，并按适当的减压程序进行减压。

3)二级减压器发生故障的应急程序

二级减压器中的气流中止通常意味着主供气中断、二级减压器发生故障等。应根据具体情况，立即执行以下应急程序：

(1)潜水员发现主供气中断后，应立即打开潜水面罩或头盔的应急阀，如果在二级减压器中仍然没有气流，可能是二级减压器发生故障；

(2)此时，潜水员应打开旁通阀供气，一旦打开了旁通阀，就必须时刻牢记旁通阀处于开启状态(因为在打开旁通阀后，特别是在较大的深度上，会在非常短的时间内耗尽应急气体)；

(3)如果确认是二级减压器故障，潜水员可以关闭应急阀，并同时向水面报告发生的情况；

(4)潜水员继续使用主供气，检查脐带，确认脐带未发生绞缠后，返回入水缆处或者潜水吊笼、开式潜水钟内；

(5)终止潜水，并按适当的减压程序进行减压，如果允许，应尽可能避免快速上升出水。

一旦到达水面，或者进入潜水钟，潜水员可以卸掉潜水面罩或头盔。除非情况绝对需要，否则千万不要在水中放弃潜水面罩或头盔。

出水后，若遇险潜水员发生潜水疾病，水面人员应根据实际情况采取相应的急救治疗措施或组织转送医院。

4. 供气中断的预防

(1)使用空气压缩机供气时，应设有储气罐和备用气源，并在潜水作业前认真检查供气系统的各个环节,保证完好无损。

(2)供气软管需要按规定定期检查、试压;急流作业时应建议用软管接头夹进行加固;冬季作业应防止软管内结冰而堵塞。

(3)使用自携式装具潜水前,应对装具及气瓶压力进行认真检查并估算水下可用时间。潜水中,当信号阀提示出水时,应立即清理出水。一级减压器输出压力要定期检测,中压管要定期检验。

(4)通风式潜水时,一旦发生事故,提拉潜水员出水时,收回供气软管用力应均匀,切忌过猛,以防拉断供气软管,发生供气中断。

三、放漂

潜水员因操作不当或意外情况导致其失去控制能力,在正浮力的作用下,不由自主地迅速漂浮到水面,这种失控上升就是通常所指的放漂。在使用通风式重潜水装具潜水的事故中,放漂的发生率较高,危险性较大。

1. 放漂的原因

引起放漂的基本原因是潜水员的正浮力急剧地增加,使潜水员失去控制,以致不由自主地以加速度的方式迅速浮出水面。通风式重潜水时,造成正浮力急剧增加的原因有:

(1)潜水服充气过多或排气不及时,致使潜水服过度膨胀。这种情况多见于潜水员使用装具不熟练或由于意识丧失而不能主动排气,也可能因装具排气阀故障而无法正常排气所致。潜水员不沿入水绳上升出水时,如果气量控制不好,也会造成放漂。

(2)压铅或潜水鞋脱落。

(3)潜水员在水下处于头低脚高位置时,使潜水衣内气体集向下肢,无法排气。

(4)外力使潜水员失去控制。如水流过急,潜水员被冲离海底,潜水员脱离入水绳而失去自控,或者水面人员牵拉信号绳、软管太猛太快。

(5)进行需要增大浮力的活动,特别是试图脱离泥泞的水底或者利用正浮力搬重物而突然放手等类似情形。

放漂发生在轻装潜水时,主要是由于压铅失落、浮力背心使用不当以及干式潜水服充气过度等引起的。

2. 放漂可能引起的疾病和损伤

1)减压病

当潜水员水下作业深度和时间超过不减压潜水界限而发生放漂时,就会发生减压病。即使进行不减压潜水时发生放漂,因上升速度过快,仍偶有发生减压病的可能。

2)肺气压伤

当发生放漂时,如潜水员屏气,或因各种原因使其呼吸道通气受阻时,均可发生肺气压伤。这在较浅深度处更易发生。

3)外伤

放漂时,潜水员以加速度上升,若在水面遇到有障碍物或船只,则将因撞击而造成外伤(如脑震荡等)。

4)挤压伤

放漂至水面时,如潜水衣因过度膨胀而破裂或抢救中排气过度,则可能因突然失去正浮力而又沉入水中,发生挤压伤。

5)溺水

放漂至水面后,如因某种原因造成潜水服内进水,则可发生溺水。

3. 放漂后的处理

一般应将潜水员以最快的速度抢救出水。同时要减少供气,收紧信号绳。

出水后可酌情按下述原则处理:

(1)如该次潜水需要减压,应立即进入加压舱内实施减压。为防止减压病的发生,可将舱压升到该次潜水的水底压力,水下停留时间则从开始下潜时到救出水面、进入加压舱并加压到该次潜水深度时止,然后选择相应的减压方案进行减压。

(2)现场无加压设备时,如潜水员神志清晰,自持力良好,装具无损,则可在水面人员监护及救护潜水员的帮助下,重新下潜,如无减压病症状者,可下潜到比第一停留站深若干站处,按上述方法计算水下停留时间选择延长方案减压,有症状则按相应的治疗方案进行减压。

(3)如为不减压潜水放漂,又未出现减压病的症状和体征,可让其在加压舱旁休息,进行观察。

(4)当潜水员放漂后出现意识丧失时,很可能是发生肺气压伤或重型减压病,应毫不迟疑地迅速进行加压治疗。

(5)若发生外伤、挤压伤、溺水,可采取相应的急救治疗措施。

4. 放漂的预防

(1)潜水前仔细检查装具、认真着装。

(2)潜水员在潜水过程中,应随时注意调节气量;水面人员应根据水下实际情况掌握好供气量。

(3)在水下作业情况复杂或潜水条件差时,应派技术熟练的潜水员下潜。

(4)上升出水时应沿入水绳上升;水面人员提拉潜水软管的速度要适当。

四、水中援救遇险潜水员

潜水员无论在水下或水面遇险,援救的首要任务是尽快将其救出水面,尽早在陆地或船上实施急救,这是能否援救成功的关键。为此,应急援救行动要在统一指挥下,有条不紊、迅速、有效地进行。

1. 对水下遇险潜水员的援救

水面需供式潜水员在水下遇险(如被困、意识障碍、受伤等),无法自行上升,此时现场潜水指挥应下令待命潜水员迅速下水,沿着脐带找到遇险潜水员,打开其旁通阀或使用测深管,向头盔或面罩内供气;观察遇险潜水员状况,判断其有无意识,然后决定采取相应的救助措施。若是自携式潜水员在水下遇险,如果呼吸调节器脱落,应将呼吸调节器塞入其嘴里并打开气道,但不要按压二级减压器的手动按钮。

如果遇险潜水员出现意识障碍,应尽快把他带至水面。上升时,保持直立姿势,并控制适宜的上升速率,以防发生肺气压伤。到达水面后,如遇险潜水员仍没有呼吸和心跳,应争分夺秒在水中实施心肺复苏。同时,在水面人员的援助下,尽快救护出水,迅速卸除潜水头盔或面罩及其他附件,在船上或岸上实施急救。此时,应注意的是防止遇险潜水员再次沉入水中,为此要去掉其身上的压重带,或向浮力背心内充气。如通风式潜水员遇险,一旦被待命潜水员护送出达水面后,应立即救护出水,迅速卸除装具,在船上或陆地实施心肺复苏等急救措施。

如遇险潜水员尚有知觉,待命潜水员应迅速判明事故原因,根据使用的潜水装具不同,采取相应的援救措施。若是水面需供式潜水员,应先帮助其解脱,然后护送其上升出水,水面人员以一定的上升速度配合提拉。若是自携式潜水员,待命潜水员要弄清其精神状态,若神志不清,则迅速以安全上升速度将其带至水面,救护出水面;若遇险潜水员神志清楚,则应首先潜至遇险潜水员面前,相互注视,示意其勿乱划动,使其增强信心、情绪安定,并采取相应的救助措施,如对装具故障者实施成对呼吸法、协助水下绞缠者解脱、协助遭水下生物伤害者驱赶生物等。

但上述援救过程中,必须注意以下事项:

(1)接近遇险潜水员时,要特别小心,不要被遇险者抓住不放,甚至撕下自己的面罩,造成援救失败致使两人同时遇险。

(2)注意防止遇险潜水员在水中突然下沉。为此,援救时,首先要去掉遇险潜水员的压重带,或向其浮力背心内充气,以增加正浮力。如遇险者头朝下并打水下沉,应迅速抓住其脚蹼,阻止其打水,并很快潜至下面,抓住遇险者气瓶阀,将其扳正,同时去掉自己身上的压重带,以增加正浮力,争取尽快浮出水面。

(3)实施成对呼吸时,未戴咬嘴的潜水员在上升时应不断缓慢吐气,以防发生肺气压伤。

(4)救护遇险潜水员上升过程中,应注意使其下颌部保持向上的位置,以维持其呼吸道畅通。

2. 对水面遇险潜水员的援救

当自携式潜水员遇险漂浮到水面时,应迅速派待命潜水员下水,以最快的速度接近遇险者,观察遇险者的状态,正确、有效地实施救助。

如遇险潜水员失去知觉,尽快解除其压重带,或向其救生背心内充气,以增加正浮力,防止其下沉,并设法使其口鼻露出水面、接触大气。如呼吸心跳已停止,应尽快在水中施行心肺复苏,同时拖带至船边或岸边,争取尽早出水,在船上或岸上展开更有效的急救。

如遇险潜水员有知觉,待命潜水员应尽快正面接近遇险者,以稳定其情绪、增强脱险信心;同时,尽快解脱其压重带,使其获得可靠的正浮力,以解除其惊慌失措状态,保持安静。如遇险潜水员比较镇静,可继续用面罩呼吸,否则,应取下面罩,直接呼吸大气。待命潜水员应使遇险潜水员头面部托出水面,使其处于仰卧状态,拖带出水。为便于拖带,可将遇险者气瓶和呼吸器取下。当然,对有知觉、比较清醒的遇险者实施援救时,应向其说明要求,争取其配合,以便援救顺利进行。

3. 水中拖运遇险潜水员的要求和方法

(1)在水面拖运失去知觉的遇险潜水员,要随时检查其头面部是否露出水面,呼吸是否正常,病情有无恶化,以便采取相应措施,维持其呼吸功能。如需在水中进行人工呼吸,则应在拖运中坚持进行,不得中断。

(2)遇险潜水员情绪不稳定或表现惊慌、挣扎时,都将对其本人和救援人员的安全造成威胁,这时不宜进行拖运,应查明原因,设法使其安定后再拖运。

(3)拖运中,待命潜水员要随时注意观察遇险潜水员的情况变化,并根据具体情况,采取相应措施。

(4)拖运遇险潜水员的方法有多种,如托头拖运法、手脚伸展拖运法、夹臂拖运法、胸臂交叉拖运法、脚推法、绳索拖运法和双人拖运法等,可根据具体情况,选择其中较适宜的方法。如有可能,应尽量采用绳索拖运法,因该法可减轻救援潜水员的疲劳,拖运速度快,且不易被遇险潜水员抓住不放而造成危险,具有很大的主动性。实施时,绳索一端系在遇险潜水员身上,另一端用活扣系在自己腰上,这样,救援潜水员手脚可游泳和做其他救治工作。如遇险潜水员很清醒,也可用手抓住绳索拖运。

思考题

1. 如何看待潜水事故?海洋石油行业潜水事故率低的主要原因是什么?
2. 潜水事故的主要原因有哪些?
3. 潜水事故的影响因素有哪些?
4. 造成潜水事故的原因中,物的不安全状态的主要表现形式有哪些?
5. 造成潜水事故的原因中,管理缺陷的主要表现形式有哪些?
6. 如何预防潜水事故?
7. 潜水事故的预防措施中,减少人的不安全行为方面主要有哪些?
8. 潜水事故的预防措施中,如何控制环境的不利因素?
9. 哪些情况会导致潜水员被迫在水下长时间暴露?
10. 发生潜水员水下绞缠的原因有哪些?如何预防?
11. 水下绞缠发生后应如何处理?
12. 自携式轻潜水时,哪些原因会引起供气中断?
13. 水面供气式潜水时,哪些原因会引起供气中断?
14. 供气中断可能引起的后果有哪些?
15. 水面需供式潜水发生主供气中断如何处理?
16. 如何预防供气中断?
17. 放漂的主要原因是什么?
18. 放漂可能引起的危害有哪些?现场如何处理?
19. 如何预防放漂?
20. 如果水面需供式潜水员出现意识障碍,应如何把他带至水面?
21. 如何在水中拖运遇险潜水员?

参考文献

[1] 陈水开. 空气潜水员职业技能等级认定教材[M]. 北京:人民交通出版社股份有限公司,2024.

[2] 季世军,叶似虬. 潜水技术基础[M]. 大连:大连海事出版社,2023.

[3] 宋家慧. 潜水及水下作业通用规则[M]. 北京:中国潜水救捞行业协会,2023.

[4] 陈水开,安关峰. 市政工程潜水作业技术指南[M]. 北京:中国建筑工业出版社,2020.

[5] 美国海军潜水手册[M]. 徐伟刚,张坤,等,译. 上海:第二军医大学出版社,2019.

[6] 徐伟刚. 潜水医学[M]. 北京:科学出版社,2016.

[7] 中华人民共和国国家质量监督检验检疫总局,中国国家标准化管理委员会. 甲板减压舱:GB 16560—2011[S]. 北京:中国标准出版社,2011.

[8] 中华人民共和国国家质量监督检验检疫总局,中国国家标准化管理委员会. 潜水员水下用电安全规程:GB 16636—2008[S]. 北京:中国标准出版社,2009.

[9] 中华人民共和国国家质量监督检验检疫总局,中国国家标准化管理委员会. 潜水呼吸气体及检测方法:GB 18435—2007[S]. 北京:中国标准出版社,2007.

[10] 国家市场监督管理总局,国家标准化管理委员会. 潜水员供气量:GB 18985—2003[S]. 北京:中国标准出版社,2021.

[11] 国家市场监督管理总局,国家标准化管理委员会. 潜水员高压水射流作业安全规程:GB 20826—2021[S]. 北京:中国质检出版社,2021.

[12] 中华人民共和国国家质量监督检验检疫总局,中国国家标准化管理委员会. 职业潜水员体格检查要求:GB 20827—2007[S]. 北京:中国标准出版社,2007.

[13] 中华人民共和国国家质量监督检验检疫总局,中国国家标准化管理委员会. 空气潜水安全要求:GB 26123—2010[S]. 北京:中国标准出版社,2011.

[14] 中华人民共和国国家质量监督检验检疫总局,国家标准化管理委员会. 空气潜水减压技术要求:GB/T 12521—2008[S]. 北京:中国标准出版社,2008.

[15] 国家质量技术监督局. 减压病加压治疗技术要求:GB/T 17870—1999[S]. 北京:中国标准出版社,2000.

[16] 中华人民共和国交通运输部. 潜水及水下作业入出水系统吊放装置:JT/T 929—2014[S]. 北京:人民交通出版社股份有限公司,2014.

[17] 中华人民共和国交通运输部. 潜水吊笼:JT/T 930—2014[S]. 北京:人民交通出版社股份有限公司,2014.

[18] 中华人民共和国交通运输部. 空气潜水医学保障要求:JT/T 1082—2016[S]. 北京:人民交通出版社股份有限公司,2016.

[19] 中华人民共和国交通运输部. 开式潜水钟:JT/T 1237—2019[S]. 北京:人民交通出版社股份有限公司,2019.

[20] 中华人民共和国交通运输部. 潜水作业现场急救方法与要求:JT/T 1365—2020[S]. 北京:人民交通出版社股份有限公司,2020.